Die Planeten und ihre Monde

Im gleichen Maßstab: Vor dem Segment der Sonne (1) reihen sich die inneren Planeten:
(2) Merkur
(3) Venus
(4) Erde mit Mond (5)
(6) Mars mit Phobos (7) und Deimos (8)
(9) Jupiter mit Io (10), Europa (11), Ganymed (12), Kallisto (13) und etwa zehn weiteren, kleineren Monden
(14) Saturn mit seinen zehn Monden, worunter Titan (15) der größte Mond des Sonnensystems ist
(16) Uranus mit fünf Monden
(17) Neptun mit zwei Monden, darunter Triton (18)
(19) Pluto, neuerdings als Doppelplanet erkannt, steht mit seinem Trabanten Charon (20) zuäußerst im Sonnensystem.

Planeten lexikon

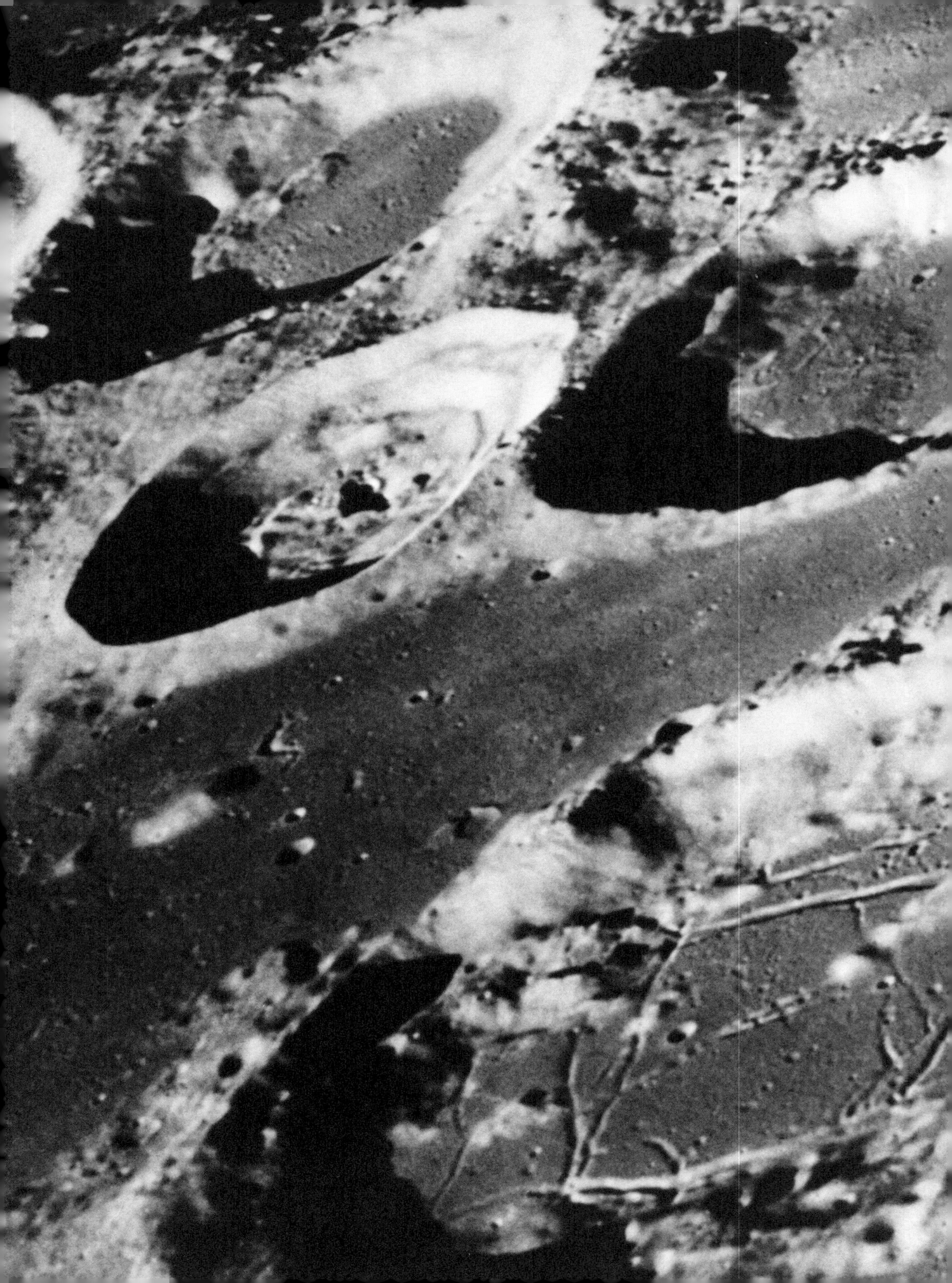

Planeten lexikon

Bruno Stanek

Hallwag Verlag Bern und Stuttgart

Umschlagbild: Jupiter in einer Aufnahme der Sonde Voyager I vom Frühjahr 1979. Einer der Galileischen Monde, der rötliche Io, steht vor dem großen roten Wirbelsturm mit seiner 40 000 km Länge. Beim kleineren, helleren Mond auf der Rückseite des Umschlages handelt es sich um Europa.

Vorsatz: Größenverhältnisse der Planeten und ihrer Monde

Titelseite: Mondkrater mit Rillen

Umschlag und Gestaltung: Alfred Aenis
Ausführung der Grafiken und Vorsatz: Edwin Kaufmann

4., verbesserte und ergänzte Auflage, 1982

Gesamtherstellung: Hallwag AG, Bern
ISBN 3 444 10239 9

Vorwort

Seit dem Jahre 1976 ist der Planet Mars von Viking-Sonden gründlich untersucht worden. Zwei Jahre später mußte Venus viele ihrer Geheimnisse preisgeben; und kurz darauf übertraf das, was die Kameras der Voyager-Sonden von Jupiter und seinen Monden auf den Film bannten, alle Erwartungen. Uranus und Jupiter erwiesen sich neben Saturn als zwei weitere Ringplaneten, und Pluto scheint mit seinem nahen Mond noch entschiedener als die Erde ein Doppelplanet zu sein.
Diese große Zahl von Neuentdeckungen, die unser Bild vom Planetensystem in kurzer Zeit beträchtlich erweitert haben, machten eine völlige Neubearbeitung des 1974 bei Hallwag erschienenen «Bildatlas des Sonnensystems» nötig. Vieles kann inzwischen in Originalfotos gezeigt werden, was sich damals nur in Zeichnungen darstellen ließ. Auch der Textteil konnte dank der überwältigend vielen neuen Erkenntnisse rund um das Dreifache erweitert werden. Die Fülle an Information rief nach einer streng geordneten Darstellung: Man entschied sich für die Einteilung in Kapitel über die einzelnen Planeten, in diesen Teilen aber für eine alphabetische Gliederung wie in einem Lexikon. Einige ähnliche Begriffe mußten dadurch vielleicht an mehreren Stellen von neuem erklärt werden, aber der Vorteil, sich innerhalb eines Planetenkapitels um so leichter zurechtzufinden, dürfte überwiegen. Es bleibt so auch noch die Möglichkeit, dieses «Lexikon» wie ein herkömmliches Sachbuch von vorne nach hinten zu lesen.
Erde und Mond sind in einem Kapitel zusammengefaßt, da verschiedene Erscheinungen jeweils beide Himmelskörper betreffen. Obwohl ein etwas größerer Abschnitt entstand, konnte so die Einheitlichkeit in der Behandlung der Planeten mit ihren Trabanten gewahrt werden. Bei den Informationen über die Erde wurde vom Standpunkt ausgegangen, diese sei in ihrer ursprünglichen Form durch den Menschen von außen erkundet worden, und zwar ähnlich, wie wir dies bei den Nachbarplaneten gemacht haben. Der letzte Abschnitt über «Restmaterie» weicht ebenfalls von traditionellen Darstellungen ab. Hier wurden alle Arten von Kleinplaneten und Kometen zusammengefaßt, von denen einige ohnehin miteinander verwandt sind. Die Zusammenhänge treten dann um so deutlicher hervor.

Ein gemeinsames Thema wird bei allen Planeten angesprochen: die Entstehungshypothese. Ein allgemeiner Überblick über die Entstehung des Sonnensystems ist als eigenes, einführendes Kapitel an den Anfang des Buches gesetzt worden. Ich hoffe, daß dem Leser dadurch vieles leichter verständlich wird, was bei den einzelnen Planeten nicht mehr so schön im Zusammenhang steht.
Hier noch zwei weitere Hinweise zum Gebrauch dieses Werkes: Allgemeine, für alle Planeten gleichbleibende Begriffe wurden nach Möglichkeit im Kapitel «Erde und Mond» aufgeführt; ältere Forschungsergebnisse sind jeweils unter dem Stichwort «Geschichtliches» zusammengefaßt. Ich möchte dabei dem Verlag für die Zusammenstellung der Illustrationen über die Geschichte der Astronomie und des sowjetischen Weltraumprogramms danken.
Ein Großteil der Grafiken und alle Distanztabellen wurden von mir gezeichnet und berechnet. Der übrige Teil stammt aus amerikanischen Veröffentlichungen. Das reiche Bildmaterial über die Planeten wurde fast ausnahmslos in großzügigster Weise von der NASA zur Verfügung gestellt. Besonderer Dank gilt in erster Linie dem Jet Propulsion Laboratory in Pasadena, das die faszinierenden Farbaufnahmen von Mars und Jupiter zur Veröffentlichung freigab.

Bruno Stanek

Inhalt

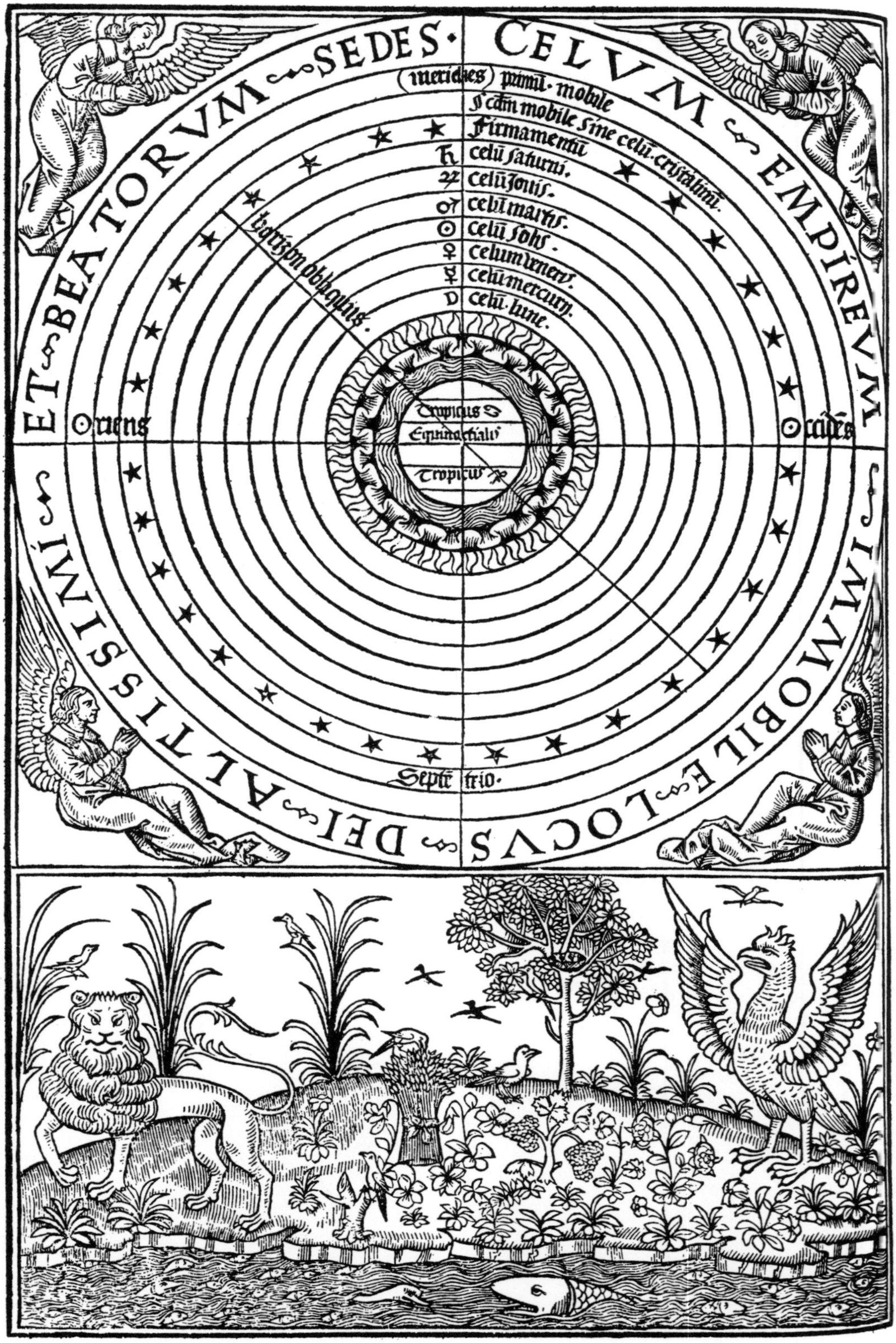
CELVM EMPIREVM IMMOBILE LOCVS DEI ALTISSIMI ET BEATORVM SEDES
(meridies) primũ · mobile
s'cdm mobile sive celũ cristalinũ
Firmamentũ
celũ saturni
celũ iovis
celũ martis
celũ solis
celum veneris
celũ mercurij
celũ lune
Orizon obliquus
Oriens
Occidēs
Tropicus
Equinoctialis
Tropicus
Septē trio

Entstehungstheorie

Linke Seite:
Ein Holzschnitt aus dem Jahre 1546, der noch ganz im Sinne des Mittelalters die Erde im Zentrum des Universums sieht.

Während rund zweier Jahrhunderte hielt sich eine vom Mathematiker und Astronomen Laplace (1749—1827) formulierte Entstehungstheorie des Planetensystems, obwohl diese viele von dessen Eigenschaften nur ungenügend oder überhaupt nicht erklären konnte. Bei dieser Hypothese stellte man sich eine Gas- und Staubwolke vor, die die Sonne nach deren Entstehung irgendwo umgab, sich irgendwie zu einer Scheibe abplattete und irgendwann in einzelne Ringe aufspaltete, von denen aus sich die Materie schließlich zu den Planeten und ihren Monden weiter verdichtete. Dieser zunächst vielleicht plausiblen Annahme kann man jedoch ein ebenso einleuchtendes Argument entgegenhalten: Eine gleichmäßige Materieverteilung, die wegen der Gesetze der Himmelsmechanik die Sonne umlaufen müßte, würde sich allein aufgrund dieser einfachen Vorstellungen niemals verdichten. Wie bei einer geöffneten Gasflasche würde sich der Inhalt nämlich sofort in den Weiten des Sonnensystems verteilen, niemals aber von sich aus konzentrieren, wie dies allen Erfahrungen zum Trotz so selbstverständlich gefordert wird! Erst wenn bei einer bestimmten Materiemenge im All eine gewisse kritische Dichte überschritten wird, setzt eine zunächst langsame und gegen den Schluß in einen Kollaps übergehende Kontraktion ein. Wenn man aber die Materie sämtlicher Planeten, Meteoriten und Kometen im Sonnensystem auf sein Gesamtvolumen verteilt, dann entsteht eine Verdünnung, die man auf der Erde als Hochvakuum bezeichnen würde. Die Berechnung zeigt, daß die resultierende Dichte weit unter der genannten kritischen Grenze liegt. Erst wenn sich einmal, zwangsläufig aus anderen Gründen als der Schwerkraftzusammenziehung, Körper von der ungefähren Größe des Mondes gebildet haben, überwiegt die lokale Schwerkraft die thermische Abstoßung der Moleküle, und es entsteht eine Tendenz zur Kontraktion. Wie aber soll es aus einem Nebel überhaupt zu solchen, doch bereits recht respektablen «Kristallisationskernen» kommen? Die klassische Theorie von Laplace und deren Weiterentwicklungen mußten darauf, wie auch auf viele andere Fragen, eine Antwort schuldig bleiben.

Planetologen sind moderne Universalgenies

Wie kann man aber das gestellte Problem einer Entstehungstheorie der Planeten überhaupt lösen, wenn bei jeder eingehenderen Betrachtung nur neue Widersprüche auftreten und so scheinbar keine soliden Grundlagen für eine überprüfbare Theorie vorhanden sind? In der Tat war bei dieser Schöpfung natürlich niemand dabei, und sie konnte auf der Erde nicht einmal Spuren hinterlassen, da unser Heimatplanet und seine Nachbarn ja überhaupt noch nicht existierten! Nur wenige Forscher wagten sich daher an die äußerst

Rechte Seite:
Kupferstich aus der Scheuchzer-Bibel, der das Erste Tagwerk nach dem 1. Buch Moses illustriert: «Und Gott sprach: Es werde Licht! Und es war Licht. Und Gott sah, daß das Licht gut war. Und Gott schied das Licht von der Finsternis.» (Genesis I, 3 und 4)

schwierige Aufgabe, Licht in die Finsternis dieser fernen Vergangenheit zu bringen. Somit hielt sich die Hypothese von Laplace bis in die Gegenwart, obwohl sich in den letzten 30 Jahren neue, zwar viel kompliziertere, aber entscheidend weniger widersprüchliche Vorstellungen herauskristallisiert haben. Solche Ideen wurden von verhältnismäßig wenigen Planetologen in unvorstellbar mühsamer Kleinarbeit gewonnen; dazu waren gleichzeitig Kenntnisse in Astronomie, Himmelsmechanik, Plasmaphysik, Chemie sowie der allerneuesten Resultate der Mond- und Planetenforschung durch Astronauten und Raumsonden nötig, wenn man weiterkommen wollte. Über solche Voraussetzungen verfügen selbstverständlich nur wenige. Es können hier vor allem Hannes Alfvén und Gustaf Arrhenius genannt werden, die beide in den letzten Jahren an der Universität von Kalifornien in San Diego gewirkt haben. Sie haben die Mosaiksteinchen, die Kollegen aus der ganzen Welt in Form von Veröffentlichungen über Teilprobleme bereitgestellt haben, zusammen mit eigenen Forschungen zu einem bereits auch für den Nichtspezialisten recht logischen Bild der Vorgänge vor viereinhalb Milliarden Jahren zusammengefügt.

Ihnen verdanken wir in erster Linie die nunmehr folgenden Gedankengänge, die in dieser Einführung einer weiteren Leserschaft zugänglich gemacht werden sollen. Wenn die Theorie auch noch nicht lückenlos ist, so stellt sie doch einen enormen Fortschritt dar: Erstmals können so verschiedene Tatsachen wie die Planetenentstehung, die eigenartige Existenz eines Gürtels ziemlich elliptisch um die Sonne laufender Kleinplaneten, die Elementverteilung auf Erde, Mond und in Meteoriten, die erstaunlich ähnliche Rotationszeit sowohl kleinster als auch größter Planeten (soweit diese nicht durch Gezeiteneinflüsse gebremst worden sind), die Ringe von Saturn mit ihren Zwischenräumen oder die Verteilung der Trabanten um die einzelnen Planeten mit einem einheitlichen Entstehungsmechanismus erklärt werden. Nach dieser viel detaillierteren Betrachtung der Dinge wird einem nachträglich auffallen, wie lange man eigentlich an überholten Theorien festgehalten hat, solange diese wenigstens in einem Punkt plausibel waren, sich die vielen Ausnahmen von der «Regel» einigermaßen unauffällig ignorieren ließen und solange auch keine besseren Theorien zur Verfügung standen.

Die Sonne, das mächtigste Gestirn am Himmel, ist hier in einem Holzschnitt von Urs Graf aus dem Jahre 1517 (?) als König mit Zepter dargestellt (in Kalender, Basel, Pamphilius Gengenbach).

Zuerst die Sonne – dann die Planeten

Versetzen wir uns also in eine ferne Vorzeit, die nach den zuverlässigsten Angaben 4,7 Mia Jahre zurückliegt. Die Sonne hat eben ihr nukleares Feuer entzündet, ein Vorgang, der sich irgendwo im Universum auch heute noch alle paar Augenblicke wiederholt. Es soll hier nicht darum gehen, die zum Teil eher besser erforschte Sternentstehung zu beschreiben – dazu sei auf die reiche Auswahl von populärwissenschaftlichen Werken auf dem Gebiet der Astrophysik verwiesen –, sondern auf die vermutlich unmittelbar anschließende Bildung von Planetensystemen. Diese läßt sich auch ziemlich unabhängig von der vorangehenden Bildung des Zentralgestirns Sonne behandeln.

Ein starkes solares Magnetfeld habe sich also aufgebaut, während immer verdünntere Gas- und Staubmassen in langgezogenen Spiralen nachstürzen. Ohne dieses Feld hätte sich die Restmaterie viel schneller und gründlicher auf die Sonne hin kontrahiert – möglicherweise hätten sich überhaupt keine Planeten gebildet.

Rechte Seite:
Die Darstellung des Vierten Tagwerks aus der Scheuchzer-Bibel: «Und Gott sprach: Es sollen Lichter werden an der Feste des Himmels, Tag und Nacht zu scheiden ... Gott machte die zwei großen Lichter: das größere Licht, daß es den Tag beherrsche, und das kleinere Licht, daß es die Nacht beherrsche, dazu auch die Sterne.» (Genesis I, 14 und 16)

Bei diesen Vorstellungen ist man heute nicht mehr allein auf theoretische Überlegungen angewiesen, sondern hat in jüngster Zeit unerwartet Anschauungsmaterial erhalten: Der «Scheibenstern» MWC 349 im Sternbild Schwan, der sich ungefähr 10 000 Lichtjahre von unserem Sonnensystem entfernt befindet. Die Entdeckung gelang dank kombinierter Auswertung von Aufnahmen mit dem 91-cm-Infrarotteleskop an Bord des fliegenden Observatoriums «Kuiper» oberhalb der störenden Erdatmosphäre und einem noch größeren Gerät von 2,3 m Öffnung im Steward-Observatorium, das zur Universität in Arizona gehört. Mit modernsten optischen und elektronischen Hilfsmitteln ist es nämlich möglich geworden, vieles über die Struktur von Himmelsobjekten auszusagen, deren Winkeldurchmesser auch bei stärkster Vergrößerung noch winzig klein bleibt. Schon in den dreißiger Jahren war man auf den eigenartigen Stern aufmerksam geworden. Er verlor Jahr für Jahr an Helligkeit, und sein Spektrum stimmte überhaupt nicht mit dem einer normal leuchtenden Sonne überein, doch konnte die Scheibenform erst 1977 nachgewiesen werden. Die Masse beträgt das Dreißigfache unserer Sonne, die Abplattung hat ein Verhältnis von 1 : 20 und der leuchtende Teil der Scheibe würde sich in unserem Planetensystem bis über die Erdbahn hinaus erstrecken. Der nur noch im infraroten Teil des Lichtes sichtbare, erloschene äußere Rand würde an Größe sogar die Plutobahn übertreffen. Hier haben sich wahrscheinlich bereits erste Kondensate zusammengefunden, während im Inneren immer noch so viele Kollisionen stattfinden, daß das Staub-Gas-Gemisch ständig zum Leuchten angeregt wird. Gegenwärtig wird dieses vermutlich in Entstehung begriffene Sonnensystem pro Monat etwa um ein Prozent lichtschwächer. Einer der Entdecker, Dr. Thompson vom Steward-Observatorium, schätzt das Alter des Sterns auf rund 1000 Jahre und erwartet ein völliges Erlöschen der Scheibe im sichtbaren Teil des Lichtes sogar innerhalb der nächsten 100 Jahre. Damit wird dieses Himmelsobjekt natürlich zum willkommenen Experimentierfeld für die verschiedenen Entstehungstheorien von Planetensystemen, denn die Beobachtungsmöglichkeiten werden sich in diesem Zeitraum dank neuartiger Instrumente und Weltraumobservatorien zweifellos noch gewaltig verbessert haben. Die nachfolgend geschilderten, bereits gutfundierten Hypothesen können vielleicht schon bald direkt überprüft werden.

Magnetohydrodynamik und die Keplersche Kreisbewegung

Betrachten wir nun eine Entwicklungsphase, in der sich der «Scheibenstern» MWC 349 aller Wahrscheinlichkeit nach im heutigen Zeitpunkt befindet. Die Erkenntnisse einer ziemlich modernen Wissenschaft, der sogenannten Magnetohydrodynamik, lassen unter diesen Umständen den Schluß zu, daß alle Staubteilchen mit einem größeren Durchmesser als etwa ein Zehntausendstelbis ein Hunderttausendstelmillimeter bereits stärker von der magnetischen Feldstärke als von der in Richtung Sonne wirkenden Schwerkraft beeinflußt werden. Die Astrophysiker sind nämlich dank verschiedenen Beobachtungen überzeugt, bei jedem Stern ein mehr oder weniger starkes Magnetfeld annehmen zu dürfen. Es läßt sich dann weiter zeigen, daß sich zwangsläufig ein Bewegungszustand einstellt, der mit «partieller Korotation» bezeichnet wird. Dabei laufen die elektrisch geladenen Staub- und Gasteilchen langsamer um die Sonne, als sie dies aufgrund der allein schwerkraftbedingten Keplerschen Kreisbewegung eigentlich tun müßten. Bei jener halten sich Fliehkraft

Fig. III.
Fig. I.
A
B
C
D
H
Fig. II.
C
F
A
12

und Schwerkraft stets die Waage. Die Berechungen haben ergeben, daß bei der partiellen Korotation jedoch ein Drittel der Schwerkraft von der elektromagnetischen Kraft und nur die restlichen zwei Drittel von der Fliehkraft getragen werden, sobald sich der Vorgang stabilisiert hat. Wenn nun ein derartiges «Plasma», wie man das elektrisch leitfähige Ladungsgemisch von Gasteilchen auch nennt, auskondensiert und die einzelnen Mikrokörner ihren Ladungszustand verloren haben, dann fallen diese von ihrer momentanen Kreisbahn auf eine genau bestimmte sonnennähere Umlaufbahn zurück, da nun die «Tragkraft» des solaren Magnetfeldes wegfällt. Wendet man die seit 400 Jahren bekannten Keplerschen Gesetze der Planetenbewegung auf diese Situation an, dann ergibt sich eine Ellipse, deren sonnenfernster Punkt auf der ursprünglichen Bahn liegt und deren sonnennächster Punkt bis auf den halben Weg an die Sonne heranreicht. Dies muß also die «Standardbahn» aller auskondensierten Materie im Sonnensystem gewesen sein, aus der sich später Planeten, Planetoiden und Meteore gebildet haben. Teilweise können wir diese «Urmaterie» heute noch beobachten: Die Planetoiden zwischen Mars und Jupiter bestätigen die Theorie sehr schön, denn je kleiner und damit ursprünglicher diese sind, desto mehr stimmt der Wert ihrer Bahnabplattung im Mittel mit der Theorie tendenzmäßig überein.
Die am häufigsten vorkommende Planetoidenbahn ist nämlich nicht der Kreis, wie man aus Symmetriegründen eigentlich erwarten müßte, sondern eine Ellipse mit Exzentrizität zwischen 0,1 und 0,2.
Dies ist zwar kreisförmiger als bei den ursprünglichen Kondensationsbahnen mit einer Exzentrizität von theoretisch exakt einem Drittel, aber der Planetoidengürtel hat bereits eine Teilentwicklung auf dem Weg zu einer nach vielen Zusammenstößen ausgemittelten Kreisbahn eines einzigen Körpers hinter sich. Noch heute beobachtet man jedoch die Regel, daß fast keine Kleinplaneten mit Exzentrizitäten größer als einem Drittel vorkommen. Die wenigen Ausnahmen kann man sich meist dadurch erklären, daß bei einem nahen Vorbeiflug an einem Planeten gelegentlich auch eine Ablenkung auf eine höher exzentrische Bahn stattfinden kann.
Das Auskondensieren vollzog sich aber bei weitem nicht so einfach, wie man dies lange Zeit als selbstverständlich annahm, nämlich bei gleichmäßiger Dichteverteilung innerhalb der Scheibe um die Sonne. Die Scheibenform scheint sich zwar sowohl theoretisch als auch durch die Beobachtungen bestätigt zu haben, aber die sehr verschiedenen Atomgewichte und Ionisationsenergien der Elemente sorgten dafür, daß sich schon das vom solaren Magnetfeld beeinflußte Plasma deutlich in einzelne Substanzgruppen aufspaltete. Wenn nämlich neutrale Gase oder feinster Staub durch ein Plasma hindurchstürzen, werden diese von einer bestimmten Geschwindigkeit an, die für jedes Molekül charakteristisch ist, selber ionisiert. Da aber die Fallgeschwindigkeit in Richtung Sonne allein vom Abstand zu diesem Anziehungszentrum abhängt, wird die Entstehung einzelner ringförmiger Wolken recht gut verständlich.
In der Tat zeigen die detaillierten Berechnungen, daß aus rein physikalischen Gründen vier derartige Bereiche entstanden sein müssen, von denen die beiden inneren und die beiden äußeren sich je leicht überlappten und in der Mitte eine deutliche Trennung offen blieb. Dieses anläßlich der Pioneer-Venus-Mission im Dezember 1978 veröffentlichte extreme Verhältnis von leichterem zu schwererem Argon in der Atmosphäre war denn auch eher für jene Forscher eine Überraschung, die glaubten, konstante Isotopenverhältnisse für das gesamte Sonnensystem annehmen zu müssen. Für die anderen war es eine große

Genugtuung, zu sehen, wie schön der Theorie entsprechend der Wert von Mars über die Erde bis zur Venus zunimmt!
Wenn auch die Verhältnisse viel zu verwickelt sind, um zusätzlich noch die quantitative Häufigkeitsverteilung der Elemente innerhalb der einzelnen Wolken vorauszusagen, so beeindruckt doch, wie sehr Theorie und Wirklichkeit in qualitativer Hinsicht übereinstimmen:
Die innerste Wolke hat Merkur, Venus und die Erde hervorgebracht, deren Dichten mit 5,23 bis 5,52 g/cm³ recht ähnlich und als Gruppe deutlich von den anderen Planeten verschieden sind.

Bahnkreuzungen führen zu Kollisionen

Der Mond und Mars mit Dichten von 3,34 bzw. 3,92 g/cm³ müssen in der nächstäußeren Wolke entstanden sein. Wegen der Überlappung konnte sich der Mond auf einer Bahn bilden, welche die der Erde kreuzte, so daß es während mehr oder weniger langer Zeit immer wieder beinahe zu Kollisionen kam. Als Folge der fast parallelen Bahnen blieb die Relativgeschwindigkeit zwischen den beiden Körpern bei einer Passage jeweils ziemlich gering. Das «Eingefangenwerden» im Rahmen des Dreikörperproblems Sonne-Erde-Mond rückte damit in den Bereich durchaus realistischer Wahrscheinlichkeit. Außerdem genügte die Abbremsung beim Zusammenstoß des heutigen Mondes mit einem bereits vorhandenen kleineren Planeten erst recht, ihn ständig ans Gravitationsfeld der Erde zu binden. Die hier vorausgesetzte Bildung von Trabanten soll also offenbar auch für Monde um einen Planeten im kleinen genauso gelten wie für das Sonnensystem im großen. Man braucht dazu jedoch die mindestens ursprüngliche Anwesenheit eines Magnetfeldes, um den jeweiligen Planeten anzunehmen. Bei Merkur und Venus dürfte dies von Anfang an nicht der Fall gewesen sein; das Magnetfeld ist auch heute noch verschwindend klein, und das Fehlen von Monden braucht deshalb nicht zu verwundern.

Vier Ringwolken als Ausgangspunkt

Die Erde besitzt dagegen einen — bezüglich der beschriebenen Entstehungstheorie — unnatürlich massiven Trabanten von ziemlich unterschiedlicher Zusammensetzung. Es ist also durchaus möglich, daß unser Mond nicht aus magnetisch gebundener Materie um die Erde, sondern unabhängig von dieser in der nächstäußeren Wolke entstanden sein soll.
Die dritte, gemäß den Berechnungen weitaus massivste Wolke, brachte die großen Planeten Jupiter, Saturn, Uranus und Neptun hervor. Jupiter besitzt bekanntlich ein enormes Magnetfeld und konnte daher ein respektables System von Monden erzeugen. Bei den anderen Planeten kann man nur hoffen, daß der Nachweis eines Magnetfeldes, sei es auch nur zur Entstehungszeit, bald gelingt, um die Theorie mit den ebenfalls vorhandenen Trabantensystemen in Einklang zu bringen.
Die vierte und äußerste Wolke soll dagegen viel dünner gewesen sein, aber aus spezifisch schwereren und nicht nur vorwiegend gasförmigen Substanzen bestanden haben. Sie hat sich zu zwei wesentlichen Körpern verdichtet: Pluto und Triton, den größten Neptunmond. Triton ist der zweite im Verhältnis zu seinem Mutterplaneten «unnatürlich» große Trabant im Sonnensystem (neben unserem Mond) und dürfte auf ähnliche Weise zu Neptun übergewechselt

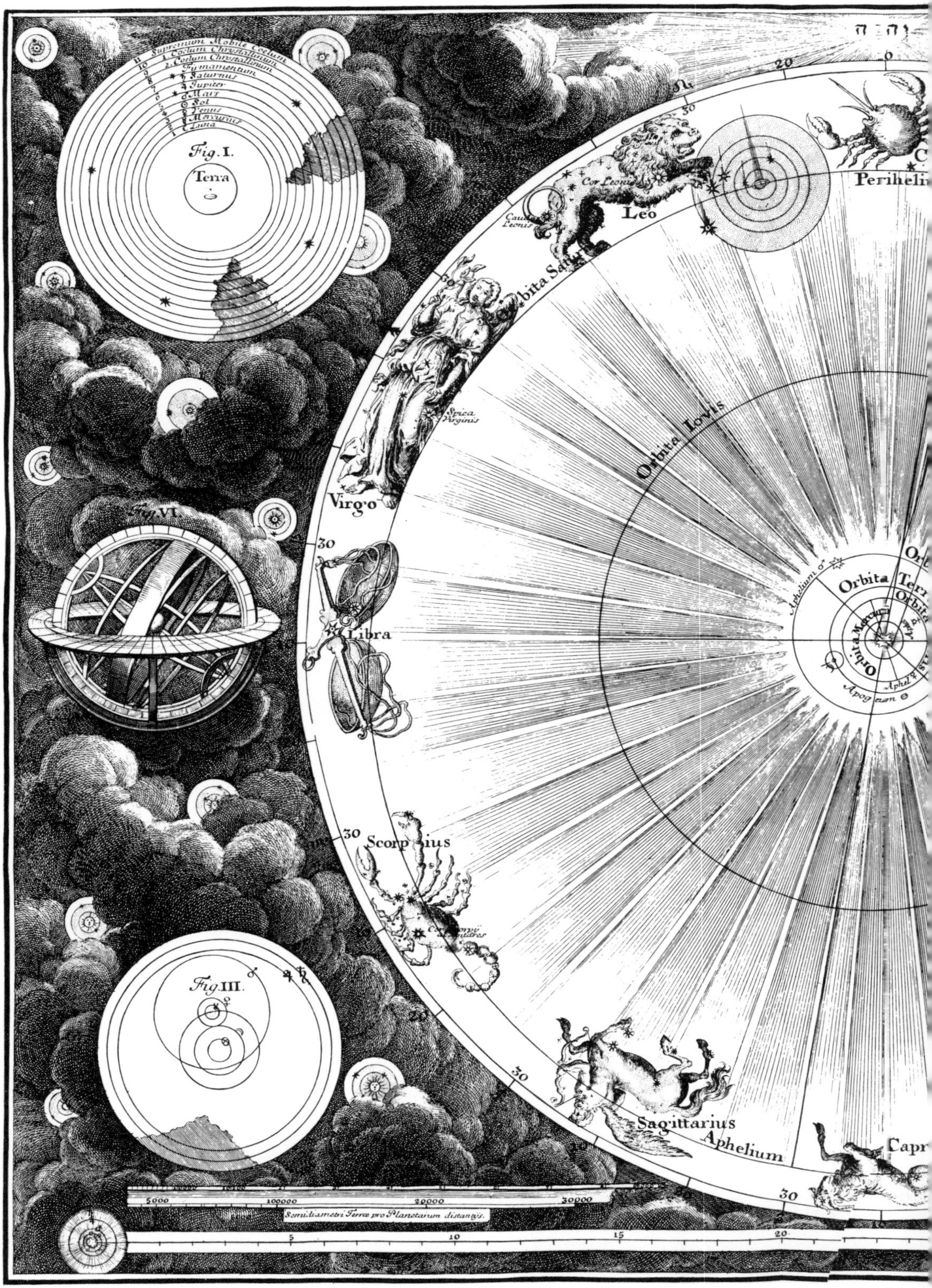

GENESIS Cap. I. v. 1.
Creatio Universi.

I. Buch Mosis Cap. I. v. 1.
Erschaffung der gantzen Welt.

Diese Darstellung der «Erschaffung der gantzen Welt» stammt aus der Kupferbibel von Johann Jacob Scheuchzer; der Kupferstich wurde von Johann Andreas Pfeffel gestochen. Augsburg und Ulm 1731. Man sieht die Sonne im Zentrum, die verschiedenen Planetenbahnen bis zu Saturn und den anschließenden Tierkreis.
Auf der Figur rechts unten sind die Größenverhältnisse der Planeten zueinander dargestellt.

haben wie jener zur Erde. Tatsächlich haben Triton und Pluto eine, wenn auch noch ungenau gemessene, so doch mit Sicherheit deutlich höhere Dichte als die zur Hauptsache gasförmigen Riesenplaneten. Für einen gemeinsamen Ursprung spricht auch die Tatsache, daß ein kleines Stück der Bahn von Pluto jene von Neptun bis heute noch schneidet. Pluto wird zum Beispiel in den achtziger Jahren wieder für einige Zeit etwas innerhalb der Neptunbahn um die Sonne laufen.

Die Planetoiden schließlich entstanden im mittleren Zwischenraum, der von Anfang an nur ganz dünn mit Materie besetzt sein konnte. Auch heute noch fällt die Gesamtbilanz dieser Kleinplaneten äußerst bescheiden aus. Obwohl man inzwischen schon die Bahnen und die ungefähre Größe von rund 2000 von ihnen ausgemessen hat und auch das Spektrum der noch kleineren und nicht mehr beobachtbaren Stücke einigermaßen abschätzen kann, ergäbe deren Masse zusammengenommen nur einen winzigen Planeten, der die Lücke zwischen Mars und Jupiter bei weitem nicht standesgemäß ausfüllen könnte. Man hat Grund zur Annahme, daß die dort auf mehr oder weniger elliptischen Bahnen kreisenden Körper die Urmaterie darstellen, die sich seit der Kondensation wohl am wenigsten verändert hat.

Warum entstehen nun unter gewissen Umständen einzelne Planeten und wann nur einzelne Fragmente? Wie spielt sich das im einzelnen ab? Die Antwort ist noch offen, nachdem der Vorgang der Planetenbildung aus den ursprünglichen Kondensaten bisher bewußt ausgelassen worden ist.

Diese Grafiken veranschaulichen den komplizierten Entwicklungsweg, den die solare Materie durchlaufen hat, nachdem sie sich aus dem ursprünglichen Zustand als Plasma im Magnetfeld der Sonne herauskristallisiert hat. Es befindet sich zunächst im Zustand sogenannter partieller Korotation, wo ein Teil der solaren Schwerkraft durch magnetische Kräfte kompensiert wird, so daß sich die Materie bei kleineren Rotationsgeschwindigkeiten auf einer höheren Bahn halten kann, als wenn die magnetische Unterstützung fehlen würde. Eine einzelne Faser dieser rotierenden Plasmascheibe wird nun gesondert betrachtet. Sie ist als gestrichelter Kreis dargestellt. Sobald das Plasma dort seinen Ladungszustand verliert und kondensiert, fällt die nunmehr elektrisch neutrale Materie auf irgendeine der sich kreuzenden Ellipsen, je nachdem, auf welchem Punkt der Kreisbahn die Kondensation stattgefunden hat.
Bei einer Exzentrizität von 1/3 weisen diese Ellipsen einen sonnennächsten Punkt auf, der sich gerade im halben Abstand vom ursprünglichen Plasma befindet. Dieser vorläufige Zustand ist in der ersten der vier anschließenden Grafiken nochmals schematisch dargestellt. In Wirklichkeit ist die Zahl der

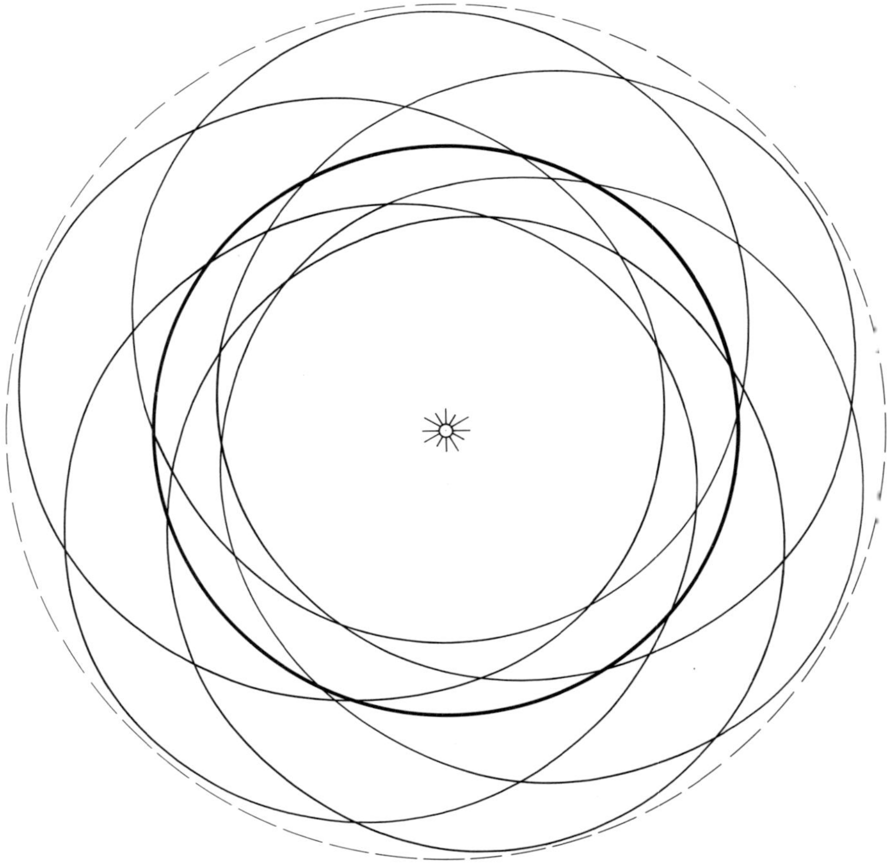

Urmaterie: körnige, auskondensierte Materie und neutrale Gase

Die körnige und zu einem wesentlichen Teil sicher auch noch aus neutralen Gasen bestehende Urmaterie befand sich zunächst in einem Wirrwarr sich kreuzender Bahnen um die Sonne, konnte aber dort sicher nicht lange ungestört verweilen. Zusammenstöße sorgten dafür, daß ein ständiger Wechsel stattfand. Wie wir heute wissen, mußte dieser aber eine ganz bestimmte Tendenz haben. Solche Kollisionen verlaufen nämlich in der überwiegenden Zahl inelastisch, womit man in der Physik diejenigen Stöße bezeichnet, bei denen Bewegungsenergie verlorengeht. Gerade deswegen entziehen sich aber diese Vorgänge der exakten himmelsmechanischen Behandlung weitgehend, was hinreichend erklärt, weshalb sich so lange niemand mit dieser Phase der Planetenentstehung beschäftigen wollte. Wenn die quantitative Erfassung eines Zusammenstoßes zweier Mikroplaneten, wie wir die auskondensierte, körnige Materie gelegentlich nennen, auch Mühe macht, so ist doch eine wichtige qualitative Aussage möglich: Die Bahnen der beiden Komponenten gleichen sich an! Dabei spielt es keine Rolle, ob sich diese bei der Kollision völlig zertrümmert haben; auch die Bruchstücke bewegen sich dann auf einer etwas gemittelten Bahn. Die typischen Auftreffgeschwindigkeiten liegen zunächst in der Größenordnung von etwa 5 km/s. Dies reicht aus, um alles Material wieder verdampfen zu lassen, das sich vielleicht nach langer Zeit endlich einmal zu

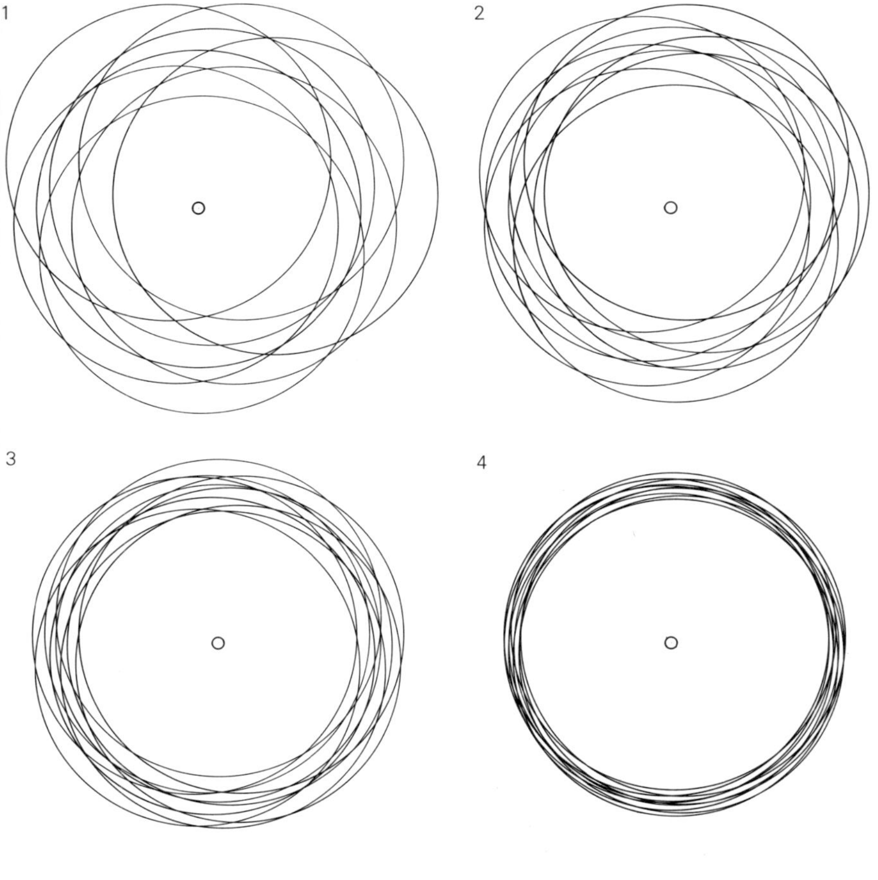

einzelnen Partikeln auf ihren kreuzenden Ellipsen natürlich viel größer. Zusammenstöße führen nun im Laufe der Zeit dazu, daß sich die Geschwindigkeiten der einzelnen Brocken nach der Kollision immer mehr angleichen und somit auch die Bahnen immer ähnlicher werden (1–4). Berechnungen und Simulationen haben gezeigt, daß sich unter diesen Umständen alle Materie immer mehr auf eine Kreisbahn zubewegt, deren Radius genau 2/3 der ursprünglichen Plasmabahn beträgt. Diese ist in der ersten Figur als dicker Kreis eingezeichnet. Die Gesamtenergie der Partikeln ist dort gegenüber den vorherigen Ellipsen um genau den Betrag zurückgegangen, der bei den inelastischen Zusammenstößen in Wärme verwandelt wurde. Was dann vom Endzustand (4) an passiert, hängt von der vorhandenen Materiedichte und dem Abstand vom Zentralkörper ab! Von einem lose zusammenhängenden Körper oder nur einem Materiering wie bei Saturn oder Uranus bis zu einem auf den Gravitationskollaps folgenden massiven Planeten oder Mond kann die Entwicklung von hier an einen verschiedenen Lauf nehmen.

einem kleinen Krümelchen hatte zusammenziehen können. Die Trümmer kondensieren jedoch wieder und kommen auf immer ähnlicher werdenden Bahnen zwangsläufig zum letzten Kollisionspunkt zurück, jedoch mit ständig kleiner werdenden Relativgeschwindigkeiten in bezug auf die dort ebenfalls vorbeifliegenden Nachbarn. Detailliertere Untersuchungen dieser Vorgänge haben ergeben, daß sich über Zeiträume von einigen Mio bis etwa 100 Mio Jahren immer gleichförmiger laufende Schwärme heranbilden. Innerhalb dieser Schwärme sinkt die Relativgeschwindigkeit so weit herab, daß eine Kollision nicht mehr zur vollständigen Zertrümmerung ausreicht. Stattdessen beginnen sich dann immer größere Brocken zusammenzuballen, wobei die Schwerkraft von einer gewissen Größe an einen stärkeren Zusammenhalt gibt als elektrostatische Oberflächeneffekte, die anfänglich noch eine Rolle spielen mögen.
Die beschriebene Tendenz zur Schwarmbildung läßt sich sehr gut in der Natur beobachten: Meteoriten pflegen tatsächlich in Schwärmen zu reisen. Diese Eigenschaft wurde zwar auch schon anders gedeutet und zum Beispiel in Zusammenhang mit Resten aufgelöster Kometen gebracht. Diese Hypothese scheint in einigen Fällen auch durchaus zuzutreffen, doch schließt die eine Vorstellung die andere keineswegs aus. Kometentrümmer, während des Auflösungsprozesses zunächst einmal verstreut, haben nach Verflüchtigung der gasförmigen Bestandteile langfristig doch wieder die Tendenz, sich erneut zu sammeln. Die Schwärme bleiben also mindestens über Zeiträume von Jahrhunderten zusammen, was auch mit den Beobachtungen übereinstimmt. Eine völlige Zerstreuung tritt nicht ein. Umgekehrt mag der Konzentrationsprozeß aber Jahrtausende oder Jahrmillionen dauern.
Die Berechnungen haben gezeigt, daß der Schrumpfungsprozeß, von den ursprünglichen Ellipsenbahnen bis zu den endgültigen Kreisbahnen, nach genau erfaßbaren Gesetzen abläuft. Kreisbahnen schneiden sich nicht mehr, die Zusammenstöße hören also einmal auf, und ein unveränderlicher Endzustand wird damit erreicht. Der Energieverlust während der Schrumpfung (im Innern entsteht eine Reibung, vergleichbar mit Zusammenstößen) führt dazu, daß sich die Materie schließlich auf einer Kreisbahn findet, deren Radius theoretisch exakt zwei Drittel des ursprünglichen Bahnradius des Plasmas während der «partiellen Korotation» beträgt (vergleiche Abbildung Seiten 18 und 19).

Akuter Schwerkraftkollaps läßt Planeten entstehen

Das Wesentliche an dieser Theorie ist die Erklärung der Kontraktion von Materiewolken, deren Schwerkraft am Anfang bei weitem nicht dazu ausgereicht hätte. Erst wenn einige Konglomerate eine kritische Größe von etwas mehr als 1000 km Durchmesser erreicht haben, setzt ein akuter Schwerkraftkollaps ein. Dieser ist bei unseren Planeten jeweils zu verschiedenen Zeitpunkten und bei den Planetoiden noch überhaupt nicht eingetreten. Für viele spätere Eigenschaften des Himmelskörpers ist es nun äußerst wichtig, ob dieser Kollaps schon sehr früh stattfand, als die Ursprungswolke noch aus vielen kleinen Körpern bestand, oder erst später, als sich die Population bereits auf wenige große Brocken konzentriert hatte.
Es läßt sich heute mit ziemlicher Sicherheit angeben, daß dieser abschließende Zusammensturz der Materie bei Venus, Merkur, Erde und Jupiter zuerst vollendet war, und zwar in der genannten Reihenfolge innerhalb von rund 20 bis 40 Mio Jahren. Die Kontraktionswärme bei der Umwandlung der mechanischen Energie einstürzender Mikroplaneten konnte nicht sukzessive wieder

abgestrahlt werden, sondern staute sich an und reichte aus, die gesamte äußere Schale der entstehenden Planetenkugel in einem Zug aufzuschmelzen.
Wesentlich länger dauerte es, bis Mond, Mars und Saturn so weit waren. Hier werden Zeiträume von 200 bis 300 Mio Jahre nach der Sonnenentstehung angegeben. Bis dahin hatte sich auf langsame und daher sich ständig wieder abkühlende Art bereits ein großer Teil des künftigen Planeten gebildet, und die Aufheizung beim seltener werdenden Absturz der letzten großen Trümmer reichte nicht mehr zum gleichzeitigen Aufschmelzen der gesamten Oberfläche aus. Im Falle von Mond und Mars, die im Gegensatz zu Saturn eine feste Oberfläche besitzen und die auch schon eingehend erforscht worden sind, wird diese These recht gut durch die seismischen Forschungsergebnisse, das Studium der Oberflächenbilder und weitere Beobachtungen gestützt.
Uranus, Neptun, Triton und Pluto haben bis zum Anwachsen auf ihre heutige Größe noch länger, vermutlich 400 Mio Jahre oder noch mehr, gebraucht. So lange dauert es nämlich, bis sich die Materie allein aufgrund der beschriebenen «Kollisionsreibung» auf einen hinreichend engen Gürtel zusammengezogen hat, von dem aus die Gravitation dann endgültig zum Zug kommt.
Bei den Planetoiden schließlich hält der Prozeß bis heute an. Der größte unter ihnen, Ceres, hat auf seiner zentralen Kreisbahn immerhin bereits den Löwenanteil der Materie auf sich konzentriert. Die Masse aller übrigen bekannten Kleinplaneten zusammengenommen ist nämlich immer noch kleiner als jene von Ceres. Wegen der geringen mittleren Dichte in diesem Raum konnte auch der größte dieser Körper nicht den für einen Gravitationskollaps nötigen Minimaldurchmesser von beträchtlich mehr als 1000 km erreichen. Das «Aufräumen» weiterer Trümmer durch Einverleibung in Ceres wird deshalb noch lange dauern und wohl überhaupt nie ganz abgeschlossen sein.
Die bisher geschilderte Theorie mag zwar bis jetzt recht kühn anmuten, aber sie wird noch von einer ganzen Reihe unabhängiger Argumente gestützt. Dazu gehört die Lage der Rotationsachsen der Planeten in bezug auf ihre Bahn um die Sonne. Die zuerst gebildete Gruppe, bestehend aus Venus, Merkur, Erde und Jupiter, hatte bei ihrer Entstehung nur sehr kleine Achsenneigungen. Außer der Erde, die wahrscheinlich erst bei der Kopplung mit dem Mond um den Winkel von 23½ Grad gekippt worden ist, besitzen alle anderen drei noch immer ihre geringen Abweichungen zwischen Äquator und Bahnebene um die Sonne. Bei Mond, Mars und Saturn stürzten bereits große Brocken nieder, die eine starke Zufallskomponente in die Lage der Achse hereinbrachten. Nur bei feinen Partikeln ist die Symmetrie so weit gewahrt, daß die Achsen wie bei den Planeten der ersten Gruppe schön senkrecht zu stehen kommt. Bei der zweiten Gruppe folgten über einen längeren Zeitraum allerdings nochmals symmetrischer eintreffende Mikroplaneten nach, ohne daß diese die Achsen wieder ganz hätten aufrichten können. Immerhin stellte sich dort nochmals eine Tendenz zur Senkrechten ein. Ganz anders bei Uranus und Neptun: Uranus rollt beinahe in seiner Bahn, weicht also maximal von der Normallage ab, und Neptun hat mit dem absolut zweitgrößten Wert von 29 Grad wohl nur per Zufall keine größere Abweichung.
Als weiteres positives Argument ist zu nennen, daß die ursprünglichen, also nicht später eingefangenen Monde der Planeten immer schön in ihrer Äquatorebene kreisen, und nicht etwa in der Bahnebene, wie dies frühere Entstehungstheorien eigentlich gefordert hätten. Besonders bei Uranus ist diese Regel mit hoher Genauigkeit erfüllt und angesichts der extremen Achsenlage besonders typisch.

Rechte Seite:
In der «Abhandlung Von der Welt-Beschreibung, Des Herrn Bions» aus dem Jahr 1736 findet sich dieser Kupferstich, der zum Teil noch sehr unwissenschaftlich die Verschiedenartigkeit der Planeten und der Sonne aufzeigt.

Rotation und Gezeitenkräfte

Die Theorie fordert außerdem in erster Näherung bei allen planetaren Körpern, unabhängig von ihrer Größe, eine konstante Rotationszeit, sofern diese nicht später durch Gezeitenkräfte (wie z. B. bei der Erde) gebremst worden sind. Diese Eigenschaft ist eine Folge von nur mathematisch nachvollziehbaren Überlegungen und muß hier ohne weitere Begründung aufgeführt werden. Immerhin läßt sich das Resultat diskutieren. Auch hier scheint sich die Wirklichkeit nämlich erstaunlich gut an die Regel zu halten, schwanken doch die Rotationszeiten der vielen bereits vermessenen Planetoiden um den gleichen Wert wie jene von Jupiter, Saturn und Uranus, die einander mit 10 Stunden trotz ihrer recht verschiedenen Größe sehr ähnlich sind. Neptun (19 Stunden) wurde vermutlich durch Triton etwas gebremst, so wie es der Erde mit dem Mond ergangen ist. Merkur und Venus wurden durch Gezeitenkräfte in ihrem Rotationsverhalten so weit verändert, daß jede Übereinstimmung mit dem Ursprungswert zufällig wäre. Einer Klärung harrt hingegen noch die Rotationszeit von Mars, die fast 25 Stunden beträgt, obwohl dort keine genügend großen Monde für eine Gezeitenbremsung in Frage kommen. Möglicherweise ist ein früherer Trabant dafür verantwortlich, der abgestürzt ist (wie Phobos das in absehbarer Zeit tun wird) oder sonst ein gewaltsames Ende genommen hat.
Eine weitere Bestätigung des Konzepts findet sich in der Struktur der Saturnringe, wie dies zum Teil im Abschnitt über diesen eigenartigen Planeten erläutert wird. Die sogenannte Cassinische Trennung ist ja nicht, wie lange Zeit als «offensichtlich» angesehen, eine instabile Bahn infolge von Resonanzerscheinungen der Monde (ihr Einfluß wäre geringer und bei genauerer Betrachtung stimmt die Aussage nicht einmal annähernd genau); ihr Ursprung liegt in der Kontraktion der Materie unter den dort herrschenden speziellen Bedingungen. Der Ring von Saturn befindet sich nämlich innerhalb der kritischen Roche-Grenze, in der Ebbe und Flut auf einem Mond dessen eigene Schwerkraft übersteigen würde, so daß er sich gar nicht erst bildet.
Im Rahmen der Möglichkeiten verhält sich Materie nach der Kondensation aber immer noch so, wie das vorgängig beschrieben wurde. Die durch die Kollisionen zwischen den einzelnen Partikeln erzeugte Reibung läßt den Bahnradius auf zwei Drittel des Wertes vor der Kondensation schrumpfen. Der große Spalt im Saturnring liegt aber genau um diesen Faktor innerhalb der Bahn des innersten größeren Mondes Mimas! Wie anders wollte man auf sichere Art schöner erklären, weshalb der innere Teil des Ringes so viel heller erscheint als der äußere? Doch nur so: Die Urmaterie für den inneren Ring befand sich von Anfang an innerhalb des Mondes Mimas, so daß sie sich von diesem unbeeinflußt zusammenziehen konnte. Was sich anfänglich außerhalb befand, erlitt mit recht großer Wahrscheinlichkeit das Schicksal, bei der Passage von Mimas von diesem einverleibt zu werden. Ein Teil der eventuell auch noch etwas geneigt laufenden Materie schaffte aber den Weg nach innen dennoch und formte den äußeren, viel weniger dicht besetzten Ring! Sogar der ganz feine, innerste Ring läßt sich deuten als jenes bißchen Materie, das bei den bereits existierenden Körnern des äußeren Ringes auskondensierte. Der äußere Radius des feinen Ringes mißt nämlich mit 91 600 km ganz genau zwei Drittel des äußeren Radius des größten Ringes, was die dargelegte Theorie nicht nur sehr schön illustriert, sondern auch bestätigt.

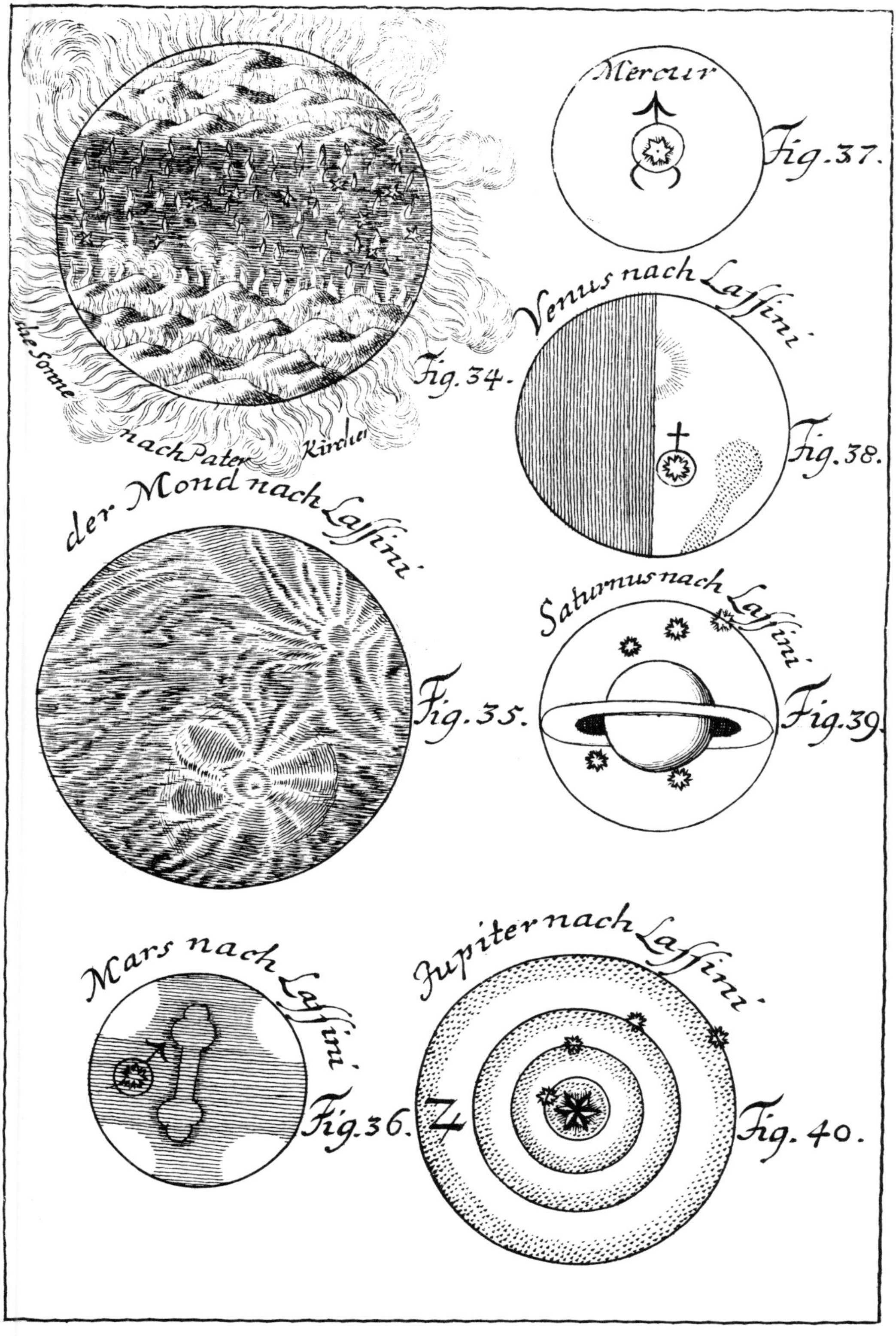
die Sonne nach Pater Kircher
Fig. 34.
Mercur
Fig. 37.
Venus nach Cassini
Fig. 38.
der Mond nach Cassini
Fig. 35.
Saturnus nach Cassini
Fig. 39.
Mars nach Cassini
Fig. 36.
Jupiter nach Cassini
Fig. 40.

Von der Hypothese zur Theorie

Die hier in äußerster Knappheit dargelegte Entstehungshypothese ist in ihren Grundzügen bereits recht gut erhärtet und hat ihre Bewährung schon in vieler Hinsicht bewiesen. Wir leben heute genau in der Generation, die die Erkenntnisse auf diesem Gebiet in kurzer Zeit vervielfacht hat und in den nächsten Jahrzehnten zu einer immer abgerundeteren Wissenschaft ausbauen wird. (Bei der Geologie ist dies heute schon teilweise der Fall.) Durch Rekognoszieren an Ort bei den verschiedenen Himmelskörpern läßt sich prinzipiell jede Hypothese testen. Gleichzeitig gelingt es der Infrarotastronomie, ferne Planetensysteme direkt während ihrer Bildung zu beobachten. Alles deutet daraufhin, daß die Entstehung von Planeten um ein Zentralgestirn ein viel standardmäßiger ablaufender Vorgang ist, als man dies noch bis vor kurzem glaubte annehmen zu dürfen. Die Erforschung unseres eigenen Sonnensystems hat also auch wichtige Konsequenzen für die Klärung der Frage, wie viele erdähnliche Planeten es wohl gibt, d. h. wie belebt das Universum etwa sein könnte. Da die Wissenschaft derzeit auf beinahe allen Gebieten gleichzeitig Fortschritte macht und für die nächsten Jahrzehnte mit einer enormen Verdichtung des Netzes gesicherter Fakten zu rechnen ist, werden weitere Durchbrüche und definitive Erkenntnisse zur Entstehung unseres Sonnensystems immer wahrscheinlicher.

☿ Merkur

Atmosphäre

Merkur besitzt im Gegensatz zu den anderen terrestrischen Planeten keine Atmosphäre. Diese Feststellung steht im Einklang mit einer Reihe von Beobachtungen: Das vollständige Fehlen von Vulkanen und weitere Besonderheiten der Oberfläche zeigen deutlich genug, daß dort vermutlich überhaupt nie größere Mengen von Gasen aus dem Inneren von Merkur freigesetzt worden sind.

Selbst wenn dies der Fall gewesen wäre, hätte eine Atmosphäre nicht lange Bestand gehabt. Die Schwerkraft ist zwar fast so groß wie auf Mars, so daß Merkur genauso gut wie jener eine dünne Gashülle halten könnte, doch ist es auf dem Merkur viel zu heiss dazu. Die hohe thermische Geschwindigkeit von Gasmolekülen bewirkt, daß diese Moleküle nämlich alle früher oder später das Schwerefeld des Merkur überwinden und in den interplanetaren Raum entweichen.

So verwundert es keineswegs, daß das Radiowellen-Verdeckungsexperiment von Mariner 10 erst recht keine Ionosphäre melden konnte. Lediglich das äußerst empfindliche Ultraviolett-Spektrometer war in der Lage, die schwache Absorption einiger weniger herumtanzender Gasmoleküle in den entsprechenden charakteristischen Wellenbereichen zu messen. Das Edelgas Helium wurde so eindeutig festgestellt. Es stammt aus dem Alphastrahlenzerfall von Uran und Thorium in den Oberflächengesteinen, deren Anwesenheit sich auf diese Weise auch feststellen ließ. Kleinere Mengen von Argon, Neon und möglicherweise noch Xenon konnten ebenfalls nachgewiesen werden.

Diese «Atmosphäre» muß man sich jedoch in Wirklichkeit eher als Hochvakuum vorstellen, wie es auf dem Mond herrscht und das sich lediglich durch einige Zehnerpotenzen vom Höchstvakuum des umgebenden Raumes unterscheidet: ein Gleichgewichtszustand, bei dem die ständig entweichenden Gase im gleichen Maße durch neue aus der Oberfläche ersetzt werden. Es liegt heute etwa bei maximal einem Milliardstel mb Gesamtdruck, davon entfällt ein sehr großer, wesentlicher Teil auf das Edelgas Helium.

Bahndaten

Umlaufzeit um die Sonne	87,97 Tage
Zeit zwischen zwei Distanzminima von der Erde	115,88 Tage
Min. Sonnenabstand	46 Mio km
Max. Sonnenabstand	70 Mio km
Min. Erdabstand	80 Mio km
Max. Erdabstand	220 Mio km
Min. Funkzeit zur Erde	4½ Lichtminuten
Max. Funkzeit zur Erde	12¼ Lichtminuten
Geschw. im sonnennächsten Punkt	59 km/s
Geschw. im sonnenfernsten Punkt	39 km/s

Die nachfolgenden vollständigen Bahnelemente sind für den mit modernen Rechenhilfsmitteln ausgerüsteten Interessenten gedacht. Die mittlere Drift der sich systematisch ändernden Elemente ist angegeben und gestattet für viele Zwecke hinreichend genaue Positionsberechnungen je ungefähr 200 Jahre in die Zukunft und in die Vergangenheit. T bedeutet die seit dem 1. Januar 1975 verflossene Zeit in Tagen.

Beleuchtungsphasen

Als Besonderheit für alle Planeten, die sich innerhalb der Erdbahn um die Sonne bewegen, gilt, daß sie von uns aus gesehen nicht immer ganz beleuchtet erscheinen, sondern wie unser Mond Phasengestalten zeigen. Die beigefügte Grafik gilt sowohl für Merkur als auch für Venus. Ausgerechnet dann, wenn die Distanz geringer wird, erscheinen diese Planeten als schmale Sicheln, was die Schwierigkeiten der erdgebundenen Erforschung noch zusätzlich erhöht. Die besten Beobachtungsbedingungen bieten sich jeweils zur Zeit der östlichen Elongation am Abendhimmel und zur Zeit der westlichen Elongation am Morgenhimmel. Auch dann geht jedoch Merkur im besten Fall nur 28 Grad hinter der Sonne unter oder vor ihr auf. Der maximale Glanz wird ganz in der Nähe der Elongationen erreicht.

Caloris-Becken

Das auffälligste Einsturzbecken auf der mit Mariner 10 erforschten Merkurhälfte ist Caloris. Es liegt ungefähr bei 180°W und hat einen Gesamtdurchmesser von 1400 km, also fast 30 Prozent des ganzen Merkur. Es ist mit dem Mare Imbrium auf der Mondvorderseite oder dem Mare Moscoviensis auf der Mondrückseite vergleichbar. Auf

Bahndaten
Die nebenstehende Tabelle ermöglicht Positionsberechnungen je ungefähr 200 Jahre in die Zukunft und in die Vergangenheit.

Länge des aufsteigenden Knotens (Grad)	$48{,}03496 + 3{,}25 \cdot 10^{-5} \cdot T$
Neigung zur Ekliptik (Grad)	$7{,}00427 + 5{,}01 \cdot 10^{-8} \cdot T$
Länge des Perihels (Grad)	$29{,}03153 + 1{,}01 \cdot 10^{-5} \cdot T$
Große Halbachse (Astronomische Einheiten)	0,3870984
Numerische Exzentrizität	$0{,}2056295 + 5{,}59 \cdot 10^{-10} \cdot T$
Mittlere Anomalie am 1. 1. 1975 (Grad)	247,71220

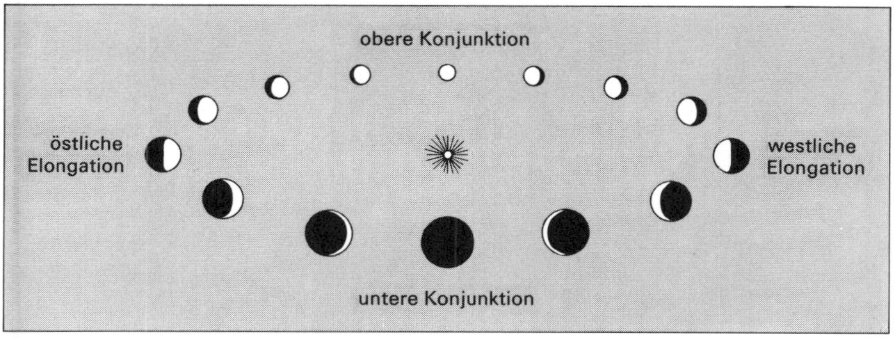

Beleuchtungsphasen
Die Phasengestalt von Merkur von der Erde aus gesehen.

den Fotos ist es immer nur zur Hälfte sichtbar, weil sich Merkur im Moment der Aufnahme jeweils im sonnenfernsten Punkt befand, wo die Schattengrenze mit dem 0°- und 180°-Meridian zusammenfällt. Auf dem Punkt der Planetenkugel, der dem Caloris-Becken gegenüberliegt, hat sich vermutlich im Zusammenhang mit dem Planetoideneinsturz ein hügeliges und von eigenartigen Linien durchzogenes Terrain gebildet.

Distanzen zur Erde

Die Tabellen auf Seiten 30 und 31 ermöglichen einen Überblick über die ständig wechselnden Abstände zwischen Merkur und der Erde. Wegen des raschen Laufes von Merkur ist es nötig, die Entfernungen zweimal monatlich anzugeben. Das Datenmaterial läßt sich auch grafisch auf einen langen Streifen auftragen, so daß Interpolationen für Zwischenwerte ermöglicht und die periodischen Schwankungen der Entfernung besonders anschaulich gezeigt werden. Beispiele: Am 1. Januar 1987 beträgt die Distanz 214 Mio km, am 15. Juli 1993 86 Mio km.

Entstehungstheorie

Wie in der Einleitung über «Allgemeines zur Entstehung des Planetensystems» ausgeführt wird, hat sich Merkur in der innersten, aus relativ schweren Elementen bestehenden Plasmawolke gebildet. Der Gravitationskollaps trat vermutlich noch schneller ein als auf der Erde, jedenfalls lange vor jenem auf dem Mond oder Mars. Die Kontraktionswärme staute sich somit genügend, um den ganzen Planetenkörper bei der Bildung aufzuschmelzen. Dies führte zu einer gründlichen chemischen Aufspaltung:

Entstehungstheorie
Nur zwei Minuten nach der ersten Passage im nächsten Punkt hatte sich die Entfernung bereits wieder auf 5900 km erhöht. Dennoch gelang mit dieser Aufnahme eines der besten Bilder, was das Auflösungsvermögen anbelangt. Der etwa 40 mal 50 km messende Ausschnitt zeigt Krater bis hinunter zu einer Größe von etwa 150 m. Das über weite Strecken sehr flache und nur von Lavariffen und Kratern der verschiedensten Verwitterungsgrade durchsetzte Gelände ähnelt sehr stark den Mare-Gebieten auf dem Mond. (Bild: Mariner-10-Sonde)

Beleuchtungsphasen
Total 18 Funkbilder, die im Abstand von 42 Sekunden übermittelt wurden, ergaben zusammengesetzt dieses Mosaik. Es zeigt Merkur aus einer Perspektive und in einer Beleuchtungsphase, wie wir den sonnennahen Planeten auch von der Erde aus gelegentlich sehen, jedoch mit einem gewaltig gesteigerten Detailreichtum. Das Raumschiff war während dem 13minütigen Aufnahmezeitraum durchschnittlich 200 000 km von dieser äußerlich mondähnlichen Oberfläche entfernt.

Beleuchtungsphasen
Rechts: Ähnliche Ansicht wie auf der linken Seite, jedoch nicht mehr beim Anflug, sondern beim Wegflug nach der ersten Passage aufgenommen.

Distanzen zur Erde
Diese beiden Tabellen zeigen einen Überblick über die Abstände zwischen Merkur und der Erde, die sich dauernd verändern.

DISTANZEN ERDE-MERKUR
JEWEILS AM 1. UND 15. DES MONATS IN MIO KM

	JAN	FEB	MRZ	APR	MAI	JUN	JUL	AUG	SEP	OKT	NOV	DEZ
1978	121	196	203	106	106	181	175	107	125	210	189	106
	163	207	171	86	138	198	143	91	180	210	154	121
1979	174	211	164	91	150	197	130	89	185	204	144	129
	200	201	109	114	181	171	101	122	208	185	105	176
1980	207	199	101	130	190	160	90	133	206	172	101	187
	214	157	97	160	197	121	89	184	198	138	133	210
1981	215	146	106	172	195	109	93	188	189	127	141	214
	199	99	137	193	160	85	131	203	165	100	189	216
1982	194	98	150	199	152	82	140	200	152	98	195	214
	150	117	177	196	107	96	185	184	120	136	215	194
1983	142	129	188	193	98	106	189	174	109	144	215	187
	100	163	202	151	83	144	198	145	96	193	212	145
1984	101	175	206	139	88	156	193	130	99	199	205	132
	132	197	195	94	113	191	167	102	147	213	181	102
1985	146	205	191	91	125	194	156	93	154	211	171	104
	182	209	143	94	159	191	123	97	198	202	130	146
1986	191	210	135	104	169	187	111	101	200	193	121	155
	209	187	93	134	194	151	89	149	207	167	103	194
1987	214	182	94	147	197	140	84	156	203	156	106	201
	212	128	110	175	188	103	100	197	187	119	157	216
1988	210	121	125	186	181	92	111	200	174	108	169	217
	184	97	156	200	136	83	157	198	146	106	204	210
1989	174	105	169	202	126	87	164	192	133	110	208	205
	122	138	191	181	90	115	197	168	103	165	217	176
1990	115	151	199	176	86	126	198	156	96	172	214	167
	106	180	204	124	90	166	189	126	109	206	202	119
1991	113	191	205	115	100	174	182	113	115	208	195	112
	155	205	180	87	130	197	151	92	171	212	163	112
1992	166	210	170	89	145	198	136	89	180	206	150	122
	195	205	115	109	177	176	105	115	207	189	109	170
1993	204	202	109	122	185	168	94	123	206	179	103	179
	214	164	93	153	198	129	86	175	201	147	123	207
1994	216	157	101	165	198	117	88	181	194	135	130	211
	204	104	129	189	169	89	121	203	171	103	181	217
1995	200	101	143	196	162	83	131	201	159	98	188	216
	161	110	171	199	115	91	177	189	128	125	212	200
1996	153	121	184	196	103	101	185	178	114	136	214	191
	104	156	200	157	83	138	199	151	96	188	213	151
1997	101	170	205	150	85	148	196	137	95	193	209	142
	126	194	199	101	105	185	174	108	135	213	188	102

Ein Eisenkern formierte sich im Inneren, umgeben von einer eisen- und vor allem titanarmen Silikathülle. Die Masse des Kerns wird auf etwa 80 Prozent der Gesamtmasse geschätzt, so daß dieser für sich leicht größer als unser Mond sein dürfte. Die gänzlich verschiedene Zusammensetzung zeigt sich auch in der Abwesenheit dunkler Mare, also erstarrter Lavameere, die für den Mond so typisch sind. Soweit die einfachen spektrometrischen Untersuchungen durch Mariner 10 bereits eine Interpretation zulassen, wird diese Auffassung durch sie bestätigt.

Man glaubt, den gesamten Entstehungszeitraum in fünf Phasen einteilen zu können, um damit die heutigen Formationen auf der Merkuroberfläche zu erklären:

In der ersten folgte eine ziemlich rasche Abkühlung des Planeten und die Bildung einer dünnen Kruste. Weil Monde fehlen und sich somit keine Gezeiten bilden, und wohl auch wegen der langsamen Rotation, reichten die tektonischen Kräfte schon bald nicht mehr aus, die Kruste von sich aus aufzubrechen. Nur Planetoideneinstürze waren dazu in der Lage. In der ersten Phase, solange die erstarrte Schicht noch zu dünn war, hinterließen solche Einstürze jedoch keine Spuren.

In der zweiten Phase sind die ältesten erhaltenen Krater entstanden, von denen nur noch die äußeren Ringe sichtbar sind. Deutliche Spuren hinterließ auch der Einsturz, der das Calorisbecken erzeugt hat. Dies wird als die dritte Phase bezeichnet, da dieses Ereignis eindeutig später als die ersten Krater datiert werden kann. Wie man schon vom Mond her weiß, muß gut eine halbe Milliarde Jahre nach der Formation der inneren Planeten nochmals ein Bombardement ganz großer Brocken stattgefunden haben.

Die vierte Phase wird charakterisiert durch gelegentlichen Vulkanismus, der noch

DISTANZEN ERDE-MERKUR
JEWEILS AM 1. UND 15. DES MONATS IN MIO KM

	JAN	FEB	MRZ	APR	MAI	JUN	JUL	AUG	SEP	OKT	NOV	DEZ
1998	136	202	197	95	117	190	164	97	143	211	178	101
	175	209	154	90	151	195	131	93	192	205	139	136
1999	185	211	147	99	162	192	118	95	195	198	129	145
	206	194	98	126	190	159	92	138	208	175	101	187
2000	212	189	95	142	196	146	85	150	204	161	103	197
	213	139	106	171	191	108	96	194	190	125	150	214
2001	212	128	117	181	188	98	103	196	180	115	158	217
	189	96	149	198	145	83	147	201	153	101	199	213
2002	183	100	162	201	136	84	155	196	140	103	204	209
	133	130	186	188	95	107	194	175	109	154	216	183
2003	125	142	195	184	89	118	196	163	100	161	215	175
	101	174	204	134	86	158	193	133	102	202	206	128
2004	106	185	206	122	96	169	186	118	110	206	198	117
	146	203	185	88	125	196	156	95	164	213	169	108
2005	160	209	180	88	137	197	144	89	171	209	158	113
	192	207	125	103	170	183	112	107	204	194	116	161
2006	200	206	118	115	179	176	100	114	205	185	109	171
	213	174	92	146	198	137	86	166	204	155	113	202
2007	216	167	96	158	199	126	85	172	198	143	119	208
	208	112	122	184	177	93	113	202	178	108	173	217
2008	205	107	137	193	168	85	125	202	164	100	183	216
	171	104	167	200	121	88	172	192	133	119	210	203
2009	159	115	179	200	111	95	178	184	121	125	213	197
	108	151	197	167	84	129	200	158	97	180	215	161
2010	104	163	203	160	84	140	198	145	94	186	211	152
	117	189	202	109	99	178	180	115	124	211	194	107
2011	127	198	201	102	110	184	171	103	131	211	185	103
	168	208	165	87	143	197	138	91	185	208	149	126
2012	178	211	154	95	157	194	123	92	192	201	135	138
	203	199	102	121	187	164	96	131	209	179	102	183
2013	210	193	98	134	192	155	87	139	206	168	101	191
	214	147	100	164	195	116	91	188	195	133	139	212
2014	214	139	110	175	193	105	96	191	186	122	147	215
	195	97	141	195	155	84	137	203	160	99	193	215
2015	190	98	155	200	146	82	146	199	148	99	198	212
	144	122	181	193	102	100	188	181	116	143	216	191
2016	136	134	192	188	93	113	193	168	104	154	215	180
	100	167	203	141	84	152	196	139	99	199	209	135
2017	103	181	206	132	91	161	191	125	102	202	203	127
	140	200	191	91	117	193	163	99	153	213	177	103

einige der neuen Krater mit Lava ausgefüllt hat.

Die fünfte und letzte Phase dauert bis heute an und kennt nur noch oberflächliche Zertrümmerungen. Die letzten Spuren des einstigen Vulkanismus sind wie auf dem Mond praktisch verschwunden.

Die Zeitskala dieser Vorgänge ist erst vorläufig festgelegt. Genaue Datierungen werden wohl wie beim Mond erst nach Altersbestimmungen von Bodenproben, die zur Erde zurückgebracht werden, möglich sein.

Geschichtliches

1543 Nikolaus Kopernikus, der definitive Begründer des heliozentrischen Planetensystems, klagt kurz vor seinem Tode, den innersten Planeten Merkur seiner Lebtag nie mit eigenen Augen gesehen zu haben.

1610 Von diesem Jahr an kann Merkur mit Teleskopen von der Erde aus beobachtet werden. Die entdeckte Sichelgestalt, die ihre Form entsprechend der Konstellation ändert, beweist die Richtigkeit des kopernikanischen Systems mit der Sonne im Mittelpunkt.

1631 Am 7. November beobachtet Pierre Gassendi erstmals einen von Johannes Kepler vorausgesagten Merkurvorübergang vor der Sonnenscheibe.

1873 Hermann Carl Vogel stellt bei der spektralen Analyse des Merkurlichtes fast völlige Übereinstimmung mit dem Sonnenspektrum fest und schließt daraus, daß es keine Atmosphäre auf diesem Planeten gibt, da diese das reflektierte Sonnenlicht filtern und dabei stark verändern würde.

1915 Albert Einstein sagt aufgrund seiner allgemeinen Relativitätstheorie eine Periheldrehung von 43,03 Winkelsekunden pro Jahrhundert voraus, die später durch den Meßwert 43,11 Winkelsekunden recht gut bestätigt wird.

Geschichtliches
Nikolaus Kopernikus (19. 2. 1473 bis 24. 5. 1543) begründet als Bistumsverweser von Ermland 1543 mit seinem Hauptwerk «De revolutionibus orbium coelestium» das heliozentrische Weltbild, das von nun an die Sonne im Weltmittelpunkt sieht.

·z·

Mercurius
filios
facit
intelligentes,
ſagaces,
æmulatores,
beneficos,
mathematicos,
uoti compotes,
coniec tore,
corpore
graciles,
pallentes,
oculorum
intuitu
honeſtos,
et potus
temperantia
mirabiles.

(Merkurius macht seine Kinder klug, weise, eifrig, wohltätig, begabt für die Mathematik, fähig, Gelübde zu halten, großzügig in der Ehe, mit anmutigen Körpern, blaß, ehrlich und bewundernswert mäßig beim Trinken.)

Geschichtliches

Der Name Merkur für den sonnennächsten Planeten stammt aus der römischen Mythologie, wo er der geflügelte Götterbote und der Schutzpatron der Händler war. Auch auf diesem Kupferstich, der von Harmen Müller gestochen wurde, sind die kleinen Flügelchen an den Füßen und am Helm gut sichtbar.

1962 Mikrowellenmessungen von der Nachtseite des Merkur zeigen, daß diese im Mittel noch recht warm ist und daß sie daher nicht ständig von der Sonne abgewendet sein kann. Die dank der Einstrahlungsbilanz bereits früher theoretisch vorhergesagte mittlere Temperatur von rund 400 °C wurde dabei erstmals direkt durch Fernmessung bestätigt.

1965 Die Analyse von der Erde ausgesandter und von Merkur reflektierter Radarsignale liefert das unerwartete Resultat einer Rotationszeit von 59 Tagen, nachdem man vorher eine synchrone Rotation in 88 Tagen als am wahrscheinlichsten angenommen hatte.

1970 Die Durchsicht von etwa 800 000 fotografischen Teleskopaufnahmen des Observatoriums der New Mexico State University, die das Resultat zehnjähriger Bemühungen waren, lieferte nur etwa 100 Bilder, auf denen irgendwelche Oberflächendetails erkennbar waren.

Die Internationale Astronomische Union definiert den Nullmeridian von Merkur beim subsolaren Punkt der ersten Perihelpassage von 1950. Seither wurde die Definition etwas verfeinert durch die Festlegung des 20°W-Meridians in der Mitte des 1,5 km großen Kraters Hun Kal (benannt nach der Zahl zwanzig in der Majasprache), der bei 0,58 °S liegt.

1974 29. März: Die amerikanische Raumsonde Mariner 10 passiert Merkur in rund 700 km Entfernung und funkt erste Nahaufnahmen zur Erde, die sich zu Fotomosaiken von zwei vollständigen Ansichten des beleuchteten Teils zusammensetzen lassen.

1974 21. September: Mariner 10 passiert Merkur ein zweites Mal in 48 000 km Entfernung. Erneute Kartografierung.

1975 16. März: Dritte Passage von Mariner 10 in nur 327 km Entfernung. Das Raumschiff beschließt kurz danach seine Forschungstätigkeit, nachdem es Tausende von Bildern geliefert hat. Dank Mariner 10 wurden feinste Details von etwa 200 m Ausdehnung sichtbar, gegenüber einem Auflösungsvermögen von rund 1000 km bei erdgebundener Beobachtung!

Inneres von Merkur

Nach dem Eintreffen der ersten Mariner-10-Bilder wurden die neuen Erkenntnisse über Merkur in der folgenden Formel zusammengefaßt: «Außen wie der Mond, innen wie die Erde.» Die wirklichen Verhältnisse sind aber sicher komplizierter, denn Merkur zeigt deutliche Spuren von Schrumpfungen auf der Oberfläche, während Dehnungsbrüche auf dem Mond und Mars vorkommen. Man muß somit annehmen, daß sich das Innere von Merkur erst nach der Ausbildung seiner Kruste zusammengezogen hat. Vermutlich hat er sich von Anfang an nur noch abgekühlt, währenddem seine Nachbarn an verschiedenen Orten auch später noch Aufschmelzungen durchgemacht haben.

Siebzig bis achtzig Prozent der Masse bestehen nach heutiger Auffassung aus Metallen, vor allem Eisen, das den Kern bildet; der Rest im Mantel und der Kruste ist aus Silikatgesteinen, was auch im Einklang mit der mittleren Dichte von 5,46 g/cm³ steht. Welche Konsequenzen diese Zusammen-

Inneres von Merkur
Eine Aufnahme von der zweiten Passage am 21. September 1974 aus 64 000 km Entfernung. Man nimmt an, daß es sich bei der etwa 300 km langen, quer über die Diagonale laufenden und steil abfallenden Böschung um eine Kompressionsfalte handelt. Diese Annahme setzt voraus, daß der Planet im Laufe seiner Abkühlung zusammengeschrumpft ist. Solche Linien lassen sich auch über viel größere Distanzen auf der Oberfläche verfolgen.

Krater
Der Pfeil weist auf einen nur 1,5 km großen Krater mit dem Namen Hun Kal hin, der zur Definition des Nullmeridians verwendet wurde. Er liegt bei 0,58° S und 0° W. Norden ist oben.

setzung für das schwache, aber dennoch feststellbare Magnetfeld hat, läßt sich heute noch nicht beurteilen. Solange man nicht einmal bei der Erde eine befriedigende Theorie über den Zusammenhang zwischen flüssigem Inneren, Rotation und Magnetfeld besitzt, sind Aussagen über den fernen Merkur erst recht hypothetisch.
Schlüssigeres läßt sich jedoch über die mittlere Bodentemperatur in den obersten Kilometern der Oberfläche aussagen. Sie liegt am Äquator ausnahmslos über dem Gefrierpunkt, an den Polen dagegen ist der Boden ständig gefroren. Auf Mars ist letzteres beispielsweise rundherum der Fall, so daß allfälliges Wasser aus dem Inneren höchstens durch Vulkane austreten kann. Auf Merkur hielt man es daher für möglich, daß die Oberfläche in Äquatornähe wegen der Feuchtigkeitseinflüsse eine andere Färbung haben könnte als an den Polen. Die bisher kartografierte Planetenhälfte zeigt jedoch keinerlei derartige Unterschiede. Wasser scheint also auch auf Merkur kaum vorzukommen.

Kältepunkte

Da auf Merkur die Bahnebene um die Sonne und die Äquatorebene praktisch zusammenfallen, scheint die Sonne immer ganz flach auf die Pole. In jener Gegend gibt es aber Krater mit so hohen Wällen, daß seit Jahrmilliarden nie ein einziger Sonnenstrahl in das Innere der Krater gelangt ist. So entstand das Paradoxon, daß auf dem sonnennächsten Planeten Punkte existieren, an denen es so kalt ist wie auf dem fernen Pluto. Wenn es auf Merkur überhaupt noch irgendwo Flüssigkeiten oder Gase gibt, dann hat man hier am ehesten die Chance, sie in gefrorenem Zustand zu finden. Die Temperaturen solcher Kraterböden wird man fernmessen können, sobald in den nächsten Jahren ein polarer Merkursatellit lanciert worden ist. Die chemische Zusammensetzung wird jedoch ohne Inspektion an Ort und Stelle nicht leicht zu ergründen sein.

Krater

Bei näherer Betrachtung zeigt die Merkuroberfläche gegenüber dem Mond einige markante Unterschiede: Im Gegensatz zu den Mondhochländern ist sie bei weitem nicht so stark übersät mit Kratern der Größe zwischen 20 und 50 km. Falls man annimmt, daß der Verlauf der Meteoritenhäufigkeit auf Merkur ähnlich wie bei den übrigen terrestrischen Planeten war, dann muß man daraus folgern, daß die Spuren des frühesten Bombardements bereits verwischt sind. Entweder war zu diesem Zeitpunkt die Kruste noch nicht ausgebildet, oder dann ist seither ein unbekannter Erosionsmechanismus am Werk gewesen.
Ein weiterer Unterschied entsteht durch die größere Schwerkraft auf Merkur, die gemäß einer Faustregel die Sekundärkrater des Auswurfmaterials auf eine sechsmal kleinere Fläche konzentriert als auf dem Mond.

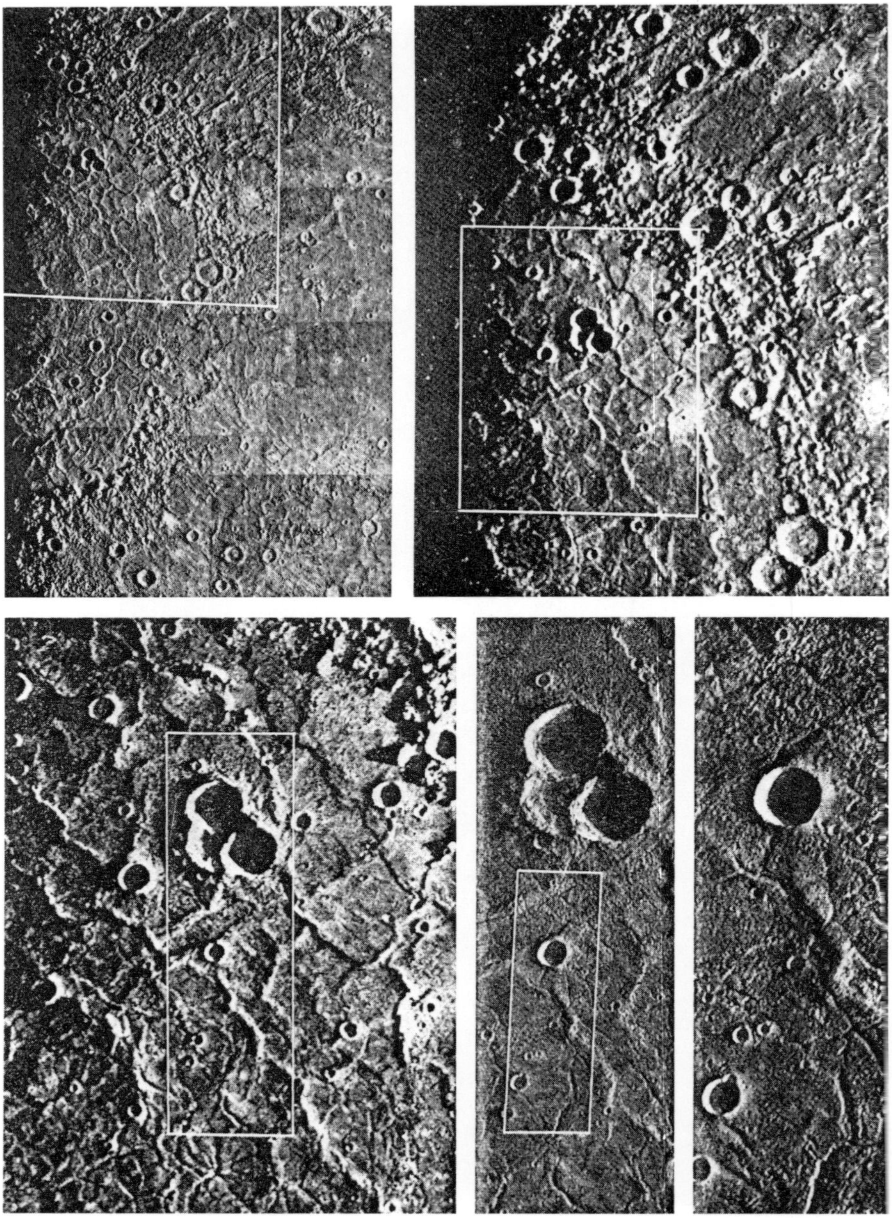

Caloris-Becken
Diese Bildsequenz zeigt fortlaufend feiner werdende Ausschnitte aus dem Calorisbecken. Es ist recht instruktiv, sich bei der Betrachtung auf verschiedene Details zu konzentrieren und zu verfolgen, wie sich deren wahres Aussehen mit zunehmender Bildauflösung verändert. Das letzte Streifchen mißt noch etwa 40 km in der Breite und 120 km in der Länge. Bei einer Aufnahmedistanz von rund 20 000 km sind auf dem Original noch Objekte bis etwa 500 m Größe erkennbar.

Die Auftreffgeschwindigkeiten sind jedoch beim sonnennahen Merkur im Mittel größer als in Erdnähe, was vor allem die Kraterform etwas verändern müßte. Von einer quantitativen Deutung der verschiedenen Einflüsse ist man noch ein gutes Stück entfernt.
Eine Besonderheit sind die zahlreichen Krater mit einer hellen Strahlenstruktur, die etwas weniger häufig auch schon auf dem Mond beobachtet worden sind. Da jene mit großer Wahrscheinlichkeit durch den Einsturz von Kometen statt Meteoriten entstanden sind, würde dies die größere Häufigkeit auf Merkur durch die dortige größere Dichte von Kometen recht gut erklären.

Landemöglichkeiten

Die Landung einer unbemannten Sonde auf dem Merkur dürfte mit etwa ähnlichen Schwierigkeiten verbunden sein wie auf dem Mond. Da keine Atmosphäre zur passiven Bremsung vorhanden ist, muß die gesamte Satellitengeschwindigkeit mittels Triebwerken vernichtet werden. Der Aufwand dazu ist aber um einiges größer als auf unserem Mond, da die Fluchtgeschwindigkeit dort nur 2,3 km/s beträgt gegenüber 4,25 km/s auf Merkur. Da je nach Landezeit ein weiter Bereich von Bodentemperaturen ausgewählt werden kann, stellen die hohen Spitzentemperaturen nicht unbedingt ein Hindernis dar. Ein Radar-Landesystem, wie das die unbemannten Mondsonden schon in den sechziger Jahren oder die Viking-Marssonden 1976 auf dem Mars verwendet haben, funktioniert genauso gut in der Dunkelheit der Merkurnacht wie bei Tageslicht. Ein automatisches Raumschiff kann beispielsweise die Bodenanalysen bei künstlicher Beleuchtung durchführen und für die weiträumigen Landschaftsaufnahmen die ersten Tage nach Sonnenaufgang abwarten. Für bemannte Landungen, bei denen es auf ein absolut sicheres weiches Aufsetzen im unbekannten Gelände ankommt, ließe sich das Zielgebiet mit Spiegeln aus einer Merkurumlaufbahn beleuchten.

Magnetfeld

Im Gegensatz zum äußerlich einigermassen vergleichbaren Paar Venus/Mars besitzen die Erde und Merkur nennenswerte Magnetfelder. Zwar nimmt sich jenes von Merkur mit einer Feldstärke von 350 bis 700 Gamma gegenüber dem irdischen an der Oberfläche mit etwa 50 000 Gamma ziemlich bescheiden aus, aber es ist doch bereits zu groß, als daß man es durch eine aus der Entstehungszeit erhaltene Dauermagnetisierung erklären könnte. Es ist noch unklar, welcher Mechanismus im Inneren von Merkur das Feld erzeugt. Mariner 10 konnte bei seiner ersten und dritten Passage, die hinreichend nahe verliefen, immerhin dessen Struktur erkunden. Es handelt sich um ein zur Drehachse symmetrisches Dipolfeld von gleicher Polarität wie die Erde. Die Stärke reicht aus, um eine feststellbare Konzentration von Heliumionen und anderen Partikeln als äußerst rudimentäres Gegenstück zum Van Allenschen Strahlungsgürtel der Erde beisammenzuhalten.

Mariner-10-Sonde

Die Venur-Merkur-Sonde Mariner 10 wurde auf die erste interplanetare Mission geschickt, bei der man das «planetarische Billard», die Ausnützung des Schwerefeldes eines ersten Planeten zum indirekten Anflug eines zweiten, gezielt anwendete. Wie die beigefügte Abbildung auf dieser Seite zeigt, hatte man nach einem Start am 3. November 1973 die Venus am 5. Februar 1974 so passiert, daß ohne weiteren Antrieb ein Weiterflug zu Merkur erfolgte, bei dem man am 29. März ankam.

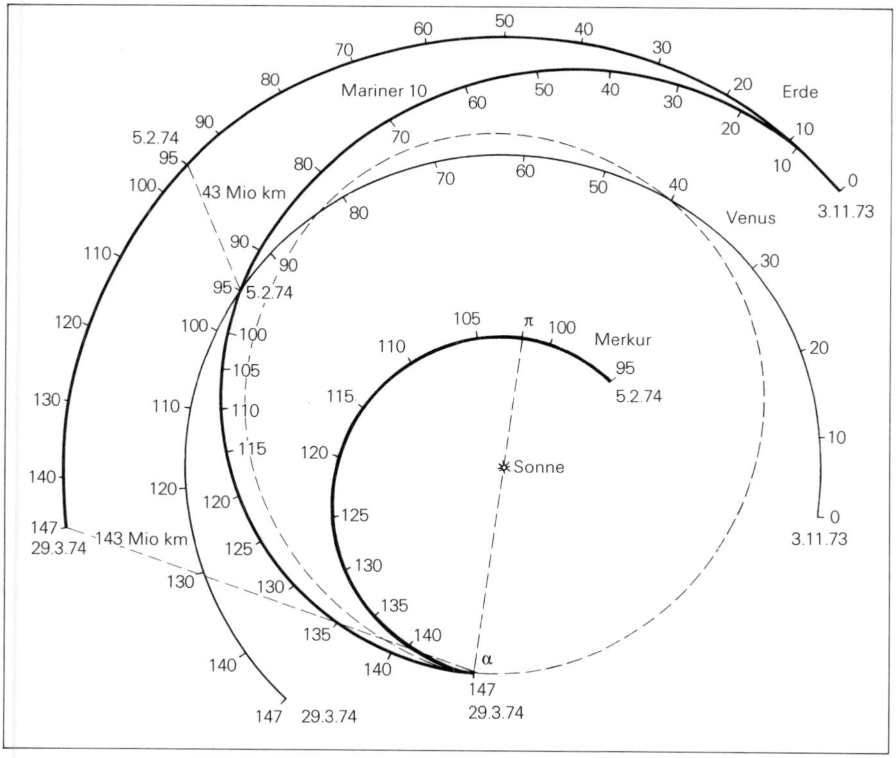

Mariner-10-Sonde
Hier ist dargestellt, wie die Sonde über den Weg von Venus zu Merkur gelangte, indem sie das Schwerefeld von Venus zur Bahnänderung ausnützte.

Mariner-10-Sonde
18 der insgesamt 2300 bei der ersten Merkurpassage übermittelten Funkbilder wurden zu diesem Mosaik zusammengesetzt, das die großräumigste bisher entdeckte Bodenformation zeigt: das Calorisbecken. Die begrenzenden Ringgebirge erheben sich im Durchschnitt über 2000 m hoch und erstrecken sich über ein Gebiet von 1300 km (siehe Bildmosaik rechts).

Für die beim Startfenster von 1973 gewählten Daten war bei Venus eine Überflughöhe von 5800 km erforderlich, die für die Aufnahme von Fernsehbildern und Spektrogrammen sowie die Messung des Magnetfeldes gerade geeignet war. Nach dem 52tägigen Transferflug zu Merkur wurde dieser so umflogen, daß die Sonde anschließend auf eine Bahn gelangte, deren heliozentrische Umlaufzeit 176 Tage, also zwei Merkurjahre, beträgt. Dies führte automatisch zu weiteren Rendezvous mit Merkur am 21. September 1974 und am 16. März 1975. Die erste Passage in 700 km Höhe mußte aufgrund der geforderten Weiterflugbahn zwangsläufig so gewählt werden, die zweite in 48 000 km mußte so weit außen erfolgen, damit die merkursynchrone Bahn nicht wieder gestört wurde, und die letzte in 327 km Entfernung wurde willkürlich so nahe herangeführt, weil die Mission ohnehin abgeschlossen war. Wegen der teilweise gekoppelten Rotation zeigte Merkur den Fernsehkameras allerdings jedesmal die gleiche Seite, und dies sogar bei völlig identischen Beleuchtungsverhältnissen! Trotzdem gelangten von beiden Planeten Tausende erstmaliger Fernsehaufnahmen zur Erde, von denen jedes dank einer Sendefrequenz von immerhin 117 000 Impulsen/sec in 42 Sekunden übermittelt werden konnte.

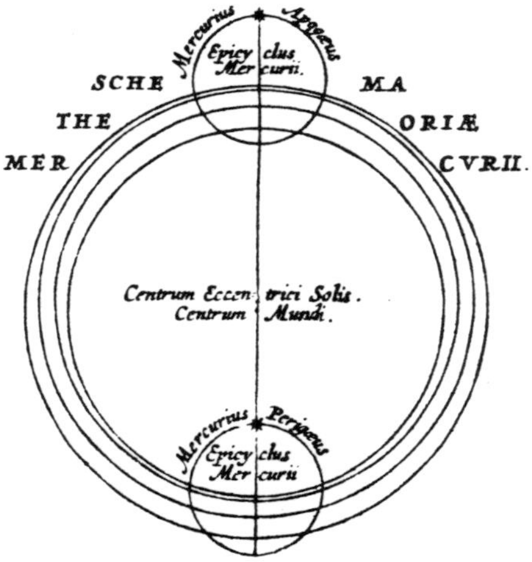

Geschichtliches
Ein Darstellung eines theoretischen Schemas von Merkur («Schema theoriae Mercurii») aus dem «Macrocosmica Atlas» von Andreas Cellarius aus dem Jahre 1708. Sie zeigt, daß die längst überholte Epizykeltheorie von Ptolemäus auch lange nach Kopernikus noch gelegentlich diskutiert wurde.

Monde

Wegen der Schwierigkeiten bei der teleskopischen Beobachtung war man nie ganz sicher, ob Merkur vielleicht nicht doch einen kleinen Trabanten habe, der sich jedoch der optischen Erfassung immer wieder entziehen konnte. Trotz intensiver Suche fand man aber auch mit der Sonde Mariner 10 keinen Merkurmond, obwohl sich diese dreimal in jeder für diese Suche nur wünschbaren Entfernung befand. Zum Teil noch anhaltende Verwirrung stiftete damals die verfrühte Meldung, man hätte auf einer der Aufnahmen einen 15 km großen Trabanten entdeckt. Kurze Zeit später stellte sich die Verwechslung heraus: Es war ein zufällig hinter Merkur stehender Stern 5. Größe.

Nordpol

Die Pole von Merkur konnten zwar im Rahmen der Mariner-10-Mission nicht direkt überflogen werden, doch gelangen trotzdem einige Aufnahmen aus schrägem Blickwinkel. Das Foto auf Seite 40 zeigt, daß sich die Landschaft dort trotz völlig anderer Einstrahlungsverhältnisse nicht von der übrigen unterscheidet.

Physikalische Daten

Durchmesser	4878 km
Masse	0,055276 Erdmassen
	1/6 023 600 Sonnenmassen
	$3{,}302 \cdot 10^{23}$ kg
Dichte im Mittel	5,44 g/cm³
Abplattung	prakt. Null
Atmosphär. Druck	1 Milliardstel Millibar
Albedo (Rückstrahlfähigkeit)	0,125
Variationsbereich	0,06 bis 0,10
Schwerkraft an der Oberfläche	3,70 m/s²
in Einheiten der irdischen	0,378
Stärke des Magnetfeldes	
(Äquator)	350 – 400 Gamma
irdisches zum Vergleich	30 000 Gamma
Fluchtgeschwindigkeit	4,25 km/s
100-km-Satellit: Umlaufzeit	90,1 min
Geschwindigkeit	2946 m/s
1000-km-Satellit: Umlaufzeit	142,1 min
Geschwindigkeit	2531 m/s
Dauer eines Tag-Nacht-Zyklus	176 Tage
Rotationszeit	58,646 Tage

Rotation

Ein Merkurtag, also ein voller Tag-Nacht-Zyklus, zieht sich über zwei Umrundungen der Sonne hin und dauert somit zwei Merkurjahre. Um dies zu veranschaulichen, wurde in der Abbildung auf Seite 41 ein spiralförmiger Lauf des Planeten um die Sonne gewählt. Man kann sich dabei etwa vorstellen, daß Merkur mitsamt seinem Zentralstern eine geradlinige Bewegung durch das Universum vollführt, was sogar tatsächlich der Fall ist. Seine Umlaufbahn, die der Einfachheit halber als kreisförmig angenommen wird, kann dann zu einer Spirale in die Länge gezogen werden; prinzipiell erlaubt diese, auch mehrere Umläufe darzustellen. In der nachfolgenden Abbildung wurde beispielsweise die momentane Drehposition von Merkur durch dessen Symbolzeichen angedeutet. Dieser rotiert in 58,7 Tagen um

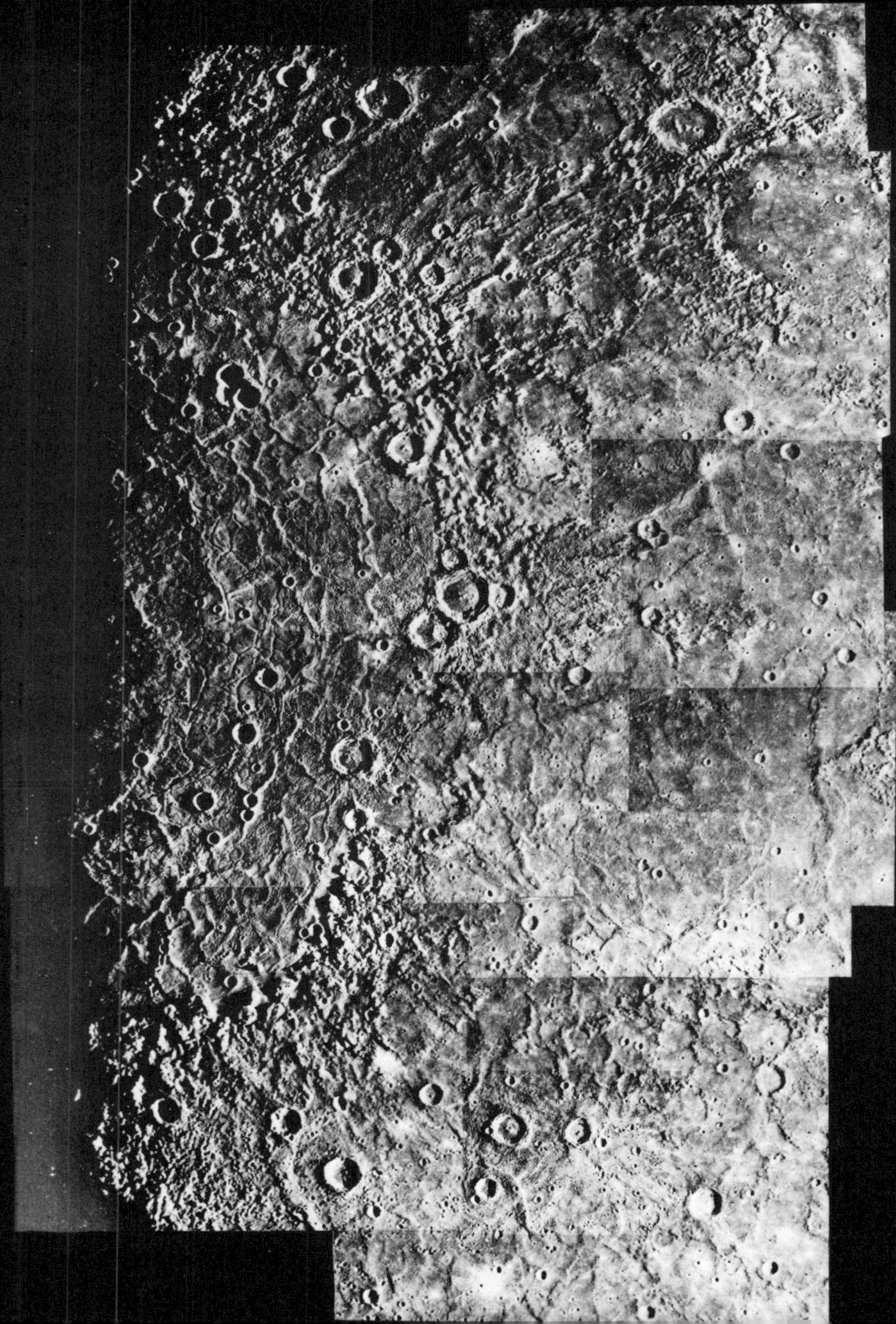

Nordpol
Ein schräger Blick zum Horizont unweit des Nordpols. Der untere Bildrand mißt über 500 km. Viele der größeren Krater besitzen Zentralberge wie jene auf dem Mond. Auch diese Aufnahme stammt vom 29. März 1974, wurde aber noch einige Stunden vor der minimalen Annäherung auf 690 km aus einer Entfernung von 78 000 km gemacht.

Rotation
Die beiden untereinander stehenden Fotos zeigen praktisch das gleiche Gebiet der Merkuroberfläche, wenn auch unter leicht verschiedenem Blickwinkel. Obwohl zwischen den Aufnahmen ein Zeitraum von 176 Tagen liegt, nämlich jener von der ersten bis zur zweiten Passage, ist die Beleuchtungsrichtung durch die Sonne völlig gleich. Dies ist wohl der augenfälligste Beweis für die schon früher dank Radar entdeckte Tatsache, daß ein Tag/Nacht-Zyklus zwei Merkurjahre, also 176 Tage dauert.

seine Achse, was genau $^2/_3$ der 88 Tage entspricht, die eine Umrundung der Sonne benötigt. Läuft er $^1/_{12}$ dieses vollen Weges, also 30°, so dreht er sich in dieser Zeit um 45°. Verfolgt man diese Bewegung nun weiter, so erkennt man, daß zwei volle Merkurjahre verstreichen, bis ein bestimmter Punkt der Oberfläche wieder die gleiche Tageszeit hat, d. h. die gleiche Lage bezüglich der Sonne einnimmt. Während diesem Zyklus von 176 Erdtagen dreht er sich allerdings dreimal um seine Achse!
Da Merkur auf seiner verhältnismäßig stark elliptischen Bahn ziemlich ungleichmäßig schnell um die Sonne zieht, ergeben sich in den Zwischenpunkten allerdings gewisse Abweichungen von der Figur, wie sie hier dargestellt ist. Über einen ganzen Tag hinweg gleichen sie sich wieder aus. Dieser Effekt hat interessante Konsequenzen, was den Sonnenlauf über das Firmament betrifft, den man auf dem innersten Planeten beobachten könnte. Eine besondere Abbildung gibt hierüber Auskunft.

Sonnenlauf am Firmament

Der ungleichmäßig schnelle Lauf des Merkur um die Sonne hat sein Spiegelbild für einen allfälligen Betrachter auf diesem Planeten: Manchmal scheint die Sonne am Himmel rascher zu wandern, als dieser rotiert, und zu anderen Zeiten holt die gleichmäßige Drehung den Sonnenlauf wieder ein. Die typische Folge einer solchen Situation, nicht nur in der Himmelsmechanik, ist die Schleifenbildung (vgl. Abb. auf dieser Seite). Im sonnennächsten Punkt, dem sogenannten Perihel, besitzt Merkur seine maximale Geschwindigkeit, so daß das Tagesgestirn am Himmel schneller zurückweicht, als dies die gleichmäßige Drehung des Himmelsgewölbes nachzuschieben vermag. Während kurzer Zeit, mitten in der Umkehrphase, scheint die Sonne sogar stillzustehen. Wegen der gekoppelten Rotation geschieht dies, wenn man von einem festen Punkt der Oberfläche aus beobachtet, alle 176 Tage erneut an derselben Himmelsposition. An zwei Stellen kommt die Schleife mit dem Umkehrpunkt in den Zenit zu liegen, so daß dort die Sonne während einiger Tage fast genau senkrecht über dem Boden steht und mit der maximalen Intensität von über 14 kW/m² herunterbrennt. Hier wurden die Längengrade 0°W und 180°W definiert. Das ziemlich genau bei 180°W zentrierte Einsturzbecken Caloris erhielt seinen Namen wegen der dort alle 176 Tage wiederkehrenden Hitzewelle. An diesen «Hitzepolen» steigt die Sonne verhältnismäßig rasch über den Horizont und strebt dem Zenit zu, um dort einige Zeit bei mäßiger Bewegung zu verweilen; und dann am Abend spiegelbildlich zum Morgen schnell wieder unterzugehen.

Das andere Extrem herrscht bei 90°W und 270°W. Hier schleicht die Sonne zunächst langsam und unentschlossen für einige Tage an den Morgenhimmel, geht dann aber nochmals für die gleiche Zeitspanne unter. Die Elevation über den Horizont ist so gering, daß man dies wohl nur bei ganz flachem Terrain beobachten kann. Nach dem zweiten Aufgang eilt die immer noch mit knapp 6 kW/m² strahlende Scheibe jedoch in rund einem Monat dem Zenit zu, zieht dort mit (im Verhältnis zum übrigen Lauf) maximaler Geschwindigkeit vorüber und verschwindet schließlich am gegenüberliegenden Horizont langsam und erst noch zweimal kurz nacheinander.

Die Kombination all dieser Einflüsse bringt es mit sich, daß die gesamte Einstrahlung bei 0°W und bei 180°W extrem hoch und bei 90°W und 270°W extrem niedrig ist — das Verhältnis der beiden Werte beträgt gut 2,5! Dies, obwohl die extremen Sonnenabstände von 46 bzw. 70 Mio. km nicht in diesem Ausmaß verschieden sind, selbst wenn die quadratisch zunehmende Strahlungsintensität in Richtung Sonne berücksichtigt wird. Die Abbildung auf Seite 42 dürfte dies weiter verdeutlichen. Sie gestattet es, die solare Einstrahlung in Abhängigkeit des Tagesablaufs abzulesen. Die Kurven gelten jedoch nur am Äquator. Hier fällt die Wärmebilanz am größten aus, wenn sie sich auf ein ganzes Jahr bezieht. Gegen die Pole hin wird die pro Flächeneinheit empfangene Wärmemenge immer kleiner und erreicht schließlich sogar den Wert Null. Soweit man die Lage der Rotationsachse von Merkur hat bestimmen können, steht diese nämlich praktisch genau senkrecht auf der Bahnebene, so daß die Sonne an den Polen überhaupt nie über den Horizont steigt. Theoretisch müßte sie dort, immer zur

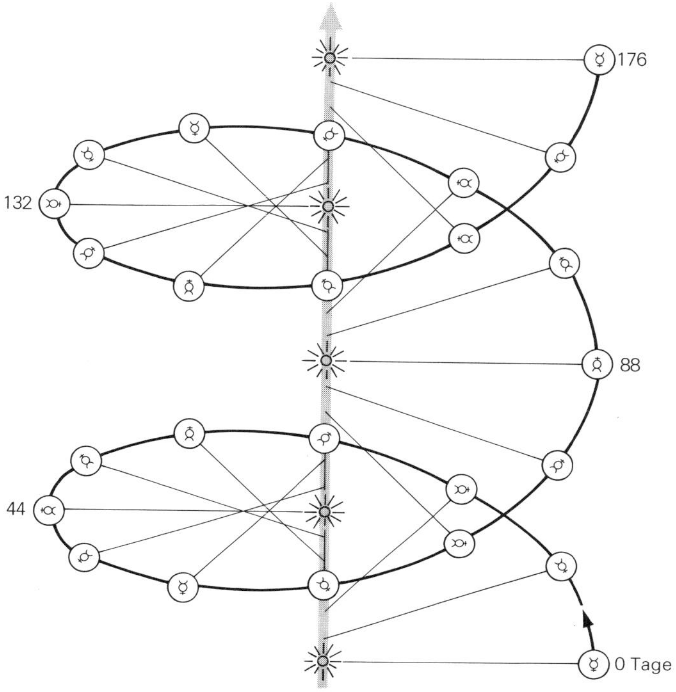

Rotation
Ein Merkurtag dauert 176 Erdtage oder zwei Merkurjahre, da er während einem Tag-Nacht-Zyklus zweimal um die Sonne kreist.

Sonnenlauf
Die Schleifenbildung der Kurve entsteht dadurch, daß die Sonne oft rascher wandert als Merkur rotiert, doch dann holt er sie durch gleichmäßige Drehung wieder ein.

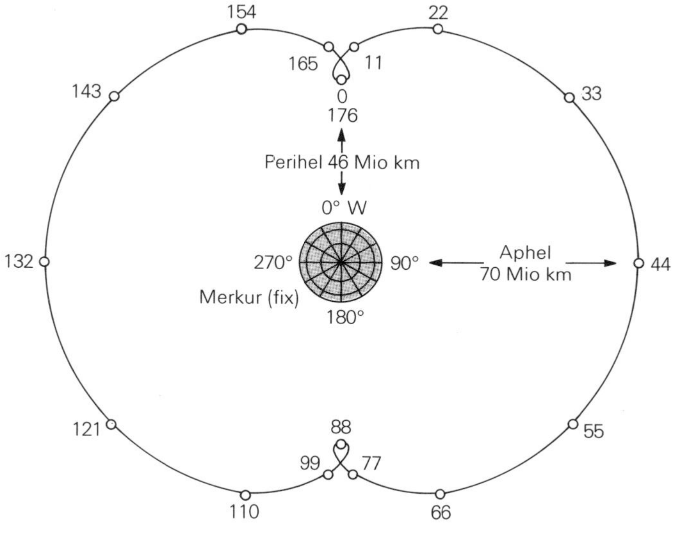

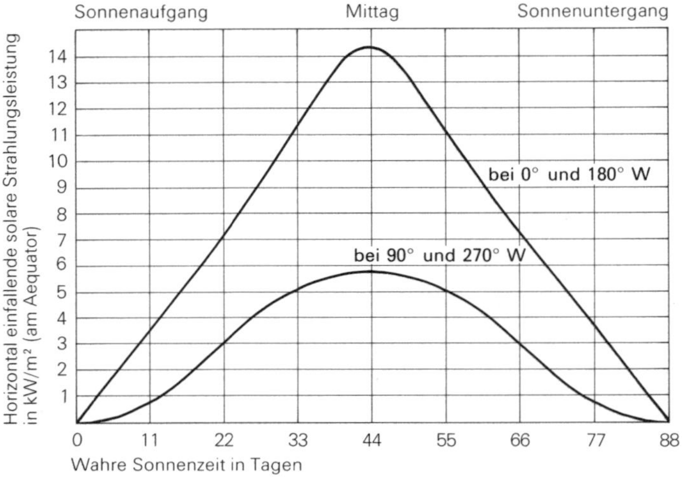

Sonnenlauf
Die Kurve zeigt die solare Einstrahlung in Abhängigkeit des Tagesablaufs in der Gegend des Äquators, und zwar an den beiden extremen Längengraden. Die auf ein Jahr bezogene Wärmebilanz an diesen Stellen unterscheidet sich um den Faktor 2,5.

Hälfte abgedeckt, mit ungleichmäßiger Schnelligkeit in 176 Tagen einmal das Panorama umlaufen. Die Situation ist also etwa vergleichbar mit dem Sonnenlauf an den Erdpolen im Frühlings- und Herbstpunkt, nur daß sich dort dessen Rundgang in einem einzigen Tag vollzieht. An den Merkurpolen wird es somit überhaupt nie ganz finster und wahrscheinlich auch nicht allzu heiß. Auf diesem sonnennächsten Planeten gibt es also durchaus auch Gebiete mit einem gemäßigten «Klima», wenn man auf einem atmosphärelosen Himmelskörper überhaupt von einem Klima sprechen kann. Im Gegensatz zur Erde oder zu Mars spielt jedoch dort der Längengrad zur Entstehung der «Jahreszeiten« eine mindestens so wichtige Rolle wie der Breitengrad. Dieser fundamentale Unterschied ist in der langsamen und mit dem Sonnenumlauf gekoppelten Rotation sowie der stark elliptischen Bahn von Merkur zu suchen.

Südpol

Die Mariner-10-Aufnahme auf Seite 43 zeigt die Südpolregion, wenn auch aus schrägem Blickwinkel. Man entdeckte dort Krater, die immerhin tief genug sind, daß zu keiner Jahreszeit Sonnenlicht ins Innere dringen kann. Die Gleichgewichtstemperatur kann trotz der Sonnennähe von Merkur ständig weit unter den Nullpunkt der Celsiusskala sinken.

Strahlenkrater

Mehr noch als auf dem Mond beobachtet man auch auf dem Merkur eine besondere Art von Kratern, die sich, vor allem wenn sie noch nicht allzu alt sind, durch sehr helles Auswurfmaterial kennzeichnen. Es kommt vor, daß sich weiße Strahlenausläufer über Hunderte und Tausende von Kilometern ausbreiten. Wie auf unserem Mond reichen sie oft über den Horizont hinaus und deuten auf einen Krater auf der abgewendeten Seite hin. Man hält es heute für wahrscheinlich, daß die Strahlenkrater durch den Einsturz von Kometen entstanden sind.

Strahlenkrater
Der helle Krater in der Bildmitte, den ein gut erhaltener Zentralberg auszeichnet, besitzt einen Durchmesser von 30 km. Der kleinere daneben, der mitten im weißen Gebiet liegt, ist einer der «Strahlenkrater», die auch auf den Gesamtaufnahmen von Merkur noch erkennbar sind. In dieser Region sind die frühesten noch erhaltenen Krater zu einem späteren Zeitpunkt wieder mit Lava gefüllt worden. Entfernung des Raumschiffes im Moment der Aufnahme: 87 000 km, ziemlich genau zwei Stunden nach der ersten Passage.

Südpol
Der Südpol von Merkur liegt ziemlich genau in der Mitte des 180 km messenden Kraters, den man, am Horizont angeschnitten, gerade noch erkennen kann. Ein kleinerer Krater mehr im Vordergrund fällt durch helle Strahlen auf, die er abgibt. Die Aufnahme gelang etwa zwei Stunden nach dem Passieren der Minimaldistanz am 29. März 1974 aus einer Distanz von 86 000 km.

Teleskopbeobachtungen

Merkur ist wegen seiner sonnennahen Bahn den erdgebundenen astronomischen Beobachtungen nur schwer zugänglich. Meist steht er am Taghimmel. Er zeigt sich nur von Zeit zu Zeit kurz vor Sonnenaufgang oder kurz nach Sonnenuntergang, und auch dann nur maximal etwa zwei Stunden.

Der maximale Winkelabstand von 28 Grad zur Sonne entsteht dann, wenn die größte westliche oder östliche Elongation (vgl. «Beleuchtungsphasen») mit dem sonnenfernsten Punkt zusammenfällt. Wegen des oft flachen Laufes zum Horizont kommt Merkur in der Dämmerung erst recht nicht zur Geltung. Die winzige Ausdehnung von nur knapp 5 bis 13 Winkelsekunden macht weiter klar, daß es auch heute praktisch unmöglich ist, irgendwelche Oberflächendetails durch ein Teleskop zu fotografieren. Es bleiben nur die sehr subjektiven Beobachtungen durch einzelne Observatoren, die zeichnerisch festgehalten werden.

Die auf der nächsten Seite wiedergegebene klassische Karte der Merkuroberfläche wurde beispielsweise vom Astronomen Antoniadi um 1925 angefertigt. Sie ging von der falschen Annahme aus, daß Merkur der Sonne immer die gleiche Seite zukehrt, so daß sie daher weder vollständig noch richtig sein konnte.

Ähnlichkeiten in den Karten verschiedener Beobachter bis etwa 1965 lassen sich daher am ehesten erklären durch gegenseitige Kopie und die Tatsache, daß uns der Planet per Zufall meistens die gleiche Seite zeigt, wenn er zur Erde günstig steht. Die Erforschung von Merkur ist daher vollständig auf Raumsonden angewiesen.

Temperatur

Ein exaktes Temperaturprofil längs des Äquators wird man erst erstellen können, wenn ein künstlicher Satellit vollständigere Daten geliefert hat, als dies Mariner 10 bei seinen einseitigen Umfliegungen tun konnte.

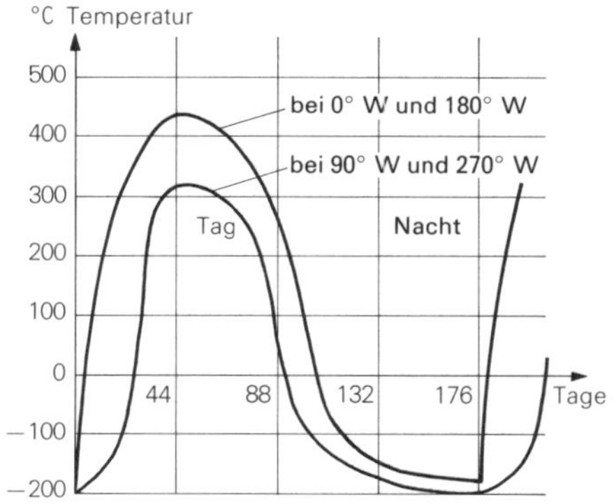

Temperatur
Darstellung der extremen Temperaturverhältnisse auf Merkur.

Die Abbildung auf dieser Seite gibt einen qualitativen Eindruck von den dort herrschenden extremen Verhältnissen. Die Temperaturunterschiede haben, wohl ähnlich wie auf dem Mond, im Laufe der Zeit eine poröse Oberflächenschicht erzeugt, die sehr schlecht wärmeleitend ist. Die gemessenen Abkühlungsraten verhalten sich denn auch dementsprechend.

Teleskopbeobachtungen
Karte der Merkuroberfläche von Antoniadi (1925), der fälschlicherweise glaubte, daß Merkur von der Erde aus immer von der gleichen Seite gesehen werde.

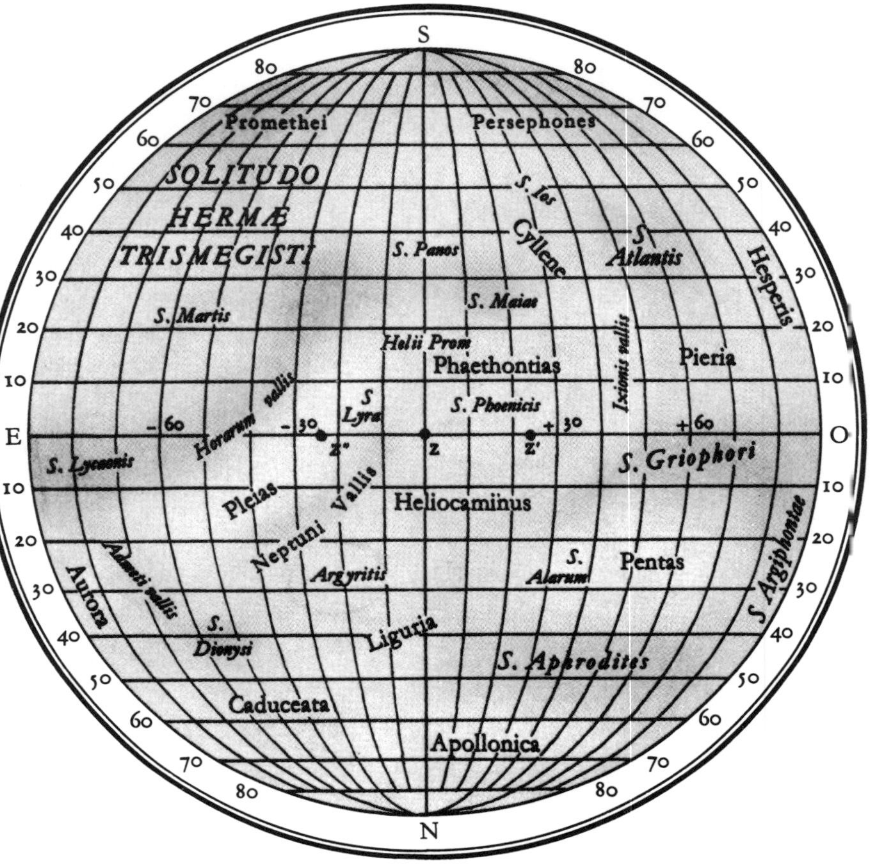

Vorübergänge vor der Sonne

Als innerer Planet kommt Merkur gelegentlich zwischen die Sonne und die Erde zu stehen. Wenn er zu diesem Zeitpunkt auch noch in der Erdbahnebene liegt (was angesichts seiner um 7 Grad geneigten Bahn auch ein eher seltenes Ereignis ist), kommt es zu einem Vorübergang des winzigen Merkur vor der Sonnenscheibe. Sein Durchmesser ist dann rund 200mal kleiner, so daß er lediglich als unscheinbarer Sonnenfleck in einigen Stunden vor der glühenden Kugel vorbeizieht. Diese reizvollen, aber wissenschaftlich nicht sehr bedeutenden Ereignisse treten in periodischen Abständen ein:

Datum	Intervall in Jahren
14. November 1907	
	7
7. November 1914	
	9½
7. Mai 1924	
	3½
8. November 1927	
	9½
10. Mai 1937	
	3½
10. November 1940	
	13
14. November 1953	
	7
7. November 1960	
	9½
9. Mai 1970	
	3½
10. November 1973	
	13
13. November 1986	
	7
6. November 1993	

Die Periodizität wird zuweilen dadurch gestört, daß bei gewissen Daten die Sonnenscheibe nur gestreift oder gar verfehlt wird. Nebenstehende Abbildung zeigt die sechs

Vorübergänge vor der Sonne
Nur sechsmal wird Merkur von 1950 bis 2000 vor der Sonne vorüberziehen.

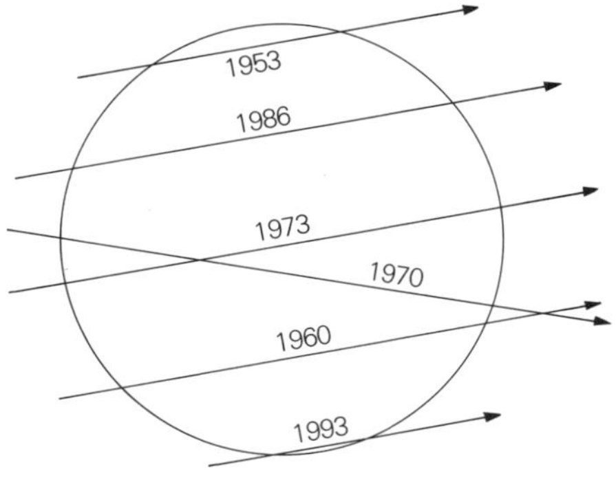

in die zweite Hälfte des 20. Jh. fallenden Vorübergänge. Die Horizontale entspricht der Projektion der Erdbahnebene (Ekliptik). Der Winkeldurchmesser der Sonnenscheibe beträgt rund ein halbes Bogengrad. Novemberdurchgänge erscheinen bei dieser Betrachtung aufsteigend, solche, die im Mai stattfinden, nach rechts absteigend.

Vulkan

Unter dem Namen «Vulkan» gibt es seit der Mitte des letzten Jahrhunderts einen hypothetischen intramerkuriellen (also innerhalb von Merkur), um die Sonne laufenden Planeten. Da jedoch seit 1915 systematische Abweichungen in der Merkurbahn durch Effekte der Allgemeinen Relativitätstheorie erklärt werden können, ohne die Annahme eines weiteren, störenden Planeten machen zu müssen, büßte die Vulkan-Hypothese viel von ihrer Anziehungskraft ein. Weder bei Sonnenfinsternissen noch bei Radaruntersuchungen oder Fernsehaufnahmen durch die Sonde Mariner 10 zeigten sich seither irgendwelche Hinweise auf einen selbst kleineren Körper, der den Beobachtungen noch hätte entgehen können. Den sporadisch auftretenden gegenteiligen Verlautbarungen ist daher mit größter Skepsis zu begegnen.

Mariner-10-Sonde
Diese Bildsequenz zeigt Merkur in abnehmender Entfernung, wie er sich den Fernsehkameras der Mariner-10-Sonde in den Tagen vor dem ersten Anflug am 29. März 1974 darbot. Die Abstände vom Planeten betragen der Reihe nach 4,3, 2,8, 1,8 und 0,4 Mio km. Der helle Fleck, auf den ersten Aufnahmen das hervorstechendste Merkmal der Oberfläche, stellte sich zur allgemeinen Überraschung lediglich als ein nur 41 km messender, aber besonders heller Krater (s. links) heraus, der schließlich nach dem kurz zuvor verstorbenen Astronomen Kuiper benannt wurde.

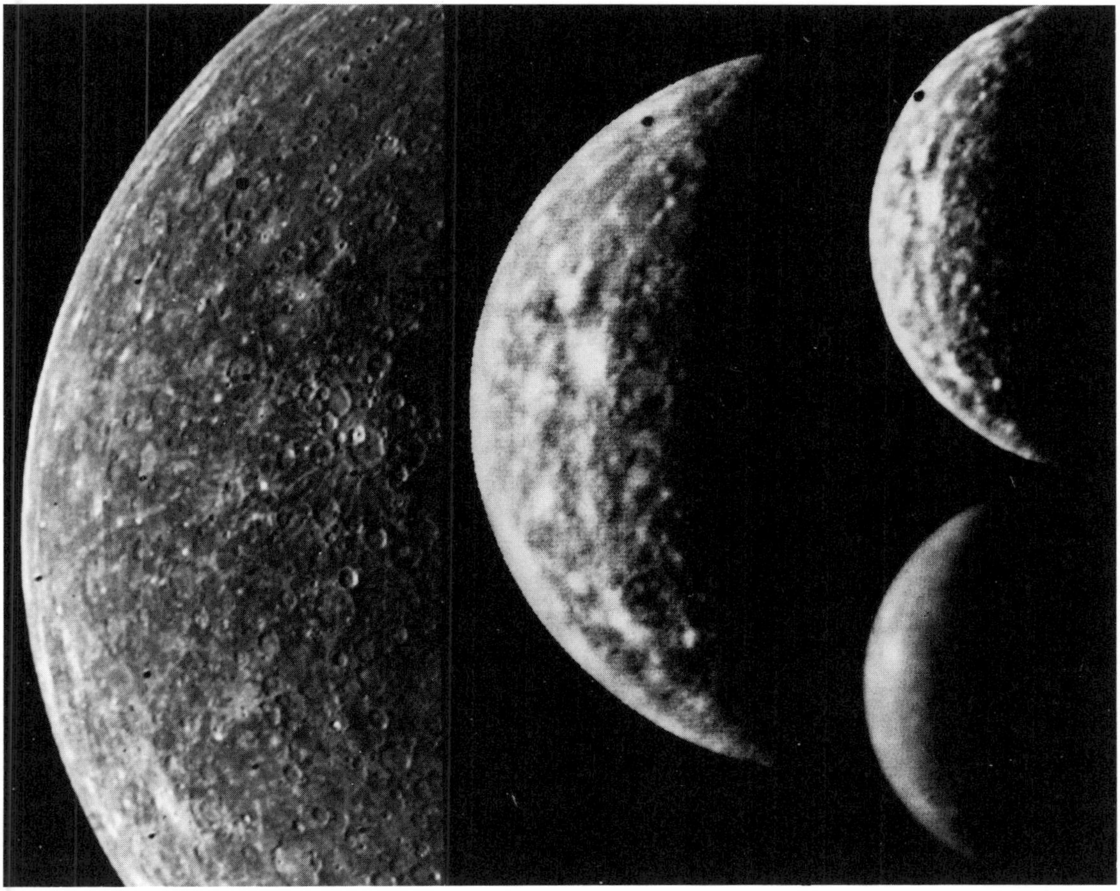

Vulkanismus

Die Untersuchung der bisher kartografierten Merkurhäfte hat keine Spuren von irgendwelcher vulkanischer Aktivität selbst in fernerer Vergangenheit gezeigt. Diese Feststellung verträgt sich bestens mit dem Fehlen einer nennenswerteren Atmosphäre und den heutigen Auffassungen über die Entstehung und den inneren Aufbau des Planeten. Nach den Überraschungen bei Mars, der sowohl nach zweiprozentiger als auch nach zwanzigprozentiger Kartografierung jedesmal falsch interpretiert worden ist, sollte man jedoch vor dem Eintreffen der letzten Bilder von der noch unerforschten Seite mit Schlußfolgerungen eine gewisse Vorsicht walten lassen. Neue Aufnahmen sind aber erst nach der Einbremsung des ersten mit Fernsehkameras bestückten Satelliten in eine Merkurumlaufbahn zu erwarten, weil die in Sonnennähe beleuchteten Gebiete nur mit hohem Energieaufwand direkt angeflogen werden könnten.

♀ VENUS

Atmosphäre

Wesentliche Eigenschaften der Venusatmosphäre waren schon vor den Pioneer-Venus-Missionen erforscht worden. Es stand fest, daß Kohlendioxid und etwas Kohlenmonoxid überwiegen und sicher Salzsäure und Schwefelsäure vorhanden sind. Wasserdampf schien mindestens in gewissen Schichten vorzukommen. Es war schwierig, Stickstoff, Argon, Helium und Sauerstoff nachzuweisen, obwohl man mindestens Spuren dieser Gase vermutete. Geklärt war auch, daß es bei Temperaturen um 500° C und einem Druck von gegen 100 at trotz der dichten Wolkenschichten immer noch etwa so hell ist wie an einem trüben Tag auf der Erde. Das Glühen des Bodens würde man also nur während der Nachtzeit wahrnehmen können. Die Bodenwindgeschwindigkeiten sind, ganz im Gegensatz zu jenen in höheren Schichten, langsamer als 10 km/h und reichen bei weitem nicht aus, Staubstürme zu entfachen. Die verschiedenen Wolkenschichten sind aus der Abbildung beim Stichwort «Wolken» ersichtlich.

Druck in der Venusatmosphäre
(stark vereinfachtes Wolkenmodell)

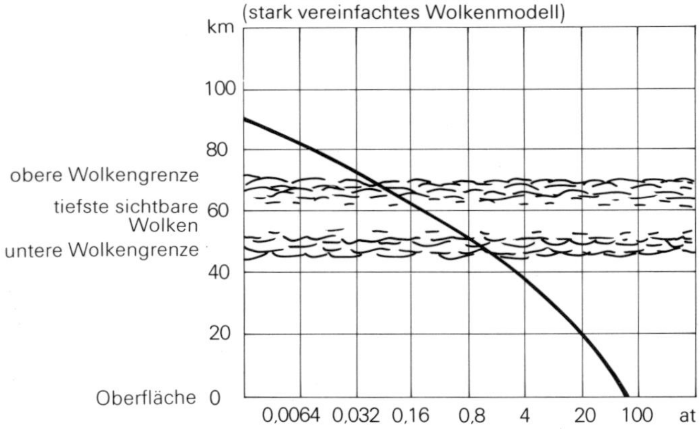

Ein großes Rätsel blieb noch ungelöst: Wasser in einer Form, wie es sowohl auf der Erde als auch auf dem Mars in beträchtlichen Mengen vorkommt, gibt es auf Venus nicht. Die Schwefelsäure, die in gewissen Schichten nachgewiesen werden konnte, erklärt zwar die Trockenheit an jenen Stellen hinreichend, da Schwefelsäure Wassermoleküle sehr wirksam an sich binden kann, so daß sie nicht mehr einzeln in Erscheinung treten. Wo aber war der Hauptteil des Wassers hingelangt? Auf der Erde bildet die Tropopause eine Barriere gegen das Entweichen von Wasserdampf. Berechnungen für Venus haben ergeben, daß nach deren Entstehung (unter ähnlichen Bedingungen wie die Erde) gegen 300 at Wasserdampf vorhanden gewesen sein mögen, daß davon aber bereits 90 Prozent in den ersten 30 Mio Jahren entwichen wären, wenn die Aufspaltung in Sauerstoff und Wasserstoff und das Entweichen dieser Gase in den Weltraum ungehindert verlaufen wären. Etwas Wasserdampf wäre aber trotzdem auch unter solchen Voraussetzungen noch zu erwarten. Man sah daher den exakten massenspektrometrischen Untersuchungen durch die Pioneer-Sonden mit Interesse entgegen.

Die insgesamt vier Pioneer-Atmosphärensonden bestätigten den hohen Kohlendioxidanteil und konnten endlich auch einmal den schon lange vermuteten Stickstoff nachweisen. Der festgestellte Wasserdampfgehalt lag jedoch rund zehnmal höher als bei den etwa gleichzeitig gelandeten sowjetischen Venera-Sonden. Diese meßtechnisch bedingten Unterschiede können wohl noch geklärt werden. Folgende atmosphärische Zusammensetzung kann nach heutigen Erkenntnissen als gesichert gelten (siehe S. 49 oben).

Als obere Grenze der Atmosphäre gilt etwa die 250-km-Marke. Dort herrscht erst eine Dichte von 10^{-15} g/cm³ (ein Millionstel eines Milliardstels), die bis auf 125 km nur auf 10^{-10} g/cm³ (ein Zehnmilliardstel) steigt. Dies bedeutet, daß Satelliten der Venus genau so nahe kommen können wie der Erde. Der Pioneer-Orbiter wurde gelegentlich im bahntiefsten Punkt bis auf 142 km gesteuert, um Messungen in der Hochatmosphäre vornehmen zu können! Bis etwa 144 km konnte festgestellt werden, daß die Atmosphäre nicht vollständig durchmischt ist. Darüber lagern sich die einzelnen Gase bevorzugt in Schichten, wobei sich die schwersten naturgemäß zuunterst finden. Der leichte Wasserstoff findet sich dagegen erst in großen Höhen. Man setzt daher die Turbopause — die Grenze zwischen durchmischter und teilweise fraktionierter Atmosphäre — bei etwa 145 km an. Diese kritische Höhe ist für Venus von um so größerer Bedeutung, als hier auch die Ionisation der Gasmoleküle einsetzt und von hier an auch Moleküle in den Weltraum entweichen können. Die unteren Grenzen von Ionosphäre und Exosphäre fallen mit der Turbopause zusammen, während die entsprechenden Höhen bei der Erde 100, 300 bzw. 550 km betragen (siehe auch «Ionosphäre»).

Die Pioneer-Sonden vermassen auch drei wesentliche Wolkenschichten zwischen 70 und 47 km über der Venusoberfläche, die nun eindeutig als Ursache des Treibhauseffektes identifiziert werden konnten. Näheres dazu ist unter «Wolken» zusammengestellt.

Relativer Anteil:	Venus (at)	Erde (at)
Kohlendioxid 96,5—97 %	88	0,0003
Stickstoff 1—3 %	0,9—2,7	0,78
Wasserdampf 0,1—0,4 %	0,1—0,4	0—0,07
Helium 0,025 %	0,023	0,00000005
Schwefeldioxid 0,024 %	0,022	Spuren
Argon 0,002—0,02 %	0,0018—0,018	0,009
Sauerstoff 0,006 %	0,0055	0,21
Neon 0,0006—0,025 %	0,00055—0,023	0,0000002
Total 100 %	91	1

Zwischen 66 und 63 km würde die Sonne für einen allfälligen Beobachter bereits als leuchtende Scheibe am Himmel verschwinden. In dieser Höhe beträgt der Druck etwa die Hälfte des irdischen Druckes in Meereshöhe. Die Sichtweite liegt immerhin bei rund 6 km, also viel mehr als innerhalb von Wolken, wie wir sie auf der Erde kennen. Bei 49,5 km massen die sogenannten «Nephelometer» in den niedergehenden Sonden noch eine Tröpfchendichte, die einer Sichtweite von 1 bis 2 km entsprach. Innerhalb der nun folgenden dichtesten Wolkenschicht liegt dieser Wert auch noch darunter, aber bis in eine Höhe von 30 km hat sich der Dunst so weit verdünnt, daß der Blick wieder bis auf 80 km reichen dürfte. Die Temperatur ist hier 310° C; bei 20 km und einer Temperatur von 380° C wäre die

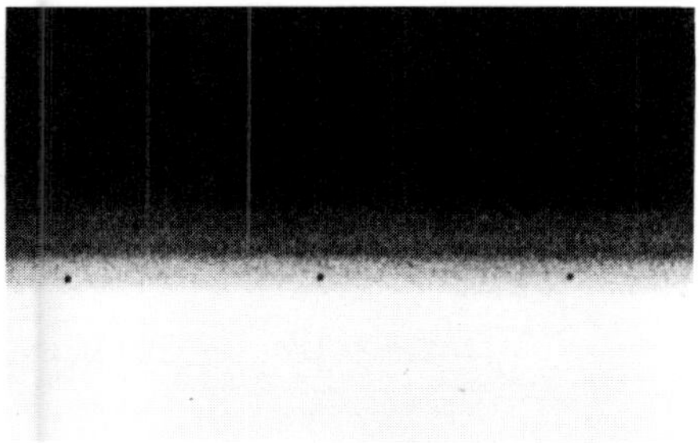

Atmosphäre
Links: Dunstschichten über der Wolkendecke beim Blick zum Venushorizont auf einer Mariner-10-Aufnahme. Drei bis vier sind sichtbar, sie haben eine Gesamtdicke von etwa 6 km und umspannen vermutlich den ganzen Planeten.

Sichtweite erneut auf 20 km gesunken, und ein geschützter Beobachter würde ab hier eine deutlich rotgefärbte Atmosphäre wahrnehmen.

Gleichzeitig treten elektrische Erscheinungen auf, deren Ausmaß sehr erstaunte. In Zukunft wird man dem Schutz elektronischer Apparate erhöhte Aufmerksamkeit schenken müssen, da mehrere Instrumente in allen vier Pioneer-Sonden in den letzten 12 bis 14 km zunächst unerklärliche Störungen verzeichneten. Auch die Venera-Sonden machten ähnliche Beobachtungen. Es wird heute geschätzt, daß die Blitzfrequenz auf einem einzigen Blitzableiter (oder metallischen Raumschiff!) etwa 25 pro Sekunde erreichen kann, während auf der gesamten Erde nur etwa 100 Einschläge pro Sekunde verzeichnet werden.

Bis in eine Höhe von 10 km verfärbt sich der Himmel noch weiter in Richtung Rot, und die Sichtweite sinkt infolge der größeren Lichtbrechung in der dichter werdenden Atmosphäre auf 12 km. Hier hat die Temperatur bereits 410° C erreicht. Der Boden kommt aber erst in einer Höhe von 7 km in Sicht. Die Ergebnisse der Pioneer- und Venera-Sonden stimmen darin überein, daß die horizontale Sichtweite auf der Venusoberfläche um 3 km und die Temperatur zwischen 450° und 460° C liegt. Der Druck lag im Mittel der Landeplätze bei 91 at, doch ist dieser sehr stark von der Topografie abhängig. 1 km Erhöhung oder Depression macht in diesem Bereich einen Druckunterschied von 7 at aus.

Ein entstehungsgeschichtlich bedeutsames Resultat war die Feststellung, daß es auf Venus viel mehr vom leichteren Argon-Isotop 36 als vom schwereren Argon 40 gibt, wenn man mit der Erde — und noch mehr mit Mars — vergleicht. Dies bedeutet, daß zur Entstehungszeit der Planeten in Sonnennähe ganz andere Verhältnisse geherrscht haben müssen als weiter außen. Die Tatsache, daß die Edelgasisotope der Uratmosphäre des sonnennäheren Planeten häufiger gewesen sein mußten als die der sonnenferneren, schränkte die Theorien über diese ferne Zeit einmal mehr ein. Die Temperatur könnte damals tiefer gelegen haben, als man bisher annahm, was heißen würde, daß die Sonne ihr nukleares Feuer erst voll entzündete, als die Planetenbildung bereits fast abgeschlossen war. Die diesem Buch zugrunde gelegten Theorien über eine Trennung des solaren Plasmas in einzelne Wolken mit verschiedenem Ladungszustand und Atomgewicht hat es leichter, die von Mars über die Erde bis zu Venus sich einheitlich verändernden Isotopenverhältnisse zu erklären.

Bahndaten

Umlaufzeit um die Sonne	224,7 Tage
Zeit zwischen zwei Distanzminima zur Erde	584 Tage
Min. Sonnenabstand	107,5 Mio km
Max. Sonnenabstand	108,9 Mio km
Min. Erdabstand	38,3 Mio km
Max. Erdabstand	260,9 Mio km
Min. Funkzeit zur Erde	2,1 Lichtmin.
Max. Funkzeit zur Erde	14,5 Lichtmin.
Geschwindigkeit	
im sonnennächsten Punkt	35,3 km/s
im sonnenfernsten Punkt	34,8 km/s

Die nachfolgenden vollständigen Bahnelemente sind für den mit modernen Rechenhilfsmitteln ausgerüsteten Interessenten gedacht. Die mittlere Drift der sich systematisch verändernden Elemente ist angegeben und gestattet für viele Zwecke hinreichend genaue Positionsberechnungen je ungefähr 200 Jahre in die Zukunft und in die Vergangenheit. T bedeutet die seit dem 1. Januar 1975 verflossene Zeit in Tagen.

Da die Bahnebenen von Venus und Erde ziemlich gegeneinander geneigt sind, kommt es immer wieder vor, daß Venus beim Passieren des erdnächsten Punktes entweder beträchtlich unterhalb (südlich) oder oberhalb (nördlich) der Sonne durchzieht. Venus kann dann während einiger Tage zugleich als Morgen- und als Abendstern gesehen werden, falls man sie von der entsprechenden Erdhalbkugel aus beobachtet.

Länge des aufsteigenden Knotens (Grad)	$76{,}45477 + 2{,}47 \cdot 10^{-5} \cdot T$
Neigung zur Eklipik (Grad)	$3{,}39438 + 2{,}75 \cdot 10^{-8} \cdot T$
Länge des Perihels (Grad)	$54{,}76455 + 1{,}39 \cdot 10^{-5} \cdot T$
Große Halbachse (astronomische Einheiten)	0,7233302
Numerische Exzentrizität	$0{,}0067849 - 1{,}30 \cdot 10^{-9} \cdot T$
Mittlere Anomalie am 1. 1. 1975 (Grad)	181,36647

Beleuchtungsphasen

Wie Merkur (vgl. das Stichwort auch in jenem Kapitel) zeigt auch Venus als innerer Planet je nach ihrer Lage zur Linie Erde—Sonne verschiedene Beleuchtungsphasen. Kurz nachdem sie den erdnächsten Punkt passiert hat, erscheint der «Morgenstern» im Teleskop zwar immer noch verhältnismäßig groß, aber nur als schmale Sichel, da er schräg von hinten beschienen wird. Im Laufe der folgenden Monate wächst dann der beleuchtete Teil prozentual an, der Durchmesser des sichtbaren Scheibchens wird aber gleichzeitig kleiner, bis er bei Maximaldistanz Venus—Erde ein Minimum erreicht. Venus steht dann genau hinter der Sonne, so daß die vollständige Beleuchtung der uns zugekehrten Halbkugel nur noch von theoretischem Interesse ist. Dazwischen gibt es den Punkt, wo der Winkelabstand von Venus und Sonne ein Maximum von rund 48° erreicht, die sogenannte größte westliche Elongation. Wie die Grafik zeigt, fällt diese Position jedoch nicht mit jener der maximalen Helligkeit zusammen. Nachdem die beschriebenen Phasen nochmals in umgekehrter Reihenfolge am Abendhimmel durchlaufen worden sind, wiederholt sich der Zyklus in jeweils 584 Tagen. Die beigefügten Zeitangaben können allerdings in einem Bereich von wenigen Tagen schwanken.

Beleuchtungsphasen: *Das Raumschiff Mariner 10 näherte sich von der Nachtseite her, wobei zuerst die Spitze der schmalen Venussichel (Nordpol aus 8000 km) ins Blickfeld kam.*

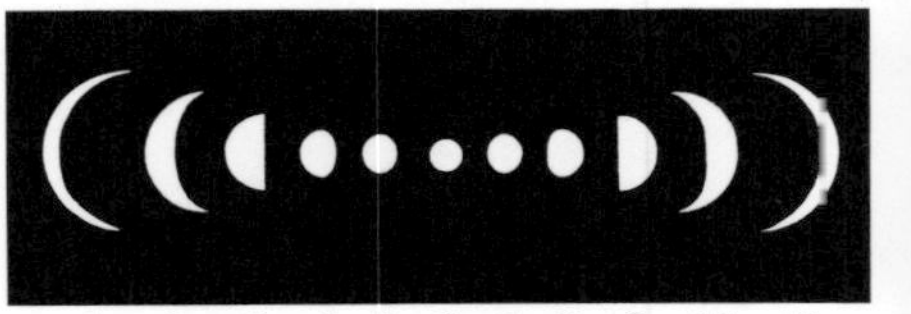

1 2 3 4 5 6 7 8 9 10 11

Morgenhimmel
1 23 Tage nach Erdnähe (n. E.)
2 Maximale Helligkeit, 37 Tage n. E.
3 Größte westliche Elongation (46 bis 48°), 71 Tage n. E.
4 Elongation noch 40°, 125 Tage n. E.
5 Elongation noch 24°, 197 Tage n. E.
6 Erdferne, 292 Tage n. E.

Abendhimmel
7 24° östliche Elongation
8 40° östliche Elongation
9 Größte östliche Elongation (46 bis 48°)
10 Maximale Helligkeit
11 23 Tage vor Erdnähe

Distanzen zur Erde

Die Tabelle auf der nächsten Seite gibt einen Überblick über die ständig wechselnden Abstände zwischen Venus und Erde. Das Datenmaterial läßt sich auf einem langen Streifen auch grafisch auftragen, was Interpolationen für Zwischenwerte ermöglicht und die periodischen Schwankungen der Entfernung besonders anschaulich zeigt. Ablesebeispiel: Am 1. August 2000 beträgt die Distanz 248 Mio Kilometer.

Entstehungstheorie

Venus gehört zu der inneren Planetengruppe, bei welcher der Gravitationskollaps wegen der hohen Anfangskonzentrationen in der sonnennächsten Plasmawolke am

DISTANZEN ERDE–VENUS JEWEILS AM 1. DES MONATS IN MIO. KM	JAN	FEB	MRZ	APR	MAI	JUN	JUL	AUG	SEP	OKT	NOV	DEZ
1978	255	256	252	242	225	200	171	135	99	65	41	50
1979	82	117	148	180	207	231	247	257	258	252	240	223
1980	201	175	146	111	76	47	49	79	115	148	179	205
1981	227	243	253	258	257	247	231	207	177	145	111	77
1982	47	43	67	102	137	171	201	225	243	253	257	254
1983	245	232	214	189	159	124	87	54	44	66	99	133
1984	165	194	217	237	251	259	259	250	234	213	187	158
1985	126	91	62	42	57	91	127	162	193	217	236	248
1986	255	256	252	241	224	198	168	133	96	62	41	53
1987	84	120	150	182	209	232	248	257	258	252	239	222
1988	199	172	143	108	74	46	51	82	117	151	182	207
1989	228	244	253	258	256	246	229	205	175	143	108	74
1990	46	44	69	104	140	174	203	227	244	254	257	253
1991	244	230	212	187	157	121	85	52	45	68	102	136
1992	168	196	219	238	252	259	258	249	233	211	185	156
1993	123	89	59	42	59	94	130	165	195	219	237	249
1994	255	256	251	240	222	196	166	130	93	60	41	55
1995	87	122	153	184	211	234	249	258	258	251	238	220
1996	197	170	141	106	71	45	52	84	120	153	184	209
1997	229	245	254	258	256	245	228	203	173	140	105	72
1998	44	46	72	107	142	176	205	228	245	254	257	253
1999	243	229	211	185	154	118	82	51	46	71	105	138
2000	170	198	220	240	253	259	258	248	231	209	182	153
2001	120	86	57	42	62	97	133	167	197	221	239	250
2002	255	255	250	238	220	194	163	127	90	58	41	57
2003	90	125	156	187	213	235	250	258	258	250	236	218
2004	195	167	138	103	69	44	54	87	123	156	186	211
2005	231	246	254	258	255	244	226	201	170	138	102	69
2006	43	47	74	110	145	178	207	230	246	255	257	252
2007	242	227	209	182	152	115	79	49	47	73	108	141
2008	173	200	222	241	253	259	257	247	230	207	180	150
2009	117	83	55	43	64	100	135	170	199	222	240	250
2010	256	255	249	237	218	192	161	125	88	56	41	59
2011	93	128	158	189	215	236	251	258	257	250	235	217
2012	193	165	135	100	66	44	56	90	126	158	188	213
2013	232	246	255	258	255	243	225	199	168	135	100	66
2014	42	49	77	113	147	181	209	231	247	255	256	252
2015	241	226	207	180	149	113	77	48	49	76	111	144
2016	175	202	224	242	254	259	257	246	228	205	178	148
2017	115	80	53	43	66	102	138	172	201	224	241	251

Distanzen zur Erde
Diese Tabelle zeigt einen Überblick über die Abstände zwischen Venus und der Erde, die sich dauernd verändern.

frühesten eingetreten ist. Der Durchmesser des Planetenkerns erreichte den kritischen Wert von schätzungsweise 1000 km bereits zu einem Zeitpunkt, als das Restmaterial noch in feinen Brocken verteilt war. Die Anlagerung des überwiegenden äußeren Teils der Masse vollzog sich daher viel rascher, als wenn sich zuvor bereits wenige mittelgroße Planetoiden herauskristallisiert hätten, bei denen die Wahrscheinlichkeit, daß sie zusammenstoßen könnten, mit zunehmender Größe immer geringer wird. Ein Absturz großer Massen in kurzer Zeit bedeutet aber starke Erhitzung, weil die Zeit zur Abstrahlung der Gravitationsenergie, die sich in Wärme umgewandelt hat, nicht ausreicht. Der äußere Teil von Venus dürfte also wie bei der Erde anfänglich vollständig aufgeschmolzen worden sein. Die chemische Differenzierung in eine Silikatkruste und einen Metallkern ging vermutlich bei beiden Planeten ähnlich vor sich.

Der wesentlichste Teilbeweis für diese Aussage wurde von den russischen Venera-Sonden geliefert: Sie haben in den Oberflächengesteinen eine ähnliche Konzentration der radioaktiven Elemente Uran und Thorium festgestellt, wie sie auf der Erde vorhanden ist. Eine weitere Stütze dafür liegt in der geringen Achsenneigung von Venus: Viele kleine Partikel erzeugen beim Zusammensturz aus statistischen Gründen der Ausmittelung eine Rotation in der Symmetrieebene der Ursprungswolke, während wenige große Brocken eine starke Zufallskomponente ins Spiel bringen. Das Fehlen eines Mondes und eines Magnetfeldes ist ebenfalls mit der dargelegten Theorie zu vereinbaren, denn gleichzeitig mit dem Planeten entstehende Monde benötigen wie ein Sonnensystem im kleinen ein mindestens anfänglich herrschendes Magnetfeld. Außerdem gab es bei Venus auch keinen «Nachzüglertrabanten» mehr einzufangen.

Einer Beantwortung harrt noch die Frage, wann und wie die anfängliche Rotation abgebremst wurde; denn wie in der Einleitung noch allgemeiner formuliert wird, muß sie anfänglich bestanden haben. Die Gezeitenkräfte der Sonne dürften dazu der sehr rotationssymmetrischen Venus nicht ausreichend genug gewesen sein. Vielleicht war aber auch die dichte Venusatmosphäre, deren innere Reibung über Jahrmilliarden eine beträchtliche Energie in Wärme verwandeln könnte, dafür verantwortlich.

Geschichtliches
Dieser altbabylonische Grenzstein, ein «Kudurru» des Kassitenkönigs Melischipak II, zeigt die Dreiheit Sonne, Mond und Venus, um 1200 v. Chr. (Musée des Louvres, Paris).

Geschichtliches

684 v. Chr. Babylonische Schrifttafeln in Ninive enthalten Aufzeichnungen von Venusbeobachtungen.

1610 Bei der ersten Beobachtung von Venus durch ein Teleskop entdeckt Galilei, daß dieser Planet je nach Konstellation — ähnlich unserem Mond — verschiedene Beleuchtungsphasen zeigt. Dies ist zur damaligen Zeit ein wichtiger Beweis für die Tatsache, daß Venus innerhalb der Erde um die Sonne läuft und daß das heliozentrische System der Planeten, wie es von Kopernikus postuliert wurde, richtig ist.

1639 Der englische Astronom Horrox beobachtet am 4. Dezember, kurz vor Sonnenuntergang, erstmals ein Vorüberziehen von Venus vor der Sonnenscheibe.

1761 Thorman Bergman beobachtet in Upsala anläßlich eines weiteren Vorüberziehens vor der Sonne erstmals einen feinen Lichtsaum um das Scheibchen. Er schließt daraus auf das Vorhandensein einer Atmosphäre auf Venus.

1769 Verschiedene Astronomen bestimmen die große Halbachse der Erdbahnellipse (zugleich der mittlere Sonnenabstand) nach einem weiteren Vorüberziehen von Venus vor der Sonne und erhalten auf rein geometrische Weise Werte mit einem Mittel um 151,6 Mio km (exakter Wert 149,600 Mio km). Eine ähnliche Messung war schon 1761 versucht worden.

1792 Der deutsche Astronom Johann H. Schröter entdeckt die weit über die Hälfte der Scheibe überzogenen Endpunkte der Sichel bei schmaler Beleuchtungsphase und betrachtet dies als einen weiteren Beweis für die Existenz einer Venusatmosphäre.

1807 Johann Wurm, ebenfalls ein deutscher Astronom, veröffentlicht einen Meßwert für den Durchmesser der Venusscheibe samt Atmosphäre: 12 293 km. Der für heute geltende Wert wird bei 12 240 km angesetzt.

1890 Schiaparelli glaubt fälschlicherweise, aus Beobachtungen der Oberflächenmerkmale auf eine Rotationszeit von 225 Tagen (gebundene Rotation) schließen zu können.

1920 Die Amerikaner E. S. John und S. B. Nicholson vermissen nach spektroskopischen Untersuchungen jede Spur von Wasserdampf und bezeichnen Venus als einen trockenen Wüstenplaneten.

1932 Die Astronomen W. S. Adams und T. Dunham vom Mount-Wilson-Observatorium entdecken die Absorptionslinien von Kohlendioxid in der Venusatmosphäre. Die große Intensität läßt auf eine beträchtliche Kohlendioxidatmosphäre selbst oberhalb der Wolkenschicht schließen.

1942 Rupert Wildt postuliert hohe Temperaturen auf Venus als Folge des Treibhauseffektes in einer Kohlendioxidatmosphäre.
1956 Robert S. Richardson vom Mount-Palomar-Observatorium mißt die Dopplersche Frequenzverschiebung des reflektierten Sonnenlichtes über die ganze Venushalbkugel und findet eine langsame Rotation des Planeten in retrograder (verkehrtläufiger) Richtung. Auf der Suche nach elektromagnetischer Strahlung von der Venusoberfläche und nicht nur von der Wolkenobergrenze ausgehend, stößt man auf Mikrowellen um 10 Gigahertz bzw. 3 cm Wellenlänge, welche die dichte Atmosphäre durchdringen können. Ihre Analyse ergibt erste Hinweise auf die überraschende Tatsache, daß dort Temperaturen von über 400 Grad herrschen und nicht ein angenehmes tropisches Klima, von dem zuvor meist die Rede war.
1957 Charles Boyer vom Observatorium Haute Provence in Frankreich findet aufgrund der Meßmethode mit der Dopplerverschiebung eine Rotationszeit von vier Tagen, die bald auch gestützt wird durch die Wanderung von Wolkendetails auf Ultraviolettaufnahmen. Heute weiß man, daß damals die Umwälzrate der Hochatmosphäre und nicht die eigentliche Rotationszeit gemessen wurde.
1960 Adouin Dollfus, ein französischer Astronom, bestimmt durch polarimetrische Messungen, daß der atmosphärische Druck an der Wolkenobergrenze etwa 90 Millibar betragen müsse.
1962 Genauere Analysen von Radarechos von der Venusoberfläche schließen das Vorhandensein größerer Wasseroberflächen aus. Die amerikanische Raumsonde Mariner 2 passiert den geheimnisvollen Planeten am 14. Dezember in einer Entfernung von 34 830 km. Sie liefert die Bestätigung, daß die gemessene Wärmestrahlung von über 400° C tatsächlich von der Venusoberfläche und nicht aus der Atmosphäre stammt. Weiter stellt sie fest, daß ein meßbares Magnetfeld fehlt.
1964 Amerikanische Forscher bestimmen mit Hilfe von aktivem Radar von der Riesenantenne in Puerto Rico aus den richtigen Wert der Rotationszeit: 243 Tage in retrograder Richtung.
1966 Die sowjetische Sonde Venera 3 stürzt am 1. März als erster von Menschenhand geschaffener Körper auf die Venus ab, ohne allerdings irgendwelche Resultate zu liefern.
1967 Am 18. Oktober dringt die sowjetische Sonde Venera 4 in die Venusatmosphäre ein und bleibt bis zu einem Druck von wenigen Atmosphären funktionsfähig. Das Überwiegen von Kohlendioxid wird nachgewiesen.
Die US-Sonde Mariner 5 passiert Venus am 19. Oktober in einer Entfernung von 4000 km und liefert ein ziemlich genaues Druck- und Temperaturprofil durch Fernmessung. In der Atmosphäre kann etwas Wasserdampf nachgewiesen werden.
1968 Radarmessung des Venusdurchmessers von der Erde aus: 12 100 km, mit einem Fehler von weniger als 10 km.
1969 Venera 5 und 6 wiederholen die Experimente von Venera 4 und bleiben sogar auf der Oberfläche funktionsfähig, wenn auch nur für sehr kurze Zeit. Der von Mariner 5 gemeldete Druck von gegen 100 bar und eine Temperatur um 500° C werden bestätigt.
1970 Venera 7 landet am 15. Dezember, übersteht aber das dortige Klima nur 23 Minuten lang: sie meldet während dieser Zeit eine Temperatur von 543° C und einen Druck von 90 bar.
1971 Polarisationsmessungen des Lichtes, das von der Wolkenoberfläche reflektiert wird, lassen auf kugelförmige Tröpfchen von 1/1000 mm Durchmesser mit einem Brechungsindex von 1,44 schließen; sie halten sich in einer Umgebung mit einem Druck von etwa 50 Millibar auf.
1972 Die Amerikaner A. T. Young und G. Sill stellen unabhängig voneinander die Behauptung auf, daß die im Jahr zuvor gemachten Polarisationsmessungen nur durch Wolkentröpfchen aus schwefliger Säure erklärt werden können.
Venera 8 bleibt am 22. Juli 50 Minuten funktionsfähig und funkt Daten über die Radioaktivität des dortigen Gesteins und einen Temperaturwert von 530° C zur Erde. Die vergleichbaren Mengen an Uran, Thorium sowie Kalium lassen vermuten, daß Venus in ihrer Kruste eine ähnliche chemische Entwicklung durchgemacht hat wie die Erde.
1973 Man entdeckt eine vertikale Schwingung in der Venusatmosphäre mit der gleichen Periode von vier Tagen, wie sie die globale Windströmung aufweist.
Erste «Radarbilder» der Venusoberfläche, von der Erde aus gewonnen, zeigen flache, aber ausgedehnte Krater. Der Einsatz von Stratosphärenflugzeugen für die erdgebundene Astronomie durch die NASA bestätigt die frühere Entdeckung von schwefliger Säure in den Venuswolken.
1974 Mariner 10 passiert Venus am 5. Februar auf dem Weg zu Merkur in 5800 km Entfernung von der Oberfläche und liefert Tausende von Bildern der gesamten Wolkenlandschaft in verschiedenen Wellenbereichen des Lichtes. Das Vorhandensein von Y- und von C-förmigen Wolkenforma-

Geschichtliches
Galileo Galilei (15. 2.1564 bis 8. 1. 1642) wirkt als Mathematiker und Philosoph am Hofe des Großherzogs von Florenz. Mit einem ersten Fernrohr entdeckt er 1610 unter anderem Jupitermonde und die Phasengestalt der Venus. Er wird zum vehementen Verfechter des kopernikanischen Weltsystems und beschwört dadurch 1614 das Verbot dieser Lehre durch den Papst herauf.

Geschichtliches
Giovanni Virginio Schiaparelli (14. 3. 1835 bis 4. 7. 1910) widmet sich als Leiter der Brera-Sternwarte in Mailand vor allem der Marsforschung, weist auch auf die Verwandtschaft zwischen Kometen und Sternschnuppen hin und beschäftigt sich mit der möglichen Rotationszeit der Venus.

tionen sowie von Dunstschichten bis in größte Höhen kann nachgewiesen werden. Es wird möglich, erste sichere Aussagen über die Anwesenheit von Wasserstoff und Helium in der höheren Atmosphäre zu machen.

1975 Venera 9 landet am 22. Oktober bei 33° N 293° W und bleibt 53 Minuten funktionstüchtig. Die Sonde liefert ein Funkbild, das eine steinige Umgebung und eine durchsichtige Atmosphäre mit der Helligkeit eines regnerischen Tages auf der Erde zeigt. Venera 10 folgt am 26. Oktober mit einer Landung bei 15° N und 295° W. In den 65 Minuten ihrer Funktionstüchtigkeit liefert auch diese Schwestersonde ein recht

Geschichtliches
Ein Bild der sowjetischen automatischen Raumstation Venera 4, die 1967 in die Venusatmosphäre eindrang und ein Überwiegen von Kohlendioxid nachwies.

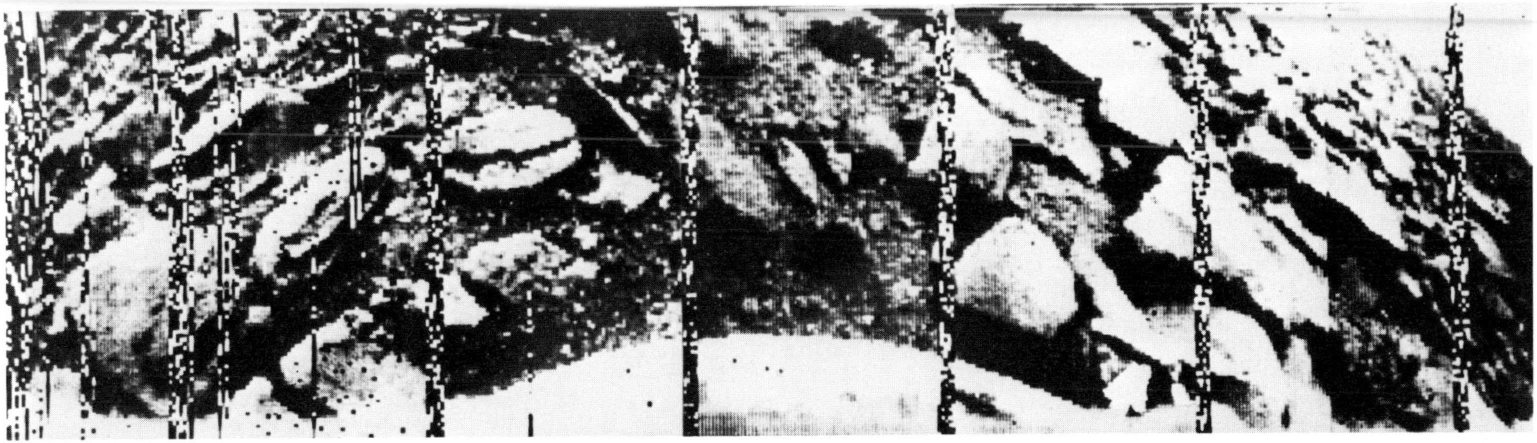

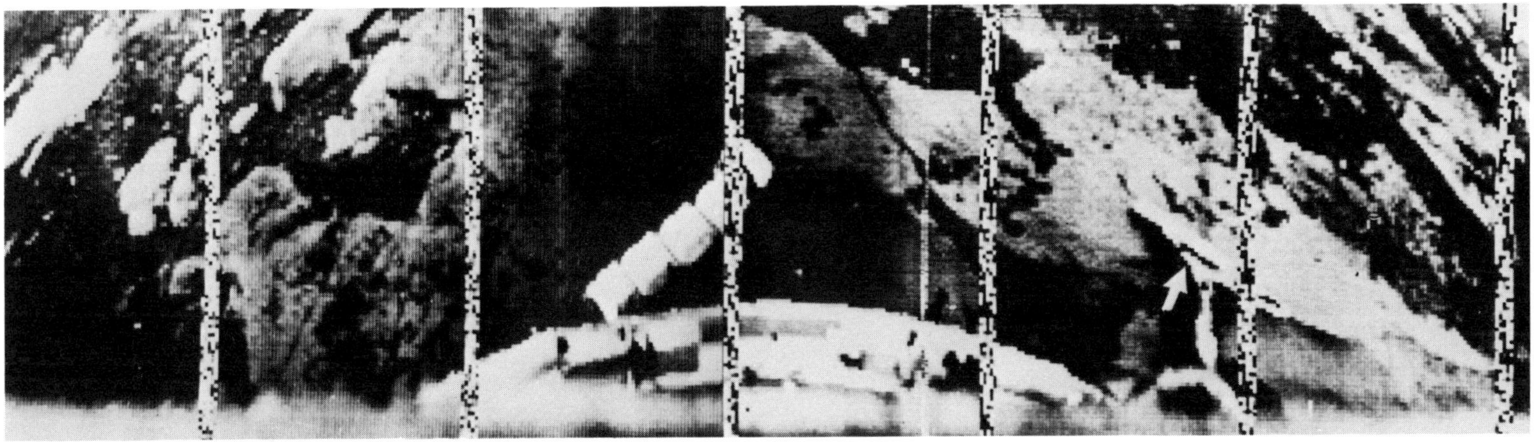

Geschichtliches
(obere Reihe)
Rundsicht um den Landeplatz der sowjetischen Venussonde Venera 9. Der Blick in der dichten Atmosphäre reicht bis zum Horizont, der in der rechten oberen Ecke angeschnitten erscheint. Trotz Dampfkesselatmosphäre sind die herumliegenden Steinbrocken nicht völlig verwittert. Durch Venusbeben oder Faltungen, eher denn durch Meteoriteneinstürze, ist dieses Gestein vermutlich erst in jüngerer Zeit aufgebrochen worden. Große Meteorite sind seit 3 Mia Jahren sehr selten geworden, und kleinere werden vom dichten Atmosphärenpolster so stark gebremst, daß sie keine so ausgedehnten Kraterwälle aufwerfen wie etwa auf dem Mond oder auf Mars.

Geschichtliches
(untere Reihe)
Entsprechender Blick vom Venera-10-Landeplatz aus. Diese Schwestersonde landete etwa 2200 km von Venera 9 entfernt in einer tiefgelegenen Ebene auf der Tagseite und funktionierte rund 65 Minuten, bis sie durch die immense Hitze funktionsuntüchtig wurde. Dies ist das einzige Bild, das während dieser Zeit übermittelt werden konnte. Die Fischaugenoptik zeigt zwar einen beträchtlichen Teil der Rundsicht, aber ziemlich verzerrt. Im mittleren Vordergrund erkennt man, angeschnitten, einen kleinen Teil des runden Landetellers, auf dem die Sonden einigermaßen weich aufsetzten, sowie einige weitere herausragende Raumschiffteile.

ähnliches Bild der im Moment der Aufnahme rund 2000 km entfernten Gegend. Die minimalen Temperaturunterschiede in Abhängigkeit des Abstandes vom Äquator bestätigen sich. Radarechos von der Oberfläche, in den Venera-Orbitern aufgefangen, ergeben ebenfalls nur Höhenunterschiede von wenigen Kilometern. Venera 9 maß Windgeschwindigkeiten von 1,2 bis 2,5 km/h, Venera 10 solche von 2,9 bis 4,7 km/h.

1976 Neue Interpretation früherer Radiowellenverdeckungsdaten durch Arvydas Kliore in den USA läßt auf weitere Wolkenschichten unter den obersten aus schwefliger Säure schließen.

1977 Radarabtastbilder der ständig verbesserten Riesenantenne in Arecibo, Puerto Rico, zeigen ausgedehnte Vulkane oder Krater auf der Oberfläche.

1978 20. Mai: Start des amerikanischen Venussatelliten Pioneer-Venus-1.

8. August: Start von vier Atmosphärensonden mit Pioneer-Venus-2 auf einer direkten Flugbahn.

9. September: Start der sowjetischen Venussonde Venera 11.

14. September: Start des ähnlichen Landegerätes Venera 12.

4. Dezember: Pioneer-Venus-1 schwenkt in eine 24-Stunden-Satellitenbahn zwischen zeitweise nur 142 km und einem höchsten Punkt von 67 000 km ein. Wolkenfotos werden sofort regelmäßig zur Erde gefunkt, während die ungestörte Übertragung der Radarabtastbilder zunächst Mühe macht.

9. Dezember: Die vier Atmosphärensonden in Pioneer-Venus-1 erreichen nach einem gut einstündigen Abstieg an weit auseinanderliegenden Punkten die Oberfläche. Die etwa 90 kg schwere Sonde auf der Tagseite übersteht den Aufprall mit 35 km/h während 67 Minuten, obwohl dies nicht vorgesehen war. Aufgewirbelter Staub brauchte an diesem Punkt der Südhalbkugel 3 Minuten, bis er sich wieder setzte. Die auf der Nachtseite gelandete Sonde meldete schon aus einer Höhe von 13 km ein unerwartetes Glühen in der Atmosphäre, das man auf elektrische Entladungen (Blitze), weiter unten aber auch auf die mögliche Verbrennung von Gasen zurückführte.

21. Dezember: Venera 12 landet und funkt während 110 Minuten verschiedene Daten über den lediglich an Venus vorbeifliegenden Raumschiffteil zur Erde.

25. Dezember: Venera 11 folgt mit einer Landung und bleibt 95 Minuten funktionstüchtig. Entgegen den Erwartungen werden diesmal im Gegensatz zu den Sonden des Jahres 1975 keine Oberflächenbilder aufgenommen. Der hohe Argon-36-Gehalt, den die Pioneer-Sonden meldeten, wird bestätigt, doch wird die Messung von Kohlenmonoxid in der unteren Atmosphäre von amerikanischen Fachleuten in Frage gestellt.

1979 Pioneer-Venus-1 setzt seine Radar-Kartografierung fort und entdeckt ein mit dem Valles Marineris auf Mars vergleichbares Tal von 6 bis 7 km Tiefe bei 16° bis 24° S.

1980 Bis Ende Mai hatte die Sonde Pioneer Venus insgesamt 93 Prozent der Planetenoberfläche mit Radar abgetastet. Im Gegensatz zu den früheren Vorstellungen einer eher flachen Venusoberfläche ergeben sich teilweise überraschende Abweichungen. Bisherige erdgebundene Radar-Abtastungen hatten nur über die mittlere Elevation Aufschluß gegeben, die Eichung der Meßresultate war empirisch, und kleinere, wenn auch extreme Bodenunregelmäßigkeiten blieben früher verborgen.

Etwa 60 Prozent der Oberfläche weisen tatsächlich nur Höhenunterschiede von einem Kilometer auf und stimmen mit dem mittleren Kugelradius von 6050 km (Definition der Nullhöhe) überein. Vom Rest entfallen 16 Prozent auf Tiefländer und 24 Prozent auf Hochländer. Letztere bestehen zu zwei Dritteln aus Hochplateaus, und nur die verbleibenden 8 Prozent der Plantetenoberfläche erheben sich bis zu den maximal gemessenen 11,8 km über Nullhöhe.

Das größte der Hochländer, Aphrodite Terra, entspricht etwa der Hälfte von Afrika. Herausragend ist auch noch Ishtar Terra, eine etwas jüngere Formation, die in ihren Ausmaßen immer noch etwa den USA entspricht. Hier liegen die Maxwell Montes mit dem höchsten Punkt auf Venus.

Die beiden früher aufgefallenen Radar-Reflexionszonen Alpha Regio (bei 25 Grad Süd) und Beta Regio (bei 30 Grad Nord) erwiesen sich mit großer Wahrscheinlichkeit als 4000 m hohe Schildvulkane. Deren Aktivität ist aber vermutlich längst erloschen,

Geschichtliches
Die automatische Raumstation Venera 1 ist heute dem Publikum im Pavillon «Kosmos» auf der Ständigen Leistungsschau der UdSSR in Moskau zugänglich.

denn die Venuskruste ist viel dicker und älter als die Erdkruste. Man schließt dies aus dem Fehlen irgendwelcher Anzeichen von tektonischen Plattenverschiebungen.
Auch die tiefsten Gebiete westlich von Ishtar Terra bei 70 Grad Nord senken sich höchstens bis 3000 m unter Nullhöhe. Hier fehlen die sonst überall vorhandenen Krater, das Terrain scheint also relativ jünger zu sein.

Hadley-Strömung

Auf Venus gibt es eine globale Wettererscheinung, bei der sich die gesamte Atmosphäre in vier Tagen umwälzt. Hadley postulierte schon lange vor der Entwicklung der modernen Meteorologie die vereinfachte Vorstellung, daß sich vom senkrecht besonnten sogenannten subsolaren Punkt in Äquatornähe aus eine Strömung in alle Richtungen, besonders aber gegen die Pole hin, ausbreitet. Auf der Erde verhindern jedoch die relativ rasche Rotation und die daraus entstehenden Passatwinde sowie die Asymmetrien (Verteilung Ozeane—Festländer), daß die tatsächlichen Verhältnisse so einfach zu erfassen wären.
Anders ist es bei Venus, wo sich wegen der langsamen Rotation der subsolare Punkt nur wenig verändert und die atmosphärische Zirkulation tatsächlich durch eine Hadley-Strömung beschrieben werden kann. Bei Venus spielen allerdings noch weitere Faktoren mit, so etwa die direkte Einwirkung des Sonnenwindes auf die Hochatmosphäre, da eine Magnetosphäre fehlt. Die Mariner-10-Funkbilder, die im ultravioletten Bereich des Lichtes aufgenommen wurden, zeigen, daß sich vom Hochdruckgebiet im subsolaren Punkt Winde mit rund 350 km/h gegen die Pole hin bewegen, wo sich die Geschwindigkeit auf über 700 km/h steigern kann.

Helligkeit

Venus ist nach der Sonne und dem Mond das hellste Gestirn am Himmel, was schon zu vielen Verwechslungen mit vermeintlich übernatürlichen oder außerirdischen Erscheinungen Anlaß gegeben hat. Der Morgen- und Abendstern kann bei maximalem Glanz in einer mondlosen Nacht sogar sichtbare Schatten werfen. In höheren Lagen mit besonders klarer Luft ist Venus bereits auch am Tageshimmel als unscheinbarer weißer Punkt gesehen worden, wenn der Beobachter genau wußte, wo er zu suchen hatte. Ihre Helligkeit ist im Maximum über 6mal größer als die des ebenfalls ziemlich brillanten und hellen Jupiter, selbst wenn dieser in seiner günstigsten Position steht.

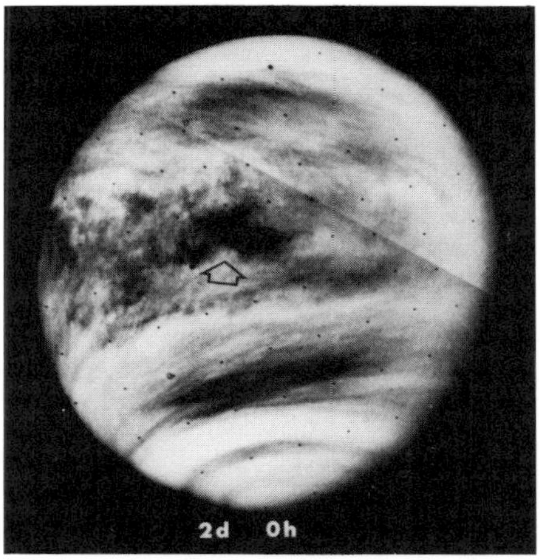

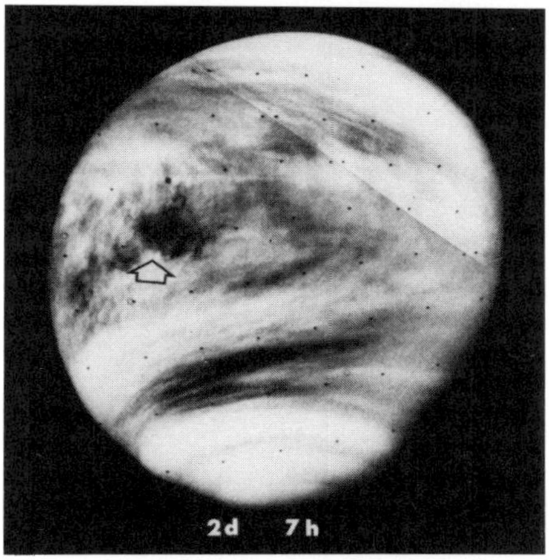

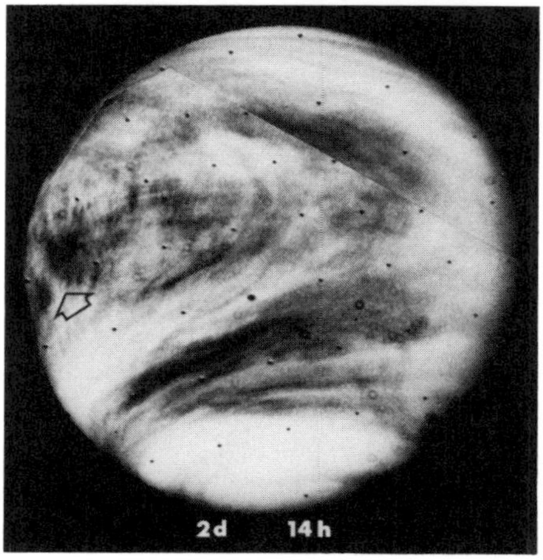

Hadley-Strömung
Drei Funkbilder vom Wolkenmeer der Venus, das die Kameras der Mariner-10-Sonde durch Ultraviolettfilter im Abstand von je 7 Stunden aufgenommen haben. Sie stammen, von oben nach unten, vom 7. Februar 1974 um 18 Uhr MEZ, vom 8. Februar 1 Uhr MEZ bzw. 8 Uhr MEZ. Über einen solchen Zeitraum kann das Wandern von Hell- oder Dunkelmarkierungen bereits deutlich verfolgt werden. Die mit einem Pfeil gekennzeichnete Stelle hat etwa eine Ausdehnung von 1000 km. Norden ist auf diesen Bildern oben. Über dem Südpol lagern offenbar Schichten, die im ultravioletten Bereich des Lichtes besonders intensiv reflektieren. Das regelmäßige Netz von schwarzen Punkten stammt vom Aufnahmesystem und dient der Bildvermessung. Unregelmäßig verteilte Ringlein sind jedoch optische Fehler und haben keine Bedeutung.

Inneres von Venus

Das Innere unseres Schwesterplaneten ist vermutlich trotz vieler äußerlicher Unterschiede dem Inneren unserer Erde recht ähnlich. Neben entstehungsgeschichtlichen Überlegungen stützt man sich bei dieser

Aussage auf eine Messung der Sonde Venera 8, die auf der Venusoberfläche gelandet war. Diese stellte fest, daß sich die Radioaktivität der Oberflächengesteine recht gut mit jener des irdischen Granits vergleichen läßt. Venus hat schließlich auch eine ziemlich ähnliche Größe und Dichte. Man stellt sich daher vor, daß der flüssige Kern, der Mantel und vielleicht sogar die Kruste nicht nur qualitativ, sondern auch quantitativ gut übereinstimmen dürften. Diesen vorläufigen Annahmen stehen jedoch noch einige Fakten gegenüber, die auch noch gänzlich andere Interpretationen zulassen würden: Venus besitzt praktisch kein Magnetfeld, und es müßte erklärt werden, wo das viele Wasser hingekommen ist, das auf dem äußeren Nachbarn Erde heute noch vorhanden ist. Ein weiteres Rätsel steckt im Widerspruch zwischen dem von den Sonden ausgemessenen regelmäßigen Gravitationsfeld, das auf eine fast ideal kugelförmig verteilte Masse schließen läßt, und der gravitationsgekoppelten Venusrotation, die eigentlich nur bei ziemlich unsymmetrischer Masseverteilung möglich ist. Da auch auf der Erde noch viele Zusammenhänge (z. B. zwischen dem Magnetfeld und dessen Entstehung im Erdinnern) zu wenig erforscht sind, dürfte die Klärung all dieser Fragen auf Venus erst recht noch einige Zeit auf sich warten lassen.

Ionosphäre

Wie die Erde besitzt auch Venus eine Ionosphäre, die jedoch ziemlich anders strukturiert ist. Die Ionosphäre entsteht in Höhen, wo die Strahlung aus dem Weltraum direkt auf die Atmosphäre einwirken kann. Bei Venus geschieht dies oberhalb von etwa 145 km. Die Ionosphäre stellt für Venus einen ähnlichen Schutz dar wie die Magnetosphäre für die Erde, was man durchaus nicht erwartet hatte. Ihre Obergrenze ist allerdings sehr stark vom Sonnenwind abhängig. Meist liegt sie in etwa 400 km, doch kann sie bei den zwischen etwa 250 bis 600 km/s hin- und herschwankenden Sonnenwinden manchmal bis 1500 km und bei hoher Aktivität der Sonne dagegen nur bis 250 km reichen.

Die Ionosphäre überdauert, wenn auch in schwächerer Form, die lange Venusnacht. Dies war eine Überraschung, denn die solare Ultraviolett- und Röntgenstrahlung fehlt natürlich auf der Nachtseite. Hier muß es also sehr langlebige Ionen geben. Als solche kämen die von Pioneer neu entdeckten Metallionen von Eisen und Magnesium in Frage, für die man einen meteoritischen Ursprung vermutet. Zur Hauptsache setzt sich die Ionosphäre aus O_2^+, CO_2^+ und O^+ zusammen. Daneben kommen jedoch auch noch die positiven Ionen von Kohlenmonoxid, atomarem Stickstoff, Kohlenstoff, Wasserstoff und Helium vor.

Auf der Erde reflektiert die Ionosphäre einen Teil der elektromagnetischen Strahlung im Radiowellenbereich. Es ist also zu erwarten, daß ein guter Teil der Kurzwellenstrahlung, die bei Gewittern in der niedrigeren Atmosphäre freigesetzt wird, nicht nach außen in den Weltraum dringt. Nachdem die Landesonden aber keinen Zweifel mehr an den häufigen elektrischen Entladungen gelassen hatten, wurde der Satellit Pioneer 1 doch zu einer Suche nach allfällig nach außen dringender Strahlung eingesetzt. Sein Instrument zum Nachweis elektrischer Felder stellte tatsächlich indirekte Auswirkungen der weit unten stattfindenden Entladungen fest, obwohl es eigentlich für einen ganz anderen Zweck konzipiert war. Vor allem über den Polen scheint die Ionosphäre nicht völlig dicht zu sein.

Kartografierung

Die dichte Wolkenschicht um Venus verhindert die Kartografierung des Planeten durch Bilder im sichtbaren Bereich des Lichtes. Radarwellen vermögen den Schleier dagegen zu durchdringen, und so bieten sich zwei weitere Möglichkeiten an: die Mikrowellenabtastung von der Erde aus oder von einem Venussatelliten aus. Die erdgebundene Methode ist zwar schon recht weit fortgeschritten (siehe Abbildungen Seiten 64 und 65), vermag aber nur die gelegentlich senkrecht stehenden Bereiche der Venusoberfläche zu zeigen, wenn sie in der Blickrichtung zur Erde stehen. So werden die Gebiete in der Nähe des Äquators einigermaßen verzerrungsfrei abgebildet. Will man dagegen Karten anfertigen, die die Genauigkeit von Mars- oder von Mondkarten erreichen, so muß der Planet von einem Venussatelliten aus abgetastet werden, der sich in einer möglichst kreisförmigen polaren Umlaufbahn befindet. Eine NASA-Studie sieht vor, einen solchen Satelliten Anfang der achtziger Jahre in einer 1000-km-Bahn zu plazieren. Die streifenförmige Kartografierung (siehe Abbildungen rechts) dauert wegen der langsamen Venusrotation viele Monate und ist das Endprodukt eines langwierigen Auswertungsprozesses: Die breitbandigen Radarsignale müssen während der meisten Zeit erst auf Band aufgezeichnet und dann zeitgedehnt zur Erde übertragen werden. Auf den dortigen Computern erfolgt die digitale Auswertung der Signale, um daraus die Höhenkurven innerhalb eines mehr oder weniger schmalen Streifens zu gewinnen. Rechenprogramme wiederum sind es, welche die einzelnen Bilder an ihren Rändern ausgleichen und verzerrungsfrei aneinandersetzen. So gewinnt man eine globale Übersicht in Abhängigkeit der Kugelkoordinaten. Durch künstliche Einführung von Schatten bei der rechnerischen Erzeugung von ebenen Karten erhält man schließlich plastische Ansichten der Venusoberfläche, die den direkten Fotos wohl kaum nachstehen werden.

Krater

Seit es gelungen ist, durch interferometrische Auswertung der schwachen Radarechos von der Venusoberfläche erste grobe Oberflächenkarten zu gewinnen (siehe auch unter «Radaraufnahmen»), weiß man von der Existenz großer bis sehr großer Ringstrukturen, die heute eher als Einschlagkrater denn als Vulkancalderen (mehr oder weniger eingestürzte und erodierte Aschenkegel) gedeutet werden. Ihre Entstehung und Verwitterung muß aber im Lichte der dichten Atmosphäre und der überraschend ge-

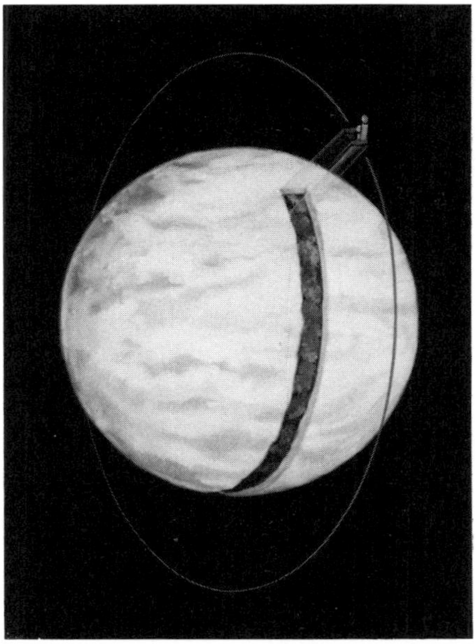

Kartografierung
Die beiden Bilder zeigen wie ein in 1000 km Höhe kreisender Orbiter mit Radar die dichten Wolken über der Venusoberfläche «wegschälen» könnte, um den mysteriösen Planeten darunter zu kartografieren. Es wäre denkbar, daß anfangs der achtziger Jahre ein solcher Orbiter auch einen Lander hinunterschicken könnte, der wissenschaftliche Tests auf der heißen Venusoberfläche durchführen würde. Dieses Projekt befindet sich noch in der Planungsphase und läuft unter dem Namen VOIR (Venus Orbiting Imaging Radar).

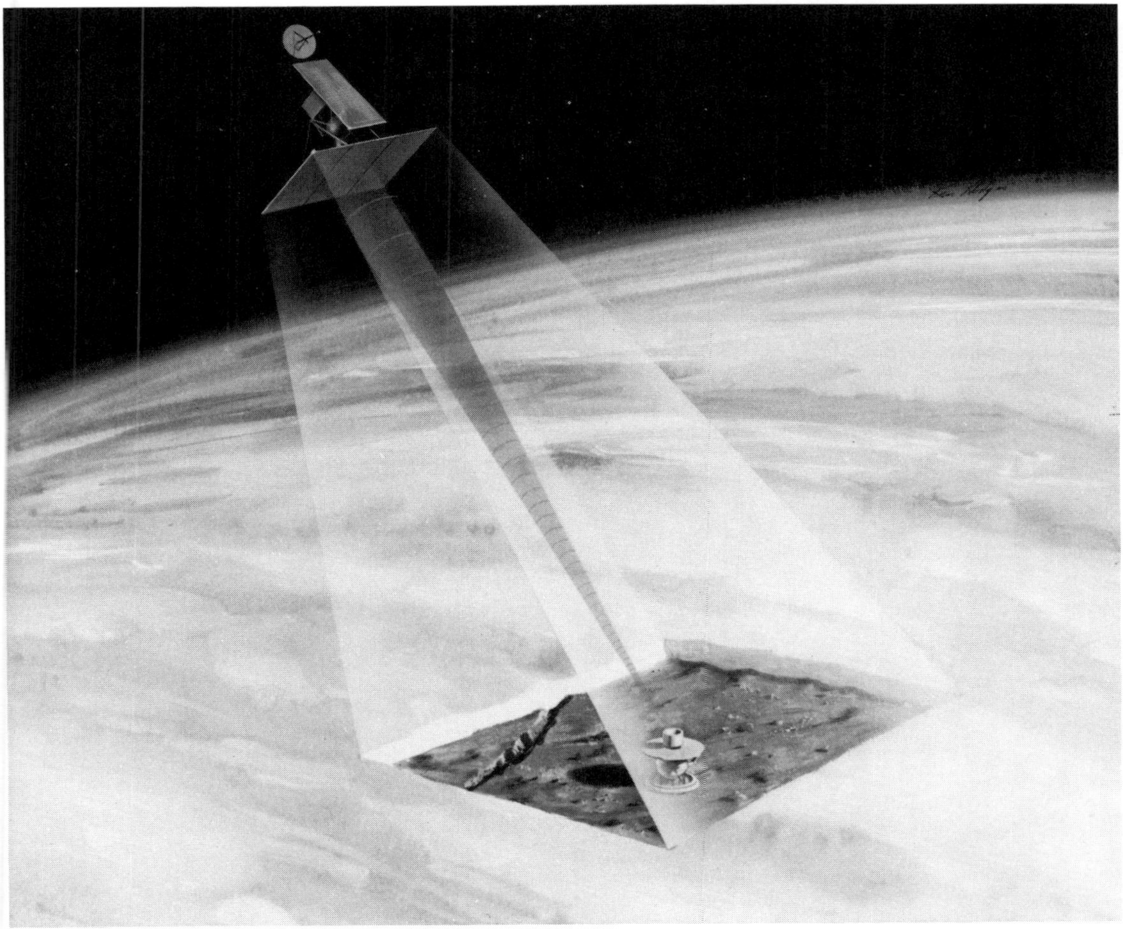

ringen Windgeschwindigkeiten, die man an den sowjetischen Landestellen gemessen hat, gesehen werden. Meteoriten, die nicht eine gewisse Mindestgröße aufweisen, werden im dichten Atmosphärenpolster bereits vor dem Aufschlag so weit gebremst, daß sie keine ausgedehnten Krater mehr erzeugen können. Bei ungehindertem Eintreffen, wie z. B. auf dem Mond, werfen sie dagegen riesige Massen aus und hinterlassen Krater von einem Vielfachen ihres eigenen Durchmessers. Während bei den übrigen Himmelskörpern ein Verhältnis von Kratertiefe zu Durchmesser von etwa 1:10 gemessen wird, beträgt dieses auf Venus 1:100. Kleinere Krater entstehen vermutlich nur als Sekundärkrater in unmittelbarer Nähe von größeren. Die Tendenz zu rascher Verwitterung der Gesteine scheint man dagegen vor dem Eintreffen der ersten Oberflächenbilder stark überschätzt zu haben. Wie aus den Abbildungen ersichtlich ist, blieb doch immerhin an zwei Landeplätzen eine erstaunlich wenig erodierte Steinwüste erhalten. Dies wird heute auf die Abwesenheit von stärkeren Winden und von flüssigem Wasser zurückgeführt. Immerhin sollte man aus dem vorläufig noch recht beschränkten Datenmaterial keine verfrühten Schlüsse ziehen. Es gilt nämlich auch noch das äußerst flache Terrain zu beachten, das bei einem Riesenkrater von 160 km Durchmesser lediglich Höhendifferenzen von etwa 500 m aufweist, wie die Radarmessungen zeigten. Ob ein ausgeglicheneres hydrostatisches Gleichgewicht wegen der heißeren und weicheren Gesteine der Kruste oder eine eben doch wirksamere Verwitterung dafür verantwortlich ist, bleibt noch zu klären.

Landungsmethoden

Die dichte und bis in große Höhen reichende Venusatmosphäre erleichtert die Landung von Raumschiffen, denn die stationäre Sinkgeschwindigkeit vergleichbarer Kapseln wird dort viel kleiner als auf der Erde und erst recht auf dem Mars. Auf Venus sinkt eine Sonde auch ohne Fallschirm kaum schneller als eine solche mit Fallschirm auf der Erde. Die Sowjetunion schien dies schon sehr früh ausnützen zu wollen, denn ihr spezielles Forschungsprogramm konzentrierte sich bereits seit den sechziger Jahren auf weich landende Venussonden.

Bald erkannte man jedoch, daß die Schwierigkeiten ganz woanders lagen: zum einen im immensen Druck, der massive Kapseln wie Taucherkugeln erfordert, und zum andern in der Hitze von rund 500° C, die vorläufig einen allzu gemächlichen Abstieg verunmöglicht. Aus diesem Grund verzichtet man nämlich für das letzte und heißeste Stück des Abstiegs auf große Fallschirme und benützt höchstens noch kleinere, aerodynamische Stabilisatoren, um ein weiches Aufsetzen in aufrechter Lage zu gewährle-

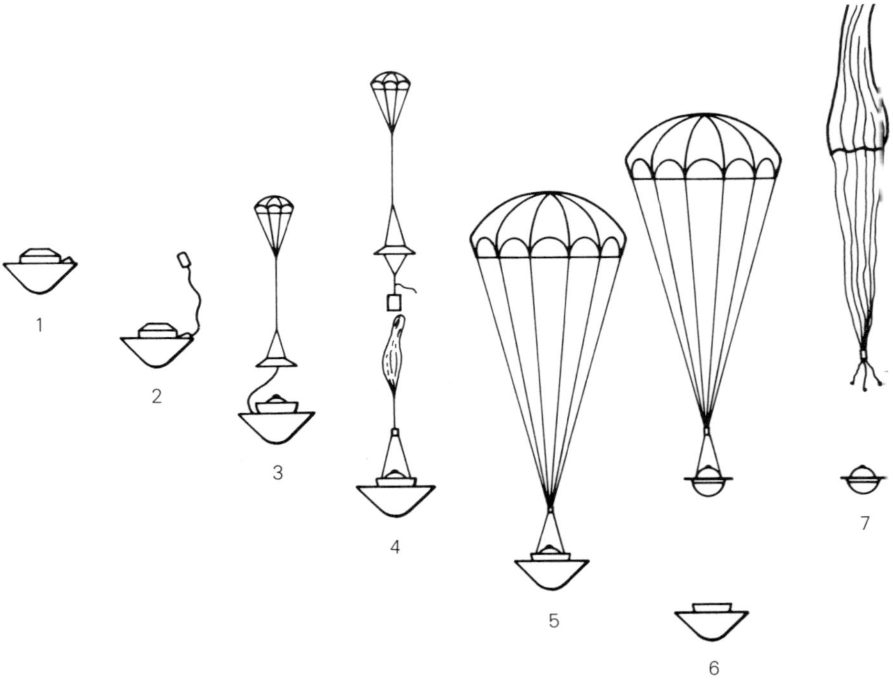

Landungsmethoden
Das Landesystem der größten von vier Pioneer-Venus-Sonden im Jahre 1978 dürfte auch für künftige Raumschiffe typisch sein. Der Eintritt in die höheren Schichten der Atmosphäre vollzieht sich mit rund 40 000 km/h, also praktisch gleich schnell wie bei einer ballistischen Rückkehr auf die Erde. Wegen der dichten Gashülle von Venus bremst sich die Kapsel (1) mittels Hitzeschilden bereits in 67 km Höhe auf nur noch wenig mehr als 700 km/h ab. Hier wird ein Stabilisierungsfallschirm herausgeschossen (2), der den rückwärtigen Schild lostrennt (3) und den Hauptfallschirm herauszieht (4). Dieser vermindert die Geschwindigkeit in weiteren 17 Minuten auf etwa 36 km/h, die in 47 km Höhe erreicht werden (5). Damit der weitere Abstieg durch den immer heißer werdenden Teil der Atmosphäre nicht länger als unbedingt nötig (40 Minuten) dauert, wird nun der untere Bremsschild abgeworfen (6) und kurze Zeit später auch der Fallschirm von der innersten Druckkapsel getrennt (7). Die Geschwindigkeit der Kapsel steigt dadurch wieder auf über 200 km/h und sinkt dann wegen der dichter werdenden Atmosphäre wieder auf etwas mehr als 40 km/h.

sten. Es ist heute noch unmöglich, die Temperatur im Innern einer Instrumentenkapsel über längere Zeit hinweg auf Temperaturen zu halten, die sich mit elektronischen Geräten vertragen. Zur Überbrückung des Temperaturunterschiedes von gut 450° C benötigt man nämlich eine unverhältnismäßig große Kühlmaschine mit beträchtlichem Energieverbrauch, selbst wenn das gekühlte Volumen klein gehalten wird. Langfristig scheint es jedoch durchaus realisierbar, mit Hilfe einer nuklearen Energieversorgung eine kontinuierlich kühlende Apparatur zu konstruieren, die etwa während eines vollen Venustages (117 Erdtage) Messungen ermöglicht und eine Fernsehkamera in Betrieb hält.

Mehr Möglichkeiten bieten sich, wenn eine Sonde über längere Zeit in einer bestimmten Höhe über der Oberfläche schwebend oder fliegend gehalten wird. So lassen sich während eines Fallschirmabstiegs über einen weiten Höhenbereich Ballonsonden ausstoßen, die von Satelliten-Relaisstationen abgehört und geortet werden. Aus der Abdrift lassen sich die Windgeschwindigkeit und die Windrichtung direkt ablesen. Ein solches Projekt wird von der Sowjetunion und von Frankreich gemeinsam entwickelt. Auch die US-Weltraumbehörde erhofft sich aus einem solchen Projekt eine genaue quantitative Analyse der Atmosphäre mit ihren wohl ziemlich verschieden zusammengesetzten Schichtungen sowie vollständige Temperatur- und Druckprofile samt deren zeitlichen Variationen.

Eine bemannte Landung kann mit guten Gründen einer ferneren Zukunft zugerechnet werden. Abgesehen von den genannten Schwierigkeiten (Druck und Temperatur) erfordert der Wiederaufstieg einen ähnlich großen Raumtransporter wie auf der Erde.

Magnetfeld

Venus besitzt, ganz im Gegensatz etwa zur Erde und zu Jupiter, praktisch kein Magnetfeld. Ihre langsame Rotation dürfte der Hauptgrund für den fehlenden Dynamo-Effekt sein, den man für die Feldentstehung annimmt.

Der Sonnenwind kann daher seine elektrisch geladenen Teilchen direkt und ohne Ablenkung auf die Venusatmosphäre einwirken lassen. Viele besondere Phänomene werden diesem Einfluß zugeschrieben, deren Verständnis auch für die Erde von großer Bedeutung ist.

Der Pioneer-Venus-Orbiter stellte fest, daß die Bugwelle der Magnetosphäre im Sonnenwind bei nur 7000 bis 8000 km über der Oberfläche liegt (Erde: rund 65 000 km). Dafür ist nicht allein der intensivere Sonnenwind mit Temperaturen um 1 000 000° C verantwortlich, sondern in erster Linie das viel schwächere, eigene Magnetfeld des Planeten. In geringerer Höhe ist es indirekt die solare Partikelstrahlung, die ein eigenes Feld induziert, das seinerseits einen zusätzlichen Schutz der unteren Atmosphäre bildet. Der Orbiter maß in seinem bahntiefsten Punkt normalerweise ein Feld um 40 Gamma. Während hoher Sonnenaktivität kann dieser Wert bis 85, einmal sogar bis 110 Gamma steigen. Solche Schwankungen am gleichen Ort innerhalb der Magnetosphäre sind natürlich nicht im Planeteninneren begründet, sondern allein eine induzierte Wirkung des Sonnenwindes.

Mariner-10-Sonde

Die Raumsonde Mariner 10 wurde am 3. November 1973 mit Hilfe einer Atlas-Centaur-Rakete abgeschossen. Ihr erstes Ziel, Venus, diente zugleich auch als Sprungbrett, um unter Ausnützung des planetarischen Billards energiesparend zu Merkur weiterzufliegen. Alle Funkbilder der Venus, die wir heute von Mariner 10 besitzen, stammen vom 5. Februar 1974 bzw. von den wenigen Tagen zuvor und danach. Die minimale Vorbeiflugdistanz betrug 5800 km.

Die Sonde wog beim Start 500 kg und war mit 7 verschiedenen Instrumenten für wissenschaftliche Experimente bestückt:

Infrarotradiometer zur Temperaturfernmessung;

Plasmadetektor zur Analyse von Plasma in der Nähe von Venus und Merkur sowie im interplanetaren Raum dazwischen;

Teilchenzähler für hochenergetische geladene Teilchen mit einem Bereich der Zählrate von 0,01 bis 100 000 Teilchen pro Sekunde;

Magnetometer am Ende eines 6 m langen Stabes zur Messung der schwachen planetaren und interplanetaren Magnetfelder, Bereich 2 bis 25 Gamma;

Ultraviolettspektrometer zum Nachweis von Gasen in der Nähe der Planeten;

Zwei *Fernsehkameras* mit 1500 bzw. 62 mm Brennweite und Blickwinkeln von 0,36 mal 0,48 Grad bzw. 11 mal 14 Grad, die Belichtungszeiten von 3 ms bis 12 s zuließen und alle 42 s ein Funkbild von 700 Zeilen und 832 Punkten zur Erde übertragen konnten, wobei wahlweise verschiedene Filter vorschaltbar waren;

Telemetriesystem, das neben der Datenübertragung auch zur Vermessung der Gravitationsfelder und Flugbahnen sowie für das Radiowellen-Verdeckungsexperiment diente, mit dem vor allem die Druckverteilung und der Ionisierungsgrad in der Atmosphäre ferngemessen werden konnten.

Mariner-10-Sonde
1 Rundstrahlantenne
2 Sonnenschirm
3 Düse des Korrekturtriebwerks
4 Steuerbare Richtstrahlantenne
5 Fernsehkameras
6 Massenspektrometer für geladene Teilchen
7 Ultraviolett-Spektrometer
8 Magnetometer
9 Infrarotsensor
10 Plasmadetektor
11 Schwenkbare Sonnenzelltafeln

Mariner 10 beschloß seine erfolgreiche Forschungstätigkeit im März 1975.

Monde

Venus besitzt keine natürlichen Monde. Auch die künstlichen Satelliten fanden mit ihren Kameras nichts, was den früheren teleskopischen Beobachtungen hätte entgangen sein können.

Physikalische Daten

Durchmesser	12 100 km
Masse	0,819 Erdmassen
	= 1/406 000 Sonnenmassen
	= $4{,}87 \cdot 10^{24}$ kg
Mittlere Dichte	5,27 g/cm³
Abplattung	prakt. Null
Neigung der Venusachse zur Bahnebene	(retrograd) 177 Grad
Atmosphärischer Druck (Boden)	90 bis 100 bar
Temperatur in Bodennähe	480 bis 530° C
Albedo (Rückstrahlfähigkeit)	0.75 ± 0.05
Schwerkraft an der Oberfläche	8.87 m/s²
in Einheiten der irdischen	0,90
Stärke des Magnetfeldes (Äquator)	3 bis 10 Gamma
irdisches zum Vergleich	30 000 Gamma
Fluchtgeschwindigkeit	10,3 km/s
1000-km-Satellit: Umlaufzeit	109 Min.
Geschwindigkeit	6787 m/s
Dauer eines Tag-Nacht-Zyklus	116,75 Tage

Pioneer-Venus-Sonden

Diese im Mai und im August 1978 abgeschossenen unbemannten Raumschiffe begannen die Erforschung Anfang Dezember des gleichen Jahres. Nach reinen Vorbeiflügen stellten diese Missionen den ersten Versuch der US-Weltraumbehörde dar, in eine Venusumlaufbahn einzuschwenken und vier kleine Atmosphärensonden niedergehen zu lassen. Für den Satellitenteil mit seiner Gesamtmasse von 582 kg hatte man eine Umlaufzeit von 24 Stunden gewählt und die Missionsdauer über eine volle Venusrotation geplant, um jeden Punkt der zwar unsichtbaren, aber der Radarabtastung zugänglichen Oberfläche einmal zu überfliegen.

Das Fernsehsystem des relativ einfachen Pioneer-Sondentyps besteht aus einem Scanner, der wegen der Raumschiffdrehung um die Längsachse und der Vorwärtsbewegung nicht mehr besonders gesteuert werden muß. Auch für das Mutterschiff der Atmosphärensonden wurde die Drallstabilisierung gewählt, dank der die einzelnen Komponenten nach dem Abkoppeln von selber auf ihre individuellen Eintrittsbahnen gelenkt werden.

Während ihres etwa einstündigen Niederganges (eine größere Sonde mit Fallschirm drei kleinere ohne) erfolgte bis zum Aufpral eine Vielzahl von Messungen durch Saphir-

und Diamantfenster sowie Druckreduzierventile.
Die große Atmosphärensonde wiegt 316 kg, die drei kleineren je 90 kg. Bei Sendeleistungen von 40 bzw. 10 W können sie während des Abstiegs je nach Höhe zwischen 256 und 64 Impulse pro Sekunde zur Erde senden. Dies ist ausreichend für die Daten des Massenspektrometers und des Gaschromatografen zur Analyse der Atmosphäre sowie der Analyse aus den Geräten zur Messung der Wolkenbestandteile und der Helligkeit des Himmels, nicht aber für Videoaufnahmen. Informationen über die Windgeschwindigkeit können außerdem indirekt aus der interferometrischen Vermessung der Radiosignale gewonnen werden.

Radaraufnahmen

Das Echo eines sehr kurzen Radarimpulses, das von einem kugelförmigen Himmelskörper zurückgeworfen wird, ist ein auf einige Hundertstelsekunden ausgedehntes Signal. Dies rührt daher, daß die reflektierten Wellen, die vom vordersten Punkt des Planeten herrühren, je nach seiner Größe viele tausend Kilometer weniger weit laufen müssen als jene Wellen, die vom Begrenzungskreis zurückkommen. Die Intensität des Echos zu einem gewissen Zeitpunkt dazwischen entspricht dann im wesentlichen der Reflexionsfähigkeit all jener Punkte der Oberfläche, die in diesem Moment gleichen Abstand von der Antenne auf der Erde haben. Von der Erde aus gesehen liegen diese Punkte also alle auf einem Kreis um das scheinbare Zentrum der Planetenscheibe. Zuerst treffen die Echos von den kleineren, vorderen Kreisen ein, dann von den größeren, weiter hinten, bis das letzte Signal vom Begrenzungskreis selber empfangen wird.
Ein Planet mit unregelmäßig verteilten «Kontinenten» und Gebirgen zeigt nun für jede Drehposition ein anderes, für diese Hemisphäre charakteristisches Signal. Anfang der sechziger Jahre wurde auf diese Weise festgestellt, daß sich die Echos in ihrer Feinstruktur immer dann wiederholten, wenn Venus in ihrem 20monatigen Zyklus als Morgen- oder Abendstern erneut die gleiche Konstellation einnahm (siehe «Rotation»). Die Verfeinerung der Auswertungsmethoden machte es bald möglich, noch weitere Informationen aus den Radarechos herauszulesen. So gelang es, auch noch die Frequenzverschiebungen der Signale als Echo all jener Stellen der Oberfläche zu deuten, die mit der gleichen Relativgeschwindigkeit auf die Erde zu oder von ihr wegrotieren. Wegen der langsamen Venusrotation war der Effekt allerdings gerade in diesem Fall nicht sehr bedeutend. Theoretisch läßt sich aber die Intensität zu einem bestimmten Zeitpunkt und in einem bestimmten Frequenzband immerhin zwei eng begrenzten Gebieten auf der Oberfläche zuordnen.
Heute werden die Radarechos simultan von zwei oder mehreren verschiedenen Antennen auf der Erde empfangen und interferometrisch ausgewertet, um analysierte Teile des Signals mit noch größerer Genauigkeit einzelnen Oberflächenpunkten zuschreiben zu können. Punktweise entsteht so ein Bild des Planeten oder wenigstens der äquatornahen Gebiete; gegen den Rand hin (und die Pole liegen immer am Rand!) wird die Methode nämlich immer ungenauer. Die Helligkeit einzelner Details auf solchen Abbildungen hat jedoch nichts mit der Helligkeit zu tun, die unser Auge sehen würde. Sie bedeutet vielmehr die Reflexionsfähigkeit dieser Regionen für die verwendete Frequenz der Mikrowellen.
Der Zeitpunkt des Eintreffens eines Einzelsignals beinhaltet — wie vorher erläutert — auch noch den genauen Abstand des reflektierenden Punktes auf dem Planeten und der Antenne auf der Erde. Die Vermessung ist inzwischen so genau, daß sich daraus auch noch die relative Höhe einzelner Gebiete bestimmen läßt. Dank dieser Methode weiß man heute, daß die Venusoberfläche eher flacher ist als etwa die Erde: Der Niveauunterschied zwischen den höchsten und den tiefsten Regionen beträgt dort nur an wenigen Stellen mehr als 2 km. Mindestens zwei Gebirgszüge traten dabei deutlich hervor, einer in Äquatorrichtung, der

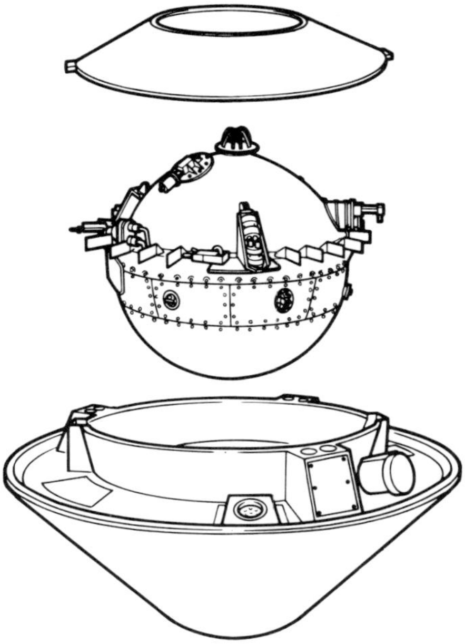

Pioneer-Venus-Sonden
Die Druckkapsel der größeren Pioneer-Venus-Sonde ist ziemlich kugelförmig und trägt auf ihrer Außenseite nur wenige Instrumentensensoren zur Analyse der Atmosphäre. Elektronik und Sender befinden sich im Innern. Unten ist noch der Hitzeschild für die passive Bremsphase und oben der rückwärtige Verschlußdeckel zu sehen.

Radaraufnahmen
Diese Radarbilder von Ausschnitten der Venusoberfläche wurden von der riesigen Radio-Parabolantenne in Arecibo (Puerto Rico) mit 12-cm-Wellen abgetastet. Das erste umfaßt das Gebiet von 9 bis 31° N und 269 bis 311° W bei einer mittleren Auflösung von 11 km. Oben links liegt die 10 km hohe Region «Beta», deren starke Radar-Reflexions-Anomalie schon in den sechziger Jahren aufgefallen war. Man vermutet hier einen Riesenvulkan.

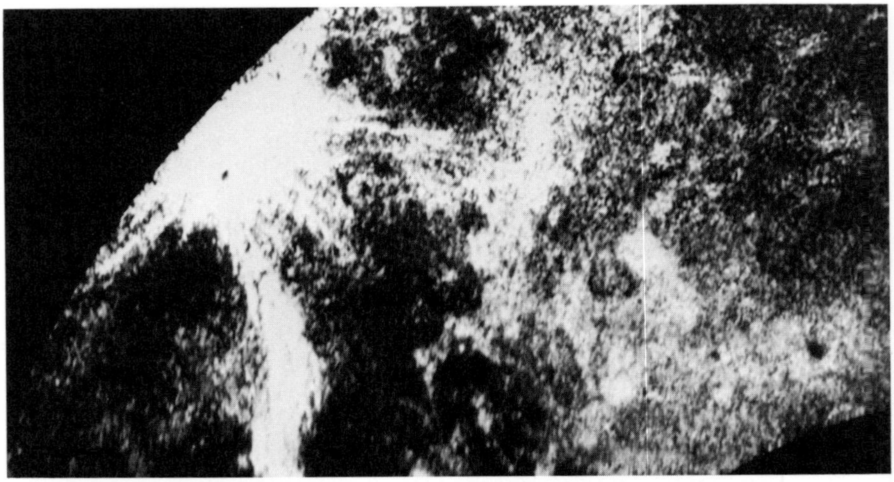

Radaraufnahmen
Dieser Ausschnitt reicht von 29 bis 48° S und 329 über 360 bis 11° W. Er entspricht einer Länge des Bildes von 3500 km und einer Breite von 1900 km. Das Auflösungsvermögen liegt um 16 km. Unmittelbar darüber schließt sich die bekannte Region «Alpha» an. Das bemerkenswerteste Detail liegt oben rechts: Ein 320 km messender Krater mit Zentralberg. Die länglichen Formationen werden als Gebirgsketten interpretiert.

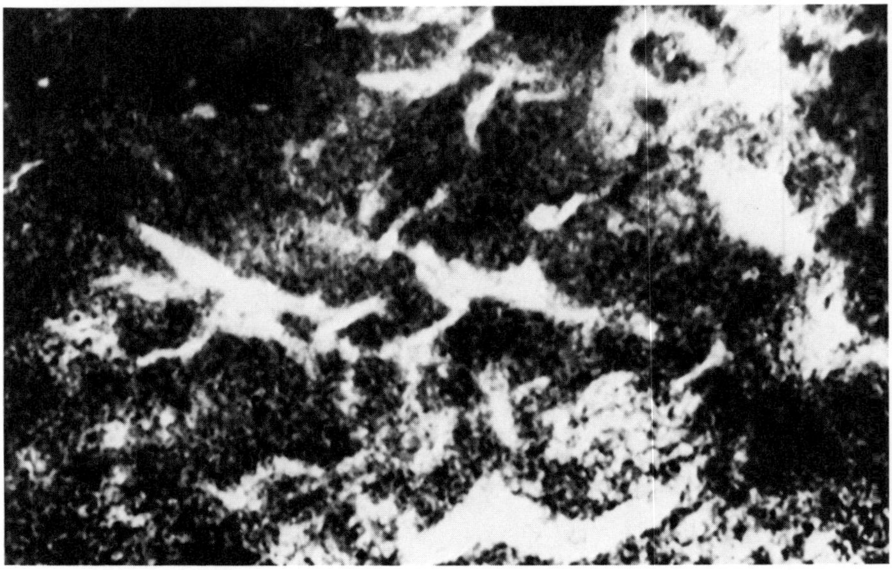

Radaraufnahmen
Hier wurde das Gebiet von 9 und 31° S und 329 über 360 bis 11° W abgetastet (2400 mal 4600 km). Die feinsten Details messen 17 km. Unten rechts befindet sich die auffällige Region «Alpha», die vermutlich wegen ihrer größeren Rauheit im Feindetail des Bodens (Dezimeterbereich) stärkere Reflexionsfähigkeit für Radar aufweist. Sie wurde schon im Jahre 1962 entdeckt.

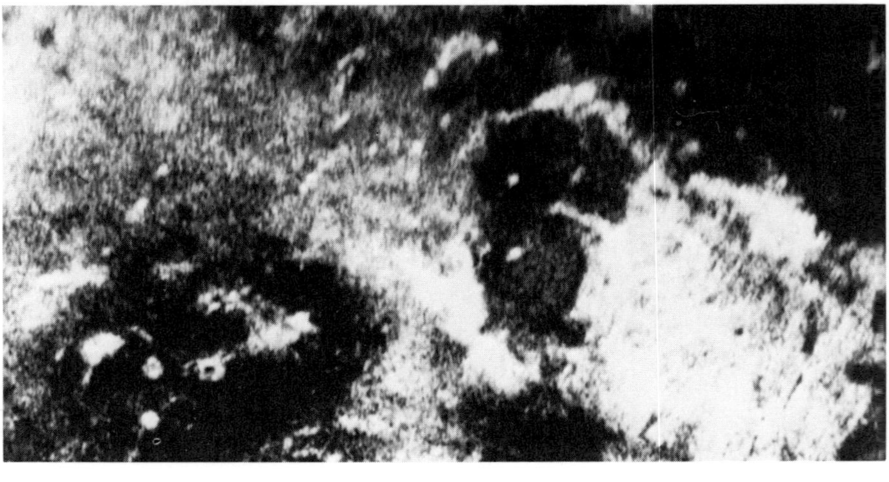

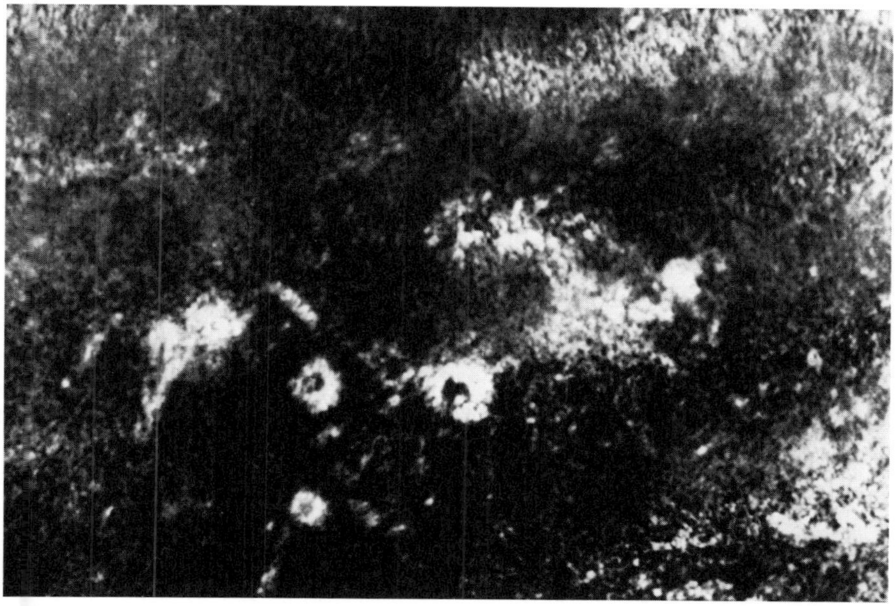

Radaraufnahmen
Hier ein kleinerer Ausschnitt von 19 bis 31° S und 329 bis 351° W bei höherer Bildauflösung, 6 km. Er mißt 1300 mal 2300 km und zeigt ein ziemlich flaches Terrain mit einigen zwischen 30 und 60 km großen Kratern. Ein vulkanischer Ursprung wird vor allem angesichts der dichten Atmosphäre, die Meteoriteneinschläge stark bremsen würden, nicht ausgeschlossen.

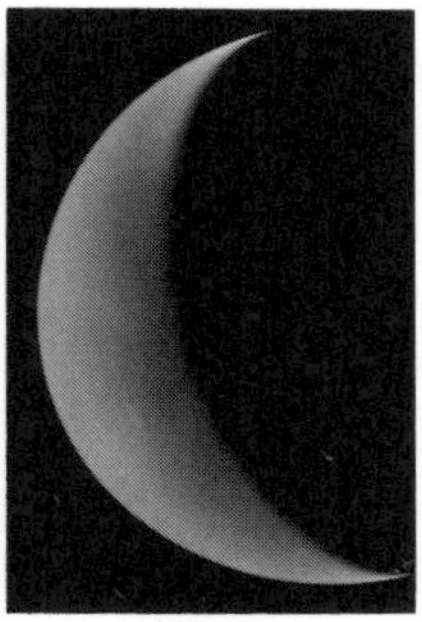

Pioneer-Venus-Sonden
Oben: Dies ist das erste Bild, das der Pioneer Orbiter am 5. Dezember 1978 aus der Umlaufbahn um Venus zur Erde gefunkt hat. Noch zeigt die schmale Sichel keine Feinstruktur, da bei diesem flachen Winkel nur die höchsten homogenen Wolkenschichten reflektieren, selbst im Ultraviolett.

Pioneer-Venus-Sonden
Links: So sah der Pioneer-Venus-Orbiter den umkreisten Planeten aus einer Höhe von 65 000 km, als er sich am 14. Januar 1979 über dem 22. südlichen Breitengrad befand. Bei diesem Phasenwinkel von 57 Grad waren rund drei Viertel der sichtbaren Halbkugel beleuchtet.

andere in Richtung eines Meridians. Derzeit arbeiten vor allem die fest in den Boden eingebaute 300-m-Antenne in Arecibo, Puerto Rico, sowie die verschiedenen bis 65 m großen Präzisionsantennen in Goldstone, Kalifornien, an der Aufnahme von Radarbildern der geheimnisvollen Venusoberfläche.

Die hier beschriebene Radaraufnahmetechnik läßt sich natürlich von einem Venussatelliten aus noch viel besser anwenden als von der Erde aus. Unter dem Stichwort «Kartografierung» finden sich weitere Details zu diesem Thema.

Die Abtastung von äquatorferneren Gebieten mit Hilfe des Pioneer-Venus-Orbiters — von der Erde aus noch nicht möglich — lieferte eine unerwartete Überraschung: Während zuvor nur flache Gebiete festgestellt wurden, entdeckte man nun zwischen dem 16. und 24. südlichen Breitenkreis, daß im Inneren von Venus Kräfte am Werk sein müssen, die zu ebenso gewaltigen tektonischen Veränderungen fähig sind wie auf Erde und Mars. So gibt es zwei relativ flache, ausgedehnte Ebenen, die einen Höhenunterschied von gut 3 km haben, wobei der Übergang innerhalb von nur etwa 100 km stattfindet. An einer anderen Stelle entdeckte man ein viele hundert Kilometer langes und 6 bis 7 km tiefes Tal, das seinesgleichen auf der Erde sucht. Es ist höchstens mit dem Valles Marineris auf dem Mars vergleichbar. Zur genauen Abklärung seiner Struktur sind jedoch noch weitere Abklärungen mit besseren Radarsatelliten nötig, wie sie im Rahmen der VOIR-Mission (VOIR = Venus Orbiting Imaging Radar) Mitte der achtziger Jahre geplant sind. Aufgrund der bisherigen Kenntnisse nimmt man jedoch an, daß auch auf Venus flache Ebenen die Regel und Gebirgszüge oder Tiefgräben die Ausnahme sind.

Rotation

Venus rotiert in 243,1 Tagen einmal um ihre Achse, und zwar in umgekehrter Richtung, als sie um die Sonne läuft. Diese eigenartige Tatsache wurde im Jahre 1964 durch Radarabtastung definitv nachgewiesen. Sie führt dazu, daß ein voller Tag-und-Nacht-Zyklus nur 116,75 Tage dauert, da die Rota-

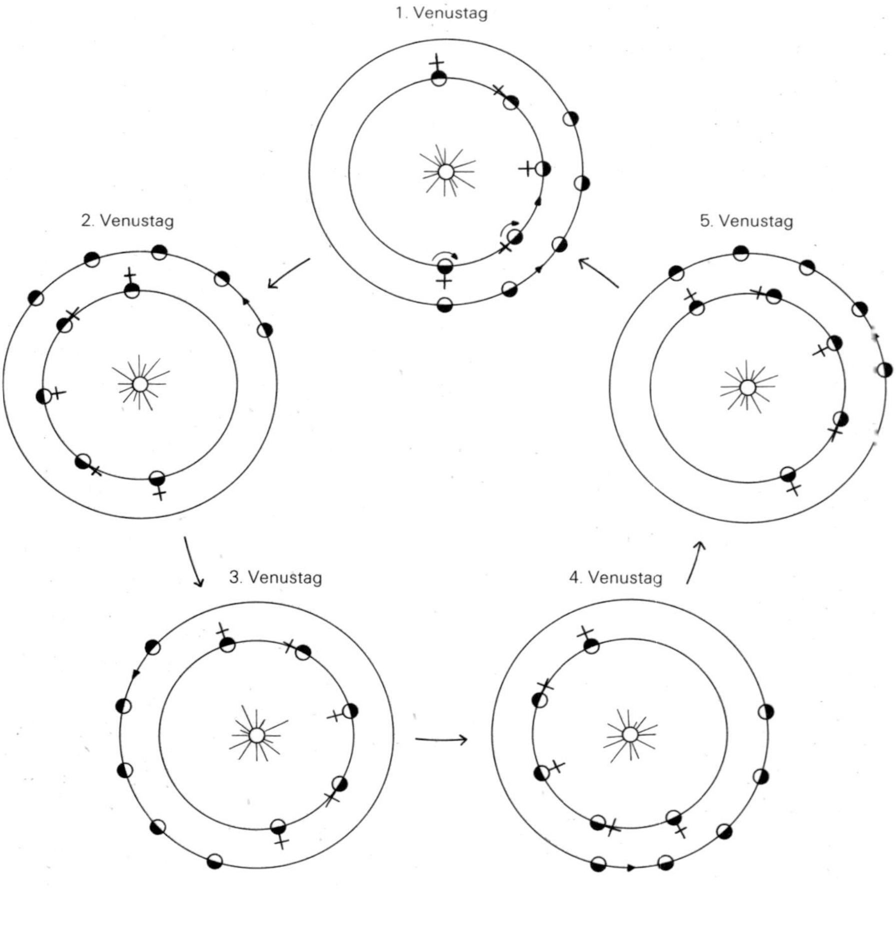

Rotation
Hier wurde die Bewegung der Erde (äußere Bahn) und der Venus (innere Bahn) während fünf Venustagen zu rund 117 Erdtagen einzeln, aber chronologisch aufeinanderfolgend dargestellt. Die Rotation von Venus ist am Kreuz ersichtlich, das Teil des astronomischen Symbols dieses Planeten ist. Bei der ersten Position hat das Kreuz Mitternacht und zeigt in Richtung Erde, die sich auf gerader Linie noch etwas weiter von der Sonne entfernt befindet. Auf der Erde verstreichen 117 Tage (fast ein Drittel des Weges um die Sonne), bis die Venus wieder die gleiche Drehposition in bezug auf das Tagesgestirn einnimmt. Erst am fünften Venustag würde ein allfälliger Beobachter beim Kreuzchen die Erde wieder mitten am Mitternachtshimmel sehen wie am Anfang.

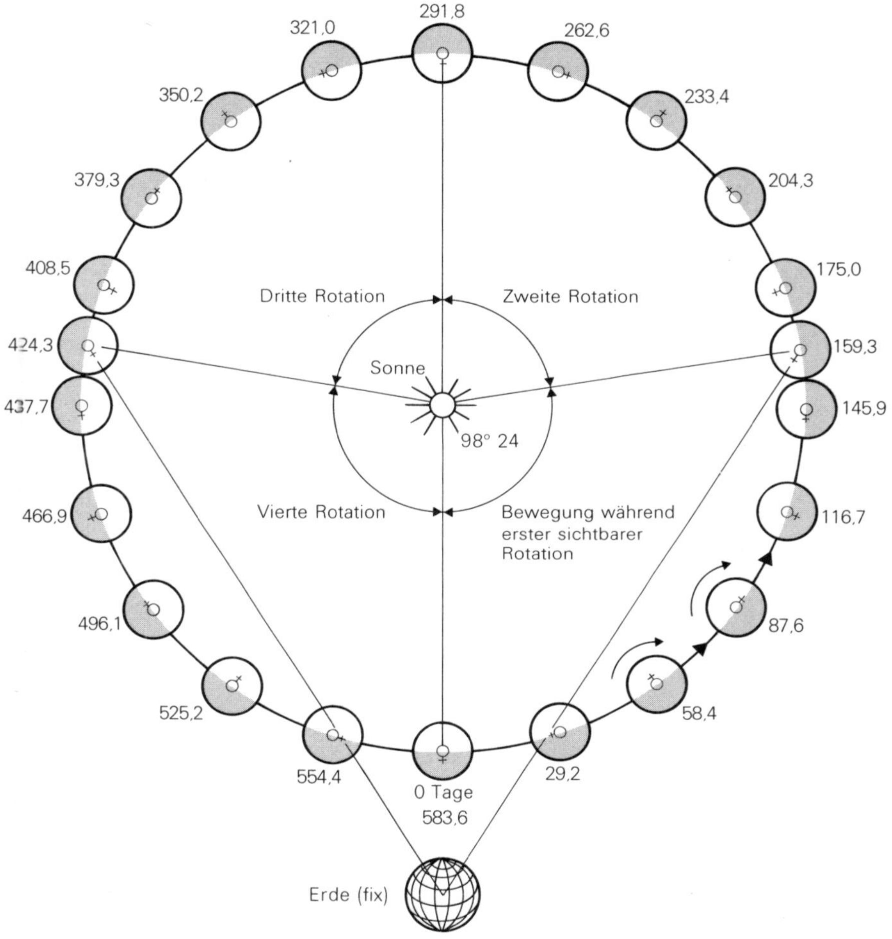

Rotation
In dieser Abbildung wird die Venusrotation von der Erde aus betrachtet. Man denke sich einen Beobachter auf der Erde, der immer zur Sonne blickt. Wenn er aus dieser Sicht die Bahn der Venus nach Richtung und Distanz korrekt aufzeichnet, ergibt sich ziemlich genau ein Kreis wie bei der heliozentrischen Venusbahn. Ihre Umlaufzeit beträgt jetzt aber 583,6 Tage, nämlich genau die Zeit, nach der sich Erde und Venus jeweils gegenseitig in der Arena des Sonnensystems überholen. In den sechziger Jahren wurde rechnerisch begründet, weshalb innerhalb dieser sogenannten synodischen Umlaufzeit genau 5 Tag-Nacht-Zyklen vorkommen. Innerhalb der heute erreichbaren Meßgenauigkeit konnte dies auch bestätigt werden, da 5mal 116,75 etwa gleich 583,7 ist. Das Kreuz der symbolisch dargestellten Venus wurde jeweils um Mitternacht, bei Sonnenaufgang, am Mittag und bei Sonnenuntergang eingezeichnet. Dadurch ergeben sich 5 x 4 = 20 Positionen. Von der Erde aus gesehen dreht sich die Venus jedoch nur viermal! Die erste Rotation wird nach 159,3 Tagen vollendet, die nächste bis zur sogenannten oberen Konjunktion in weiteren 132,5 Tagen. Von der Erde aus gesehen rotiert Venus also scheinbar rascher in Erdnähe und langsamer bei größerer Distanz.

tion dem Sonnenaufgang entgegenläuft. Diese Zahlenwerte verlieren ihren zufälligen Charakter, wenn die Bewegungen von Venus in Beziehung zur Konstellation mit der Erde gesetzt werden. Die Dauer eines sogenannten synodischen Umlaufes von Venus, also die Zykluszeit, innerhalb der sich Distanzminima oder -maxima von der Erde oder gewisse Positionen als Morgen- oder Abendstern aufeinanderfolgen, beträgt 583,6 Tage. Dies ist genau das Fünffache eines vollen Venustages! Diese synchronisierte Bewegung wird mit großer Genauigkeit eingehalten, wie die Messungen über mehr als ein Jahrzehnt gezeigt haben. In der Tat läßt sich theoretisch nachweisen, daß ein solcher Bewegungszustand einem stabilen Gleichgewicht entspricht, ähnlich den gekoppelten Rotationen von Merkur oder unserem Mond. Die in der Einleitung diskutierte Entstehungshypothese gibt eine vorläufige Erklärung für die langsamen Rotationen der innersten Planeten. Weiteres zur Veranschaulichung läßt sich den beigefügten Abbildungen entnehmen.

Sonneneinstrahlung

Wegen der größeren Rückstrahlfähigkeit empfängt Venus trotz des geringeren Sonnenabstandes nicht viel mehr eingestrahlte Energie als die Erde. Obwohl die Solarkonstante auf der Venusbahn um den Faktor 1,91 größer ist als im mittleren Erdabstand von der Sonne, reduziert sich dieser Wert nach Berücksichtigung der um drei Viertel kleineren Wärmeabsorption immerhin auf 1,43. Dies würde unter vergleichbaren Umständen niemals dazu ausreichen, die immensen Oberflächentemperaturen von gegen 500° C zu erklären. Es ist der an anderer Stelle beschriebene «Treibhauseffekt», der dafür verantwortlich ist.

Von besonderem Interesse ist die unterschiedliche Reflexion und Absorption in den verschiedenen Wellenbereichen des Lichtes. Etwa 20 Prozent der einfallenden

Sonnenstrahlung werden gleich an der Wolkenobergrenze absorbiert, aber nicht etwa sichtbares Licht, sondern je zur Hälfte nahes Infrarot- bzw. Ultraviolettlicht. In dieser Eigenschaft ist auch der Grund zu suchen, weshalb alle Bemühungen scheitern mußten, bei visueller oder fotografischer Beobachtung am Teleskop irgendwelche Details im Wolkenmeer erkennen zu wollen. Die Infrarotabsorption läßt sich recht gut durch die in diesem Bereich sehr intensiven Spektrallinien erklären, während der im Ultraviolett wirksame Mechanismus noch wenig erforscht ist. Dieser ist aber für die Energieaufnahme mitverantwortlich und bestimmt das Wettergeschehen, also die Windströmungen. Diese lassen sich ja auf den Ultraviolettaufnahmen sehr schön beobachten und werden diese Absorption sicher deuten helfen.

Der Anteil des sichtbaren Streulichts, das die dicke Wolkendecke durchdringen kann und bis zur Oberfläche vorstößt, war lange Zeit Gegenstand von Kontroversen. Vor den direkten Messungen durch die Venera-Sonden hielt man es nämlich durchaus für möglich, daß es dort beinahe finster ist. Inzwischen weiß man jedoch, daß über 2 Prozent der Sonnenstrahlung bis zum Boden durchdringt. Die Helligkeit ist etwa vergleichbar mit jener eines regnerischen Tages in nördlichen Breiten auf der Erde. Die Sonne selber wie auch alle andern Gestirne bleiben bei Tag und Nacht unsichtbar. Es gibt auch keine Klimaunterschiede in Abhängigkeit der Längenkoordinate, wie sie auf Merkur vorkommen. Die Venusbahn ist nämlich fast kreisförmig, der Sonnenlauf am Firmament also gleichmäßig und die Einstrahlungskurve über einen Tag-Nacht-Zyklus somit nicht abhängig vom Längengrad. Wegen der guten Wärmedurchmischung (Konvektion), die den Strahlungstransport dominiert, sind auch die Temperaturunterschiede zwischen dem Äquator und den Polen nicht so groß wie auf einem direkter besonnten Planeten, wie etwa Mars. Die biologischen Konsequenzen dieser Aussage sind natürlich eine äußerst schlechte Nachricht für jeden, der nach der Entdeckung der heißen Äquatorgebiete wenigstens auf gemäßigte Pole gehofft hatte. Früher war geschätzt worden, daß wohl höchstens ein Prozent der einfallenden Sonnenstrahlung bis zum Boden durchdringen kann und daß es dort ziemlich finster ist. Messungen vor Ort haben nun ergeben, daß es immerhin etwa 2,5 Prozent sind; dies genügt, um die Helligkeit eines bedeckten Tages auf der Erde zu erzeugen. Dies sind zwar nur 10 Prozent, die überhaupt vom Planeten absorbiert werden. Die

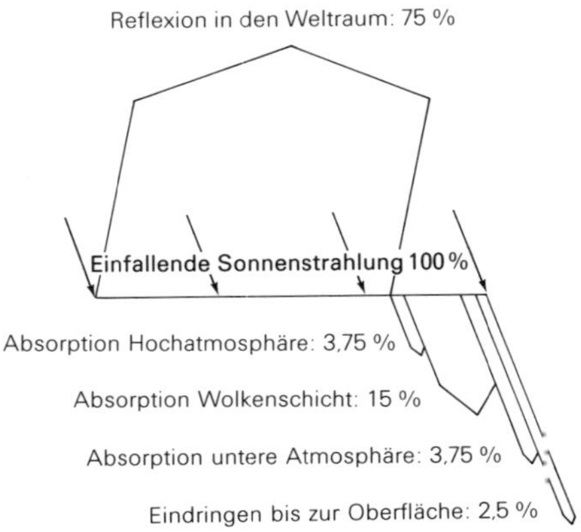

Wärme wird langsam durch Wärmeleitung wieder nach oben transportiert und dort an den Weltraum abgestrahlt, wobei sich ein hohes Temperaturgleichgewicht einstellt.

Teleskopbeobachtungen

Wegen des großen Winkelabstandes der Venus von der Sonne, der immerhin auf über 48 Grad anwachsen kann, bleibt auch für diesen sonnenanhen Planeten noch eine Beobachtungsdauer von bis zu 4,5 Stunden nach Sonnenuntergang oder 4,5 Stunden vor Sonnenaufgang übrig. Während solchen Gelegenheiten fällt ein beträchtlicher Teil der Sichtbarkeitsperiode außerhalb der Dämmerung in die Zeit vollständiger Dunkelheit. Venus ist dann ein sehr auffälliges Objekt (siehe «Helligkeit») und hat gleich nach der Erfindung des Fernrohrs die Astronomen zu ersten Detailbeobachtungen angeregt. Wegen der verschiedenen Beleuchtungsphasen (siehe auch unter diesem Stichwort) und der gleichmäßigen Reflexion im sichtbaren Licht (siehe «Sonneneinstrahlung») waren diese Bemühungen jedoch immer sehr erschwert, so daß nur wenige Entdeckungen in die Zeit ausschließlicher

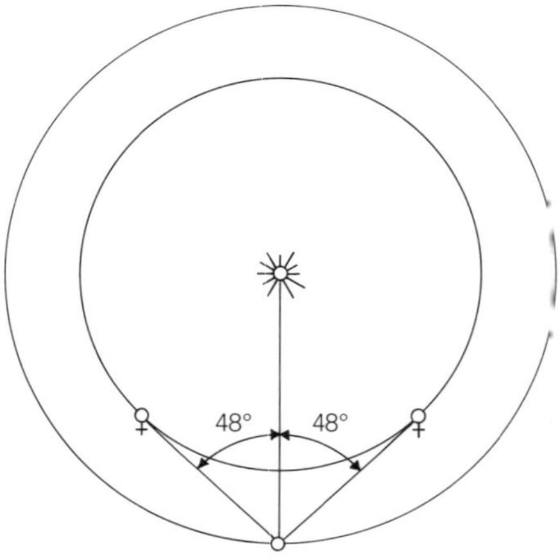

Teleskopbeobachtungen
Dank des großen Winkelabstandes der Venus von der Sonne (bis 48°) kann der Planet viereinhalb Stunden nach Sonnenuntergang oder vor Sonnenaufgang durch das Teleskop von der Erde aus beobachtet werden.

Teleskopbeobachtungen fallen. Dazu gehört die Feststellung, daß Venus eine dicke Atmosphären- und Wolkenschicht besitzt und daß ihr Hauptbestandteil aus Kohlendioxid besteht. Erst in der Zeit der ersten Sondenversuche gelangen einige Aufnahmen von Ballonteleskopen aus, die auf der Planetenscheibe wenigstens das charakteristische Y-Merkmal der Hadleyströmung zeigten. Wichtige andere Fakten wie die Rotationsdauer oder die wirklichen Temperaturverhältnisse ließen sich dagegen mit Fernrohren allein noch nicht ergründen.

Temperatur

Die heutigen Vorstellungen über die Temperaturen in der Venusatmosphäre und auf der Oberfläche stehen in scharfem Gegensatz zum Bild, das die klassische Literatur von unserem Morgenstern gezeichnet hat. Dort war abwechslungsweise von tropischen Urwäldern und Saharawüsten die Rede, während der Begriff Back- oder Schmelzofen meistens der Beschreibung von Merkur vorbehalten blieb. Niemand ahnte damals, daß es auf der weiter von der Sonne entfernten Venus praktisch überall heißer ist als an den Hitzepunkten auf Merkur. Verantwortlich dafür ist der sogenannte «Treibhauseffekt».

Das Wärmegleichgewicht innerhalb der Atmosphäre scheint recht stabil zu sein. Temperaturdifferenzen von mehr als 10° C pro Kilometer würden sofort eine Durchmischung (Konvektion) in der Übergangszone bewirken. Die gemessene Temperaturkurve zeigt aber lediglich eine Abnahme von etwa 4° C pro Kilometer während der untersten 40 km, die weiter oben sogar noch geringer wird. Die höchsten Temperaturen herrschen auf der Tagseite mit Werten um 480° C, die von Landesonden und Venussatelliten übereinstimmend gemessen wurden. Am kühlsten ist es mit −90° C in etwa 90 km Höhe, also nicht weit oberhalb der Wolkenobergrenze. Anschließend nimmt die Temperatur wieder leicht zu, wie die nachstehende Grafik verdeutlicht.

Die Venera-Sonden sowie Mariner 10 wiesen mit ihren einheitlichen Meßwerten um 480° C bereits auf die Vermutung hin, daß es auf Venus bei allen Längen und Breiten etwa gleich heiß ist. Man kann sich dies etwa so erklären, daß die dicke Wolkenschicht offenbar eine noch viel wirksamere Isolation gegen Abstrahlung darstellt als stärkste Bedeckungen auf der Erde und daß Zeiten von einigen Tagen oder Wochen genügen, die auf der Tagseite erzeugte Wärme ziemlich überallhin gleichmäßig zu verteilen. Der langsame Tageszyklus von fast 117 Erdtagen läßt genügend Zeit dazu.

Temperatur in der Venusatmosphäre

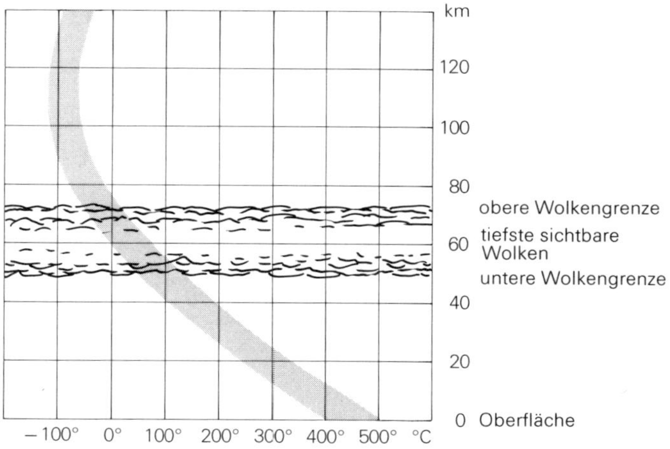

Treibhauseffekt

Die hohen Temperaturen auf Venus waren ein untrügliches Anzeichen dafür, daß die dortige Atmosphäre eine einmalige Erscheinung in unserem Sonnensystem darstellt. Vor allem die Wolken müssen es sein, die das Klima entscheidend beeinflussen. Diese lassen zwar nur einen beschränkten Teil der Sonnenstrahlung eintreten, blockieren aber den Abfluß der unter der Wolkendecke akkumulierten Wärme fast vollständig. Die Wolken, über deren Zusammensetzung unter diesem Stichwort mehr zu finden ist, sind also von sehr einseitiger Durchlässigkeit. Der eindringende Teil des Sonnenlichtes wird bis zum Erreichen der Oberfläche tausendfach gebrochen und fast vollständig in Wärme verwandelt, die sich erst auf einem sehr hohen Temperaturniveau auf ein Gleichgewicht einstellt. Da die Wolken für Infrarot praktisch undurchlässig sind, kann die thermische Energie nur durch Wärmeleitung und Durchmischung (Konvektion) an die Wolkenobergrenze transportiert werden; erst von dort aus kann sie abgestrahlt werden. Diese Vorstellung wird gestützt durch das gemessene Temperaturprofil, das sich gut mit konvektiven Modellvorstellungen erklären läßt.

Vorübergänge vor der Sonne

Als innerer Planet kommt Venus gelegentlich zwischen die Sonne und die Erde zu stehen. Wenn sie zu diesem Zeitpunkt auch noch in der Erdbahnebene liegt (was angesichts ihrer um 3,4 Grad geneigten Bahn und des kleineren Erdabstandes ein noch selteneres Ereignis als bei Merkur ist), kommt es zu einem Vorübergang des Planeten vor der Sonnenscheibe. Ihr Durchmesser ist dann etwa 30mal kleiner als jener der Sonnenscheibe. Bei den letzten Vorübergängen in den Jahren 1874 und 1882 dauerte die Passage 4,5 bzw. 6 Stunden.

Tabelle der Venusvorübergänge vom 16. bis ins 21. Jahrhundert:

Datum	Intervall in Jahren
2. Juni 1518	
	8
3. Juni 1526	
	105½
6. Dezember 1631	
	8
4. Dezember 1639	
	121½
6. Juni 1761	
	8
3. Juni 1769	
	105½
9. Dezember 1874	
	8
6. Dezember 1882	
	121½
8. Juni 2004	
	8
6. Juni 2012	

Von 1761 bis 1882 versuchte man, aus den verschiedenen Zeiten an verschiedenen Beobachtungsorten rein geometrisch auf den mittleren Sonnenabstand zu schließen. Unzählige zum Teil sehr enttäuschend verlaufene Expeditionen wurden zu diesem Zweck unternommen.
Sogar der Seefahrer James Cook lieferte noch Meßdaten von Tahiti anläßlich des Venusvorüberganges von 1769. Wegen der störenden Venusatmosphäre konnten die Bestimmungen der Ein- und Austrittszeitpunkte jedoch nie mit der erwarteten Genauigkeit durchgeführt werden, so daß die wichtige Konstante der Erdbahnhalbachse in metrischen Einheiten bald besser durch erdnahe Planetoiden bestimmt werden konnte. Heute ermöglicht die Radartechnik, Distanzen im Sonnensystem auf mehrere Dezimalen genauer zu messen, als dies mit den klassischen Methoden möglich wäre.

Vulkanismus

Die dichte Atmosphäre und die durch den Radar entdeckten flachen, aber ausgedehnten Ringgebirge waren deutliche Hinweise auf einen aller Wahrscheinlichkeit nach bis in die Gegenwart anhaltenden Vulkanismus. Ein direkter Nachweis aus der Satellitenperspektive ist wegen der Undurchlässigkeit der Venusatmosphäre für Infrarot sehr schwierig. Anläßlich einer Konferenz der am Pioneer-Venus-Projekt beteiligten Wissenschaftler in Palo Alto (Kalifornien) im November 1981 wurden jedoch spektakuläre neue Erkenntnisse veröffentlicht: Es gibt unumstößliche indirekte Hinweise darauf, daß die Region «Beta», «Ishtar Terra» und ein Ausläufer von «Aphrodite Terra» ununterbrochen vulkanisch aktiv sind. Dieser Verdacht stützt sich vor allem auf zwei Beobachtungen:
Die Schwerkraftdaten weisen bei Venus auf eine Oberflächenkruste hin, die im Durchschnitt viel dicker ist als jene der Erde. Es gibt keine Plattentektonik; die inneren Lavaströme vermögen lediglich einige Gebiete etwas hochzuheben. Die Eruptionen des Magmas an die Oberfläche konzentrieren sich, im Gegensatz zur Erde, auf die wenigen oben genannten Stellen, sind dort aber viel heftiger. Über diesen Regionen war nun die zweite Beobachtung zu machen: hier herrschen ständige Gewitter, deren Aktivität weit über dem Durchschnitt auf Venus liegt. In der Vergangenheit mag der Vulkanismus noch stärker gewesen sein und hat zweifellos auch Wasser an die Oberfläche gefördert. Das Verhältnis von Deuterium zu Wasserstoff ist auf Venus hundertmal größer als auf der Erde, was sich am besten mit «eingekochten» Ozeanen (samt früherem Leben?) erklären läßt.

Wolken

Seit man das gelbliche Wolkenmeer der Venus beobachten konnte, war klar, daß dieses sicher nicht nur aus Wasserdampf besteht, weil es sonst rein weiß sein müßte. Die Spekulation über die Zusammensetzung kannte keine Grenzen: Von marsähnlichen Staubstürmen, Wolken aus höheren Kohlenwasserstoffen, Salzen, Quecksilber bis zu Salzsäure, Schwefelsäure und Flußsäure wurde im Laufe der Zeit eine riesige Palette von Möglichkeiten genannt. Nachweisen ließen sich davon jedoch nur die Säuren, die ja auch auf der Erde den Vulkanen entsteigen, sich jedoch anschließend neutralisieren. Die Schwefelsäure allein, deren Anwesenheit sich durch eine Reihe zwingender Indizien stützen läßt, erklärt jedoch die gelbliche Farbe nicht befriedigend. Es muß also noch weitere Substanzen geben, die für die selektive Absorption der blauen und violetten Anteile des Sonnenlichts verantwortlich sind.
Theoretische Untersuchungen hatten ergeben, daß nur Flüssigkeitströpfchen in der Größenordnung von etwa einem Tausendstelmillimeter und mit einem Brechungsindex von 1,44 zum beobachteten Polarisationsverhalten der Wolkenobergrenze führen können. Da die Temperatur dort um −20 bis −30° C liegt, wo die meisten in Frage kommenden Flüssigkeiten bereits gefrieren, reduzierte sich die Auswahl allein auf Schwefelsäure. Diese entsteht durch Reaktion von Schwefeltrioxid mit Wasserdampf, was gleichzeitig erklärt, weshalb die spektrometrischen Untersuchungen eine so

unerwartet trockene Venusatmosphäre zeigten. Außerdem absorbieren die beiden Teilionen der Schwefelsäure, in die sich das meiste aufspaltet, sehr intensiv im Infrarot, was ja der Fall sein muß, wenn die Wolken den beobachteten «Treibhauseffekt» bewirken sollen.

Diese Vorstellungen konnten von den Pioneer-Atmosphärensonden in etwa bestätigt und wesentlich erweitert werden. Auch die von den Venera-Sonden gemeldete Wolkenuntergrenze bei 35 km scheint sich nicht wesentlich verändert zu haben. Einzig die damals bei 35 km Höhe angeblich gemessene Temperatur von 130° C mußte um rund 100° C nach oben korrigiert werden. Die Wolken stellen eine wirksamere Barriere dar, um die enorme Hitze darunter zusammenzuhalten, als man zunächst angenommen hatte.

Die Wolkenobergrenze liegt sowohl auf der Tag- als auch auf der Nachtseite, ziemlich einheitlich bei etwa 70 km. Ein Unterschied ist dagegen in höheren Breiten zu beobachten. So wurde über den Polen eine eigentliche Öffnung in der Wolkenschicht entdeckt; ihr Durchmesser beträgt über 1000 km. In diesem Bereich sind auch viel höhere Strahlungstemperaturen gemessen worden, und man schätzte die Herkunft die-

Wolken
Venus wurde hier aus Ultraviolettaufnahmen, die man willkürlich zu einem künstlichen Bild zusammenkopierte.

Wolken
Diese Darstellung der verschiedenen Wolkenschichten diente als Planungsgrundlage für die amerikanische Pioneer-Venus-Mission. Sie basiert auf den Erkenntnissen früherer Sonden und zeigt bereits den sehr komplexen Aufbau dieser tiefen und dichten Atmosphäre.

Wolkenschichten und Windgeschwindigkeiten

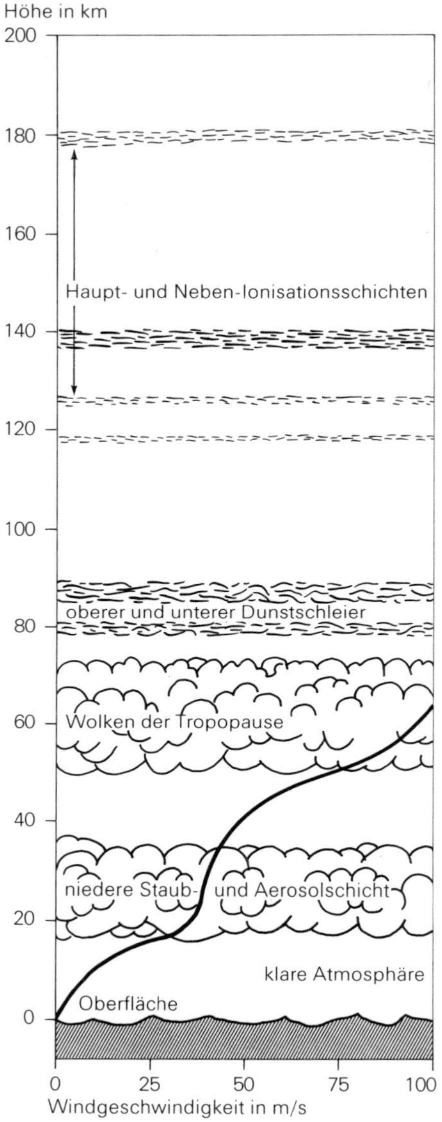

ser Strahlung als mindestens 10 km tiefer im Vergleich zu den relativ kühlen Wolkenobergrenzen in Äquatornähe. Dagegen wurde über den Polen eine hohe Dunstschicht festgestellt, die sonst fehlt. Sie scheint ähnliche Eigenschaften zu haben wie hohe Zirruswolken auf der Erde, die im Moment auch so gedeutet werden.

Die längs den Breitenkreisen (außer in Polnähe) nicht sehr variablen Wolken teilen sich in drei ziemlich genau definierte Hauptschichten ein. Diese unterscheiden sich sowohl bezüglich der chemischen Zusammensetzung als auch der physikalischen Bedingungen, unter denen die verschiedenen Aerosole existieren. Neben der absorbierenden Wirkung der dichten Kohlendioxidatmosphäre sind diese Wolkenschichten die Hauptverantwortlichen für die Treibhauswirkung der Venusatmosphäre. Aufgrund der detaillierten Analysen durch immerhin vier unabhängige Atmosphärensonden teilt man sie heute folgendermaßen ein:

Die oberste Schicht dehnt sich zwischen etwa 70 und 56 km über der Oberfläche aus und besteht aus durchschnittlich 300 Schwefelsäuretröpfchen mit einem Durchmesser von 1 bis 2 Tausendstelmillimetern. Die Temperatur liegt hier bei Werten um 13° C. Hier oben kommt noch kein reiner Schwefel vor, und auch Wasser und Sauerstoff können noch nicht in reiner Form existieren.

Die mittlere Schicht schließt bei 56 km Höhe an und reicht bis etwa 49,5 km über den Boden. Sie ist also noch etwa halb so dick wie die obere und besteht aus nur noch 100 Teilchen pro cm³. Diese setzen sich aber nach wie vor zur Hauptsache aus Schwefelsäuretröpfchen von Tausendstelmillimetern Größe zusammen. Es kann hier jedoch bereits reiner Schwefel in fester Form mit einer Korngröße von ca. einem Hundertstelmillimeter festgestellt werden. Der Schwefel ist verantwortlich für die Ultraviolettabsorption in dieser Schicht, die auf den UV-Aufnahmen so schön die Strömungsverhältnisse markiert. Die Temperatur liegt hier mit 20° C nur unwesentlich über der in der oberen Schicht.

Erst das unterste Wolkenband von 49,5 bis 47,5 km Höhe ist mit seinen rund 400 Tröpfchen wieder undurchsichtig genug, um die Sichtweite wesentlich zu beschränken, so daß man auch im irdischen Sinne von Wolken sprechen kann. In dieser Schicht steigt die Temperatur wesentlich an, so daß man annehmen muß, hier sei eine besonders wirksame Abschirmung gegen das Entweichen der Wärmestrahlung aktiv. In der Tat stellten die Pioneer-Sonden fest, daß der Schwefel bei Temperaturen bis über 200° C bereits in Form flüssiger Tröpfchen vorkommt. Hier wird auch fallendem Schwefelsäureregen aus größerer Höhe ein Hindernis gesetzt. Er verdampft, und das Schwefeldioxid und der Wasserdampf bilden ein kompliziertes chemisches Gleichgewicht, in dem die einzelnen Verbindungen auch aufgespalten vorkommen. Hier wurden Wasserdampf, Schwefeloxide, Sauerstoff und Schwefel gleichzeitig festgestellt. Es findet eine ständige Zirkulation nach oben statt, wobei in jeder Höhe ein anderes chemi-

sches Gleichgewicht herrscht. Nach unten scheint die Schicht jedoch gut isoliert zu sein, was sich auch in stark abnehmenden Windgeschwindigkeiten nach unten auswirkt.
Bis etwa 30 km nimmt die Teilchendichte dann rapide ab und erreicht schließlich noch etwa zwei Partikeln pro cm³. Im Vergleich zu den oberen drei Wolkenschichten kann die Atmosphäre hier schon als klar bezeichnet werden. Dies gilt an sich weiter bis zur Oberfläche, obwohl dort zu erwarten ist, daß vor allem Staub zu einer Trübung der Sicht führen kann. Die Winde sind zwar viel geringer als etwa auf Mars, doch ist die Trockenheit durchaus vergleichbar. Außerdem konnte durch die auf der Tagseite noch etwa eine Stunde nach dem Aufprall weiter funktionierende Sonde festgestellt werden, daß es an Staub kaum fehlt: Es dauerte nämlich einige Minuten, bis sich dieser nach der Landung wieder gelegt hatte.

Y-Wolkenmerkmal

Die ersten Ultraviolettaufnahmen, die von der Erde aus gemacht wurden, zeigten oft eine Y-förmige Erscheinung von planetaren Ausmaßen, das auf herkömmlichen Fotos oder bei visueller Beobachtung nicht sichtbar war. Dieses Merkmal hängt offensichtlich mit einer viertägigen Periodizität in der Wolkenströmung von Venus zusammen.

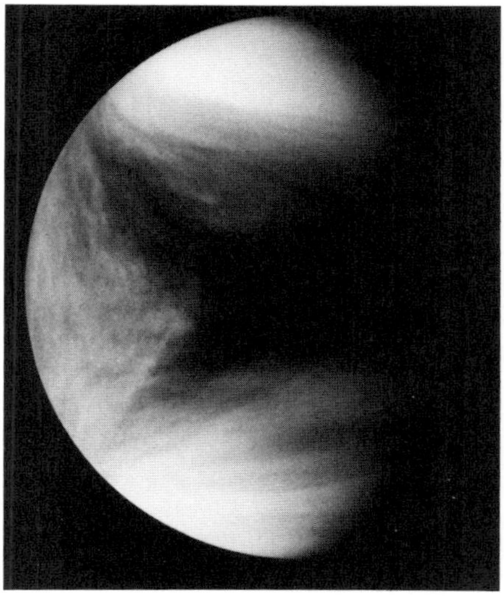

Y-Wolkenmerkmal
Ein weiteres Wolkenbild vom 10. Januar 1979, aber diesmal von einem Punkt fast über dem Äquator aufgenommen, als die Distanz nur 48 000 km betrug. Da sich die Wolken in einem Viertageszyklus umwälzen, wird eine gewisse Periodizität in den Bildern verständlich, die man beim Vergleich von jenen beobachtet hat, die jeweils in diesem Zeitabstand aufgenommen worden waren.
Das Fotopolarimeter tastete hier im Ultraviolett ab, da in diesem Bereich der Strahlung am meisten Details sichtbar werden. Man vermutet eine sehr selektive Absorption der tieferen Wolkenschichten durch Schwefelsäuredampf oder noch eher Schwefeltröpfchen. Im sichtbaren Teil des Lichtes erscheinen die Wolken strukturlos.

Langzeitbeobachtungen durch die Sonde Pioneer-Venus zeigten inzwischen langperiodische Veränderungen der Großwetterlage. Von 1974 bis 1980 wurde aus dem starken äquatorialen «Jet Stream» eine noch schwieriger erklärbare Rotation der gesamten Atmosphäre. Die dunkleren Wolkenmerkmale, die den Blick in die Tiefe gestatten, scheinen jedoch eindeutig von der starken UV-Absorption durch Schwefeltröpfchen herzurühren.

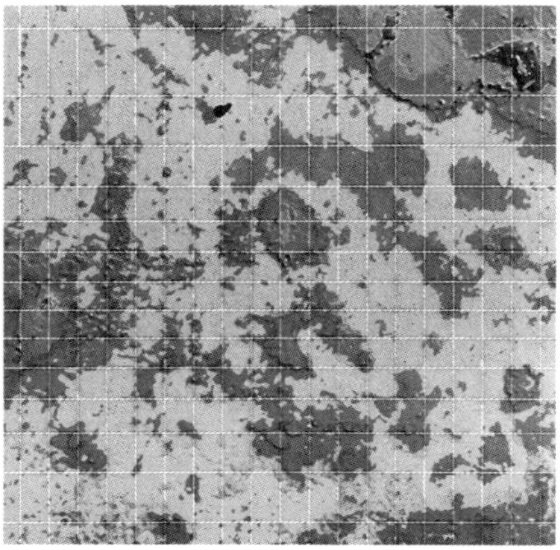

Diese Karte eines Teils der Venusoberfläche wurde aufgrund der Radarabtastung durch die Pioneer-Venus-Sonde angefertigt. Oben rechts erkennt man die bis zu 11 000 m hohen «Maxwell Montes», bei denen es sich nach heutiger Auffassung um Zeugen einstigen und noch andauernden Vulkanismus handelt. Die Zeichnung daneben gibt einen Eindruck von den immensen Ausmaßen dieser Formation: als umrandende Kontur sind die Vereinigten Staaten eingezeichnet.

Kupferstich aus: «Des Herrn Bions, Königlichen Französischen Ingenieurs, Abhandlung von der Weltbeschreibung um dem Gebrauch derer Himmels- und Erd-Kugeln und Sphären nach denen verschiedenen Welt-Verfassungen, 1736».

⊕ ☾ Erde/Mond

Altersbestimmungen

Das Alter eines Gesteins wird meistens definiert als die Zeit, die verstrichen ist, seitdem es zum letztenmal erstarrt ist. Gelegentlich spricht man auch vom Expositionsalter: Dies ist die Zeit, während der das Gestein an der Oberfläche den verschiedenen Einflüssen der Strahlung ausgesetzt war. Im Falle des Mondes wurden beide Arten von Altersbestimmungen in hohem Maße weiterentwickelt, nachdem die früheren Erfahrungen mit Meteoriten bereits einen bedeutenden Stand erreicht hatten.

Die Einwirkung des Sonnenwindes auf dem Mond konnte an Materialproben über genau bekannte Zeitintervalle studiert werden. Diese Intervalle dauerten von den wenigen Tagen einer Mondexpedition bis zu fast drei Jahren im Falle der 1966 gelandeten Surveyor-3-Sonde. Im November 1969 brachte sie exponierte Einzelteile zur Erde zurück, wo sie analysiert wurden. Dies ermöglicht eine Eichung der Gesteine, die gestattet, in gewissen Fällen den Einsturz von Meteoriten zu datieren, indem man das mittlere Expositionsalter des Auswurfmaterials bestimmt.

Beim Erstarrungsalter benützt man die Eigenschaft, daß von radioaktiven Isotopen eines Elements in einer ganz bestimmten für das Element charakteristischen Zeit die Hälfte der Atome in ein Tochterprodukt zerfällt. Dieser Vorgang wiederholt sich in gleicher Weise für die restlichen Atome des Mutterproduktes, so daß nach der doppelten Halbwertszeit noch 25 Prozent, nach der dreifachen noch 12,5 Prozent übrigbleiben usw. Bei bekannten Halbwertszeiten ist es ein leichtes, aus dem gemessenen Verhältnis der Prozentwerte das «Alter» abzulesen. Falls das Zerfallsprodukt gasförmig ist (z. B. beim Übergang von Kalium in Argon), handelt es sich um das Erstarrungsalter, da das Gas aus der Schmelze noch entweichen konnte und sich erst nach dem Übergang in die feste Phase im Gestein akkumulierte.

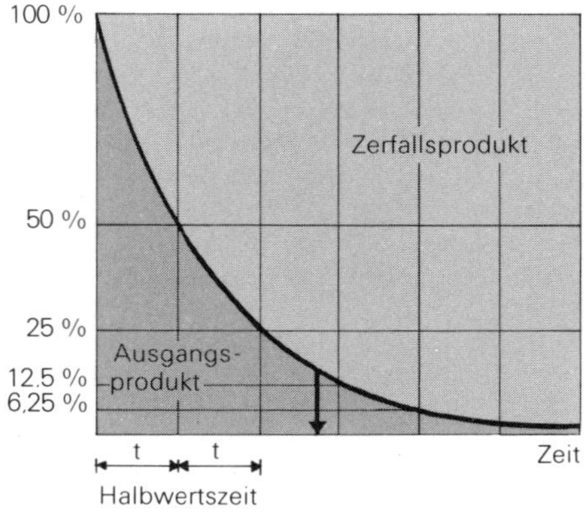

Altersbestimmung
Die Grafik stellt eine radioaktive Zerfallskurve dar, die zur Altersbestimmung von Gesteinen benützt wird.

Bei festen Zerfallsprodukten (z. B. bei der Neodym-Samarium-Methode) ist die Interpretation schwieriger. Es kann sich dann um das Alter des Atoms schlechthin handeln, seit dieses zu existieren anfing. Daraus ergab sich beispielsweise das Alter des Sonnensystems als etwa 4,6 Milliarden Jahre.

Allgemein kann man sagen, daß sich große Halbwertszeiten zur Bestimmung von hohen Altern eignen und umgekehrt. Dies kommt daher, daß sonst etwa innerhalb der Meßgenauigkeit bereits ein Verhältnis von 100 Prozent festgestellt wird, obwohl es in Wirklichkeit z. B. erst 99,99 Prozent sind. Häufig benützt wurde die Zerfallsreaktion von Kalium 40 in Argon 40 (Halbwertszeit 1,3 Mia Jahre) und jene von Rubidium 87 in Strontium 87 (Halbwertszeit 50 Mia Jahre).

Apollo-Projekt
Über der amerikanischen Flagge sieht man die Erde, die zur Hälfte beleuchtet ist.

Apollo-Projekt

Am 25. Mai 1961 kündete der damalige US-Präsident John F. Kennedy als Ziel der Nation an, noch vor Ablauf der sechziger Jahre amerikanische Astronauten auf eine Expedition zum Mond zu entsenden. Nach vorbereitenden Flügen mit der Einmann-Mercury-Kapsel (1961—1963) und der Zweimann-Gemini-Kapsel (1965—1966) kam das dreisitzige Apollo-Raumschiff im Oktober 1968 zu seinem Jungfernflug in eine Erdumlaufbahn. Bereits der zweite Start, im Dezember des gleichen Jahres, führte das Trio Bormann, Lovell und Anders zu einer zehnmaligen Mondumkreisung. Nach zwei weiteren Testflügen mit dem separaten Mondlandegerät, einmal in einer Erd- und einmal in einer Mondumlaufbahn, gelang den Astronauten Neil Armstrong und Edwin Aldrin bereits am 20. Juli 1969 die erste Landung im Mare Tranquillitatis. Weitere Ausführungen finden sich unter dem Stichwort «Mondlandungen».

Apollo-Projekt
Die Apollo-16-Mannschaft Young und Duke bereitet eine ihrer kilometerlangen Exkursionen mit dem Mondauto vor. Sie entfernten sich jedoch stets nur so weit von ihrem Landegerät, daß sie im Falle einer Panne jederzeit zu Fuß hätten zurückkehren können.

Apollo-Projekt
Apollo-17-Astronaut Cernan fotografierte hier seinen Kollegen Schmitt beim Mondauto aus einiger Entfernung. Dies war der zweite von drei Ausflügen, bei dem Schmitt erstmals deutlich orange Stellen auf der Mondoberfläche fand. Man befand sich hier bei Station 4 auf der gut 10 km langen und etwa siebenstündigen Rundreise. Im Hintergrund einige Ausläufer des Taurus-Littrow-Gebirges. Rechts hinten erkennt man den «Shorty»-Krater.

Astronauten
Porträts der auf dem Mond gelandeten Astronauten (von links nach rechts und von oben nach unten): Neil Armstrong, Edwin Aldrin, Charles Conrad, Alan Bean, Alan Shepard, Edgar Mitchell, David Scott, Jim Irwin, John Young, Charles Duke, Eugene Cernan, Jack Schmitt.

Astronauten

Diese 12 Männer (links) betraten zwischen Juli 1969 und Dezember 1972 im Verlaufe von sechs Mondlandungen erstmals in der Geschichte einen außerirdischen Himmelskörper.

Atmosphäre der Erde

Vulkanische Gase bauten schon während der Formierung unserer Erde als Kugel und der Abkühlung ihrer Kruste, also vor etwa 4½ Mia Jahren, eine dünne Atmosphäre auf. Dieser Vorgang setzte jedoch erst mit der vollständigen inneren Aufschmelzung richtig ein. Erst nachdem die Atmosphäre eine gewisse Dichte erreicht hatte, konnte sie durch den Treibhauseffekt so viel Wärme speichern, daß die Temperatur wieder über den Gefrierpunkt stieg und sich das vorhandene Wasser in flüssiger Form als Ozeane statt in Gletschern sammelte.

Die atmosphärischen Hauptbestandteile waren Wasserdampf und Kohlendioxid, daneben existierten damals schon Stickstoff, Chlorwasserstoff und Schwefelwasserstoff, Schwefeloxid und Ammoniak in geringeren Mengen. Sauerstoff fehlte noch vollständig. Soweit er durch die Aufspaltung von Wasserdampf im Sonnenlicht der Hochatmosphäre (Fotodissoziation) entstand, verband er sich gleich wieder mit der Oberfläche durch Oxidation von zweiwertigen zu dreiwertigen Eisenoxiden oder direkt durch Oxidation der atmosphärischen Bestandteile Ammoniak, Schwefelwasserstoff, Methan usw. Dies galt auch noch, als vor etwa 3½ Mia Jahren die ersten Blaualgen lernten, mit Hilfe der Fotosynthese Kohlendioxid und Wasser unter Abspaltung eines Sauerstoffmoleküls zu verbinden. Die Untersuchung der verschiedenen Isotopenverhältnisse in den frühesten Ablagerungen solcher Mikroorganismen zeigte, daß der Kohlendioxidgehalt in der Atmosphäre schon sehr bald entscheidend heruntergewirtschaftet worden ist. Die frühesten einigermaßen gesicherten Resultate zeigen, daß bereits vor 3,3 Mia Jahren rund 80 Prozent der fotosynthetischen Umwandlung stattgefunden hatte. Dies heißt jedoch keineswegs, daß sich auch der Sauerstoffgehalt schon bei 80 Prozent des heutigen Niveaus befand: Noch wurde unser lebenswichtiges, für die damaligen Organismen aber giftiges Gas von oxidierbaren Substanzen weitgehend abgefangen.

Zu dieser Zeit spielte sich das Leben ausschließlich in den Ozeanen ab. Damals wie heute entfielen auf jeden Teil an produziertem organischem Kohlenstoff etwa vier Teile an solchem, der in Karbonaten (Kalksteinen) gebunden war. Diese Aufteilung hat sich interessanterweise in den letzten 3 Mia Jahren kaum mehr geändert. Man schließt daraus, daß schon damals ein recht ähnliches Kohlendioxidgleichgewicht geherrscht hat wie heute. Das biologische «Nährgas» mag zwar noch etwas häufiger gewesen sein, solange die Fotosynthese der sich erst später entwickelnden Landpflanzen noch nicht zu jener in den Meeren beitrug. Bis es soweit war, machte das Leben vermutlich während 1½ Mia Jahren nur ganz unbedeutende Fortschritte. Dies änderte sich von dem Moment an, als ein immer höherer Partialdruck von Sauerstoff nötig war, um die noch nicht verwitterten Sedimentgesteine vollständig zu oxydieren. Im gleichen Maße konnte sich der immer noch weiter produzierte Sauerstoff akkumulieren. Der auf unserem Planeten vorkommende Sauerstoff ist so die Folge der Zufälligkeit, daß die Oberflächengesteine ihre reduzierenden Eigenschaften noch rechtzeitig verloren, so daß ein Überschuß an diesem Gas überhaupt bestehen konnte. Die Gesamtbilanz des ursprünglich biologisch erzeugten

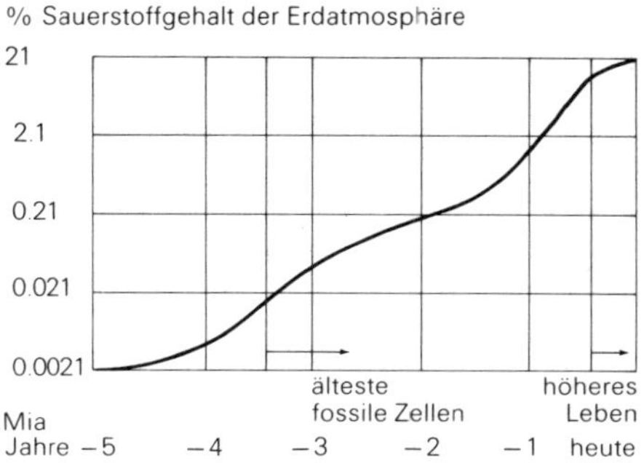

Atmosphäre der Erde
Diese Grafik stellt den wachsenden Verlauf des Sauerstoffgehaltes in der Erdatmosphäre dar. Aus Gesteinen läßt sich nämlich nicht nur das Alter herauslesen, sondern auch die atmosphärische Sauerstoffkonzentration, bei der diese Gesteine entstanden sind.

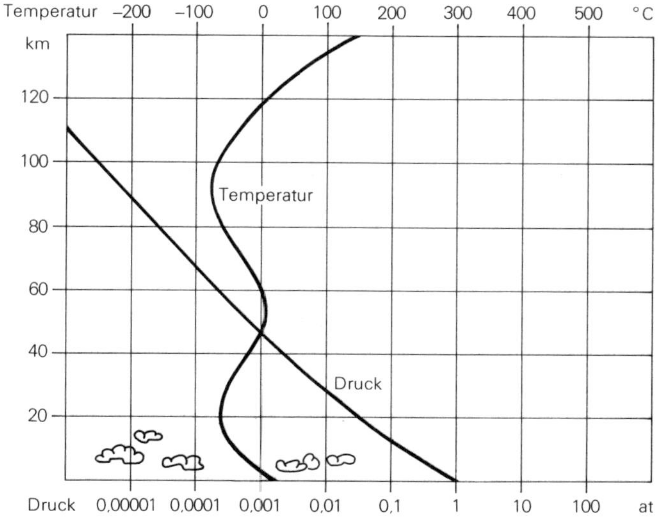

Atmosphäre der Erde
Auf der Erde muß man etwa 30 km hochsteigen, bis man Druckverhältnisse antrifft, wie sie auf der Marsoberfläche herrschen. Anderseits beträgt der Druck in dieser Höhe über Venus schon fast soviel wie auf der Erdoberfläche. Die Temperatur erreicht in der Stratosphäre und nochmals in etwa 90 km Entfernung ein Minimum, um dann bei ständiger Verdünnung der Luft auf über 1000° C anzusteigen. Auf der Venus erreicht die Temperatur erst in 120 km Höhe das zweite Maximum.

Sauerstoffes hat ergeben, daß heute nur etwa 5 Prozent davon frei vorkommen, während etwa 55 Prozent in Sulfaten und etwa 40 Prozent in Eisenoxiden gebunden sind. Dieser biogene Sauerstoff ist allerdings nur ein winziger Teil (unter 1 Prozent) dessen, was in der Erdkruste schon immer vorhanden war. Der Löwenanteil ist in den chemisch stabilen Silikaten gebunden und hat an der beschriebenen Evolution nicht teilgenommen.

Das Sauerstoffangebot hat jedoch in den letzten 700 Mio Jahren zu einer raschen biologischen Entwicklung geführt, die erst durch den äußerst wirksamen Spender der Lebensenergie, der direkten Oxidation, ermöglicht wurde. Die gesamte Biomasse dürfte heute im wesentlichen konstant sein und nur noch durch Kreisläufe umgewandelt werden. Einige Forscher halten es für möglich, daß nicht der begrenzt verfügbare Kohlenstoff für diese Limite verantwortlich ist (es gibt ja immer noch viermal soviel Kohlenstoff in Form von Karbonaten als in organischen Verbindungen!), sondern das in verwendbarer Form völlig aufgebrauchte Element Phosphor; es nimmt in allen reproduzierbaren Lebensmolekülen einen entscheidenden Platz ein. Von der begrenzten Biomasse hat sich im Laufe der Evolution also nur noch die Qualität, aber nicht mehr die Quantität geändert.

Im Gegensatz zu Venus, wo die hohen Temperaturen das Wasser nie auskondensieren lassen, und Mars, wo es meistens ausgefroren bleibt, leiteten bei uns die Ozeane eine gänzlich andere Entwicklung ein. Zum Glück stand die Erde nicht 10 Mio Kilometer oder noch näher bei der Sonne. Berechnungen haben nämlich ergeben, daß eine nur 10 Prozent stärkere Sonneneinstrahlung auch bei uns einen Treibhauseffekt bewirkt und alles Wasser verdampft hätte! Etwas ähnliches könnte geschehen, wenn der Kohlendioxidgehalt unserer Atmosphäre in kurzer Zeit künstlich so erhöht würde, daß der biologische Abbau nicht mehr Schritt halten könnte. Eine Verdoppelung des heutigen Kohlendioxidgehaltes von 0,33 auf 0,66 Promille hätte immerhin eine Erhöhung der irdischen Durchschnittstemperatur um etwa 2° C zur Folge. Dieses Resultat ist allerdings wegen der teilweise kompensierend wirkenden Sekundäreinflüsse fraglich und kann sich gegebenenfalls in die eine oder in die andere Richtung verändern. Die immer präziser werdende Gesamtüberwachung der Erde dürfte wohl gerade noch Klarheit über die wirklichen Zusammenhänge schaffen, bevor der menschliche Einfluß unsere Atmosphäre grundlegend aus dem Gleichgewicht bringt. Wir könnten dann eine «Katastrophe» ähnlichen Ausmaßes wie vor rund 3,7 Mia Jahren verhindern, als die Evolution dem Planeten Erde die Fotosynthese brachte und die meisten bisherigen Organismen dorthin vertrieb, wo sie der tödliche Sauerstoff nicht erreichen konnte.

Daten über die Erdatmosphäre

Normaldruck in Meereshöhe 1013 Millibar
Gesamtmasse 5300000000000000 Tonnen
(etwa ein Billionstel der Erdmasse)
Auf Normaldruck umgerechnete Höhe ca. 8000 m

Zusammensetzung:

Gas	chem. Symbol	Volumenprozente
Stickstoff	N_2	78,084
Sauerstoff	O_2	20,946
Argon	Ar	0,934
Kohlendioxid	CO_2	0,033
Neon	Ne	0,00001818
Helium	He	0,00000524
Krypton	Kr	0,00000114
Methan (ca.)	CH_4	0,000002
Wasserstoff	H_2	0,0000005
Stickstoffoxydul	N_2O	0,0000005
Xenon	Xe	0,000000087

Atmosphäre des Mondes

Unser Erdtrabant besitzt wie fast alle kleineren Körper im Sonnensystem keine nennenswerte Atmosphäre. Der Gasdruck auf der Oberfläche wurde bei allen Mondlandungen gemessen und liegt immer noch millionenmal tiefer als das beste Vakuum, das man in Laboratorien auf der Erde erzeugen kann. Solange keine Meteoriteneinstürze als lokale Ereignisse kleine Gasmengen freisetzen, die sich vorwiegend entlang der Oberfläche ausbreiten und dann nach und nach in den Weltraum entweichen, lassen sich nur wenige Edelgasmoleküle nachweisen; diese wurden entweder in ionisierter Form vom Sonnenwind eingestrahlt oder stammen wie Argon aus dem radioaktiven Zerfall gewisser Kaliumatome im Gestein. Wegen der geringen Schwerkraft genügt die Geschwindigkeit der Gasmoleküle, die mit der Temperatur anwächst, um die Fluchtgeschwindigkeit zu überwinden, sobald die Sonne während eines zwei Wochen dauernden Mondtages für eine starke Aufheizung gesorgt hat. So können sich nur während der kalten Mondnacht kurzfristig etwas höhere Konzentrationen bilden, sei es nun durch natürliches Entweichen der Gase oder durch Raumschiffe oder Astronauten, die sich in diesem Hochvakuum selbst dann bemerkbar machen,

wenn sie nach unseren Maßstäben als luftdicht eingekleidet gelten können. Die Schwankungen bewegen sich zwischen einem millionstel und einem billionstel Millibar.
Ausnahmsweise können auch höhere Konzentrationen auftreten, die man mit der Ausgasung im Zusammenhang mit Mondbeben zu erklären versucht. So wurde am 19. März 1971 sowohl am Landeplatz von Apollo 12 als auch an jenem von Apollo 14 eine ionisierte Gaswolke registriert, die auf 140 km Durchmesser geschätzt wurde und mit 700 m/s fortschritt. Nur 37 Minuten vorher hatte das Seismometer von Apollo 14 ein stärkeres Mondbeben gemeldet. Die bei den Einschlägen von Raumschiffstufen und Meteoriten hervorgerufenen Wolken zeichneten sich vor allem durch höhere Geschwindigkeiten bis 2 km/s aus.
Bei Himmelskörpern wie unserem Mond und erst recht bei allen noch kleineren ist es grundsätzlich unmöglich, eine beständige Atmosphäre künstlich zu schaffen. Selbst wenn man die dazu notwendigen immensen Gasmengen aus dem Planeteninneren freisetzen könnte, wäre die Mühe vergebens: Nach kürzester Zeit hätte sich auch die dichteste Gashülle wieder verflüchtigt. Für den Menschen bewohnbare Lebensräume müssen daher, ob unter- oder oberhalb der Mondoberfläche, immer abgeschlossen sein.
Als wichtige Folge der fehlenden Atmosphäre gibt es auf dem Mond keine Geräusche. Die Astronauten könnten sich selbst mit Lautsprechern und schalldurchlässigen Helmen nicht verständigen und sind daher auf Sprechfunk über Radiowellen angewiesen. Einzig sehr laute Schallwellen im Mondboden wie etwa Bohrgeräusche können auf rein akustischem Wege über Schuhe und Skelett «gehört» werden.

Bahndaten der Erde

Umlaufzeit um die Sonne	365,25 Tage
Min. Sonnenabstand, 2./4. Jan.	147 Mio km
Max. Sonnenabstand, 3./5. Juli	152 Mio km
Min. Lichtzeit Erde – Sonne	8,17 Minuten
Max. Lichtzeit Erde – Sonne	8,45 Minuten
Geschw.	
im sonnennächsten Punkt	30,29 km/s
im sonnenfernsten Punkt	29,29 km/s

Die untenstehenden vollständigen Bahnelemente sind für den mit modernen Rechenhilfsmitteln ausgerüsteten Interessenten gedacht. Die mittlere Drift der sich systematisch ändernden Elemente ist angegeben und gestattet für viele Zwecke hinreichend genaue Positionsberechnungen je ungefähr 200 Jahre in die Zukunft und in die Vergangenheit. T bedeutet die seit dem 1. Januar 1975 verflossene Zeit in Tagen.

Bahndaten des Mondes

Große Halbachse der Bahn um die Erde	384 403 km
Kleinste Entfernung zur Erde	356 410 km
Größte Entfernung zur Erde	406 740 km
Exzentrizität der Mondbahn (Mittelwert)	0,0549
Neigung der Mondbahn gegen die Erdbahn (Grad)	5,14539
Neigung des Mondäquators gegen die Erdbahn (Grad)	1,52278
Wahre (siderische) Umlaufzeit um die Erde (Tage)	27,32166
Zeitraum zwischen zwei Minimalabständen (Tage)	27,55455
Zeitraum von Neumond zu Neumond (Tage)	29,53059

Eiszeiten

Die Abbildung auf Seite 83 zeigt die Eismassen auf der Nordhalbkugel der Erde zum Zeitpunkt ihrer maximalen Ausdehnung während der vorletzten Eiszeit (Riß). Es ist nur die kontinentale Vergletscherung dargestellt, nicht aber etwaige bis in den Sommer gefrorene Ozeane. Die damaligen Ausmaße kann man heute nur grob abschätzen. Die Eiszeiten sind einander in verschiedenen Abständen gefolgt, die letzte erreichte ihren Höhepunkt vor 20 000 Jahren. Das Minimum liegt aber bereits wieder 6000 Jahre zurück. Schon vor 10 000 Jahren hatte sich die Vergletscherung wieder so weit zurückgebildet, daß eine spürbare weltweite Erwärmung eingetreten war. Diese führte schließlich zur Vermehrung und Ausbreitung des Menschen.
Im Moment befinden wir uns bereits in der Anfangsphase einer erneuten Vergletscherung. Kurzfristige Schwankungen um den Trendwert sind die Regel. So wurde beispielsweise das 12. Jahrhundert aufgrund überlieferter objektiver Vergleichsdaten als

Länge des aufsteigenden Knotens (Grad)	0,00000
Neigung zur Ekliptik (Grad)	0,00000
Länge des Perihels (Grad)	$102{,}510482 + 4{,}71 \cdot 10^{-5} \cdot T$
Große Halbachse (astronomische Einheiten)	1,000000
Numerische Exzentrizität	$0{,}0167197 - 1{,}15 \cdot 10^{-9} \cdot T$
Mittlere Anomalie am 1. 1. 1975 (Grad)	358,015065

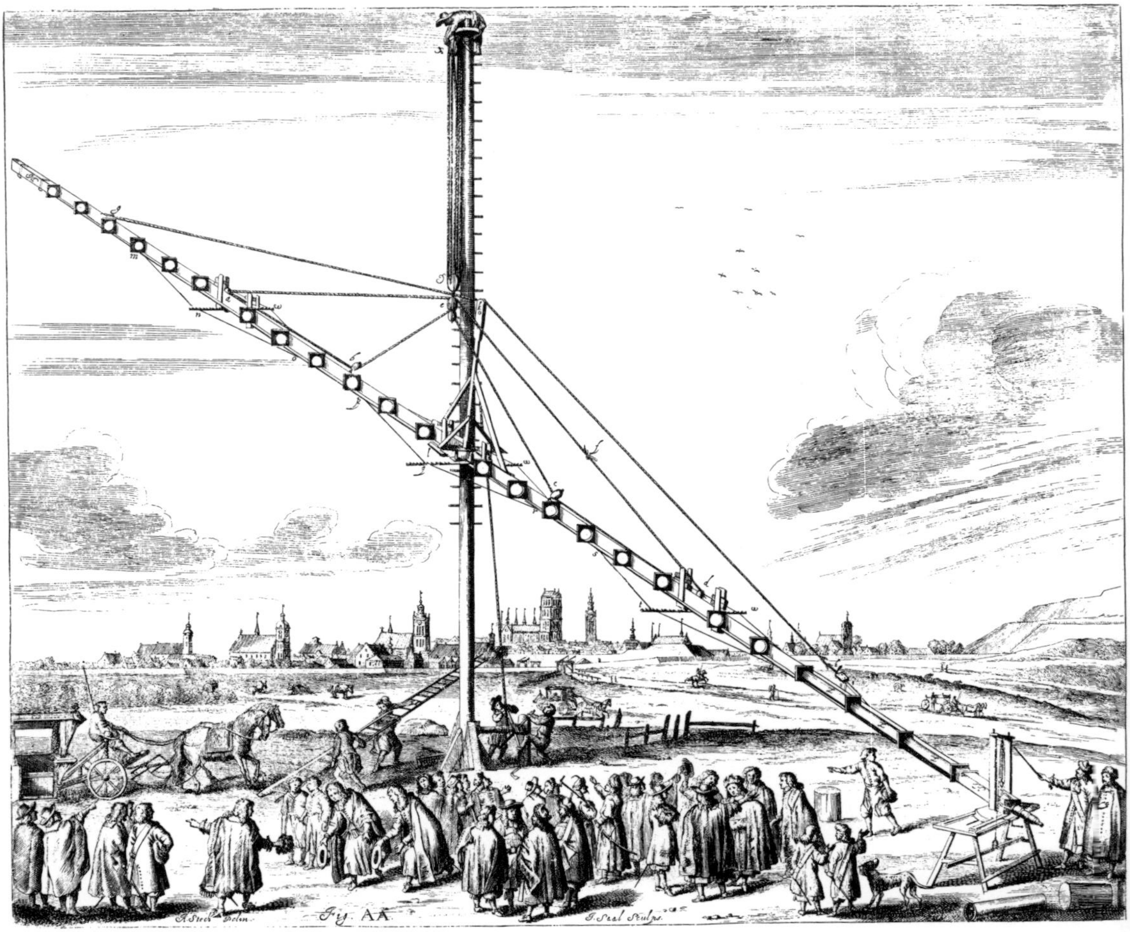

Geschichtliches
Diese Illustration stammt aus «Machinae Coelestis» von Johannes Hevelius (1673) und zeigt eine Szene außerhalb Danzigs, wo ein Riesenfernrohr aufgestellt wird, mit dem Sterne und Planeten beobachtet und Messungen aufgezeichnet werden.

sehr warme Epoche bekannt, während das 17. Jahrhundert anderseits als kleine Eiszeit in die Geschichte einging. Auch scheint sich zwischen Anfang und Auslauf des 20. Jahrhunderts eine merkliche Abkühlung eingestellt zu haben.

Grund zur Beunruhigung gibt es dennoch aus mindestens zwei Gründen nicht: Der Trend könnte sich auch ohne Dazutun des Menschen schon Anfang des nächsten Jahrhunderts wieder umkehren, und von jener Zeit an dürfte unsere technologische Zivilisation den globalen Wärmehaushalt unseres Planeten nach und nach in den Griff bekommen. Die bis dann zu erwartenden Weltraumkraftwerke in Erdumlaufbahnen könnten das Manko der solaren Einstrahlung ausgleichen, indem sie den Absorptionsquerschnitt der Erde vergrößern; sollte das Gegenteil nötig werden, dann kann man langfristig auf die in der gleichen Größenordnung liegende Schattenwirkung solcher Hunderte von Quadratkilometern umfassenden Satelliten zählen.

Eine zentrale Frage bleibt: Welches sind die Ursachen für diese natürlichen Klimaschwankungen? Heute wird eine ganze Reihe von mehr oder weniger wahrscheinlichen Theorien angeboten, von denen jede mindestens als auslösendes Moment für eine Abkühlung oder eine Erwärmung der Erde in Frage kommt. Die wichtigsten sind hier aufgezählt.

Schwankungen in der solaren Einstrahlung können drei wesentliche Ursachen haben: In der Energieproduktion unseres Tagesgestirns selbst, in der je nach Standort in der Milchstraße variablen Dämpfung der Sonnenstrahlung durch interstellaren Staub oder Gas oder in den periodischen Verformungen der Erdbahn. Es mag erstaunen, daß nach zwei Jahrzehnten Weltraumforschung kein Wissenschaftler die Garantie übernehmen will, daß die solare Leistung über einen Elfjahreszyklus der Sonnenaktivität nicht doch um einen Betrag von 1 bis 2 Prozent schwankt. Langzeitmessungen werden hierüber wohl erst in vielen Jahren endgültige Klarheit verschaffen. Jüngere Untersuchungen, die einen Zusammenhang gewisser Isotopenverhältnisse in jährlichen Ablagerungen mit Durchschnittstemperaturen erkannt haben, legen mindestens eine empirische Parallelität zur Häufigkeit der Sonnenflecken nahe. Diese haben den gleichen elfjährigen Zyklus und werden schon seit etwa 400 Jahren registriert. Es ist bemerkenswert, daß im kalten 17. Jahrhundert auch die Maxima der Sonnenfleckenhäufigkeit äußerst gering ausfielen.

Da sich die interstellare Absorption leider noch weitgehend einer quantitativen Erfassung entzieht, vor allem was die zeitliche Variation betrifft, kann nur die dritte oben genannte mögliche Ursache näher in Betrachtung gezogen werden. Schon vor 40 Jahren entdeckte der jugoslawische Astronom Milankowitsch, daß sich bei den Verformungen der Erdbahn drei Perioden überlagern. Die längste mißt 100 000 Jahre und betrifft die Abplattung der Erdbahn. Während wir derzeit eine fast kreisförmige Bahn haben, wird diese in den nächsten rund 50 000 Jahren ziemlich elliptisch werden, so wie es die Marsbahn momentan etwa ist. Dies würde genügen, abwechslungsweise für die eine oder andere Halbkugel heiße Sommer und kalte Winter mit milden Wintern und milden Sommern abwechseln zu lassen. Bei der fast kreisförmigen Erdbahn sind diese Unterschiede nicht bemerkbar, denn trotz minimalem Sonnenabstand in den ersten Januartagen und maximalem Anfang Juli gibt es keine offensichtlichen Unterschiede in den Jahreszeiten zwischen der Nord- und der Südhalbkugel. Die Kreiselbewegung der Erde in 26 000 Jahren hat auf das Klima keinen direkten Einfluß, solange der Winkel zwischen der Erdachse und der Erdbahnebene, gegenwärtig 23½ Grad, konstant bleibt. Auch dieser scheint sich jedoch mit einer Periode von etwas über 40 000 Jahren leicht zu verändern. Diese Schwankungen führen zusammen mit der Präzession zu einem verwickelten Wechsel in den klimatischen Bedingungen, die erst in jüngster Zeit durch eine indirekte Kontrollmöglichkeit gestützt worden sind. Die Frequenzanalyse der vorher genannten Isotopenfaktoren der Durchschnittstemperaturen zeigen tatsächlich drei hervorstechende Perioden von 23 000, 42 000 und 100 000 Jahren, die auffallend mit den himmelsmechanisch begründeten Werten übereinstimmen.

Wie anfangs erwähnt, ist es möglich, daß die genannten astronomischen Veränderungen nur die auslösenden Kräfte sind, die das vorherrschende Wetter so gründlich aus dem Gleichgewicht bringen, daß die Sekundäreinflüsse doch wieder überwiegen. In einem Modellfall kann das etwa folgendermaßen ablaufen: Eine anhaltende Sequenz kalter Sommer läßt die Schneedecke während eines Großteils des Jahres bestehen. Dadurch werden bis zu 40 Pro-

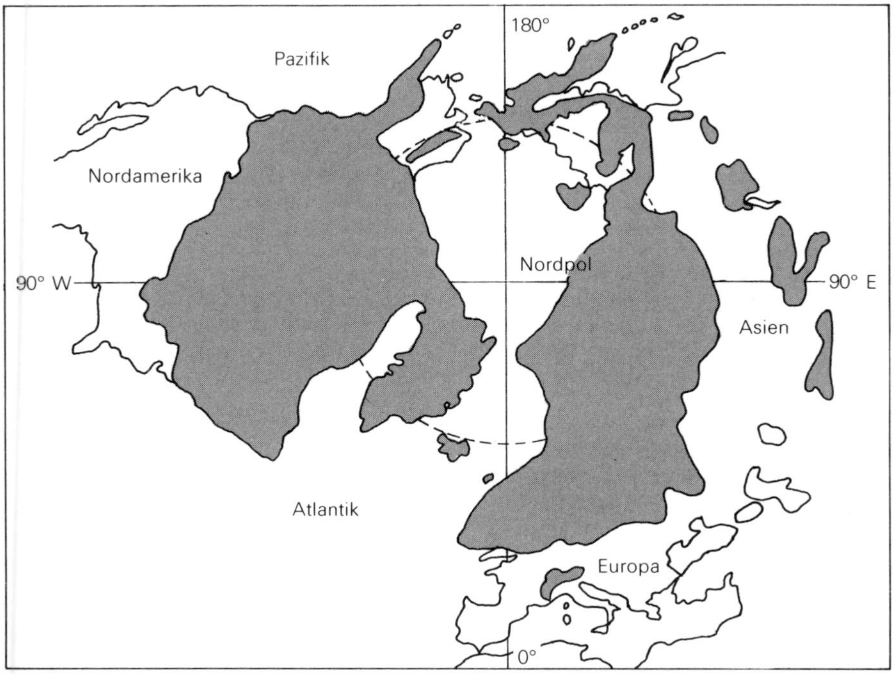

Eiszeiten
Hier sieht man die Ausmaße der kontinentalen Vergletscherung während der größten Ausdehnung der Rißeiszeit (vorletzte Eiszeit).

zent mehr Sonnenlicht in den Weltraum zurückgestrahlt, die Temperatur sinkt noch weiter, und der Vorgang verstärkt sich. Bestehende Eisschilde können so hoch anwachsen, daß auf ihrer Unterseite die druck- und reibungsbedingte Temperatur erhöht wird. Das Eis kann ins Rutschen kommen, ein Mechanismus, der in der Antarktis durch Bohrungen bestätigt wurde. Der Eispanzer wird noch größer, der Prozentsatz an stark reflektierender Erdoberfläche steigt weiter an usw. Gebiete bis über 40 Grad von den Polen entfernt vereisen vollständig. Der Meeresspiegel sinkt, südliche Gebiete trocknen aus und werden zu Wüsten. Stürme blasen den Sand weit in die Eisgebiete hinein, vermindern deren Reflexionsfähigkeit und verursachen ihr Abschmelzen. Die gleichen Gründe, die vorher genannt wurden, lassen sich jetzt umkehren: mehr Wärmeabsorption, mehr Abschmelzen, weniger Eisflächen, geringere Reflexion usw. Es ergibt sich also ein unregelmäßiges Hin und Her um einen recht labilen Gleichgewichtszustand, der diesen Namen eigentlich erst wieder bei der Betrachtung sehr großer Zeiträume verdient. Die verschiedenen Abstände der Eiszeiten sind also bestens zu erklären: Je nachdem, wo sich die Eisschilde gebildet haben, kann es mehr oder weniger lange dauern, bis sich die Vorgänge von einem Extrem wieder auf das andere zu bewegen. Theoretisch wäre also nicht einmal ein besonderer auslösender Faktor nötig, um eine solche Umkehrung einzuleiten. Das Vorhandensein noch ausgeprägterer Phänomene dieser Art auf dem Mars zeigt, daß es sich bei Eiszeiten offenbar um einen universell auftretenden Pendelvorgang handelt; er dürfte bei jedem Planeten vorkommen, auf dem irgendwelche Substanzen den Aggregatzustand wechseln. Es liegt in der Natur der Dinge, daß sich bei den Klimata nur durch großen Zufall eine länger anhaltende Stabilität herausbilden kann. Das Verständnis solcher Vorgänge ist für die menschliche Zivilisation langfristig von entscheidender Bedeutung. Dieses Beispiel zeigt, wie die vergleichende Planetologie auch auf irdische Wissenschaften befruchtend wirkt.

Ekliptik

Die Bahn der Erde um die Sonne verläuft in erster Näherung in einer Ebene, die als Ekliptik bezeichnet wird. Ein Beobachter auf der Erde, der den scheinbaren Lauf der Sonne am Firmament verfolgt, wird die Sonne — aus dieser Ebene heraus betrachtet — in einem großen Kreis um sich herumziehen sehen. Die Projektion dieses Kreises auf das Himmelsgewölbe wird ebenfalls als Ekliptik oder Tierkreislinie bezeichnet. Dieser Name kommt daher, daß die Sonne eine Reihe spezieller Sternbilder, die sogenannten Tierkreisbilder, durchläuft. In den 2000 Jahren seit der Definition dieser Namen haben sich jedoch die Achsenstellung der Erde und damit der Beginn der Jahreszeiten bereits so verschoben, daß die Sonne ein bestimmtes Tierkreiszeichen etwa einen Monat später durchläuft, als dies das kalendergebundene Horoskop erwarten ließe. Da die meisten Planeten in ekliptiknahen Ebenen um die Sonne kreisen, sehen wir sie auch von der Erde aus immer nahe der Ekliptiklinie stehen.

Entstehung der Erde

Die Erde gehört zusammen mit Merkur und Venus zur inneren Planetengruppe, bei der der Gravitationskollaps wegen der hohen Anfangskonzentration in der sonnennächsten Plasmawolke am frühesten, nur 20 bis 40 Mio Jahre nach dem der Sonne, eingetreten ist. Zu diesem Zeitpunkt, vor rund 4,6 Mia Jahren, bestand die planetare Urmaterie noch aus vielen kleinen und noch nicht aus wenigen bereits größeren Planetoiden, so daß sich der sogenannte Akkretisierungsvorgang über einen kurzen Zeitraum sehr heftig abspielte. Der ganze äußere Teil war und blieb für fast eine Milliarde Jahre aufgeschmolzen. Erst dann konnte sich die leichtere, obenauf schwimmende Silikatkruste langsam verfestigen, während der schwere Eisenkern im Inneren bis heute flüssig blieb. Die ältesten Erstarrungsgesteine werden auf 3,7 bis 3,8 Mia Jahre datiert, bei anderen vollzieht sich die Verfestigung erst heute. Die meisten Ozeanböden sind beispielsweise erst vor weniger als 200 Mio Jahren aus jenem Magma entstanden, das wegen der Kontinentalverschiebung aus dem Erdinneren in die Spalten nachgeflossen ist.

Ekliptik
Ein alter arabischer Tierkreis, der ein Beispiel für die Kunst der Ornamentik darstellt. Die Araber schöpften alle Mittel der Geometrie aus und erreichten damit einen niemals mehr erlebten Höhepunkt.

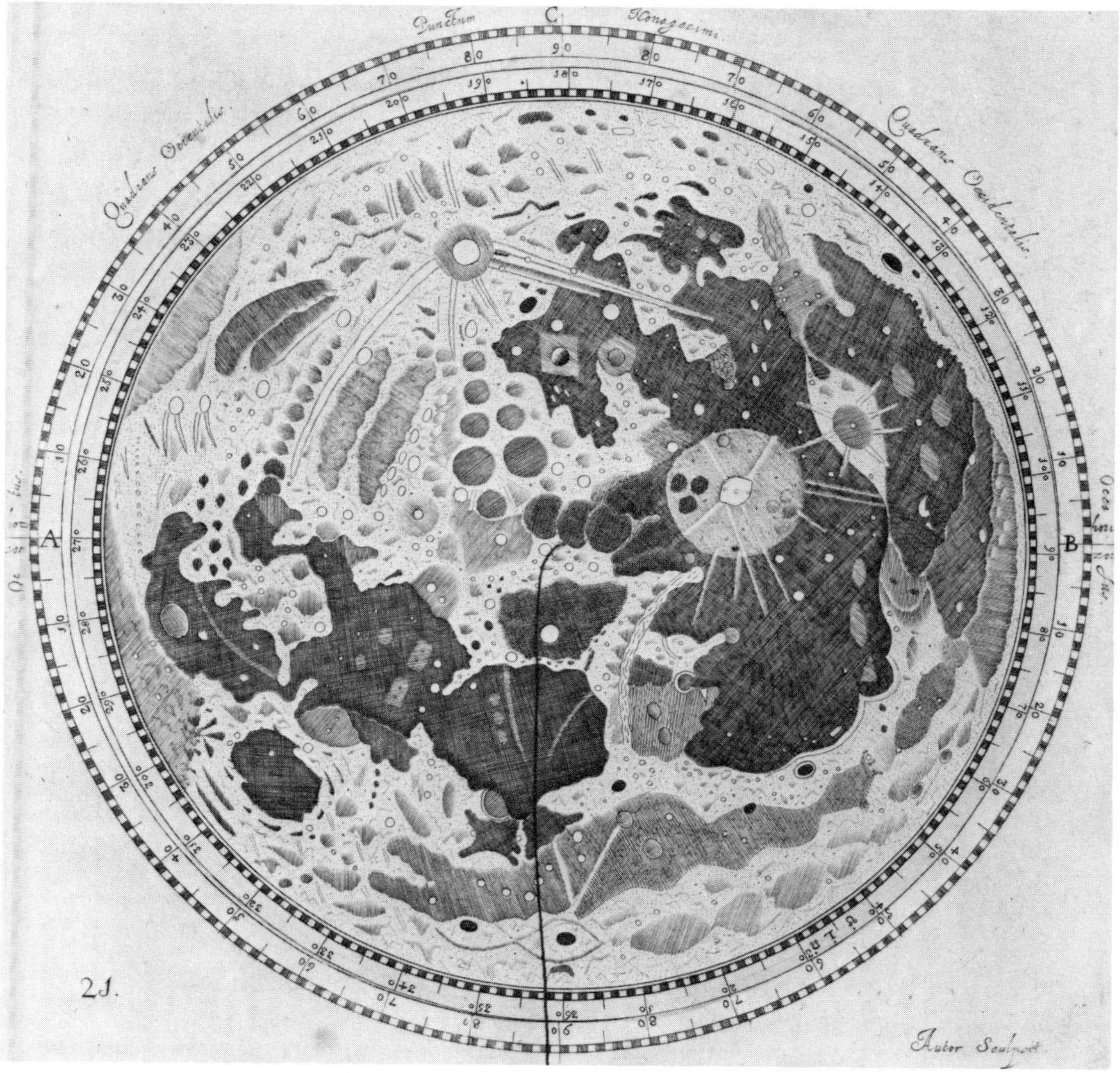

Als größerer Körper konnte die Erde auch leichtere Elemente und Verbindungen an sich binden, die zum Beispiel auf dem Mond fehlen. Dazu gehören zuerst die lebenswichtigen Elemente Wasserstoff, Stickstoff und Kohlenstoff, die bei uns vor allem in Form von Wasser, Kohlendioxid, Ammoniak und Methan vorkommen. Auf der Erde gab es bereits flüssiges Wasser, als die letzten Lavaströme auf dem Mond noch nicht erstarrt waren. Zur gleichen Zeit, also bis vor etwa 3 Mia Jahren, verzeichnete auch unser Planet noch heftige Einschläge von massiven Asteroiden, deren Riesenkrater aber alle wieder untergegangen sind.

Der weitere Entwicklungsweg der Erde wurde angesichts seiner Komplexität auf mehrere Stichworte verteilt.

Entstehung des Mondes

Gemäß der heute am annehmbarsten erscheinenden Entstehungshypothese ist der Mond zusammen mit Mars aus einer Plasmawolke kondensiert, welche diejenige Plasmawolke der inneren Planeten berührt haben muß. Die beiden je am Rande liegenden Kontaktpartner waren dabei die Erde und der Mond. Wie oft sie sich nach der Formierung als Kugel bedenklich nahe kamen und wann sich ihre von Anfang an sehr ähnlichen Bahnen um die Sonne definitiv angenähert haben, ist heute schwer zu sagen. Mit großer Wahrscheinlichkeit war dies aber sehr früh der Fall, als möglicherweise noch weitere, kleinere Trabanten um die Erde kreisten. Ihre Existenz kann nur vermutet werden, weil sonst nach den Ge-

Entstehung des Mondes
Auf dieser historischen Mondkarte sind die markantesten Merkmale und Gebiete grob eingezeichnet. Die Karte ist für einen aktiven Hobby-Astronomen gedacht, denn sie läßt sich je nach Standpunkt an einem Faden in der Mitte auf die gewünschten Grade drehen (Aus: «Selenographia» von Johannes Hevelius, 1647).

setzen der Himmelsmechanik kaum erklärt werden kann, wie zwei zunächst getrennte Körper nach einer Annäherung auf hyperbolischen Bahnen ohne weitere Kräfte, wie beispielsweise Zusammenstöße mit dritten Körpern in der Erdumlaufbahn, auf eine stabile Ellipsenbahn gelangen können. Die auch heute noch wirksamen Gezeitenkräfte haben den damals noch näher kreisenden Mond stärker als heute nach außen getrieben, so daß allfällige weitere kleinere Körper in der Äquatorebene nach und nach aufgeschluckt worden sind. Es spricht einiges für diese Vorstellungen, denn die ganz großen Einschlagbecken auf dem Mond sind kaum durch die riesigen Auftreffgeschwindigkeiten bei den sich kreuzenden Planetoidenbahnen entstanden, sondern eher beim freien Fall nach einer nahen Passage auf zwei ähnlichen Erdumlaufbahnen. Das Schöne an dieser Theorie ist vor allem, daß sie den Erkenntnissen nicht widerspricht, die bei den Mondflügen gewonnen wurden. Von den früher üblichen drei Entstehungshypothesen — Abspaltung von der Erde, gleichzeitige Bildung als Doppelplanet und späteres Einfangen — war ja nur die These der Abspaltung ausgeschieden worden, da sie mit den Messungen nicht zu vereinbaren war. Hingegen sprachen immer noch etwa gleich viele Fakten für wie gegen die beiden anderen Hypothesen. Eine Theorie, die einen plausiblen Mechanismus für das an sich unwahrscheinliche Einfangen des Mondes liefert, erklärt nun gleichzeitig die grundlegenden chemischen Unterschiede zwischen der Erde und ihrem Trabanten wie auch die ungewöhnlich dichten Massekonzentrationen unter den Lavameeren (Reste viel dichterer Körper!) und die heutige Bahn des Mondes. Erst Tiefbohrungen in den Maregebieten des Mondes und labormäßige Untersuchungen von Marsgestein werden wohl die Verwandtschaft dieser beiden Himmelskörper klären helfen und dann für oder gegen die genannte Hypothese sprechen.

Die Berechnungen zeigen, daß ein Körper von der Größe und der Dichte unseres Mondes selbst bei einer ziemlich in die Länge gezogenen Kontraktionsphase (sog. Akkretisierung) immer noch mindestens in den äußeren Schichten vollständig aufgeschmolzen wird. Ihre Abkühlung vollzog sich dann aber rascher als auf der Erde. Das Erstarrungsalter der verschiedenen Gesteine, die bei den Mondexpeditionen gesammelt wurden, zeigt, daß bereits wenige Jahrhundertmillionen nach der Akkretisierung eine erste Kruste bestanden haben muß. Sie bildete die Grundlage für die heutigen Mondhochländer, die seither mit abnehmender Häufigkeit von kleineren Meteoriten bis zur Sättigung weiter bombardiert worden sind.

Wasser und freier Sauerstoff müssen von Anfang an gefehlt haben; dies kann aus der Art der vorgefundenen Mondmineralien geschlossen werden. Die Kenntnis der Temperaturen, bei denen sich diese Mineralien aus chemischen Gleichgewichten bilden, bestätigt, unabhängig von anderen Überlegungen, daß der Mond bei seiner Entstehung, vor 4,6 Mia Jahren, bis in einige 100 km aufgeschmolzen gewesen sein muß.

Die Entwicklungsgeschichte des Mondes wird in sechs Hauptphasen eingeteilt:

1. Formierung als Kugel

2. Trennung einer Kruste

3. Früher Vulkanismus durch innere Aufheizung, der wegen der kontinuierlichen Wärmeabgabe durch radioaktive Elemente entstand; sie war damals noch stärker als heute. Der Vulkanismus begann auf der Unterseite der Kruste und förderte ein Material zutage, das seit seiner Entdeckung KREEP genannt wird, eine Abkürzung für Kalium, Rare Earth Elements (Seltene Erden, eine Elementengruppe) und Phosphor. Solche chemischen Elemente kommen in den KREEP-Noriten in besonders hohen Konzentrationen vor.

4. Später Einsturz einiger weiterer Körper, entweder von Planetoiden oder ursprünglichen kleineren Erdtrabanten. Diese erzeugten die letzten Einschlagbecken und setzten die «innere Uhr» der Gesteine, also radioaktive Zerfallsprodukte, oft wieder auf Null zurück, weil die Schockbehandlung und teilweise Aufschmelzung die akkumulierten Gase wieder entweichen ließ. Die dadurch entstehende Verwirrung konnte erst durch die Analyse von Gesteinsproben verschiedener Landeplätze geklärt werden.

5. Partielle Aufschmelzung der noch tiefer liegenden Schichten des oberen Mantels und später Vulkanismus, dessen Lavaströme sich über das KREEP-Material ausbreiteten und die früheren Einsturzbecken wieder auffüllten. In dieser Zeit entstanden die Basalte der heutigen Mare-Gebiete.

6. In der heutigen relativen Ruhephase, bei der nur noch sehr selten neue Krater entstehen, hat sich die Zone flüssigen Mondgesteins bis ins Zentrum zurückgezogen. Seit etwa 3 Mia Jahren dürfte sich das äußere Bild des Mondes nicht mehr entscheidend

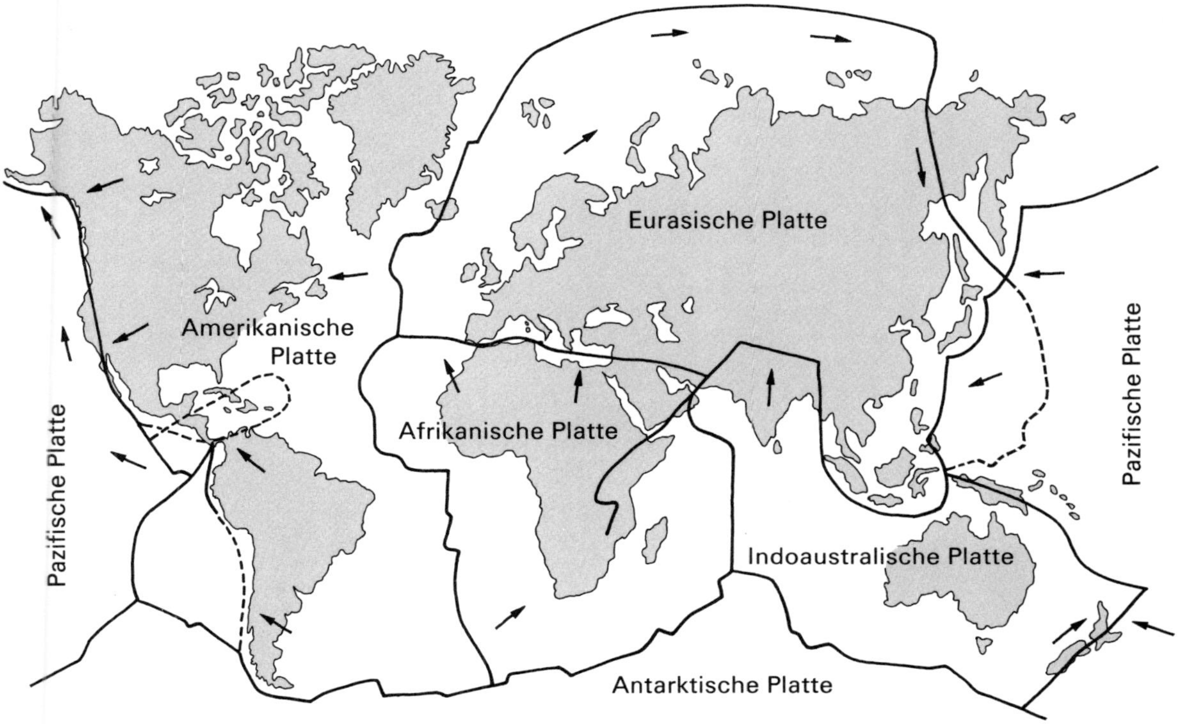

gewandelt haben, außer daß er sich damals noch näher bei der Erde befand.

Einige ausgewählte Altersangaben in Jahren:

Akkretisierung	4,6 Mia
Ganze Oberfläche flüssig	4,6–4,4 Mia
Mare Imbrium gebildet	3,9 Mia
Mare Tranquillitatis erstarrt	3,7 Mia
Mare Imbrium völlig erstarrt	3,4 Mia
Mare Procellarum erstarrt	3,2 Mia
Bildung des Kopernikus-Kraters	850 Mio
des Surveyor-Kraters (Apollo 12)	180 Mio
des Kegel-Kraters (Apollo 14)	26 Mio

Erdbeben

Die Erdbebenforschung machte seit dem Zweiten Weltkrieg enorme Fortschritte, denn das Netz von seismischen Beobachtungsstationen wurde stark erweitert, können doch dadurch neben Erdbeben auch Atomexplosionen aufgespürt und nachgewiesen werden. Zusammen mit den registrierten historischen Beben zeigte sich deutlich, daß diese nicht überall auf der Erde vorkommen, sondern nur entlang gewisser Linien. Ihre Deutung beweist über jeden Zweifel hinaus, daß die Theorie der Kontinentalverschiebung des deutschen Geophysikers Alfred Wegener richtig ist. Wegener war 1930 auf einer seiner Expeditionen zum Nachweis seiner These ums Leben gekommen, und bis zum endgültigen Durchbruch seiner Ideen dauerte es nochmals 30 Jahre. Heute bezeichnet man diese Theorie als «Großschollen-Tektonik». Bruchstücke der Erdkruste, die nur zum Teil mit den Festlandrändern zusammenfallen, bewegen sich wie Eisschollen in einem langsam treibenden Gewässer aneinander vorbei. Unter dem Stichwort «Kontinentalverschiebung» wird näher auf diesen Sachverhalt eingegangen. Das Aneinanderreiben, Vorsichherschieben und Aufstauen der Gesteinsmassen führt längs den Rändern ständig zu kleineren und größeren Erschütterungen, an die sich Bewohner solch besonders gefährdeter Gegenden mit der Zeit etwas gewöhnen. Sobald der Fluß der Schollen ins Stocken gerät, beginnt eine wirkliche Zeitbombe zu ticken: Spannungen bauen sich auf, die sich irgendwann bei plötzlichem Nachgeben in Form eines Erdbebens entladen.

Die moderne Wissenschaft der Erdbebenvorhersage baut auf der Beobachtung der Änderungen solcher Verschiebungsraten auf. Eines der gefährlichsten und zugleich am dichtesten besiedelten Gebiete, der San-Andreas-Graben an der kalifornischen Pazifikküste, wird heute am aufmerksamsten beobachtet. Von Sensoren in Tiefbrunnen, Präzisionsmessungen des Erdmagnetfeldes und des Schwerefeldes, der elektrischen Leitfähigkeit des Bodens, Lasermeßstrecken längs des Grabens, Messungen der Geschwindigkeit seismischer Wel-

Erdbeben
In der heutigen geologischen Zeit finden die Erdbeben entlang Zonen statt, die genau den Rändern der Kontinentalschollen entsprechen. Wie Eisschollen auf dem Wasser schwimmen die einzelnen Platten auf dem flüssigen Erdinneren. Sie reiben aneinander, bauen Spannungen auf und entladen diese wieder in Form von mehr oder weniger heftigen Erdstößen.

Ozeane

Oben: GOES-I ist ein amerikanischer Wettersatellit, der für ein Jahr — die Dauer des «Global Weather Experiment» (GWE) — über dem Indischen Ozean positioniert wurde. Diese Aufnahme gelang ihm am 9. Februar 1979 um 06 Uhr 30 Weltzeit. Sie zeigt Ostafrika, die arabische Halbinsel, Indien, Teile Ostasiens und Australien, die sich um den aus dieser Sicht imposanten Indischen Ozean gruppieren. Alle diese Länder werden vom Wetter beeinflußt, das sich über dieser Wasserfläche zusammenbraut. Nicht minder eindrucksvoll ist die Gebirgskette des Himalaja — selbst aus dem Weltraum betrachtet. Solche Aufnahmen können auch die Ursachen von Gebirgsfaltungen unmittelbar sichtbar machen: Der indische Subkontinent, vor Jahrmillionen noch als Insel durch den Ozean nach Norden getrieben, ist auf das asiatische Festland gestossen und ist dort unter Freisetzung enormer Kräfte zum Stillstand gekommen.

Geschichtliches

Rechts: Dieses Erdbild mit Afrika als zentralem Blickfang wurde am 15. Mai 1979 um 12 Uhr 25 Weltzeit vom geostationären Wettersatelliten METEOSAT im sichtbaren Bereich des Lichtes (0,4 bis 1,1 µm Wellenlänge) abgetastet. Dieser Satellit wurde von der europäischen Weltraumorganistation ESA gebaut und am 23. November 1977 von der NASA in Cape Canaveral gestartet. Er diente im Rahmen einer internationalen Kampagne zur Wetterforschung, dem sogenannten «Global Atmospheric Research Program» (kurz: GARP). Zusammen mit einem weiteren amerikanischen Satelliten, dem GOES-I, wurde er vom europäischen Kontrollzentrum ESOC (European Space Operations Center) in Darmstadt gesteuert. Das Funkbild verdankt seine Schärfe der Tatsache, daß das Fernsehsystem in der Lage war, 5000 Zeilen mit je 5000 Punkten abzutasten! Die großen afrikanischen Seen, Madagaskar und die arabische Halbinsel sind leicht auszumachen. Spanien, Frankreich und Deutschland sind bis weit nach Osten wolkenlos. Man beachte besonders die schneebedeckten Alpen und Pyrenäen. Portugal und der nördliche Atlantik wurden von dichten Wolkenströmungen erfaßt, während in Südamerika sehr gutes Wetter geherrscht haben muß.

len bis zur automatischen Registrierung von besonders sensiblen Tierarten wird alles in den Dienst der Vorhersage gestellt. Früher oder später wird sich der Erfolg angesichts dieses Aufwandes sicher einstellen, aber aus jüngster Vergangenheit kann noch kein Erfolg gemeldet werden. Im Gegenteil: Einige falsche Prognosen für das Jahr 1977 gaben einen Vorgeschmack von der Vielfalt an negativen Nebenwirkungen, die aus solchen falschen Alarmen resultieren. Ähnliche Erfahrungen machten auch bereits die Chinesen auf der anderen Seite des Pazifiks, wo sich die amerikanische und die eurasische Platte berühren. Den Erdbeben verdanken wir heute beinahe unser ganzes Wissen über das Erdinnere, das sich aus Laufzeit und Ablenkung der Wellen, die den Erdball durchlaufen, indirekt ergründen läßt. Das Stichwort «Inneres der Erde» enthält einige knappe Angaben hierzu.

Erdöl

Erdöl ist schon seit dem frühesten Altertum bekannt, doch wurde es bis 1859 nur aus Oberflächenvorkommen verwertet. Damals stieß man bei einer Bohrung in Pennsylvania (USA) in 21 m Tiefe auf Öl. Die Produktion stieg dank der ergiebigeren Förderungsmethode auf 210 t bis zum Jahresende. 1860 waren es bereits 70 000 t, und seit 1900 hielt sich die globale Produktionssteigerung im Durchschnitt bei einer Verdoppelung in jedem Jahrzehnt. Seit 1973 scheint sich die Jahresproduktion, wohl nur vorübergehend, für einige Zeit bei rund 3 Mia Tonnen stabilisiert zu haben. Bis 1977 wurden weltweit ziemlich genau 50 Mia Tonnen gefördert, was je nach Schätzungen zwischen der Hälfte und weniger als 10 Prozent der jetzt noch vorhandenen irdischen Reserven liegt.

Ursprung und Entstehung dieser sogenannten fossilen Energiereserven sind äußerst schwer durchschaubar. Da viele Erkenntnisse wegen des kommerziellen Interesses der Ölgesellschaften nicht veröffentlicht werden, ist allgemein recht wenig über die Herkunft von Erdöl und Erdgas bekannt. An dieser Stelle soll eine stark vereinfachte Theorie gegeben werden, die von den unzähligen Nebeneinflüssen, die die Forscher so lange verwirrt haben, möglichst absieht. Die Frage, ob Erdöl aus der chemischen Umwandlung tierischer oder pflanzlicher Überreste entstanden ist oder ob eine von mehreren früheren nichtbiologischen Theorien die richtige ist, wurde eindeutig zugunsten der biologischen entschieden. Meeresalgen sind als wesentlicher Bestandteil der irdischen Biomasse auch bei der Erdölentstehung von quantitativ entscheidender Bedeutung. Am schwierigsten zu erklären ist nach wie vor der beträchtliche chemische Unterschied zwischen zersetzter organischer Materie und den über 200 Erdölbestandteilen, doch lassen anderseits viele Feinheiten keinen Zweifel mehr an dieser These offen. Folgende Begründungen können heute angeführt werden: Der größte Teil der Erdölvorkommen liegt in gegenwärtigen oder einstigen marinen Gebieten. Die Lagerstättenwässer, auf denen Erdölfelder oft schwimmen, haben meistens einen beträchtlichen Meersalzgehalt. Viele Erdöle enthalten pflanzliche Farbstoffe, die sehr temperaturempfindlich sind und daher garantieren, daß bei der Entstehung sicher nie 200° C überschritten worden sind. Viele der Kohlenstoffverbindungen zeigen eine Rechtsdrehung der Moleküle sowie Polarisationseigenschaften bei der Lichtbrechung, die für organische Substanzen typisch sind. Die Anwesenheit empfindlicher Großmoleküle fordert eine Entstehung unter Sauerstoffabschluß, ganz im Einklang mit dem geringen Sauerstoffgehalt der heute geförderten Erdöle. Obwohl diese aus Mischungen verschiedener Kohlenwasserstoffe bestehen, die zu verschiedenen Verbindungsreihen (Paraffine als Kettenmoleküle sowie Naphtene und Aromate als Ringmoleküle) gehören, ist ihre mengenmäßige Zusammensetzung weitgehend gleichförmig. Dies muß also auch für die Grundsubstanz gelten, auch wenn diese erst durch chemische und bakteriologische Umwandlung zum heutigen Erdöl und Erdgas wurde. Diese Umwandlung braucht nach neueren Erkenntnissen keineswegs Jahrhundertmillionen zu dauern; junge Sedimente im Golf von Mexiko zeigten Alter von nur 10 000 bis 15 000 Jahren und enthielten dennoch bereits Ölspuren. Wesentlich länger dauert dagegen das Auspressen ölhaltiger Schichten, damit sich konzentrierte Lagerstätten bilden können. Die jüngsten entstanden im Pliozän, also vor etwa einer Million Jahren.

Die Erdölgeologen unterscheiden nur etwa vier hauptsächliche Typen von Vorkommen, auf die sich die meisten anderen zurückführen lassen. Der bekannteste entspricht der Aufwölbung über Salzstöcken, über denen sich das leichte Öl sammelt. Das Verständnis der Grundvoraussetzung zur Bildung von Lagerstätten ist natürlich entscheidend für eine erfolgreiche Suche neuer Felder. Es wird auch von eminenter Wichtigkeit für die Deutung ungewöhnlicher höherer Verbindungen auf anderen Planeten werden, die dann unter Umständen auf biologische Aktivität, selbst in einer fernen Vergangenheit, zurückgeführt werden könnten.

Erdschein

Ähnlich dem Mondschein auf der Erde kennt man auf dem Mond den nächtlichen Erdschein. Auf der Mondvorderseite ist die Erde während des gesamten vierwöchigen Tag-Nacht-Zyklus ständig an der ungefähr gleichen Stelle des Himmels zu sehen. Die im Vergleich zum Mond über 3,6mal größere und daher gut 13mal flächenreichere Erdscheibe zeigt ebenfalls die gleichen zunehmenden und abnehmenden Phasen wie der Mond, allerdings in genau umgekehrter Reihenfolge. Die Helligkeit des Erdscheins wird nicht nur durch den größeren Blickwinkel, sondern auch noch durch die im Vergleich zu unserem Nachbarn über fünfmal größere Reflexionsfähigkeit der Oberfläche gesteigert. Beide Einflüsse zusammen haben zur Folge, daß die Vollerde rund siebzigmal heller scheint als der Vollmond.

Dieser helle Erdschein ist zur Zeit der schmalen abendlichen oder morgendlichen Mondsichel sogar mit bloßem Auge zu sehen, wenn der von der Sonne abgewendete Rest der Mondscheibe im Erdschein bläulichgrau leuchtet. Sobald eine größere Mondphase diesen Teil überstrahlt, ist von diesem Effekt nichts mehr zu sehen, weil dann ein kleinerer Teil der Erde sein Licht zum Mond reflektiert.

Wegen der nachfolgend noch beschriebenen Libration kommt die Erde auch für einige am Rande liegende Orte der Mondrückseite gelegentlich für einige Tage über den Horizont. Totale Finsternis herrscht höchstens während der Mondnacht und auf jenen 41 Prozent der Mondrückseite, die der Erde nie zugekehrt sind. Dasselbe gilt auch für Objekte, die diese Gebiete in solchen Umlaufbahnen überfliegen. Die Apollo-Astronauten machten von dort aus die wertvollsten Sternbeobachtungen, als sich ihr Raumschiff während jeweils etwa 45 Minuten in dieser Zone aufhielt.

Erdzeitalter

Die Klassifizierung der Fülle von Fossilienfunden in den verschiedenen tiefen Ablagerungsschichten machte die Definition weltweit gültiger Zeitabschnitte nötig, die jeweils durch besondere Marksteine in der Entwicklung des Lebens oder vorherrschende Tierarten charakterisiert sind. Vor allem die letzten 540 Mio Jahre sind auf diese Weise unterteilt worden, da seit jener Zeit Organismen existieren, die dauerhafte Versteinerungen hinterlassen konnten. Dies entspricht nur wenig mehr als 10 Prozent des gesamten Alters der Erde. Spuren von mikroskopischem Leben sind zwar schon für die Zeit von rund 3 Mia Jahren nachgewiesen, doch liegt dieser Anfang noch weitgehend im dunkeln und wird im Erdzeitalter Präkambrium zusammengefaßt. Die jüngeren Erdzeitalter werden vereinfacht folgendermaßen unterteilt:

Alter in Mio Jahren	Formation		Erstes Auftauchen von Tierarten
1 60	Quartär Tertiär	Neuzeit	Mensch
140 175 200	Kreide Jura Trias	Mittelzeit	Vögel Säugetiere
240 310 350 450 540	Perm Karbon Devon Silur Kambrium	Altzeit	Reptilien Amphibien Fische Trilobiten, Würmer
2–3 Mia	Präkambrium		Mikroorganismen

Finsternis

Zufälligerweise sind die Abstandsverhältnisse von Sonne und Mond zur Erde gerade so, daß die sehr unterschiedlichen Durchmesser dieser beiden Gestirne fast ausgeglichen werden und beide am Himmel ungefähr gleich groß erscheinen. Die in einem nicht unerheblichen Bereich schwankenden Abstände bewirken jedoch, daß manchmal die Sonne, manchmal der Mond den größeren Blickwinkel einnimmt. Die um 5 Grad zur Bahn der Erde um die Sonne geneigte Mondbahn sorgt dafür, daß unser Tagesgestirn nicht jeden Monat einmal ganz oder teilweise vom Mond abgedeckt wird, sondern nur zu jenen seltenen Gelegenheiten, bei denen diese Passage auf der Schnittlinie von Erd- und Mondbahn, dem sogenannten Knoten, stattfindet. Diese Ereignisse treten nur in gewissen periodischen Abständen ein, deren Regelmäßigkeit schon in früher geschichtlicher Zeit rein empirisch festgestellt wurde. Ist die Situation so, wie in der beigefügten Abbildung auf der folgenden Seite dargestellt, dann kommt ein schmaler Streifen auf der sich drehenden Erde in den Bereich einer totalen Sonnenfinsternis. Erscheint der Mond in diesem Moment dagegen unter kleinerem Blickwinkel, dann wird im besten Fall nur der innere Teil der Sonne abgedeckt, und man spricht von einer ringförmigen Sonnenfinsternis. Gebiete auf der Erde, die nur vom Halbschatten berührt werden, sehen nur eine partielle Sonnenfinsternis. Schon

beim nächsten Neumond haben sich die Verhältnisse jeweils soweit geändert, daß keine Finsternis mehr eintritt.
Die besondere wissenschaftliche Bedeutung einer totalen Sonnenfinsternis lag seit je in der Möglichkeit, die sogenannte Korona zu beobachten. Sobald die gleißende Sonnenscheibe vom Mond abgedeckt ist, adaptiert sich das Auge auf die schwächere, aber am verdunkelten Himmel immer noch deutliche Hochatmosphäre der Sonne. Bei Temperaturen um 2 Millionen Grad bildet diese trotz ihrer sehr starken Verdünnung immer noch einen leuchtenden Strahlenkranz, der sich mindestens von der Erde aus nur während einer Sonnenfinsternis einigermaßen erfolgreich beobachten läßt.
Von den durchschnittlich etwa zwei Sonnenfinsternissen pro Jahr sind allerdings nicht alle total, und noch viel seltener sind sie von Europa aus sichtbar. So ist jene vom 16. Februar 1980 zwar total, aber der Kernschatten bewegt sich vom Südatlantik her über Afrika, den Indischen Ozean und Indien bis China. Jene vom 10. August 1980 beschränkt sich im wesentlichen auf den amerikanischen Kontinent und ist außerdem nicht total. Europa wird erst wieder am 11. August 1999 eine Finsternis erleben, und zwar mit einer etwa zweiminütigen Verfinsterung um die Mittagszeit von Paris (vom Rand der Zone), über München (ideal) bis Budapest (wieder am Rand).
Wie die Abbildung zeigt, kann eine Mondfinsternis nur zur Zeit des Vollmondes eintreten. Bei zentralem Druchgang ist der Kernschatten der Erde mehr als groß genug, um den langsam durchwandernden Mond für Stunden zu verfinstern. Besonders reizvoll ist die Zeit des Verweilens im Kernschatten, da die Mondscheibe dann sehr oft eine dunkelrotbraune Färbung annimmt. Die Mannschaft der Mondlandemission Apollo 15 konnte am 6. August 1971 während des Rückfluges zur Erde eine totale Mondfinsternis beobachten. Obwohl sich ihr Raumschiff nicht zur genau gleichen Zeit im Erdschatten befand wie der Mond, konnten sie am «irdischen» Abendrot doch sehr deutlich erkennen, wie das die Erde tangierende Sonnenlicht sehr stark nach Rot hin verfärbt wird.

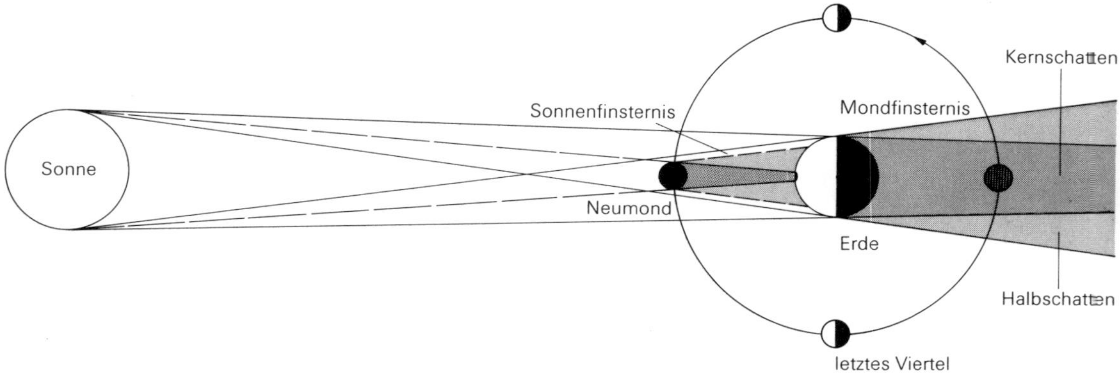

Finsternis
Die Grafik soll gleichzeitig die Vorgänge bei einer Mond- und Sonnenfinsternis veranschaulichen, wobei alle Abstände stark verkürzt werden mußten.

Fotodissoziation

Die Aufspaltung von chemischen Verbindungen unter der Einwirkung von Sonnenlicht heißt Fotodissoziation. In den Planetenatmosphären spielt vor allem die Aufspaltung von Wasserdampf eine große Rolle. Die Erde ist schwerkraftmäßig in der Lage, Wasserdampfmoleküle vor dem Entweichen in den Weltraum zu hindern. Die thermische Geschwindigkeit des leichteren Bestandteils Wasserstoff reicht jedoch aus, die Fluchtgeschwindigkeit in bezug auf die Erde zu überwinden. Die andere Komponente, der Sauerstoff, bleibt aber auch nach der Aufspaltung zurück. Ultraviolettaufnahmen der gesamten Erde, die vom Mond aus gemacht worden sind, haben gezeigt, daß die Fotodissoziation in der höheren Atmosphäre tatsächlich in großem Maßstab stattfindet. Die Zonen besonderer Aktivität sind aber nicht etwa homogen verteilt, sondern konzentrieren sich besonders auf zwei Gürtel in Äquatornähe.

Fotosynthese

Dies ist eine chemische Reaktion, die man etwa als der umgekehrte Vorgang zur Fotodissoziation bezeichnet werden kann. Bestimmte Zellen in den Pflanzen sind in der Lage, mit Hilfe der katalytischen Wirkung des sehr komplizierten Moleküls Chlorophyll und Energiezufuhr in Form von Licht den im Kohlendioxidgas enthaltenen Kohlenstoff in höhere Verbindungen aufzubauen.
Schon vor den Pflanzen waren bereits gewisse Algen in der Lage, beträchtliche

Mengen von Kohlendioxid in der Erdatmosphäre abzubauen (siehe «Atmosphäre»). Neueste Untersuchungen über den Ursprung des Lebens haben ergeben, daß die Metallverbindungen, die in den häufigsten Lehmarten fein verteilt vorkommen, auf ihren Oberflächen sehr selektiv in der Lage sind, Aminosäuren aus der heutigen Biomasse von anderen eng verwandten Molekülen zu trennen. Ebenfalls haben sich Zusammenhänge zu den charakteristischen Metallatomen Magnesium und Eisen im Chlorophyll bzw. im Hämoglobin (roter Blutfarbstoff) nachweisen lassen. Noch steht nicht fest, wann genau (vor etwas mehr als 3 Mia Jahren) erstmals das Sonnenlicht als eine außerirdische Energiequelle für die Lebensvorgänge nutzbar gemacht wurde. Sicher ist jedoch, daß dies ein entscheidender Zeitpunkt in der Evolution des Planeten Erde war, da nur auf diese Weise höheres Leben auf eine regenerierbare Biomasse zurückgreifen konnte. Erst die Verwendung außerirdischer Materie durch die menschliche Zivilisation wird wieder einen vergleichbar fundamentalen Schritt in der Evolution darstellen, um damit einen ähnlichen Engpaß wie jenen kurze Zeit nach dem Beginn der chemischen Evolution zu überwinden.

Geschichtliches

4000—1000 v. Chr. Ägypter, Babylonier, Chinesen und Mayas beobachten und überliefern einige Daten von Sonnen- und Mondfinsternissen. Anfänge der Kalenderrechnung mit einem Jahr zu 365¼ Tagen.

6.Jh.v.Chr. Die Pythagoräer in Griechenland sprechen bereits von der Kugelgestalt der Erde.

459 v. Chr. Anaxagoras deutet das Mondlicht als reflektiertes Sonnenlicht.

400 v. Chr. Demokrit erkennt die Milchstraße als den vereinten Glanz immer fernerer Fixsterne, die das Auge nicht mehr einzeln unterscheiden kann.

335 v. Chr. Aristoteles beweist die Kugelgestalt der Erde anhand des stets kreisförmigen Schattens bei Mondfinsternissen.

270 v. Chr. Aristarch von Samos benützt das rechtwinklige Dreieck Erde-Mond-Sonne (Zeit des ersten Mondviertels) zur ersten Berechnung von Abstandsverhältnissen. Dabei setzt er bereits die Sonne ins Zentrum seiner Vorstellung des Planetensystems. Er erhält 1:19 für das Verhältnis Erde—Mond zu Erde—Sonne (statt etwa 1:400), Monddurchmesser: 0,36 Erddurchmesser (statt 0,27) und Sonnendurchmesser: 6¾ Erddurchmesser (statt 110).

220 v. Chr. Eratosthenes mißt den Erdumfang aus der Breitendifferenz von 7½ Grad zwischen Alexandria und Syene zu 39 690 km in heutigen Einheiten, also einen ziemlich genauen Wert.

150 v. Chr. Hipparch, ein weiterer griechischer Astronom, legt die Dauer des Mondumlaufes und des Jahres mit höherer Genauigkeit fest. Bei neuen Fixsternverzeichnissen, die er bereits auf die Ekliptik bezieht, entdeckt er beim Vergleich zu früheren Sternkarten die Wanderung des Himmelsnordpols, also die Präzession.

74 v. Chr. Posidonius, ein in Syrien geborener Denker, erklärt Ebbe und Flut durch den relativen Stand von Erde, Mond und Sonne.

45 v. Chr. Julianische Kalenderreform durch die Römer.

150 n. Chr. Ptolemäus entdeckt weitere Ungenauigkeiten im Lauf von Mond und Planeten, läßt sich aber dadurch irrtümlicherweise wieder im Glauben an das geozentrische statt das heliozentrische Weltbild bestärken. Sein Handbuch enthält außer den in Ansätzen damals bereits vorhandenen Erkenntnissen über ein Planetensystem mit der Sonne im Mittelpunkt wohl das gesamte astronomische Wissen der Antike. Dieses dient in der Folge als dogmatisch anerkannte Weisheit und blockiert als Standardwerk während 14 Jahrhunderten die Forschungen auf diesem Gebiet.

9. Jh. Die Araber bringen die Astronomie zu neuer Blüte, indem sie neue Meßinstrumente einführen und dank ihres Dezimalsystems die Winkelfunktionen für die Trigonometrie tabellieren können.

1492 Kolumbus entdeckt den amerikanischen Kontinent. Die Geschichte seiner insgesamt vier bis 1504 durchgeführten Expeditionen weist viele Parallelen mit den viel späteren Mondlandungen auf: Eine mutige Regierung beschließt die Finanzierung der Schiffe und Ausrüstung, die schon damals einen vergleichbaren Prozentsatz des nationalen Bruttosozialproduktes erforderte. Der nicht sofort eingetretene materielle Profit sowie Neid und Ignoranz unter den Zurückgebliebenen schufen Kolumbus viele Gegner.

1519 Der portugiesische Seefahrer Magellan und seine Mannschaft beginnen die erste Weltumsegelung mit drei Schiffen, die bis 1522 dauern sollte. Die Kugelgestalt der Erde ist damit endgültig bewiesen. Der persönliche Einsatz und die Belastung des einzelnen müssen zu jener Zeit ungleich viel größer gewesen sein als bei den außerirdischen Entdeckungsreisen der Gegenwart, da damals jede Kommunikationsmöglichkeit mit der Heimat fehlte und auch die Unterstützung durch Zehntausende bei Planung und Durchführung nicht möglich war.

Geschichtliches
Der Mond — als «Luna» in vielen Kulturen als weibliches Wesen verehrt — ist auch hier als Frau mit wallenden Haaren, einem mit Wasser gefüllten Horn und einer brennenden Fackel dargestellt. Holzschnitt aus dem Kalender von Pamphilius Gengenbach (1517?), Basel.

Geschichtliches
Christoph Kolumbus (Genua 1451 bis 20. 5. 1506 in Valladolid) segelt am 3. 8. 1492 unter der spanischen Flagge nach Westen, um auf diesem Weg Indien zu erreichen. Ohne es je selber zu erfahren, entdeckt er so Amerika.

Geschichtliches
Giordano Bruno, italienischer Philosoph und Dominikanermönch, büßt am 17. 2. 1600 in Rom auf dem Scheiterhaufen für die Verfechtung des kopernikanischen Weltsystems.

Geschichtliches
Johannes Hevelius (latinisiert aus Hoewelke) begründet mit seinem Hauptwerk «Selenographia», 1647, die Mondtopographie. Er lebt von 28.1.1611 bis 28.1.1687 in Danzig.

1543 Nikolaus Kopernikus, polnischer Theologe und Astronom, vollendet sein neues Werk über die qualitativ richtige Bewegung der Planeten um die Sonne, das er zum Teil auf Erkenntnissen von früheren Zweiflern am ptolemäischen Weltbild aufbaute. Die Veröffentlichung erfolgt jedoch erst nach seinem Tod im gleichen Jahr.

1588–1598 Tycho Brahe, ein dänischer Astronom, sammelt die bis anhin präzisesten Messungen der Planetenpositionen am Himmel und hinterläßt sie Kepler.

1582 Gregorianische Kalenderreform

1600 Giordano Bruno, ein italienischer Dominikanermönch, geht mit dem Abrükken vom geozentrischen Weltbild noch einen Schritt weiter als Kopernikus und bezeichnet das Sonnensystem nur als eine von unendlich vielen Welten. Er büßt für diese auch heute noch sehr moderne Vorstellung auf dem Scheiterhaufen in Rom.
In diesen Jahren entdecken Johann Napier und Jost Bürgi unabhängig voneinander die Logarithmen als Rechenhilfe.

1600–1609 Johannes Kepler findet, daß sich die Planetenbahnen durch die Ellipsen fast fehlerlos beschreiben lassen (1. Kepler-Gesetz). Galilei entdeckt die Fall- und Schwingungsgesetze und begründet damit die Kinematik.

1610 Galilei setzt als erster die neu erfundenen Teleskope für die erdgebundene astronomische Forschung ein und sieht sich wegen der dabei ermöglichten Ausweitung an überprüfbaren Erkenntnissen starkem Druck von seiten der Kirche ausgesetzt.

1619 Kepler ergänzt sein 2. Gesetz, den Flächensatz, durch das 3. über das Verhältnis zwischen Umlaufzeit und mittleren Abständen von der Sonne.

1647 Johannes Hevelius veröffentlicht mit seinem Werk «Selenographica» die erste größere auf Teleskopbeobachtungen begründete Mondkarte mit über 250 Kratern und Gebirgen.

1661 Erstes Spiegelteleskop von Gregory. Childry beschreibt das Zodiakallicht.

1670 Exakte Erdvermessung durch Picard in Paris.

1671 Cassini bestimmt die Abplattung der Erde aus Pendelmessungen an verschiedenen Orten.

1676 Olaf Römer bestimmt erstmals die Lichtgeschwindigkeit als eine endliche Größe. Aus der Verfinsterung der Jupitermonde zu Zeiten extrem verschiedener Erdabstände erhält er so 300 000 km/s.

1687 Isaac Newton entdeckt das Gravitationsgesetz als gemeinsame Ursache verschiedener irdischer und kosmischer Erscheinungen und begründet die zur Beweisführung notwendige Infinitesimalrechnung. Planetenlauf, Präzession, Fallgesetze usw. werden als kausale Folgen der Gravitation quantitativ erfaßbar.

1722 Graham bestimmt die Stärke des Erdmagnetfeldes.

1730 Pecenas entdeckt den trotz Weltraumbeobachtungen immer noch nicht in allen Einzelheiten erklärten Gegenschein.

1747 Bradley entdeckt die Nutation als Überlagerung zur Präzessionsbewegung.

1799 Brandes und Benzenberger triangulieren Meteoritenerscheinungen und bestimmen die Höhe des Verglühens in der oberen Erdatmosphäre.

1828 F. P. Gruithuisen vermutet den Ursprung der Mondkrater in Meteoriteneinschlägen eher als in Vulkankegeln.

1830 Begründung der exakten Mondtopografie durch Beer und Mädler.

1836 Erste Messungen der solaren Strahlungsintensität auf der Erde (Solarkonstante) durch Pouillet.

1841 Erste Fotografie des relativ lichtstarken Mondes auf Daguerreplatten durch John W. Draper.

1888 Friedrich Küstner entdeckt die Polbewegung der Erde.

1905 Albert Einstein begründet die spezielle Relativitätstheorie.

1909 E. W. Brown entwickelt die vor dem Einsatz von Computern genaueste Theorie der Mondbewegung.

1915 Allgemeine Relativitätstheorie von Albert Einstein.

1918 Inbetriebnahme des 2,5-m-Spiegelteleskops auf Mount Wilson.

1920 Bernard Lyot vermutet eine Staubschicht auf der Mondoberfläche.

1930 Die Amerikaner Edison Pettit und G. B. Nicholson bestimmen die ersten zuverlässigen Temperaturen der Mondoberfläche aus der thermischen Strahlung, nachdem auf diese Weise schon früher die richtige Differenz von rund 300 Grad zwischen Tag und Nacht gemessen worden war.

1944 Erste Radarerfassung von Meteoren. Deutsche V2-Fernraketen erreichen Höhen bis 190 km.

1946 Erstes Radarecho vom Mond durch das US Army Signal Corps.

1948 Inbetriebnahme des 5-m-Spiegelteleskops auf Mount Palomar.

1957 Am 4. Oktober wird der erste künstliche Erdsatellit Sputnik 1 gestartet.

1958 Der Satellit Explorer 1 entdeckt den Van Allenschen Strahlungsgürtel.
Die US-Weltraumbehörde NASA wird gegründet.
Erster Satellit zur Nachrichtenübermittlung: Score.

Geschichtliches
Frontispiz eines bedeutenden Werkes von Hevelius, des Buches über die Geräte, mit denen man damals Astronomie betrieb: Machinae Coelestis, 1673. In der Mitte des Bildes erkennt man die berühmten Astronomen Kopernikus und Tycho Brahe.

Geschichtliches
Mit einem Wostok-Raumschiff (die Aufnahme zeigt ein Modell) hat der erste Kosmonaut der Geschichte der Menschheit, Jurij Gagarin, am 12. April 1961 die Erde umflogen.

Geschichtliches
1957 schicken die Russen den ersten unbemannten Satelliten Sputnik 1 ins Weltall hinaus.

Geschichtliches
*Der sowjetische Kosmonaut Jurij Gagarin umkreist 1961 als erster Raumpilot die Erde. *9.3.1934 bis 27.3.1968, wo er bei einem Flugzeugabsturz in der Nähe Moskaus ums Leben kommt.*

1959 Die sowjetische Mondsonde Luna 2 stürzt als erstes von Menschenhand geschaffenes Objekt auf den Mond. Luna 3 liefert ein Übersichtsbild der Mondrückseite.

1961 Die ersten russischen und amerikanischen Astronauten fliegen in den Weltraum.

Am 25. Mai nennt US-Präsident John F. Kennedy als Ziel der Nation die Landung von Amerikanern auf dem Mond bis zum Ablauf des Jahrzehnts.

1962 Telstar überträgt die erste kommerzielle Fernsehsendung.

1963 Syncom 2 eröffnet die Ära der stationären Nachrichtensatelliten in 36 000 km über einem festen Punkt der Erde.

1964—1965 Die Mondsonden Ranger 7, 8 und 9 liefern erste Nahaufnahmen der Oberfläche während des ungebremsten Anfluges. Fernsehstationen werden live angeschlossen.

1966 Luna 9 und Surveyor 1 landen weich auf dem Mond und funken Panoramabilder von der Oberfläche zur Erde. Die Hypothese einer gefährlich tiefen Staubschicht wird damit entkräftet.

Lunar Orbiter 1 und 2 beginnen die Kartografierung der gesamten Mondoberfläche aus niederen Umlaufbahnen und daher mit früher unerreichter Qualität.

Die zehnte US-Mannschaft beschließt ein 1965 begonnenes Forschungsprogramm in Erdumlaufbahnen mit den zweisitzigen Gemini-Kapseln. Flüge von bis zu 14 Tagen ebnen den Raumfahrtsmedizinern den Weg für die bevorstehenden Mondflüge von vergleichbarer Dauer.

1967 Lunar Orbiter 3, 4 und 5 beschließen die Kartografierung des Mondes und wählen Mondlandeplätze für die bevorstehenden Landungen aus.

Surveyor 3, 5 und 6 landen in schwierigem Mondgelände und führen Grabungen und chemische Bodenanalysen durch.

1968 Surveyor 8 beendet die Phase der unbemannten Monderforschung durch die USA mit einer Landung im Mondhochland nahe dem Krater Tycho.

Die Apollo-8-Astronauten Bormann, Lovell und Anders umkreisen in den Weihnachtstagen zehnmal den Mond und testen ihr Raumschiff für die nachfolgenden Landungen. Dabei werden die Massekonzentrationen unter den Maregebieten entdeckt.

1969 Die Astronauten Neil Armstrong und Edwin Aldrin setzen am 20. Juli um 21 Uhr 18 mit ihrem Mondlandegerät «Eagle» ganz in der Nähe des geplanten Landeplatzes im Mare Tranquillitatis auf. In den frühen Morgenstunden des 21. Juli betreten sie als erste Menschen einen fremden Himmelskörper. Eine halbe Milliarde Menschen erlebt dieses Ereignis live am Bildschirm mit.

Im November folgt eine weitere Mannschaft mit Apollo 12. Eine reiche Auswahl sorgfältig dokumentierter Gesteinsproben wird zur Erde gebracht.

1970 Luna 16 landet am 20. September bei 0°41′ S und 56°18′ O und führt mit einer automatischen Aufstiegsstufe etwa 100 Gramm Mondproben zur Erde.

Mit Luna 17 wird im November 1970 das ferngesteuerte Mondmobil Lunokhod 1 bei 38°17′ N und 35°00′ W gelandet. Es fährt mit seinen sonnenzellengespeisten Elektromotoren bis Mitte Oktober 1971 in der Umgebung des Landeplatzes herum und funkt Bilder und Daten zur Erde.

1971 Die USA setzen ihre bemannten Mondlandungen im Februar und August mit Apollo 14 und Apollo 15 fort. Siehe «Mondlandungen».

1972 Im April und im Dezember fliegen die beiden letzten Apollo-Mannschaften zum Mond und unternehmen mit ihrem batteriebetriebenen Elektromobil kilometerlange Ausflüge. Ihr Aufenthalt auf dem Erdtrabanten wurde bis dahin auf drei volle Arbeitstage gesteigert.

Luna 20 landet am fast gleichen Punkt wie Luna 16 und bringt ebenfalls etwa 100 Gramm Mondproben zur Erde. Der Erderkundungssatellit ERTS-1 (später in Landsat 1 umbenannt) beginnt die von da an ununterbrochene Erforschung der Erde in verschiedenen Spektralbereichen, die seither für Landwirtschaft, Bergbau, Fischerei, Ölindustrie und Kartografie unentbehrlich geworden ist.

Die NASA erhält grünes Licht zur Entwicklung des Raumtransporters «Space Shuttle».

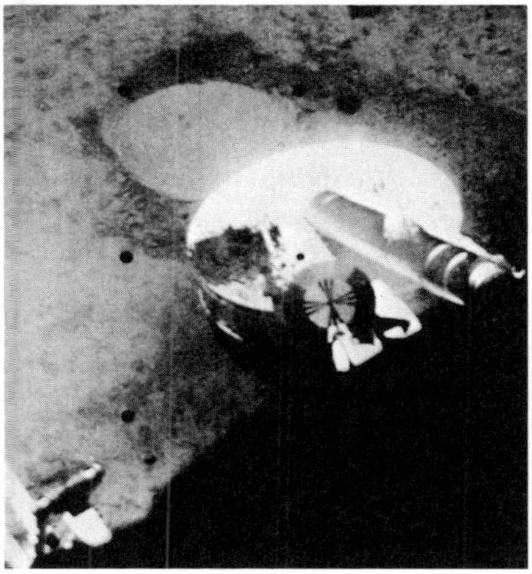

Geschichtliches
31 Monate nach der weichen Landung der automatischen Mondsonde Surveyor 3 im April 1967 gelang der Astronautenmannschaft von Apollo 12 eine Präzisionslandung in unmittelbarer Nähe dieses Punktes. Nach der Inspektion wurden Teile der Sonde zur Erde zurückgebracht. Man vergleiche in den unteren Bildern den Fußabdruck im Surveyor-TV-Bild (links) und die gleiche Stelle im Apollo-Foto rechts. Sogar das vom Greifarm auf den Landefuß geschaufelte Material liegt noch so unberührt dort wie am ersten Tag.

1973 Die USA starten die Raumstation Skylab, in der sich zwei Dreiermannschaften nacheinander während 28 bzw. 59 Tagen in 435 km hohen Kreisbahnen aufhalten. Die Erforschung von Erde und Sonne macht dank der über Wochen hinaus unter laborähnlichen Bedingungen durchgeführten Experimente und Beobachtungen den größten Sprung seit dem Beginn des Weltraumzeitalters.
Die Sowjetunion startet am 16. Januar mit Luna 21 ihr zweites und letztes Mondmobil Lunokhod 2.
1974 Die dritte und letzte Skylab-Mannschaft verbringt 84 Tage in einer Erdumlaufbahn. Seither wird es als möglich erachtet, daß Astronauten bei hinreichender körperlicher Ertüchtigung auch ohne künstliche Erzeugung von Schwerkraft den Anforderungen interplanetarer Reisen genügen.
1975 Gründung der europäischen Raumfahrtorganisation ESA.
Gemeinsame sowjetisch-amerikanische Mission Apollo-Sojus vom 15. bis 24. Juli. Test eines internationalen Kopplungsmechanismus für Raumschiffe.
Start der deutsch-amerikanischen Sonnensonde Helios 1, die bis 46 Mio km an die Sonne heran gelangt. Die Schwestersonde Helios 2 unterbot diesen Rekord mit einem Perihel in 43 Mio km. Diese völlig neue Perspektive ermöglicht weitere Fortschritte in der Sonnenforschung.
1976 Luna 24 landet am 18. August im Mare Crisium auf dem Mond. Das sowjetische Steuersystem für den Rückflug erfordert einen Landeort beim gleichen konstanten Längengrad wie bei den beiden vorangehenden Sonden Luna 16 und Luna 20. Ein 2 m langer Bohrkern wird zur Erde zurückgebracht. Er enthält in einigen Metern Tiefe Gestein, das vor Jahrhundertmillionen an der Oberfläche gelegen haben muß und das über die damalige Sonnenaktivität Auskunft gibt. Weiter wird in den Proben Auswurfmaterial aus dem Krater Giordano Bruno auf der nahen Mondrückseite vermutet.
1977 Die Sowjets starten am 10. Dezember die Sojus-26-Mannschaft, die in die zuvor lancierte Raumstation Salud 6 umsteigt. Dort verbringt das Duo bis am 16. März

Geschichtliches
Diese Bildsequenz symbolisiert die vier Stufen des amerikanischen Monderforschungsprogramms: Bild der ungebremsten TV-Sonde Ranger 8, Sekunden vor dem Aufschlag bei 24°37′ O, 2°6′ N aus 8,2 km Höhe. Surveyor 5 landete unbemannt bei 23°19′ O, 1°5′ N in der Umgebung des späteren Apollo-11-Landeplatzes. Lunar Orbiter kartografierte den ganzen Mond, indem er einen an Bord entwickelten Film über einen TV-Abtaster elektronisch zur Erde übermittelte. Hier ein Ausschnitt vom Meer der Stürme aus 95 km Höhe. Das letzte Bild stammt von der Vorbereitungsmission Apollo 10. Links Krater Moltke, rechts oben die kraterarme Landestelle von Apollo 11.

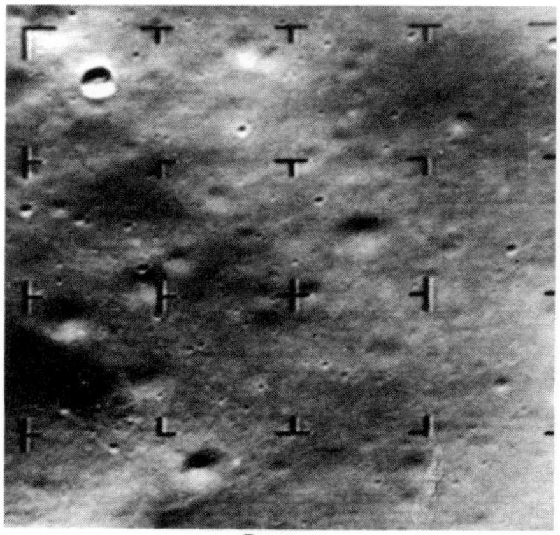
Ranger

Surveyor

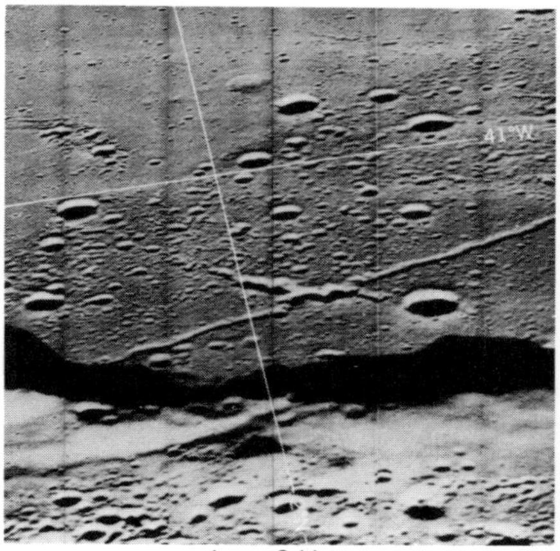

Lunar Orbiter

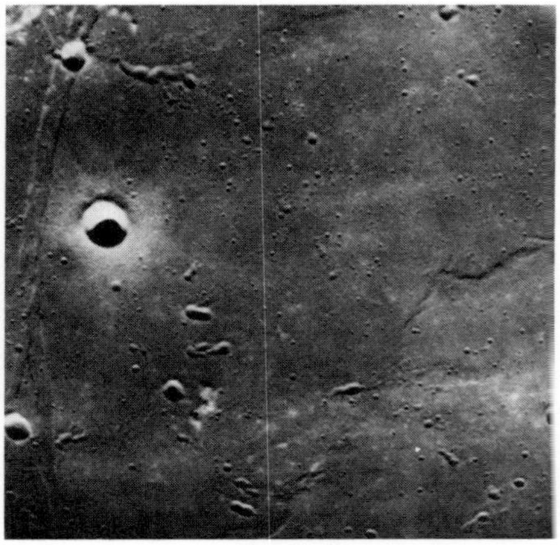
Apollo

Geschichtliches
Transport einer sowjetischen Startrakete auf dem Schienenweg zur Startrampe in Baikonur.

Geschichtliches
Ein Modell der sowjetischen automatischen Station Luna 16, die im September 1970 auf dem Mond landet und anschließend 100 Gramm Mondgestein zur Erde zurückbringt.

1978 insgesamt 96 Tage und bestätigt die amerikanischen Erfahrungen mit der Verträglichkeit längerer Aufenthalte unter Schwerelosigkeit, wenn auch die Gewöhnung an die irdischen Bedingungen nach der Rückkehr einige Anforderungen an den Organismus stellt.
Der US-Raumtransporter «Space Shuttle» vollendet im Herbst fünf horizontale Testflüge der Landephase nach Schleppflügen auf einer Boeing 747 bis in 7500 m Höhe.
1978 Die Kosmonauten Kowaljonok und Ivanchenko verbringen 140 Tage in der Raumstation Salud 6 (Mission Sojus 29).
1979 Liachov und Ryumin überbieten den Dauerrekord unter Schwerelosigkeit: Mission Sojus 32 dauert 175 Tage.
1980 Kosmonaut Ryumin übersteht nach nur acht Monaten Ruhepause erneut 185 Tage im All, begleitet von Popov (Sojus 35). Erster Einsatz einer verbesserten Zubringerkapsel vom Typ Sojus T.
1981 Vom 12. bis 14. April testet die NASA erfolgreich den ersten Raumtransporter. Das brutto 90 und netto 70 t schwere Raketenflugzeug wird von den Astronauten Young und Crippen aus dem All zu einer Pistenlandung in Kalifornien pilotiert. Die zweite von insgesamt vier Testmissionen dauert vom 12. bis 14. November. Eugle und Truly erreichten die meisten Testziele, obwohl der Flug wegen eines kleinen Defektes verkürzt werden mußte.

Gezeiten

Der Mond ist in erster Linie für Ebbe und Flut, ein seit Menschengedenken beobachtetes Gezeitenphänomen, verantwortlich. Zweimal täglich hebt und senkt sich der Wasserstand in den Meeren, und der Zusammenhang mit dem Kulminieren des Mondes am Himmel ist offensichtlich. Einem außerirdischen Betrachter würde auffallen (wenn er ein sehr scharfes Augenmaß hätte), daß die Meere der Erde auf der dem Mond zugekehrten, aber auch auf der von diesem abgewendeten Seite einen Wulst bilden. Die beiden Flutmaxima laufen wegen der täglichen Erddrehung ständig um den Planeten herum. Die unterschiedliche Verteilung und Tiefe der Gewässer hat jedoch einen starken Einfluß auf dieses einfache Grundkonzept, und die Details wie Gezeitenhöhe in Abhängigkeit der geografischen Breite weichen zum Teil beträchtlich von den Theorien ab. Trotzdem lassen sich

Industrialisierung des Mondes
Hier steht Charles Duke am 22. April 1972 bei Station 4, in der Nähe von «Stone Mountain». Links im Hintergrund sind gerade noch einige der weißen Strahlen als helle Streifen zu erkennen, die vom ebenfalls nahen «South Ray Crater» stammen. Bei dem im hinteren Bildteil sichtbaren Krater handelt es sich um «Palmetto» (vergleiche Karte auf Seite 119). Die Parabolantenne über Dukes Kopf ist zur Erde gerichtet. Der Gnomon im Vordergrund bestimmt unter anderem die Richtung der lokalen Vertikalen und besitzt eine Farbskala, die bei der farbechten Entwicklung der Bilder hilft. Zu beachten ist auch hier das deutliche Profil der Metallreifen.

die Gezeiten mindestens qualitativ recht befriedigend erklären.
Gemäß den Gesetzen der Himmelsmechanik halten sich Schwerkraft und Fliehkraft nur im Schwerpunkt die Waage. Erde und Mond sind jedoch ausgedehnte Körper, die nicht auf einen Punkt idealisiert werden können. Auf der Erdoberfläche bleiben daher mehr oder weniger große Kraftdifferenzen übrig. An den beobachteten Stellen für die maximale Flut erreichen diese tatsächlich ihr Maximum. Dieses fällt sogar noch etwas größer aus, wenn auch die Sonne auf der Linie Erde—Mond steht, um die die beiden Planeten ja gemeinsam kreisen; dies steht im Einklang mit den beobachteten sogenannten Springfluten.
Über den Zusammenhang zwischen den Gezeiten und den Erdbeben ist noch wenig bekannt, hingegen ist ein ähnlicher Effekt beim Mond bereits festgestellt worden. Die auf seiner Oberfläche aufgestellten Seismometer verzeichneten immer dann maximale Intensität, wenn der Abstand Erde—Mond ein Minimum erreicht hatte. Die Erschütterungen scheinen immer von einem engbegrenzten Gebiet auszugehen.
Die wichtigsten Auswirkungen der Gezeiten sind langfristiger Art: Wegen der Reibungskräfte, die im Innern und auf der Oberfläche (vor allem der Erde) ständig aktiv sind, geht Bewegungsenergie aus dem Erde-Mond-System verloren. Eine Folge davon ist die Verlangsamung der Erdrotation im Verlaufe von geologischen Zeiträumen (siehe «Rotation der Erde»). Gleichzeitig wirken jedoch winzige Kräfte auf eine Beschleunigung des Mondlaufes hin, so daß der Trabant auf eine höhere Bahn geschoben wird, auf der er paradoxerweise wieder langsamer dahinzieht. Auf diese Weise hat sich der Mond, seit er sich in einer Erdumlaufbahn befindet, von einer vermutlich sehr erdnahen Bahn bis in seine heutige Position hinausbewegt.
Im Gegensatz zu der quantitativ besser kontrollierbaren Bremsung der Erdrotation sind die Zeitabläufe beim Anwachsen des Mondabstandes viel weniger klar. Seitdem bei den bemannten Mondlandungen Laserreflektoren aufgestellt wurden, läßt sich der Abstand zu den Meßpunkten jeweils mit einer Genauigkeit von ± 1 Dezimeter bestimmen. Damit jedoch ein Trend herausgelesen werden kann, der dann mit einer der Theorien vergleichbar wird, müssen diese Experimente über sehr lange Zeit durchgeführt werden.

Hochländer auf dem Mond

Hochländer sind die Überreste der ersten Erstarrungskruste, die sich auf dem Mond gebildet hat. Leichtere Substanzen haben sich damals aus der flüssigen Phase getrennt und wurden an die Oberfläche geschwemmt. Dieser Vorgang dürfte etwa vor 4,4 Mia Jahren abgeschlossen gewesen sein.
Die Erstarrungsalter sind, von wenigen Ausnahmen abgesehen, auf etwa 4,3 bis 4,0 Mia Jahre bestimmt worden. Die Gesteine, die während der Apollo-16-Mission hoch oben im Gebiet des Kraters Descartes gesammelt wurden, konnten beispielsweise auf 3900 bis 4300 Mio Jahre datiert werden. Hochlandgesteine sind heller und älter als alle übrigen. Sie zeichnen sich durch das Überwiegen der Elemente Kalzium und Aluminium gegenüber Titan, Eisen und Magnesium aus, die in den ebenfalls häufigen Mare-Basalten vorkommen. Geologisch zählt man sie zu den Anorthositen. Diese Zusammensetzung muß bis in etwa 100 km gleich sein, denn auch das untersuchte Auswurfmaterial umliegender Krater, das teilweise aus beträchtlicher Tiefe stammen muß, unterscheidet sich kaum.
Die aus der Mondumlaufbahn durchgeführten Abtastungen der sekundären Röntgenemission der Oberfläche gestattete eine viel großräumigere Untersuchung des Bodens, als dies von einigen wenigen Landeplätzen aus möglich war. Auch sie zeigten die deutlichen Unterschiede zwischen Hochland- und Mare-Material. Der Mangel an Silizium und das häufige Vorkommen von Aluminium konnten bei diesen Messungen ebenfalls weitgehend nachgewiesen und bestätigt werden.

Industrialisierung des Mondes

Die Motivation, die hinter dem amerikanischen Apollo-Mondlandeprogramm stand, war weitgehend von wissenschaftlichem Interesse geprägt. Nach einer Phase der Enttäuschungen über den leblosen und vermeintlich nutzlosen Erdtrabanten erscheinen jedoch neue Perspektiven für seine Nutzung. Die Planung größerer Satellitenanwendungen, wie Sonnenkraftwerke, Fabriken und Antennenfarmen in Erdumlaufbahnen, ließ nämlich den Wunsch nach gravitationsmäßig leichter zugänglichen Rohstoffen als solchen von der Erdoberfläche aufkommen. Die über zwanzigmal geringere Startenergie für eine Masseneinheit vom Mond in den Weltraum im Vergleich zum Antransport von der Erde ist nur ein Argument zugunsten künftiger Bergwerke auf unserem nächsten Nachbarn. Ein weiterer Verbilligungsfaktor in der gleichen Größenordnung hängt damit zusammen, daß vom atmosphärenlosen Mond aus andere Abschußmethoden in Frage kommen als das von der Erde her bekannte Raketenprinzip. Elektromagnetische Beschleunigungsstrecken von der Art der Magnetschienenbahnen können unter Verwendung von elektrischer Primärenergie jeweils etwa die Hälfte der Startmasse als Nutzlast befördern, während das Verhältnis bei der ersten Generation des US-Raumtransporters bei etwa 1:65 liegt. Ein 1000-MW-Kraftwerk kann auf diese Weise Millionen von Tonnen Monderze zur Verarbeitung in die Librationspunkte oder in andere hohe Erdumlaufbahnen schießen.

Industrialisierung des Mondes
Im Vordergrund die mobile Fernsehkamera des Mondautos, im Hintergrund der ziemlich weit entfernte, immerhin 7 m hohe Mondlander Orion. Eine solche Farbkamera wurde bei Apollo 15, 16 und 17 mitgeführt. Sie ermöglichte die ständige Beobachtung der Aktivitäten der Astronauten während der Ausflüge und den Fernsehzuschauern, den Mond von verschiedenen Seiten her kennenzulernen (Apollo 16).

Mondgesteine enthalten im Durchschnitt 40 Gewichtsprozent Sauerstoff und weit über 10 Prozent Anteile an Silizium, Eisen und Aluminium. Titan kommt in Konzentrationen bis zu 11 Prozent vor, und auch Natrium ist ausreichend vorhanden. Die Ausgangsprodukte für die wichtigsten metallischen und glasartigen Werkstoffe sind also vorhanden. Ihre Gewinnung wurde aufgrund der analysierten Gesteinsproben vom Mond bereits in vielen Einzelheiten studiert.

Ein Nachteil des Mondes besteht darin, daß fast kein Wasserstoff, Kohlenstoff und Stickstoff — in welchen Verbindungen auch immer — vorhanden ist. Da jedoch in der ersten Phase der Mondindustrialisierung vorwiegend Maschinen und nicht sosehr Menschen auswandern werden, fällt es quantitativ noch nicht allzustark ins Gewicht, wenn etwa Wasserstoff zur Rekombination mit Mondsauerstoff oder fixe Mengen von Stickstoff für die Atmosphären von der Erde geliefert werden müssen. Sollte allerdings Eis unter den Polen oder Kohlendioxid im Mondinnern gefunden werden, dann würde dies die Industrialisierung des Mondes, die um die Jahrhundertwende beginnen dürfte, noch weiter beschleunigen.

Inneres der Erde

Die Grafik auf Seite 102 oben enthält die wichtigsten Informationen über das Erdinnere. Es ist eine Übersicht der verschiedensten Daten, die von den Forschern in den letzten Jahrzehnten zusammengetragen worden sind. Sie spiegeln den gewaltigen Arbeitseinsatz wider, stellen aber noch nicht überall der Weisheit letzten Schluß dar, denn viele Zahlen wurden mit sehr indirekten Methoden gemessen oder aus Modellrechnungen hergeleitet. Eines der wichtigsten Hilfsmittel ist die Seismik der Erdbeben. Die verschiedenen Schichten verraten sich dabei vor allem durch die für sie charakteristische Ausbreitungsgeschwindigkeit der longitudinalen Erdbebenwellen. So gliedert sich auch die Erdkruste nochmals in zwei Schichten. Die obere leitet die Wellen mit 5,6 bis 6,3 km/s, die untere mit 6,4 bis 7,4 km/s. Die Grenzschicht zwischen der unteren Schicht und dem Erdmantel ist zur Veranschaulichung eingezeichnet, und zwar im Schnittprofil bei 45 Grad nördlicher Breite rund um die Erde. Man beachte die größere Dicke unter Gebirgen und die geringere unter den Ozeanen. Der Erdmantel ist jedoch noch nicht flüssig, denn er leitet im Gegensatz zu Flüssigkeiten auch Transversalwellen. Über lange Zeiträume verhält er sich jedoch plastisch, denn auf ihm «schwimmen» ja die Kontinente. Longitudinalwellen pflanzen sich in ihm mit Geschwindigkeiten zwischen 8 km/s am oberen Rand und 13,5 km/s in knapp 3000 km Tiefe fort. Darunter liegt der flüssige Erdkern, in dem der entsprechende Wert völlig unstetig auf 8 km/s absinkt, um erst im Erdzentrum wieder auf 11 km/s anzusteigen.

Gemäß diesen Angaben (siehe die Temperatur- und Druckkurve) beträgt die Tempe-

Inneres der Erde
Die Informationen über das Erdinnere, die aus dieser Grafik ersichtlich sind, geben eine Übersicht über die verschiedensten Daten, die von den Forschern während der letzten Jahrzehnte zusammengetragen wurden.

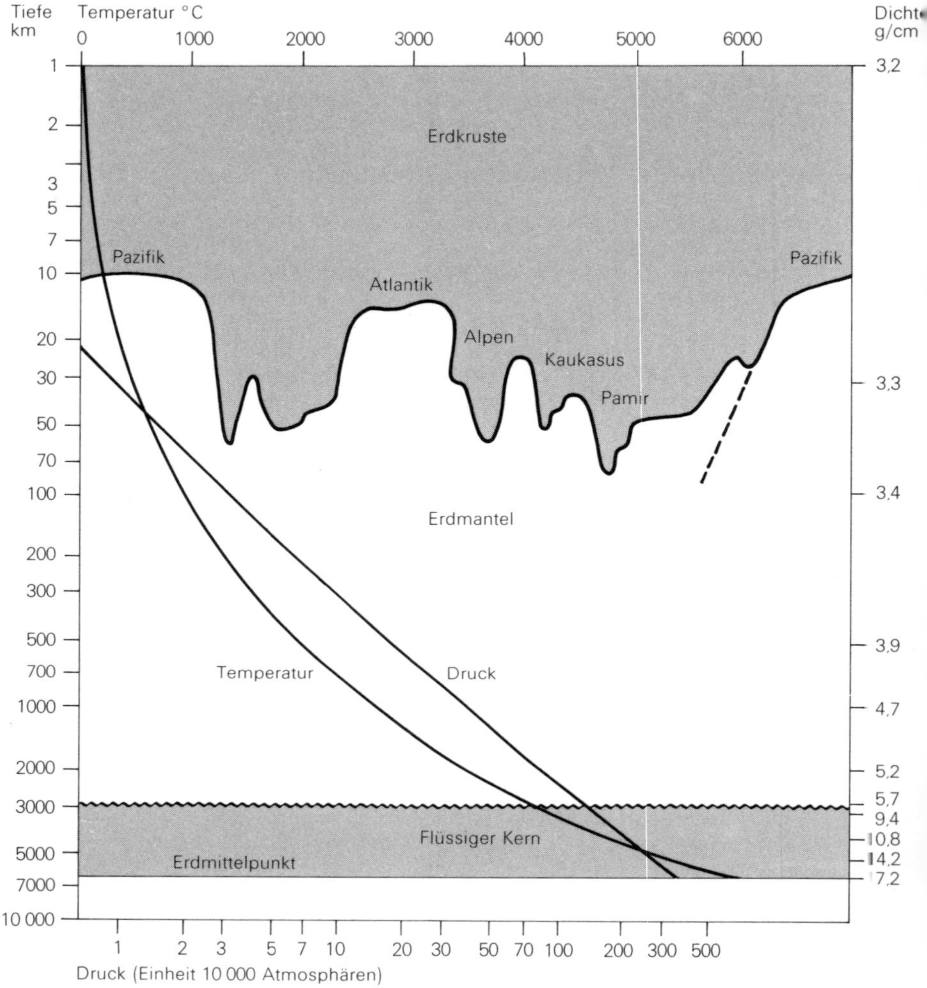

ratur im Erdinnern 6400 Grad und der Druck 3,7 Mio at. Die spezifische Dichte läßt sich, ausgehend von der Tiefe am linken Rand, auf der rechten Achse ablesen. Im Mittel beträgt sie 5,5 g/cm³.

Inneres des Mondes

Obwohl bis heute erst die obersten drei Meter des Mondes angebohrt worden sind, besitzt man bereits eine Reihe von Informationen über sein Inneres. Diese Informationen verdankt man den seismischen Untersuchungen, den Wärmeflußmessungen, den Bestimmungen der elektrischen Eigenschaften der Mondumgebung sowie in direkterer Weise dem Auswurfmaterial der vielen tiefen Krater.

Die Registrierung künstlicher und natürlicher Erschütterungen des Mondes durch ein fünf Stationen umfassendes seismisches Netz, das während den Apollo-Flügen aufgebaut worden war, ergab Laufgeschwindigkeiten von 4 bis 5 km/s in Tiefen von 20 bis 25 km, 6,5 km/s bis etwa 60 km tief (auf der Mondvorderseite) und 8 bis 9 km/s unterhalb 60 km. Die Dämpfung erwies sich als sehr gering; die größeren Beben ließen den ganzen Mond stundenlang schwingen. Man schloß daraus, daß die Lithosphäre, also die feste Gesteinsschicht, rund 1000 km dick ist, im Vergleich zu 70 bis 150 km auf der Erde. Diese unterteilt sich in die auf der Vorderseite um 60 und auf der Rückseite bis zu 100 km tiefe Kruste aus Anorthositgesteinen und einen mindestens 500 km dicken oberen Mantel aus Mineralien des Typs Olivin oder Olivin-Pyroxen. Vermutlich sind auch noch die immer eisenreicher werdenden oberen Teile des unteren Mantels (siehe Abbildung Seite 103 unten) der festen Phase zuzuordnen. Unklar ist nach wie vor, in welchem Zustand sich der innerste Kern befindet, da nie so starke Beben auftraten oder erzeugt werden konnten, daß die Wellen vor der erneuten Registrierung an der Oberfläche durch das Zentrum gelaufen waren. Diese Echos ließen auf eine sekundäre Schichtgrenze in der Kruste bei etwa 20 km Tiefe schließen, die möglicherweise als Zertrümmerungsgrenze der ständig von Meteoriten bombardierten Oberfläche gedeutet werden muß.

Der Wärmefluß wurde mit hochempfindlichen Thermometern gemessen, die von den Astronauten in bis zu 3 m tiefen Bohrlöchern plaziert wurden. Zur großen Überraschung dauerte es fast drei Jahre, bis sich die Temperaturen auf den Gleichgewichtszustand stabilisiert hatten, der vor den Bohrungen geherrscht haben muß. Daraus konnte auf eine sehr schlechte Wärmeleitfähigkeit des von Vakuumporen durchsetzten Mondbodens geschlossen werden. Der heute gültige Meßwert wird mit 2,5 bis 3 μW/cm² angegeben, im Vergleich zu 8,4 μW/cm² auf der Erde. Diese präzisen Werte der prinzipiell schwierigen Wärmeflußmessungen verdankt man dem über jede Planung hinaus dauernden Funktionieren der Alsepstationen, die von 1969—1977 arbeiteten.

Der Wärmefluß aus dem Mondinnern ist ein direktes Maß für die im Gestein erzeugte Wärme, die durch nukleare Zerfallsreaktionen entsteht. Der Wärmefluß zusammen mit einem Meßwert von 40 Teilen Uran pro Milliarde (Erde: 42) und Abschätzungen über die Wärmeleitfähigkeit in der Tiefe führte zu den Vermutungen über die Temperatur und den Schmelzzustand des Kerns. Während die Thermometer direkten Aufschluß über die obersten paar Meter geben, ist man für größere Tiefen auf indirekte Messungen angewiesen. Ab etwa 50 cm unter der Oberfläche macht der Boden die Temperaturschwankungen zwischen Tag und Nacht nicht mehr mit und bleibt ständig einige Grade unter Null. Nach unten beginnt es jedoch langsam wärmer zu werden. Der spezifische elektrische Widerstand der Gesteine mit einer einigermaßen bekannten Zusammensetzung ist in beträchtlichem Maße temperaturabhängig, so daß dessen Bestimmung eine weitere Methode darstellt, auf die Temperaturen im Mondinneren zu schließen.

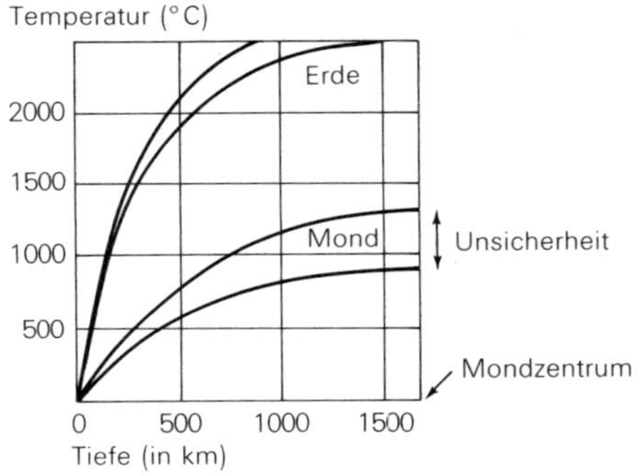

Inneres des Mondes
Der Temperaturanstieg im Mond ist nicht so schnell wie derjenige in der Erde, obwohl diese Grafik die höchsten Werte wiedergibt, die mit den Messungen noch vereinbar sind. Auf der Erde wird die Temperatur flüssiger Gesteine schon in geringer Tiefe erreicht, auf dem Mond, wenn überhaupt, erst im Zentrum.

Es ergaben sich Werte von 10 000 Ωm in 600 bis 700 km Tiefe, die bis ins Zentrum auf etwa 100 Ωm absinken. Der Mond ist damit ein vergleichsweise viel besserer Isolator als die Erde. Je nach Material kommt man damit auf Zentrumstemperaturen von 600 bis 1000° C, die mit den aus anderen Überlegungen gewonnenen Werten verträglich sind, aber wegen der Ungenauigkeit in einem kritischen Bereich keine sicheren Schlüsse über den Schmelzzustand im innersten Kern gestatten.

Das Radiowellen-Reflexionsexperiment bei Apollo 17 lieferte erstmals auch die Dielektrizitätskonstante der obersten Kilometer des Mondes: zwischen 3 und 6. Da die Konstante von Eis und Wasser bei 81 liegt, betrachtete man dies als sicheren Hinweis, daß sich nicht einmal unter der Oberfläche Eislager halten oder gar bilden könnten. Diese Aussage gilt jedoch nur für die mit den Apollo-Raumschiffen überflogenen Äquatorgebiete, so daß für die Pole immer noch eine geringe Hoffnung auf etwas Feuchtigkeit besteht.

Seit 300 Jahren machten die mit Teleskopen ausgerüsteten Astronomen immer wieder Meldungen über rötliche Punkte, Wolken, Nebel usw,. die kurzfristig aufgetreten sein sollen. Die Gegend um die Krater Ari-

Schema des Mondinneren
(stark vereinfacht)

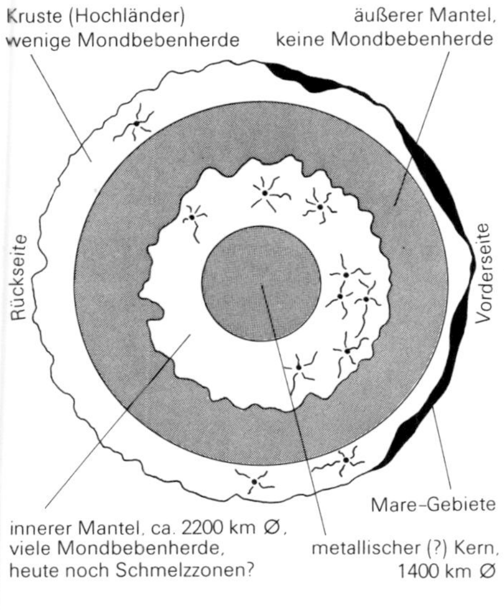

starchus und Alphonsus erschien dabei besonders verdächtig. Da schon seit je austretende Gase als Ursache dieser Erscheinungen vermutet wurden, die aber von meßbaren Erschütterungen begleitet sein müßten, überwachte man die genannten Gegenden während den Apollo-Flügen besonders eingehend (vor allem zur Zeit der Erdnähe des Mondes, wenn sich die Mondbeben erfahrungsgemäß häufen). Trotz einer großen Zahl von mitwirkenden Beobachtern auf der Erde und den sich rund tausendmal näher befindlichen Astronauten ergaben sich aber nie eindeutige Hinweise auf eine bis in die heutige Zeit aktive vulkanische Tätigkeit, sei sie auch von noch so bescheidenem Ausmaß. Die Frage der sogenannten «Transientenbeobachtungen» harrt also noch immer einer definitiven Klärung. Gelegentliche Gasausbrüche aus dem Innern können nach wie vor als möglich erachtet werden. Die Entdeckung von Gebieten mit Lava von besonders geringem Erstarrungsalter könnte künftigen Abklärungen eine neue Zielrichtung geben.

Jahreszeiten

Die Schiefe der Erdachse in bezug auf den Lauf der Erde um die Sonne bringt es mit sich, daß abwechslungsweise der Nordpol beschienen wird und der Südpol in der Finsternis liegt und dann nach einem halben Jahre der Südpol seinen Sommer und der Nordpol seine monatelange Nacht hat. Während die Sonne an einem Ort mit der geografischen Breite von 47 Grad im Frühling und im Herbst am Mittag maximal auf $90-47 = 43$ Grad über den Horizont steigt, muß am kürzesten Tag die obengenannte Schiefe von 23½ Grad subtrahiert und am längsten Tag addiert werden. Die Kulminationshöhe beträgt im Sommer also höchstens 66½ Grad, im Winter 19½ Grad. Im Sommer geht die Sonne im Nordosten auf und im Nordwesten unter, so daß der Tag beispielsweise in Mitteleuropa doppelt so lang werden kann wie die Nacht. Im Winter liegt der kürzere Bogen von Südost bis Südwest über dem Horizont, und es ist die Nacht, die entsprechende Zeit länger dauern wird.

Der astronomisch definierte Frühling beginnt im Zeitpunkt der Tagundnachtgleiche am 21. März. Da sich die Sonne dann in einem der Schnittpunkte zwischen Äquator- und Erdbahnebene befindet, läßt sich dieser Moment mit der für Laien so scheinbar sinnlosen Genauigkeit von Sekunden angeben. Der Frühling dauert bis zum 21. Juni, wenn der höchste Punkt über der Äquatorebene passiert wird. Der Sommer wie-

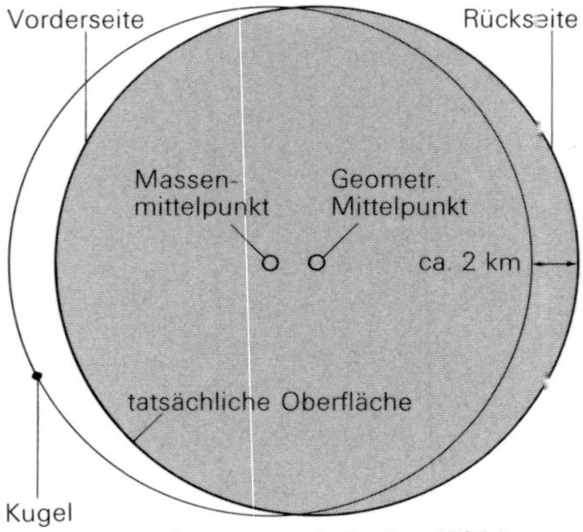

Kugel
um Massenmittelpunkt mit Radius 1737 km

derum ist definiert als der Zeitraum bis zur Tagundnachtgleiche um den 23. September, der Herbst von dort bis zum tiefsten Sonnenpunkt am 21. Dezember und der Winter von dort bis zum 21. März.

Da es sich bei der Erdbahn nicht um einen Kreis handelt, sondern um eine Ellipse, die nach dem 2. Keplerschen Gesetz in Sonnennähe schneller durchlaufen wird als in Sonnenferne, sind die einzelnen Jahreszeiten von unterschiedlicher Dauer. Das Datum, an dem der sonnennächste Bahnpunkt durchlaufen wird, ändert sich zwar im Laufe der Jahrtausende, wird aber noch für viele Jahre in der Nähe des 4. Januars liegen. Derzeit fällt also der Winter auf der Nordhalbkugel kürzer aus als etwa der Sommer, während dem das langsamere Bahnstück um die Sonne passiert wird.

Dauer der Jahreszeiten

Frühling	92 Tage 19 Std.
Sommer	93 Tage 15 Std.
Herbst	89 Tage 19 Std.
Winter	89 Tage 0 Std.

Kohlelager

Es ist eine Besonderheit der Erde, daß das entstehende Leben chemische Reaktionen auslöste, die ohne die Mitwirkung höherer Moleküle niemals entstehen könnten. Die Fotosynthese der Pflanzen reduzierte beträchtliche Mengen des auf der Erde wie auf anderen Planeten häufig vorkommenden Kohlendioxids in mehreren Stufen über die Kohlebildung bis zur ziemlich reinen Form des Kohlenstoffs. Vor allem der üppige Pflanzenwuchs zur Zeit des Karbons vor rund 300 Mio Jahren trug viel zu den heute vorhandenen Kohlelagerstätten bei. Die weltweiten Vorräte an Stein- und an Braunkohle werden auf 1000 bis 10 000 Mia Tonnen geschätzt. Diese Energiereserven stellen jedoch nur die Sonnenenergie dar,

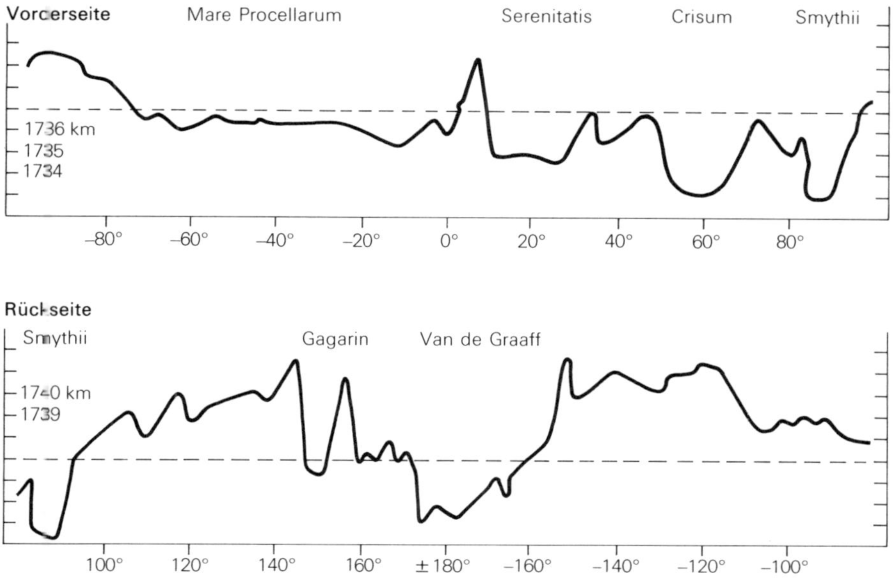

Inneres des Mondes
Das hier gezeigte Höheprofil wurde mit dem Laserhöhenmesser bei Apollo 15 aufgenommen. Es zeigen sich deutliche Unterschiede zwischen den tieferen Mondmeeren der Vorderseite und den Hochländern der Rückseite. Die angegebene mittlere Höhe entspricht einer Kugel um den Massenmittelpunkt mit 1737 km Radius (siehe Abbildung links). Apollo 15 folgte zwar einer 26 Grad zum Mondäquator geneigten Bahn, aber ähnliche Messungen bei den beiden letzten Flügen bestätigten die Feststellung, daß die Rückseite im Vergleich zur idealen Kugelgestalt durchschnittlich um 2 km höher aufragt.

die während einiger Wochen auf die Erde eingestrahlt wurde. Unter Berücksichtigung der Bildungszeit in der Größenordnung von 100 Mio Jahren muß man also auf eine äußerst langsame chemische Energiespeicherung in Form von Kohlelagern schließen. Dennoch stellen diese Lager eine unter den Planeten wahrscheinlich einmalige Evolution dar, über die man unter den Stichworten «Fotosynthese» und «Erdöl» noch weitere Einzelheiten findet.

Kometenabstürze

Allein aus statistischen Gründen ist zu erwarten, daß neben den steinigen und den metallischen Meteoriten gelegentlich auch aus leichtflüchtigen Substanzen bestehende Kometen abstürzen. Solche Kollisionen kennzeichnen sich durch hohe Auftreffgeschwindigkeiten, da die Kometen bereits den Fall aus den Weiten des Sonnensystems hinter sich haben. Die Zusammensetzung dieser fernen Boten führt zu einer weiteren Besonderheit: An den Absturzstellen sind nach kurzer Zeit kaum mehr Spuren zu finden. Die sandigen Beimengungen der gefrorenen Gas- und Eisklumpen verteilen sich in einem weiten Umkreis.
Es gibt Hinweise dafür, daß 1908 in Sibirien ein solches seltenes Ereignis stattgefunden hat. Es muß sich dabei allerdings um einen sehr kleinen Kometen gehandelt haben, da sich ein größerer vor dem Absturz einer optischen Beobachtung kaum hätte entziehen können.
Auf dem Mond glaubt man in den Strahlenkratern die Spuren von Kometenabstürzen gefunden zu haben. Die Analyse des «North Ray Craters» durch Apollo 16 förderte jedenfalls geringe Mengen der sonst fehlenden Verbindungen Wasser und Zyanwasserstoff zutage.

Kontinentalverschiebung

Es dürfte wohl nicht einfach zu klären sein, weshalb sich bis vor etwa 200 Mio Jahren alle Kontinente auf einen einzigen konzentrierten und erst dann, also in den letzten gut 4 Prozent der Erdgeschichte, plötzlich zu wandern begannen. Die heutigen Kontinente sind nur ein Teil der Erdkruste, die aus den Ozeanen ragt und auf dem Erdmantel schwimmt. Längs den Bruchstellen, die glücklicherweise zum größten Teil unter den Meeren liegen, treten beinahe alle beobachteten Erdbeben auf (siehe «Erdbeben»). Die Abbildung auf Seite 107 gibt einen Eindruck von der gegenwärtigen und künftigen Dynamik dieser kontinentalen Umstrukturierung.

Kosmische Strahlung

Unter kosmischer Strahlung versteht man die elektrisch geladenen Atome (Ionen), die mit beinahe Lichtgeschwindigkeit die Milchstraße durcheilen und ständig auch auf die Erde treffen. Ihre Energie ist so groß, daß sie auch die Magnetosphäre und die Atmosphäre der Erde praktisch ungehindert durchdringen können. Die schnellen Protonen und Elektronen sowie die geladenen Edelgas-Ionen, die von unserer eigenen Sonne stammen, treffen zwar dichter auf unseren Planeten, jedoch mit geringerer

Kontinentalverschiebung
Die Abbildung vermittelt einen Eindruck von den Verschiebungen während der letzten 200 Mio Jahre und bis in weiteren 50 Mio Jahren. Zuerst konzentrierte sich alles auf einen Kontinent, und erst allmählich begannen die einzelnen Kontinente auseinanderzustreben.

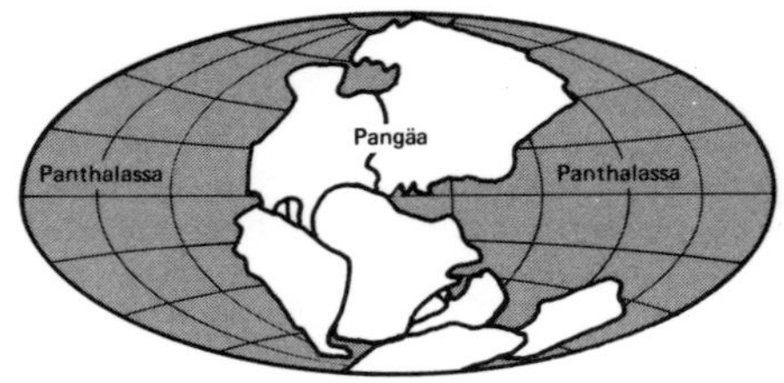

Vor 200 Mio Jahren

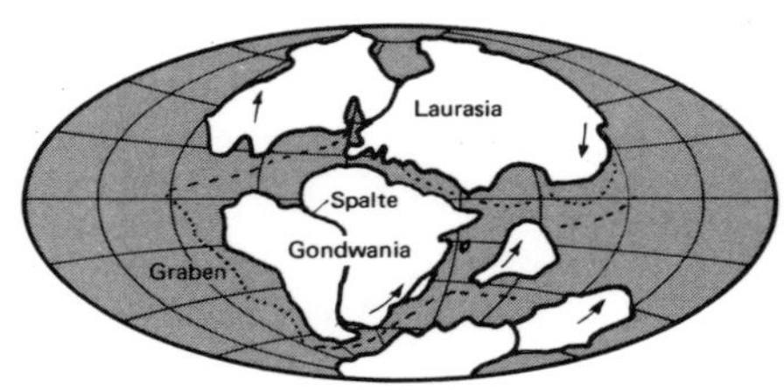

Vor 135 Mio Jahren

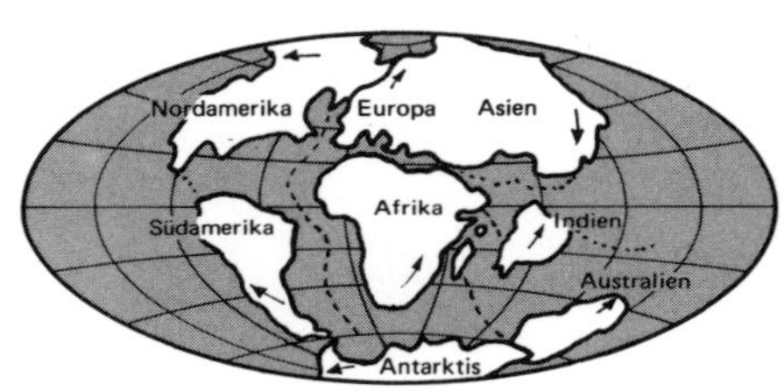

Vor 65 Mio Jahren

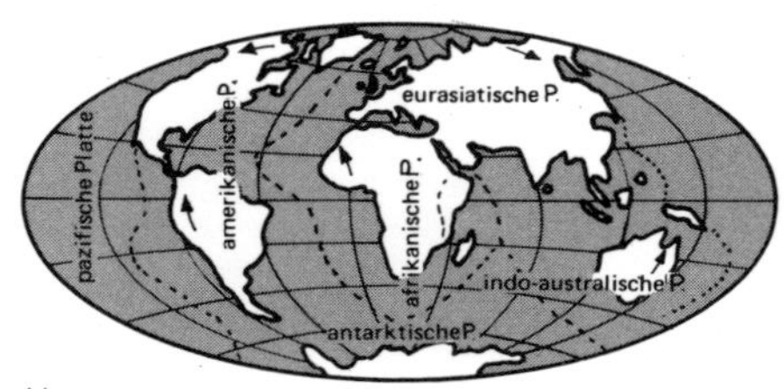

Heute

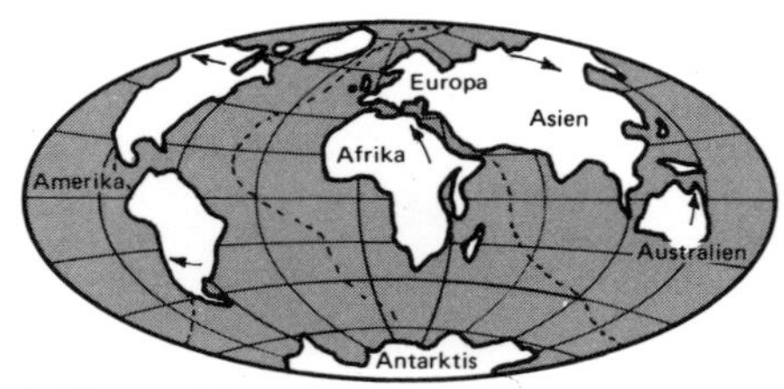

In 50 Mio Jahren

Energie pro Teilchen, so daß sie höchstens auf sehr indirekten Wegen und stark gebremst auf die Erdoberfläche gelangen. Der Ursprung der aus den Tiefen der Milchstraße stammenden sogenannten galaktischen kosmischen Strahlung wird dagegen in den Super-Novas, gewaltigen Sternexplosionen, angenommen. Nur bei solchen Vorgängen können Teilchen auf die beobachteten Energien beschleunigt werden. Die derzeitige Intensität der kosmischen Strahlung erzeugt in den Lebewesen Mutationen, deren Häufigkeit jedoch nicht so stark ist, daß sie die Evolution hemmt. Eine gelegentliche zufällige Veränderung der für die Vererbung wichtigen Moleküle ist ja notwendig, wenn sich die Arten wegen der anschließenden Selektion weiterentwickeln sollen. Zu hohe Dosen kosmischer Strahlung, wie sie in geologischen Zeiträumen mehrmals aufgetreten sein mögen, wenn Sternexplosionen in der Nähe unseres Sonnensystems stattgefunden haben, wurden für das plötzliche Verschwinden gewisser Tierarten verantwortlich gemacht.

Lebensentstehung

Über dieses Thema sind Anfang der siebziger Jahre Werke geschrieben worden, die man bereits als Klassiker einer neuen Weltanschauung bezeichnen könnte. Die Erkenntnisse des französischen Nobelpreisträgers Jacques Monod sind in «Zufall und Notwendigkeit» einer weiteren Öffentlichkeit zugänglich gemacht worden, und das in einen größeren Zusammenhang gestellte und noch weiter popularisierte Werk «Am Anfang war der Wasserstoff» stammt von Hoimar von Ditfurth. Beide Werke enthalten in kühner Voraussicht das theoretische Gerüst, an dem sich die konkreten Forschungsresultate der letzten Jahre oft schneller als erwartet weiterentwickelt haben. Wesentliche Impulse dazu gingen auch von der intensiv vorangetriebenen Planung und Durchführung der biologischen Experimente der Viking-Raumsonden auf Mars aus, die alle am Metabolismus irdischer Organismen getestet wurden. Nach der Entdeckung von Mikroben, Algen und Pilzen in den schneefreien, aber bisher steril geglaubten Tälern der Antarktis mußte die Limite der Anpassungsfähigkeit für irdisches Leben erneut hinausgeschoben werden wie damals, als in 80° C heißen Quellen gedeihende Organismen gefunden wurden. Jene Lebewesen in den eiskalten und trockenen Gebieten der Antarktis haben sich in Spalten und Hohlräume von lichtdurchlässigen Felsen zurückgezogen, wo sie ihre Energie aus der Fotosynthese beziehen und sich gleichzeitig vor Austrocknung und Kälte schützen. Unter günstigen Bedingungen können sich auf diese Weise mehrere Millimeter dicke Schichten von belebter Materie bilden.

Das genannte Beispiel läßt natürlich die Frage völlig offen, wie Leben entstanden

ist; es zeigt höchstens, wie widerstandsfähig es ist, wenn sich das Klima über Jahrmillionen stetig von einem günstigen zu einem sehr ungünstigen entwickelt. Es kann an dieser Stelle wohl nicht einmal versucht werden, einen Abriß des vielschichtigen Themas der Ursprünge belebter Materie einzufügen; dazu mögen die oben genannten Werke und neuere Arbeiten auf diesem Gebiet dienen. Ein einziges Beispiel soll wenigstens illustrieren, wie in schöner Weise die noch nicht in allen Teilen vollständige Theorie Monods zugleich Bestätigung und Ergänzung erfahren hat, während gleichzeitig immer noch mit naturphilosophisch verbrämten Wortfechtereien versucht wird, das Rad der Zeit und eine wissenschaftliche Klärung der so faszinierenden Lebensentstehung aufzuhalten:
Seit einigen Jahrzehnten wurde ein fundamentales Experiment unzählige Male wiederholt: Aus einer Uratmosphäre mit der ungefähren Zusammensetzung vulkanischer Gase konnten mit Hilfe von Energiezufuhr in Form von elektrischen Entladungen, die in der Natur als Blitze vorkommen, die wichtigsten Grundmoleküle des Lebens spontan erzeugt werden. Ein Rätsel blieb jedoch: Wie konnten sich die komplizierten und raffiniert aufgebauten Proteine aus ihren kleineren Einheiten, den Aminosäuren, in der Anfangszeit jemals bilden? Diese Frage mußte früher noch weitgehend offengelassen werden, wenn auch richtigerweise schon die Mitwirkung von reaktionsbegünstigenden Katalysatoren vermutet wurde.

Heute sorgen Enzyme für einen gegenüber der unbelebten Chemie fast unvorstellbar beschleunigten Ablauf von Reaktionen; wie konnte aber diese Entwicklung eingeleitet werden? Dieses fehlende Glied in der Kette der Erkenntnis wurde denn auch zum Ansatzpunkt der Kritik an den Evolutionstheorien, solange nicht eine wiederholbare Reaktion zwischen Molekülen vorgeschlagen werden konnte. Für die Lösung von genau diesem Problem scheint sich nun eine erstaunlich einfache Theorie anzubieten:
Auf der Suche nach anorganischen Verbindungen an den Meeresstränden, die für die Konzentration und die Kombination von Aminosäuren und Nukleotiden verantwortlich sein könnten — sie kommen in den Meeren in geringen Mengen vor —, stieß man bald einmal auf metallische Lehmsorten. Ihre feine Verteilung sorgt automatisch für eine enorme Vergrößerung der katalytisch wirkenden Oberflächen. In der Tat konnte festgestellt werden, daß auf diese Weise ausgerechnet jene Aminosäuren bevorzugt behandelt werden, die in der lebenden Materie auch vorkommen, während zum Teil engverwandte Moleküle sehr wirksam ausgeschieden werden.
Ermutigt durch diese Resultate, suchte man weiter nach Substanzen, die auch noch in der Lage sein könnten, die Entstehung der noch komplizierteren Nukleinsäuren zu erklären; denn in diesen Säuren ist die Erbinformation für das Wachstum des gesamten Organismus gespeichert. Eine der untersuchten metallreichen Lehmsorten, die besonders viel Zink enthielt, konnte nun zur großen Überraschung genau die sechs Grundmoleküle an sich binden, aus denen sich die Nukleinsäuren DNS und RNS zusammensetzen, nicht aber die große Anzahl anderer Moleküle in der gleichen Lösung! Besonders erstaunlich war darüber hinaus die Tatsache, daß dabei mit besonderer Wirksamkeit ein spezielles Adenosin-Monophosphat (AMP) konzentriert wurde. Diese Verbindung ist zugleich der häufigste Bestandteil aller Nukleinsäuren und offenbar der Vorläufer des ähnlichen ATP, des in jeder Zelle enthaltenen «Energiemoleküls» Adenosin-Triphosphat.
Diese Experimente wurden inzwischen soweit verfeinert, daß bereits die in Wirklichkeit tatsächlich auftretende Begünstigung von Nukleotiden auf natürliche Weise nachvollzogen werden kann, in deren Molekül sich lediglich die Lage des Zuckerringes unterscheidet, an dem die Phosphatgruppe angesetzt ist. Ein Forschungsteam um Dr. James Lawless und Dr. Edward Edelson vom NASA-Forschungszentrum Ames in Kalifornien sucht jetzt weiter nach ähnlichen

Lebensentstehung
Die vier Elemente Wasser, Erde, Luft und Feuer und wie sich die Araber ihre Verteilung vorgestellt hatten: In der Mitte die Kugel aus dem Element Erde, auf der Erdoberfläche das weniger schwere Wasser. Die Luft, die die Erde umgibt, reicht bis hinauf zur Mondsphäre, an der sie sich reibt und dadurch Feuer erzeugt. (Aus: Al-Biruni, the Book of Instruction in the Elements of the Art of Astrology.)

Librationspunkte

(1) Erreicht ein Raumschiff mit der richtigen Geschwindigkeit die Punkte L_4 und L_5, so wird es dort bleiben; diese stabilen Librationspunkte drehen sich nämlich mit der Linie Erde—Mond mit und bleiben bezüglich dieser Symmetrielinie gleich.

(2) Durch eine größere Störung kann das Raumschiff zwischen dem 4. und 5. Librationspunkt hin- und herpendeln. Ein Absturz auf Erde oder Mond ist jedoch unmöglich.

Reaktionen, die auch die Formierung einfacher Polynukleotide erklären könnte, nachdem schon die Anreicherung der Einzelteile auf so direkte Weise begründet werden konnte.

Das hier geschilderte Beispiel ist sicher ein ermutigender Anfang auf der Suche nach einem allgemeinen Verständnis irdischer und bald vielleicht auch außerirdischer Lebensvorgänge. Schon lange war aufgefallen, daß das Aktivitätszentrum wichtiger Moleküle wie des pflanzlichen Chlorophylls oder des Hämoglobins des Blutes ebenfalls durch Metallatome, in diesem Fall Magnesium und Eisen, gebildet wird. Die katalytische Wirkung selbst einfacher Metallverbindungen könnte sich also durchaus als Schlüssel zur Enträtselung des Lebens erweisen.

Der Vollständigkeit halber muß hier mindestens erwähnt werden, daß die eingehende biologische Untersuchung des Mondmaterials keinerlei Hinweise auf eine einstige, selbst in Ansätzen vorhandene Evolution ergeben hat. Abgesehen von der Begünstigung des Wachstums einiger Pflanzensorten, vor allem Farnen nach Düngung mit Mondstaub, die auf eine optimale Verteilung von Spurenelementen zurückgeführt wird, verhielt sich jede Mondprobe biologisch neutral. Aus diesem Grunde wurde die sicherheitshalber verfügte Quarantäne zurückgekehrter Astronauten nach der dritten Landemission aufgehoben. Die Bedingungen auf dem Mond wären aber an sich nicht überaus lebensfeindlich, wie die fast drei Jahre überlebenden Bakterien gezeigt haben, die von einer absichtlich infizierten früheren Mondsonde, Surveyor 3, wieder zur Erde zurückgebracht wurden.

Libration des Mondes

Der Mond kehrt der Erde immer die gleiche Seite zu, da er mit hoher Genauigkeit eine gekoppelte Rotation um seine Achse vollendet, während er in der gleichen Zeit einmal um die Erde kreist. Die Bewegung des Mondes in seiner elliptischen Bahn ist aber nach dem 2. Keplerschen Gesetz ungleichmäßig; die Rotation macht diese periodischen Schwankungen des Laufes nicht mit. Auf diese Weise bekommen wir unseren Trabanten im schnellsten, erdnahen Bahnstück mehr von der rechten und im langsameren, äußeren mehr von der linken Seite zu sehen. Diesen Effekt nennt man die «Libration in der Länge», da wir seinetwegen mehr als 180 Längengrade zu sehen bekommen. Eine ähnliche «Libration der Breite» kommt dadurch zustande, daß die Rotationsachse des Mondes weder auf dessen Bahn um die Erde noch auf der

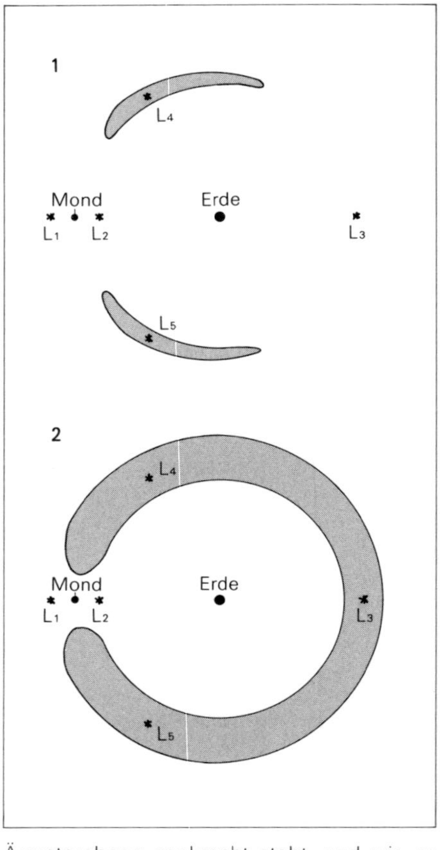

Äquatorebene senkrecht steht, und wir im Laufe eines Monats abwechslungsweise ein bißchen über den Nordpol oder den Südpol des Begleiters hinausblicken können. Berücksichtigt man dazu noch die je nach Beobachtungsort auf der Erde verschiedenen Blickwinkel, so können wir über einen längeren Zeitraum insgesamt 59 Prozent der Mondoberfläche einsehen.

Librationspunkte

Diese fünf vom Mathematiker und Astronomen Lagrange (1736—1813) als eine Art Gleichgewichtspunkte im vereinfachten astronomischen Dreikörperproblem erkannten Örter haben nichts mit der Libration des Mondes zu tun. Drei von ihnen liegen auf der Verbindungslinie der beiden schwereren Körper, die beiden anderen bilden mit letzteren zusammen je ein gleichseitiges Dreieck (siehe Abbildung oben). Im hier betrachteten Fall ist die Erde der schwerere, der Mond der leichtere Körper, während der dritte als unendlich leicht angenommen wird, so daß er zwar vom Schwerefeld der anderen beeinflußt wird, ohne jedoch selber den Lauf der beiden Hauptkörper zu stören. Eine solche Situation ist mit guter

Annäherung gegeben, wenn sich ein Raumschiff zwischen Erde und Mond bewegt. Diese Modellvorstellungen sind nicht ganz realistisch, denn die beiden Hauptkörper laufen leicht elliptisch um ihren gemeinsamen Schwerpunkt und nicht kreisförmig, wie es die exakte Theorie fordert. Die Sonne, als vierter Körper, stört die Idealisierung noch weiter. Dennoch ermöglicht die mathematische Behandlung des vereinfachten Falles Aussagen, wie z. B. ein dritter Körper um Erde und Mond kreisen könnte und wie nicht.

Die Librationspunkte erwiesen sich dabei als wichtige Grenzfälle. Lediglich der vierte und fünfte Punkt, also die Dreieckspunkte, sind im mathematischen Sinne stabil, so daß ein Raumschiff an jener Stelle verbleibt, wenn es einmal mit der richtigen Geschwindigkeit dort angelangt ist. In Wirklichkeit drehen sich die stabilen Librationspunkte mitsamt der Linie Erde—Mond mit, aber sie nehmen in bezug auf diese Symmetrielinie immer die gleiche Lage ein. In der beigefügten Abbildung (links oben) ist neben diesen beiden Punkten auch noch dargestellt, in welchen Bereichen sich ein Raumschiff aufhalten kann, wenn eine kleine Störung um das Gleichgewicht eingetreten ist (1). Darunter (2) wurde eine größere Störung gewählt, die es dem dritten Körper ermöglicht, zwischen dem 4. und 5. Librationspunkt hin- und herzupendeln. Ein Absturz auf Erde oder Mond wäre jedoch nach wie vor nicht möglich.

Andere Begrenzungskurven, inner- oder außerhalb derer der dritte Körper entweder immer um den einen oder den anderen Hauptkörper, in wechselndem Reigen um beide oder dann ständig weit außerhalb von beiden läuft, sind ebenfalls möglich, aber hier nicht dargestellt. Die ersten drei Librationspunkte haben dabei die Bedeutung von kritischen Ecken, die die einzelnen Fälle voneinander trennen. Sie sind jedoch für sich allein keine stabilen Gleichgewichtspunkte mehr, da sich ein Mobil bei der kleinsten Störung bereits wieder weit entfernen kann.

Man hielt es lange Zeit für möglich, daß sich in den stabilen Librationspunkten des Erde-Mond-Systems kleine Materiereste aus der Bildungszeit des Sonnensystems aufhalten würden. Diese Vermutung jedoch konnte weder von der Erde noch von den zum Mond fliegenden Raumschiffen aus durch Aufnahmen gestützt werden. Dennoch bekamen diese Dreieckspunkte in jüngster Zeit eine große Bedeutung: Es sind die Orte im erdnahen Raum, an denen sich am vorteilhaftesten Großstrukturen aus Mondmaterial für die kommende Weltraumindustrialisierung würden errichten lassen. Vom Mond wegkatapultierte Rohstoffe lassen sich dort mit minimalem Bremsaufwand auf stabile Bahnen lenken, von denen aus später auch wieder niedrigere Erdumlaufbahnen angeflogen werden können.

Magnetfeld der Erde

Die Erde besitzt ein kräftiges Magnetfeld, das sie von den übrigen inneren Planeten unterscheidet. In größerer Entfernung führt

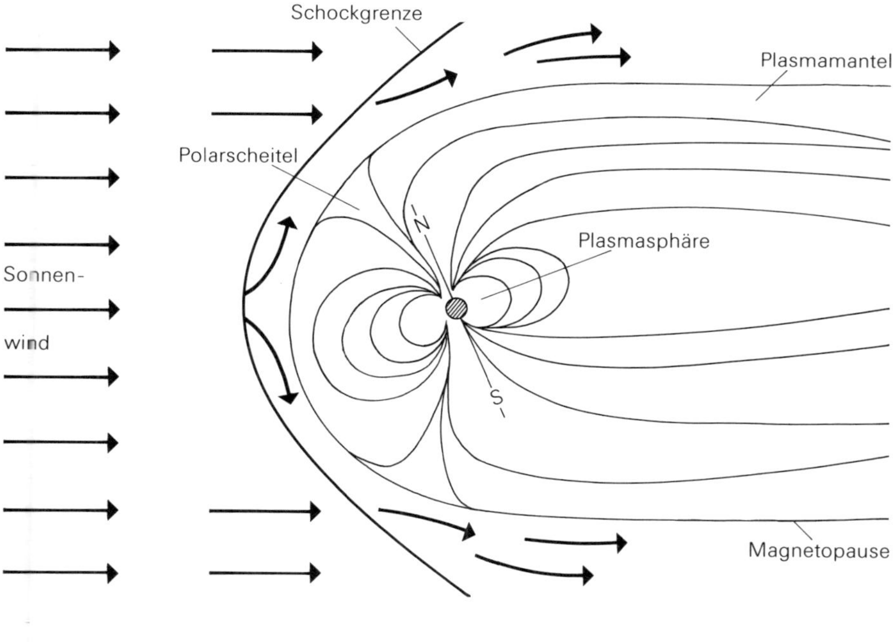

Magnetfeld der Erde
Das kräftige Magnetfeld der Erde führt im interplanetaren Raum zu komplizierten Wechselwirkungen mit dem Sonnenwind. Das Magnetfeld schützt die Erde vor gefährlicher Partikelbestrahlung, die die Sonnenaktivität erzeugen kann.

dies zu einer komplizierten Wechselwirkung mit dem Sonnenwind, der das interplanetare Feld mit sich führt. Dies führt je nach Sonnenaktivität auch zu beträchtlichen zeitlichen Schwankungen, so daß die Abbildung auf der vorangehenden Seite höchstens etwa die mittlere Ausdehnung wiedergibt. Dennoch schützt uns dieses Feld vor einem Großteil der Partikelstrahlung, die abgelenkt wird und sich im Van Allenschen Strahlungsgürtel sammelt (siehe «Van-Allen-Strahlungsgürtel»).

Stärke und Ausdehnung des Erdfeldes wurden von unzähligen, insbesondere auch europäischen Satelliten genau vermessen. Einen Gegenstand für Kontroversen bildet aber nach wie vor seine Entstehung, die im äußeren, stark leitenden Erdkern vermutet wird. Rätselhaft ist vorläufig auch noch die aus der Gesteinsmagnetisierung bekannte Tatsache, daß sich das Erdmagnetfeld alle paar hunderttausend Jahre umpolt.

Magnetfeld des Mondes

Zur großen Überraschung stellte man auf dem Mond eine relativ starke permanente Magnetisierung in alten Gesteinen fest. Dies deutet auf ein Feld mit der Stärke 1000 Gamma hin (Erde 30 000), das bei der Erstarrung vor 3 Mia Jahren geherrscht haben und mit der Abkühlung der Kruste «eingefroren» sein muß. Heute beobachtet man sehr starke lokale Schwankungen, die jeden Kompaß unbrauchbar machen würden: Innerhalb eines Kilometers wurden Werte zwischen 6 und 300 Gamma gemessen. Bemerkenswert ist, daß die relativen Maxima nie in der Nähe von Massekonzentrationen und auch nicht in den typischen Mare-Gebieten gemessen wurden.

Maregebiete

Die dem Auge dunkel erscheinenden Gebiete des Mondes werden Mare genannt, seit einige der früheren teleskopischen Beobachter hier Meere vermuteten. Dank der Mond-Missionen wissen wir, daß es sich um erstarrte Lavaflüsse handelt, die sich im Durchschnitt etwa eine Milliarde Jahre nach der Bildung der ersten Kruste bei einer erneuten teilweisen Aufschmelzung des Mondinneren über die Oberfläche ergossen haben. Im Meer der Ruhe (Mare Tranquillitatis), das mit Apollo 11 angeflogen wurde, fanden nacheinander drei deutlich getrennte Überflutungen statt: vor 3900, 3700 und 3500 Mio Jahren. Die Erstarrungsalter der Mare, die sich fast alle auf die Mondvorderseite konzentrieren, liegen zwischen 3800 und 3100 Mio Jahren.

Die analysierten Gesteine aus diesen Gebieten weisen eine gewisse Ähnlichkeit mit irdischen Basalten auf, deshalb spricht man auch von Mare-Basalten. Einige von ihnen zeigten deutliche Hohlräume in Form von Blasen, die jedoch alle leer sind. Die wohl längst entwichenen Gase setzten sich vermutlich aus Kohlendioxid, Schwefeldioxid und Chlorwasserstoff zusammen. Die Mare-Basalte weisen im Durchschnitt einen wesentlich höheren Gehalt an Titan, Eisen und Magnesium gegenüber Kalzium und Aluminium auf als die Hochland-Anorthosite. Bei Aluminium liegt der Prozentsatz z. B. um das Doppelte bis Dreifache höher.

Massenkonzentrationen

Ein Körper im hydrostatischen Gleichgewicht müßte ein gleichmäßigeres Gravitationsfeld besitzen als der Mond. Selbst die leicht von der Kugel abweichende Form des Mondes kann die Abweichungen nicht erklären. Es müssen also starke Inhomogenitäten in der Dichte vorhanden sein, die man als eingelagerte schwere Brocken deutet. Solche konnten sich natürlich nur in einem bereits teilweise erkalteten Körper halten, da sie sonst eingesunken und «verdaut» worden wären.

Seit dem Mathematiker Laplace (1749–1827) ist bekannt, daß das Gravitationspotential jedes Himmelskörpers nach sogenannten Kugelfunktionen entwickelt werden kann. Bei der Erde werden die Glieder dieser Reihe rasch kleiner, weil das erste, bedeutendste, die ellipsoidische Abweichung von der Kugelgestalt bereits sehr gut wiedergibt und wegen der inneren Aufschmelzung nur noch kleinere Störungen dieser Idealgestalt auftreten. Anders beim Mond, der zwar in erster Näherung einer Kugel bedeutend ähnlicher ist, dessen Unregelmäßigkeiten im Inneren sich aber durch eine schlecht konvergierende Reihe verraten. Diese Feststellung machte man bei der Auswertung des reichen Datenmaterials, das bei der Bahnvermessung der fünf Lunar-Orbiter-Sonden bis 1967 angefallen war.

Das direkteste Maß jedoch, unter dem man sich etwas vorstellen kann, ist die Schwerebeschleunigung und deren Variation an verschiedenen Mondorten. Diese zeigt an ganz bestimmten Punkten positive Anomalien in der Größenordnung von 0,2 bis 0,1 cm/s^2, bei einem Mittelwert von 162,7 cm/s^2 (Erde 980,7 cm/s^2). Sie befanden sich alle unter den Mare-Gebieten, und zwar in der Reihenfolge abnehmender Stärke das Mare Serenitatis, das Mare Imbrium, das Mare Crisium und das Mare Nectaris. Für die bemannten Mondflüge wurde eine präzise Kenntnis des Gravitationsfeldes von solcher Bedeutung, daß man schon bei der ersten

Maregebiete
Diese Mondkarte stammt aus der berühmten «Selenographia» von Johannes Hevelius aus dem Jahre 1647. Verglichen mit modernen Ansichten der Mondvorderseite stimmen die Hauptmerkmale dieser historischen Karte erstaunlich gut miteinander überein, doch können inzwischen viel mehr Details unterschieden werden; auch haben die geographischen Bezeichnungen geändert (Norden ist oben).

Annäherung an den Mond auf 15 km bei Apollo 10 weitere, noch lokale Abweichungen feststellen und vor der nächsten, definitiven Landemission bereits wieder einprogrammieren mußte. Auch heute wären noch einige niedrige Satellitenmissionen, insbesondere über die Pole hinweg, nötig, um das Schwerefeld des Mondes überall mit gleicher Genauigkeit zu kennen.

Die Massenkonzentrationen werden als Überreste der Körper gedeutet, die seinerzeit die Einschlagbecken erzeugt hatten, deren nachträgliche Auffüllung zu den heutigen Mare-Ebenen geführt hat. Man vermutet in ihnen riesige Vorräte an Eisen und Nickel, von denen die weniger tief liegenden möglicherweise einmal ausgebeutet werden.

Meteoritenabstürze

Da man in geschichtlicher Zeit nie die natürliche Entstehung von Mondkratern beobachten konnte, ist man bei der Abschätzung von ihrer momentanen Häufigkeit ganz auf die seismische Registrierung angewiesen. Glücklicherweise unterscheiden sich die dadurch erzeugten Erschütterungen deutlich genug von den im Mondinneren begründeten Beben. Die Unterschiede sind einigermaßen vergleichbar mit denen zwischen Erdbeben und Atomexplosionen, bei deren Unterscheidung man bereits große Erfahrungen gesammelt hat. Die fünf während des Apollo-Programms installierten Seismometer registrierten zwischen 1972 und 1977 etwa 2000 eindeutig identifizierte Meteoritenabstürze, von denen keiner mit Teleskopen hätte entdeckt werden können. Die meisten heutigen Meteorite sind viel kleiner als z. B. jener, der vor 4 Mia Jahren das Mare Orientalis auf der Mondrückseite erzeugt hat; dieser Brocken wird auf etwa 25 km Durchmesser geschätzt.

Am 13. Mai 1972 stürzte auf der Mondvorderseite ein Körper ab, der auf mehrere Meter Durchmesser geschätzt wird. Seine

Bewegungsenergie muß einige 10 000 kWh betragen haben. Der Trümmerregen war sogar von mehreren Instrumenten beim Apollo-14-Landeplatz verspürt worden. Am 17. Juli desselben Jahres stürzte ein weiterer, kleinerer Meteorit ab; sein Niedergang auf der Mondrückseite wurde von allen Seismometern auf der Vorderseite aufgezeichnet. Es dauerte bis zum 19. September 1973, bis auf der Rückseite erneut ein Körper in der Größenklasse von einigen 10 000 kWh abstürzte. Leider ereignete sich bis zur Stilllegung der wissenschaftlichen Instrumentengruppen im Jahre 1977 nie ein gut zehnmal stärkerer Einschlag, denn nur ein solcher wäre in der Lage, Bebenwellen durch das Mondzentrum und nicht nur längs mehr oder weniger tiefen Oberflächenschichten zu den Seismometern auf der anderen Seite zu senden.

Die Häufigkeitsverteilung der genannten 2000 Abstürze ist alles andere als gleichmäßig. Meteoriten scheinen mit Vorliebe in Gruppen zu reisen, was sich bestens in die heutigen Hypothesen über die Mechanismen der Zusammenballung von Materie, wie sie in der Einleitung über die Entstehung des Sonnensystems beschrieben ist, einfügt. Auch bei den auf die Erde stürzenden Meteoriten beobachtet man ähnliches: Der Großteil hinterläßt nur deshalb keine Reste, weil es sich um sehr lose zusammengefügte Brocken handelt oder weil sie als Vorstufe dieses Zustandes sogar noch als getrennter Schwarm auftreten.

Am Landeplatz von Apollo 12 wurden hohe Beimengungen von meteoritischem Material gefunden, das als Trümmer jenes Körpers gedeutet wird, der das Mare Imbrium bildete. Dies stützt die Theorie, wonach jener Meteorit mit relativ kleiner Geschwindigkeit niedergegangen ist, so daß die Wärme bei der Zertrümmerung nicht den ganzen Meteoriten aufgeschmolzen hat (vgl. «Entstehung des Mondes»). Der jüngere und kleinere Krater Kopernikus geht dagegen auf einen Einschlag mit etwa 15 km/s zurück, also vielleicht etwa der siebenfachen Geschwindigkeit und damit der rund 50fachen Bewegungsenergie.

Auf der Erde haben sich die Spuren von Meteoritenabstürzen viel stärker verwischt. Die Atmosphäre sorgt dafür, daß nur noch die tonnenschweren, seltenen Stücke mit großer Geschwindigkeit bis auf die Erdoberfläche herunterkommen, wo sie einen Krater bilden. Dieser wird dann je nach Größe in wenigen Jahrtausenden oder Jahrmillionen wieder erodiert. Da einige besonders große Krater erhalten geblieben und datiert worden sind, ließ sich auch eine durchschnittliche Frequenz von etwa einem Ereignis mit kontinentalen Zerstörungen auf 10 Mio Jahre errechnen. Damit wurde auch schon das plötzliche Aussterben gewisser Tierarten erklärt oder zumindest plötzliche starke Reduktionen der Fauna, die ebenfalls etwa in solchen Zeiträumen aufeinandergefolgt sein sollen. Der Beweis solcher Vermutungen ist natürlich schwierig, wenn auch nicht unmöglich.

Während der letzten Jahre sind von verschiedenen Ländern Versuche unternommen worden, bei der Suche nach Meteoriten nicht mehr den Zufall allein spielen zu lassen, sondern mehr und mehr von innen in flagranti zu erwischen. In leichtzugänglichen und gut erschlossenen Ebenen, wie es sie beispielsweise im amerikanischen Mittleren Westen gibt, aber auch in Deutschland, wurden während der Nacht Kameras mit einem sich periodisch öffnenenden Verschluß installiert. Kleinere Sternschnuppen und größere Feuerkugeln, wie die Erscheinungen im Volksmund auch genannt werden, verraten sich als gestrichelte Linien auf einem je nach Belichtungszeit mehr oder weniger dunklen Sternenhintergrund.

Wenn der Film in genügend kurzen Abständen gewechselt wird, läßt sich der Absturzzeitpunkt durch Interpretation des Unterbruchmusters auf die Minute genau bestimmen. Wenn mehrere im Abstand von vielen Kilometern aufgestellte Kameras gleichzeitig eine Spur aufzeichnen, dann läßt sich der Absturzort meist so genau triangulieren, daß Aussicht auf die Bergung des Meteoriten besteht. Die Erfahrung hat allerdings gezeigt, daß viel Glück und Geduld notwendig sind, um mit dieser Methode Erfolg zu haben. Einige Stücke konnten auf diese Weise der wissenschaftlichen Untersuchung zugeführt werden, doch wurden solche Programme aus Kostengründen bereits wieder abgebrochen. Das Ziel bestand von Anfang an darin, möglichst repräsentatives Meteoritenmaterial zu erhalten, das dessen Häufigkeit im Sonnensystem wiedergibt. Die robusten Eisenmeteoriten waren bei den zufälligen Funden nämlich stark übervertreten, obwohl im Weltraum die steinigen Meteoriten überwiegen müßten.

Eine überraschende Hilfe erhielt die Forschung kürzlich aus der Antarktis, als man dort auf Luftaufnahmen viele schwarze Punkte im Eis entdeckte, die sich bei näherer Betrachtung tatsächlich als Boten aus dem All entpuppten. Hier vereinigten sich offenbar die Vorteile leichter Auffindbarkeit mit einer Art Konzentrationstendenz als Folge der Abschmelzung und Verfrachtung des Eises.

Obwohl täglich Tausende von Tonnen geschätzte Mengen an außerirdischer Materie auf die Erde fallen und nicht vollständig als Sternschnuppen in der Atmosphäre verglühen, ist die Chance, von einem Meteoriten direkt getroffen zu werden, außerordentlich gering. Die räumliche und zeitliche Verdünnung ist so stark, daß selbst ein wochenlang im All befindliches Raumschiff nur wenige feine Kratzer an den Scheiben abbekommt. Es bleibt jedoch die Frage, wie die Menschheit mit den heutigen technischen Mitteln etwa vor dem Absturz eines 1-km-Planetoiden in einen Ozean mit der zu erwartenden 100 m hohen Sturzflut gewarnt oder geschützt werden könnte. Eine Untersuchung, die schon im Jahre 1967 am Massachusetts Institute of Technology in den USA durchgeführt wurde, kam zum Schluß, daß mindestens die verheerendsten Kollisionen verhindert werden könnten. Dazu wären die ständige optische und radarmäßige Überwachung des Himmels sowie ein ständig in Bereitschaft stehendes Rechenzentrum nötig, wo gefährliche Kollisionsbahnen in Minutenschnelle bestimmt werden können — und dies bereits einige Tage vor der Katastrophe. Von den achtziger Jahren an wird ein amerikanisches Raumtransportersystem ständig einsatzbereit sein, so daß die schon 1967 studierte Methode, die Bahnen von gefährlichen Himmelskörpern durch H-Bomben-Explosionen in deren unmittelbarer Nähe vom gefährlichen Kurs abzulenken, immer realistischer wird.

Mineralien der Erdkruste

Die folgende Tabelle der häufigsten bei uns vorkommenden Mineralien soll dem Vergleich mit anderen Planeten und mit dem Mond dienen (alle Angaben in Volumenprozenten).

Plagioklas	42
Kalifeldspat	22
Quarz	18
Amphibol	5
Pyroxen	4
Biotit	4
Magnetit	2
Olivin	1,5
Ilmenit u. ä. Ti-Verbindungen	1
Apatit	0,5

Mondbeben

Die Seismometer der Apollo-Instrumenten-Stationen waren etwa auf tausendmal stärkere Empfindlichkeit geschaltet als vergleichbare Geräte auf der Erde, weil man zum vornherein mit geringerer Bebenaktivität rechnen konnte. Die meisten der etwa 3000 jährlich registrierten Mondbeben wiesen dabei Intensitäten unterhalb der Stärke 2 auf der Richterskala auf. Im Durchschnitt entsprachen sie lediglich etwa der Energie einer Handgranate oder etwa einem Zehnmilliardstel der irdischen Aktivität. Bei weitem der geringere Teil der 3000 Beben wurde von allen fünf Seismometern gleichzeitig verspürt.

Die Epizentren befanden sich meist etwa 600 bis 800 km unter der Oberfläche, also viel tiefer als jene der Erdbeben. Weniger häufige stammten gar aus 1100 bis 1500 km Tiefe oder dann aus der oberen Kruste. Ihre Ursache wird nach wie vor im plötzlichen Entweichen von Gas aus Gesteinskammern gesehen, die einstürzen, sobald der Gasdruck zusammenbricht.

Ob diese Ausbrüche an der Oberfläche allerdings noch so konzentriert erfolgen, daß sie die von Teleskopbeobachtern gemeldeten «Veränderungen» (transient events) erklären könnten, wird bezweifelt. Die starke Deformation der Bebenwellen bei gleichzeitiger schwacher Dämpfung wird anderseits auf das vollständige Fehlen von Gasen oder Flüssigkeiten in den Spalten zurückgeführt, das die Erdbebenausbreitung so sehr beeinflußt.

Eine Besonderheit auf dem Mond sind zweifellos die fast mit der Regelmäßigkeit einer Uhr ausgelösten Beben, wenn sich unser Trabant im erdnächsten Punkt (Perigäum) befindet. Hier erreichen die Differenzen zwischen den dynamischen und gravitationsbedingten Kräften ein Maximum, so daß die starre Gesteinskugel den größten Spannungen ausgesetzt ist. Es konnte sogar festgestellt werden, daß auch die Epizentren zu diesen Zeiten immer etwa die gleichen sind. Diese Eigenschaft mag bei künftigen Lokalisierungen von allfälligen Gasausbrüchen wichtig sein.

Von besonderer Bedeutung zur Eichung der Seismometer waren die künstlich ausgelösten Mondbeben. Nicht weniger als 10 Raumschiffteile ließ man nach Gebrauch absichtlich auf dem Mond zerschellen, um deren Erschütterungen von einem ständig größer werdenden Netz zu registrieren. Die Tabelle auf Seite 114 macht diese seismometrischen Aufzeichnungen ersichtlich.

Die Oberstufe des Mondlanders von Apollo 12 wurde beispielsweise nur 16 km vom kurz zuvor bei der gleichen Mission installierten Seismometer zu Boden gelenkt. Dies war das erste Experiment dieser Art. Nur knapp 5 Sekunden später wurden bereits die ersten Ausschläge verzeichnet, doch dauerte es volle 7 Minuten, bis sie ihren Maximalwert erreicht hatten, und gar 48 Minuten, bis sie wieder abgeebbt waren. Die schnellsten Wellen liefen also mit durchschnittlich 3,3 km/s, während sich die späteren Echos aus unzählbar oft gebrochenen und reflektierten Signalen zusammensetzten.

Abstürzende Raumschiffteile, registriert vom Seismometer der Mission Nr.:

	Mondlander-Oberstufe	Saturn-Drittstufe
Apollo 12	12	13
	14	14
	15	15
	16	16
	17	17
Apollo 14	14	
	15	15
	16	16
	17	17
Apollo 15	15	
	16	16
	17	17
Apollo 16	16	
	17	17
Apollo 17	17	

Separate Experimente in der Gegend der Landeplätze zeigten, daß die Wellengeschwindigkeit in der obersten, etwa 100 m dicken Geröllschicht nur 100 bis 300 m/s beträgt, während sie in 20 bis 25 km bereits auf 4 bis 5 km/s wächst. Es sind umfangreiche Berechnungen der verschiedenen Wege der Wellen nötig, um z. B. auch theoretisch auf den oben genannten Wert von 3,3 km/s schließen zu können. Dieser setzt sich zusammen aus langsamen Wellen über kurze Distanz (längs der Oberfläche) und sukzessive schnelleren mit zunehmender Tiefe, aber dort natürlich über einen längeren Weg.
Die Empfindlichkeit war beispielsweise schon bei den Geräten von Apollo 14 soweit gesteigert worden, daß ein Beben, das energiemäßig dem Aufprall eines nur 1 kg schweren Meteoriten entsprach, auch dann noch angezeigt wurde, wenn es seinen Ursprung auf der anderen Mondseite hatte (siehe «Meteoritenabstürze»).

Mondgesteine

Weit über 100 Forschungsteams in aller Welt haben in dem Jahrzehnt seit Apollo 11 erst einen kleinen Teil der 381 kg Mondgestein analysiert, das die Astronauten im Umkreis von den sechs verschiedenen Landeplätzen gesammelt hatten. Extrapolation der dabei gewonnenen Resultate auf die aus Umlaufbahnen durch Strahlungsmessungen erforschten Gebiete führte zur ziemlich genauen Kenntnis der Gesteinszusammensetzung von etwa einem Viertel der Mondoberfläche. Die chemischen Elemente, die dort vorkommen, sind zwar die gleichen wie die, die wir auf der Erde kennen, jedoch mit einer ganz anderen Häufigkeitsverteilung. Auch die in den Mineralien vorkommenden Verbindungen sind an sich nichts Neues, aber manche von ihnen müssen bei uns künstlich hergestellt werden. So sind dort seltene Elemente wie Hafnium, Zirkonium, Titan und Yttrium mit hohem Schmelzpunkt häufiger als bei uns, dagegen finden sich Natrium und Kalium viel seltener. Viele Proben enthalten gediegenes Eisen, das auf der Erde sofort rosten würde.
Zwei Stücke mit dem höchsten bekannten Erstarrungsalter wurden bei Apollo 17 gefunden. Es handelt sich um ein Gestein mit dem Namen Troctolit, das sich aus gelbbraunem Olivin und grauem Feldspat zusammensetzt. Wenn die Messungen stimmen, müßte es schon kurze Zeit nach der Mondentstehung, also vor rund 4,6 Mia Jahren, wieder erkaltet und seither nie mehr aufgeschmolzen worden sein. Auch das in diesem Sinne jüngste Gestein hatte vergleichsweise immer noch ein Alter von 3,1 Mia Jahren. Es entstand bei der Erstarrung der letzten Lavameere.
Manche Information mag den sorgfältig dokumentierten Bodenproben vielleicht erst mit den Meßmethoden der Zukunft entlockt werden. Da die Sonnenaktivität die Oberflächengesteine in charakteristischer Weise verändert, läßt sich so prinzipiell auf die Art der Sonnenstrahlung in der Vergangenheit schließen. So vermutet man, daß die tiefen Bohrproben sogar noch in schwer entzifferbarer Form die Spuren der kosmischen Strahlung beim Lauf unseres Sonnensystems durch die Milchstraße in sich tragen.
Die Oberfläche des Mondes setzt sich aus einem Material zusammen, das bei weitem nicht mehr die Zusammensetzung der einigermaßen repräsentativen Urmaterie unseres Sonnensystems darstellt, wie sie noch in den Meteoriten vorkommt. Die anfängliche Aufschmelzung eines Teils der lunaren Materie hat drei Haupttypen von Gestein erzeugt: den unseren irdischen Basalten recht verwandten Mare-Basalt, dann den recht häufigen Anorthosit und den selteneren KREEP-Norit, der seinen Namen den englischen Bezeichnungen von Kalium, Seltene Erden (eine Elementengruppe) und Phosphor verdankt. In diesem Gestein liegen auch die Prozentanteile von radioaktivem Uran und Thorium etwas höher als im Durchschnitt.
Die Anorthosite sind bei der ersten Abkühlung der Mondkruste durch Kristallfraktionierung entstanden: Schwere Kristalle mit

hohem Schmelzpunkt sind dabei in der Schmelze abgesunken. Das vorherrschende Mineral im leichteren Rest ist Plagioklas-Feldspat mit der chemischen Zusammensetzung $CaAl_2Si_2O_8$.
Die Mare-Basalte und KREEP-Norite sind bei zwei späteren Aufschmelzphasen aus dem Mondinneren aufgestiegen. Die Temperaturen waren dabei nie mehr so hoch wie am Anfang; die chemische Differenzierung ist weniger weit fortgeschritten. Vor allem in den bei Apollo 11 gesammelten Basalten erstaunte der hohe Gehalt von durchschnittlich 11 Prozent an Ilmenit, einem Titan-Eisen-Erz. Der Urangehalt entspricht mit etwa 40 Teilen pro Milliarde einem Durchschnittswert der Werte im Erdmantel. Die über weite Gebiete der Äquatorumgebung von der Umlaufbahn aufgezeichneten Röntgenstrahlenreflexionsmessungen zeigten beträchtliche lokale Unterschiede. Gewisse Gegenden nördlich und südlich des Kopernikus-Kraters verzeichneten z. B. Unterschiede im Gehalt radioaktiver Elemente von einem Faktor 20.

Zusammensetzung der wichtigsten drei lunaren Gesteinstypen

	Dichte g/cm³	Pyroxen/ Olivin	Feld-spat	Ilmenit
Mare-Basalt	3,30	50–60 %	30 %	10–20 %
Anorthosit	2,81	10 %	90 %	0 %
KREEP-Norit	2,98	35 %	65 %	0 %

Mindestens zwei Ausnahmen von dieser Regel müssen noch genannt werden: Bei Apollo 16 und Apollo 17 wurden geringere Mengen zweier Substanzen von ziemlich unterschiedlicher Zusammensetzung gefunden. Dies zeigt, daß endgültige Schlüsse über die auf dem Mond anzutreffenden Mineralien erst gezogen werden können, wenn jeder Landschaftstyp und insbesondere die Pole hinreichend genau erforscht sind.
Die Analyse von Auswurfmaterial des «North Ray Craters», eines typischen hellen Strahlenkraters beim Apollo-16-Landeplatz, zeigte schon beim ersten flüchtigen Augenschein, daß es dort Rost hatte, den man bis anhin auf dem Mond vermißte. Die Ausgasung bei 800° C förderte dann flüchtige Bestandteile zutage, nach denen man zuvor überall vergeblich gesucht hatte: 40 bis 50 Prozent Wasserdampf, 15 bis 20 Prozent Kohlendioxid, 5 bis 10 Prozent Zyanwasserstoff und 5 bis 10 Prozent Wasserstoff, 2 bis 5 Prozent Kohlenmonoxid, 2 bis 5 Prozent Stickstoff und 1 bis 5 Prozent Kohlenwasserstoffe. Dies ist eine Zusammensetzung, die eher an die spektrometrisch bestimmte Formel bei Kometen erinnert. Dies führte

Mondgesteine
Apollo-16-Astronaut Duke untersucht einen massiven Felsblock aus der Nähe. Dieser muß bei der Entstehung des unweit liegenden «North Ray Craters» herausgeschleudert worden sein. Beachtenswert sind die vertikale Spalte im Gestein, die Plastiktasche für die Gesteinsproben in der linken Hand und die umgehängte 70-mm-Hasselblad-Kamera. Beim Papier am rechten Handgelenk handelt es sich um eine Checkliste, die den Astronauten an die Reihenfolge seiner Arbeiten erinnert. John Young fotografierte hier seinen Kollegen, während der dritte Astronaut, Thomas Mattingly, im Mutterschiff rund 100 km über der Mondoberfläche kreiste.

denn auch zur Vermutung, daß an dieser Stelle ein Komet niedergegangen ist, von dessen leichtflüchtigen Anteilen sich ein Teil ins Kristallgitter der dortigen Mineralien eingebaut hatte und sich so der langfristigen Verdunstung auf der zeitweise sehr heißen Mondoberfläche entzog. Die Veränderung des Gesteins trat nach diesen Vorstellungen in Form der helleren Strahlen hervor.
Noch während der live in alle Welt übertragenen Mondexpedition von Apollo 17 sorgte ein weiterer farbiger Stoff für Aufregung: die «rote Erde», die an einigen Stellen in der Nähe des «Shorty-Kraters» gefunden wurde. Zunächst hielt man es für möglich, daß hier jüngstes vulkanisches Material vorliegen würde. Die Analysen auf der Erde zerstörten jedoch diese Hoffnung. Es handelte sich lediglich um eine körnige Substanz aus 90 Prozent vulkanischem Glas mit einem Erstarrungsalter von 3,71 Mia Jahren, also nicht einmal besonders jung im lunaren Maßstab. Es lag seit 30 Mio Jahren an der Oberfläche und war dadurch der Sonnenausstrahlung ausgesetzt. Vermutlich wurde es freigelegt, als sich ein neuer Krater bildete. Auffallend war der etwa zehnfache Zinkgehalt im Vergleich zu anderen Mineralien.
Der Mondboden selber besteht aus einem erdigen Konglomerat von Gesteinstrümmern, das, von elektrostatischen Kräften zusammengehalten, etwa die Konsistenz von Erde hat. Unsere Erde wird allerdings aus einem anderen Grund, nämlich wegen der Feuchtigkeit, zusammengehalten. Die Räder des Mondmobils von Apollo 15 sanken beispielsweise nur 1,2 cm tief ein, etwa gleich tief wie die Astronautenstiefel mit ihrem starken Profil. Wegen der vielen Vakuumzwischenräume betrug die Dichte der «Erdproben» von Apollo 15 nur zwischen 1,35 und 2,15 g/cm³, also wensentlich weniger als der lunare Durchschnitt. Dennoch ist dieses leichte Material in der Lage, Fuß-

Mondkarten
Mondvorderseite, Süden ist oben.

spuren über Jahrmillionen zu konservieren. Der damals bereits dreijährige «Fußabdruck» der unbemannten Sonde Surveyor 3 soll jedenfalls im November 1969 noch so frisch wie neu gewesen sein.

Mondkarten

Die erste Mondkarte im eigentlichen Sinne, die die Vorderseite aufgrund von Teleskopbeobachtungen darstellte und bereits die Libration berücksichtigte, wurde von Hevelius in der Mitte des 17. Jahrhunderts angefertigt (siehe Seite 111). Erdgebundene Beobachtungen erreichten beim relativ lichtstarken Mond schon recht früh eine Sättigung des Erreichbaren, so daß bereits im 19. Jahrhundert kaum mehr Fortschritte in der Selenographie gemacht wurden. Auf den so gewonnenen Karten waren Details bis hinunter zu etwa 200 m Ausdehnung eingezeichnet, was etwa ein Zehntelsmillimeter auf einer 2 m messenden Mondscheibe ist. Besonders markante Objekte konnten unter günstigsten Bedingungen auch noch etwas unterhalb dieser Größe erkannt werden.

Erst 1960 brachte Gerald P. Kuiper einen auf fotografischen Aufnahmen basierenden Mondatlas heraus, der eine neue Dimension in die Objektivität des Dargestellten hineinbrachte. Nur sieben weitere Jahre sollte es dauern, bis nach dem Abschluß

Mondkarten
Mondrückseite, Norden ist oben.

des Lunar-Orbiter-Programms auch Karten von der Mondrückseite vorlagen, die selbst die verzerrten Randgebiete jenes Teils optimal darstellten, der von der Erde aus sichtbar ist.

Während des eigentlichen Apollo-Programms wurde ein breiter Äquatorgürtel erneut mit nie zuvor erreichter Genauigkeit von wenigen Metern auf kilometerlange Filmstreifen von 12,5 cm und mehr Breite aufgezeichnet. In Verbindung mit simultanen Sternaufnahmen einer gekoppelten Kamera war eine genaue fotogrammetrische Vermessung von gut einem Zehntel der Mondoberfläche möglich. Wollte man heute den so erfaßten Äquatorstreifen mit der gleichen Genauigkeit der in früheren Zeiten besten Mondkarten veröffentlichen, dann wäre hierzu bereits ein Papier von über 100 m Länge und 10 m Breite nötig!

Allein auf der Mondvorderseite haben etwa 33 000 Krater einen Namen oder einen Namen und einen Buchstaben erhalten. Seit 1659, als der italienische Jesuitenpater Riccioli diese Bezeichnungsweise vorschlug, werden die Mondkrater nach berühmten Naturwissenschaftern benannt.

Auf der Mondrückseite wird diese einmal begonnene Tradition weitergeführt, wobei in erster Linie Persönlichkeiten zu Ehren kommen, die sich um die Erschließung des Weltraums verdient gemacht haben.

Mondkrater

Heute ist der jahrhundertealte Streit, ob es sich bei den unzähligen runden Gebilden auf dem Mond um Vulkane oder um Krater handle, zugunsten der zweiten Hypothese entschieden. Bei näherer Betrachtung auf dem Mond selber erwiesen sich sogar Objekte, bei denen bis dahin noch ein berechtigter Verdacht auf einstigen Vulkanismus bestanden hatte, als Einschlagkrater. Ein Vulkanismus wäre auf einem einstmals teilweise aufgeschmolzenen Mond zwar durchaus zu erwarten gewesen, doch müssen alle Vulkankegel in den 3 Mia Jahren, seit der letzte erlöschte, durch Einsturz oder Meteoritenbombardement so stark deformiert oder ausgelöscht worden sein, daß ein sicherer Nachweis an Ort und Stelle noch schwierig wäre. Bevor in diesem Punkt ein definitiver Schluß gezogen wird, sollte allerdings noch das Untersuchungsresultat von den Kettenkratern abgewartet

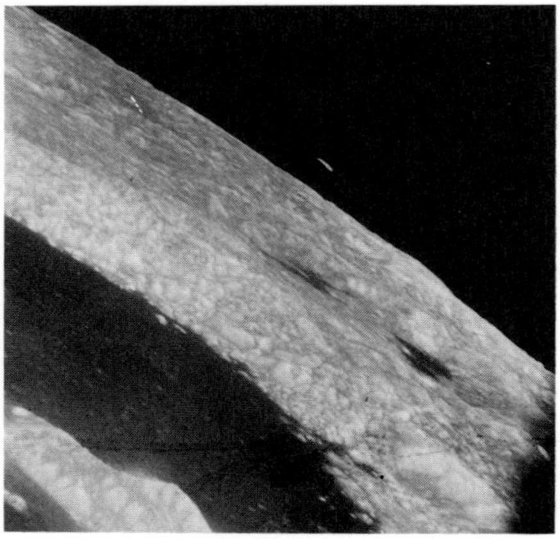

Mondkrater
Diese Apollo-8-Aufnahme von der Mondrückseite zeigt etwa ein Viertelsegment des Ziolkowski-Kraters. Er ist mit auffallend dunkler Lava gefüllt, die sich wegen den weitherum sichtbaren hellen Hochlandgesteinen so deutlich abhebt. Der Lavapegel ist aber viel tiefer als bei vergleichbaren anderen alten Großkratern auf der Mondvorderseite, was mit der Kruste zusammenhängt, die dort viel dicker ist. Der helle Zentralberg liegt angeschnitten in der linken unteren Bildecke. Im Hintergrund haben sich zwei kleinere, dunkle Lavaseen gebildet. Der Ziolkowski-Krater ist das einzige Gebilde dieser Art, und eine Landung auf diesem Boden wäre sehr aufschlußreich, denn sonst kann man das Erstarrungsalter kaum abschätzen.

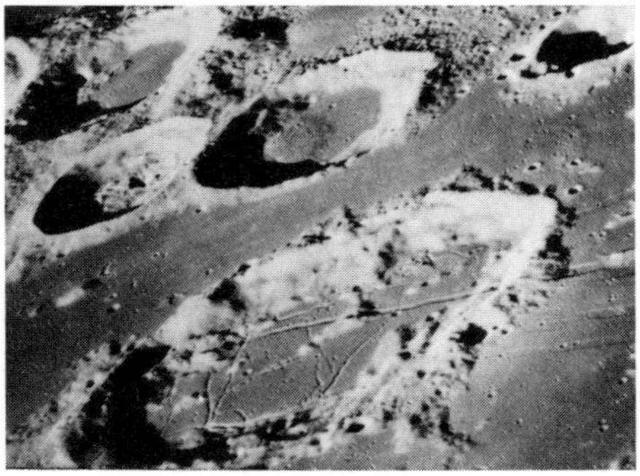

Mondkrater
Dieser Krater ist offensichtlich älter als die große Rille, die ihn fast diametral durchzieht. Jene verläuft nämlich eindeutig durch den Rand und sogar durch den Zentralberg. Auch die feineren Rillen im flachen Kraterboden können erst einige Zeit nach der Kraterbildung entstanden sein. Hier ist man versucht anzunehmen, es handle sich bei den Rillen um Erstarrungsrisse, die von oben oder von unten teilweise wieder aufgefüllt wurden.

werden, in deren Nähe bislang noch keine Landung stattfand. Mindestens die regelmäßigeren unter ihnen können kaum als Sequenz von Sekundärkratern nach einem Meteoriteneinschlag gedeutet werden. Die Hypothese einer eingestürzten Vulkanröhre unter der Oberfläche, wie sie auch auf der Erde an einigen Stellen vorkommt, mutet hier doch etwas wahrscheinlicher an. Alle diese Gebilde gehören ausnahmslos zu den sehr alten, stark erodierten Kratern.

Wenn eine Reihe von Gesteinsproben von mehreren Punkten eines Kraters und aus der Umgebung vorliegen, läßt sich heutzutage ein nicht zu alter Krater mit einer Genauigkeit von wenigen Prozent datieren. Ein typisches Beispiel dafür ist der 400 m große und etwa 60 m hohe «Cone Crater», dessen Rand während der Apollo-14-Mission teilweise bestiegen wurde. Sein Alter ließ sich auf 26 Mio Jahre bestimmen.

Zwischen Größe und Form wurden Zusammenhänge entdeckt, die sicher teilweise mit den Eigenschaften der Schichten zu tun haben, die vom Meteoriten noch zertrümmert worden sind. Die Krater mittlerer Größe wie etwa Kopernikus oder Langrenus, besitzen in der Mitte immer einen mehr oder weniger auffallenden sogenannten Zentralberg. Dies gilt für Durchmesser von etwa 10 bis zu einigen 100 Kilometern. Der Zentralberg fehlt jedoch meist bei kleineren Kratern, aber auch bei den größeren Einschlagbekken wie etwa beim Mare Crisium.

Eine gar nicht so selbstverständliche Regel gilt fast ausnahmslos für alle Krater: sie sind rund. Bei schrägem Einfall eines Meteoriten, der aus statistischen Gründen genauso häufig sein sollte wie irgendein mehr oder weniger senkrechter, könnte das Auswurfmaterial genausogut vorwiegend in der Bewegungsrichtung wegfliegen. Dies zeigte sich mindestens bei Laborversuchen und bei den nach langem Suchen entdeckten künstlichen Kratern der auf dem Mond zerschellten ausgedienten Raumschiffteile (siehe «Mondbeben»). Die Saturn-Drittstufe von Apollo 14 erzeugte beispielsweise einen etwa 40 m messenden Krater, bei dem sich das Auswurfmaterial auf einen Sektor von 90 Grad konzentrierte. Dieser knapp 20 t schwere, wegen seiner Blechstruktur aber wenig dichte Körper traf mit etwa 10 000 Stundenkilometern (2,8 km/s) relativ flach auf die Mondoberfläche auf und kann nicht als Vergleich mit einem typischen Meteoriten dienen. Eine zwanzigmal größere Dichte und eine siebenmal größere Auftreffgeschwindigkeit führen dazu, daß die pro Volumen umgesetzte Bewegungsenergie fast tausendmal größer ist. Dies wäre mehr als genug, beim Aufprall eine so große Energiedichte zu erzeugen, daß sich die Druckwelle wie bei einer Atomexplosion gleichmäßig in jede Richtung ausbreitet, ungeachtet dessen, wie steil der Körper auftrifft. Die Gegenüberstellung der natürlichen und der künstlich erzeugten Krater führte daher zur Auffassung, daß die mittlere Auftreffgeschwindigkeit von Meteori-

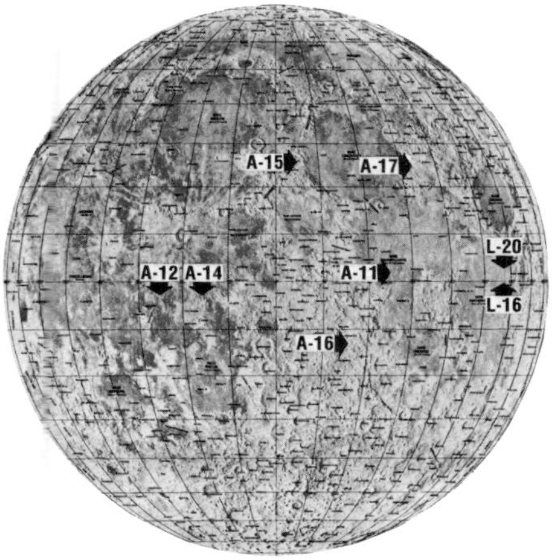

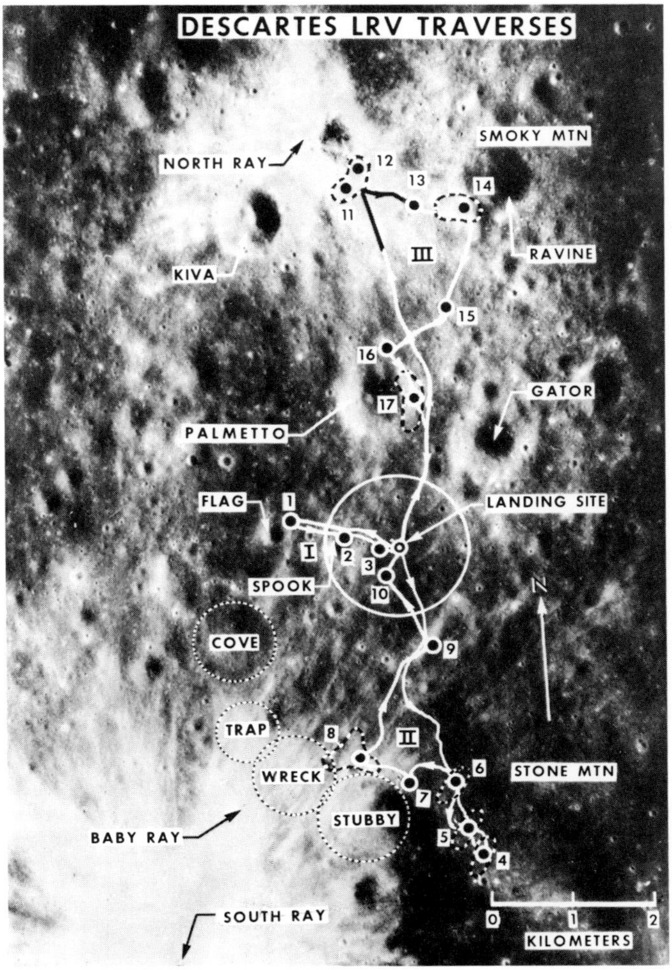

ter bei mindestens 10 km/s liegen muß. Solche und höhere Werte treten auf, wenn ein typischer Planetoid auf seiner Bahn das Erde-Mond-System kreuzt.

Mondlandungen

Zwischen Juli 1969 und Dezember 1972 führten die USA sieben Mondlandemissionen durch, von denen sechs ein voller Erfolg waren. In diesen Jahren vermehrte sich unser Wissen über den Erdbegleiter um mehr als je zuvor oder seither. Der Triumph dieser technischen Leistung ist um so größer, als der vom damaligen Präsidenten John F. Kennedy getroffene Entschluß, amerikanische Astronauten zum Mond zu entsenden, erst im Mai 1961 gefällt wurde und das Landekonzept mit zwei Raumschifftypen und Rendezvous in einer Mondumlaufbahn sogar erst im Herbst 1962 feststand. Der finanziell gesteckte Rahmen von etwas über 20 Mia Dollar und der Entwicklungszeitraum bis zum Ende des Jahrzehnts wurden eingehalten. Im Höhepunkt der Vorbereitungen, der bereits 1966 erreicht war, arbeiteten in den USA rund 400 000 Personen am Apollo-Programm, wie das Projekt offiziell genannt wurde.

Zur Ausbeute der sechs Landungen gehörten 33 000 Fotos, 20 000 Rollen Magnetbänder mit Bild- und Datenaufzeichnungen sowie fast 382 kg Mondgestein. Eine erste automatische Instrumentengruppe, die von der Apollo-11-Mannschaft zurückgelassen wurde, lieferte zusammen mit fünf verbesserten ALSEP-Stationen (Apollo Lunar Scientific Experiment Package) bis zur Stillegung am 1. Oktober 1977 insgesamt eine Billion (10^{12}) Bit digitaler Daten. Die Station von Apollo 12 funktionierte 8 Jahre gegenüber dem Plansoll von nur einem Jahr! Die Bedeutung dieses langen Funktionierens erhellt beispielsweise daraus, daß der Temperaturausgleich beim Wärmeflußexperiment drei Jahre dauerte und die eigentlichen Messungen erst nach dieser Wartezeit beginnen konnten.

Abgesehen von unbemannten Landungen, bei denen die Raumschiffe nicht auf die Erde zurückkehrten, gelang einzig den sowjetischen Sonden Luna 16, 20 und 24 die Rückführung von je etwa 100 Gramm Mondgestein. Heute steht jedoch fest, daß das Geschick von Astonauten an Bord für sichere Landungen in schwierigem Gelände und zur systematischen Auswahl von Bodenproben durch keinen Automaten ersetzt werden kann.

Weitere Details zu den Mondlandungen sind in den folgenden Tabellen und unter den Stichworten «Apollo-Projekt» und «Astronauten» zusammengestellt.

Die in drei Exemplaren aufgestellten Laserreflektoren stehen prinzipiell noch während unbestimmter Zeit auf dem Mond für die hochpräzise Distanzbestimmung zwischen

Mondlandungen
Oben: Den Zielpunkt für die Landung von Apollo 16 legte man zwischen den «North» und den «South Ray Crater», zwei helle Strahlenkrater im Descartes-Gebiet, einer Region im lunaren Hochland. An drei aufeinanderfolgenden Tagen startete man zu kilometerlangen Ausflügen, die an 17 selenologisch interessanten Formationen vorbeiführten.

Mondlandungen
Oben links: Diese Mondkarte zeigt die Landeplätze der sechs erfolgreichen Missionen, die die Amerikaner von Juli 1969 bis Dezember 1972 durchführten. Die Landeplätze der sowjetischen, unbemannten Sonden Luna 16 und 20 sind ebenfalls eingezeichnet.

Experimente auf der Mondoberfläche	Apollo-Mondlandung Nr. 11	12	14	15	16	17
Passives seismisches Experiment	X	X	X	X	X	X
Aktives seismisches Experiment			X		X	
Magnetometer, dreiachsig		X		X	X	
Sonnenwind-Spektrometer		X		X		
Ionendetektor		X	X	X		
Wärmefluß aus dem Mondinnern				X	X	X
Messung geladener Partikeln			X			
Messung der neutralen Atmosphäre		X	X	X		
Staubdetektor		X	X	X		
Gravitationsmesser						X
Meteoritendetektor						X
Profilierung der Mondkruste						X
Aufbau der Mondatmosphäre						X
Ultraviolettkamera/Spektroskop					X	
Laserreflektor	X		X	X		
Zusammensetzung des Sonnenwindes	X	X	X	X	X	
Nahaufnahmen der Mondoberfläche	X	X	X			
Detektor für die kosmische Strahlung					X	X
Tragbares Magnetometer			X		X	
Tragbarer Gravitationsmesser						X
Oberflächenbeschaffenheit			X	X	X	X
Elektrische Bodenbeschaffenheit						X
Sekundärneutronen im Mondboden						X

Erde und Mond zur Verfügung. In den ersten Jahren nach der Installation wurden vom Lick-Observatorium in Kalifornien und vom McDonald-Observatorium in Texas regelmäßig Laserlichtimpulse mit knapp 2 Winkelsekunden Öffnungswinkel zu den Landeplätzen hinaufgesandt, die dort einen Kreis von nur 3,2 km ausleuchteten. Der Reflektor besaß die optische Eigenschaft, das Licht genau in die Herkunftsrichtung zurückzulenken, so daß das Hauptecho aus diesem Gerät und damit aus einem genau definierten Punkt der Mondoberfläche stammte. Wiederholte Messungen und Ausgleichsrechnungen gestatteten bis 1981 eine Genauigkeit der Entfernungsbestimmung von unter 10 cm ($2 \cdot 10^{-10}$).

Mondrillen

Die vielen im Durchschnitt einen Kilometer breiten und zum Teil weit über 100 km langen Mondrillen sehen zwar irdischen Flußtälern oft verblüffend ähnlich, haben jedoch wegen des seit je fehlenden Wassers einen ganz anderen Ursprung. Sie stammen aus der Zeit, als die Lavameere erkalteten, sind also alle mindestens 3 Mia Jahre alt und entsprechend erodiert. Dennoch lassen sie sich deutlich unterscheiden von eigentlichen Spalten, bei denen die Tiefe viel größer ist als die Breite und der Boden deshalb unsichtbar bleibt. Dasselbe gilt für die Grenzlinie einer Verwerfung, wo sich ein Teil der Landschaft abgesenkt hat. Die Rillen enden oft in einer seeähnlichen Ausbuchtung, die aber fast nie einen «Ausfluß» hat.

Bei Apollo 15 wurde in der Nähe der Hadley-Rille gelandet, um dem Rätsel dieser selenologischen Formationen auf die Spur zu kommen. Es wurden zwar eine Reihe von Detailaufnahmen vom Rand aus gemacht, die deutliche Schichtungen entlang den Abhängen zeigten, doch gelang es nicht, zu Fuß oder mit dem Auto in die Rille hinunterzusteigen. Detaillierte Gesteinsuntersuchungen von verschiedenen wichtigen Punkten stehen daher noch aus. Auch heute, sechs Jahre nach der letzten be-

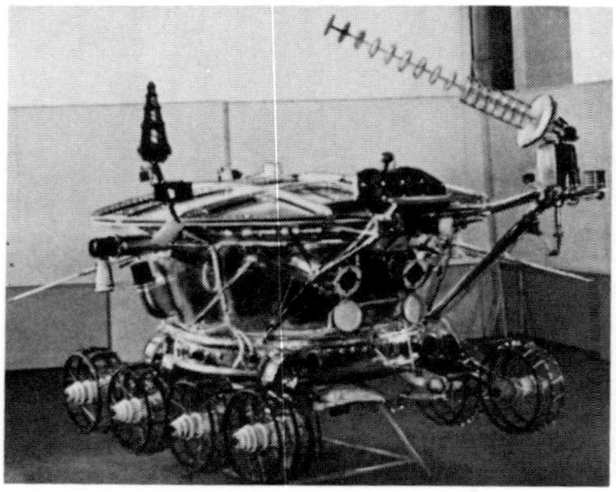

Mondlandung
Das Bild zeigt das automatische sowjetische Mondgefährt Lunochod 1 in der Montagehalle, bevor es 1970 auf dem Mond erstmals zum Einsatz kam.

Apollo-Mondlandung Nr.	11	12	14	15	16	17
Start zum Mond	16. 7. 1969	14. 11. 1969	31. 1. 1971	26. 7. 1971	16. 4. 1972	7. 12. 1972
Rückkehr auf die Erde	24. 7. 1969	24. 11. 1969	9. 2. 1971	7. 8. 1971	27. 4. 1972	19. 12. 1972
Kommandant	Neil A. Armstrong	Charles Conrad	Alan B. Shepard	David R. Scott	John W. Young	Eugene A. Cernan
Mondlandepilot	Edwin E. Aldrin	Alan L. Bean	Edgar D. Mitchell	James B. Irwin	Charles M. Duke	H. H. Schmitt
Kommandokapselpilot	Michael Collins	Richard F. Gordon	Stuart A. Roosa	Alfred M. Worden	T. K. Mattingly	Ronald E. Evans
Koordinaten des Landeplatzes	0° 42′N, 23° 25′O	3° 12′S, 23° 24′W	3° 37′S, 17° 32′W	26° 09′N, 3° 34′O	9° 00′S, 15° 31′O	30° 45′O, 20° 10′N
Aufenthalt auf dem Mond	$21^h 36^m$	$31^h 31^m$	$34^h 30^m$	$66^h 55^m$	$71^h 03^m$	$75^h 01^m$
Ausflugsdauer total	$2^h 50^m$	$7^h 39^m$	$9^h 22^m$	$18^h 33^m$	$20^h 14^m$	$22^h 05^m$
Fortbewegung	zu Fuß	zu Fuß	zu Fuß	Elektromobil	Elektromobil	Elektromobil
Zurückgelegte Distanz	250 m	2 km	3,3 km	27,9 km	27,1 km	35,8 km
Gesammeltes Mondgestein	20,7 kg	34,1 kg	43,2 kg	76 kg	94 kg	113 kg

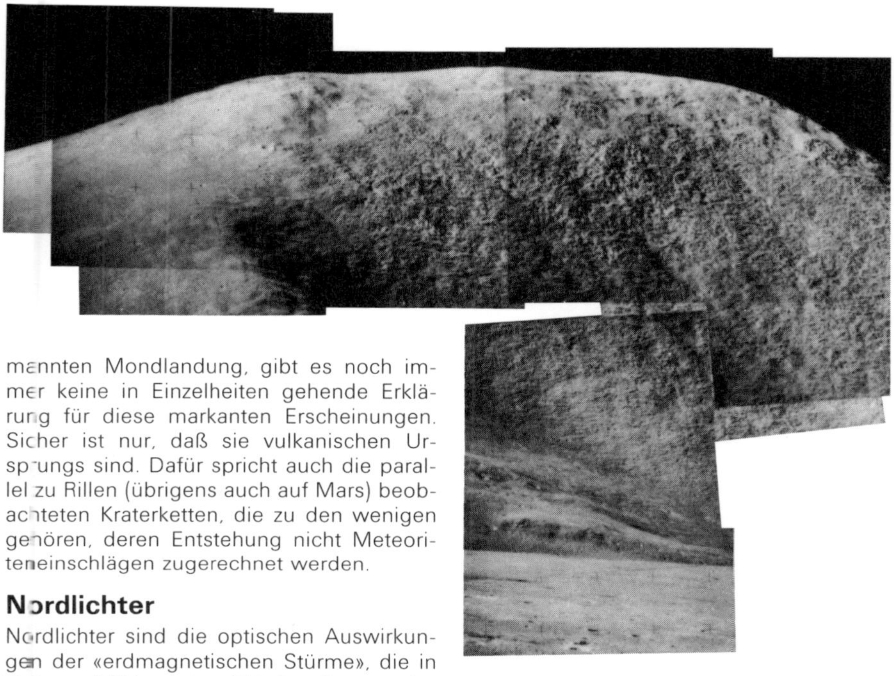

Mondrillen
Diese schrägen Schichtungen am Gipfel des Mount Hadley stehen im Zusammenhang mit der Entstehung des Berges am Rande des Mare Imbrium, das auf einen Planetoideneinsturz zurückgeht. Die Erstarrung erfolgte vermutlich noch horizontal.

mannten Mondlandung, gibt es noch immer keine in Einzelheiten gehende Erklärung für diese markanten Erscheinungen. Sicher ist nur, daß sie vulkanischen Ursprungs sind. Dafür spricht auch die parallel zu Rillen (übrigens auch auf Mars) beobachteten Kraterketten, die zu den wenigen gehören, deren Entstehung nicht Meteoriteneinschlägen zugerechnet werden.

Nordlichter

Nordlichter sind die optischen Auswirkungen der «erdmagnetischen Stürme», die in Zeiten erhöhter Intensität des Sonnenwindes auftreten. Sie haben ihre Ursache in der Absorption schneller Elektronen von den aktiven Gebieten der Sonne in Höhen oberhalb 100 km. Die sekundäre Röntgenbremsstrahlung ist jedoch bis in Tiefen von 30 km wirksam und verändert zusammen mit der direkten Röntgenstrahlung von der Sonne die Elektronendichte in der Ionosphäre. Diese wiederum ist für den weltweiten Funkverkehr wichtig, so daß die nächtlichen Polarlichter meist von einem während des Tages bei direkter Bestrahlung auftretenden Ausfall der Kurzwellenreflexion begleitet sind.
Die solaren Protonen hoher Energie können zwar längs den Feldlinien, die über den Polen fast senkrecht stehen, direkt bis in die Stratosphäre eindringen. Sie bewirken ähn-

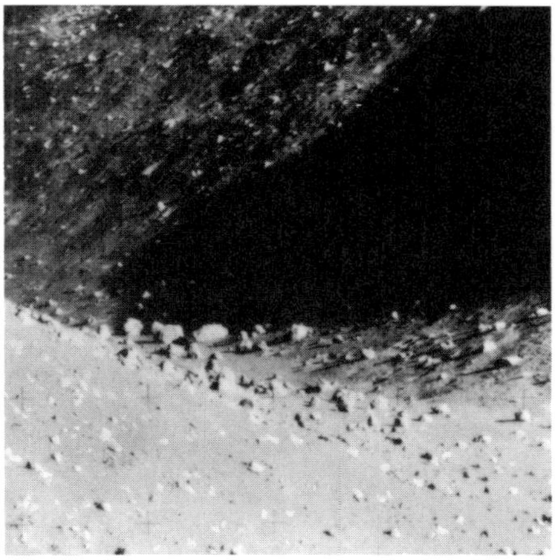

Mondrillen
Dies ist eine Aufnahme mit dem 500-mm-Teleobjektiv von der etwa 1 km entfernten gegenüberliegenden Wand der Hadley-Rille. Auch hier sind Schichten zu erkennen, die weiteres Licht, aber nicht endgültige Klärung in die Frage des vulkanischen Ursprungs dieser Rillen gebracht haben.

Mondrillen
Panorama vom Apollo-15-Landeplatz mit Blick in eine Biegung der Hadley-Rille. Die Breite beträgt hier einige 100 m. Im Schatten am Fuße des Berges (im Hintergrund) erkennt man den schrägliegenden St.-George-Krater.

Mondrillen
Dieses Lunar-Orbiter-Bild zeigt die etwa 100 km lange Hadley-Rille, Ziel der Apollo-15-Mission. Der Landeplatz ist oben rechts markiert (Rechteck) und auf der nächsten Seite herausvergrößert.

liche, aber länger dauernde Störungen des Funkverkehrs, sind jedoch von keinem Nordlicht begleitet. Alle diese Effekte stehen in einem Zusammenhang und können auch in Verbindung mit dem Wettergeschehen in der tieferen Atmosphäre gebracht werden, da sie die Jet-Streams in der Stratosphäre beeinflussen, die wiederum für die langfristige Wetterentwicklung verantwortlich sind. Es wird wohl noch Jahre dauern, bis nicht nur isolierte Einzelerscheinungen wie das Nordlicht, sondern alle dadurch ausgelösten Wechselwirkungen in ihrem Langzeitverhalten verstanden werden.

Mondrillen
Dieser etwa 160 km² große Ausschnitt auf der linken Seite der dargestellten Hadley-Rille enthält die Routen der drei «Mondspaziergänge» von Apollo 15. Die beträchtlichen Distanzen (vergleiche den Maßstab unten links) wurden allerdings mit einem elektrischen Auto zurückgelegt. Die Nummern längs der Wege beziehen sich auf Haltestationen, bei denen eine direkte Fernsehverbindung zur Erde hergestellt und Gesteinsproben gesammelt wurden.
Unten links, am Hang des Hadley-Massivs, erkennt man den in Wirklichkeit schrägliegenden St.-George-Krater. Die senkrechten Linien sind Nahtstellen der Filmstreifen des Lunar-Orbiter-Aufnahmesystems.

Ozeane

Verantwortlich für die so unterschiedliche Entwicklung der Erde gegenüber den anderen Planeten sind die Ozeane, die rund zwei Drittel der Erdoberfläche bedecken. Atmosphären gibt es auch anderswo, aber nur ausgedehnte Wassermassen konnten diese im großen Ausmaß chemisch verändern: Die Bildung der Karbonatgesteine, die Reduktion des Kohlendioxids, die Entstehung von Leben und die Zunahme des Sauerstoffgehalts wären ohne das Element Wasser undenkbar gewesen. Auch heute noch setzt sich in den Ozeanen der größte Teil der Biomasse um, und die ständige Bewässerung der Landgebiete, ja der Motor für das Wetter überhaupt würde ohne die Verdunstung über den Wasserflächen und den damit verbundenen Energietransport weitgehend fehlen. Diese Erkenntnis findet immer mehr Niederschlag im Bemühen, den Lebensraum Meer auch neben einer sich weiterentwickelnden Zivilisation in seiner ursprünglichen Art und Funktion zu erhalten. Auch bei der möglichen künftigen Entdeckung und Erforschung von Planeten außerhalb unseres Sonnensystems wird sich der Nachweis oder das Fehlen von Ozeanen als der entscheidende Selektionsfaktor bei der Suche nach belebten Welten entpuppen.

Neben durchschnittlich 96,5 Prozent Wasser enthalten die Weltmeere folgende Elemente (in Gramm pro Tonne):

Chlor	18 980
Natrium	10 560
Sulfat-Ionen	2 650
Magnesium	1 270
Kalzium	400
Kalium	380
Brom	65
Strontium	8
Bor	4,8
Silizium	3
Eisen	1,3
Stickstoff	0,5
Lithium	0,2
Rubidium	0,12
Phosphor	0,07
Jod	0,05
Barium	0,01
Zink	0,01
Gold	0,004

Physikalische Daten	Erde	Mond
Äquatordurchmesser	12 756,8 km	3476 km
Poldurchmesser	12 713,8 km	3474 km
Abplattung	1/297	1/1700
Max. Höhenunterschiede	ca. 20,5 km	ca. 12 km
Masse in Kilogrammen	$5{,}977 \cdot 10^{24}$	$7{,}334 \cdot 10^{22}$
Sonnenmasse in Erd- bzw. Mondmassen	332 936	27 134 161
Mittlere Dichte	5,517 g/cm³	3,341 g/cm³
Polachsenneigung zur Ekliptik	23°27′	1°31′
Atmosphär. Druck in Nullhöhe	1013 mb	10^{-6} bis 10^{-12} mb
Temperaturschwankungen, Max.	+60° C	+120° C (Boden)
Min.	−60° C (Luft)	−130° C (am Äq.)
Albedo (Rückstrahlfähigkeit)	0,5 ± 0,1	0,07
Schwerkraft an der Oberfläche	981 ± 1 cm/s²	162,694 cm/s²
Fluchtgeschwindigkeit	11,18 km/s	2,38 km/s
200-km-Satellit: Umlaufzeit	88,4 Min.	127,2 Min.
Geschwindigkeit	7784 m/s	1591 m/s
Rotationszeit	23 Std. 56 Min.	29,5306 Tage
Stärke des Magnetfeldes (Äquator)	30 000 Gamma	6—300 Gamma
Entfernungszunahme Erde—Mond	(Lasermessung)	3,5 ± 0,5 cm/Jahr
Oberfl. Potential Tag/Nacht/Mittel in Volt	—	10/—250/—100
Wärmefluß aus dem Planeteninneren	8,4 μW/cm²	2,5—3 μW/cm²

Geschichtliches

Diese Darstellung des Kopernikanischen Weltsystems löst nach 1400 Jahren das geozentrische Weltbild des Ptolemäus allmählich ab: Nach langjährigen Studien in Krakau und Italien entwickelt Kopernikus zwischen 1506 und 1512 seine Ansichten über den Bau des Sonnensystems. Bis zu seinem Tode verfasst er mehrere Bücher, 1543 vor allem «De revolutionibus orbium coelestium», (Über die Umläufe der Himmelskörper), in denen er das heliozentrische Weltsystem begründet. Bis 1616 bleibt seine Lehre von der Kirche unwidersprochen, und erst dann beginnt der lange Kampf der beiden Weltbilder, bis im 18. Jahrhundert dank genaueren Messungen die Aberration der Fixsterne nachgewiesen und damit das heliozentrische Weltbild bestätigt wird. Die Abbildung ist dem Macrocosmica Atlas von Andreas Cellarius, 1708, entnommen.

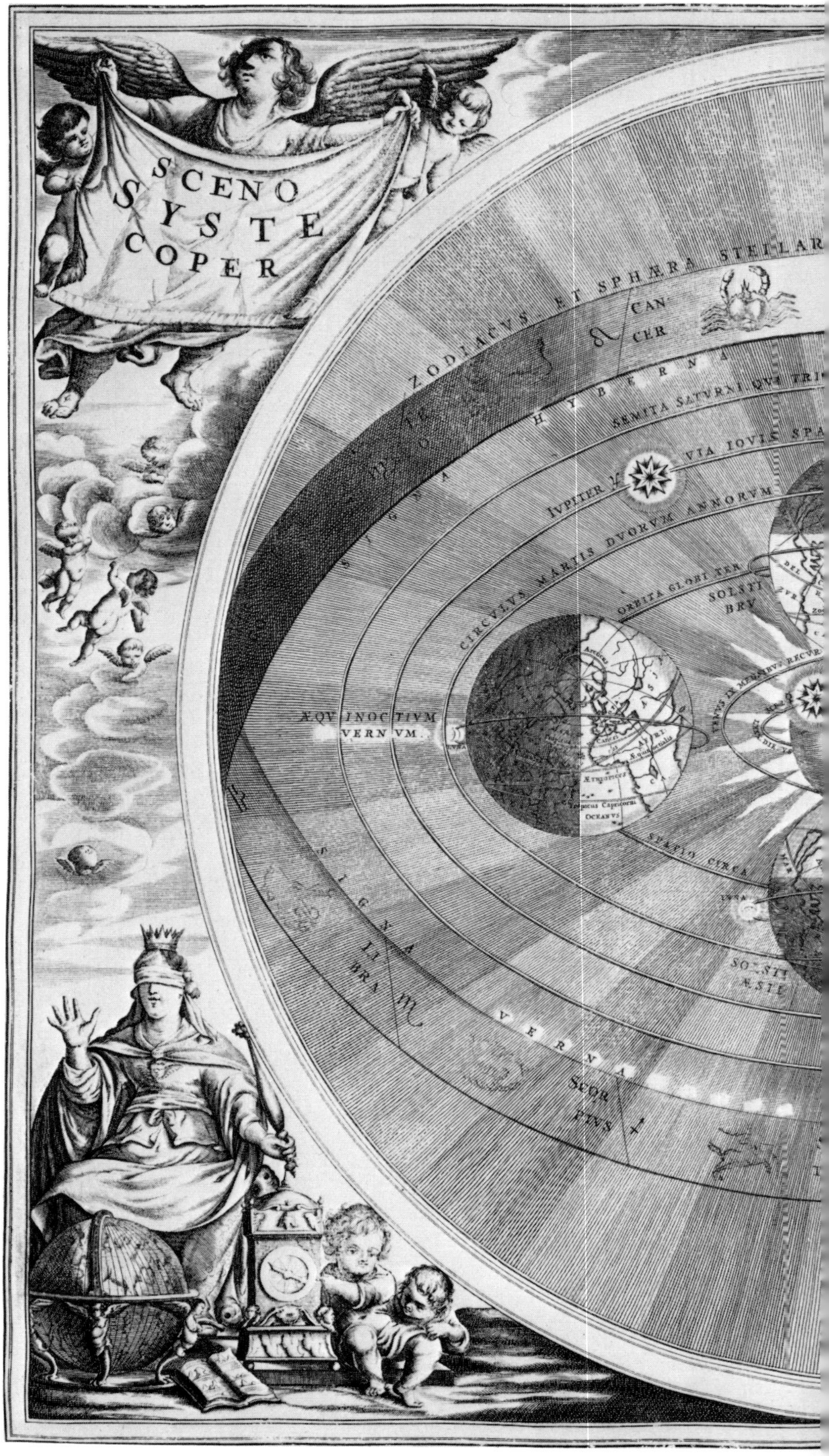

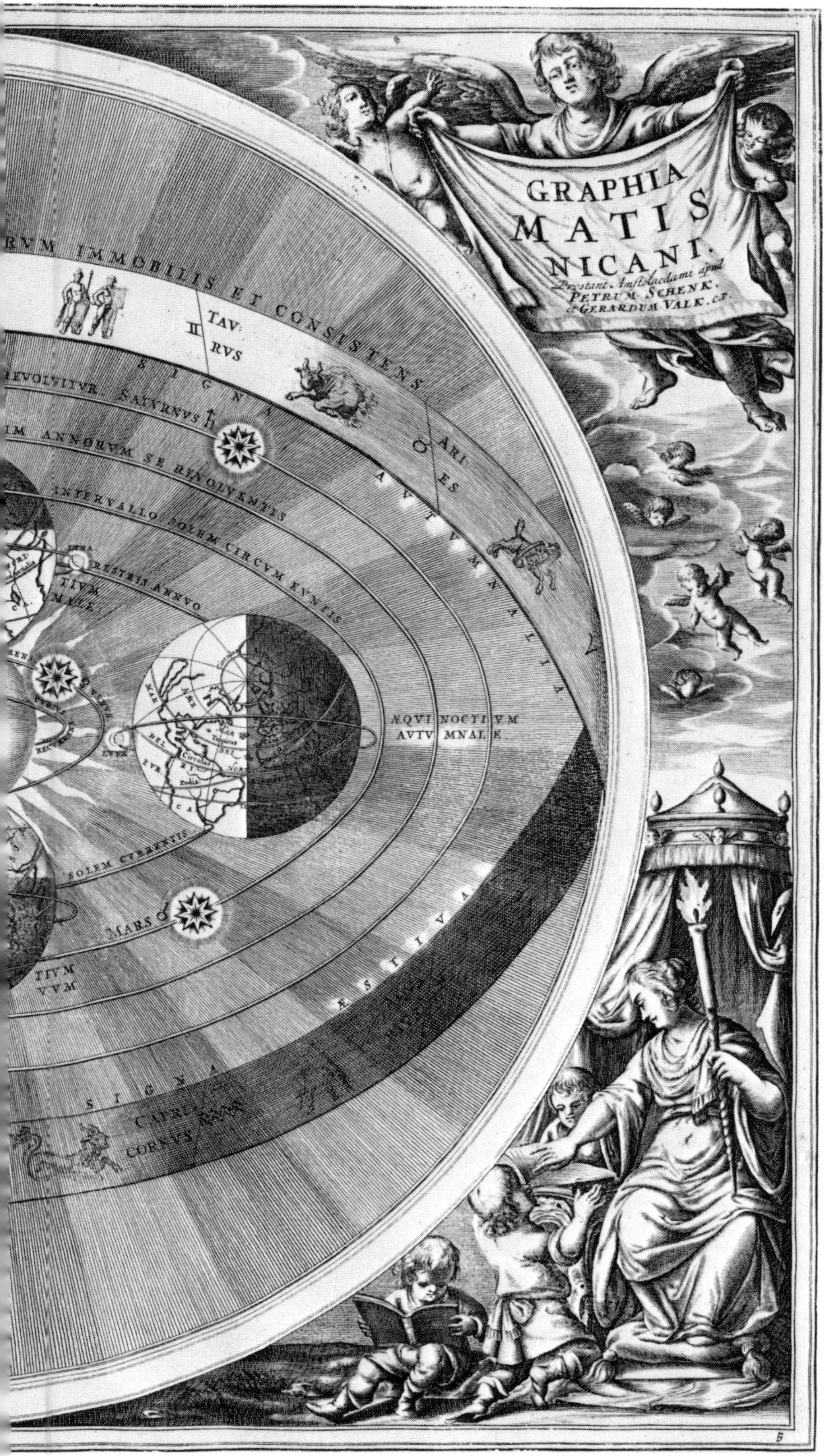
GRAPHIA
MATIS
NICANI.
Prostant Amstelaedami apud
PETRUM SCHENK,
& GERARDUM VALK. c.P.
RVM IMMOBILIS ET CONSISTENS
TAV
RVS
ARI
ES
ÆQVI NOCTIVM
AVTV MNALE
MARS
SOLEM CVRRENTES
CAPRI
CORNVS

Präzession der Erdachse

Die Erdachse steht derzeit um etwa 23°27′ zur Erdbahnebene geneigt. Dieser Winkel wird Schiefe der Ekliptik genannt, weil er zugleich Zwischenwinkel zwischen Äquator und Ekliptik ist. Die Anziehungskräfte, die auf die rotierende, aber nicht ideal kugelförmige Erde wirken, bringen eine Drift in die sonst immer fixe Achsenrichtung hinein. Diese beschreibt als Folge davon einen Kegelmantel. Die Erde verhält sich also wie ein gestörter Kreisel. Messungen und Berechnungen zeigen, daß der Kegel in 25 800 Jahren von der Erdachse einmal durchlaufen wird. Da jedoch die Störkräfte auch periodischen Schwankungen unterworfen sind, überlagert sich der Präzessionsbewegung eine zwar kleinere, aber für astronomische Präzisionsmessungen dennoch äußerst wichtige Taumelbewegung, die sogenannte Nutation. Die tatsächliche Bewegung der Polachse setzt sich aus mehreren Komponenten zusammen und verläuft daher im Detail sehr kompliziert. Die Verhältnisse werden noch schwieriger, weil selbst der Durchstoßpunkt der jeweiligen Drehachse mit der Erdoberfläche mit einer etwas über einjährigen Periode bis zu 10 m vom Mittelwert abweicht.

Im Verlaufe von etwa 40 000 Jahren kann sich die Schiefe der Ekliptik wegen der genannten Effekte und ihrer Kopplung mit den Erdbahnveränderungen zwischen einem Minimalwert von 21°55′ und einem Maximalwert von 24°18′ hin- und herbewegen. Momentan liegen wir also ziemlich in der Mitte von diesem Zyklus. Diese Veränderungen, nicht die Präzession selber, sorgen für einen periodischen Wechsel im Ablauf der Jahreszeiten, mit dem man die beobachteten Klimaschwankungen zu erklären versucht, die sich über die geologischen Zeiträume hinweg abgewickelt haben (siehe «Eiszeiten»).

Regolith

Regolith ist eine allgemeine Bezeichnung für die oberste Schicht des Mondes, die aus feinzertrümmerter «Erde» besteht. Je nach Gegend hat diese eine Dicke von etwa einem bis 20 Metern.

Im Regolith befinden sich viele kugel- oder hantelförmige erkaltete Tröpfchen aller Größen und Zertrümmerungsgrade. Zusammen mit den elektrostatischen Anziehungskräften zwischen den Teilchen führt dies dazu, daß sich dieser Mondboden wie feuchte Erde verhält, obwohl er vollkommen trocken ist. Fußabdrücke und Fahrspuren von den verschiedenen Mondlandungen werden erst nach etlichen Jahrmillionen langsam verschüttet und überdeckt.

Vor den unbemannten Mondlandungen im Jahre 1966 glaubten noch viele Forscher, der ganze Mond sei von einer metertiefen Staubschicht bedeckt, auf der sich überhaupt nicht landen lasse. Die über Äonen wirkenden Heiß-Kalt-Zyklen hätten die obersten Schichten vollkommen pulverisiert. Diesen Effekt hat man damals weit überschätzt. Bei den Landungen wurden zwar Staubschichten unterschiedlicher Dicke festgestellt, doch machen sich diese nur stärker bemerkbar, solange die Triebwerke brennen. Einzig bei Apollo 15 war die Sicht ab einer Höhe von etwa 18 m verlorengegangen, so daß man der Automatik eine sachte Blindlandung überließ.

Rotation der Erde

Die Astronomen sind sich heute im allgemeinen einig, daß die Achse der Erdbahn und damit die Umlaufzeit der Erde um die Sonne, also das Jahr, im großen und ganzen konstant ist. Es dürfte immer etwa 365¼ Tage heutiger Länge gehabt haben. Es bestehen heute jedoch keine Zweifel mehr, daß sich die Erdrotation wegen der Gezeitenreibung immer mehr verlangsamt, daß also die Tage länger werden. Der Effekt läßt sich theoretisch berechnen. Er wurde rechts grafisch durch eine Kurve dargestellt. In den sechziger Jahren erhielt diese Theorie von völlig unerwarteter Seite eine Bestätigung. Es gelang nämlich, in fossilen Korallen nicht nur Jahrringe zu entdecken, sondern auch Tagringe! Damit ließen sich die Anzahl «Tage» im Jahr direkt auszählen. Die ältesten erfolgreichen Messungen gehen auf die Zeit vor etwa 600 Mio Jahren zurück. Die Punkte oben rechts auf der Kurve sind solche Resultate, die die Theorie in schönster Weise bestätigen!

Heute beträgt die Rotationszeit 23 Stunden, 56 Minuten und 4 Sekunden. Sie variiert wegen der Verschiebungen der Erdkruste, des Erdinneren und der Atmosphäre im Bereich von Millisekunden. Mit Hilfe von Atomuhren ist jedoch bereits eine systematische Tendenz in Richtung einer gebremsten Rotation zu beobachten, mit der die langfristige Theorie direkt überprüft werden kann. Die Rotation des Mondes ist wegen ihres speziellen Charakters unter «Libration» erläutert.

Sonneneinstrahlung

Eine Fläche von einem Quadratmeter empfängt im mittleren Erdabstand von der Sonne (149,600 Mio km) 1354 Watt brutto in Form von elektromagnetischer Strahlung, vor allem Licht und Wärme (Infrarot). Die Frage, ob sich diese sogenannte Solarkonstante nicht eben doch leicht verändert,

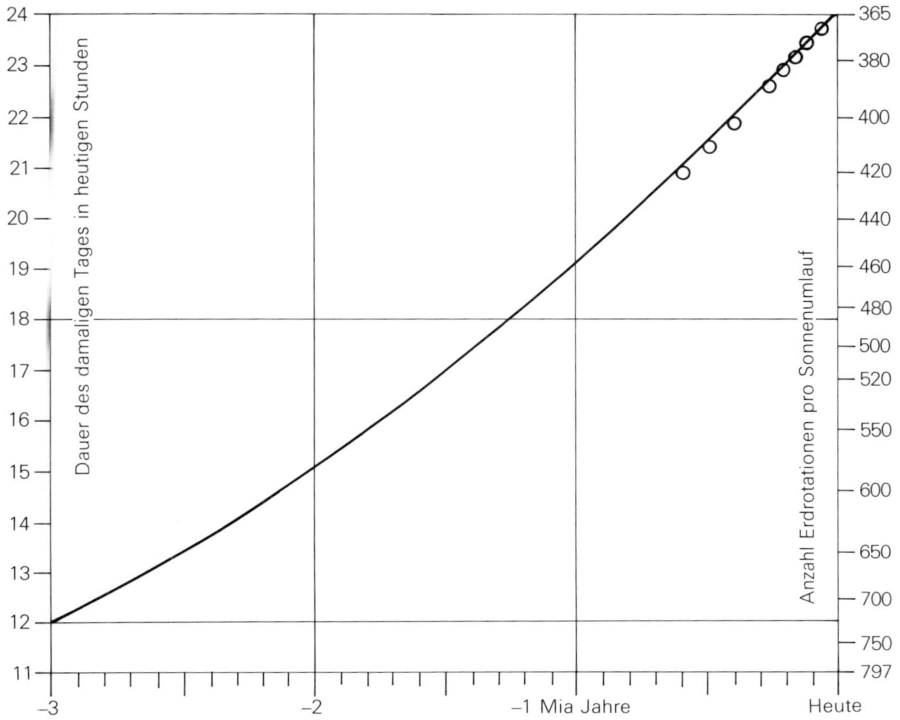

Rotation der Erde
Durch die Gezeitenreibung verlangsamt sich die Erdrotation, so daß die Tage immer länger werden. Die Kurve zeigt die theoretisch berechnete Veränderung während der letzten 3 Mia Jahre. Die Meßpunkte der letzten 600 Mio Jahre stammen von ausgezählten Tagringen in versteinerten Korallen, die mit den theoretischen Berechnungen im Einklang stehen.

wird in nächster Zeit bald beantwortet werden: Nur im Weltraum sind nämlich unverfälschte Messungen möglich, und diese sollten sich auch über einen längeren Zeitraum und über das gesamte Spektrum der Strahlung erstrecken. Im Moment ist noch keine sichere Aussage möglich.

Natürliche Schwankungen in der solaren Einstrahlung kommen dadurch zustande, daß der Erdabstand zwischen rund 147 und 152 Mio Kilometern variiert. Anfang Januar empfangen wir 1400, Anfang Juli nur 1310 W/m². Für den Mond betragen diese Extremwerte 1408 bzw. 1303 W/m².

Die von der Sonne eingestrahlte Energie wirkt als Motor der chemischen Evolution auf der Erde. Ein winziger Teil davon wurde in chemischer Form als fossile Energiereserven (Kohle, Gas und Erdöl) abgespeichert. Studien haben ergeben, daß sich die Sonnenenergie vor allem im Weltraum nutzen ließe, und zwar auch für einen Endverbrauch auf der Erde. Sonnenkraftwerke würden mit Vorteil in synchronen Umlaufbahnen, 36 000 km über der Erdoberfläche, errichtet. Bei Verwendung von Silizium- oder Gallium-Arsenid-Sonnenzellen ergeben sich Massen von 50 000 bis 100 000 Tonnen im synchronen Orbit, wenn am Boden noch 10 000 Megawatt in Form von Mikrowellen drahtlos empfangen werden sollen (Stand 1978). Selbst bei einer Konstruktion von der Erde aus wäre der Kilowattstundenpreis nicht höher, als er im Jahr 2000 auch bei konventioneller Erzeugung betragen wird (vergleiche «Industrialisierung des Mondes»). Einzelne Teile der Sonnenzellenaggregate treiben sich dabei in einigen Monaten mit elektrischen Triebwerken aus eigener Kraft von niederen Erdumlaufbahnen in die aufwendigere Synchronbahn.

Sonnenwind

Der Sonnenwind ist ein Partikelstrom von der Sonne, der sich mit Geschwindigkeiten von 300 bis 1000 km/s, manchmal mehr, ziemlich ungleichmäßig in alle Richtungen durch das Sonnensystem ausbreitet. Er besteht hauptsächlich aus Elektronen, Protonen (Wasserstoffkernen) und Alphateilchen (Heliumkernen). Das Verhältnis von Wasserstoff zu Helium beträgt 20:1, obwohl im Inneren der Sonne ein solches von nur 10:1 herrscht. Planeten mit einer Magnetosphäre wie die Erde sind vor dem Sonnenwind weitgehend geschützt, solche ohne, wie der Mond oder der Merkur, sind seinem Bombardement dagegen direkt ausgesetzt.

Außerhalb etwa der Jupiterbahn ist das vom Sonnenwind induzierte interplanetare Magnetfeld schon so schwach, daß das galaktische Magnetfeld unserer Milchstraße überwiegt. Je nach der Sonnenaktivität und der Intensität des Sonnenwindes ist diese Grenzzone allerdings großen Schwankun-

A. Steck Delin.
Fig. O.
I. Saal Sculps.

gen ausgesetzt. Im großen verschafft der Sonnenwind dem Planetensystem also einen ähnlichen Schutz wie die Magnetosphären den Planeten selber.
Erkenntnisse über den Sonnenwind erlangten vor allem bei der Mondforschung große Bedeutung, weil dabei genaue Analysen des ungestörten Partikelstromes weit von der Erde möglich wurden. Ein wichtiges Experiment dazu stammte von der Universität Bern: In einer aufgespannten Aluminiumfolie wurden Edelgaskerne während der Dauer des Mondaufenthaltes als «Steckschüsse» eingefangen und dann auf der Erde wieder ausgedampft und massenspektrometrisch untersucht. Dies ermöglichte im weiteren auch eine Eichung der Methode, aus dem Bestrahlungszustand von Mondgestein auf dessen Liegezeit an der Mondoberfläche zu schließen. Das vom Sonnenwind mitgeführte Magnetfeld erzeugt auch Induktionsströme im Mondinneren dessen Feld wieder gemessen werden konnte. Dieser Messung verdankt man unter anderem die Werte des spezifischen Widerstandes in verschiedenen Tiefen, aus denen die Schätzungen der Temperatur abgeleitet werden konnten (vergleiche «Inneres des Mondes»).

Van-Allen-Strahlungsgürtel

Der Van-Allen-Strahlungsgürtel ist nach seinem Entdecker benannt und durch den ersten US-Satelliten Explorer 1 erstmals als Strahlungsgürtel der Erde ausgemessen worden. Er besteht aus elektrisch geladenen Teilchen, die im irdischen Magnetfeld eingefangen sind und dort enge Spiralen um die von Pol zu Pol reichenden Feldlinien beschreiben. Die größte Intensität herrscht im Äquatorbereich bei Höhen zwischen 8000 und 18 000 km. Wie die Mondflüge gezeigt haben, ist es ohne große Strahlenbelastung möglich, diesen gefährlichen Bereich zu durchfliegen. Längere Aufenthalte in Raumstationen sind jedoch nur in tieferen Umlaufbahnen oder dann in höheren durchführbar. Die synchrone 24-Stunden-Bahn liegt glücklicherweise bereits oberhalb der gefährlichen Zone.

Vollmondhelligkeit

Trotz der geringen mittleren Reflexionsfähigkeit des Mondes von nur 7 Prozent erscheint die voll beschienene Mondscheibe dem adaptierten Auge gleißend hell. Erst am Taghimmel, etwa im Vergleich zu einer schneeweißen Bergkuppe, offenbart sich, wie wenig von den fast schwarzen Gesteinen noch reflektiert wird. Es wären rund 500 000 Vollmonde am Himmel nötig, um dem Auge den gleichen Helligkeitseindruck, wie er durch die Sonne entsteht, zu vermitteln. Umgekehrt bedeutet dies, daß mit Weltraumspiegeln nur sehr wenig Sonnenlicht umgelenkt werden müßte, um eine minimale Nachtbeleuchtung von beispielsweise 10 bis 100 Vollmondhelligkeiten zu erzeugen. Ein Quadratkilometer in einer nicht allzu hohen Umlaufbahn würde bereits genügen, um in einer Großstadt die gesamte Straßenbeleuchtung zu ersetzen.
Die «Vollerde», vom Mond aus betrachtet, erscheint dagegen rund 70mal heller als der Vollmond, weil sowohl Sichtwinkel als auch Reflexionsfähigkeit der Erde größer sind. Der Widerschein dieser Beleuchtung ist bei schmaler Mondsichel sogar von Auge erkennbar. Nur die Rückseite des Mondes weist, abgesehen vom Licht der Sterne und der Planeten, nachts völlige Finsternis auf.

Präzession der Erdachse
Eine Darstellung aus Johannes Hevelius' «Machinae Coelestis» (1673), wo man sieht, wie mit Hilfe eines reich verzierten Quadranten Vermessungen durchgeführt werden. Interessant ist auch, daß diese Arbeit nicht reine «Männersache» ist, sondern daß Frauen auch tatkräftig mithelfen können.

Vollmondhelligkeit
Dieser Holzschnitt von Hans Holbein d. J., der in Sebastian Münsters «Canones super novum instrumentum luminarium», Cratander 1534, abgebildet ist, zeigt sehr schön die verschiedenen Mondphasen von Leermond, Halbmond bis Vollmond.

Vulkanismus

Gewisse Stellen der Erdoberfläche stehen noch heute durch einen flüssigen Schlot mit dem Erdinneren in Verbindung. Gelegentlich tritt durch diesen Schlot mehr oder weniger flüssiges Gestein an die Oberfläche, das explosionsartig ausgespien wird, wenn es mit heißen Gasen und Wasserdampf vermischt ist. Solange Vulkane aktiv sind, schütten sie charakteristische Aschenkegel auf, die jedoch schneller in sich zusammenfallen als andere Gebirge, sobald sie längere Zeit erloschen und untätig sind.
Auf der Erde gibt es unzählige Spuren von einstigem Vulkanismus, doch zählt man heute nur noch etwa 450 in geschichtlicher Zeit ausgebrochene Vulkane. Alle diese Vulkane — bis auf etwa 100 — liegen im oder eher um die Pazifische Platte, wo die Erdkruste besonders dünn ist. Bei manchen

Vulkanismus
Vulcanus, der mächtige Mann mit dem Hammer, der Berge erschüttern und Feuer speien läßt, hier in einer Darstellung von Hendrik Goltzius (Kupferstich).

von ihnen kann der Gipfelkrater, die Caldera, in ruhigen Zeiten bestiegen werden. Heute werden nur noch unbedeutende Mengen von Gas und Wasserdampf an die Erdoberfläche gefördert. In der Zeit, als sich die erste Kruste bildete, muß die Tätigkeit der Vulkane jedoch viel größer gewesen sein, zieht man die dichte Atmosphäre und die Ozeane in Betracht. Auf dem Mond dagegen sind beinahe alle Spuren von Vulkanismus verschwunden, vor allem die letzten Reste einer vielleicht zeitweise vorhanden gewesenen Atmosphäre. Höchstens einige Löcher, aus denen geringe Gasmengen aus großer Tiefe freigesetzt werden, hält man heute noch für möglich.

Zodiakallicht

In der Symmetrieebene des Sonnensystems befindet sich eine scheibenförmige Staub- und Gaswolke, die sich mit den Planeten um die Sonne bewegt. Schon vor dem Flug der ersten interplanetaren Sonden vermutete man diese Materieansammlungen, weil vor allem in klaren Nächten bei steiler Lage der Ekliptik (auch Zodiac oder Tierkreis genannt) zum Horizont ein schwach leuchtendes Dreieck den Sonnenuntergangspunkt überragt. Seine Spitze konnte auf beide Seiten bis zu 100 Grad von der Sonne weg reichen, also gut 6 Stunden vor dieser auf- oder nach dieser untergehen. Man deutete das Zodiakallicht schon früher richtigerweise als feinstverteilte Materie, die zu unserem Sonnensystem gehört. Inzwischen wurden diese Vorstellungen durch Beobachtungen an Ort und Stelle bestätigt. Der Gegenschein ist ein weiteres Helligkeitsmaximum, wenn auch ein viel schwächeres. Der Punkt dieses Maximums ist um 180 Grad von der Sonne abgewendet und wird ebenfalls als ein Effekt des Zodiakallichtes erklärt. Beim Blick ins weniger «staubige» Äußere des Sonnensystems sind nämlich nur noch jene Teilchen sichtbar, die von der hinter uns liegenden Sonne in Blickrichtung frontal beleuchtet werden. Alle diese Erscheinungen sind aber sehr schwach, und wegen der notwendigerweise steil stehenden Ekliptik in unseren Breiten nur im Frühjahr am Abendhimmel oder im Herbst am Morgenhimmel zu sehen. In der Nähe von Städten überwiegt selbst dann das Streulicht.

♂ Mars

Atmosphäre

Seit 1965 weiß man, daß Kohlendioxid, ein Gas mit nur 0,03 Prozent Anteil in der Erdatmosphäre, auf Mars mit rund 95 Prozent den Löwenanteil ausmacht. Da die Restgase in den Spektren nicht in Erscheinung treten, konnte ihre Häufigkeit von Satelliten nicht ferngemessen werden. Die Viking-Lander analysierten daher die Marsatmosphäre erstmals, und zwar mit verschiedenen Instrumenten einmal während des Abstiegs und zweimal unabhängig voneinander am Boden. Es zeigte sich dabei, daß die Marsatmosphäre viel größeren örtlichen und zeitlichen Variationen unterworfen ist als beispielsweise die Erdatmosphäre. So schwankt der in den meisten Gegenden zwischen 5 und 7 Millibar liegende Druck im Laufe eines Jahres an jedem Ort um rund 30 Prozent, da im Winter beträchtliche Mengen von Kohlendioxid an den Polen ausfrieren. Das Druckprofil längs der Eintrittsbahnen von Viking 1 bzw. 2 zeigte markante Unterschiede, woraus man auf starke Bewegungen innerhalb der Atmosphäre schloß. Diese werden durch die großen Temperaturunterschiede zwischen der Tag- und der Nachtseite angeregt.

Zur großen Überraschung ergab sich ferner, daß der Kohlendioxidgehalt mit zunehmender Höhe sinkt und oberhalb etwa 100 km nur noch etwa 50 Prozent beträgt, während der Stickstoff zum ebenbürtigen Bestandteil aufsteigt. Sein schweres Isotop Stickstoff 15 kommt im Verhältnis zum normalen Stickstoff auf Mars häufiger vor als auf der Erde, was als eine Folge der geringeren Fluchtgeschwindigkeit betrachtet wird, die ein Entweichen des leichteren Isotops begünstigt. Erstaunt war man auch über den relativ hohen Gehalt an Stickoxiden, der von einer bestimmten Höhe an sogar jenen der Erde übertrifft.

Aufgrund der fotochemischen Reaktionen zwischen den Gasen der Hochatmosphäre läßt sich abschätzen, daß pro Jahr rund eine Million Tonnen Stickoxide gebildet werden, die schließlich mit der Oberfläche reagieren. Auf der Erde ist es allerdings etwa die hundertfache Menge, die auf diese Weise als «Stickstoffdünger» dem biologischen Kreislauf zugeführt wird. Diese Substanzen sind unter anderem sehr wichtig für die Entstehung und Ernährung von Lebewesen, Tieren oder Pflanzen, auf einem Planeten.

Die nachfolgende Tabelle basiert auf den Analysen des Massenspektrometers des Gaschromatografen und des biologischen Gasaustauschexperimentes (zur möglichen Kontrolle). Die Messungen wurden auch nach der Entfernung eines großen Teils des Kohlendioxids wiederholt, um die Restbestandteile unter sich zu haben und so genauer analysieren zu können.

Zusammensetzung der Marsatmosphäre

Gas:	Anteil:
Kohlendioxid	95–96,2 %
Stickstoff	2,3–2,7 %
Argon	1,5–1,6 %
Sauerstoff	0,1–0,2 %
Kohlenoxid	0,[illegible] %
Krypton	0,002 %
Xenon	0,005 %
Neon	0,00[illegible] %

Isotopenverhältnisse	Mars	Erde
^{40}Argon : ^{36}Argon	3100	300
^{36}Argon : ^{38}Argon	5±1	5,3
^{14}N : ^{15}N	135–185	272

Mittlerer atmosphärischer Druck in verschiedenen Höhen

Die Nullhöhe ist so definiert, daß der dortige mittlere Druck 6,1 Millibar (mb) beträgt, bei dem Siedepunkt und Gefrierpunkt von Wasser beide 0° C sind.

Höhe (km)	Druck (mb)	Höhe (km)	Druck (mb)
−5	10,1	1	5,5
−4	9,1	2	5,0
−3	8,2	3	4,5
−2	7,5	4	4,1
−1	6,7	5	3,7
0	6,1	6	3,3

Faustregeln: 1 km Höhenzuwachs entspricht 10 Prozent Druckabnahme; 7 km Höhenzuwachs entsprechen 50 Prozent Druckabnahme.

Mars besitzt auch eine Ozonschicht, die mit der Aufspaltung von Wasserdampf in der Hochatmosphäre zusammenhängt, die aber mit den ebenfalls vorhandenen Stickoxiden in einem weniger stabilen Gleichgewicht steht als auf der Erde. So beobachtete man schon mit Mariner 6 und Mariner 7 im Jahre 1969, daß die Ozonschicht über den Polen im Sommer fehlte, um erst wieder im Herbst mit eintretender Bewölkung zu erscheinen.

Wie die Beobachtungen aus der Umlaufbahn ergeben haben, erreicht die Dämpfung des Lichtes innerhalb der Marsatmosphäre beträchtliche Werte. Dies wird auf den Bodenaufnahmen besonders deutlich, vor allem wenn man die im Vergleich zur Erde über hundertmal dünnere Atmosphäre berücksichtigt. Dieser Effekt ist im roten Anteil des Lichtes sogar noch viel ausgeprägter als im blauen. Vor allem zur Zeit der morgendlichen Dunstschichten und erst recht während Staubstürmen steigert sich die optische Dicke bis zur Undurchsichtigkeit.

Die Messungen von Isotopenverhältnissen von Gasen erlauben wertvolle Abschätzungen der ursprünglichen Dichte der Atmosphäre. Dabei wird der Umstand, daß das Verhältnis von leichten zu schwereren Atomen universell konstant war, daß es sich aber im Verlaufe einer Planetengeschichte zum heutigen Wert verschoben hat, benützt. Auf Mars, mit seiner geringen Anziehungskraft, erwartet man beispielsweise, daß sich die leichteren Isotope stärker verflüchtigt haben als auf der Erde, was auch tatsächlich beobachtet werden kann. Von Stickstoff 15, dem selteneren schweren Isotop, gibt es auf Mars, bezogen auf den normalen Stickstoff 14, etwa 75 Prozent mehr als auf der Erde. Daraus wurde abgeleitet, daß der ursprüngliche Partialdruck von Stickstoff mindestens 2, vielleicht aber bis zu 30 Millibar betragen hatte. Heute sind es nur noch etwa 0,15 Millibar.

Man nimmt an, daß die dichteste Atmosphäre in die Zeit des aktivsten Vulkanismus zurückreicht. Damals enthielt sie noch große Mengen an Methan und Ammoniak, die sich inzwischen durch fotochemische Reaktionen in Stickstoff und Kohlendioxid verwandelt haben. Der abgespaltene Wasserstoff verflüchtigte sich weitgehend, da die geringe Schwerkraft dieses leichte Gas nicht halten konnte. Auch später ausgestoßene vulkanische Gase erlitten immer wieder das gleiche Schicksal. Es ist anzunehmen, daß viele der Flußtäler zu einer Zeit entstanden sind, als die Atmosphäre noch eine ziemlich andere Zusammensetzung hatte. Der Treibhauseffekt der Uratmosphäre, die aus stärker wärmeabsorbierenden Gasen bestand, würde auch die damals höhere Temperatur, trotz eines wohl nicht allzuviel höheren Gesamtdruckes, verständlich machen.

Eine Rückkehr zu den damaligen Verhältnissen dürfte also weder von Natur aus allzu wahrscheinlich noch mittels künstlicher Maßnahmen leicht erreichbar sein, da der Marsvulkanismus heute ziemlich erloschen ist.

Bahndaten

Umlaufzeit um die Sonne	687 Tage
Mittlere Zeit zwischen 2 Distanzminima von der Erde	780 Tage
Minimaler Sonnenabstand	206,7 Mio km
Maximaler Sonnenabstand	249,2 Mio km
Minimaler Erdabstand (in diesem Jahrtausend)	55,5 Mio km
Maximaler Erdabstand (in diesem Jahrtausend)	400 Mio km
Min. Funkzeit zur Erde	3,1 Lichtminuten
Max. Funkzeit zur Erde	22,2 Lichtminuten
Geschwindigkeit	
im sonnennächsten Punkt	26,5 km/s
im sonnenfernsten Punkt	22,0 km/s

Die vollständigen Bahnelemente (siehe unten) sind für den mit modernen Rechenhilfsmitteln ausgerüsteten interessierten Leser gedacht. Die mittlere Drift der sich systematisch ändernden Elemente ist angegeben und gestattet für viele Zwecke hinreichend genaue Positionsberechnungen je ungefähr 200 Jahre in die Zukunft und in die Vergangenheit. T bedeutet die seit dem 1. Januar 1975 verflossene Zeit in Tagen.

Besiedlungsmöglichkeiten

Das Interesse und der Glaube an eine Besiedlung von Mars sind so alt wie die ersten Teleskopbeobachtungen dieses Nachbarplaneten. Ein Körper von immerhin halber Erdgröße in nicht allzuviel größerem Sonnenabstand ließ eine zwar kalte, aber noch einigermaßen vergleichbare Welt erwarten. Die große Unbekannte war nicht sosehr die Temperatur als vielmehr die Dichte und dann während eines weiteren Jahrzehnts nach deren Messung immer noch die genaue Zusammensetzung der Marsatmosphäre.

Für jeden, der auf eine Luft gehofft hatte, die wir zum Atmen brauchen, sahen die Aussichten von Anfang an düster aus. Eine solche Voraussetzung ist jedoch für eine Besiedlung im weitesten Sinne nicht nötig. Wir leben ja auch nicht auf einem Planeten, auf dem gediegenes Eisen und Aluminiumbarren herumliegen und Kunststoffe auf den Bäumen wachsen. Einzig die Luft entspricht (natürlich nicht zufälligerweise) hinreichend dem, was wir für die Atmung benötigen. Unzählige andere Substanzen

Länge des aufsteigenden Knotens (Grad)	$49{,}36469 + 2{,}11 \cdot 10^{-5} \cdot T$
Neigung zur Ekliptik (Grad)	$1{,}84983 - 1{,}78 \cdot 10^{-8} \cdot T$
Länge des Perihels (Grad)	$286{,}23417 + 2{,}93 \cdot 10^{-5} \cdot T$
Große Halbachse (astronomische Einheiten)	1,5236884
Numerische Exzentrizität	$0{,}093382 + 2{,}52 \cdot 10^{-9} \cdot T$
Mittlere Anomalie am 1. 1. 1975 (Grad)	274,55739

mußten zuerst aus mehr oder weniger grauem Gestein hervorgezaubert werden, um unserer technischen Zivilisation zum Durchbruch zu verhelfen. Auf einem bewohnbaren Planeten muß zusätzlich auch noch die Atmosphäre umfunktioniert werden, doch fällt dieser Mehraufwand nicht sosehr ins Gewicht, wie man zunächst annehmen könnte. Voraussetzung ist lediglich, daß die notwendigen Rohstoffe (einfach gebundener Sauerstoff und Stickstoff) überhaupt vorhanden sind. Seit Viking weiß man, daß Mars diese Voraussetzung erfüllt: Stickstoff und Argon (siehe «Atmosphäre der Erde») brauchen nur auf den erforderlichen Partialdruck komprimiert zu werden, und man erhält brauchbares «Füllgas». Nach der Abtrennung des Kohlendioxids bleiben diese beiden chemisch trägen Bestandteile zusammen mit etwas freiem Sauerstoff als Reste übrig. Es gibt eine Reihe von Möglichkeiten, den Anteil des Sauerstoffes auf die gewünschten 21 Prozent zu erhöhen: direkte Anreicherung aus der Atmosphäre durch Gasverflüssigung oder Molekularsiebe, elektrolytische Aufspaltung des weitverbreiteten Wassereises oder biologische Reduktion aus dem überwiegenden Kohlendioxid mittels Pflanzen oder Algen. Man wird die billigste und praktischste Lösung wählen müssen.

Eine Einschränkung wird allerdings bleiben: Ein erdähnlicher Planet wird Mars trotzdem noch nicht, denn mit den genannten Methoden läßt sich zwar die Atmosphäre auch großer Behausungen erzeugen, aber nicht die gesamte Gashülle eines Planeten auf den Erddruck komprimieren. Dazu sind auf Mars zu wenig Gase vorhanden, und es dürfte wohl noch lange dauern, bis man diese in gefrorenem Zustand aus dem äußeren Sonnensystem herbeischaffen kann. Ein Leben in abgeschlossenen Häusern, obwohl draußen ein wesentlich unangenehmeres Klima herrscht, kennen wir auch auf der Erde, nicht nur aus extremen Situationen wie etwa der Antarktis: Im Norden Europas sind einige große, nach außen abgeschlossene Fitneß- und Unterhaltungszentren entstanden, in denen auch im Winter das Treibhausklima des Südens simuliert wird. Der Besucher ist sich nach kurzer Zeit wohl kaum mehr bewußt, daß sein von einer künstlichen Sonne gebräunter Körper draußen nach kurzer Zeit erfrieren müßte. Ob in wenigen Stunden wie auf der Erde oder sofort wie auf Mars, ist kein grundlegender Unterschied.

Es ist recht typisch, daß solche lokalen Musterwelten auf der Erde zuerst als Erholungs- und Unterhaltungsstätten gebaut worden sind. So unwahrscheinlich es dem Leser zunächst erscheinen mag, ist es doch genau diese Entwicklung — Tourismus im weitesten Sinne — die die Erschließung des Mars in Zukunft am meisten stimulieren dürfte. Seine Einmaligkeit liegt in den landschaftlichen Schönheiten, der auf ein Drittel reduzierten Schwerkraft und der so erstaunlich erdähnlichen Tages- und Jahreszeiten. Das Abenteuer, eine fremde Welt mit rötlichem Himmel und zweifellos interessanten atmosphärischen Erscheinungen (abgesehen von den Staubstürmen) zu betreten, sowie die Aussichten auf vollständig neue Sportarten, wie Muskelflug oder Schwimmen unter reduzierter Schwerkraft, dürften eine gewaltige Anziehungskraft auf Menschen ausüben, die ihren Heimatplaneten (und bis dahin vielleicht auch den Mond) bereits genügend zu kennen glauben. Jedermann, der über eine blühende Oase wie Las Vegas an Ort und Stelle gründlich nachgedacht hat (vor 100 Jahren hielt man das Leben dort weder für möglich noch wünschenswert) und der die praktischen Möglichkeiten der Raumfahrt etwas kennt, sieht pulsierende Touristenstädte auf Mars in einem weiteren Jahrhundert als die wahrscheinlichste Entwicklung, die sich aus den bisherigen Erfahrungen ableiten läßt.

Gewisse Gegebenheiten auf Mars sind sogar vorteilhafter als auf der Erde: Seine beiden Monde stellen wohl die am bequemsten zugänglichen und abbaubaren Rohstoffquellen für Satellitenanwendungen dar, die man sich vorstellen kann. Bei unserem Mond ist ein viel größeres Gravitationspotential zu überwinden, und der Transport auf erdnähere Bahnen erfordert viel mehr Energie als auf Mars, wo die stationäre Bahn zwischen Phobos und Deimos liegt.

Ein weiterer Vorteil dürfte in der besseren Kontrolle unliebsamer Bakterien und erst recht größerer Schädlinge liegen, die Menschen, Tiere und Pflanzen bedrohen. Die riesigen Treibhäuser, die man für die Versorgung mit Nahrungsmitteln und Sauerstoff bauen wird, brauchen wohl kaum je gegen Insekten gespritzt zu werden, wenn man diesen von Anfang an den Einlaß verwehrt. Bereits in Südpolstationen, die in vieler Hinsicht als Vergleich mit Marsbasen geeignet sind, machte man in bezug auf die Lufthygiene ähnliche Erfahrungen.

Dieser kurze Abriß wollte zeigen, daß Mars der Planet in unserem Sonnensystem ist, der die besten Möglichkeiten für eine begrenzte Umgestaltung in eine bewohnbare Welt bietet. Seine Besonderheiten würden ihn selbst in einer Zeit noch einmalig machen, in der der Mensch in der Lage ist, vollständig künstliche Wohnräume an beliebigen Orten im All zu schaffen.

Chemische Zusammensetzung des Marsbodens

Vor den Analysen des Marsbodens durch die Viking-Lander besaß man lediglich Vermutungen über seine Zusammensetzung. Die rote Farbe der Oberfläche wies auf die Anwesenheit von Eisenoxiden, vor allem Limonit, hin. Dies stand auch im Einklang mit der Vorstellung, daß der weniger dichte Mars keine so deutliche Trennung in Eisenkern und Silikathülle durchgemacht habe wie die Erde und der Boden daher einen höheren Eisengehalt aufweisen sollte. Die Aufspaltung von Wasser in Sauerstoff und Wasserstoff, wobei der Wasserstoff beim Entweichen nachgewiesen werden konnte, war ein weiteres Argument zum Wassernachweis, da der verbleibende Sauerstoff den hohen Oxidationszustand der Gesteine natürlich bestens erklärte.
Einige zusätzliche Informationen besaß man noch dank des früher von Sonden durchgeführten Radiowellen-Verdeckungsexperiments. Die vom Staub in der Atmosphäre veränderten Signale ließen auf sehr feine Partikeln schließen, die im wesentlichen aus Quarz, also Siliziumdioxid, bestehen.
Die Viking-Lander waren mit einem Röntgen-Fluoreszenz-Spektrometer ausgestattet, wie er in ähnlicher Art bereits zehn Jahre zuvor in den Surveyor-Mondsonden verwendet worden war. Dieses nur 2 kg schwere Gerät kann zwar nicht als Ersatz für eine chemische Analyse eines Labors angesehen werden, es liefert aber immerhin die Häufigkeitsverteilung für die verschieden schweren Atomkerne in Abhängigkeit des Atomgewichtes. Daraus läßt sich mit einiger Erfahrung, wie man sie heute besitzt, auf die verantwortlichen chemischen Elemente schließen, sofern diese nicht zu leicht sind. Die schweren Elemente besitzen weiter auseinanderliegende Werte für das Atomgewicht, was sie unverwechselbar identifiziert. Wenn auch die Messungen nicht besonders genau sind, so haben sie doch den Vorteil, daß im Gegensatz zu chemischen Analysen überhaupt keine Voraussetzungen über die zu erwartenden Elemente gemacht werden müssen, was auf einem fremden Planeten ohnehin unmöglich wäre. Man erhält allerdings auch keine Auskunft über die Art der Verbindungen, die sich aus diesen Elementen zusammensetzen. In der folgenden Tabelle, die die Resultate der Viking-1-Analysen enthält, fehlt der wichtige Sauerstoff, dessen Anteil wohl wie auf dem Mond bei rund 40 Prozent liegen dürfte. Hier ist man weiterhin auf Schätzungen angewiesen, die auf den mutmaßlichen Verbindungen beruhen, die dieses Element mit den quantitativ erfaßten Elementen eingeht. Vom aufgeführten Schwefel nimmt man beispielsweise an, daß er vor allem in Form von Sulfaten vorkommt.

Element	**Geschätzter Anteil in Prozent**
Silizium	18,5—24,0
Eisen	12,5—15,0
Kalzium	3,0—4,5
Magnesium	2,5—5,5
Schwefel	2,5—5,0
Aluminium	2,0—5,0
Kalium	0,0—0,8
Cäsium	0,1—0,6

Weitere unabhängige Hinweise auf die chemische Zusammensetzung erhielt man von magnetischen Mineralien, deren Prozentanteil auf 3 bis 5 geschätzt wird. Solche Gesteine ließen sich, an Magneten hängend, von den Fernsehkameras direkt betrachten. Theoretisch kommen bei diesen gediegenes Eisen, Magnetit, Purpurit (ein Sulfid) und Maghemit (ein seltenes, in stark oxidierten Lavaströmen auf Hawaii vorkommendes Mineral) in Frage. Das erste wird wegen des hohen Oxidationszustandes der Marsoberfläche als wenig wahrscheinlich erachtet, doch wäre ein kleiner prozentualer Anteil von Eisen dennoch möglich.
Die Analyse der flüchtigen Bodenbestandteile, die quantitativ nicht so sehr ins Gewicht fallen, aber trotzdem besonders interessant sind, sorgte für besondere Überraschungen. Der scheinbar vorhandene Stoffwechsel, den die biologischen Experimente zeitweise zu bestätigen schienen, ließ nämlich Verbindungen von höherem Molekulargewicht erwarten. Der für Nachweise besonders geeignete Gaschromatograf-Massenspektrometer meldete nämlich trotz seiner Empfindlichkeit bis hinunter zu wenigen Teilen pro Milliarde nie eindeutig von Mars stammende Spuren von Stoffen mit einem Molekulargewicht zwischen 20 und 200, dem Meßbereich des Gerätes. Eine ganze Reihe einfacher Kohlenwasserstoffe wäre dabei in Frage gekommen, selbst nichtbiologisch entstandene wie jene in Meteoriten, doch an den Viking-Landestellen schienen diese zu fehlen. Obwohl man die Bodenproben, bei 500° C beginnend, bei verschiedenen Temperaturniveaus (350° C, 200° C und 50° C) ausdampfte, zeigte sich immer nur der in ziemlich stabilen Hydraten gebundene Wasserdampf in Mengen bis 1 Gewichtsprozent. Es ist fast unmöglich, daß alle die verschiedenen gesuchten organischen Substanzen ausgerechnet bei der

Deimos
Deimos aus 3300 km. Der beleuchtete Teil mißt 12 × 8 km. Die Kratergrößen liegen zwischen 100 m und 1,3 km. Die Viking-1-Kameras blickten in diesem Moment etwa 40 Grad nach oben in bezug auf den darunterliegenden Marshorizont. Dies war im September 1976 die beste Aufnahme von Deimos, seit Mariner 9 rund fünf Jahre zuvor erst sehr detailarme Bilder geliefert hatte.

gleichen Temperatur zusammen mit dem weit überwiegenden Wasserdampf unerkannt entweichen können.

Deimos

Der kleinere Marsmond Deimos mißt nur 9,7 × 11,3 × 16,1 km. Neben dem rund 600mal größeren und viel lichtstärkeren Mars erscheint er auch in den größten Fernrohren nur als ein Pünktchen, das wie ein Fixstern keine meßbare Ausdehnung besitzt. Die ersten Durchmesserbestimmungen basierten daher auf der gemessenen Helligkeit und einer geschätzten Rückstrahlfähigkeit. Da diese aber nicht wie vermutet bei etwa 10 Prozent liegt, sondern mit rund 7 Prozent noch geringer ist als jene unseres Mondes, erhielt man damals einen zu kleinen Wert von etwa 9 km und war sich auch über die unregelmäßige Form des Trabanten völlig im unklaren. Die Rückstrahlfähigkeit ist jedoch je nach Orientierung des Körpers verschieden und schwankt zwischen 6 und 8 Prozent, so daß sein Oberflächenmaterial nach jenem von Phobos immer noch zum Dunkelsten gehört, das wir im Sonnensystem kennen.

Deimos kreist auf einer fast kreisförmigen Bahn in der Äquatorebene um seinen Mutterplaneten. Die Distanz zur Oberfläche beträgt ziemlich genau 20 000 km. Entstehungsgeschichtlich dürfte die äquatornahe Bahn der beiden Marsmonde bedeutsam sein, denn der Erdtrabant bewegt sich beispielsweise viel näher der Ebene der Ekliptik als jener des Äquators.

Wegen seines geringen Abstandes von Mars und der ständigen Äquatornähe ist Deimos nur bis etwa 83 Grad Nord bzw. Süd sichtbar. Von der unmittelbaren Polregion aus liegt er stets unter dem Horizont.

Die Umlaufzeit von Deimos dauert mit 30 Stunden und 18 Minuten nur wenig mehr als ein Marstag, so daß dieser Trabant zwar noch nicht stationär am Himmel stillzustehen scheint, aber doch sehr langsam von Horizont zu Horizont zieht. Die Aufgänge folgen sich daher in Zeiträumen von nicht weniger als 5 Tagen, 11 Stunden und 14 Minuten. Die Helligkeit ist am Horizont wegen der größeren Distanz um ein Viertel geringer als im Zenit, wo sie auch nur knapp 3 Promille von der unseres Vollmondes beträgt. Deimos ist auf Mars von bloßem Auge eben gerade noch als Scheibchen und nicht nur als Punkt sichtbar. Dies reicht für Sonnenfinsternisse bei weitem nicht aus: Deimos zieht höchstens als dunkler Punkt in einigen Minuten vor der Sonnenscheibe durch.

Deimos erfährt wie unser eigener übersynchroner Mond Bahnstörungen, die ihn langsam vom Planeten entfernen. Die Rate der Bahnvergrößerung ist jedoch bei ihm noch schwieriger zu bestimmen als bei Phobos. Vor langer Zeit müssen beide Monde auf viel ähnlicheren Bahnen gekreist und damals vielleicht sogar einen einzigen Trabanten, der wohl viel größer war, gebildet haben. Die gängige Theorie der Entstehung von Monden fordert für Mars auch einen solchen massiven Trabanten: Die Gezeitenkräfte der heutigen Minimonde könnten die anfängliche Marsrotation niemals auf den heutigen Wert hinuntergebremst haben, wie das mit der Erde geschehen ist. Ohne die Hypothese eines einstmals vorhanden gewesenen größeren Trabanten müßte Mars wie die äußeren Planeten auch heute noch in höchstens 10 Stunden rotieren.

Schon Mariner 9 lieferte dank seiner Infrarot-Temperaturfernmessung die Erkenntnis, daß auch Deimos von einer beträchtlichen Trümmer- und Staubschicht bedeckt sein muß, die eine schlechte Wärmeleitung besitzt. Die Nahaufnahmen zeigten inzwischen, daß die Oberfläche dieses Körpers im Detail tatsächlich viele Krater zeigt, die wie unter einer dichten Staubschicht versunken zu liegen scheinen. Diese Beobachtung paßt bestens zu der Vorstellung, daß sich die abgeprallten Meteoritentrümmer nach einigen Umläufen immer wieder an die Deimos-Bahn angleichen und sich dort schließlich erneut anlagern, so wie sich aufgewirbelter Staub wieder setzt. Zwei Krater mit 2 bzw. 1 km Durchmesser treten trotz ihrer starken Überdeckung deutlich hervor. Diese beiden größten wurden nach zwei Gelehrten benannt, die schon lange vor der Entdeckung der Marsmonde mit zwei Trabanten erfolgreich spekulierten: Voltaire und Swift.

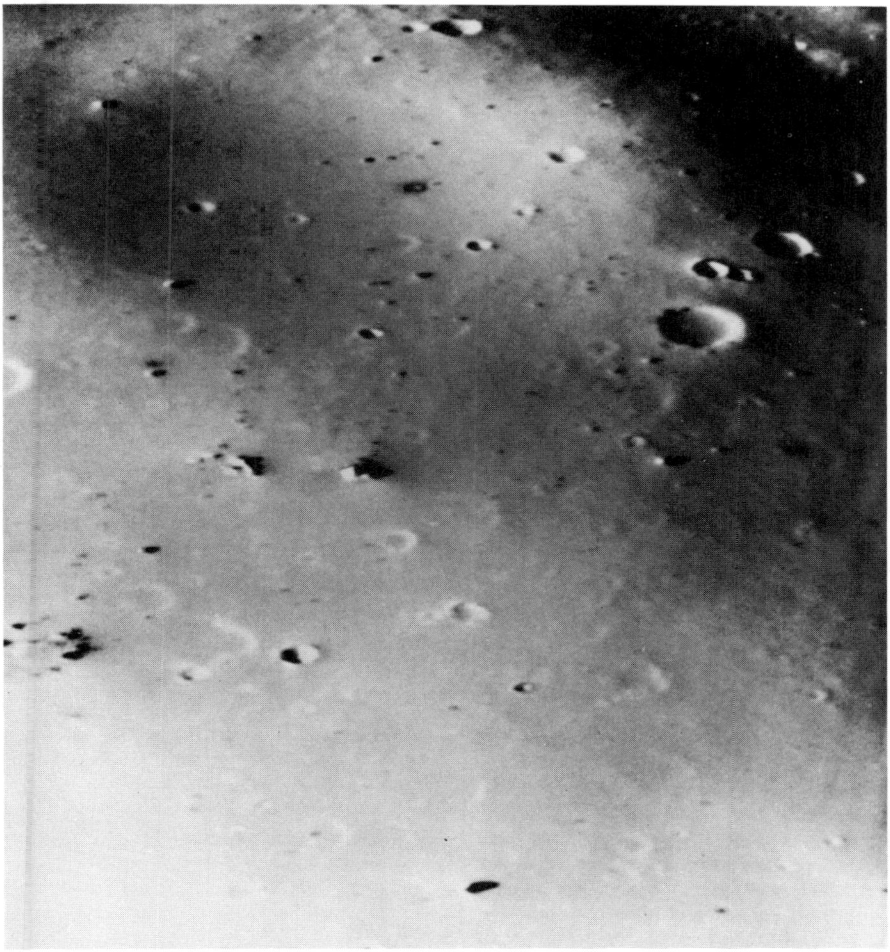

Deimos
Der Viking-Orbiter 2 passierte Deimos am 15. Oktober 1977 in nur 50 km Entfernung und lieferte unter anderem dieses 1,2 x 1,5 km messende Bild eines kleinen Ausschnittes des rund zehnmal größeren Mondes. Die Bildauflösung erreichte aufgrund günstiger Umstände den fast unglaublichen Wert von nur 3 m! Bei einer Eigengeschwindigkeit von 1,7 km/s mußte die Kamera um 1 Grad/s nachgeführt werden, um die Bewegung zu kompensieren. Ein Kollisionskurs wäre leichter zu erreichen gewesen als dieser präzise Vorbeiflug! Die große Überraschung war die Entdeckung einer dicken Staubschicht, in der alle Krater mit Größen unter 50 m versinken. Hausgroße Felsbrocken liegen in großer Zahl herum.

Deimos bietet sich als ideales und gravitationsmäßig leicht ausbeutbares Rohstoffreservoir an. Die Zusammensetzung stimmt wahrscheinlich wie die einiger dunkler Planetoiden mit der Zusammensetzung von kohligen Chondriten überein, die einen interessanten und seltenen Meteoritentyp auf der Erde darstellen. Deimos zeigt nämlich eine recht ähnliche Lichtreflexion wie die fraglichen Planetoiden. Damit hätte Mars eine bessere Voraussetzung für eine Industrialisierung seiner Umgebung als die Erde, da unser Mond einerseits eine stärkere Anziehung aufweist und anderseits auch die in Chondriten enthaltenen Elemente wie Kohlenstoff und Wasserstoff leider fehlen.

Depressionen

Die Nullhöhe ist auf Mars mangels eines Meeresspiegels zunächst als die Grenze definiert worden, bei welcher der mittlere atmosphärische Druck bei 6,1 Millibar liegt. Bei diesem Wert handelt es sich um den sogenannten Tripelpunkt von Wasser, wo Siedepunkt und Gefrierpunkt beide gleich 0° C sind. Auf Mars liegt ein Teil der Oberfläche unterhalb, ein Teil oberhalb dieser Limite. Wegen des jährlich schwankenden Luftdruckes ist eine solche Definition jedoch problematisch. Die heutigen Angaben über Höhen und Depressionen waren zunächst ungenau. Unabhängige Meßwerte über die wahre Höhe erhält man aber auch aus der Radiowellen-Verdeckungsmethode, bei der pro Umlauf eines Marssatelliten zwei Punkte erfaßt werden, falls überhaupt eine Okkultation eintritt. Das Netz solcher Punkte ist im Laufe der Jahre bereits recht dicht geworden, so daß Interpolationen und Ausgleichsrechnungen mit anderen Methoden möglich geworden sind. Von besonderer Bedeutung sind natürlich die direkten Barometerablesungen an den beiden Viking-Landestellen, da sich mit ihnen eine präzise Eichung der anderen Messungen

Distanzen zur Erde
Die Tabelle zeigt einen Überblick über die Abstände zwischen Mars und der Erde, die sich dauernd verändern.

DISTANZEN ERDE-MARS
JEWEILS AM 1. DES MONATS IN MIO. KM

	JAN	FEB	MRZ	APR	MAI	JUN	JUL	AUG	SEP	OKT	NOV	DEZ
1978	103	101	124	163	205	246	280	309	332	346	355	359
1979	359	356	352	347	341	333	323	307	286	258	224	185
1980	144	111	102	120	153	191	226	257	283	302	318	330
1981	339	347	354	360	363	364	361	351	334	309	276	237
1982	192	147	113	95	105	132	163	193	221	244	266	285
1983	305	323	340	356	370	380	384	381	369	350	320	284
1984	241	194	150	109	84	82	99	124	150	176	203	229
1985	258	287	313	340	362	381	392	396	391	377	353	322
1986	283	239	198	154	114	82	63	63	79	103	133	166
1987	202	240	275	311	342	368	387	398	400	393	376	352
1988	319	282	245	206	170	136	107	81	63	60	76	107
1989	147	190	231	274	311	344	369	387	396	395	386	369
1990	345	317	289	259	231	203	178	153	127	102	82	79
1991	102	141	183	229	271	309	339	363	378	384	383	375
1992	361	343	324	304	285	265	246	224	199	170	138	109
1993	94	107	138	182	225	265	299	327	347	360	366	365
1994	362	355	347	338	328	317	304	287	264	236	201	163
1995	126	103	106	135	172	212	247	278	303	321	334	343
1996	349	352	355	357	357	354	348	335	316	290	256	217
1997	173	131	105	101	122	155	188	219	246	268	288	304
1998	320	334	347	360	369	376	376	371	357	335	304	267
1999	223	176	135	100	86	98	122	151	178	203	228	252
2000	277	302	325	348	367	382	391	392	384	368	342	308
2001	267	221	179	134	98	72	68	83	105	131	160	191
2002	224	259	290	323	351	375	390	399	398	388	369	342
2003	306	266	228	186	148	113	84	63	56	68	94	127
2004	167	209	249	289	325	355	378	393	399	396	383	363
2005	336	304	273	239	207	177	150	124	99	79	70	83
2006	117	160	201	247	287	324	352	374	386	390	386	374
2007	356	334	312	288	265	243	221	198	172	144	115	93
2008	91	117	155	201	244	284	316	343	361	371	374	371
2009	363	352	340	326	313	299	283	264	240	211	177	141
2010	110	100	116	152	193	234	269	298	322	338	348	354
2011	356	355	354	351	348	342	333	318	298	271	236	197
2012	155	118	101	112	141	178	212	244	270	291	308	321
2013	333	343	352	360	366	369	367	359	343	319	287	248
2014	204	158	120	95	96	119	148	178	206	230	252	273
2015	295	316	335	354	369	381	387	385	375	357	329	294
2016	251	205	161	118	87	75	86	108	134	160	187	215
2017	246	277	305	334	359	379	392	398	394	382	360	330

durchführen läßt. Heute besitzt man bereits recht verläßliche Höhenkurven, die mit der ursprünglichen Definition noch recht verträglich sind. Die festgestellten Höhen bewegen sich zwischen Depressionen um −4,5 km (Hellas) und +27 km (Gipfel von Olympus Mons). Eine zweite, ziemlich tiefe Stelle liegt in der Region Chryse, westlich der Landestelle von Viking 1. Der tiefste Punkt liegt dort etwas unter −3 km, während Viking 1 etwa 1 km höher niederging. Die zweite Sonde landete in den allgemein recht tiefen nördlichen Breiten bei ebenfalls etwa −2 km. Das Gelände ist dort flach und geht nur wenig unter −2 km.

Distanzen zur Erde

Diese Tabelle (siehe oben) gibt einen Überblick über die ständig wechselnden Abstände zwischen Mars und der Erde. Das Datenmaterial läßt sich auf einem langen Streifen auch grafisch auftragen, was Interpolationen für Zwischenwerte ermöglicht und die periodischen Schwankungen der Entfernung besonders anschaulich zeigt. Ablesebeispiel: Am 1. August 1986 beträgt die Distanz 63 Mio km.

Entstehungstheorie

Eine der am besten begründeten Hypothesen für die Entstehung von Mars besagt heute, daß er sich zusammen mit unserem Mond aus einer Plasmawolke gebildet hat, die bereits merklich dünner war als die der übrigen terrestrischen Planeten. Es dauerte in diesem Fall wesentlich länger, bis der Gravitationskollaps die Akkretisierungsphase beschleunigte und dann rasch abschloß. Viele kleinere Brocken von Urmaterie bildeten somit durch langsamere Anlagerung einen beträchtlichen Teil des heutigen Mars. Da vom Moment an, wo die Sonne ihr nukleares Feuer entfachte, bis zum abschließenden Gravitationskollaps

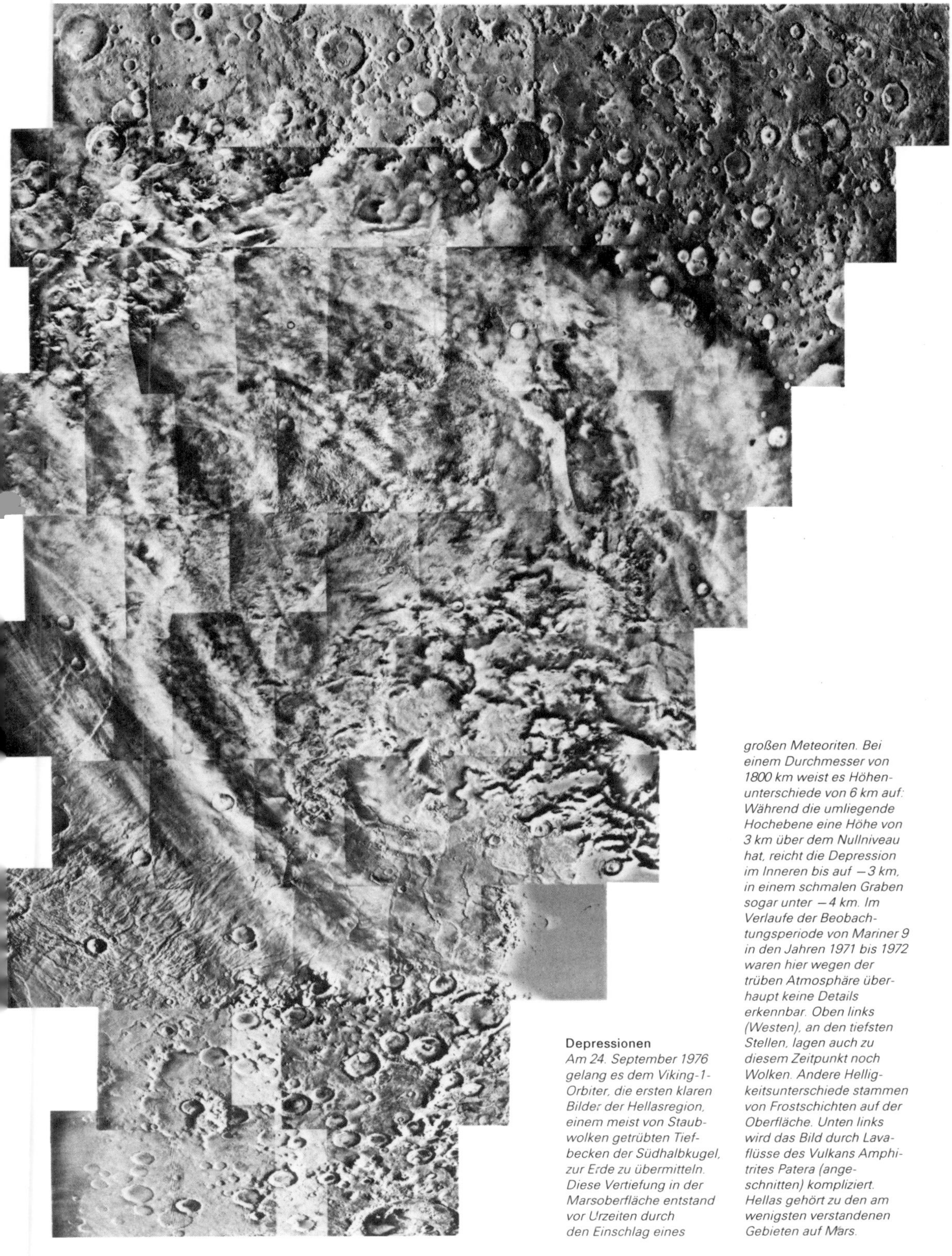

Depressionen
Am 24. September 1976 gelang es dem Viking-1-Orbiter, die ersten klaren Bilder der Hellasregion, einem meist von Staubwolken getrübten Tiefbecken der Südhalbkugel, zur Erde zu übermitteln. Diese Vertiefung in der Marsoberfläche entstand vor Urzeiten durch den Einschlag eines großen Meteoriten. Bei einem Durchmesser von 1800 km weist es Höhenunterschiede von 6 km auf: Während die umliegende Hochebene eine Höhe von 3 km über dem Nullniveau hat, reicht die Depression im Inneren bis auf −3 km, in einem schmalen Graben sogar unter −4 km. Im Verlaufe der Beobachtungsperiode von Mariner 9 in den Jahren 1971 bis 1972 waren hier wegen der trüben Atmosphäre überhaupt keine Details erkennbar. Oben links (Westen), an den tiefsten Stellen, lagen auch zu diesem Zeitpunkt noch Wolken. Andere Helligkeitsunterschiede stammen von Frostschichten auf der Oberfläche. Unten links wird das Bild durch Lavaflüsse des Vulkans Amphitrites Patera (angeschnitten) kompliziert. Hellas gehört zu den am wenigsten verstandenen Gebieten auf Mars.

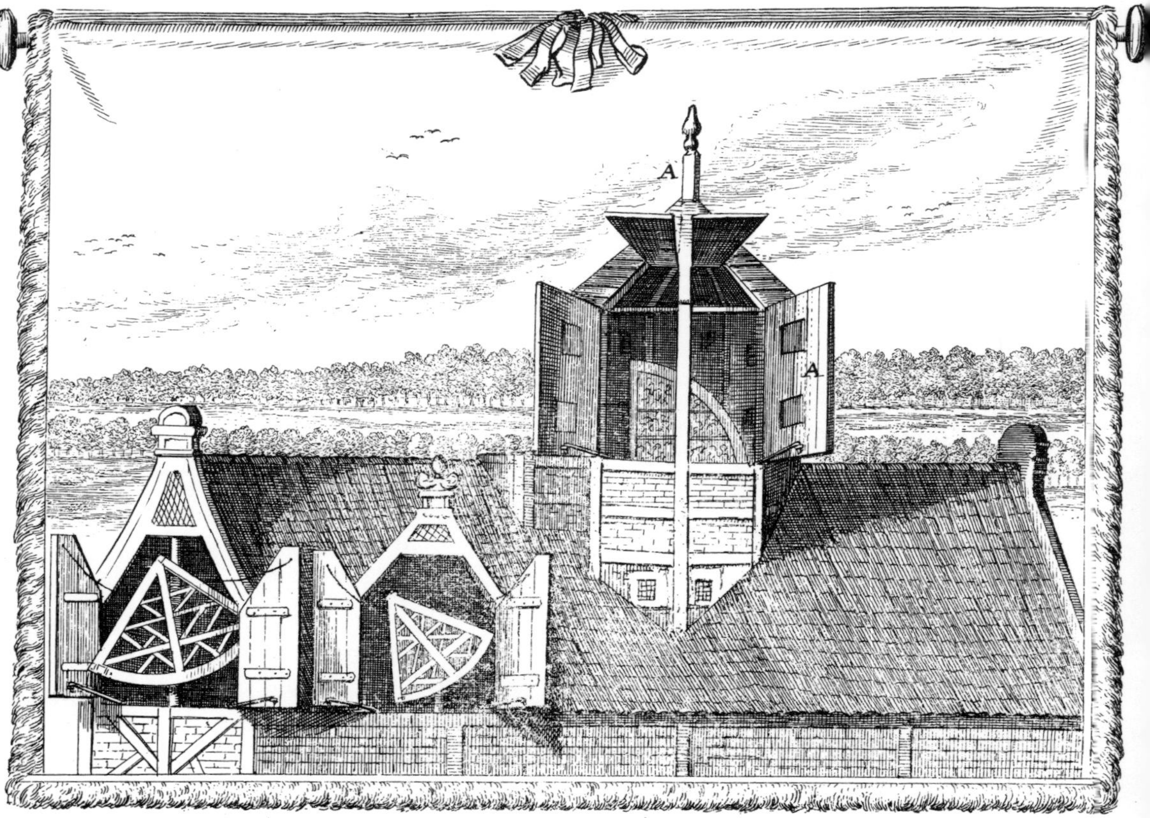

Geschichtliches
Die beiden Bilder (rechts und oben) stammen aus dem klassischen Werk über die diversen Geräte und Hilfsmittel von Johannes Hevelius, mit denen im 17. Jahrhundert der Himmel vermessen und Beobachtungen gemacht wurden. (Machinae Coelestis, 1673)

vermutlich 200 bis 300 Mio Jahre verstrichen, reichte die Zeit zwischen dem Auftreffen neuer Partikeln immer wieder zur Abkühlung der in Reibungswärme verwandelten Gravitationsenergie aus. Vieles deutet darauf hin, daß nie die ganze Oberfläche gleichzeitig aufgeschmolzen war. Damit kam es auch nicht wie bei der Erde und noch mehr bei Merkur zu einer deutlichen Aufspaltung in einen Eisenkern und eine leichtere Silikathülle. Die ebenfalls beim Mond beobachtete sekundäre Aufschmelzung nach etwa 1 Mia Jahre, die auf den Wärmestau nuklearer Zerfallsreaktionen zurückgeht, ist aller Wahrscheinlichkeit nach auch bei Mars eingetreten. Bei ihm erfolgte sie später und hielt auch länger an.

Beim Mond liegt die Periode des aktiven Vulkanismus schon mindestens 3 Mia Jahre zurück, so daß wir nur noch die Lavameere beobachten können, während die Aschenkegel bis zur Unkenntlichkeit zerfallen sind. Anders bei Mars: Die riesigen Vulkankegel Olympus Mons, Ascraeus Mons und Pavonis Mons (die beiden letzten früher bekannt als North und Middle Spot) sind viel jünger und (vor allem Olympus Mons) noch gut erhalten. Kraterzählungen an seinen Hängen lassen ein Alter von möglicherweise nur etwa 1 Mia Jahren zu, und eine stark reduzierte Aktivität kann auch heute nicht mit Sicherheit ausgeschlossen werden. Mars ist immerhin doppelt so groß wie der Mond, so daß die Abkühlung wegen des achtfachen Volumens erwartungsgemäß länger gedauert hat.

Der Vulkanismus lenkte die weitere Entwicklung von Mars indirekt noch in eine andere Richtung: Es entstand eine Atmosphäre, deren Dichte im Verlaufe der Zeit wohl größeren Schwankungen unterworfen war. Ihre heutige Zusammensetzung zeigt mindestens qualitativ einige Gemeinsamkeiten mit der irdischen Atmosphäre, stimmen doch die vier wichtigsten Bestandteile — Kohlendioxid, Stickstoff, Argon und Sauerstoff (unter Vernachlässigung der Reihenfolge) — miteinander überein. Der Ursprung der beiden Atmosphären dürfte sehr verwandt sein, wenn auch die weitere Evolution offenbar andere Wege gegangen ist. Gerade dies könnte aber die Erforschung von Entstehungsmechanismen auf beiden Planeten gegenseitig befruchten. Weitere Details dazu finden sich unter «Atmosphäre».

Fig. N.
A Stech Delin.
J. Saal Sculpsit.

Geschichtliches
Ein Astrolabium, griechisch «Sternerfasser», ein Instrument, das schon von Ptolemäus benutzt und von den Arabern überliefert wurde; ein Gerät in Scheibenform mit einem Visier, auf dem der jeweilige Stand der wichtigsten Sterne eingetragen wurde, so daß man zu einer bestimmten Stunde den Stand, Auf- oder Niedergang des Sternes bestimmen konnte. (Kupferstich aus der Folge «Nova Reperta» von Joann Stradanus)

Das Vorhandensein einer Atmosphäre bei Temperaturen unter dem Gefrierpunkt von Wasser schuf die Voraussetzung für den weiteren Entwicklungsweg des Roten Planeten. Die gesamte Feuchtigkeit sammelte sich im wesentlichen in Eislagern statt in Ozeanen an. Ihre Instabilität führte zum Zusammenbruch der Oberfläche, und zwar überall dort, wo Klimaschwankungen zu einer vorübergehenden Aufschmelzung führten. Meist aber herrschte eine Trockenheit, die eine beträchtliche Winderosion begünstigte, da häufige Staubstürme bei den hohen Windgeschwindigkeiten wie ein Sandstrahlgebläse wirken. Isolierte Spuren von Überschwemmungen einerseits und verbreitete Sanddünen anderseits charakterisieren den Mars heute. Auf Mond oder Merkur sucht man vergeblich nach ähnlichen Merkmalen, obwohl es an Staub durchaus nicht mangeln würde. Auch die starke Oxidation der Gesteine deutet auf Sauerstoff, der heute auf einem ziemlich niedrigen Niveau ein Gleichgewicht erreicht hat. Man kann annehmen, daß die vielfältigen Spuren auf der Marsoberfläche in nächster Zukunft gestatten werden, seine Entstehungsgeschichte nach gezielten Landemissionen noch viel genauer zu datieren als etwa jene des Mondes.

Es wäre von außerordentlich großem Interesse, auch einen Überblick über die Entstehungsgeschichte der Trabanten von Mars zu besitzen. Vieles deutet nämlich — unabhängig voneinander — darauf hin, daß diese ursprünglich einmal wesentlich größer gewesen sind als heute. Möglicherweise waren sie auch zahlreicher. Die langsame Anlagerung neuer Partikeln bei der Marsentstehung begünstigte natürlich auch das Einfangen von bereits ziemlich parallel laufenden Brocken, vor allem weil diese Geschwindigkeiten noch recht sanfte Kollisionen verursachten. Solche Monde sind mit einer Gezeitenreibung, die sie selbst verursachen, in der Lage, einen beträchtlichen Teil der Rotationsenergie eines Planeten an den Weltraum abzugeben. Dies muß auch bei Mars der Fall gewesen sein (siehe Einleitung). Vorläufig kann noch nicht entschieden werden, ob ein einstmals großer Mond irgendwann einen katastrophalen Zusammenstoß erlebt hat, dessen Überreste Phobos und Deimos sind, oder ob ein großer Trabant bereits abgestürzt ist, so wie Phobos das in absehbarer Zeit tun wird.

Flußbette

Beim Mond kommt kaum jemand auf die Idee, die vielen mäanderförmigen Rillen mit Flußtälern zu verwechseln; eine Deutung als Erstarrungsphänomene eines einstigen Vulkanismus liegt da viel näher. Auf Mars dagegen entdeckte man neben geraden und gewundenen Rillen mit flachem Boden auch noch deutlich unterschiedliche Flüsse. Diese fanden sich nicht in flachem, sondern stets in abfallendem Gelände. Sie zeigten im Oberlauf Verästelungen und erweiterten sich nach unten. In Nahaufnahmen offenbarten sie ein Flechtmuster (braided channels), wie es für Flüsse typisch ist, die ihr Bett zuweilen verlassen und nach einiger Zeit wieder dorthin zurückfinden.

Diese Eigenschaften stehen sicher im Gegensatz zu den eigentlichen Rillen, sie stimmen aber auch nicht völlig mit irdischen Flüssen überein. Dies dürfte mit dem unterschiedlichen Entstehungsmechanismus zusammenhängen: Auf der Erde ist es meistens das Regenwasser, das sich sammelt, während auf dem Mars vermutlich nur Schmelzwasser in Frage kommt. Dort vermißt man auch jegliche Hinweise auf einstige Uferlinien der gespeisten Seen oder

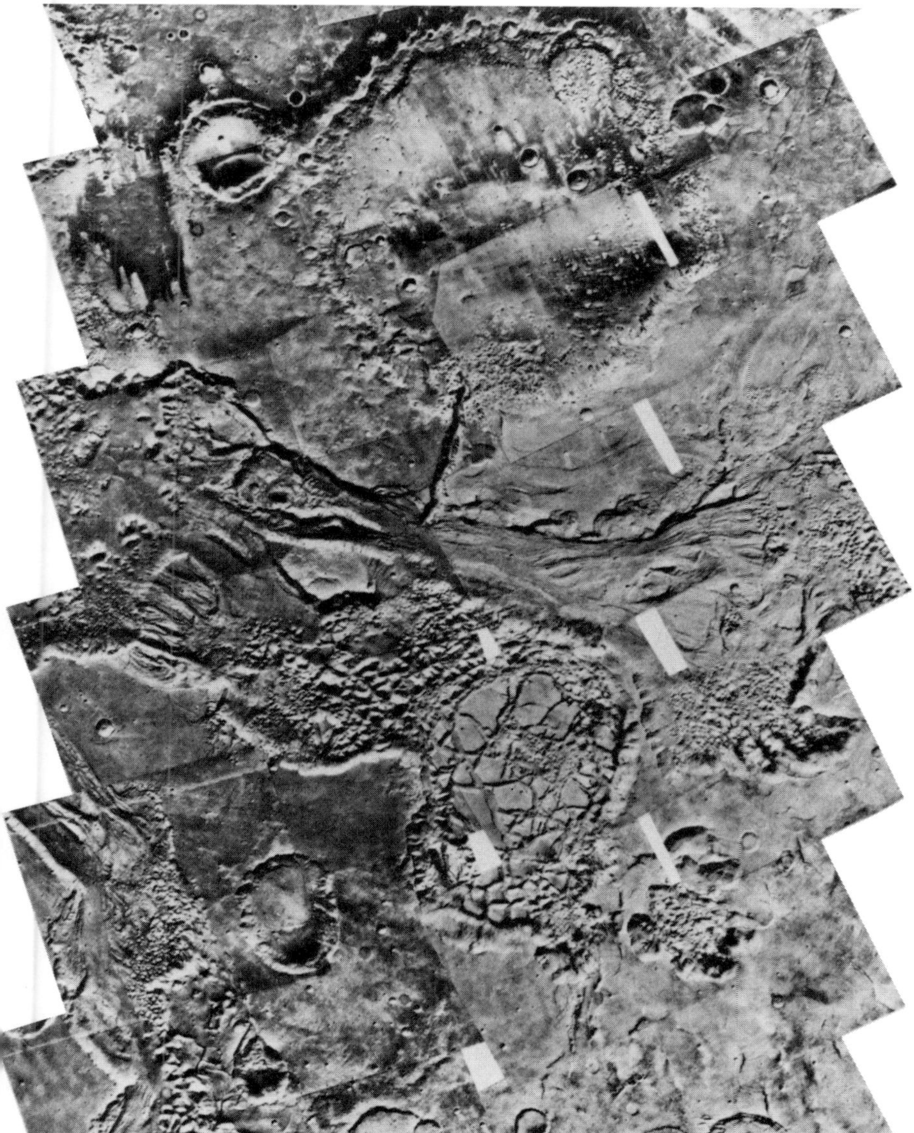

Flußbette
Ein Fotomosaik vom Ostende des Valles Marineris, aufgenommen im September 1976 von Viking 1. Beim uralten Krater in der oberen Bildmitte handelt es sich um den etwa 100 km messenden Galilei, der bei 6° N und 27° W inmitten der wohl chaotischsten Gegend von Mars liegt. Es ist bis heute nicht geklärt, wie sich derartige Eismassen unter der Oberfläche bilden konnten, deren plötzliche Aufschmelzung die Oberfläche über Hunderte von Kilometern einstürzen ließ.

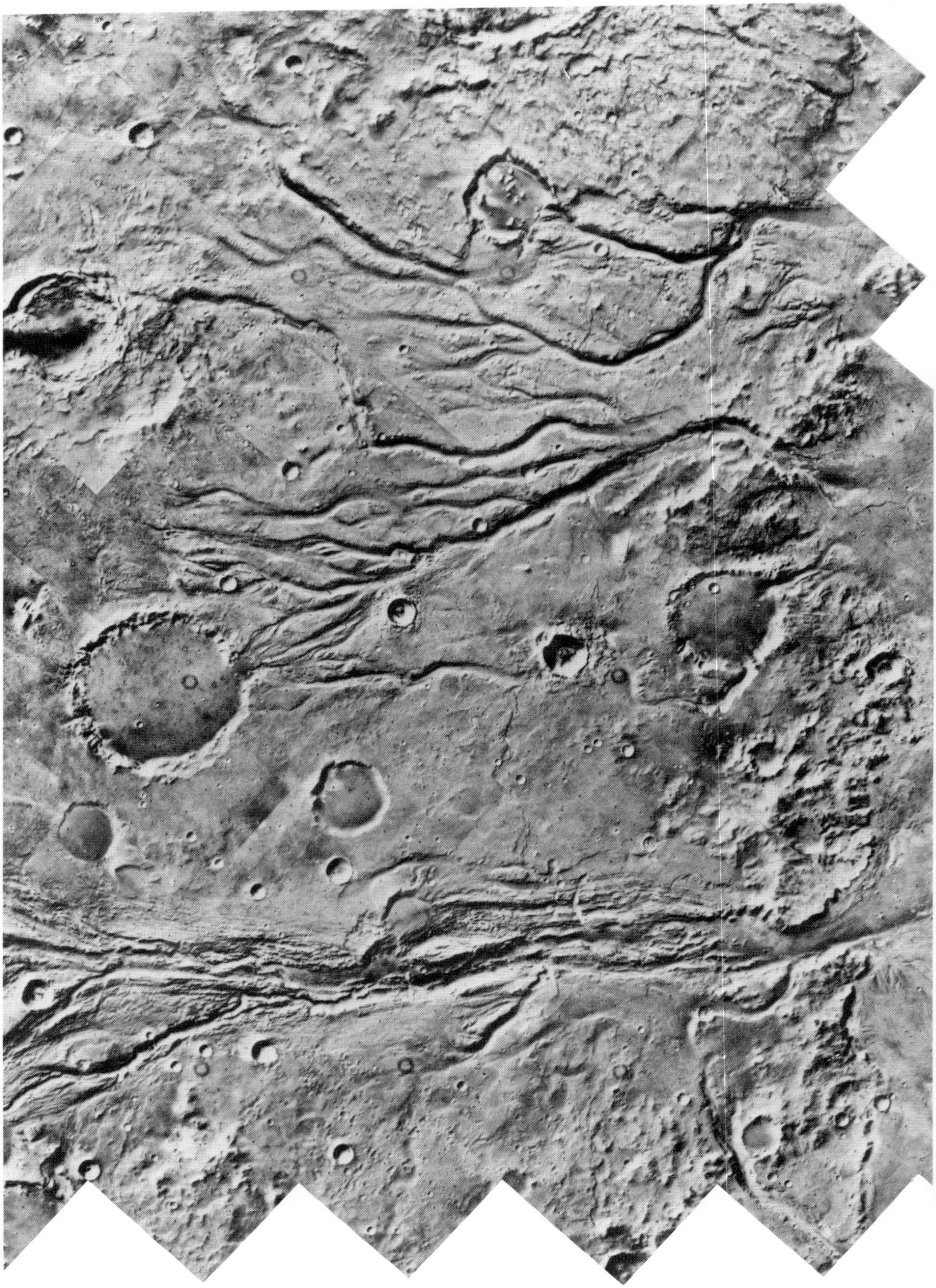

Mündungsdeltas. Die Situation ist also ähnlich wie in irdischen Wüstengebieten, wo das Wasser schon verdunstet, bevor es sich in einem See sammeln kann. Auf Mars herrschten selbst in Zeiten mit höherem atmosphärischen Druck Verhältnisse, die schon bei geringen Temperaturen für eine Verdampfung genügten.
Kraterzählungen in Flußbetten führten zur Ansicht, daß diese Täler über einen längeren Zeitraum hinweg entstanden sein müssen. Die Vorstellung, daß plötzliche Veränderungen des Klimas zu verschiedenen Malen zu einem globalen Temperaturanstieg und zu einem Aufschmelzen der Eismassen, die unter der Oberfläche lagerten, geführt haben, steht durchaus im Einklang mit den Erkenntnissen über die langzeitlichen Schwankungen der Marsbahn (siehe «Klimaschwankungen»).
Die einstigen Flüsse müssen trotz ihres temporären Charakters ein eindrucksvolles Schauspiel geboten haben. Der reichhaltig vorhandene Staub färbt sie rotbraun, und sogar noch deutlicher rotstichig, wenn die Befeuchtung ähnliche Wirkungen zeigt wie auf der Erde. Man stelle sich einmal vor, wie dieses farbige Wasser über einen viele hundert Meter hohen Abgrund stürzen würde! Genau dies muß sich irgendwann in der Vergangenheit etwa 300 km unterhalb des chaotischen Schwemmlandes nahe dem Caprigraben am Ostausgang des Valles Marineris abgespielt haben. Dort hat nämlich Viking eindeutige Spuren eines gigantischen Wasserfalles gefunden. Das Flußbett verengt sich kurz zuvor, wie das auch auf der Erde oft vorkommt, wenn sich das Wasser an der günstigsten Stelle selber eine schmale Rille aushöhlt. Unten erweitert sich das Bett wieder fächerförmig, um sich dann in der Ebene zu verlieren.
Was heute beim Studium der unzähligen ausgetrockneten Wasserläufe nur mit mehr oder weniger Sicherheit vermutet werden kann, läßt sich durch Untersuchungen an Ort und Stelle eines Tages eindeutig abklären. Wie in Salzseen auf der Erde müssen auch auf Mars lösliche Salze und Mineralien zurückbleiben, wenn größere Wassermengen verdunsten. Durch Bohrungen läßt sich feststellen, wie häufig solche Schichten in den Ablagerungen der Flüsse vorkommen.

Geschichtliches

v. Chr. Bei den Babyloniern trägt der Rote Planet die Bezeichnung Nergal.
Ares ist die analoge Bezeichnung des vom Kriegsgott entlehnten Namens bei den Griechen.
Unser heutiger Name Mars stammt von der entsprechenden mythologischen Figur bei den Römern.
1584–1601 Tycho Brahe, ein dänischer Astronom (1546–1601), mißt und tabelliert die Bewegung des Mars an der Himmelssphäre mit großer Genauigkeit und über einen längeren Zeitraum.
1609 Kepler (1571–1630) entdeckt dank diesen Aufzeichnungen und der relativ stark elliptischen Marsbahn die wahre Planetenbewegung.
1659 Der holländische Optiker Christian Huygens (1629–1695) hinterläßt eine Skizze, auf der ein dunkler Winkel in Äqua-

Flußbette
Dieses Mosaik eines Schwemmlandes wurde aus Fotos zusammengesetzt, die der Viking-1-Orbiter vom 4. bis 9. August 1976 aufgenommen hatte. Das Bildzentrum liegt bei 17° N und 55° W, also etwas westnordwestlich des Viking-1-Landeplatzes. Norden ist oben. Das Terrain senkt sich im Bereiche dieses Ausschnittes von West nach Ost um etwa 3 km ab. Hier ergossen sich in ferner Vergangenheit mächtige Wassermassen aus dem noch weiter links liegenden Gebiet Lunae Planum in die flußabwärts gelegene Depression Chryse Planitia, an deren Westrand die erste US-Marssonde absetzte.
Ursprung und Entstehungszeit der Überschwemmungen sind noch weit von einer genauen Klärung entfernt. Aufgeschmolzene Eismassen am Südrand von Lunae Planum, die eines der typischen «Chaotischen Terrains» hinterlassen haben, kommen am ehesten für die Herkunft des Wassers in Frage. Über den Zeitpunkt besitzt man aber erst relative Angaben, da einige Krater offensichtlich schon vor den Überschwemmungen existiert haben müssen, während andere nach diesen Ereignissen entstanden sind.

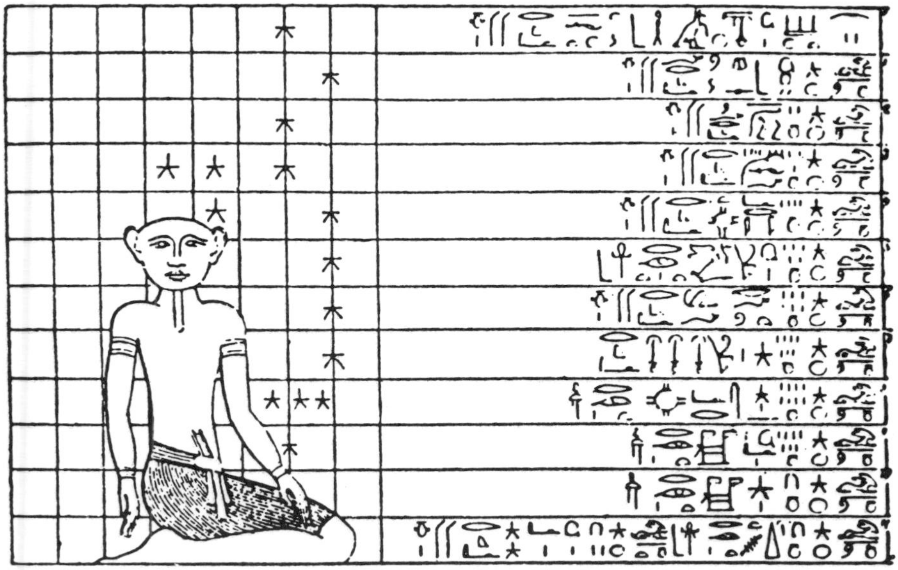

Geschichtliches
Diese Tafel für nächtliche Zeitbestimmungen nach den Sternen stammt aus dem Grabe Ramses IX. (etwa 1125 v. Chr.). Die hochstehende Geometrie und Astrologie der Ägypter beeinflußte die Griechen der Frühzeit stark, was sich auch auf die spätere Entwicklung der Astronomie auswirkte.

Geschichtliches
Der Däne Tycho Brahe (14. 12. 1546 bis 24. 10. 1601) war der bedeutendste beobachtende Astronom vor der Erfindung des Fernrohrs; seine Beobachtungen der Planetenstandorte, vor allem seine Marsbeobachtungen, schufen die Voraussetzungen für Keplers Arbeiten über die Planetenbahnen.

Geschichtliches
Johannes Kepler (27. 12. 1571 bis 15. 11. 1630) verhalf dem kopernikanischen Weltsystem zum Durchbruch, indem er ihm eine dynamische Erklärung der Planetenbewegung zugrunde legte. Er ging davon aus, daß die Planetenbewegungen durch eine von der Sonne ausgehende Kraft verursacht werden.

Geschichtliches
Der holländische Physiker und Mathematiker Christiaan Huygens (14. 4. 1629 bis 8. 7. 1695) entwickelte die Wellenlehre des Lichts, erfand die Pendeluhr, berechnete das Gesetz des elastischen Stoßes und entdeckte die Abplattung des Mars, den Orionnebel und einen Saturnmond.

tornähe auf der Marsscheibe zu sehen ist: Das Gebiet wird später als Große Syrte bezeichnet.

1666 Cassini (1625–1712) hinterläßt erste gesicherte Beobachtungen der Marspolkappen.

1672 Cassini und Richter beobachten den Mars von zwei Erdorten aus und bestimmen die Parallaxe (Blickwinkelunterschied), aus der sich die Länge der Erdbahnhalbachse in metrischen Einheiten berechnen ließ (138,4 Mio km).

1784 Herschel (1738–1822) veröffentlicht eine Abhandlung über die jährlichen Veränderungen der Marspolkappen und schätzt die Polachsenneigung zur Bahnebene als etwa gleich groß wie bei der Erde.

1840 J. H. Mädler (1794–1874) zeichnet die erste eigentliche topografische Karte von Mars.

1858 P. A. Secchi und W. R. Dawes entdecken erstmals und 1864 erneut weiße Punkte (Wolken).

1877 Asaph Hall vom Marineobservatorium in Washington wagt sich an die von mehreren Astronomen vergeblich versuchte Entdeckung der zwei spekulativ vorhergesagten Marsmonde. Mit der günstigen August-Opposition beginnt er zu suchen, und am 11. August um halb drei Uhr morgens entdeckt er im umkehrenden Fernrohr ein schwaches Objekt etwas unterhalb des Planetenscheibchens. Wegen des schlechten Wetters kann er die Beobachtungen erst 5 Tage später fortsetzen. Das Pünktlein steht jetzt an einer anderen Stelle, und jeder Zweifel an der Trabantennatur ist geschwunden. Während Hall am darauffolgenden Tag die Messungen wiederholt, findet er gleich zwei begleitende Sternchen in unmittelbarer Nähe von Mars. Schon bald stellt sich heraus, daß es sich beim zuletzt entdeckten Mond um den inneren handelt, der wegen seines geringen Abstandes vom Planetenscheibchen trotz größerer Helligkeit auch heute noch eher schwierig zu beobachten ist.
Von Hall stammt auch die Benennung der neuentdeckten Mitglieder des Sonnensystems: Deimos für den äußeren und Phobos für den inneren Trabanten. Diese Bezeichnungen entnahm er der griechischen Mythologie. Furcht (Phobos) und Schrekken (Deimos) waren die Begleiter von Mars in Homers Epen.

1877 Gill (1843–1914) verbessert den Wert der Erdbahnhalbachse anläßlich der gleichen Mars-Opposition durch eine Parallaxenbestimmung von Ascension Island aus. Er erhält 149,85 Mio km gegen-

über dem heute gültigen Wert von 149,60 Mio km.

1877 N. Green weist die Wolkennatur der 1858 entdeckten weißen Punkte nach, indem er ihre Bildung an der abendlichen Schattengrenze und ihre Auflösung am anderen Marsrand wiederholt beobachtet.

1878 Schiaparelli (1835–1910), Direktor der Mailänder Sternwarte, veröffentlicht seine lange Zeit ernstgenommenen «Kanalbeobachtungen».

1894 Percivall Lovell (1855–1916) erbaut sich in Flagstaff, Arizona, eine große Privatsternwarte und widmet sich bis zu seinem Tode vorwiegend der Erforschung der Marsoberfläche und anderer Planeten.

1909 Während dieser Opposition beobachten verschiedene Astronomen übereinstimmend, daß die sonst selbst bei größerer Erdentfernung deutlichen Oberflächenmerkmale zum Teil bis zur Unkenntlichkeit verschwommen sind. Die dafür verantwortlichen gelblichen Wolken werden als Staubstürme gedeutet, wenn auch noch längere Zeit andere Hypothesen für möglich gehalten werden.

1911 B. Barnard bestreitet das Vorhandensein von Marskanälen nach gründlichen Untersuchungen mit dem neuen Teleskop auf Mount Wilson.

1924 Auch bei dieser Perihel-Opposition werden detaillierte Beobachtungen durch eine – wie wir heute wissen – wegen Staubstürmen trübe Atmosphäre vereitelt. Die Bewölkung dauerte vom Dezember 1924 bis Februar 1925.

1937 Jahrelange Untersuchungen vom Mount-Wilson-Observatorium aus kommen zum Schluß, daß der Druck der Marsatmosphäre nur einige Promille von dem der irdischen beträgt. Ein positiver Nachweis des häufigsten Bestandteils, des Kohlendioxids, war jedoch noch nicht einmal andeutungsweise gelungen.

1956 Günstige Perihel-Opposition, bei der einige ausgezeichnete Farbaufnahmen gelingen.

1963 Sachbücher über Mars sprechen wieder von einer Atmosphäre mit bis zu 100 Millibar Gesamtdruck und den nachgewiesenen Bestandteilen Wasserdampf und Sauerstoff. Die Vorbereitungen zu den ersten Flügen mit Sonden werden also noch in weitgehender Unsicherheit über die wahren Verhältnisse getroffen.

1964 Am 28. November gelingt es nach zweimaligem Versuch innerhalb von drei Wochen, die US-Marssonde Mariner 4 auf Kurs zu bringen. Bis zum 4. Dezember ist die Bahn so genau berechnet, daß man eine Vorbeiflugdistanz von 256 000 km voraussagen kann. Eine Triebwerkszündung von 20 Sekunden ändert den Betrag der Geschwindigkeit um 1,5 Promille und führt zur gewünschten Vorbeiflugdistanz von etwa 10 000 km.

1965 Am 228. Flugtag von Mariner 4, dem 15. Juli 1965, wird die Minimaldistanz von 9846 km erreicht; schon in einer Höhe von 16 900 km ist das Bildfunkgerät eingeschaltet worden. Im Verlaufe von 26 Minuten, während denen sich die Höhe über Boden auf 11 900 km verringert, werden insgesamt 22 Funkbilder aufgezeichnet. Vom tiefsten Punkt sind zwar andere Messungen, aber keine Funkbilder möglich, weil diese Stelle auf der Nachtseite von Mars liegt. Elf Stun-

Geschichtliches
Astronomia oder Urania, eine der neun griechischen Musen und Patronin der Astronomie, hier in einer Darstellung von Crispin de Passe aus einem Werk von Marten de Vos. (Kupferstich)

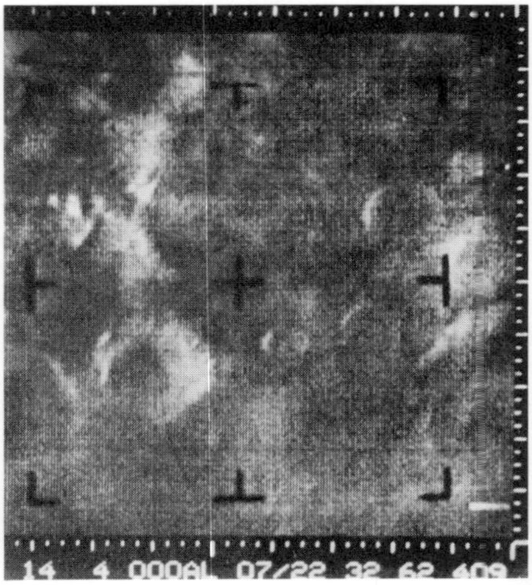

Geschichtliches
Dies sind zwei der insgesamt 22 Funkbilder, die die erste erfolgreiche Marssonde, Mariner 4, am 15. Juli 1965 über eine Distanz von 214 Mio km zur Erde sendete. Man entdeckte auf diesen Aufnahmen nur Kraterlandschaften, was die meisten Forscher damals zum voreiligen Schluß verleitete, bei Mars handle es sich um einen ebenso uninteressanten Himmelskörper wie beim Mond. Da jedoch erst total 2 Prozent der Oberfläche erfaßt wurden, ist heute gut verständlich, daß damals zufälligerweise noch keine jüngeren Formationen entdeckt wurden.

den nachdem das letzte Bild aufgenommen wird, empfängt die Bodenstation bei Johannesburg die erste Aufnahme. Wegen der enormen Funkdistanz von 215 Mio km müssen die Daten 625mal langsamer aus dem Band herausgelesen werden, als sie zuvor von der Bildröhre abgetastet und aufgezeichnet werden. Es dauert 8 Stunden und 20 Minuten, bis jeweils ein ganzes Bild über die Funkdistanz von 12 Minuten übermittelt wird.
Obwohl die Bildauflösung auf 200 Zeilen mit je 200 Punkten beschränkt werden muß, offenbaren uns 20 der 22 Aufnahmen Dimensionen, die nie zuvor ein Mensch gesehen hat. Zwei Bilder sind gegen den schwarzen Himmel gerichtet, aber schon das erste, mit Blick gegen den Horizont, läßt einen Wolkenstreifen erkennen, der sich vom dunklen Hintergrund des Weltraums abhebt. Alle übrigen Bilder zeigen nur einen mondähnlichen, scheinbar toten Planeten. Die von den Bildern gesamthaft überdeckte Fläche beträgt etwa 1 Prozent der Marsoberfläche und zeigt Hunderte von Kratern. Der größte mißt 175 km, die kleinsten, gerade noch erkennbaren nur 2,8 km. Das Radiowellen-Verdeckungs-Experiment ergibt an den beiden vermessenen Horizontpunkten atmosphärische Bodendrücke von nur 5 bis 6 Millibar. Die Atmosphäre ist aus über 90 Prozent Kohlendioxid zusammengesetzt. Alle diese Teilresultate müssen all jene enttäuschen, die zuvor an einen üppigeren Planeten geglaubt hatten.
1967 Bis zu diesem Jahr werden die Magnetbänder der nach der Marspassage um die Sonne laufenden Sonde Mariner 4 immer und immer wieder abgehört. Auf diese Weise werden übertragungsbedingte Fehlimpulse praktisch vollständig ausgeschlossen.

1969 Die verbesserten Sonden Mariner 6 und Mariner 7 werden am 24. Februar bzw. am 28. März gestartet. Sie überfliegen den Äquator am 31. Juli und den Südpol am 5. August in je etwa 3400 km Höhe. Die Funkbildkameras liefern insgesamt etwa 200 Aufnahmen mit 500 Zeilen zu je 900 Punkten, die aus einer Minimaldistanz je nach Kamera noch Objekte von 1 km bzw. 100 m Ausdehnung zeigen. Gegenüber 1965 ist die Sendeleistung auf 20 Watt verdoppelt worden, und die große 65-m-Antenne von Goldstone in Kalifornien hat eben ihren Betrieb aufgenommen. Zusammen mit diesen Verbesserungen kann die Übermittlungsgeschwindigkeit dank einer in diesem Jahr weniger als 100 Mio km betragenden Distanz von 8⅓ auf 16 200 Impulse pro Sekunde gesteigert werden, so daß ein Einzelbild trotz 13fach gesteigerten Informationsgehalts in nur 5½ Minuten übertragen werden kann.
Die Funkbilder zeigen etwa 20 Prozent der Oberfläche, und zwar Ausschnitte von Kraterebenen, einem deutlich unterschiedlichen «Chaotischen Terrain», das noch nicht gedeutet werden kann, und schließlich Teile der südpolaren Eiskappe. Ihre Temperaturen lassen erstmals den Schluß zu, daß die winterliche und jahreszeitlich wechselnde Polkappe aus Trockeneis bestehen muß. Die permanenten Wassereislager im Kern können wegen des beschränkten Beobachtungszeitraumes noch nicht ausgemacht werden, da sie sich nur im Marssommer nachweisen lassen.
Wegen der örtlichen Beschränkung des Bildmaterials entgehen auch die großen Vulkane der Entdeckung. Die später als Schwemm- und Einsturzgebiete bekannten Regionen sind nur in Ausschnitten zu sehen und liefern als «Chaotisches Terrain» mehr

neue Rätsel als Antworten. Auch die Bestätigung der atmosphärischen Zusammensetzung, des niedrigen Druckes und der tiefen Temperaturen ändern seit Mariner 4 wenig an der Vorstellung, daß Mars ein toter und sich kaum mehr verändernder Planet sei. Dieser Pessimismus ist verfrüht.

1971 Nach einem Fehlstart am 8. Mai wird Mariner 9 am 30. Mai erfolgreich abgeschossen mit dem Ziel, bei der Ankunft am 15. November in eine Umlaufbahn um Mars einzuschwenken und den Planeten vollständig zu kartografieren. Als Kompromiß zu den beiden ursprünglich geplanten Missionen wählt man eine erdsynchrone Umlaufbahn mit einer Periode von knapp 12 Stunden, deren tiefster Punkt zwischen 1380 und 1650 km mehrmals verändert wird. Im höchsten Bahnpunkt, 17 000 km über der Oberfläche, werden jeweils die Daten zur Erde gesendet. Die leicht asynchrone Rotationszeit von Mars (37 Minuten mehr als 24 Stunden) hat zur Folge, daß bei jedem Umlauf ein leicht anderer Streifen überflogen wird. Die Bahnneigung zum Marsäquator beträgt 64,34 Grad.

Von November bis zum Jahreswechsel ist Mars leider wegen eines globalen Staubsturms von undurchsichtigen Wolken verdeckt, aus denen lediglich die höchsten Vulkanspitzen herausragen. Glücklicherweise überdauert die Sonde den geplanten Funktionszeitraum bei weitem, so daß aus dem Absinken der Wolkenobergrenze weitere Informationen gewonnen werden können. Bis Ende März ist dann die beleuchtete Oberfläche bereits ein erstes Mal kartografiert, und man kann sich auf die langsam aus der Polarnacht auftauchende Nordpolgegend konzentrieren. Am Südpol verfolgt man gleichzeitig die wachsende Wolken- und Frostüberdeckung im lokalen Herbst. Die Monde Phobos und Deimos kommen gelegentlich ins Blickfeld, allerdings nie näher als etwa 5000 km.

Die Sowjets starten ihre Landeversuche mit den Sonden Mars 2 und Mars 3 am 19. bzw. 28. Mai. Der Landeteil von Mars 2 zerschellt auf der Oberfläche, während der Orbiter am 27. November eine Umlaufbahn zwischen 1380 und 25 100 km erreicht.

Die Mission von Mars 3 verläuft erfolgreicher: Nach sowjetischen Angaben bricht der Funkkontakt erst kurze Zeit nach dem Aufsetzen bei 45° S und 158° W ab, doch werden wie bei Mars 2 keine konkreten Resultate veröffentlicht, die über jene von Mariner 9 hinausgehen. Der Orbiter schwenkt auf eine Umlaufbahn zwischen 1500 und 190 000 km mit elftägiger Periode ein, doch werden wegen des Staubsturmes keine brauchbaren Funkbilder übermittelt.

1972 Am 27. Oktober wird Mariner 9 durch einen Funkbefehl abgestellt. Das Raumschiff, eine Tonne schwer, hat das Plansoll bis zur Erschöpfung des Stickstoffvorrates für die Lagekontrolldüsen um ein Mehrfaches übertroffen: 7329 Fernsehbilder zu je 700 Zeilen und 832 Punkten zu je 9 Impulsen für den Helligkeitswert. Zusammen mit den übrigen Daten macht dies 54 Gigabit an Informationen aus, 27mal mehr als von den drei früheren US-Marssonden zusammen!

1973 Die beiden Doppelmissionen Mars 4 bis Mars 7 werden am 21. und am 25. Juli sowie am 6. und am 10. August vom sowjetischen Raumflugzentrum Tyuratam aus gestartet. Mars 4 und Mars 5 sind als Orbiter vorgesehen, aber nur Mars 5 gelangt im Februar

1974 auf eine Bahn zwischen 1700 und 33 000 km, auf der die Umlaufzeit 25 Stunden beträgt. Dieser Sonde gelingt in den Wochen danach eine Reihe von Oberflächenaufnahmen.

Bei Mars 6 und Mars 7 handelt es sich um Landegeräte. Mars 7 sollte am 9. März bei 43° S, 42° W landen, fliegt aber 1300 km am Planeten vorbei. Mars 6 setzt am 12. März nach einem 148 Sekunden dauernden Fallschirmabstieg bei 24° S, 25° W auf; danach bricht der Funkkontakt ab. Die Instrumente zeigen während des Abstiegs einen Wasserdampfgehalt der Atmosphäre an, der einer Wasserschicht von 0,06 mm auf der Oberfläche entsprechen würde.

1975 Nach hektischen Startvorbereitungen gelingt der NASA die Lancierung zweier je 3,4 t schwerer Viking-Raumschiffe. Viking 1 verläßt die Erde am 20. August, Viking 2 folgt am 9. September. Vom 12. November an, nachdem die Entfernung von der Erde eine untere Grenze überschritten hat, bleibt die große Parabolantenne von Viking 1 fast ununterbrochen auf den Startplaneten ausgerichtet. Über Funk wird das Funktionieren des Orbiters und des «schlafenden» Landegerätes in periodischen Abständen überwacht.

1976 Am 19. Juni um 23 Uhr 20 MEZ wird mit dem Haupttriebwerk von Viking 1 abgebremst und die Raumschiffkombination auf eine vorläufige Umlaufbahn zwischen 1514 und 50 300 km über Mars gelenkt, 37,7 Grad zu dessen Äquator geneigt. Diese Bahn wird am 21. Juni definitiv zwischen 1514 und 32 700 km festgelegt, so daß die Umlaufzeit gleich lang wird wie der Marstag. Die Bilder der ursprünglich geplanten Landestelle bei 34° W und 19,5° N zeigen ein unerwartet rauhes Schwemmland, so daß man auf ein flacheres Gebiet bei 43° W und 23,5° N auszuweichen versucht. Radarechos von der Erde aus verraten jedoch die optisch unsichtbaren Details: Auch diese Stelle ist zu uneben. Die inoffiziell auf den 200. Unabhängigkeitstag der USA, den 4. Juli, geplante Landung muß daher auf den 20. Juli verschoben werden. Für dieses Datum ist ein 5 Grad weiter westlich gelegener Landeplatz gefunden worden, der allen Anforderungen genügt. Um 9.03 Uhr MEZ wird das Signal zur Trennung des Landers in 18 000 km Höhe über Mars übermittelt. Nach 3 Stunden tritt dieser in die auf 244 km Höhe definierte obere Atmosphäre ein und bremst dort passiv von 4580 m/s auf 305 m/s ab. 6000 m über Mars öffnet sich der Fallschirm, der die Sinkgeschwindigkeit auf 61 m/s reduziert. Zu diesem Zeitpunkt beträgt die Höhe noch 1430 m, und der Lander verläßt nun nach dem bereits abgeworfenen Hitzeschild ebenfalls seine Aufhängung, um den letzten Abstieg unter der Kontrolle der drei Landetriebwerke fortzusetzen. In weniger als einer Minute ist der Boden erreicht. Das Aufsetzen erfolgt so 7 Jahre nach Neil Armstrongs erster Mondlandung. Die Neigung der Sonde zur Horizontalen beträgt nur 3 Grad, und die geplante Ausrichtung der Kameras nach Südwesten (Azimut 324°) wird gar mit einer Genauigkeit von 2 Grad eingehalten. 25 Sekunden nach der Landung beginnt die Übermittlung des ersten Bildes von der Umgebung. Spätere Untersuchungen ergeben, daß man bei 22,27° N und 48,00° W heruntergekommen ist — 28 km vom Sollpunkt entfernt.

Viking 2 erreicht seine Umlaufbahn am 7. August und beginnt eine ebenfalls sehr langwierige Auswahl eines Landeplatzes. Das Aufsetzen erfolgt am 3. September in einer Utopia benannten Region bei 225,67° W und 47,97° N, 12 km vom Zielpunkt entfernt. Die Neigung zur Horizontalen beträgt hier 8,2 Grad. Auch hier beginnt die Untersuchung der Umgebung unverzüglich und dauert wie bei Viking 1 weit über den nominalen Zeitraum von 90 Tagen hinaus.

1977 Die wissenschaftlichen Experimente an Bord der Landegeräte werden nach und nach beendet, während die Funkbildkameras ihre täglichen Aufnahmen bei verschiedenen Tages- und Jahreszeiten fortsetzen. Orbiter 2 kartografiert die interessante Nordpolarregion mit bisher unerreichter Präzision, während Orbiter 1 die Übermittlungsfunktion für beide Lander übernimmt. Einige Passagen der Monde in wenigen Dutzend Kilometern liefern Oberflächenbilder von Phobos und Deimos, die Details von der Größe eines Häuserblocks zeigen. Das Kontrollteam in Pasadena muß von ursprünglich 800 Mann auf 300 reduziert werden, aber die Finanzierung weiterer Operationen der vier Raumschiffe wird bis Februar 1979 garantiert.

1978 Orbiter 2 hat am 24. Juli seinen Vorrat an Lagekontrollgas aufgebraucht und wird nach letzten Tests der Systeme abgestellt. Bis zu diesem Zeitpunkt hat er 706 Umläufe um Mars vollendet und etwa 19 000 Funkbilder der Oberfläche übermittelt.

Inneres vom Mars

Schon auf der Erde ist man auf indirekte Methoden zur Erforschung des Planeteninneren angewiesen. Direkte Bohrungen stoßen höchstens bis 10 km in die Tiefe, für größere Tiefen ist man auf aktive und passive Seismik, das Studium des Gravitationsfeldes, der Plattentektonik, des Vulkanismus und weiterer im Inneren begründeter Phänomene (Wärmefluß und Magnetismus) angewiesen. Auf Mars sind erst wenige dieser subtilen Techniken anwendbar, und so ist das Wissen über sein Inneres entsprechend dürftig. Erfreulich ist immerhin, daß die gewonnenen Erkenntnisse mit den heutigen Entstehungstheorien verträglich sind.

Erste zuverlässige Hinweise auf die Natur des Marsinneren lieferte die Bahnvermessung des ersten US-Satelliten Mariner 9. Die seither mit den Viking-Sonden gewonnenen Resultate bestätigen, daß das Gravitationsfeld tatsächlich sehr inhomogen ist, vor allem im Detail. Dieses gibt Aufschluß über die lokale Masseverteilung. Je unregelmäßiger diese ist, desto weniger wurde der Planet im Laufe seiner Geschichte offenbar aufgeschmolzen. Dies ist auch beim Mond der Fall, der trotz seiner geringen Abplattung ein Gravitationsfeld besitzt, das recht stark von dem einer Kugel abweicht. Bei der weitgehend aufgeschmolzenen Erde, die sich fast im hydrostatischen Gleichgewicht befindet, entspricht es dagegen recht gut dem eines homogenen Ellipsoides. Anders bei Mars: Hier weicht die optisch ausgemessene Abplattung mit einem Wert von 0,008 deutlich vom dynamischen Wert ab, der nur 0,00525 beträgt. Dieser läßt sich aus dem Gravitationsfeld rechnerisch bestimmen und beruht auf der Annahme, daß der Planet ein homogen mit Masse erfülltes Ellipsoid ist.

Der Unterschied ist ein klarer Hinweis darauf, daß Mars auch im großen bei weitem nicht ein hydrostatisches Gleichgewicht erreicht hat. Es muß vielmehr so sein, daß sich auf einem wenig plastischen Inneren auch Krustenteile halten können, deren Dichte ziemlich verschieden ist. Bei einem flüssigen Inneren würden diese entweder absinken oder, falls sie leichter wären, infolge des Auftriebes hochgehoben. Vom Standpunkt der Massenverteilung aus gesehen dürfte der Unterschied zwischen Äquator- und Polradius nur 17,8 km betragen, während er in Wirklichkeit bei 27,2 km liegt. Interessant ist auch die Asymmetrie des Marsäquators: Der höchste Wulst befindet sich in guter Übereinstimmung mit der geometrischen Vermessung beim Tharsis-Rücken, wenn die Form aus dem Gravitationsfeld berechnet wird. Bei jener Häufung von Vulkanen hat sich also eine beträchtliche Masse aufgetürmt, die auf einer weichen Kruste sofort einsinken würde.

Während die Erdkruste in mehrere Schollen zerbrochen ist, die auf einem flüssigen Inneren herumschwimmen, und auf Merkur mindestens noch einige Spuren einer einstigen Aktivität dieser Art erkennbar sind, fehlt auf Mars jeder eindeutige Beweis für eine solche Plattentektonik. Auch das Valles Marineris scheint entgegen anfänglichen Vermutungen durch andere Kräfte geformt worden zu sein als durch reine Krustenverschiebungen, wie wir sie etwa von der sich öffnenden Spalte in der Mitte des Atlantiks her kennen. Wegen der heute stark fortgeschrittenen Erosion sind allerdings die ursprünglichen Gründe zur Bildung dieses immensen Grabens so verwischt, daß vielleicht doch noch eine lokale tektonische Aktivität im Zusammenhang mit den nahen Vulkanen als möglich erachtet werden muß.

Die einzige weitere Informationsquelle zur Erforschung des Marsinneren erwies sich leider als nicht so ergiebig, wie zuerst erhofft. Das Seismometer in Viking 1 erlitt offenbar während der langen Reise einen technischen Defekt, und das entsprechende Gerät von Viking 2 meldete praktisch überhaupt keine natürlichen Beben. An seiner Empfindlichkeit hätte es dabei nicht gefehlt, denn sie erwies sich sogar als noch etwas besser als erwartet. Feinste Erschütterungen, die von Wind oder bewegten Raumschiffteilen verursacht wurden, konnte man aufzeichnen, und sie erwiesen sich bald als ebenso wichtig wie der ursprüngliche Zweck des Instrumentes, da beispielsweise die Erschütterungen durch die Arbeit des Greifarms wertvolle Zusatzinformationen lieferten. Mars jedoch erwies sich als seismisch äußerst ruhig. Ein identisches Gerät, in der Nähe von San Francisco aufgestellt, registrierte wesentlich häufigere und intensivere Beben als Viking 2, wobei natürlich nur Meßintervalle berücksichtigt wurden, wenn alle Bordinstrumente ruhten. Damit reiht sich Mars wie unser Mond in die Gruppe der seismisch «toten» Himmelskörper ein, was eine weitere Stütze ist für die Annahme eines heute weitgehend erkalteten Inneren. In die gleiche Richtung weist auch das äußerst schwache Magnetfeld. Mars rotiert zwar etwa gleich schnell wie die Erde, offenbar fehlt aber die leitende dünnflüssige Masse im Inneren, um ein ähnlich starkes Feld wie bei uns zu erzeugen. Das Datenmaterial, wenn auch dürftig, ist wenigstens nicht widersprüchlich.

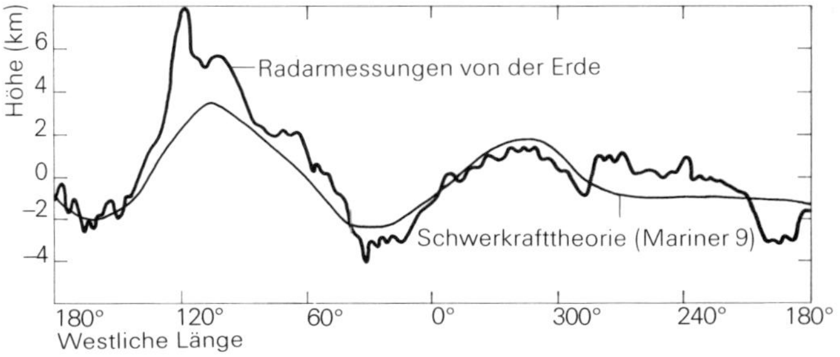

Höhenprofil bei 15° südlicher Breite auf Mars
Schon im Jahre 1972 zeigten die Berechnungen der Oberflächenform aufgrund der Schwerkraftmessungen von Mariner 9 eine gute Übereinstimmung mit den Radarabtastungen längs des entsprechenden Breitenkreises. Die Schwerkrafttheorie geht von der Annahme aus, daß die beobachteten Anziehungen von einem unregelmäßigen, aber homogen mit Masse gefüllten Planeten herrühren. Die Abweichungen von der tatsächlichen Form sind somit ein Maß für die Festigkeit der Kruste, die Erhebungen oder Senken verschiedener Dichte erhalten kann.

Jahreszeiten

Bevor man sich mit den relativ komplizierten Verhältnissen der Jahreszeiten auf Mars auseinandersetzt, empfiehlt es sich, vorher nochmals den einfacheren Fall der Erde zu betrachten. Unsere Welt rotiert in 23 Stunden und 56 Minuten um ihre Achse, und zwar im gleichen Sinn, wie sie in jeweils 365¼ Tagen um die Sonne läuft. Die Tagdauer, also die Zeit zwischen zwei Mittagen, beträgt daher 24 Stunden. Anfang Januar kommt die Erde der Sonne am nächsten, und ein halbes Jahr später erreicht sie ihren Maximalabstand. Dieser Unterschied hat aber sicher nichts mit unseren Jahreszeiten zu tun, sonst müßte es ja bei uns im Januar am wärmsten sein, und außerdem müßten die Süd- und die Nordhalbkugel gleichzeitig Sommer haben. Vielmehr ist es so, daß die schiefstehende Rotationsachse je nachdem auf der einen oder andern Halbkugel mehr oder weniger die Sonneneinstrahlung begünstigt. Theoretisch müßten also die Sommer auf entsprechenden Breitengraden der Südhalbkugel etwas heißer sein als auf der Nordhalbkugel. Wegen der verschieden verteilten Landmassen, Windströmungen und Großwetterlagen verwischt sich der geringe Einfluß jedoch, so daß man ihn nicht nachweisen kann.

Auf Mars spielen beide genannten Faktoren gleichzeitig eine Rolle. Die Sonnendistanz variiert nämlich zwischen 206 und 249 Mio km — die Solarkonstante schwankt also um volle 45 Prozent! Auf der Erde dagegen ändert sich die pro Zeiteinheit und Fläche eingestrahlte Sonnenenergie lediglich um 7 Prozent.

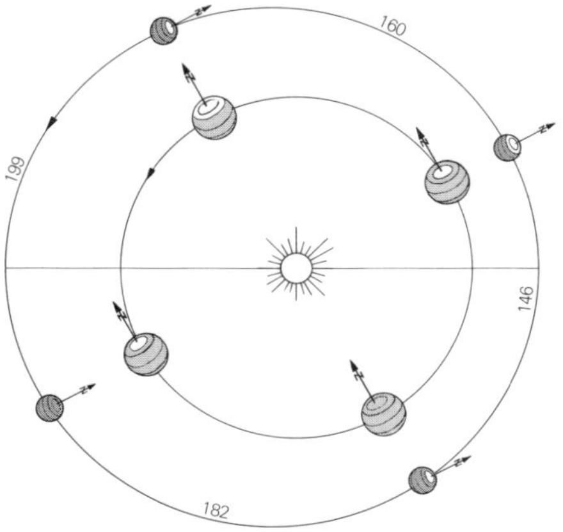

Jahreszeiten
Nebenstehende Abbildung zeigt die gegenwärtigen Drehachsenrichtungen der beiden Planeten in bezug auf die horizontal dargestellte Verbindung von sonnenfernstem und sonnennächstem Punkt. Erde und Mars haben ähnliche Polachsenneigungen zu ihren Bahnebenen: 23,5 bzw. 25 Grad. Die Jahreszeiten verlaufen daher, abgesehen von ihrer längeren Dauer auf Mars und dem dabei stärker als bei uns schwankenden Sonnenabstand, ähnlich. Die Dauer längs der Bahn ist in Tagen eingezeichnet. Die Sommer im Süden sind somit kurz und warm, die Winter lang und kalt. Es ist gut ersichtlich, wie sich die Verhältnisse ändern, wenn sich die Polachse infolge der Präzessionsbewegung um 90, 180 oder 270 Grad dreht. Die Figur soll jedoch nicht zur Annahme verleiten, die Jahreszeiten auf Erde und Mars seien gekoppelt. So hat die Erde während des nördlichen Marswinters nur dann Herbst, wenn beide Planeten in Opposition zueinander stehen, was nur alle 16 Jahre der Fall ist.

Bei Mars kommt es jetzt sehr darauf an, wie die Rotationsachse – ähnlich der irdischen geneigt – steht, wenn die Bahnpunkte den minimalen bzw. maximalen Sonnenabstand erreicht haben. Sind die beiden Richtungen, von oberhalb der Bahnebene aus gesehen, parallel, dann hat der eine Pol dauernd sehr heiße Sommer und kalte Winter, der andere dagegen ausnahmslos ausgeglichen milde Sommer und Winter. Im zweiten Fall rührt dies daher, daß die winterlichen Tagbogen durch eine stärkere Sonneneinstrahlung kompensiert werden, während der vertikalere Sonnenstand ein halbes Marsjahr später wegen der größeren Sonnendistanz trotzdem zu keinen heißen Tagen führt.

Die beschriebenen Verhältnisse gelten für den gegenwärtigen Zeitpunkt. Im Laufe der Jahrzehntausende ändern sie sich periodisch innerhalb beträchtlicher Grenzen, da weder die Bahnabplattung und die Lage des sonnennächsten Punktes noch die Achsenneigung konstant ist und Mars wie die Erde eine Präzessionsbewegung ausführt. So läuft der «Marskreisel» mit seiner in jeweils 180 000 Jahren sich wiederholenden Taumelbewegung einer alle 72 000 Jahre vollendeten Umdrehung des sonnennächsten Punktes entgegen, was zu einer kombinierten Periode von rund 51 000 Jahren führt. Über diesen Zeitraum hinweg erreicht die Achsenrichtung jeweils wieder die gleiche Lage im sonnennächsten Punkt. Alle 51 000 Jahre hat also beispielsweise der Südpol immer dann den höchsten Sonnenstand, wenn auch gleichzeitig die Distanz Mars–Sonne ein Minimum erreicht usw. Da zurzeit sowohl die Bahnabplattung als auch die Schiefe der Marsachse zur Bahnebene etwa Mittelwerte ihres Schwankungsbereiches einnehmen, ändert sich der gegenwärtige Ablauf der Jahreszeiten noch nicht so stark wie zu Zeiten, da auch die genannten Größen Extremwerte annehmen. Auf der noch kreisförmiger um die Sonne laufenden Erde ist es ja auch nicht die 26 000jährige Präzessionsbewegung, die die großen Klimaveränderungen bewirkt, denn deswegen fallen lediglich die Jahreszeiten auf verschiedene Bahnpunkte bei gleichem Sonnenabstand. Auch auf Mars geht man heute davon aus, daß gegenwärtig während des ganzen 51 000jährigen Präzessionszyklus keiner der Pole auftauen kann. Dazu sind Erscheinungen nötig, die unter «Klimaschwankungen» beschrieben sind.

Klimaschwankungen

Ein eingehendes Studium der Marsoberfläche zeigt bald, daß das Klima dort nicht immer so trocken und kalt gewesen sein kann, wie es heute ist. Die Flußtäler und Spuren von gigantischen Überschwemmungen sprechen eine deutliche Sprache. Auch Isotopenverhältnisse, wie etwa jenes von Stickstoff, weisen darauf hin, daß die Atmosphäre einst dichter gewesen sein muß. Wie weit liegt die Epoche zurück, da das

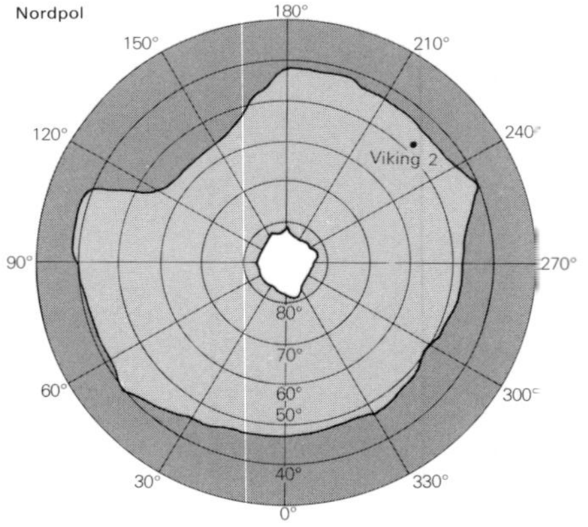

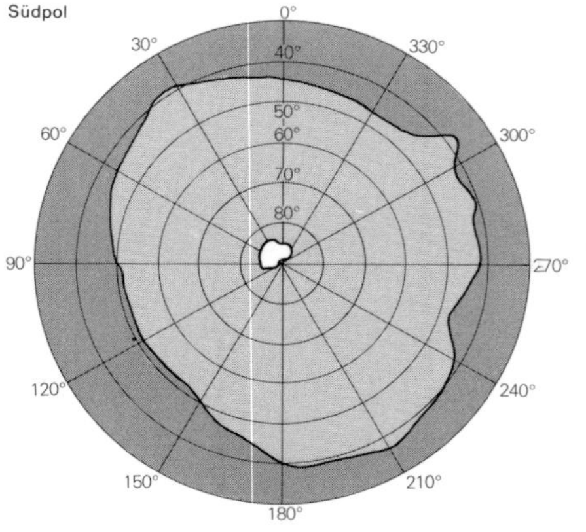

Jahreszeiten
Diese beiden Abbildungen zeigen die Ausdehnung der winterlichen Kohlendioxid-Frostgrenze und der permanenten, auch den Sommer überdauernden Wassereiskappe. Es handelt sich dabei um die äußersten Grenzen, wo sich im Winter noch Frost ablagert. Der Viking-2-Landeplatz liegt etwas innerhalb dieser Grenze, und es wurden dort auch während einiger Zeit weiße Stellen vom Raumschiff aus gesichtet.

Klima noch üppiger war? Stand es nur im Zusammenhang mit der Entstehung der Uratmosphäre, oder hat die innere Aufschmelzung zu verschiedenen Malen vulkanische Gase an die Oberfläche gefördert? Ist vielleicht nicht einmal die Verfügbarkeit von atmosphärischen Gasen das auslösende Moment für globale Klimaveränderungen, sondern Schwankungen der Marsbahn, die zu einer andern Sonneneinstrahlung und damit zu Erwärmungen oder Abkühlungen führten? Genügen die Wassereislager unter der Oberfläche und an den Polen sowie die Gesamtmenge an Kohlendioxid, um den Treibhauseffekt nach einer derartigen Aufschmelzung sich selber verstärken zu lassen?
Diese und ähnliche Fragen sind zwar nach den Viking-Missionen einer Antwort nähergekommen, aber noch keineswegs endgültig gelöst. Hier kann nur auf die Theorie der himmelsmechanisch begründeten Einstrahlungsunterschiede eingegangen werden. Die an den Polen beobachteten offenbar periodisch abgelagerten Schichten zeigen, daß auch die heutigen Klimaschwankungen noch regelmäßige Spuren hinterlassen. Ob sie jedoch heute noch genügen, Überschwemmungen größeren Ausmasses auszulösen, ist wenig wahrscheinlich. Die Periode der heutigen Veränderungen ist nämlich wesentlich kürzer als das geschätzte Alter der jüngsten Flußbette.
Die unter «Jahreszeiten» beschriebenen Klimaschwankungen mit einer Periode von 51 000 Jahren gelten nur für das gegenwärtige Zeitalter. Die Schwankung der Bahnabplattung von Mars überlagert sich noch mit einer Hauptperiode von etwa 2 Mio und kleineren Nebenperioden von etwa 100 000 Jahren sowie die über einen ähnlich langen Zeitraum zwischen 13 und 37 Grad hin- und herpendelnde Schiefe der Marsachse. Zurzeit liegt jener Wert genau in der Mitte bei 25,1 Grad. Die Berechnungen haben ergeben, daß die Achse ursprünglich sogar noch schiefer gestanden haben könnte, bevor die Tharsis-Vulkane mit ihrem Wulst auf der Nordhalbkugel eine «Unwucht» in den rotationssymmetrischen Körper hineinbrachten. Dabei wurde die Achse etwas aufgestellt. Vor dieser Verschiebung müßte die Schiefe der Achse — natürlich mit einer viel längeren Periode als die Präzession mit konstanter Schiefe — zwischen 20 und 45 Grad geschwankt haben. Dies bedeutet, daß selbst die Pole zu gewissen Zeiten Sonnenstände von 45 Grad über dem Horizont erleben konnten! Es braucht also nicht mehr zu verwundern, daß die Polklappen ein äußerst verwickeltes Wachstumsmuster zeigen, das vielleicht erst durch Bohrungen an den entsprechenden Stellen chronologisch erfaßt werden kann.

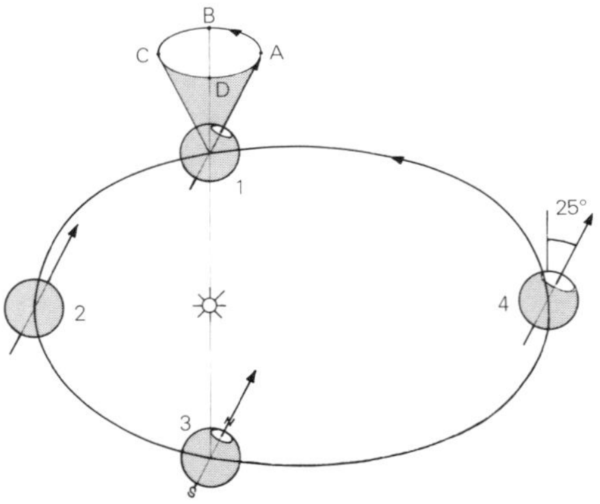

Klimaschwankungen
Die Grafik und die Tabelle sollen den Wechsel der Jahreszeiten während der derzeitigen Präzessionszyklen veranschaulichen. Die Schiefe der Marsachse von zurzeit 25° wird als vorübergehend konstant angenommen. Gegenwärtig steht die Marsachse bei C. Eingezeichnet ist sie hier im anderen Extremfall A, wo der Nordpol (oben) lange und kalte Winter hat, nicht wie der Südpol in der Abbildung unter «Jahreszeiten».
Wenn die Achse der Marsbahnellipse als Bezugsrichtung betrachtet wird, dann torkelt die Marsachse in 51 000 Erdjahren (27 000 Marsjahren) einmal herum. Für das Abschmelzverhalten der Polkappen ist entscheidend, welche Lage die Achse bei einem bestimmten Sonnenabstand einnimmt. Im Fall A würde die Nordhalbkugel heiße Sommer haben, und man würde dann im Gegensatz zu heute eine kleinere nördliche Polkappe erwarten. Bei den Positionen B und D hingegen sind beide Pole etwa gleich begünstigt und dürften dann ähnlich große Eismassen besitzen. Die Tabelle gibt eine Übersicht über die vier Jahreszeiten zu den je etwa 6800 Marsjahre auseinanderliegenden Hauptlagen A, B, C und D der Achse.

Ungefährer chronolog. Ablauf (Marsjahre)	Achsenlage	Bahnpunkt	Jahreszeit Nord	Jahreszeit Süd	Sonnendistanz	Jährliche Schwankung der Polklappen Nord	Jährliche Schwankung der Polklappen Süd
0	A	1	Frühling	Herbst	mittel	stark	gering
1/4	A	2	Sommer	Winter	klein	stark	gering
1/2	A	3	Herbst	Frühling	mittel	stark	gering
3/4	A	4	Winter	Sommer	groß	stark	gering
6800	B	1	Winter	Sommer	mittel	mäßig	mäßig
6800 1/4	B	2	Frühling	Herbst	klein	mäßig	mäßig
6800 1/2	B	3	Sommer	Winter	mittel	mäßig	mäßig
6800 3/4	B	4	Herbst	Frühling	groß	mäßig	mäßig
13600	C	1	Herbst	Frühling	mittel	gering	stark
13600 1/4	C	2	Winter	Sommer	klein	gering	stark
13600 1/2	C	3	Frühling	Herbst	mittel	gering	stark
13600 3/4	C	4	Sommer	Winter	groß	gering	stark
20400	D	1	Sommer	Winter	mittel	mäßig	mäßig
20400 1/4	D	2	Herbst	Frühling	klein	mäßig	mäßig
20400 1/2	D	3	Winter	Sommer	mittel	mäßig	mäßig
20400 3/4	D	4	Frühling	Herbst	groß	mäßig	mäßig

Auch heute noch, d. h. innerhalb der Periode der Variation der Schiefe, kann der Sonnenstand an den Polen 37 Grad erreichen. Dies genügt, daß die Temperaturen an den Polen mehr als einen Monat über den Nullpunkt steigen. Unabhängig davon schwanken ja auch noch die Sonnenabstände, bei denen diese extremen Polarsommer eintreten, so daß alle paar Millionen Jahre wieder mit einer globalen Erwärmung und mindestens teilweisen Aufschmelzung der Eismassen zu rechnen ist. Ob diese allerdings das Ausmaß der frühen feuchten Epochen erreichen, muß angesichts der ziemlich alten, ausgetrockneten Flußbette bezweifelt werden.

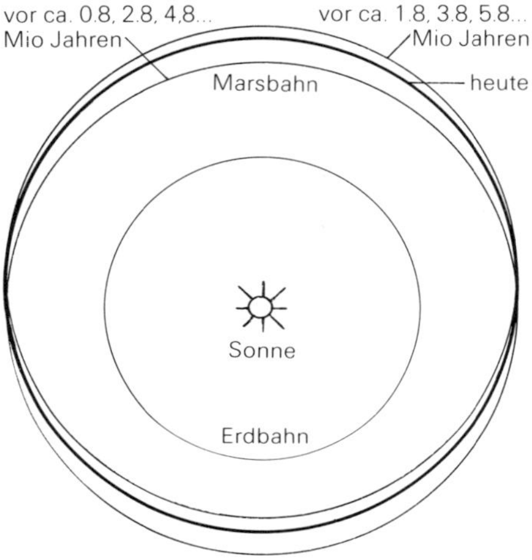

Klimaschwankungen
Nach den Resultaten der astronomischen Störungsrechnung zu schließen, verformt sich die Marsbahn aufgrund der Anziehungen seiner Nachbarplaneten, vor allem Jupiter. Die Achse der Ellipse ändert sich dabei nur wenig um einen langfristig konstanten Mittelwert, nicht aber die Abplattung. So schwankt die Marsbahn periodisch innerhalb von etwa 2 Mio Jahren zwischen einer sehr kreisähnlichen und einer stärker in die Länge gezogenen Ellipse, auf der die Distanz Mars – Sonne im Extremfall zwischen 195 und 260 Mio km variieren kann (zurzeit 206 und 249 Mio km). Die gleichzeitige Drehung der Bahnachse (Verbindung von sonnennächstem und sonnenfernstem Punkt) und erst recht die variable Schiefe der Marsachse sind in dieser Figur natürlich nicht berücksichtigt. Alle diese Faktoren zusammen sind starke auslösende Momente für die Schwankungen des Marsklimas.

Krater

Das Studium der Krater ist auf Mars interessanter und vielfältiger als auf irgendeinem der bisher untersuchten Himmelskörper. Die Kraterdichte erreicht zwar selbst in den Hochländern der Südhalbkugel noch nicht die Sättigung wie etwa in entsprechenden Gebieten unseres Mondes. Sie reicht von einem Zehntel des Wertes typischer lunarer Mare bis zu deren Kraterdichte selber. Dies würde dafür sprechen, daß die meisten Gebiete der Marsoberfläche höchstens so alt wären wie die jüngsten Mare, also 3 Mia Jahre. Dazu müßte man allerdings voraussetzen, daß die Meteoritenhäufigkeit zur damaligen Zeit in Erd- und in Marsnähe etwa gleich war und daß die Erosion inzwischen nicht die meisten Krater ausgelöscht hat. Letzteres war aber immer mehr oder weniger stark der Fall, vor allem in der früheren Epoche, als die Atmosphäre noch dichter war. Da man nun aber nicht die frühe Zeit der Überschwemmungen durch Kraterzählungen datieren und gleichzeitig den Grad der Kratererosion aus der Kenntnis des atmosphärisch üppigen Zeitalters ermitteln kann, bleiben über die Frühzeit von Mars nach wie vor viele Fragen offen. Wie beim Mond werden zu ihrer Klärung viele exakte Altersbestimmungen an verschiedenen Gesteinen der Oberfläche nötig sein.

Bis und mit den Funkbildern von Mariner 9 waren nur wenige junge und daher meist kleine Krater im einzelnen untersucht worden. Erst mit Viking entdeckte man eine größere Zahl von frischen Kratern mit deutlich zugehörigem Auswurfmaterial und Sekundärkratern. Die Größe und die Verteilung der benachbarten Krater entsprechen jedoch nicht den Erwartungen, die man aufgrund ähnlicher Gebilde auf dem Mond – unter Berücksichtigung der doppelten Schwerkraft auf Mars – gehegt hatte. Immer mehr scheint sich zu bestätigen, daß Meteoriten tatsächlich in Gruppen reisen, und zwar nicht per Zufall, sondern als Folge des universellen Prinzips der Schwarmbildung in Umlaufbahnen, das in der Einleitung beschrieben ist.

Eine weitere Eigenschaft unterscheidet einen bestimmten Typ von Marskratern von allem, was man zuvor auf Mond und Merkur beobachtet hatte: Das Auswurfmaterial scheint nicht ballistisch hinausgeschleudert worden zu sein, sondern floß eher plastisch in alle Richtungen weg, um einen farbklecksartigen Saum zu bilden. Dieser hat jeweils eine ganz genau definierte Grenze und scheint am Rand sogar noch etwas erhöht zu sein. Am ehesten ist dieses Verhalten mit dem Material, das ins Innere des Valles Marineris gerutscht ist, zu vergleichen; es fließt zwar nicht zentralsymmetrisch, aber wenigstens fächerförmig in die Ebene hinaus.

Derzeit sind zwei Hypothesen im Gespräch, wie man dieses Phänomen erklären könnte: Die eine nimmt ein «Luftkissen» von atmosphärischen Gasen an, auf denen die Trümmer fast reibungsfrei auf alle Seiten weggleiten. Dies würde sowohl für die fraglichen Krater als auch für die Erscheinungen im Valles Marineris gelten. Das Fehlen ähnlicher Gebilde auf unserem Mond und auf Merkur könnte auch leicht dadurch erklärt werden, daß es dort keine Atmosphäre gibt. Die zweite Hypothese nimmt das Aufschmelzen von Eis unter der Oberfläche an, das beim Auftreffen von Meteoriten solche «Schlammauswurfkrater» erzeugt. Auch sie hält dem Vergleich mit dem Fehlen solcher Krater auf völlig trockenen Himmelskörpern stand. Vielleicht spielen auch beide Faktoren (Eis und Atmosphäre) mit, um diesen eigenartigen Kratertyp auf Mars zu ermöglichen.

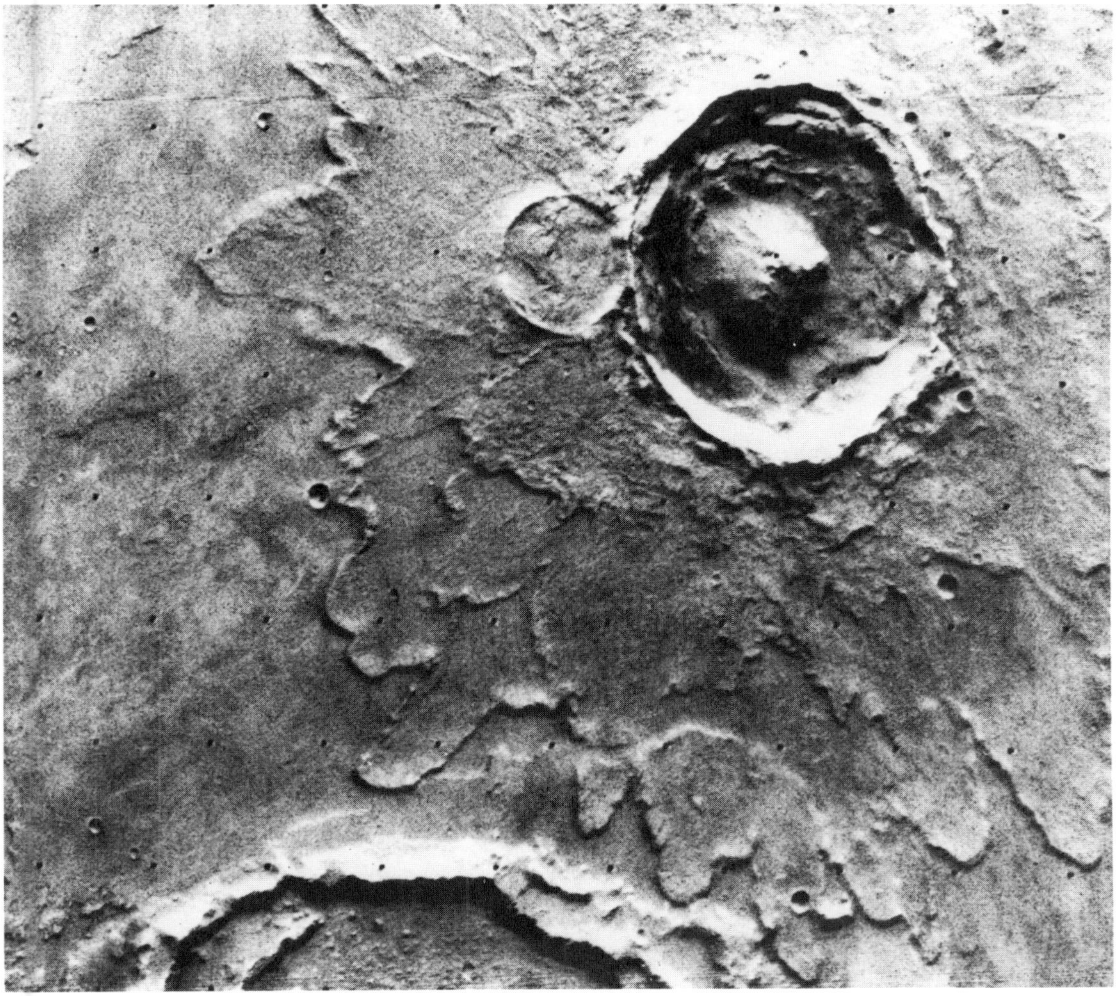

Besonders aufschlußreich sind Krater in Überschwemmungsgebieten (Chryse beim Viking-1-Landeplatz) oder am Rande von Klippen. Hier ist die relative Altersbestimmung fast immer eindeutig. Es gibt Fälle, wo nur noch schwache Umrisse des Randes übriggeblieben sind, und andere, wo eine stromlinienförmige Insel um den Krater den fließenden Naturgewalten standgehalten hat. Frische Einschläge kommen, wenn auch stark verdünnt, inmitten von Flußbetten vor. Im Wüstengebiet Hellas gibt es einen 150 km großen Krater, und eine Hälfte davon ist mit wunderbar regelmäßigen Sanddünen angefüllt. In den Polgebieten wurden schließlich Krater entdeckt, deren Form vollkommen eigenartig ist. Wenn auch heute noch viele Fragen im Zusammenhang mit Marskratern offen sind, so ist man doch sicher, daß ihre genaue Erforschung wie seinerzeit auf dem Mond auch manches andere Rätsel lösen hilft. Allein schon beim Viking-2-Landeplatz wurde unter den vielerlei herumliegenden Gesteinstrümmern Auswurfmaterial des 100 km entfernten Kraters Mie entdeckt, das eindeutig aus verschiedenen Tiefen des Marsinneren stammen muß. So stellt jeder Krater unter anderem auch noch ein willkommenes natürliches «Bohrloch» dar, das Aufschluß über sonst unzugängliche Schichten gibt.

Landeplätze

Mars 3 (UdSSR): 2. Dezember 1971, harte Landung bei 45° S, 158° W

Mars 6 (UdSSR): 12. März 1974, Absturz bei 24° S, 25° W

Viking 1 (USA): 20. Juli 1976 bei 22,27° N, 48,00° W

Viking 2 (USA): 4. September 1976 bei 47,97° N, 225,67° W

Krater
Krater Yuty bei 34° 10′ N und 22° 20′ W besitzt einen Durchmesser von 18 km und ist ein typischer Schlammauswurfkrater. Der Orbiter von Viking 1 lieferte diese Aufnahme am 22. Juni 1976, kurz nach seiner Einbremsung in die Marsumlaufbahn. Norden liegt oben rechts. Die Erosion hat dem in alle Richtungen gefächerten Gesteinsteppich bereits stark zugesetzt. Am besten erhalten ist der Rand. Dies beweist, daß aufgeschmolzenes Eis mit den Gesteinstrümmern einen Brei gebildet hat, der herausgequetscht und dann ausgetrocknet worden ist. Schwere Brocken flogen am weitesten und bildeten die resistentere Umrandung.

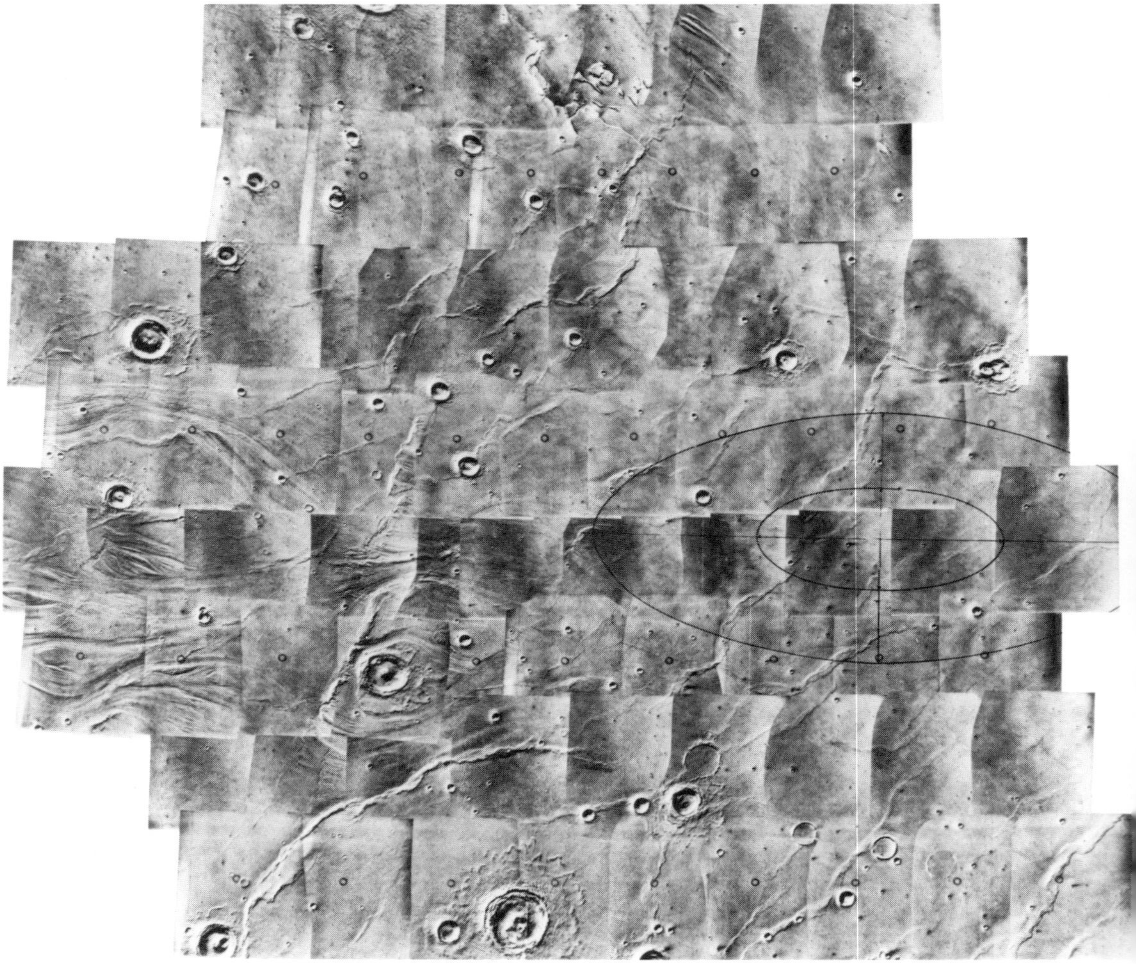

Landetechnik

Diese Abbildung zeigt eine Umgebung des Viking-1-Landeplatzes etwa von der Größe der Schweiz. Das Zentrum der 100 km breiten und 220 km langen Landeellipse liegt bei 22,4° N und 47,5° W. Unter der Annahme, daß ins Zentrum gezielt wurde, entsprach die äußere Ellipse dem Bereich mit 99 Prozent Landewahrscheinlichkeit, die innere dem mit 50 Prozent. Getroffen wurde ein Punkt, der nur 28 km vom Ziel lag. Dieser ist als schwarzer Kreis in der Vergrößerung unten rechts eingezeichnet. Der Durchmesser von 6 km entspricht etwa dem Sichthorizont vom Landeplatz aus. Der Ausschnitt läßt sich aufgrund des markanten Kratervierecks auf beiden Aufnahmen leicht identifizieren.

Landetechnik

Die Landung eines Raumschiffes auf dem Mars ist eine Zwischenform von Erd- und Mondlandung. Es steht zwar eine dünne Kohlendioxidatmosphäre zur passiven Bremsung der Geschwindigkeit zur Verfügung, doch beträgt die verbleibende Sinkgeschwindigkeit selbst bei Verwendung von Fallschirmen immer noch rund das Zehnfache im Vergleich zur Erde. Für eine weiche Landung wird also ähnlich wie auf dem Mond ein Raketentriebwerk benötigt, oder dann muß mit großer Geschwindigkeit auf einer Piste ausgerollt werden. Im ersten Fall kann zwar der Treibstofftank relativ klein dimensioniert werden, doch nicht die Triebwerke selber: Zum Schweben in der letzten Landephase benötigt das gleiche Raumschiff auf Mars den doppelten Schub wie auf dem Mond! Der zweite Fall erfordert ein Raketenflugzeug ähnlich dem amerikanischen Space Shuttle, der auf Mars

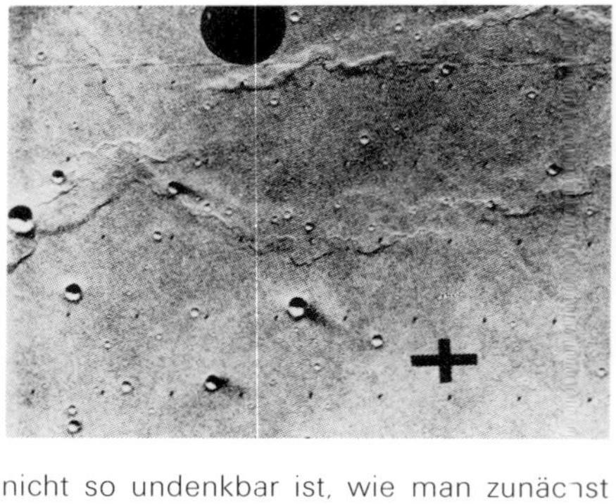

nicht so undenkbar ist, wie man zunächst annehmen möchte. Die gegenüber der Erde dreifach reduzierte Schwerkraft und die bei gleichem Druck etwas dichtere Atmosphäre begünstigen einen Gleitflug. Da beim Eintritt in die Marsatmosphäre nur ein Fünftel der spezifischen Bewegungsenergie eines irdischen Transporters vernichtet werden muß, können die Hitzeschilde leichter

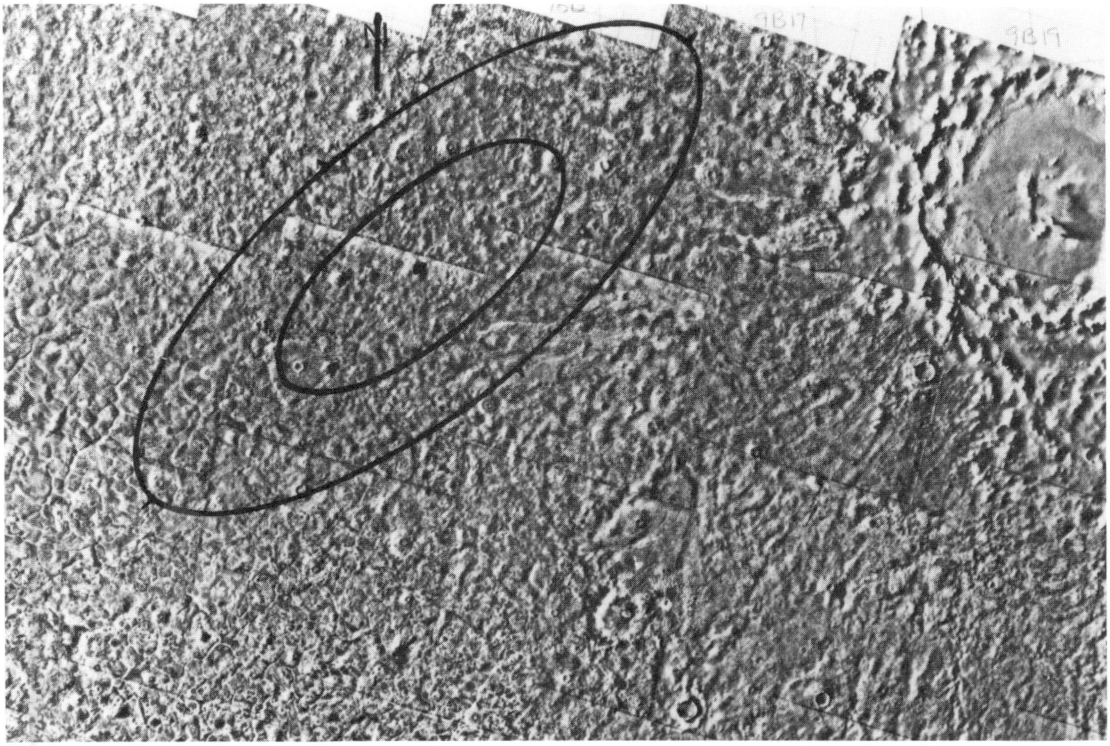

Landeplätze
Dies ist die Landegegend von Viking 2 bei 48° N und 226° W. Die größere, 100 × 260 km messende Ellipse entspricht wieder einer Landewahrscheinlichkeit von 99 Prozent, die innere von 50 Prozent. In dieser Gegend vermutete man Dünenfelder, durchsetzt von Auswurfmaterial des rund 100 km großen Kraters Mie in der rechten oberen Bildecke. Diese Annahme erwies sich als richtig, doch konnten in der näheren Umgebung des Viking-2-Landeplatzes keine nennenswerten Sanddünen entdeckt werden.

Landeplätze
Ein 90 × 100 km messender vergrößerter Ausschnitt aus der inneren Landeellipse von Viking 2. Der geplante Landeort, der dann mit einer Abweichung von nur 12 km auch tatsächlich erreicht wurde, liegt bei 48° N und 226° W und ist mit einem Kreuz markiert. Der Ausschnitt kann mit dem fladenförmigen Krater unten links, der auch im oberen Bild noch erkennbar ist, identifiziert werden.

Landeplätze
Dies sind die beiden Aufnahmen, auf denen die ersten «natürlichen» Veränderungen auf der Marsoberfläche festgestellt wurden. Das linke Bild des etwa 1 m hohen Felsens «Big Joe» stammt vom 4. Oktober 1976, das rechte vom 24. Januar 1977. Irgendwann in der Zwischenzeit muß sich die Festigkeit des Sandes in der Düne am Fuß des Felsens so vermindert haben, daß eine etwa 30 cm lange «Zunge» abrutschen konnte. Es ist unklar, was dieses Ereignis ausgelöst hat und wie häufig solche Veränderungen beobachtet werden können.

gebaut werden, und auch an die strukturelle Festigkeit des Apparates werden geringere Anforderungen gestellt. Diese Erleichterungen ermöglichen eine aerodynamisch günstigere Form; dank ihres besseren Auftriebs kann langsamer in die dichteren Atmosphärenschichten eingetaucht werden, was wiederum kleinere Verzögerungskräfte zur Folge hat. Neuere Untersuchungen über kleine Modellflugzeuge für die automatische Marserkundung ergaben zur Verblüffung selbst einiger direkt Beteiligter das Resultat, daß sich mit leichten Propellerflugzeugen über 1000 km zurücklegen lassen, wenn die Tragflächen etwa denen eines Segelflugzeuges entsprechen und der oder die Treibstoffe keine Atmosphäre zur Verbrennung benötigen! Es ist daher anzunehmen, daß man bis zum Bau der ersten Landepiste für Raketenflugzeuge auf Mars bereits genügend Erfahrungen mit unbemannten Flügen gesammelt hat, um auch bei bemannten Missionen von vertikalen auf horizontale Landungen überzugehen.
Der Aufstieg von der Marsoberfläche in eine niedere Umlaufbahn liegt im Gegensatz zu den irdischen Verhältnissen mühelos im Bereich eines senkrecht startenden einstufigen Raketenflugzeuges, wenn dieses mit Sauerstoff und Wasserstoff betrieben wird. Da sich diese Gase verflüssigt auf Mars selber gewinnen lassen, steht auch einer Erschließung des Roten Planeten im großen Stil langfristig nichts entgegen.

Leben auf Mars

Nachdem die sichtbaren Veränderungen auf der Marsoberfläche durch wetterbedingte Staubverfrachtungen erklärt werden konnten, bestand zunächst nur mehr wenig Anlaß, an eine biologische Aktivität auf diesem Planeten zu glauben. Vor allem die physikalischen Bedingungen ließen in dieser Hinsicht nur wenig Hoffnung aufkommen. Versuche auf der Erde hatten zwar ergeben, daß Bakterien sogar bei Anwesenheit von wenig abbaubarer Materie überleben können. Die Bakterien sind aber bei uns unter idealen Bedingungen im Wasser entstanden und erhielten erst später Gelegenheit, sich auch weniger günstigen Bedingungen anzupassen. Trotzdem wagten sich die Exobiologen an das äußerst schwierige Problem, im Rahmen des Viking-Landeprogrammes wenigstens den Stoffwechsel von allfälligen Marsorganismen nachzuweisen. Man war sich bewußt, daß das Phänomen Leben auch in ganz anderen Erscheinungsformen auftreten könnte, als wir es uns auf der Erde gewöhnt sind, und legte die Experimente daher so allgemein und mit so wenig für die Erde selbstverständlichen Annahmen wie möglich an. Die Forscher waren von Anfang an wenig optimistisch, wenn sie auch zur Rechtfertigung der Bemühungen in der Öffentlichkeit eine sehr unvoreingenommene Haltung einnehmen mußten. Der Biologe Gerald K. Soffen formulierte die Erwartungen vielleicht am nüchternsten, wenn er kurz vor den Landungen festhielt, daß ein negatives oder unschlüssiges Resultat der wahrscheinlichste Ausgang des biologischen Forschungsprogrammes von Viking sein werde. Dies war auch tatsächlich der Fall. Das Beste, was man erwarten konnte, war eine Klärung der Frage, wo die vorbiologische, also chemische Evolution auf Mars steckengeblieben war. Selbst hier werden für eine schlüssige Antwort weitere Untersuchungen nötig sein.

Drei Instrumente gruppierten sich um eine zentrale Apparatur, um das Gaschromatografen-Spektrometer der Viking-Sonden. Mit diesem Gerät sind vielseitige Analysen der verschiedensten Stoffe möglich, ohne daß über ihre Zusammensetzung etwas bekannt sein müßte. Außer für die biologischen Experimente bestimmte man damit auch die Zusammensetzung der Marsatmosphäre. Zur Hauptsache wurde es jedoch dazu eingesetzt, die gasförmigen Stoffwechselendprodukte allfälliger Mikroorganismen beim Gasaustauschexperiment zu analysieren. Dieses wurde mit einer Instrumentengruppe durchgeführt, die dank einer bewundernswerten Miniaturisierung aller Komponenten in einem Kasten von nur 0,1 m³ Inhalt Platz fand.

Beim Gasaustauschexperiment wurde einmal mit und einmal ohne Zusatz einer Nährlösung eine Bodenprobe darauf hin untersucht, ob etwa vorhandene Mikroorganismen bei ihrem Stoffwechsel Kohlendioxid, Methan, Wasserstoff, Stickstoff oder Sauerstoff abgeben.

Trotz einer großen Empfindlichkeit des Gerätes konnten nur wenige Veränderungen in der Testzelle gemessen werden, die alle auch ohne die Anwesenheit von Organismen erklärt werden können. Neue Gase, wie Wasserstoff, Methan oder Stickoxide, traten überhaupt nicht auf. An diesen Resultaten änderte auch die Wiederholung der Versuche durch Viking 2 nichts Entscheidendes. Selbst die Analyse von Bodenproben aus einiger Tiefe, die nicht seit langem der sterilisierenden Wirkung der Sonnenausstrahlung ausgesetzt waren, brachte nicht den gewünschten Erfolg. Dieser als negativ zu beurteilende Ausgang eines wichtigen Experimentes wurde in seiner Aussage noch dadurch erhärtet, daß organische Moleküle mit höherem Molekulargewicht völlig fehlten. Solche hätten sich beim Ausdampfen von Bodenproben bei mehreren gestaffelten Temperaturniveaus im Gaschromatografen-Massenspektrometer verraten müssen.

Im Gegensatz zum Gasaustauschexperiment wurde beim *Fotosyntheseexperiment* nicht mit dem Massenspektrometer gearbeitet, sondern der Nachweis einer fotosynthetisch «verdauten» Atmosphäre aus radioaktiv markiertem Kohlenoxid und Kohlendioxid versucht.

Zur großen Überraschung verlief dieses Ex-

Landetechnik
Beim hier auf der Marsoberfläche liegenden Objekt handelt es sich um die abgesprengte Schutzkappe des Greifarmkopfes von Viking 2. Beim Viking-1-Lander rollte der entsprechende Gegenstand unter die Sonde, so daß er erst nach einiger Zeit entdeckt wurde. Beim Absprengen am 5. September 1976 zielte man etwa 40 Grad nach unten, traf dabei den im Vordergrund liegenden Stein und lenkte den 30 cm langen Aluminiumzylinder nach einem weiteren Aufprall an die jetzige Stelle. Der mittlere Abdruck ist auf dem Originalbild noch knapp erkennbar.

Leben auf dem Mars
Hier wurde versucht, einen größeren Stein zu verschieben, um eine darunterliegende Bodenprobe entnehmen zu können. Die unten befestigte Hacke hinterließ zwar auf dem Boden einen deutlichen Abdruck, doch bewegte sich der Stein nicht. Dies war am 4. Oktober 1976. Wenige Tage danach gelang dasselbe Manöver mit einem kleineren Stein.

periment gleich von Anfang an eindeutig positiv. Die vorangehende Sterilisierung der Bodenprobe bei 175° C während drei Stunden verhinderte in einem Kontrollversuch erwartungsgemäß die Reaktion, die offenbar Kohlendioxid in Verbindungen einbaute, die erst bei höheren Temperaturen wieder zerfielen. Auf der Erde wäre damit die Anwesenheit von Mikroben zweifelsfrei nachgewiesen, wie vorbereitende Tests bei der Entwicklung dieses Verfahrens im Labor gezeigt hatten. Trotzdem ist man mit der Interpretation des Resultates vorsichtig. Nachträgliche Versuche zeigten nämlich, daß unter bestimmten Bedingungen auch nichtbiologische Reaktionen eine solche Reduktion des Kohlendioxids bewirken können. Der Ausgang dieses Experimentes muß ebenfalls bis auf weiteres offengelassen werden.

Beim *Stoffwechselexperiment* wurde der Nachweis in umgekehrter Weise wie beim Fotosyntheseexperiment versucht. Der Kohlenstoff in den organischen Verbindungen einer Nährlösung wurde jetzt radioaktiv markiert. Allfällige Organismen würden bei der Verdauung auch gasförmiges Kohlendioxid abgeben. Dieses wäre dann ebenfalls radioaktiv und somit leicht nachweisbar.

Eine erste Bodenprobe wurde auf diese Weise 6 Tage lang in der Testzelle belassen, dann erneut mit Nährlösung befeuchtet und 7 weitere Tage gebrütet. Die gemessene Radioaktivität nach dem ersten Intervall lag zwar 20mal höher als bei der Kontrollzählung vor der Zugabe der Nährlösung, doch entsprach dieser Wert mengenmäßig nur einer 65prozentigen Assimilation in einer einzigen der Kohlenstoffverbindungen. Nach der zweiten Befeuchtung sank die Radioaktivität unerwarteterweise sogar noch etwas ab.

Bei der vorsterilisierten Bodenprobe stieg die Radioaktivität nur etwa auf gut das Doppelte der Hintergrundstrahlung. Die Reaktion zeigte auch nicht das Verhalten entsprechender sterilisierter Proben auf der Erde, so daß zeitweise der Verdacht aufkam, die Testzelle sei nicht ganz dicht und auch der erste Meßzyklus sei dadurch bereits verfälscht worden. Sicher war man nur

Leben auf dem Mars
Die Entnahme von Bodenproben für die chemischen und biologischen Analysen wurde vor allem dann mit großer Sorgfalt ausgeführt, wenn Felsbrocken in der Nähe lagen, die den Greifarm hätten beschädigen können. Die linke Bildsequenz stammt vom 25. September 1976. Der Stein im Vordergrund ist etwa 20 cm hoch. In seiner Nähe lag etwas anders gearteter Sand, der zu den Grabungen Anlaß gab. Das Bild rechts außen zeigt, daß eine etwa 8 cm lange und 5 cm tiefe Furche entstanden ist.

daß irgendwelche chemische Reaktionen auf Mars in der Lage sind, organische Kohlenstoffverbindungen aufzuspalten.
Zusammenfassend läßt sich sagen, daß die Viking-Sonden zwar nicht die Frage nach Leben beantworten konnten, daß sie aber viele wertvolle Erkenntnisse über den Chemismus auf der Oberfläche lieferten. Man weiß jetzt auch viel genauer, wie künftige Experimente zu konzipieren sind.

Magnetfeld

Soweit bisherige Raumsonden überhaupt zur Messung eines Magnetfeldes ausgerüstet waren, konnten diese nur feststellen, daß die Intensität auch auf der Oberfläche unter einem Promille des irdischen liegt. Ein solches wäre im Gegensatz zu Erde und Jupiter, aber wie bei Merkur, Venus oder unserem Mond, viel zu schwach, um etwa geladene Teilchen des Sonnenwindes wirksam abzulenken. Solche Partikeln prallen also ungehindert auf die tieferen Schichten der Marsatmosphäre. Da jene Atmosphäre ziemlich dünn ist, dürfte sie mehr noch als die Erde durch diese Einwirkung von außen beeinflußt werden. Auch auf der Erde stellen sich komplizierte Wechselwirkungen zwischen Magnetfeld, Sonnenaktivität und Dichte der Hochatmosphäre ein, die erst in den letzten Jahren, beispielsweise mit dem GEOS-Satelliten, erforscht werden konnten. Auf Mars wird es sicher noch schwieriger sein, die zum Teil viel schwächeren Einflüsse nachweisen zu können.
Das praktisch fehlende Magnetfeld steht in gutem Einklang mit den Vorstellungen, daß Mars im Inneren nicht über einen weitgehend flüssigen, elektrisch leitenden Kern und Mantel verfügt. Ströme solcher Materie könnten, gemäß einem auch bei der Erde noch nicht verstandenen Entstehungsmechanismus, selbst ein sich gelegentlich umpolendes Magnetfeld erklären (vergleiche «Inneres von Mars»).

Mariner-Sonden

Von 1964 bis 1971 lancierten die USA sechs Marssonden eines immer weiter verbesserten Typs, von denen vier ihre Mission erfüllten. Während Mariner 4 sein Ziel in einer Distanz von 9800 km passierte, näherten sich Mariner 6 und Mariner 7 diesem bereits bis auf etwa 3400 km. Mariner 9 war der erste Satellit, der an einem Planeten nicht nur vorbeiflog, sondern in eine bleibende Umlaufbahn einbremste. Diese hatte ihren tiefsten Punkt etwa 1400 km über der Südhalbkugel und entfernte sich auf der nördlichen Hemisphäre alle 12 Stunden wieder auf 17 000 km. Am 27. Oktober 1972 beschloß Mariner 9 ein mehrjähriges Forschungsprogramm, mit dem die NASA die weichen Landungen auf der Marsoberfläche vorbereitete. Bis dahin war die gesamte Marsoberfläche mit einer Genauigkeit kartografiert worden, die sich mit den besten klassischen Mondkarten messen konnte; auch eine Reihe von Bildern der beiden Marsmonde waren aufgenommen worden. Der chronologische Ablauf dieses erfolgreichen Programms findet sich unter «Geschichtliches».

Mariner Nr.	Gewicht kg	Abflug	Ankunft	Funkbilder
4	262	28. 11. 64	15. 7. 65	22
6	414	24. 2. 69	31. 7. 69	202
7	414	27. 3. 69	5. 8. 69	
9	978	30. 5. 71	13. 11. 71	7329

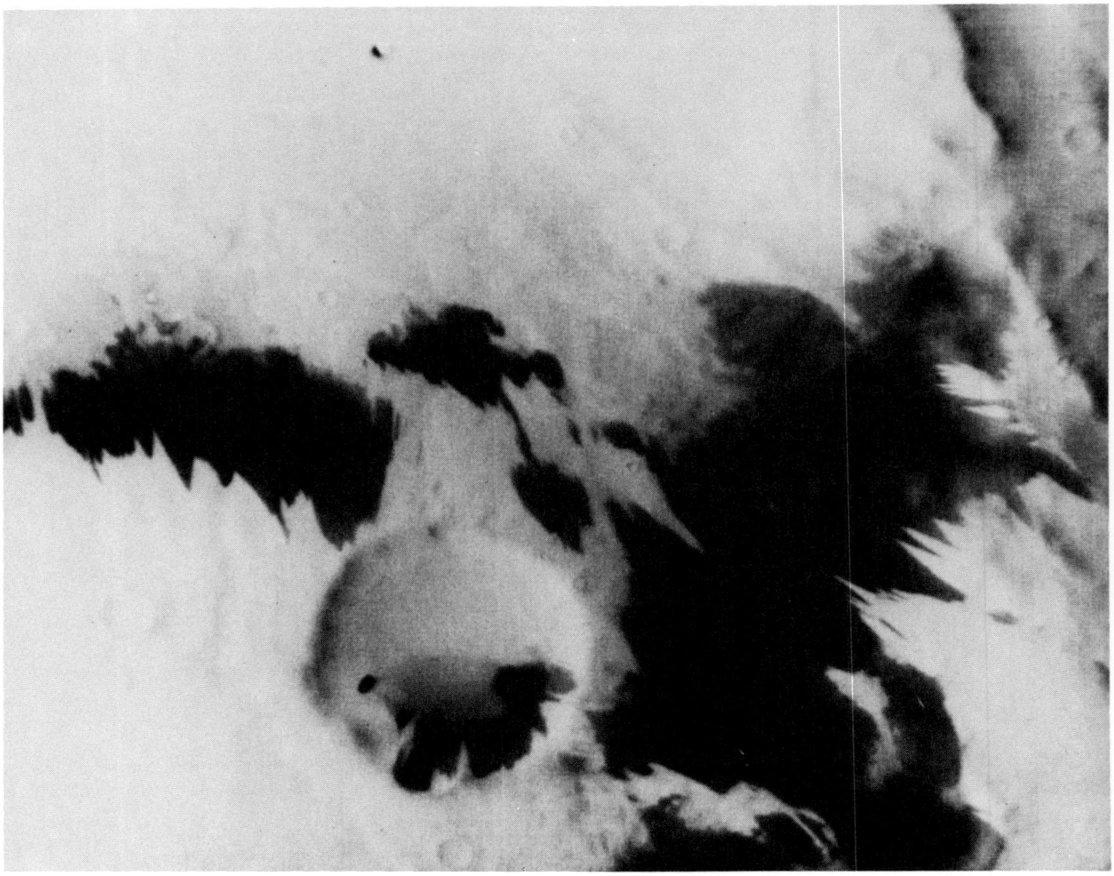

Mariner-Sonden
Dies ist eines der insgesamt 7329 Funkbilder, die die Sonde Mariner 9 zwischen November 1971 und Oktober 1972 zur Erde funkte. In dieser Gegend, bei 70° S und 254° W, hat man öfters Veränderungen der Oberfläche wahrnehmen können, die auf offensichtliche Verfrachtungen von hellem Staub auf einem dunklen Untergrund zurückgeführt werden konnten. Im Januar 1972 ließ sich mehrmals beobachten, wie das etwa 8 km große blattähnliche Gebilde in Bildmitte verschwand, um dann wieder von neuem zu erscheinen.

Marsbeben

Beide Viking-Lander waren je mit einem empfindlichen Seismometer ausgestattet worden, doch stammen alle Informationen über Marsbeben von der zweiten Sonde, da nur ihr Gerät einwandfrei funktionierte. Man hatte die Stärke der erwarteten Marsbeben um einiges überschätzt. Obwohl ein identisches Seismometer in der Nähe von San Francisco installiert wurde, das die dort häufigen Beben zuverlässig registrierte, meldete Viking 2 während Monaten nur Erschütterungen von Windstößen oder von Bewegungen auf dem Raumschiff selber. Trotz ständiger Übertragung der Daten gelang zunächst nicht eine einzige Identifizierung eines echten Marsbebens. Die Aufzeichnungen der künstlichen Miniaturbeben wurde bald eher zur Kontrolle des Funktionierens der beweglichen mechanischen Teile und des Windmessers herangezogen, dazu eignet sich nämlich das Seismometer wie ein feines Ohr.

Im Laufe der Mission, als die Ruhephasen der Sonde länger wurden, schaltete man vermehrt auf den automatischen Aufzeichnungsmodus um. Dabei nahmen die Bänder erst Daten entgegen, wenn etwas passierte, so daß das Gerät über längere Zeit sich selber überlassen werden konnte. Auf diese Weise wurden mittlerweile einige sehr schwache Beben beobachtet, die vermutlich natürlichen Ursprungs sind, jedoch weit unterhalb der erwarteten Frequenz und Intensität liegen.

Das in allen Richtungen empfindliche Seismometer konnte Verschiebungen von nur 50 Millionstelmillimetern feststellen, wenn mindestens einmal pro Sekunde entlang dieser Verschiebungen oszilliert wurde; und sogar von nur einem Millionstelmillimeter, wenn die Frequenz über 4/s lag. Eine in einem Magnetfeld hängende 20-g-Masse induzierte dabei winzige Ströme, die verstärkt zur Erde übertragen wurden. Meist wurden nur der über 15 s gemittelte Amplitudenwert und die Anzahl der Ruhestellungen (ein Maß für die Frequenz) registriert. Ein entsprechend empfindliches Gerät konventioneller Bauart wäre um ein Vielfaches schwerer gewesen. Ursprünglich hoffte man, daß man, wenn die Geräte in beiden

Landern funktionieren würden, die Beben einigermaßen orten und von Meteoriteneinstürzen unterscheiden könnte, so daß die nunmehr an einer einzigen Stelle gewonnenen Resultate schwieriger zu interpretieren sind.

Marskarten

Die Erstellung klassischer teleskopischer Marskarten erreichte mit jenen der Astronomen Schiaparelli und Lovell um die letzte Jahrhundertwende einen Höhepunkt. Heute besitzen diese Werke nur noch geschichtliche Bedeutung und dienen allenfalls als Grundlage für die Namengebung größerer Regionen. Ende 1969 erschien die erste Marskarte, auf der zusätzlich die von Mariner 6 und von Mariner 7 aufgenommenen Kraterlandschaften eingezeichnet waren, die aber nur etwa 20 Prozent der Gesamtoberfläche ausmachten. Gleichzeitig war auch ein provisorischer Marsglobus sehr beliebt, der noch einige Formationen zeigte, die aus sehr großer Entfernung entdeckt wurden und auf den Gesamtaufnahmen beruhten, die vor der Ankunft der Sonden gemacht wurden. Das bekannteste Detail war der Vulkan Olympus Mons, der damals wohl von einer merkwürdigen Wolke umgeben war und als großer Ring in Erscheinung trat. Zur Verdeutlichung hatte man dem Globus die klassischen Hell-Dunkel-Tönungen überlagert. Bereits Ende 1972 waren aber vollständige Karten und ein Globus druckreif, die auf den Ergebnissen von Mariner 9 basierten. Auf dem Globus waren

Marskarten
Die Mariner-9-Aufnahmen gestatteten es, den 0°-Meridian genauer zu definieren, als dies mit den früheren Teleskopbeobachtungen möglich war. Er ist heute festgelegt durch den kleinen Krater Airyzero innerhalb des Kraters Airy, der etwa bei 5° S liegt.

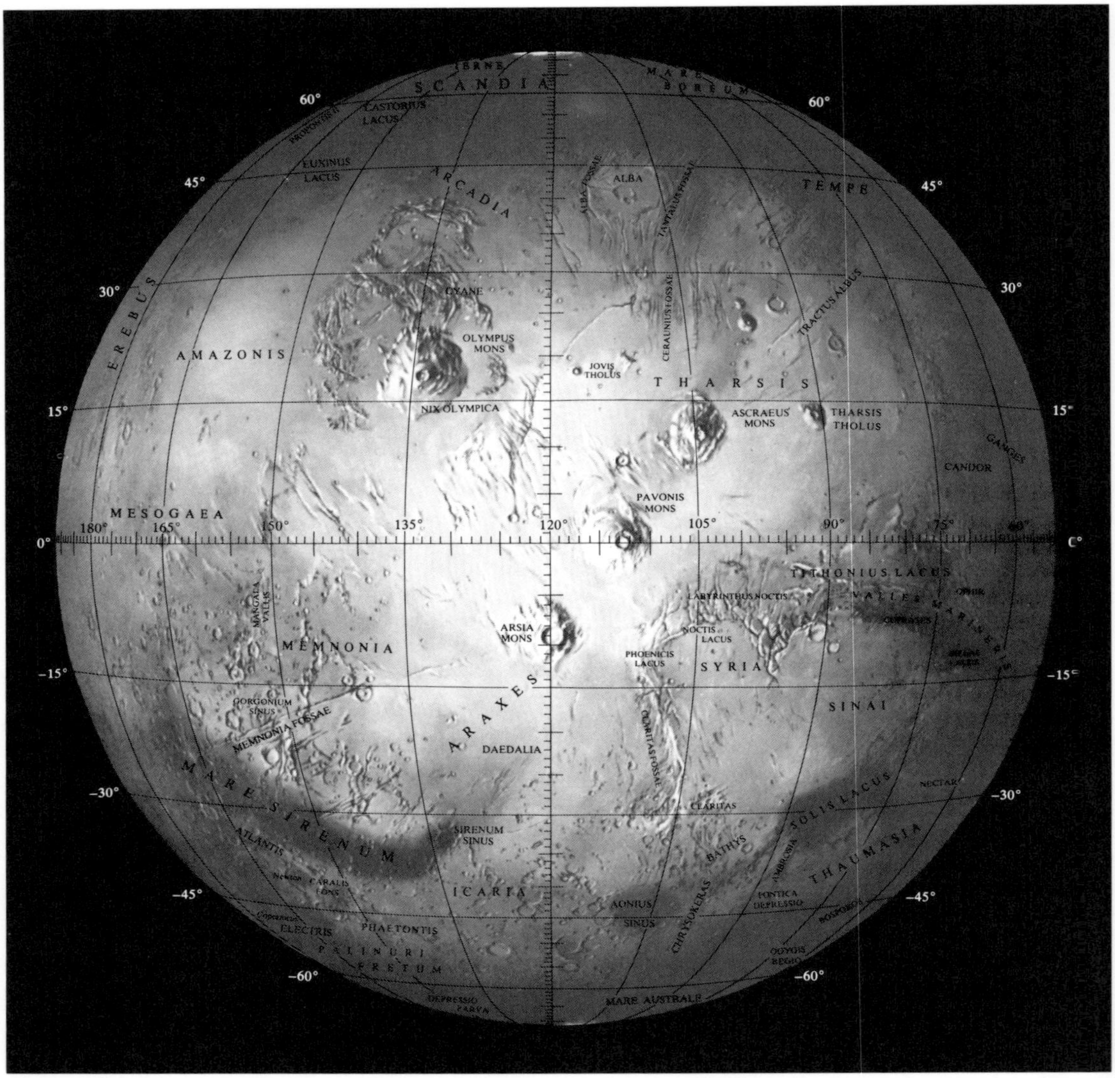

Marskarten
Von dieser Seite aus betrachtet, muß sich Mars am eindrucksvollsten darbieten. Die vier Riesenvulkane Nix Olympica und — von Süd nach Nord — Arsia Mons, Pavonis Mons sowie Ascraeus Mons liegen zusammen mit dem Valles Marineris auf dieser einen Hemisphäre.

ebenfalls die überhöhten Helligkeitsunterschiede für die Teleskopbeobachter und eine ziemlich natürliche Färbung gewählt worden.

Da Mariner 9 die Südhalbkugel niedriger überflog, war diese mit größerer Genauigkeit kartografiert worden als der Norden. Die feinsten Details hatten dort eine Ausdehnung von etwa 1 km, während sie gegen den Nordpol hin nur noch oberhalb etwa 3 km sichtbar waren. Dank den Teleaufnahmen der gleichen Sonde besaß man daneben aber weitere Bilder von etwa einem Prozent der Oberfläche, die ein Auflösungsvermögen von gar 100 m hatten, also Objekte von der Größe eines Fußballfeldes immerhin noch als 2 × 2-Bildpunkte zeigten. Die Funkbilder der beiden Viking-Orbiter verbesserten die Marskartografierung zwischen 1976 und 1978 nochmals beträchtlich. Dies war vor allem auf der Nordhalbkugel möglich, die diesmal in niedrigerer Höhe überflogen wurde. Dank den Beobachtungen während eines vollen Marsjahres konnten auch die permanenten Eismassen an den Polen sowie die Struktur der dortigen Dünenfelder genau erfaßt werden. Das äußere Bild eines größeren Marsglobus hatte also mit Viking einen Stand erreicht, an dem weitere Verbesserungen nicht mehr von bloßem Auge erkennbar wären. Die noch detailliertere Erforschung der Oberfläche wird sich daher im Bereich von Lokalkarten besonders interessanter Gebiete abspielen, wo man in Zukunft eventuell landen könnte.

Mars-Sonden

Das sowjetische Programm zur Marserforschung mit unbemannten Sonden lief unter dem gleichen Namen wie der Planet: «Mars». Die ab 1960 mehrfach lancierten Raumschiffe dieses Typs waren von Anfang an von großen Schwierigkeiten begleitet, obwohl die Sowjets in keiner Weise Mühe und Geld scheuten und immer ihre stärksten Startraketen verwendeten, mit denen sich Raumschiffe bis zu 5 t auf Marskurs befördern ließen. Trotz des Mehraufwandes mußten die Sowjets immer wieder Mißerfolge einstecken, denn keine der Mars-Sonden erreichte ihr Ziel. Es gelang, zwei der Satelliten in Umlaufbahnen um den Roten Planeten einzubremsen, doch wurden von dort aus nur einzelne Funkbilder aufgenommen, so daß man zur Planung der bis jetzt noch nicht erfolgreichen weichen Landungen auf die Mariner-Kartografierung angewiesen blieb. Chronologische Daten zu den Mars-Sonden finden sich unter «Geschichtliches». Es ist allgemein zu erwarten, daß die Sowjetunion bei den nächsten Startfenstern erneut weitere Marslandungen versuchen wird.

Monde

Mars besitzt zwei Monde, die unter «Phobos» und «Deimos» näher beschrieben sind. Dabei ist Phobos der innere, größere und Deimos der äußere, kleinere Mond. Ihre spannende Entdeckungsgeschichte seit 1877 findet sich unter «Geschichtliches».

Marskarten
Für den Beobachter am Teleskop ist diese Perspektive die idealste, denn die Große Syrte ist von der Erde aus gesehen das auffälligste Merkmal der Marsoberfläche.

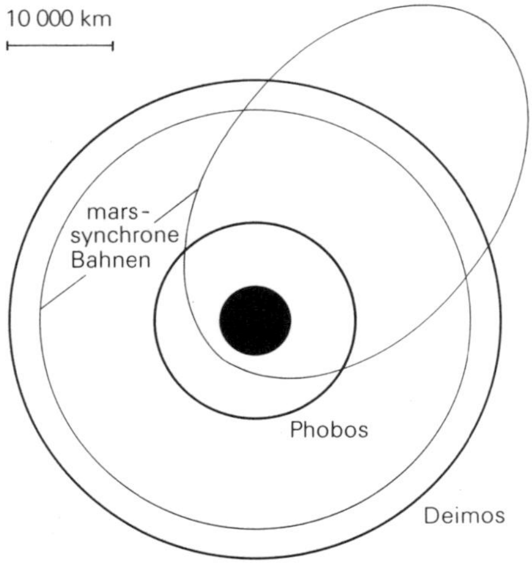

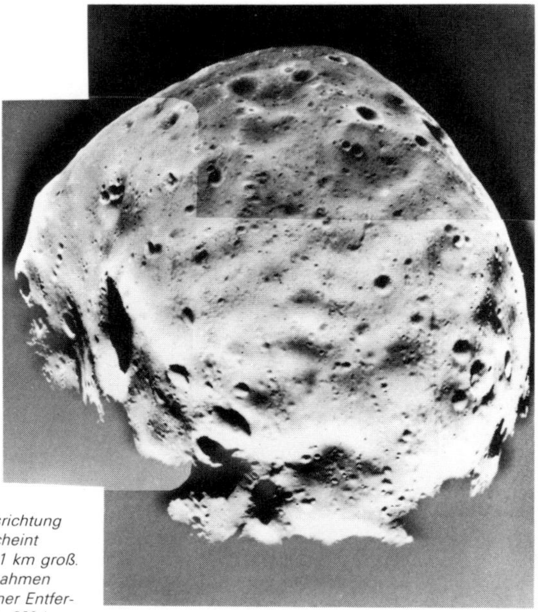

Monde
Phobos in Längsrichtung gesehen. Er erscheint daher nur 19 x 21 km groß. Die drei Teilaufnahmen gelangen aus einer Entfernung von 480 bis 660 km, als der Viking-1-Orbiter nach mehreren Kurskorrekturen auf eine Bahn gebracht wurde, die jene von Phobos beinahe schnitt. Es sind Details von nur noch 20 m Durchmesser erkennbar. Der Südpol liegt innerhalb des großen Kraters Hall am linken Bildrand. Eine besondere Überraschung waren einige bis 50 m große Brocken, die nach Meteoriteneinschlägen trotz der geringen Schwerkraft wieder auf die Oberfläche zurückgefallen sein müssen.

Nordpol

Schon die ersten Detailaufnahmen durch die Mariner-9-Sonde offenbarten das Nordpolargebiet von Mars als eine der veränderlichsten und interessantesten Gegenden des Planeten: Man entdeckte damals die rosettenförmigen Eisablagerungen, die sich deutlich vom Südpol unterscheiden und auf eine Polwanderung mit unbekanntem Ursprung schließen lassen. Die den Sommer überdauernde Eiskappe ist ein Reservoir von Wassereis, während die viel großräumigere winterliche Frostbedeckung, die sich jeweils unter einer starken Bewölkung ablagert, vorwiegend aus gefrorenem Kohlendioxid besteht. Recht früh wurde auch das sogenannte laminierte Terrain entdeckt, das aus unzähligen 10 bis 50 m dicken Schichtenablagerungen besteht, die durch spätere Erosion an verschiedenen Stellen mit erstaunlicher Regelmäßigkeit zutage treten. Doch für eine Deutung all dieser Erscheinungen reichte das Bildmaterial dieses ersten Marssatelliten noch nicht aus.
Die Viking-Sonden gestatteten die Detailbeobachtung der Nordpolkalotte über mehr als ein Marsjahr, was zu neuen Hypothesen führte, die die Entstehung der eigenartigen Formationen bereits einigermaßen erklären konnten. Man nimmt heute an, daß nach der ersten Abkühlungsphase auf die Planetenentstehung schon bald eine beträchtliche Polkappe aus schmutzigem Eis — einem aus Schnee und Staub gepressten Gemisch — abgelagert wurde. Diese könnte dicker als die heutige gewesen sein und auch eine andere Zusammensetzung gehabt haben. Man muß annehmen, daß die heutigen Großvulkane damals noch nicht bestanden haben. Mit ihrer Entstehung versucht man nämlich indirekt zu erklären, weshalb die Nordpolkalotte eine so auffallende Unstetigkeit aufweist: Die plötzliche Asymmetrie durch die sich auftürmenden Vulkankegel brachte die Rotationsachse aus dem Gleichgewicht; der Nordpol wurde im Sommer stärker besonnt, und die Marstemperaturen begannen zu steigen. Das Polareis muß mindestens einmal in der Geschichte ganz bedeutend an Substanz verloren haben, denn heute ziehen sich trokkene Täler wie tiefe Furchen durch die Eismassen. Diese sind vor allem im Sommer deutlich zu sehen, wenn die Frostüberdekkung fehlt und der Marsboden an vielen Stellen in Form kompliziert verlaufender dunkler Streifen hervortritt. Viele Unregelmäßigkeiten müssen jedoch während kalten Epochen immer wieder von neuen Schichten überdeckt worden sein, da das Nordpolgebiet trotz des feinstrukturierten Oberflächenmusters topografisch ziemlich eben ist.
Ein weiteres bemerkenswertes Phänomen jener Gegend ist der Gürtel aus dunklem Sand, der die Eismassen am Pol umgibt. Diese Dünenfelder liegen an den Stellen, an denen frühere Teleskopbeobachter jeweils im Marsfrühling eine Zone «dunkler Vegetation» auszumachen glaubten. Detailbilder offenbarten nun, daß es sich lediglich um Material mit geringer Reflexionsfähigkeit handelt. Wie sich dieses Material allerdings in oft genau abgegrenzte Bezirke aufteilen konnte, die sogar fast geradlinig voneinander getrennt sind, kann heute erst vermutet werden. Die einfachste Hypothese ist die, daß sich die Mineralien auf Mars aus einem helleren Material zusammen-

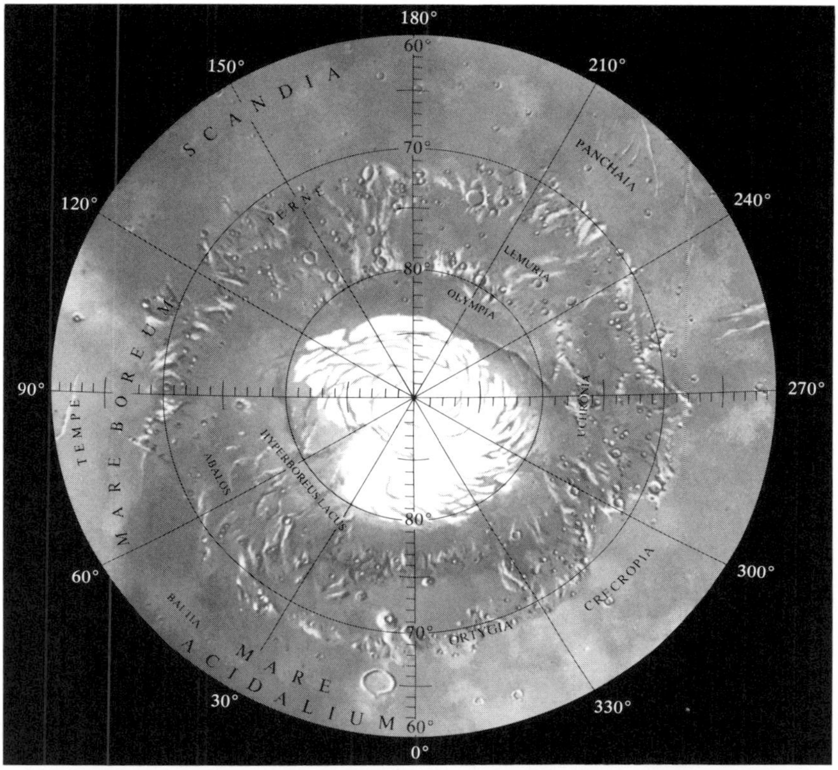

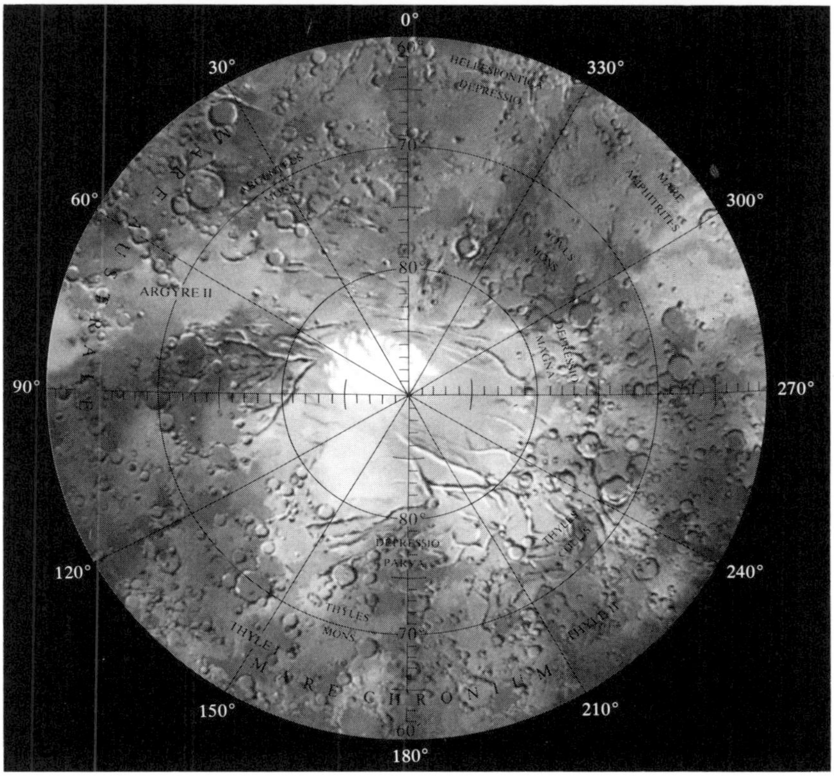

Nordpol

Oben: Der helle Teil der Polkappe zeigt die sommerliche Resteisgrenze. Dieser harte Kern besteht nach heutigen Auffassungen mit größter Wahrscheinlichkeit aus Wassereis, denn bei den im Sommer gemessenen Temperaturen würde Kohlendioxid-Trockeneis schmelzen. Wegen der gegenwärtigen Form der Marsbahn und der Lage der Marsachse hat das Nordpoleis eine viel größere Ausdehnung als das Südpoleis, und man nimmt an, daß das meiste auf Mars vorhandene Wasser hier eingefroren ist.
Unten: Auch hier stellt die weiße Polkappe den permanenten Teil des Eises dar, doch bedeckt er eine viel kleinere Fläche als im Norden. Der derzeitige Eisfleck im Südpol liegt so exzentrisch, daß der Pol selbst eisfrei ist.

Nordpol
Grenzgebiet zwischen dunklen Sanddünen (hier in der Form eines Dreiecks) und den unterbrochenen Eislagern der Nordpolregion. Einige Wolken sind ebenfalls sichtbar. Diese Viking-2-Aufnahme ist nur eine Momentaufnahme des wechselnden Geschehens in dieser sehr veränderlichen Gegend.

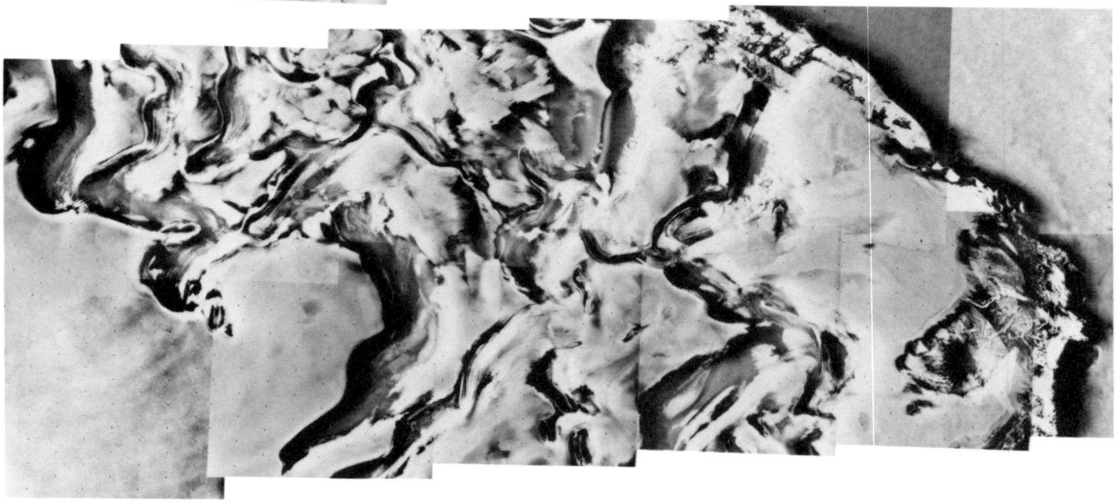

Nordpol
Ein Ausschnitt zwischen 77° N und 83° N sowie zwischen 330 und 350° W. Der Nordpol liegt etwa 300 km außerhalb des Bildes. In dieser Viking-2-Aufnahme vom 4. Oktober 1976 wird deutlich, wie vielfältig sich hier Eismassen mit aperen Stellen abwechseln und wie sich Staub über Eis und Eis über dem Boden ablagern können. Die einzelnen Schichten schimmern in den verschiedensten Farbtönen durch, wie entsprechende Farbbilder zeigten.

setzten, das harte, grobkörnige Einschlüsse enthielt. Als Folge der Winderosion pulverisierte sich das helle Grundgestein, während die dunklen Partikeln nicht weiter zermahlen werden konnten. Im Gegensatz zum leichten Staub blieben diese bei der Windverfrachtung zurück, währenddem sich jener an gewissen mehr oder weniger zufälligen Stellen sammelte.

Diese Vorstellungen decken sich mit jenen, die schon früher die Helligkeitsunterschiede auf klassischen Marskarten nicht durch verschiedene chemische Zusammensetzung, sondern nur durch Sand unterschiedlicher Korngröße erklärten. Viele Fragen bleiben aber noch offen: Warum treten geradlinige Begrenzungstücke auf? Warum beobachtet man keine ähnlichen dunklen Sandablagerungen am Südpol? Hängen diese Unterschiede vielleicht auch noch mit den heutigen Feuchtigkeitsverhältnissen an den beiden Polen zusammen?

Bei einer künftigen Besiedlung oder industriellen Ausnützung des Planeten werden die immensen Eislager eine große Bedeutung erlangen. Selbst ohne Rückgewinnung von verbrauchtem Schmelzwasser würden die Mengen über sehr lange Zeiträume für die Erhaltung einer Zivilisation wie der unsrigen ausreichen. Auch der Sauerstoff könnte aus dem Polareis gewonnen werden.

Oppositionen

Unter Opposition versteht man die gegenseitige Lage zweier Planeten im Moment, wo der innere, schnellere, den äußeren auf seiner Bahn um die Sonne überholt. Beide stehen dann gemeinsam mit der Sonne auf einer Geraden, und ihr gegenseitiger Abstand erreicht — mindestens im Falle konzentrischer Kreisbahnen — ein absolutes Minimum. Etwas komplizierter ist es, wenn die Bahnen elliptisch oder noch zusätzlich

in verschiedenen Ebenen liegend sind. Es kommt dann darauf an, wo sie sich gegenseitig überholen, und es kann Jahrzehnte oder Jahrhunderte dauern, bis sie dies wieder in einer ähnlichen Konstellation tun.
Wie die beigefügten Abbildungen (siehe unten) zeigen, können die relativen Minimalabstände von Erde und Mars um fast einen Faktor 2 verschieden sein, je nachdem ob Mars im Zeitpunkt der Opposition in Sonnenferne (Aphel) oder in Sonnennähe (Perihel) steht. Die beiden Planeten überholen sich zwar durchschnittlich alle 26 Monate, aber nur jedes 7. oder 8. Mal ist eine gute Perihelopposition. Vor dem Weltraumzeitalter mußten die Astronomen also jeweils 15 Jahre auf eine erneute günstige Beobachtungsmöglichkeit warten.

Die 8 besten Marsoppositionen der Neuzeit

Datum	Abstand von der Erde (Mio km)
5. September 1877	56,0
26. August 1892	55,5
18. September 1909	58,3
22. August 1924	55,5
23. Juli 1939	58,0
11. September 1956	56,6
10. August 1971	56,2
28. September 1988	58,4

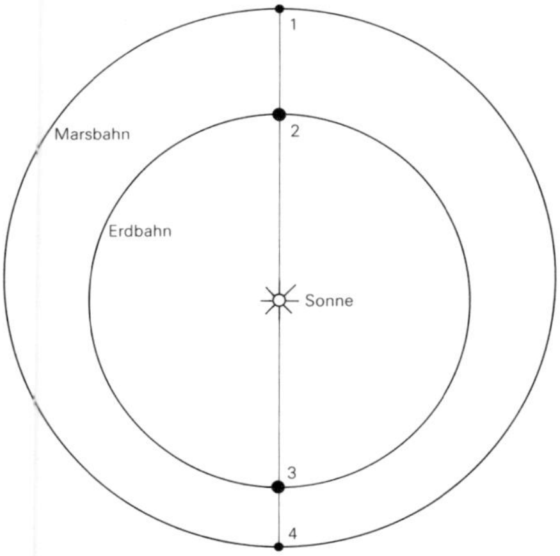

Die derzeitige Lage der Marsachse im Präzessionszyklus bringt es mit sich, daß uns bei Periheloppositionen jeweils der Südpol des Roten Planeten zugewendet wird und bei den Apheloppositionen der Nordpol. Dies wird unter «Jahreszeiten» näher erläutert. Für den erdgebundenen Beobachter bringt dies immer Nachteile mit sich, da die Staubstürme im Perihel auftreten und damit die entfernungsmäßig günstigen Periheloppositionen oft wertlos machen. Umgekehrt läßt sich der Nordpol immer nur in den fernen Apheloppositionen sehen.
Für Beobachtungen von der Nordhalbkugel der Erde aus ist zu beachten, daß Mars im August oder September, wenn die Periheloppositionen stattfinden, relativ tief über den Horizont hinschleicht und nur bei den Apheloppositionen im März in die atmosphärisch weniger beeinträchtigten größeren Höhen aufsteigt. Alle diese Faktoren haben jedoch mittlerweile ihre Bedeutung verloren, seit Raumsonden an Ort und

Die Marsoppositionen von 1924 bis 1997

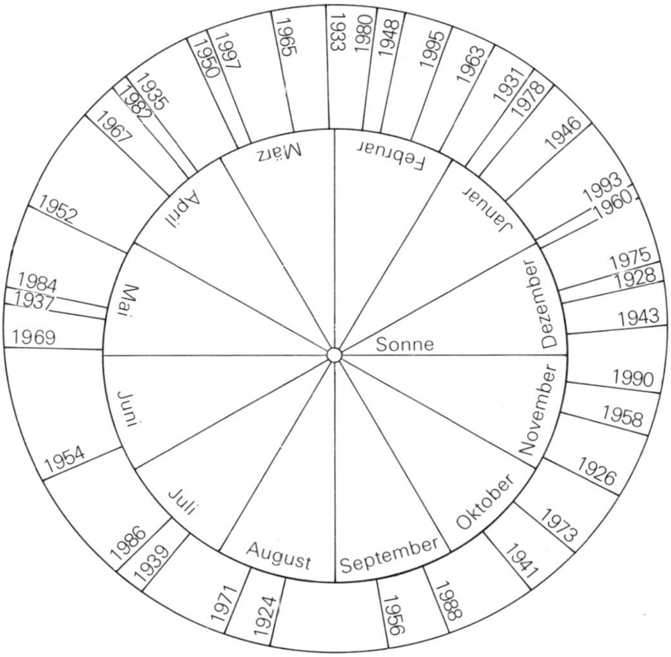

Wichtige gegenseitige Lagen von Erde und Mars

Lage	Bezeichnung	Abstand (Mio km)	Vergrößerung, damit so groß wie Mond mit bloßem Auge
12	Aphelopposition	100 (Nordpol günstig)	129 ×
34	Perihelopposition	56 (Südpol günstig)	72 ×
13	Aphelkonjunktion	400	514 ×
24	Perihelkonjunktion	356	458 ×

Permafrost

Ein weiteres Bild aus der Umlaufbahn vom 19. September 1976: Die Nilosyrtisregion bei 34° N und 290° W. Der 80 x 150 km messende Ausschnitt bildet eine Grenzzone zwischen den alten Hochebenen in Richtung Süden und einem spärlicher von Kratern durchsetzten Gebiet weiter nördlich. Das gletscherähnliche Fließen von Materie in den Tälern wird als weiterer Hinweis für das Vorhandensein von Eislagern unter der Oberfläche betrachtet. Man nimmt an, daß unzählige Zyklen von Auftauen und Gefrieren des Eises zwischen festen Schichten die Fortbewegung begünstigten.

Stelle rekognoszieren. Die Startfenster, also die Zeiträume niedriger Startgeschwindigkeit für den Hinflug zu Mars, zeigen ähnliche Perioden wie die Oppositionen, da auch sie von der Konstellation abhängen.

Permafrost

Die Bezeichnung für Eislager unter dem Boden, deren Temperatur zu keiner Jahreszeit über den Schmelzpunkt steigt, ist «Permafrost». Auf der Erde kennt man Permafrost nur in arktischen Gebieten, während beim sonnenferneren Mars die Gleichgewichtstemperatur in einiger Tiefe überall unter dem Gefrierpunkt von Wasser liegt. Wenn diese Voraussetzung gegeben ist, dann sammelt sich die Feuchtigkeit der vulkanischen Gase, die aus der Tiefe aufsteigen, über Jahrmillionen als Permafrost.

Neben dieser durch plausible Entstehungsmechanismen begründeten Anwesenheit von Wassereislagern unter der Marsoberfläche gibt es in den chaotischen Schwemmgebieten auch noch direktere Zeugen von ihrer Existenz. Niemand vermag aber heute zu sagen, wieviel Permafrost gegenwärtig noch unter der Oberfläche verborgen liegt oder ob es vor den wärmeren Epochen einmal wesentlich mehr war. Falls es heute noch genug Permafrost gibt, ließe sich auf Mars eine dezentralisiertere Wasserversorgung aufbauen, als wenn das kostbare Naß von den Polen herbeigeschafft werden müßte.

Phobos

Der größere Marsmond Phobos mißt 19,3 × 22,5 × 27,3 km. Wegen seines kleineren Abstandes von Mars zeigen ihn selbst die größten Fernrohre als ein noch unscheinbareres Pünktlein im Vergleich zu Deimos. Obwohl absolut heller, wird er von der nahen Marsscheibe bereits stark überstrahlt. Die ersten Durchmesserbestimmungen basierten daher auf der gemessenen Helligkeit und einer geschätzten Rückstrahlfähigkeit. Da diese aber nicht wie vermutet bei etwa 10 Prozent lag, sondern mit rund 6 Prozent noch geringer ist als jene unseres Mondes, erhielt man damals den eindeutig zu kleinen Wert von 16 km. Auch über die Form eines sehr unregelmäßigen dreiachsigen Ellipsoides war man sich damals noch völlig im unklaren. Die Rückstrahlfähigkeit der Oberfläche schwankt zwar je nach Gegend zwischen 5 und 7 Prozent, doch gehört jene so oder so zu den dunkelsten im ganzen Sonnensystem.

Phobos hat eine leicht elliptische Bahn mit einer Abplattung von etwa 2 Prozent. Seine Distanz von der Marsoberfläche schwankt zwischen 6000 und 6100 km. Da er außerdem wie Deimos fast in der Äquatorebene läuft, bleibt er von allen Punkten aus unsichtbar, wenn der Höhenabstand mehr als etwa 69 Grad vom Äquator beträgt. Dies ist jedoch ein theoretischer Grenzwert; bereits am Viking-2-Landeplatz bei 48° N steigt Phobos nur mehr 22 Grad über den Horizont und bleibt somit an manchen Tagen unterhalb der Dunstgrenze.

Die Umlaufzeit von nur 7 Stunden und 39 Minuten macht Phobos zum einzigen natürlichen subsynchronen Satelliten im Sonnensystem, der bis heute entdeckt wurde. Dies hat zur Folge, daß dieser Trabant der Marsdrehung vorauseilt und somit im Westen aufgeht und im Osten untergeht. Die Zeit zwischen zwei Auf- und Untergängen liegt bei 11 Stunden und 6 Minuten, von denen Phobos für einen Beobachter am Äquator 4 Stunden und 15 Minuten oberhalb des Horizontes und den Rest unterhalb verbringt. Am Horizont strahlt er je nach Sonnenabstand bei voller Phase zwischen 21- und 26mal schwächer als unser Vollmond und im Zenit theoretisch 11- bis 13mal schwächer. Dies hängt damit zusammen, daß sein Winkeldurchmesser nur 30 bis 40 Prozent von jenem des Mondes erreicht und Reflexionsfähigkeit und Sonnenstrahlung noch geringer sind. Die volle Phase wird allerdings nie bei der Kulmination im Süden bzw. Norden erreicht, da sich der Trabant dann regelmäßig im Marsschatten befindet. Mondfinsternisse sind auf Mars viel häufiger als auf der Erde. Dasselbe gilt für Sonnenfinsternisse, die aber wegen des zu kleinen Winkeldurchmessers selbst bei Minimaldistanz immer nur ringförmig ausfallen.

Trotzdem muß es sich bei Phobos, vor allem in den Stunden um Sonnenuntergang bzw. -aufgang, um eine auffällige Erscheinung handeln, wenn dieser mit merklicher Geschwindigkeit und unter gleichzeitiger Veränderung der Phasengestalt über das Firmament zieht. Häufig kommt es auch vor, daß das Gestirn plötzlich im Marsschatten verschwindet. Besonders die im Marslicht rötlich erscheinende, von der Sonne nicht beleuchtete Seite der Mondvorderseite muß ihn noch markanter machen.

Seit im Jahre 1945 der amerikanische Astronom B. P. Sharpless gemeldet hatte, seine Messungen ergäben eine ständige Abnahme des Bahnradius von Phobos, war diese Frage immer wieder untersucht worden. Ein solches Verhalten war an sich für einen subsynchronen Satelliten nicht ungewöhnlich. Einerseits können sich bei ihm die Bahnstörungen durchaus in dieser Richtung auswirken, und anderseits wird dadurch die entstehungsgeschichtlich nicht

Phobos
Diese Bildsequenz zeigt, von unten nach oben, drei von vierzig innerhalb von drei Minuten aufgenommene Spuren des Halbschattens von Phobos auf der Marsoberfläche. Der etwa 90 km messende Schatten lief in dieser Zeit etwa 350 km nach Osten und passierte dabei die Landestelle von Viking 1. Gleichzeitig verfolgte der Lander am Boden die Verdunkelung. Dieses einmalige Experiment ermöglichte im Oktober 1977, die Landestelle zunächst auf 1 km Genauigkeit zu lokalisieren, um dann die Position aufgrund der starken Einschränkung der Gegend durch Vergleich von Satelliten- und Bodenaufnahmen sogar bis auf 200 m zu bestimmen.

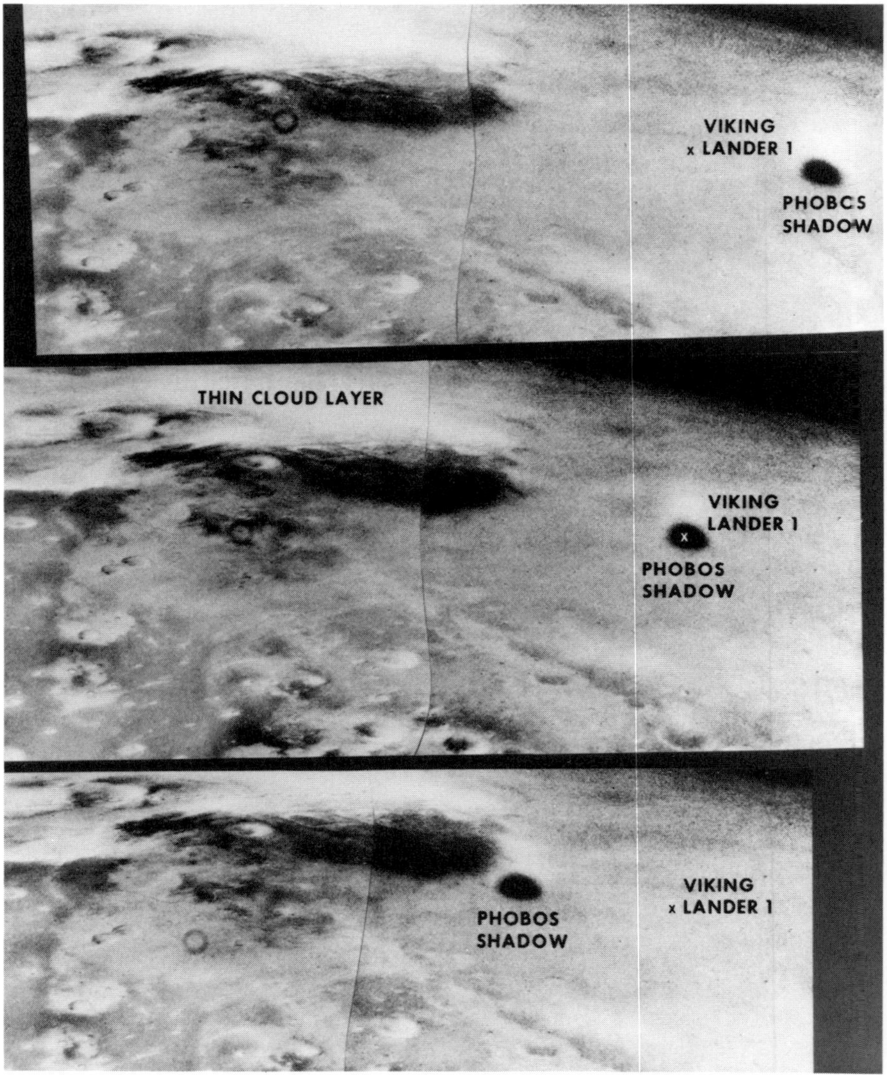

leicht erklärbare Tatsache verständlich, daß Phobos den Mars schneller umläuft, als dieser rotiert. Ursprünglich mag dieser Trabant weit höher gekreist haben und gehörte vielleicht sogar einmal zum gleichen Körper wie Deimos. Die heute ziemlich langsame Rotation von Mars erfordert nach den geltenden Theorien die einstige Anwesenheit eines viel größeren Mondes, der seine Umlaufbahn ähnlich dem irdischen auf Kosten der Planetendrehung verändert hat (vergleiche «Deimos»). Mitte der sechziger Jahre nahm sich der englische Astronom G. A. Wilkins erneut der Frage an, in welchem Ausmaß Phobos tatsächlich auf eine niedrigere und nach den himmelsmechanischen Gesetzen schnellere Bahn «gebremst» wird. Seine Resultate ergaben eine viel geringere Beschleunigung, und dies ist auch die heute vertretene Auffassung. Es wird noch mindestens 10 Mio, vielleicht 100 Mio Jahre dauern, bis Phobos wegen der Reibungseffekte abstürzen wird. Dies bedeutet, daß wir das Glück haben, die letzten Stadien der Lebensdauer dieses merkwürdigen Mondes zu erleben.

In 6000 km Höhe ist die atmosphärische Reibung noch zu gering, als daß sie bereits die Bahnveränderungen erklären könnte. Ebbe und Flut hingegen bedeuten nicht nur Kräfte des Mondes auf den Planeten, die Kräfte wirken auch umgekehrt auf den Mond zurück. Deshalb sind diese Gezeiteneffekte zwar für Mars, nicht aber für seinen winzigen inneren Satelliten unbedeutend. Eine weitere Kraft resultiert noch aus

Phobos
Links: Phobos aus 880 km Entfernung bei einer Bildauflösung von 40 m (Viking 2, 18. 9. 1976). Erstmals fotografierte man dabei diesen von Rillen durchfurchten Teil des Marsmondes. Als Entstehungshypothese kommen nach wie vor Brüche infolge Meteoriteneinschlages oder Streifspuren bei Kollisionen mit den Schwärmen von Auswurfmaterial, das auch nach vielen Mondumläufen erst wieder auftreffen kann, in Frage.
Unten: Phobos aus 300 km (Viking 1, 27. 5. 1977). Es handelt sich beide Male um das gleiche Bildmosaik; rechts vor der Computerbehandlung der digitalen Bilddaten, links danach. So wird es möglich, Helligkeitsunterschiede in den einzelnen Aufnahmen auszugleichen, die Beleuchtung zu vereinheitlichen, nachweisbar falsche Bildpunkte zu eliminieren und den Kontrast zu erhöhen.

den ständigen Zusammenstößen von Phobos mit seinen eigenen Trümmern in der Umlaufbahn. Es gilt zwar das Gesetz (vergleiche Einleitung), wonach sich Bruchstücke in einer Umlaufbahn wegen inelastischen Stößen nur um etwa einen Drittel an den Planeten annähern und sich dort schließlich als Einzelkörper sammeln, aber nur wenn nicht äußere Einflüsse für ein kontinuierliches Bombardement mit neuen Meteoriten sorgen. Solche kommen in Marsnähe auch heute noch genügend vor und verhindern, daß Phobos zur Ruhe kommt. Die Anzahl der zusammen mit Phobos um den Mars kreisenden Teilchen ließ sich von den im gleichen Gebiet operierenden Mariner- und Viking-Sonden abschätzen; die Zahl der Trümmer scheint momentan nicht allzugroß zu sein und bedeutet noch keine Gefahr für die Raumschiffe.

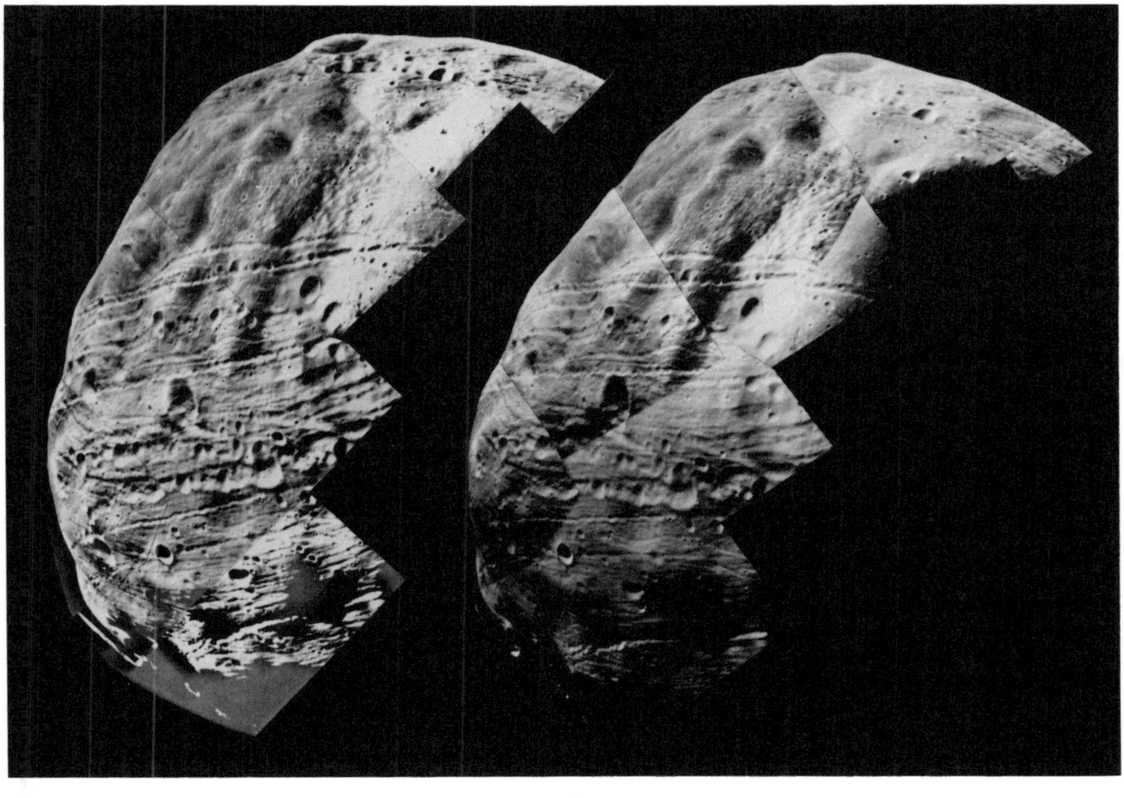

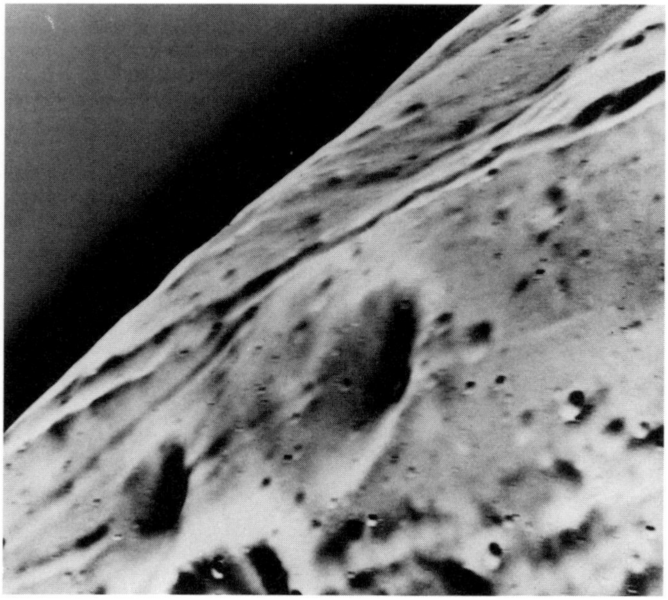

Phobos
Ein nur 3 x 3,5 km messender Ausschnitt von Phobos aus 120 km Entfernung, Bildauflösung zwischen 10 und 15 m (Viking 1, 20. 2. 1977). Ein einzelner Bildpunkt hatte hier eine Größe von nur noch 3 m. Die Kratergrößen, die auf dieser Aufnahme ausgemacht werden können, liegen zwischen 10 m und 1,2 km. Die leichte Unschärfe stammt von der starken Relativbewegung während der Aufnahme, die von der elektronischen Bildbehandlung nur mit Mühe kompensiert werden kann. Hier glaubt man übrigens, die Furche eindeutig als eine gigantische, 100 bis 200 m breite Kratzspur, eher denn als ein anderes Objekt, interpretieren zu müssen.

Die Oberfläche von Phobos ist vollständig übersät mit Kratern. Der größte von ihnen, Stickney, hat einen Durchmesser von 10 km, also 40 Prozent der Länge des Mondes! Viele offensichtliche Sekundärkrater, Häufungen etwa gleichaltriger Einschläge von abnehmender Größe in regelmäßigen Abständen, bedürfen jedoch einer Erklärung. Eine besonders große Zahl findet sich auf der gegenüberliegenden Seite von Stickney.

Bei größeren Himmelskörpern sorgt die Schwerkraft dafür, daß ausgeworfene Trümmer wieder niederfallen, doch bei Phobos, mit seiner Fluchtgeschwindigkeit von nur etwa 12 m/s, müssen wohl andere Mechanismen für ihre Rückkehr sorgen. Die Geschwindigkeit von Partikeln reicht zwar zum Absprengen vom Mond, niemals aber zur Flucht vom Mutterplaneten aus; sie umkreisen ihn weiterhin auf kollidierenden Bahnen. Bei diesen Abläufen dominieren inelastische Zusammenstöße, die von selber zu Schwarmbildungen führen (vergleiche Einleitung). Es kann viele Umläufe lang dauern, bis der Trabant erneut getroffen wird. Wenn sich nun seine Orientierung in der Zwischenzeit nicht geändert hat, besteht tatsächlich die Chance, daß die Schwärme dem Mond immer aus einer bevorzugten Richtung in die Bahn laufen. Phobos weist aber eine gebundene Rotation auf und zeigt immer mit der gleichen Seite zum Mars. Eine Seite von ihm, die erst von Viking kartografiert werden konnte, war nun genau in Bewegungsrichtung von einer Reihe paralleler Furchen durchzogen, für die es außer der genannten Entstehungshypothese auch noch andere gäbe. Dazu gehören Schichtungen im ursprünglich größeren Mond und Spalten infolge von Gezeitenwirkungen. Dafür würde sicher sprechen, daß sich die Rillen im allgemeinen nicht kreuzen. Anderseits herrschen auf einem dick mit lose angelagertem Staub und Geröll bedeckten (die ferngemessenen Abkühlungsraten und andere Beobachtungen lassen hierüber keinen Zweifel) Kleinmond mit minimaler Schwerkraft Bedingungen, bei denen ein Schwarm Meteoriten sehr wohl ähnliche Spuren hinterlassen könnte wie eine Gruppe von Rennautos, die durch eine meterdicke Mehlschicht zum Stehen gebracht wird. Möglicherweise wird man diese Frage nach den Rillen auf Phobos erst durch konkrete Experimente definitiv klären können.

Ein weiteres Rätsel, das jedoch leichter zu klären war, stellten die «Vulkane» auf Phobos dar. So waren Erhebungen entdeckt worden, die genau in ihrem höchsten Punkt einen Krater besaßen. Da sich wirklich niemand Vulkane auf einem so winzigen, erkalteten Körper vorstellen konnte, suchte und fand man eine einfachere Hypothese für ihre Entstehung: Eine mit Kratern gesättigte Gegend erlaubt auch Krater auf Bergspitzen, vor allem wenn das Gelände rundherum abrutscht. Genau dies scheint an den fraglichen Stellen geschehen zu sein.

Für Phobos wie für seinen äußeren Nachbarn wird eine Zusammensetzung angenommen, die der des kohligen Chondriten, einem seltenen Meteoritentyp, entspricht. Die Chondriten sind reich an flüchtigen Bestandteilen und besitzen eine mittlere Dichte von 2,3 g/cm³ im Gegensatz zu 2,9 g/cm³ bei basaltischem Material, das bei einer Aufschmelzung in größeren Himmelskörpern entsteht. Bei den äußeren Planetoiden handelt es sich nach heutiger Auffassung um kohlige Chondriten. Die direkte Messung der Dichte von Phobos wird hier wohl bald unterscheiden helfen.

Diese Zusammensetzung wäre von großer Bedeutung für die künftige Industrialisierung von Mars, da damit ein großes und leicht abbaubares Reservoir an wertvollen Rohstoffen, insbesondere Kohlenstoff und Wasserstoff, für Satellitenkonstruktionen zur Verfügung steht. Diese Rohstoffe könnten die natürlichen Monde in ihren geometrischen Abmessungen dereinst um ein Vielfaches übertreffen. Phobos bietet sich auch als ideale Beobachtungsplattform für Mars an, da seine Oberfläche auf der Unterseite auch ohne ständige Triebwerkskorrekturen (wie in heutigen Sonden) auf den Planeten ausgerichtet bleibt. Ein Astronaut kann sich mittels tragbarer Düsen mühelos in eine Satellitenbahn um den Mond lenken und diesen in etwa 2 Stunden umkreisen, um am gleichen Ort wieder niederzugehen. Der unachtsame Aufprall gegen einen aufragenden Berg würde etwa mit der gleichen Geschwindigkeit erfolgen, wie ein Fallschirmspringer auf der Erde den Boden berührt. Raketenantriebe wären ohnehin die einzige Methode der Fortbewegung, da durch die geringe Schwerkraft ein Gehen verunmöglicht wird: Der kleinste unachtsame Schritt hätte einen Sprung von vielleicht mehreren Minuten Dauer und mehreren hundert Metern Weite zur Folge. Die Rückkehr oder Weiterreise auf die Marsoberfläche erfordert jedoch einen beträchtlichen Bremsaufwand mit einem Raumschiff. Dennoch ist es möglich, Phobos von dort in einer Tagreise zu besuchen und wieder auf Mars zurückzukehren.

Physikalische Daten

Äquatordurchmesser	6786 km
Poldurchmesser	6751 km
Abplattung	0,0052
Max. Höhenunterschiede	ca. 30 km
Masse in Kilogramm	$6{,}409 \cdot 10^{23}$
in Erdmassen	0,1073
Mittlere Dichte	3,937 g/cm³
Polachsenneigung zur Marsbahn	24,94 Grad
Himmelskoordinaten des Marsnordpols:	
Rektaszension	$21^h 9{,}2^m$
Deklination	52°42′
Atmosphärischer Druck in Nullhöhe	6,1 Millibar
Max. Druck in Depressionen	10,5 Millibar
Temperaturschwankungen	
Südpol im Winter	−140° C
Äquator im Sommer	20° C
Albedo (Rückstrahlfähigkeit)	0,15—0,35
Schwerkraft am Äquator	372 cm/s²
im Vergleich zur Erde	0,379
Schwerkraft an den Polen	374 cm/s²
im Vergleich zur Erde	0,381
Fluchtgeschwindigkeit	5,02 km/s
200-km-Satellit: Umlaufzeit	110,0 Min.
Geschwindigkeit	3440 m/s
Dauer eines Tag-Nacht-Zyklus	$24^h 39^m$
Rotationszeit	$24^h 37^m 23^s$
Stärke des Magnetfeldes (vergleiche Erdfeld)	<1 ‰
Max. Sonneneinstrahlung	705 W/m²
Min. Sonneneinstrahlung	485 W/m²
Anzahl Monde	2

Radaruntersuchungen

Die Auswertung der ersten Radarechos von Mars, die man von der Erde aus empfangen konnte, erhöhte die Genauigkeit der in Kilometern ausgedrückten Distanz zu diesem Planeten gegenüber astronomischen Entfernungsmessungen ganz beträchtlich. Sie erreichte schließlich etwa die Größenordnung der Unebenheiten auf der Marsoberfläche. Bis Ende der siebziger Jahre ließ sich der Abstand zu speziellen Landeplätzen dank Radiotelemetrie sogar auf fast 10 m genau bestimmen.

Die Bedeutung von erdgebundenem Radar verlagerte sich immer mehr auf das Herauslesen von Bodeneigenschaften aus dem Radarecho. Der Hauptteil der Wellen wird von jenem Oberflächenstück reflektiert, das zur Signalrichtung senkrecht steht, also von dort, wo die Erde im Zenit stehen würde. Die Analyse von Zeit-, Phasen- und Frequenzverschiebung ist heute so präzise, daß in einem Umkreis von nur 300 km oder weniger zwischen der Rauheit des Geländes (aus der Radarreflexionsfähigkeit) und etwas indirekter der Dielektrizitätskonstante in den obersten Zentimetern des Bodens unterschieden werden kann. Der genannte Bereich entspricht in seiner Ausdehnung etwa der Landeellipse heutiger Sonden, also dem Gebiet, innerhalb dessen das Aufsetzen eines unbemannten Raumschiffes heutzutage vorausberechnet werden kann. Damit liefern die Radaruntersuchungen wertvolle Ergänzungsdaten bei der Auswahl von Landeplätzen.

Die Antennen von Goldstone (Kalifornien) und von Arecibo (Puerto Rico) verwendeten Radar von 3,5 bzw. 12,6 cm Wellenlänge. Die genannte Methode lieferte Aussagen über die Rauheit in einem Bereich, der etwa dem Hundertfachen der Wellenlänge, also 1 bis 10 m entspricht. Dies ist gerade die Größenordnung gefährlicher Hindernisse für ein Raumschiff. Solche blieben beispielsweise auf den Satellitenaufnahmen von Viking bei weitem noch unsichtbar. Radar gibt zwar keine Auskunft, wo sich die Felsbrocken oder sonstigen Unebenheiten befinden, sondern nur ein über das ganze Gebiet gemitteltes Maß für die Unstetigkeiten im Gelände und dessen durchschnittlichen Neigungswinkel. Diese Information erwies sich bei der Auswahl des Viking-1-Landeplatzes von entscheidender Bedeutung, da sich ein auf den Funkbildern aus dem Orbit (mit einem Auflösungsvermögen von etwa 100 m) als völlig flach erscheinendes Gebiet im Detail als doppelt bis dreimal so rauh wie Mars im Durchschnitt erwiesen hatte! Erst eine erneute Suche weiter westlich führte zu einer Landeellipse, innerhalb derer die Oberfläche sowohl auf den Fotos als auch aufgrund der Radarechos als ungefährlich genug aussah. Die geglückte Landung erwies sich nicht nur als Bestätigung für die verwendete Methode, sondern

gestattete auch eine weitere Eichung der Radaranalysen, da die mittlere Rauheit am Boden natürlich direkt überprüft werden konnte. Schon auf dem Mond hatte man auf diese Weise Erfahrungen gesammelt.
Jeder Punkt auf Mars, der so erfaßt worden ist, rotiert auf seinem Breitenkreis in nur einem Marstag einmal vollständig um die Drehachse. Während mehrerer Tage können die Messungen daher immer nur längs dem gleichen Breitenkreis wiederholt werden. Erst über die Monate hinweg verschiebt sich auch der Breitenkreis, so daß mit der Zeit ein ganzer Gürtel in Äquatorgegend auf diese Weise abgetastet werden kann. Höhere Breiten bleiben dem Radar immer verborgen, weil die Achsenrichtung von Mars bei weitem nicht in der Erdbahnebene liegt und wir somit nie senkrecht auf die Polgegenden blicken. Fordert man weiter, daß Mars auch noch einigermaßen nahe bei der Erde stehen soll, wenn die Radarmessungen ausgeführt werden, dann schränkt sich der günstige Zeitraum auf wenige Wochen innerhalb von vielen Jahren ein. So konnte der Streifen von 20 bis 23 Grad Nord von 1968 bis wenige Monate vor der geplanten Viking-1-Landung nicht mehr untersucht werden. Beim Viking-2-Landeplatz in 48 Grad nördlicher Breite war dies überhaupt nie möglich, und man mußte die Auswahl mehr oder weniger dem Zufall überlassen.
Die mittlere Steigung wird als die Wurzel der Quadratsumme aller vorkommenden Steigungen definiert. Genau dieses Maß läßt sich mit der genannten Radarmethode bestimmen. Für Mars erhielt man bisher einen Mittelwert von etwa 3,5 Grad, so daß man sich die dortige Landschaft im Durchschnitt eher noch ebener vorstellen muß als jene unseres Mondes. Dort betragen die Werte für flache Mare 4,5 Grad und für mittlere und rauhe 4,5 bis 6,5 Grad, während die Hochländer durchschnittliche Neigungen von 7 bis 10 Grad aufweisen. Der ursprünglich für Viking 1 vorgesehene Landeplatz zeigte eine lunaren Hochländern entsprechende Rauheit, während der weiter nach Nordwesten verschobene Ausweichplatz nur noch mittlere Neigungen wie ein durchschnittliches Mare-Gebiet auf dem Mond besaß. Wie auf Venus, so könnte man auch auf Mars Radarabtastungen aus einer Umlaufbahn statt von der fernen Erde aus vornehmen. Bis eine solche Mission möglich würde, dürfte jedoch auch die visuelle, präzise Kartografierung große Fortschritte gemacht haben, indem man Teleskope in Marssatelliten, Marsfahrzeuge und großflächige Segelflugzeuge einsetzt (vergleiche «Landetechnik»). Da jedoch auch die Fernmessung der Bodenbeschaffenheit und die Suche nach Eislagern unter dem Boden mit Radar möglich ist, dürften die beschriebenen Methoden auch weiterhin noch zum Einsatz kommen.

Rillen

Mars ist reicher an rillenartigen Strukturen als irgendein anderer der bisher erforschten Himmelskörper unseres Sonnensystems. Die Gebilde reichen von mäanderförmig gewundenen Flußtälern, die trotz ihrer Ähnlichkeit zu Mondrillen einen gänzlich anderen Ursprung haben, bis zum überdimensionierten Valles Marineris, das besonders in seinen Ausläufern interessante Rillen zeigt. Es handelt sich dabei um Einbrüche, die sich erstaunlich häufig als einzelne oder seitlich zusammenhängende Vielecke präsentieren. Vor allem im Bereich des Valles Marineris und der Tharsis-Vulkane sowie nördlich davon kommen derartige Formationen häufig vor. Das Gebiet um den «Kerzenleuchter» bei 5 bis 10° S und 95 bis 105° W darf hier als besonders typisch angesehen werden. Die genauere Betrachtung läßt bald die Vermutung aufkommen, daß hier andere Mechanismen am Werk waren als bei der Entstehung der Mondrillen. Es gibt zwar auch auf Mars einige mondähnliche Rillen, doch sind diese der Tendenz nach meist wesentlich älter als die eher frisch aussehenden Polygonstrukturen. Für ältere Rillen kommt eher ein vulkanischer Ursprung in Frage, wie er für den Mond ausschließlich angenommen wird, wenn auch die genauen Details von Mondrillen trotz bereits erfolgter Inspektion noch immer nicht geklärt sind. Anders bei Mars: Hier ist es auch möglich, daß sich lokale Einbrüche, beispielsweise entlang von kleineren Spalten, durch das Abschmelzen des dort abgelagerten Eises gebildet haben. In der Tat finden sich in arktischen Gebieten der Erde Phänomene, die bei der Betrachtung aus der Luft ebenfalls die Aufteilung in Vielecke zeigen. Bei uns läßt sich genau zeigen, daß ein Zusammenhang mit unterirdischem Permafrost besteht. Im Falle von Mars ist eine derartige Hypothese mindestens nicht von der Hand zu weisen.
Die Verhältnisse werden jedoch auf Mars dadurch erschwert, daß weitere Einflüsse zur Erklärung herangezogen werden können. Einige offensichtliche Lavaströme zeigen gelegentlich ebenfalls eine Polygonstruktur, doch kann hier die Winderosion eine verstärkende Rolle gespielt haben. Diese Hypothese bietet sich in einem Beispiel besonders zwingend an, wo ein ziemlich regelmäßiges rechteckiges Netz von Erhebungen übriggeblieben ist, das an

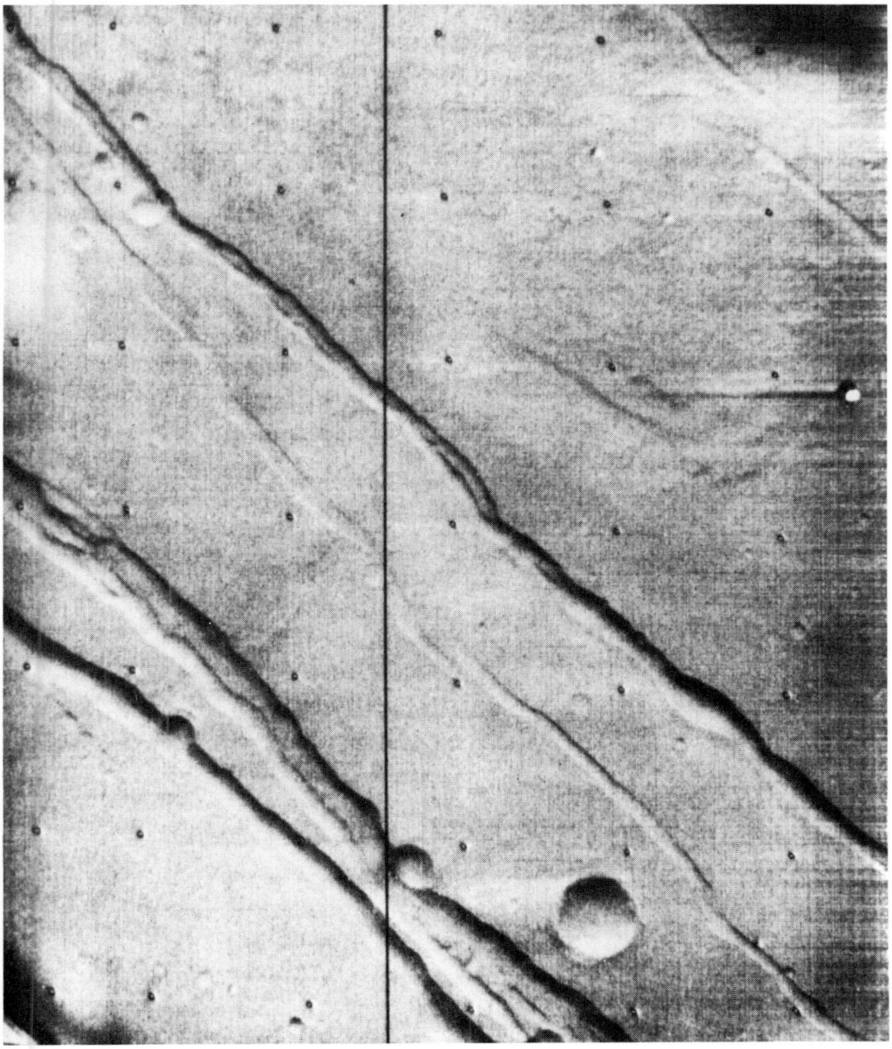

Rillen
Dieses Bild wurde von Mariner 9 aus 1730 km Höhe aufgenommen und umfaßt 34 x 43 km. Ein System von vier parallelen Sprüngen in der Marsoberfläche zieht sich über nicht weniger als 1800 km durch das Mare Sirenum. Es wurde am 7. Januar 1972 mit der Telekamera entdeckt. Die Breite der einzelnen Spalten beträgt nur 1 bis 1½ km, wodurch sie sich in Anbetracht ihrer immensen Länge grundsätzlich von allen Mondrillen unterscheiden. Mit den während hundert Jahren hindurch vermuteten Marskanälen haben diese Rillen jedoch nichts zu tun, denn es gibt keinerlei Übereinstimmung zwischen den «Kanälen» klassischer Marskarten und den tatsächlich vorhandenen linearen Gebilden. Wie beim Mond interpretiert man ihre Entstehung mit Spalten, die sich durch Zusammenziehen der Kruste bei der Abkühlung gebildet haben.

Mauerruinen erinnert. Dort könnte Lava die Spalten in brüchigem Material dicht ausgefüllt haben, während der Wind das alte Material über die Jahrmillionen weggeblasen hat.

Sanddünen

Die Sonde Mariner 9 entdeckte 1971 einen 150 km großen Krater, der zur Hälfte mit Sanddünen vollgeblasen ist. Er liegt bei 330° W und 47° S im Gebiet von Hellespontus, also nicht weit westlich der Wüste Hellas. Da dort während eines beträchtlichen Teils des Marsjahres Staubstürme herrschen, kam diese Feststellung nicht ganz unerwartet. Wie auf der Erde beobachtete man ein Anwachsen der Sandhügel und ihrer Abstände gegen die Kratermitte, da dort die Winde am heftigsten wehen. Wegen der geringeren Schwerkraft und wegen der durchschnittlich höheren Windgeschwindigkeiten kommen auf Mars jedoch etwas größere Wellenlängen vor als in irdischen Wüsten.

Seither sind auch an anderen Stellen, bis hinauf in die Nordpolregion, Dünen gefunden worden. Ihr Vorkommen ist sicher noch verbreiteter, als man aufgrund der Satellitenaufnahmen vermuten könnte, denn z. B. die östlich des Viking-1-Landeplatzes entdeckten Sandhügel waren aus der Umlaufbahn wegen ihres lokalen Charakters noch nicht auszumachen. Die Beobachtung dieser rotbraunen Dünen aus nächster Nähe lieferte wertvolle Rückschlüsse auf die Zusammensetzung, Festigkeit und zeitliche Variation von Dünenfeldern. Sowohl bei den Grabungen der Sonden mit dem Greif-

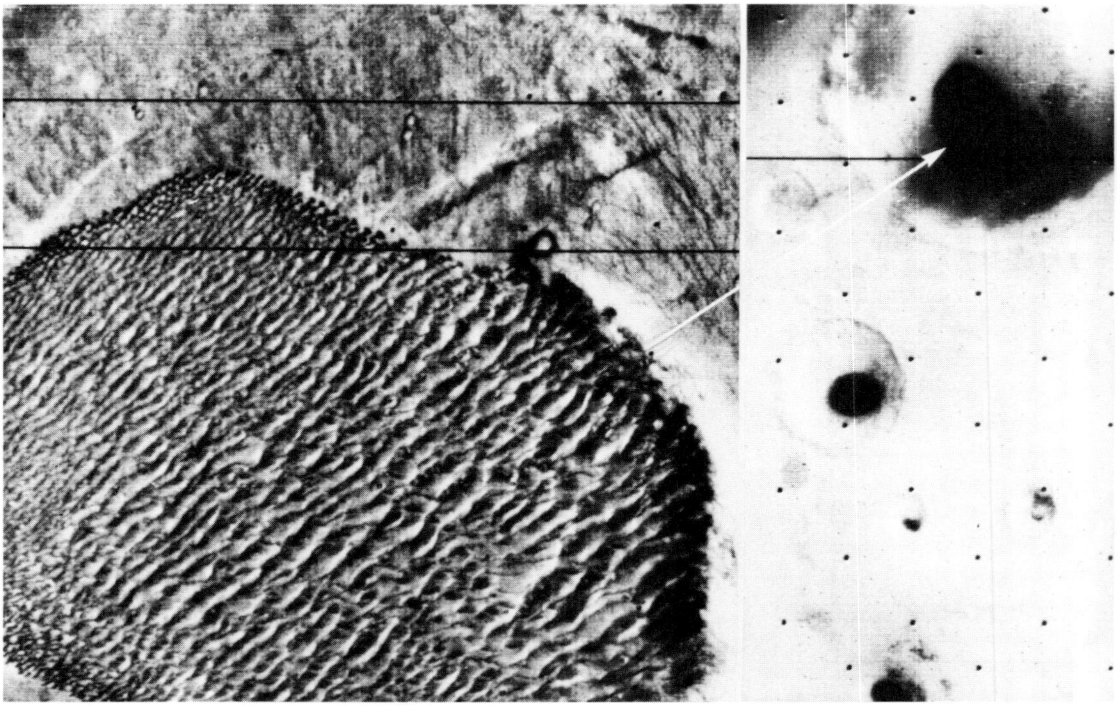

Sanddünen
Auf dem Mond gibt es Staub, aber keinen Wind. Die bei Mondlandungen entstandenen Staubwolken ließen in etwa erahnen, was Stürme auf dem Mond anrichten könnten. Viele Forscher vermuteten schon lange die Existenz von Wüsten und Dünen auf Mars, nicht zuletzt wegen der geringeren Schwerkraft, die Staubverfrachtungen begünstigt. Dieser 150 km große Krater, dessen Inneres zur Hälfte mit Sanddünen zugeweht ist, bewies erstmals die Richtigkeit dieser Vorstellungen. Er liegt bei 330° W und 47° S im Gebiet von Hellespontus, also nicht weit westlich der Wüste Hellas. Diese Weitwinkelaufnahme stammt vom 8. Januar 1972, die Detailaufnahme vom 7. März des gleichen Jahres. Die Winde müssen hier einheitlich aus südwestlicher Richtung geweht haben. Auch auf der Erde beobachtet man ein Anwachsen der Dünen gegen die Mitte der Felder.

arm als auch bei der Verfolgung einer Abrutschstelle neben einem Stein zeigte sich, daß der Sand von einer Kruste überzogen ist, die eine Verfrachtung bei kleinen Windgeschwindigkeiten verhindert. Auch in ausgetrockneten Wüsten der Erde läßt sich dasselbe beobachten. Dort führt man das Verhalten auf das wiederholte Eintrocknen einer feuchten Schicht zurück, wobei gelöste Stoffe, vor allem Salze, als eine Art Leim wirken. Die Situation läßt sich etwa vergleichen mit alten Schneeschichten, deren Oberflächen wegen der Temperaturschwankungen zwischen Tag und Nacht eine immer tragfähigere Kruste bilden. Auf Mars erreichten die Dünen immerhin eine Festigkeit, die sie vor den durchschnittlichen Stürmen schützte. Jener Sturm von April bis im Sommer 1977 erreichte nicht mehr das Ausmaß des globalen Staubsturmes von 1971 und verursachte keine bedeutenden Verfrachtungen in der Nähe der Landeplätze.

Sandablagerungen bilden sich mit Vorliebe in der Nähe von Felsbrocken oder anderen Unregelmäßigkeiten auf der Oberfläche, welche die Windgeschwindigkeit in Bodennähe herabsetzen. Dieses Verhalten ließ sich sowohl aus der Umlaufbahn als auch lokal beobachten. Das Innere von Kratern stellt ebenfalls eine eigentliche Falle dar, in der mehr Staub abgelagert als herausgeblasen wird.

Sonneneinstrahlung

Derzeit schwankt die solare Einstrahlung auf Mars im Laufe des dortigen Jahres zwischen 705 und 485 W/m². Dieser relativ große Unterschied stammt von der ziemlich elliptischen Umlaufbahn des Planeten. Die Auswirkungen auf das Jahreszeitenklima sind denn auch beträchtlich. Ganz im Gegensatz zur Erde, wo fast nur die Schiefe der Drehachse für die periodischen Wechsel im Wetter im Laufe eines Jahres verantwortlich ist, machen sich auf Mars zusätzlich auch noch die beträchtlichen Änderungen in der solaren Einstrahlung bemerkbar. Diese können im Laufe der Jahrtausende sogar noch bedeutender werden, da die Ellipse der Marsbahn über große Zeiträume hinweg ständig zwischen einer fast kreisförmigen und einer noch elliptischeren Bahn als heute hin- und herpendelt. Während heute der Bereich der «Solarkonstante» von Mars zwischen 485 und 705 W/m² liegt, kann er sich im Extremfall bis auf einen Wert zwischen 450 und 790 W/m² ausdehnen.

Die tägliche Erwärmung konnte dank den beiden Wetterstationen genau verfolgt werden: Viking 1 meldete in den ersten drei Monaten nach der Landung ziemlich konstant eine Minimaltemperatur um −85° C morgens 5 Uhr Lokalzeit und ein Maximum von −28° C kurz vor 2 Uhr am Nachmittag. Der viel weiter nördlich gelandete Viking 2

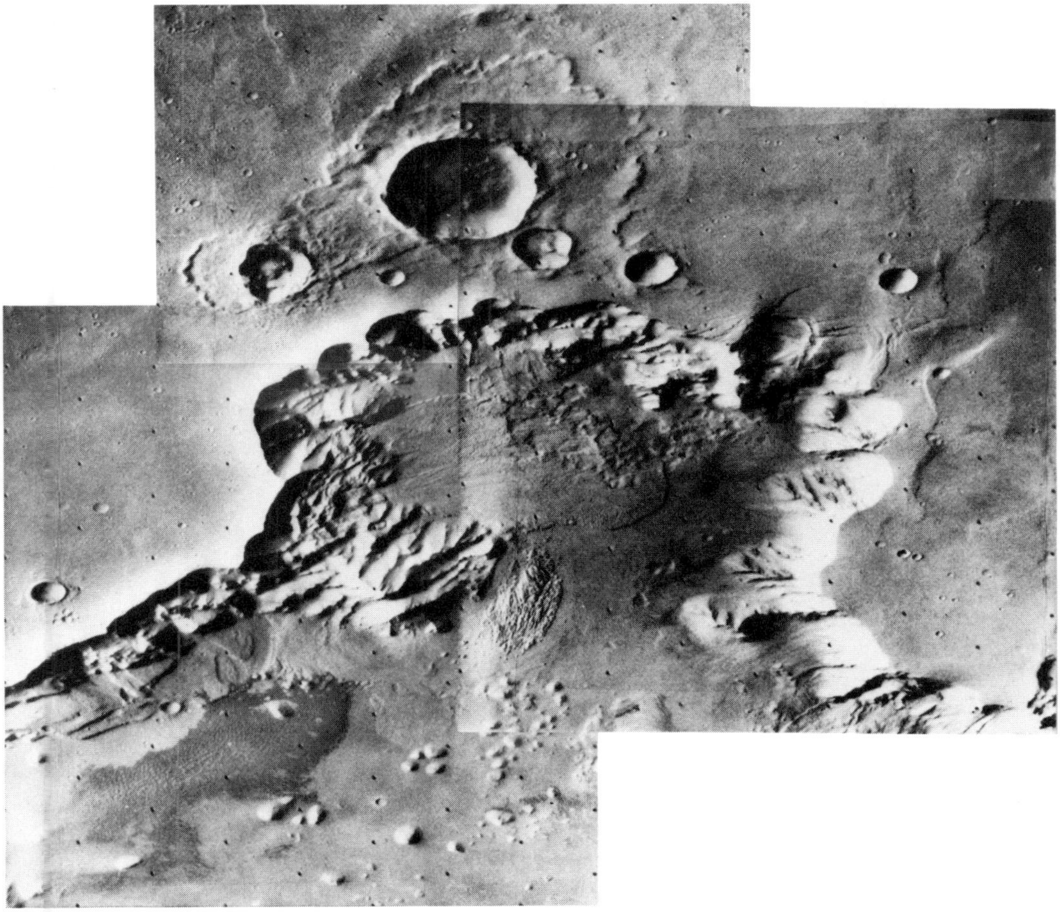

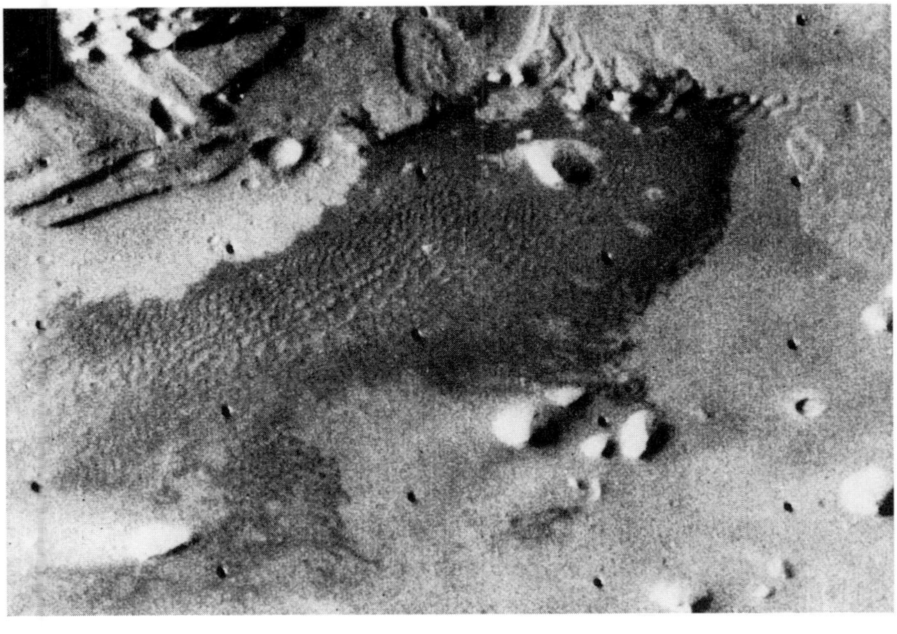

Sanddünen
Viking-1-Bild vom Nordrand des Gangestales. Hier ist die kraterbedeckte Lavahochebene eingebrochen. Oben ist ein Schlammauswurfkrater erkennbar, während am unteren Ende in der Senke ein Dünenfeld ausgebreitet liegt. Die Koordinaten betragen 7,5° S und 45° W. In der unteren Aufnahme ist es herausvergrößert. Die Länge des sich verändernden Gebildes betrug zu diesem Zeitpunkt etwa 50 km.

Sanddünen
Ganz oben: Ein rund 300 Grad umfassender Panoramaausschnitt vom Viking-1-Landeplatz aus. Er stammt vom 23. Juli 1976. Die späte Nachmittagssonne steht noch ziemlich hoch über dem linken Bildteil. Die Sanddünen in Bildmitte, hinter dem weißen Arm mit den meteorologischen Sensoren, liegen im Osten. Einige der Berge am Horizont werden als Kraterwälle gedeutet.

Sanddünen
Oben: Ein Teil des Panoramas, 120 Grad von Nordost bis Südost umfassend. Das Bild ist in 3000 Vertikalzeilen unterteilt, so daß die feinsten Einzelheiten nur noch 2,4 Bogenminuten groß sind und somit ungefähr das Auflösungsvermögen des menschlichen Auges erreicht ist. Die Aufnahme gelang am 3. August 1976 um 07.30 Uhr Marszeit, als die Sonne bereits seit zwei Stunden aufgegangen war. Links, in 8 m Entfernung, ein etwa 3 m großer Felsblock («Big Joe»). Die Form der Sanddünen rechts davon zeigt, daß der Wind zuletzt von oben links nach unten rechts geweht hat, also von Nordost nach Südwest. Das Auge täuscht sich auch nicht, wenn es einen festen Überzug auf den Dünen vermutet: Es konnte tatsächlich eine gefrorene Oberflächenschicht nachgewiesen werden.

registrierte dagegen seine tiefsten Werte mit −82° C zwischen 4 und 5 Uhr morgens, die höchsten um −31° C dagegen erst um 3 Uhr nachmittags. Zu dieser Zeit herrschte noch die «warme» Jahreszeit auf der Nordhalbkugel.

Die Absorption des Sonnenlichts ist auf Mars in hohem Maße vom Staubgehalt der Atmosphäre abhängig. Nach Staubstürmen erwärmen sich die höheren Schichten stärker, während die Temperatur in Bodennähe gegenüber den normalen Werten zurückbleibt. Der Temperaturausgleich führt in der Folge zu den gelegentlich beobachteten hohen Windgeschwindigkeiten und damit

zur globalen Ausbreitung der Stürme. In der trüben Atmosphäre sind die Temperaturen ausgeglichener, da nicht nur die tägliche Einstrahlung, sondern auch die nächtliche Abstrahlung behindert wird. Die Stürme ebben daher nach einiger Zeit von selber ab. Die Entstehung ausgedehnter weißer Polkappen aus Trockeneis im Herbst reduziert die Absorption von Sonnenlicht sehr wirksam, weil mit den sinkenden Temperaturen erst recht gefrorenes Kohlendioxid aus der Atmosphäre ausgefällt wird. Umgekehrt reicht die Einstrahlung selbst im Sommer und bei Staubüberdeckungen nicht aus, die zentralen Eismassen aus gefrorenem Wasser aufzuschmelzen. Dies hängt mit dem großen Unterschied in den Schmelzpunkten von Wasser und Kohlendioxid zusammen.

Staubstürme

Am 22. September 1971 wurde bei teleskopischen Marsbeobachtungen eine jener typischen gelben Staubwolken entdeckt, die jeweils mit den Stürmen in den Wüstengebieten einhergehen. Bereits drei Tage später stand fest, daß sich der Rote Planet einmal mehr jenen Schleier überzog, der schon früher alle günstigen Oppositionen verhüllt hatte. Bei der Ankunft der Mariner-9-Sonde hatte der Sturm sein Maximum bereits überschritten; da die Winde jedoch langsamer abflauten, als sie entstanden waren, bedeckten sie nach wie vor den ganzen Planeten. Mit Ausnahme der Vulkangipfel sowie einer schwach durchschimmernden Südpolarkappe war aus den ersten Fernsehbildern trotz aller Tricks bei der elektronischen Auswertung nichts herauszuholen. In den tiefergelegenen Gebieten dauerte es bis Anfang 1972, bis sich aller Staub gelegt hatte. In der Depression Hellas schien er überhaupt nie vollständig zu verschwinden.

Dieses Zusammenfallen günstiger erdnaher Periheloppositionen und globaler Staubstürme ist durchaus kein Zufall. Die Zeit des minimalen Abstandes Erde—Mars fällt mit dem Zeitpunkt zusammen, in dem Mars auch seine Minimaldistanz zur Sonne erreicht. Dort erhält der Planet 45 Prozent mehr Sonnenenergie, verglichen mit seiner Position auf der gegenüberliegenden, sonnenferneren Stelle. Die Temperatur und die atmosphärische Zirkulation nimmt dann während einiger Monate rasch zu, so daß sich überall dort lokale Staubstürme bilden können, wo feiner, trockener Staub und hohe Windgeschwindigkeiten vorkommen. Der Himmel verfinstert sich unter diesen Wolken aus feinstem braunrotem Staub, und die höheren Schichten der Atmosphäre erwärmen sich zuungunsten jener nahe der Oberfläche liegenden «Luft» stärker. Nach oben wird das Sonnenlicht direkter reflektiert, so daß wir von der Erde aus eine gelbliche Färbung der Wolken wahrnehmen.

Neben der spontanen Entstehung kann man aber auch die unaufhaltsame Ausbreitung der Staubwolken über den ganzen Planeten erklären: Ein lokaler Sturm führt zunächst zu unterschiedlichen vertikalen Temperaturprofilen, die ihrerseits eine ausgleichende Strömung, vor allem an den Rändern der Staubwolke, verursachen. Dadurch wird noch mehr Staub aufgewirbelt, so daß die Wolke die Tendenz hat, zu wachsen. Dieser Prozeß kann sich so lange fortsetzen, bis die gesamte Oberfläche gleichmäßig überdeckt ist. Dann ist ein neues, vorübergehendes Gleichgewicht erreicht. Die Winde nehmen im gleichen Maße ab, wie sich die Temperaturverhältnisse ausgleichen. Damit hat der Staub die Möglichkeit, sich langsam wieder abzusetzen. Die Sonnendistanz nimmt zu diesem Zeitpunkt längst wieder zu, und damit sinkt auch entsprechend der Einfall von Sonnenenergie.

Wie wir heute von den beiden Wetterstationen auf der Marsoberfläche wissen, wird die Atmosphäre aber selbst bis zum Sommer auf der Nordhalbkugel, die wieder weiter von der Sonne entfernt ist, nicht vollständig klar. Der feinste, sich nur langsam senkende Staub mit Korngrößen unter 1/1000 mm sorgt für ein Streulicht, das mindestens beim Blick zum Horizont immer noch durch seine rotbräunliche bis rosafarbene Tönung auffällt. Erst ein Marsjahr oder 687 Erdtage später wiederholt sich dann das beschriebene Wettergeschehen von neuem. Schon aufgrund der Beobachtungsstatistik über etwa ein Jahrhundert weiß man, daß der Zyklus jedesmal etwas anders abläuft. Glücklicherweise war auch der Sturm von 1977 nicht so verheerend wie jener von 1971, bei dem durch Verfolgung der Staubfronten auf Windgeschwindigkeiten bis zu 500 km/h geschlossen wurde. Die von den Viking-Sonden auf der Nordhalbkugel gemessenen Werte lagen weit darunter, und es bestand nicht wie befürchtet Gefahr für die Apparate. Der Himmel veränderte zwar seine Helligkeit stark, und ebenfalls die Nahaufnahmen der Sonde zeigten deutlich, daß sich der rostfarbene Staub auch dort abgelagert hatte. Insbesondere die Magnete hinter dem Farbtestbild hatten beträchtliche Mengen an magnetischen Staubpartikeln angezogen. Die in der Nähe der Landeplätze vorgefundenen Dünen wurden jedoch nur wenig verändert, und es läßt sich noch nicht mit Sicherheit sagen, ob die sichtbaren Veränderungen an jener Stelle schon 1971 gering waren und sich mehr auf die Südhalbkugel konzentrierten.

Die Staubstürme haben natürlich einen entscheidenden Einfluß auf die Ablagerungen an den Polen und damit auf ihr Abschmelzverhalten. Dieses wiederum bestimmt den Feuchtigkeitsgehalt der Atmosphäre und kontrolliert damit die Konsistenz des Staubes und folglich seine Tendenz, verfrachtet zu werden. Daraus wird ersichtlich, daß alle Faktoren einander gegenseitig beeinflussen. Die an anderer Stelle beschriebenen auslösenden Momente für die Klimaschwankungen werden also durch derartige zyklische Prozesse verstärkt, aber auch kompliziert.

Südpol

Der Südpol besitzt derzeit eine viel geringere permanente Eisbedeckung; ihr Durchmesser ist etwa dreimal kleiner als am Nordpol. Dies mag daher kommen, daß diese Halbkugel derzeit die größten Schwankungen in der solaren Einstrahlung erfährt, denn ihr Sommer fällt auf die Zeit des minimalen Sonnenabstandes. Das Zentrum des Eises liegt etwa 2 bis 3 Grad vom geometrischen Pol entfernt, der im Sommer eisfrei ist. Früher glaubte man daher, es

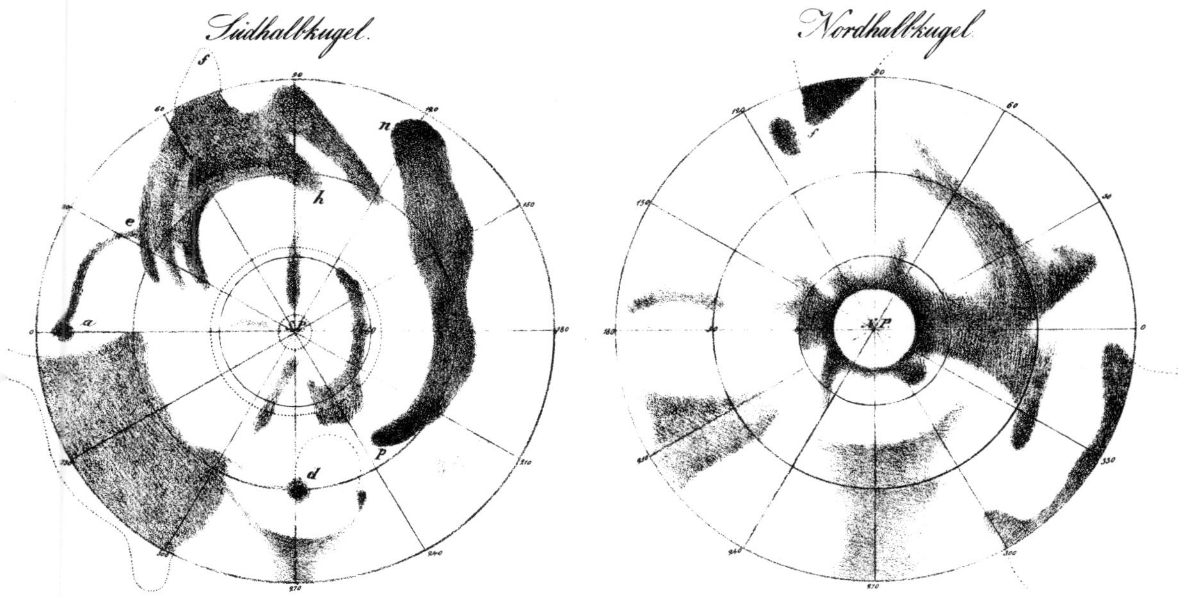

würde sogar alles abschmelzen, da das kleine weiße Fleckchen von der Erde aus oft ganz zu verschwinden schien. Ein weiterer Unterschied zur Eisbedeckung am Nordpol besteht darin, daß die Spiralstruktur, die vermutlich die Entstehung widerspiegelt, anders herum gewunden ist. Die nach außen durchlaufene Spirale verläuft am Südpol im Uhrzeigersinn, am Nordpol dagegen im Gegenuhrzeigersinn.
Trotz der geringeren Ausdehnung der Eiskappe ist das darunterliegende feingeschichtete laminierte Terrain etwa gleich groß wie im Norden; es reicht im Durchschnitt bis etwa zum 80. Breitengrad. Dies könnte ein Hinweis auf eine einstmals massivere Vereisung sein. Auch am Südpol wird die Terrassenhöhe der einzelnen Schichten auf 10 bis 50 m geschätzt. Trotz diesen aller Wahrscheinlichkeit nach vom Wind ursprünglich einmal abgelagerten und später wieder erodierten Formationen fehlen die merkwürdigen dunklen Dünenfelder, die am Nordpol entdeckt worden sind.
Besondere Erscheinungen treten am Südpol im Winter auf, der momentan lang und kalt ist. Die Temperatur sinkt dort während einiger Zeit noch unter den Sublimationspunkt von Kohlendioxid, so daß dieses ausfriert. Auf der Erde wäre es unvorstellbar, daß plötzlich etwa der Stickstoff an einem Pol durch Gefrieren der Atmosphäre entzogen würde und als Folge der Gesamtdruck global um fast einen Drittel absinken würde. Genau dies geschieht jedoch auf Mars, wenn der häufigste atmosphärische Bestandteil als Frost ausfällt. Die winterliche Trockeneisbedeckung, die ferner vom Pol einen immer größer werdenden Anteil von Wassereis enthält, reicht im Maximum bis über den 40. Breitengrad hinaus.
Wie am Nordpol zeigte sich, daß die vom Viking-Orbiter ferngemessenen Feuchtigkeitswerte in der Atmosphäre über den Rändern des polaren Eises die höchsten sind, die auf Mars überhaupt gemessen werden können. Dies war neben den über dem Sublimationspunkt von Kohlendioxid liegenden Temperaturen und spektrometrischen Untersuchungen ein weiterer Hinweis darauf, daß auch am Südpol ein Reservoir von 100 000 bis 1 Mio km³ Wasser vorhanden ist.

Teleskopbeobachtungen

Ein Laie, der Mars mit dem Fernrohr beobachtet, erkennt zunächst nur eine kleine, helle Scheibe im Gesichtsfeld. Erst nach und nach gewöhnt sich sein Auge an geringe Helligkeitsunterschiede, die ihm schwache Oberflächendetails verraten. Wenn mehrere Beobachter nacheinander das Scheibchen betrachten, dann sind sie sich meistens nur über einen oder zwei markante Flecken einig. Im allgemeinen erkennen auch alle eindeutig eine helle Polkappe, wenn die entsprechende Hemisphäre der Erde zugewendet ist. Es kommt wesentlich seltener vor, daß beide Pole gleichzeitig sichtbar sind.
Viele der bis in die Zeit vor der Rekognoszierung mit Raumsonden gewonnenen Erkenntnisse sind daher ungenau oder gar

Südpol
Die ersten klassischen Marskarten wurden in der ersten Hälfte des letzten Jahrhunderts von Wilhelm Beer und Dr. H. J. Mädler angefertigt. Die beiden Abbildungen zeigen den Nord- und den Südpol, wobei auch hier bereits zu sehen ist, daß die südliche Halbkugel weniger von Eis bedeckt ist als die nördliche. Aus: Beiträge zur physischen Kenntnis der himmlischen Körper im Sonnensystem, von Wilhelm Beer und Dr. H. J. Mädler, Weimar 1841.

Teleskopbeobachtungen
Hier die Abbildung eines Riesenfernrohrs aus «Machinae Coelestis» von Johannes Hevelius aus dem Jahre 1673. Das dioptische Fernrohr wurde unabhängig gleich zweimal erfunden, und zwar einmal um die Wende zum 17. Jh. in Holland und zum anderen um 1609 in Italien von Galileo Galilei. Mit dem nach ihm benannten Fernrohr entdeckte er so die Sonnenflecken, die Phasen der Venus, die Jupitermonde, den Saturnring und die Natur der Milchstraße. Das astronomische Fernrohr wurde etwas später von Johannes Kepler erfunden.

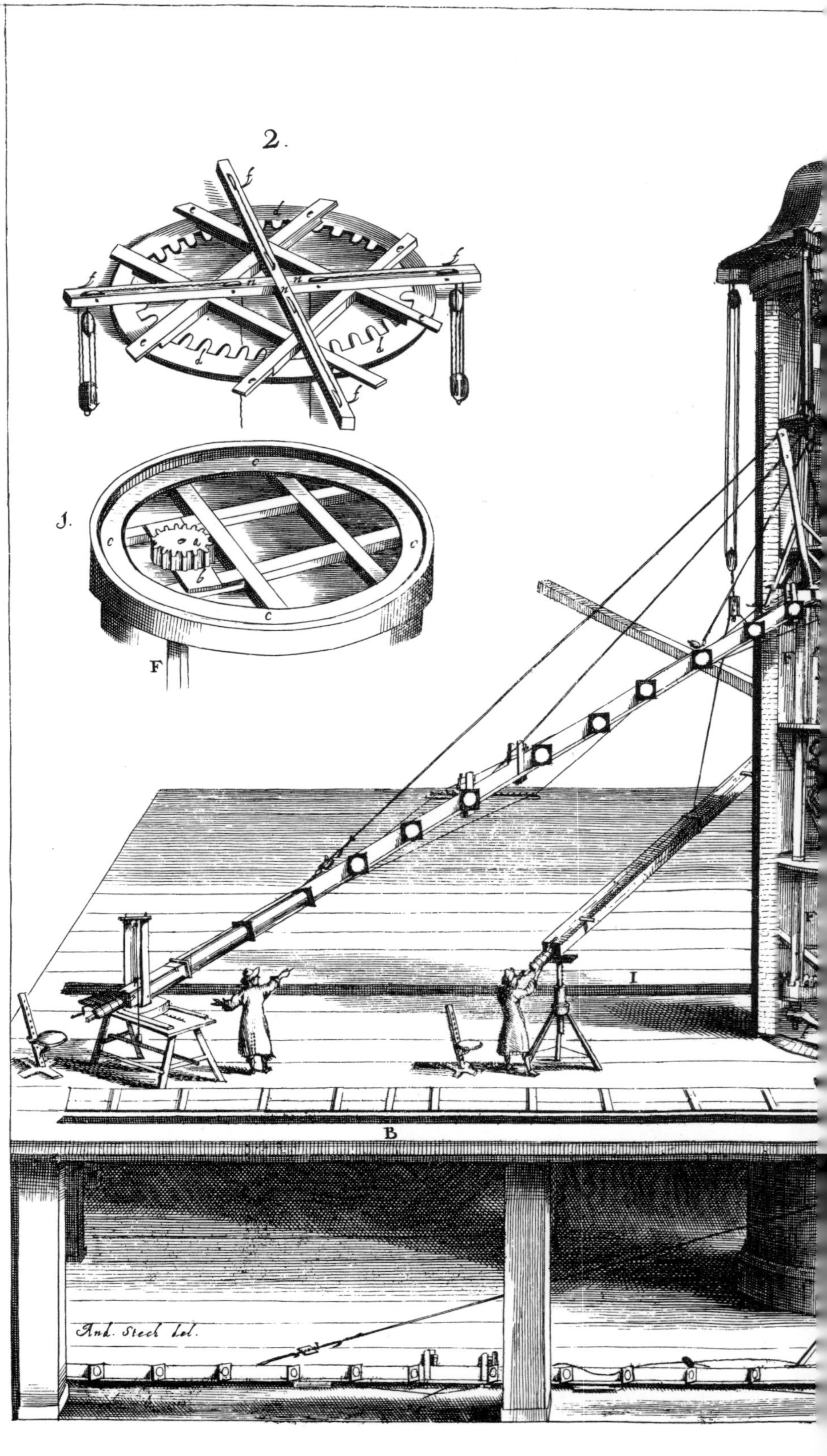

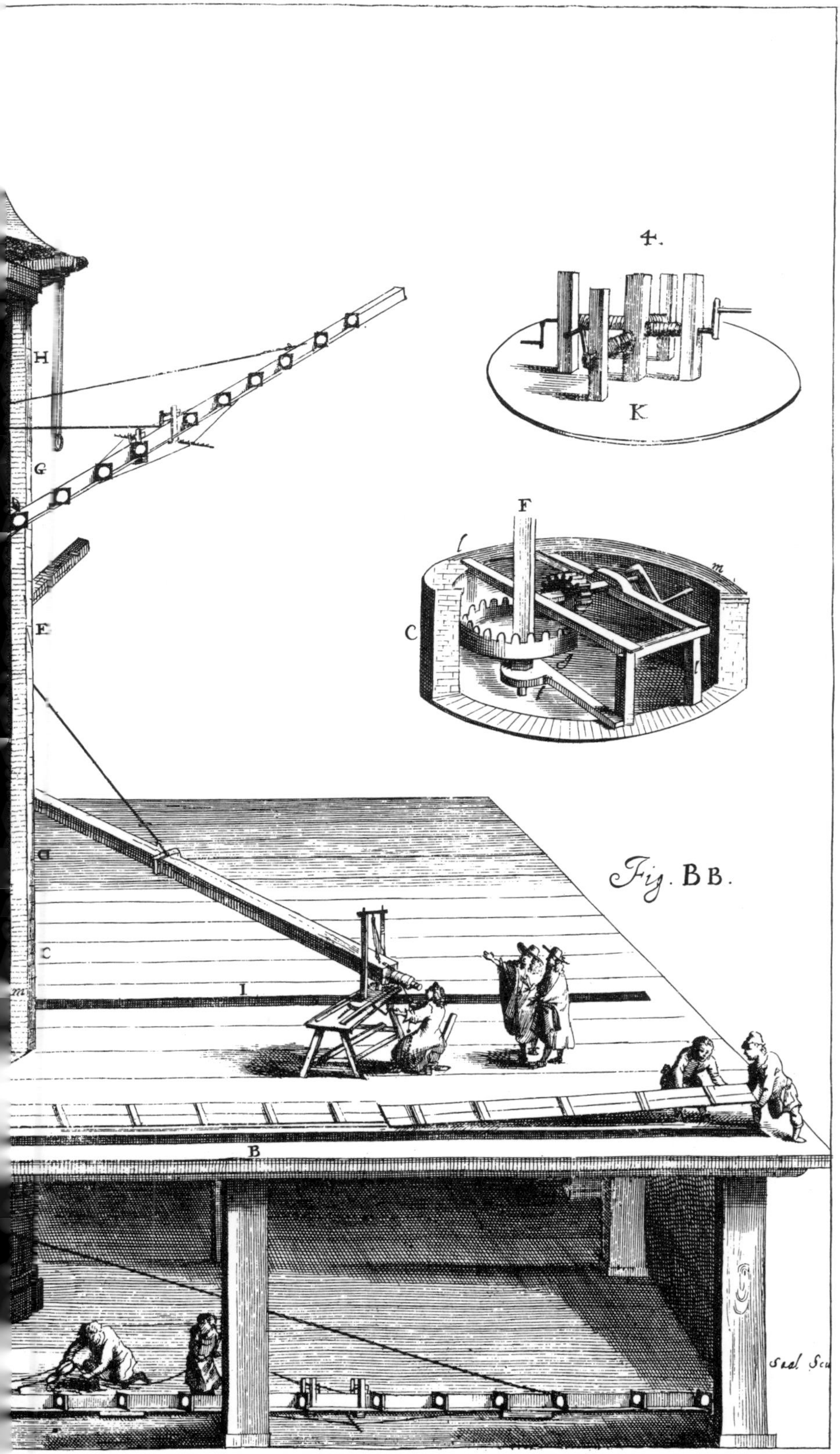
4.
K
F
C
m
H
G
E
D
C
I
Fig. BB.
B
Seal. Scu

falsch. Die Rotation von Mars um seine Achse wurde zwar aus der Verfolgung von auffälligen Bodenmerkmalen über längere Zeiträume bald nachgewiesen und seine Periode schließlich recht genau auf 24 Stunden, 37 Minuten und 22,67 Sekunden bestimmt. Damit war nun bekannt, welcher Teil der Oberfläche zu einem bestimmten Zeitpunkt sichtbar wird, und man besaß eine wichtige Voraussetzung zum Zeichnen von globalen Karten: Die dunklen Gebiete wurden als Meere, die helleren dagegen als Festländer angesehen. Diese Ansicht erwies sich aber bald als falsch; es blieb wie auf dem Mond nur ein Teil der Bezeichnungen bestehen. Auch die «Depressionen» oder nach Gebirgen benannten Regionen hatten meist nichts mit dem gemeinsam, was man aus den Namen vermuten könnte.

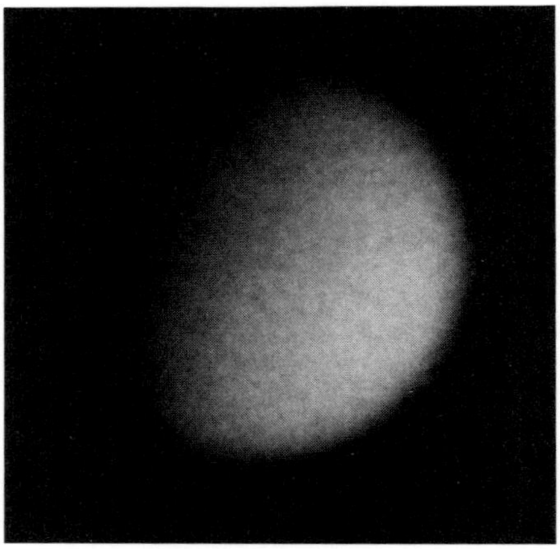

Teleskopbeobachtungen
Obwohl die Distanz zu Mars zu diesem Zeitpunkt (November 1971) nur 80 Mio km betrug, gelang selbst mit dem 155-cm-Spiegel der Universität von Arizona kein besseres Bild, da wieder einmal ein Staubsturm die Atmosphäre trübte. Es erforderte damals besonderes Geschick eines astronomischen Observators, um zusammen mit einer Portion Glück wenigstens einige Markierungen der Marsoberfläche auf den Film bannen zu können. Die bis in die sechziger Jahre begehrten Fotos des Roten Planeten haben heute höchstens noch für statistische Untersuchungen meteorologischer Erscheinungen eine Bedeutung.

Während man auf dem Mond wenigstens die Gebirge als solche erkannt hatte, konnte auf Mars wegen der viel schwierigeren Beobachtungsbedingungen nicht einmal die wahre Natur des Riesenvulkans Olympus Mons erkannt werden. Die Region Coprates, meist als ein längliches Gebilde in Äquatorrichtung mit vielen auch quer gezeichneten Kanälen dargestellt, erwies sich immerhin als das in der Tat sehr markante Valles Marineris, der große Canyon auf Mars. Weiße Wolken ließen sich damals schon gar nicht von Frostablagerungen unterscheiden, und selbst das auch heute noch von der Erde aus gesehen markanteste dunkle Gebilde, die Große Syrte, konnte keiner bekannten Oberflächenformation zugeordnet werden. Kein Wunder, denn nichts verrät auf modernen Funkbildern irgendwelche Besonderheiten an jener Stelle. Erst eine beträchtliche Kontrasterhöhung zeigt, daß die Reflexionsfähigkeit des Marsbodens dort etwas geringer ist als in der Umgebung. Ähnlich bedeutungslos wie die Hell-Dunkel-Unterschiede wurden auch die bis 1965 in keiner Marsbeschreibung fehlenden Kanäle, die mit den an Ort und Stelle gefundenen Formationen so gut wie nichts zu tun haben. Einzig das südliche Einschlagbecken Hellas ist nach Position und Form richtig eingezeichnet worden.
Eine gewisse Erweiterung der Beobachtungsmöglichkeiten trat mit der Infrarot- und Ultraviolettastronomie, den Polarisationsmessungen und der farbigen Planetenfotografie im 20. Jahrhundert ein. Selbst diese Methoden waren jedoch durch die Erdatmosphäre in hohem Maße behindert, so daß weitere Fortschritte von einer erdnahen Raumfahrt, also Satellitenobservatorien, abhängig geblieben wären. Immerhin läßt sich rückblickend feststellen, daß einige wichtige Erkenntnisse bereits aus Teleskopbeobachtungen gewonnen wurden.
Schon bei der Opposition von 1924 wurde die Temperatur der Polkappen im Infrarot ferngemessen. Während des Abschmelzens ergab sich ein Temperaturanstieg von etwa −100° C auf −15° C. Schon damals konnte man also mit einer gewissen Berechtigung die Behauptung von der Hand weisen, die Eismassen an den Marspolen würden nur aus Trockeneis, d. h. gefrorenem Kohlendioxid bestehen. Bei −15° C hätte jenes nämlich bereits sublimiert und könnte sowenig in festem Zustand verweilen wie Wassereis bei Zimmertemperatur! Ähnliche Messungen der Temperaturen in den Äquatorgebieten wurden ebenfalls richtig gedeutet: Die hohen Mittagswerte von über 10° C und die starke nächtliche Abkühlung auf unter −100° C galten als Hinweis für die schlechte Wärmespeicherung im Marsboden wegen einer Staubschicht. Diese Feststellung vertrug sich bestens mit den Polarisationsmessungen des Lichts der gelben Wolken, die als Staubwolken identifiziert wurden.
Ein bekanntes Phänomen seit der Einführung der multispektralen Fotografie ist, daß Mars im blauen und im violetten Licht größer erscheint als im langwelligeren roten. Daraus wurde richtig geschlossen, daß irgendeine höhere Atmosphärenschicht bevorzugt kurzwelliges Licht reflektiert, während die gegen das Infrarot verschobenen Strahlen bis zur Oberfläche durchdringen. Heute kann diese Eigenschaft aus den Vorgängen in der Marsatmosphäre direkt erklärt werden.
Wie beschränkt die Möglichkeiten von Teleskopbeobachtungen bei der Erforschung der Planeten auch sind, sie waren als Vorbereitung der Raumflüge unerläßlich. Auch heute haben sie immer noch eine beschränkte Bedeutung. Man bedenke etwa,

daß die Astronomen auch im Weltraumzeitalter noch mehrere Monde entdeckt haben, aber erst in jüngster Zeit von einem Raumschiff aus!

Valles Marineris

Mariner 9 entdeckte Anfang 1972 einen Canyon auf Mars, der an Größe alles von der Erde her bekannte in den Schatten stellte. Er befindet sich in dem auf klassischen Marskarten als Coprates bezeichneten Gebiet und erstreckt sich bei einer Breite von oft 80 bis 120 km über eine Strecke von 4000 km. Die Tiefe beträgt mehrere Kilometer. Trotz dieser gigantischen Ausmaße ist das Valles Marineris den Teleskopbeobachtern nie besonders aufgefallen, was bei der lange Zeit betriebenen Suche nach «Marskanälen» eigentlich seitlichen «Zuflüsse» funktionell nie etwas mit ihrem Namen zu tun gehabt hatten, denn es fehlten jede Anzeichen von Mündungsdeltas, ja die Seitentäler waren sogar gegen den Canyon hin abgeschlossen. Auch die über weite Strecken in einiger Entfernung parallel verlaufenden Rillen und Kraterketten deuteten auf formende Kräfte, die ihren Ursprung eher im Inneren von Mars hatten. Der nahe Tharsisrücken mit seinen Riesenvulkanen wurde mit dem Valles Marineris in Zusammenhang gebracht. Die Detailbilder von Viking ließen keine Zweifel mehr an der Vorstellung aufkommen, daß eine äußerst aktive Erosion mit häufigem Einsturz der seitlichen Terrassen wesentlich zur Verbreiterung des Canyons beigetragen hatte. Das Abrutschen vollzog sich allerdings nach anderen Regeln, als wir

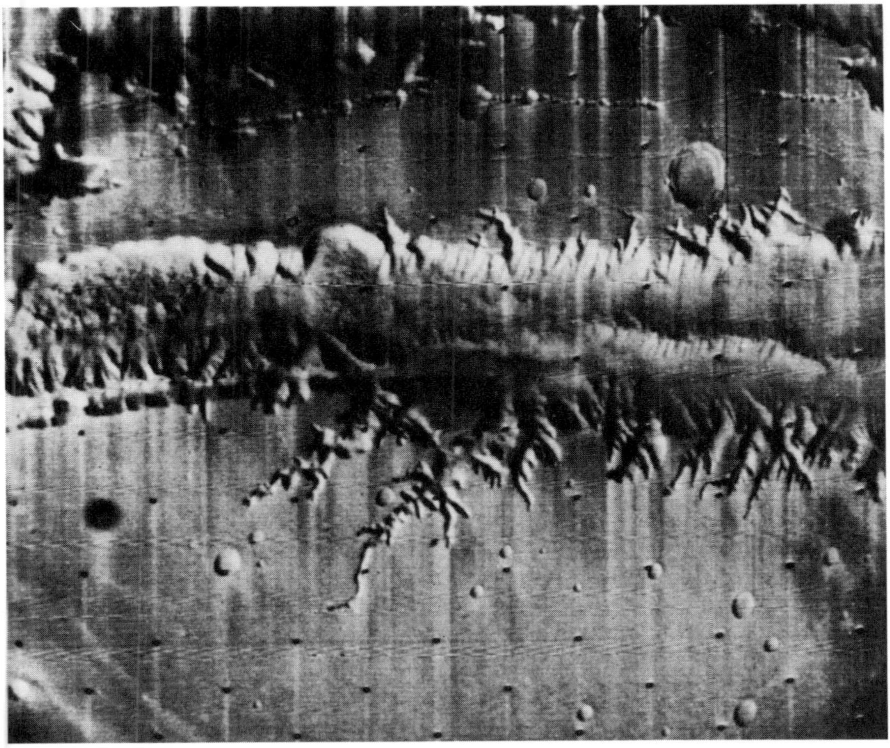

Valles Marineris
Dieser Ausschnitt des Valles Marineris liegt zwischen 80 und 90 Grad West und 8 bis 6 Grad Süd. Die Länge des vom 12. Januar 1972 stammenden Weitwinkelbildes beträgt 500 km. Vermutlich handelt es sich bei dieser einmaligen Formation um eine Spalte in der Marskruste, die sich einstmals, wie jene in der Mitte des Atlantiks das heute tut, geöffnet hat. Der Mittelwulst steht auch hier mit erstarrtem Magma im Zusammenhang, das die Spalte ständig nachfüllte. Auch die parallele Kette von Kratern hat in irgendeiner Weise mit der Entstehung des Grabens zu tun. Die scheinbaren «Zuflüsse» sind dagegen eher ein Zeichen fortschreitender Erosion längs den Rändern.

verwunderlich ist. Die heutigen Funkbilder aus dem Weltraum, die Mars in der Totale zeigen, werden von dem über weite Teile einer Hemisphäre reichenden Canyon wie eine Narbe durchzogen.

Vor der detaillierten Kartografierung durch die Viking-Orbiter war der Ursprung dieser tektonischen Besonderheit ein noch größeres Rätsel als heute. Das Auflösungsvermögen reichte zur Untersuchung der Ränder nicht aus. Es wurde lediglich festgestellt, daß die an einigen Stellen beobachteten sie bei uns kennen: Wie dünnflüssiger Teig muß sich das Material in mehreren übereinanderliegenden Schichten in die Ebene ergossen haben. Dabei bildeten sich deutliche radiale Spuren aus. Es muß vermutet werden, daß Wasser oder Eis für dieses merkwürdige Verhalten verantwortlich ist, das auch schon bei mehreren Marskratern beobachtet worden war. Auch dort zeigt sich oft nicht ein Auswurf von losen Trümmern, sondern das Herausquetschen einer plastischen Masse, die man sich mit den

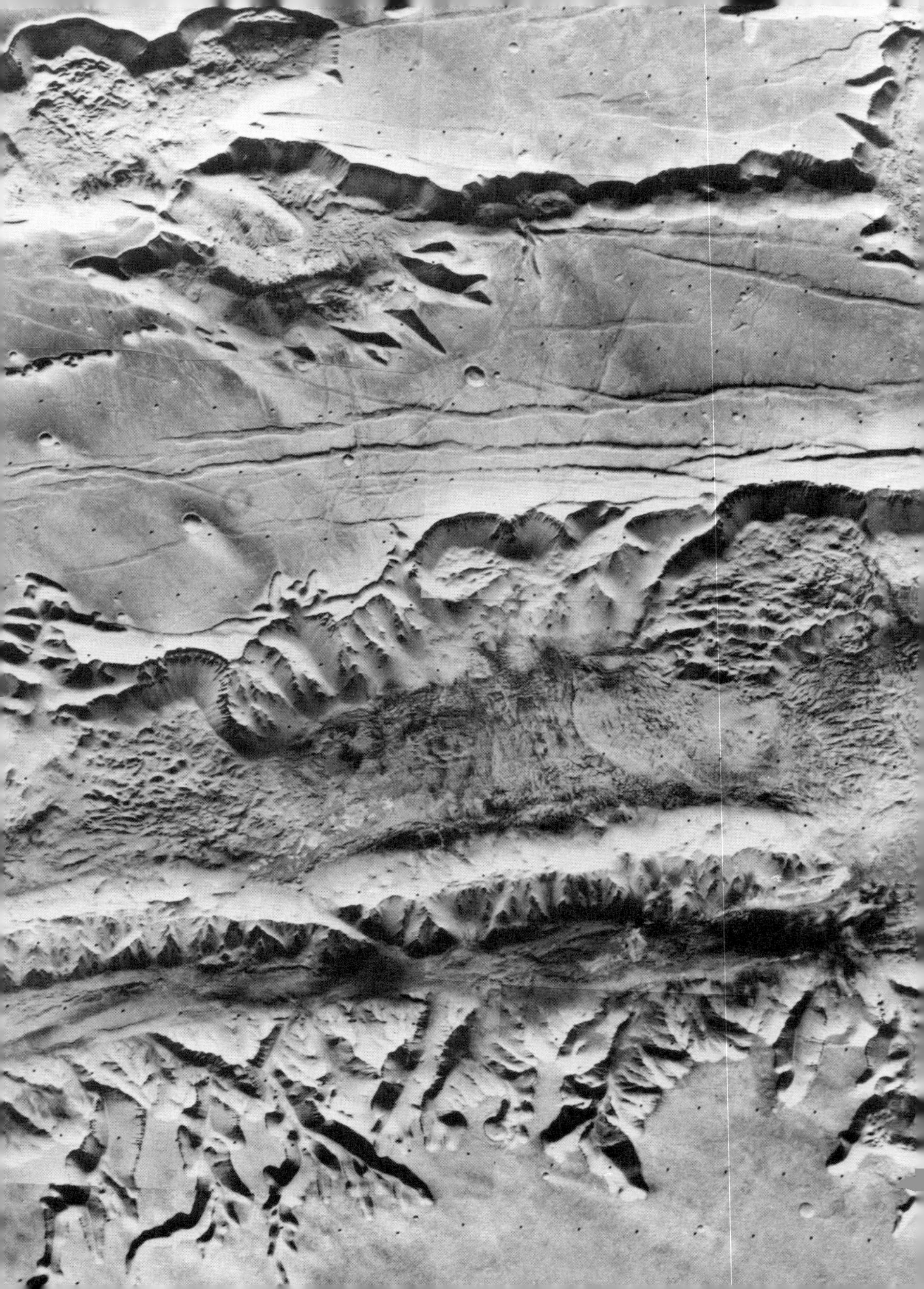

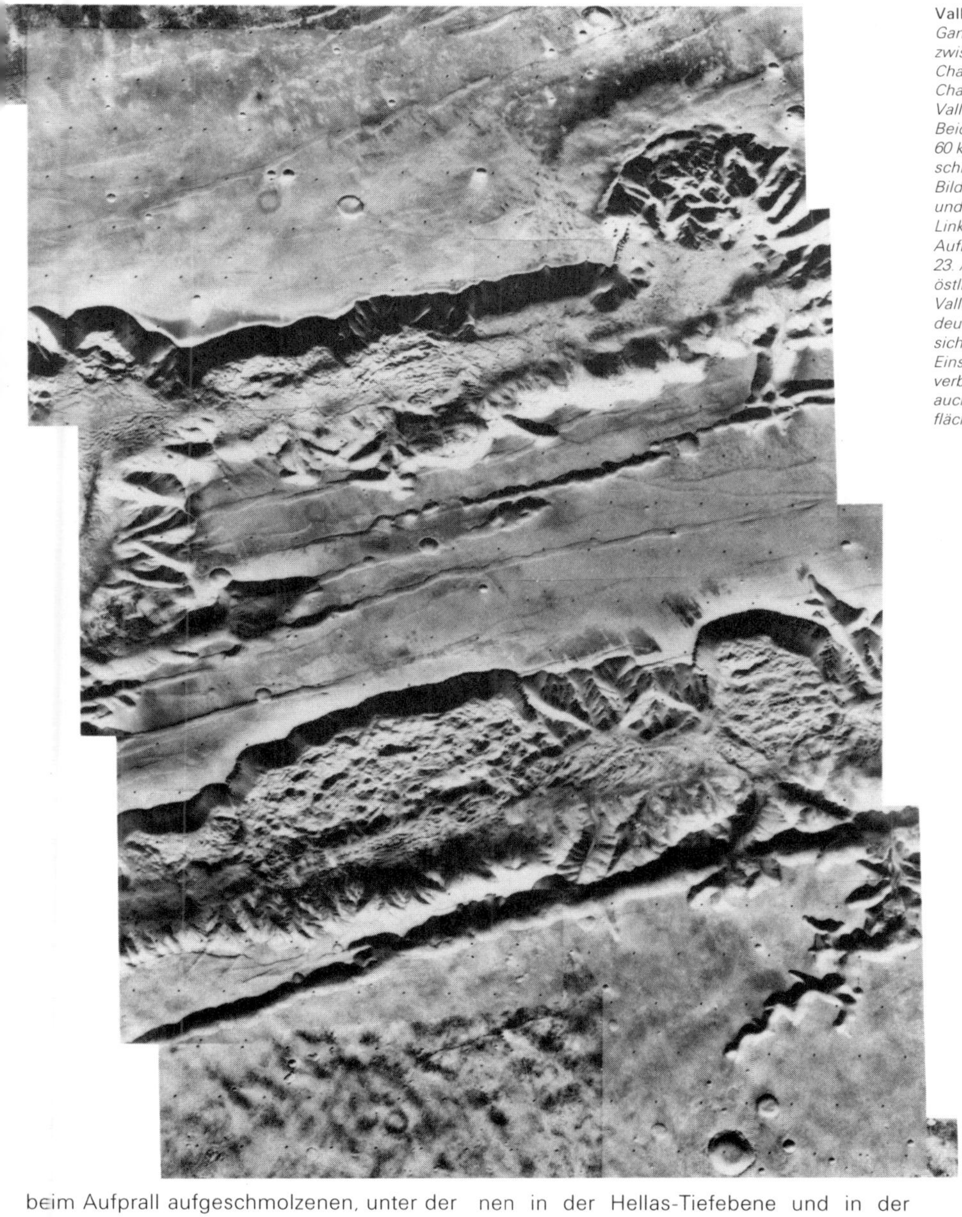

Valles Marineris
Ganz links: An dieser Stelle, zwischen Tithonium Chasma (oben) und Ius Chasma (unten), ist das Valles Marineris recht breit: Beide Täler messen gut 60 km und sind durchschnittlich 1 km tief. Das Bildzentrum liegt bei 5° S und 89° W.
Links: Diese Viking-1-Aufnahme vom 23. August 1976 zeigt die östliche Fortsetzung des Valles Marineris. Hier ist deutlich erkennbar, wie sich der Canyon durch Einstürzen der Ränder stark verbreitert hat. Dabei tritt auch eine dunklere Oberflächenschicht zutage.

beim Aufprall aufgeschmolzenen, unter der Oberfläche verborgenen Eisschichten erklärt.

Ältere Ablagerungen, vor allem in der Mitte des Talbodens, sind ihrerseits erodiert. Dabei scheint der Wind eine große Rolle gespielt zu haben. Einige offenbar härtere Brocken besitzen auf ihrer Leeseite lange Windfahnen, die vermuten lassen, daß alles leichtere Material bereits weggeblasen worden ist. Der verfrachtete Staub und Sand sammelt sich unter anderem an tieferliegenden Stellen des Canyons und bildet dort eigentliche Dünenfelder, die neben jenen in der Hellas-Tiefebene und in der Nordpolgegend zu den bedeutendsten gehören. Noch ist allerdings nicht geklärt, wohin sich die immensen Mengen von «Aushubmaterial» im Laufe der Jahrmilliarden verlagert haben. Winderosion wird immerhin als möglich erachtet.

Die Kraterzählungen auf dem Boden des Valles Marineris haben eindeutig gezeigt, daß es sich hier um eine sehr junge Formation handelt, deren Bildung noch im Gange ist. Dies würde bedeuten, daß sich auch heute noch Eis unter der Oberfläche befindet, das an den Rändern des Canyons zu-

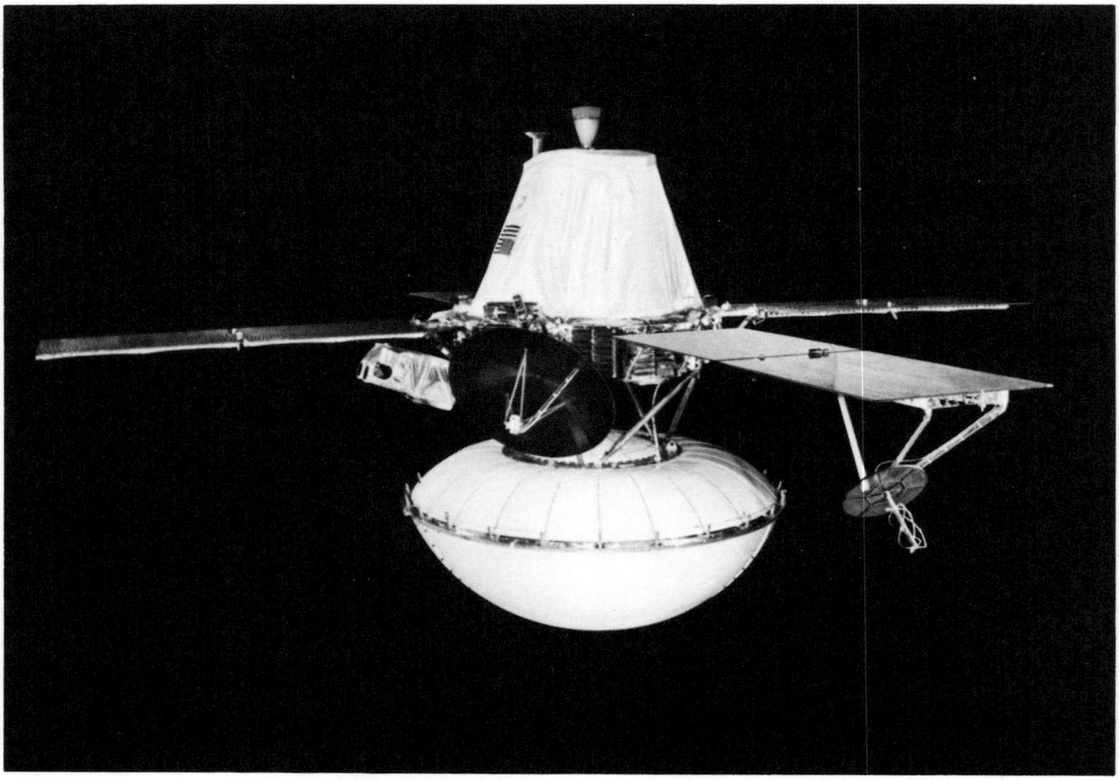

Viking-Sonden
In dieser Konfiguration durcheilten die beiden Viking-Sonden innerhalb von rund 11 Monaten die Strecke zwischen Erde und Mars. Das windmühlenähnliche Kreuz war mit den Sonnenzellen für die Stromversorgung bestückt. Es ist am zentralen Elektronikteil befestigt. Auf der Vorderseite sitzen die beiden Tanks für den lagerfähigen Treibstoff: Stickstofftetroxid und unsymmetrisches Dimethylhydrazin. Dieses speiste den in Richtung Schwerpunkt wirkenden Raketenmotor. Seine Düse wurde weitgehend vom Marinerprogramm übernommen, so daß die Einbremsung in den Marsorbit wegen des dreimal größeren Sondengewichts auch dreimal länger dauerte. Unten erkennt man das eingekapselte Landegerät und links von der Mitte die Instrumentenplattform mit den beiden Objektivöffnungen der Funkbildkameras.

tage tritt, dort aufschmilzt und so zum immer weiteren Zerfall der Oberfläche führt. Besonders deutlich wird dies dort, wo ausgedehntere Gebiete auf diese Weise zusammengebrochen sind und sich die ganze Landschaft in Bewegung gesetzt hat. Zurück bleibt das schon von Mariner 6 entdeckte «Chaotische Terrain», das sehr bald mit dem Aufschmelzen von Eisschichten in Zusammenhang gebracht wurde. Hier haben die wichtigsten und größten der heute ausgetrockneten Ströme ihren Ursprung, die man sich nicht anders erklären kann, als daß sie durch fließendes Wasser entstanden sind.

Wie der irdische Grand Canyon bietet auch jener auf Mars eine willkommene Gelegenheit, die Schichtungen der ursprünglichen Kruste zu studieren.

Zuoberst zeigt sich eine unerwartete Inhomogenität: Die Oberflächenschicht zerfällt meist in größere Blöcke, während das Material in einiger Tiefe feinkörniger ist und nur einen eher sandigen Zusammenhalt besitzt. Möglicherweise handelt es sich zuoberst um erstarrte Lavameere, die sich erst später über bereits erodierte Gegenden ergossen haben und daher heute noch aus festerem Gestein bestehen. Dort, wo größere Krater von den Abbrüchen angeschnitten sind, scheint sich diese Vermutung zu bestätigen.

Viele Fragen bleiben auch heute noch offen: Was löste die Bildung des Valles Marineris ursprünglich aus, und welche Rolle spielten der Vulkanismus und die globalen Verschiebungen in der Marskruste? Offenbar genügen Satellitenbilder noch nicht, alle Fragen zu enträtseln. Nur gezielte Landungen können hier weiterhelfen.

Viking-Sonden

Schon seit etwa Mitte der sechziger Jahre wurden von der NASA Pläne für eine unbemannte Landemission auf Mars ausgearbeitet, die zunächst unter verschiedenen Namen liefen. Zeitweise war sogar der Abschuß riesiger Automaten mit Hilfe einer Saturn-5-Mondrakete im Gespräch. Anfang der siebziger Jahre wurde das Programm auf zwei je 3,4 t schwere Viking-Sonden zurückgeschraubt, die anläßlich des Startfensters von 1973 auf Bahn gebracht werden sollten. Äußerst sorgfältige Vorbereitungen der wissenschaftlichen Experimente an Bord dieser Apparate erzwangen dann aber eine Verschiebung des Starttermins auf 1975. Die durchschnittlichen jährlichen Aufwendungen während des neunjährigen Entwicklungs- und Operationszeitraumes be-

liefen sich auf etwas über 100 Mio Dollar, also weniger als ein halbes Promille der weltweiten Rüstungsausgaben.
Einige technische Daten der Satellitenteile (Orbiter) und der Lander sind in den beigefügten Tabellen zusammengestellt. Die Landetechnik ist als besonderes Stichwort aufgeführt.

Daten des Viking-Orbiters

Gewicht ohne Lander	2325 kg
Treibstoffzuladung	1400 kg
Spannweite der Sonnenzellen	9,7 m
Max. Durchmesser des Zentralteils	2,52 m
Fläche der Sonnenzellen	15 m²
Elektrische Leistung bei Mars	620 W
Kapazität der NiCd-Batterien	30 Ah
Speicher der 2 Computer je	4096 Worte
Kapazität der 2 Magnetbänder je	640 Mbit
Schreibgeschw. des Bandes	2112 Kbit/s
Max. Sendegeschwindigkeit	16 Kbit/s
Sendeleistung UHF/S-Band	30 W/20 W
Durchmesser der Parabolantenne	147 cm
Sendefrequenz zur/von der Erde	2295/2113 MHZ
Daten der beiden identischen TV-Kameras:	
Brennweite	475 mm
Durchmesser der Selen-Bildröhre	38 mm
Blickwinkel eines Paarbildes	1,51 × 3,1°
Aufzeichnungszeit pro Bild	4,48 s
Zeilenzahl	1056
Punktezahl pro Zeile	1182
Anzahl Bit pro Bildpunkt	7
Informationsgehalt pro Bild	8,7 Mbit
Spektralbereich (7 Filter)	3600–6500 Å
Auflösungsvermögen aus 1500 km	40 m
Einbremsung in Marsorbit max.	1500 m/s
Dauer der Bremsmanöver	40 bis 50 Min.
Umlaufzeit (gelegentlich verändert)	24^h37^m
Tiefster Bahnpunkt	1500 km
Höchster Bahnpunkt	32 600 km
Bahnneigung (Viking 1/2)	37,7°/48,9°
Zwecks Nordpolkartografierung max.	75°

Daten der Viking-Lander

Gewicht samt Verkleidung	1118 kg
Treibstoffanteil	139 kg
Masse bei der Landung	576 kg
Durchmesser/Länge des Fallschirms	16/30 m
Gewicht des Fallschirms und Mech.	50 kg
Durchmesser/Höhe des Bioschildes	3,7/1,9 m
Wandstärke des Fiberglasschildes	0,13 mm
Wandstärke der aerodynamischen Kapsel	0,86 mm
Beständigkeit des Hitzeschildes	1500° C
Max. Durchm./Höhe des Landers	3 m/2 m
Durchm./Tiefe der Grundstruktur	1,5/0,46 m
Durchmesser der 3 Fußplatten	30,5 cm
Kritische Schiefe bei der Landung	19°
Durchmesser der Parabolantenne	76 cm
Sendefrequenz Lander — Orbiter	380 MHZ
Sendefrequenzen Orbiter — Erde	2100–2300 MHZ und 8400 MHZ
El. Energie aus 2 nukl. Thermoelem.	70 W
Speicher der 2 Hauptcomputer je	18 000 Wort
entsprechend Arbeitsinstrukt. für	22 Tage
Speicher des Periphercomputers	8200 Worte
Kapazität der Bandeinheit	40 Mbit
Daten der beiden Faksimile-TV-Kameras:	
Abstand/Höhe über Grund	1 m/1,3 m
Max. Blickwinkel über Horizont	40°
Max. Blickwinkel unter Horizont	60°
Blickwinkel azimutal	360°
Winkelabstand zweier Vertikalzeilen	0,1°
Theor. Auflösungsvermögen auf 1,5 m	3 mm
Max. Sendedistanz Lander — Orbiter	5000 km
Entspr. Übertragungsrate (UHF)	16 Kbit/s
Max./Min. Rate Lander — Erde	500/250 bit/s
Sendezeit/Daten zur Erde tägl.	2^h/3,6 Mbit
Daten zum Orbiter in 10'/40'	9,5/38 Mbit

Viking-Sonden
Das erste von Viking 1 und damit von der Marsoberfläche überhaupt übermittelte Foto bestand in einer Schwarzweißabtastung von hoher Auflösung. Das Bildzentrum befindet sich etwa 1,4 m von Kamera 2 entfernt. Der Teller des dritten Landefußes unten rechts hat einen Durchmesser von 30 cm und ist nur wenig eingesunken. Von den anderen Füßen wurde etwas Sand in sein Inneres geschleudert. Der etwa 15 cm große Fels links ist von zwei sich kreuzenden Spalten durchzogen. Dort ändert das aus Vertikalzeilen zusammengesetzte Bild seine Helligkeit, was man sich durch eine beim Start aufgewirbelte und einige Minuten bestehende Staubwolke erklärt.

Viking-Sonden
Dies ist das entsprechende erste Bild von Viking 2, mit dessen Übermittlung ebenfalls 25 Sekunden nach dem Aufsetzen der Sonde begonnen wurde. Das Blickfeld umfaßt 70 Grad in der Horizontalen und 20 Grad in der Vertikalen und zeigt ebenfalls den Staubeffekt am linken Rand sowie das vom Landevorgang ins Innere des Landefußes geschleuderte Material. Der unmittelbar darüberliegende etwa 10 bis 15 cm messende Stein wurde nach Ansicht der Forscher ebenfalls verschoben. Man beachte die vielen hohlen Einschlüsse im vulkanischen Eruptivgestein.

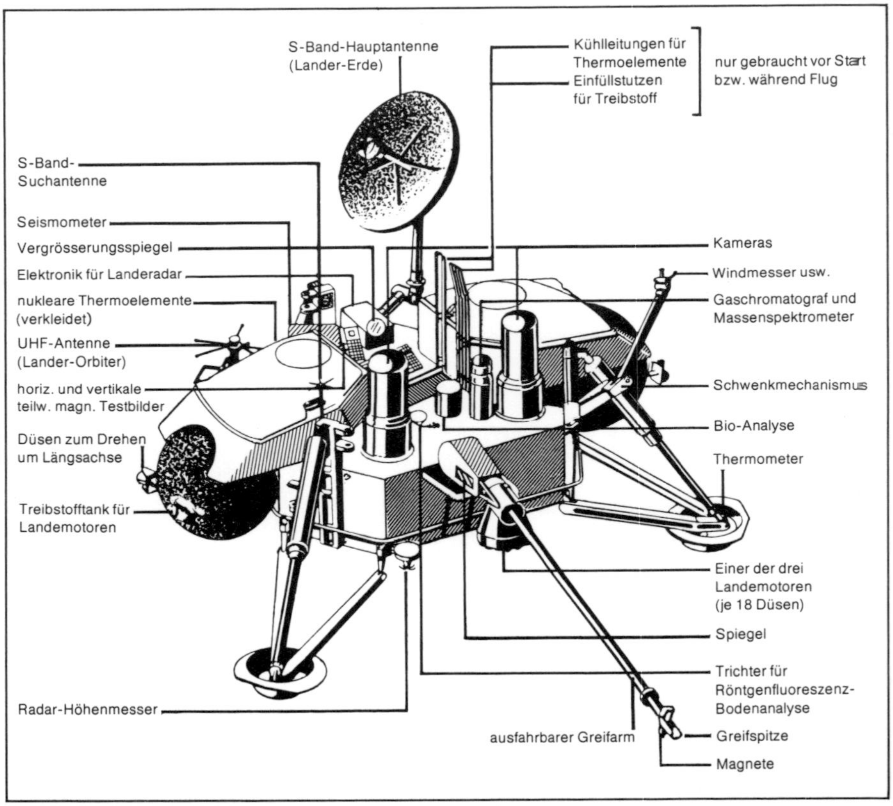

Vulkanismus

Die Entdeckung einiger immenser Vulkankegel auf Mars durch die Sonde Mariner 9 war eine große Überraschung. Sie ragen so hoch auf, daß ihre Gipfelkrater trotz des damaligen globalen Staubsturmes sichtbar blieben. Seither wurden neben diesen markanten Vulkanen der Tharsis-Gegend noch einige weitere gefunden, die sich aber weitgehend auf die Nordhalbkugel beschränken. Nur einer davon zeigt heute noch seine Kegelform, so daß es also fünf bedeutende vulkanische Gebirge auf Mars gibt, die hier zusammen mit drei älteren Formationen tabelliert sind:

Name	Lagekoordinaten	Geschätzte Höhe km
Olympus Mons	18° N, 133° W	30
Ascraeus Mons	11° N, 104° W	27
Pavonis Mons	0° N, 113° W	25
Arsia Mons	9° S, 121° W	25
Elysium Mons	25° N, 213° W	15
Hecates Tholus	32° N, 210° W	
Albor Tholus	19° N, 210° W	
Apollinaris Patera	8° S, 186° W	

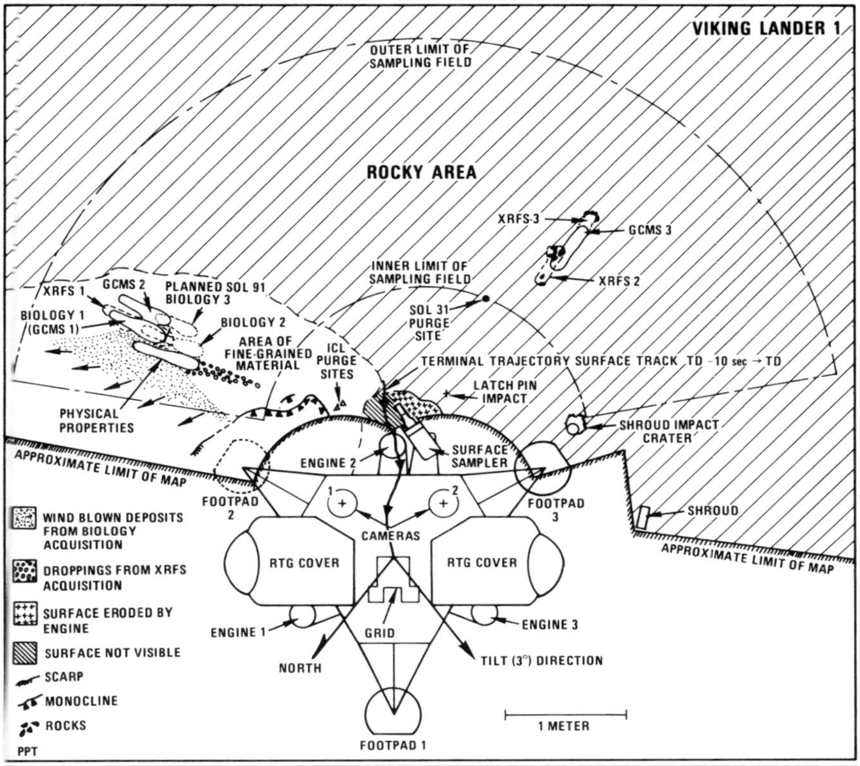

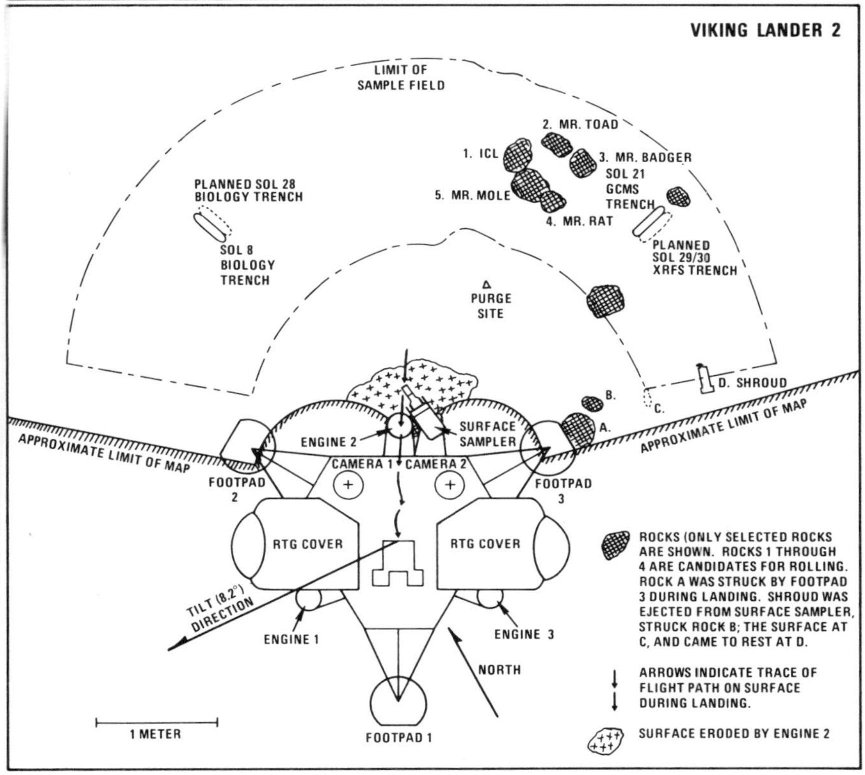

Viking-Sonden
Derartige Situationspläne dienten den Kontrolleuren zur Planung und Dokumentierung ihrer Aktivitäten mit dem Greifarm der Sonden. Sie verraten dem interessierten Leser eine Fülle von Informationen über die Nordrichtung, die Schiefe der Lander (tilt), die Lage abgeworfener Raumschiffteile (shroud = Schutzkappe des Greifarms), von den Auspuffgasen bei der Landung veränderte Oberfläche (surface eroded by engine), markante Felsbrocken und die Position der Gräben, die bei der Probenentnahme entstanden waren. Diese Grafik zeigt die Situation ungefähr Mitte September 1976; seither wurden einige hundert weitere Grabungen durchgeführt. Der Plan zeigt nur die Sichtgrenze auf eine Seite.

Vulkanismus
Das obere Übersichtsfoto des Riesenvulkans Olympus Mons stammt von Mariner 9; es wurde im Januar 1972 aufgenommen. Es zeigte bereits einige interessante Einzelheiten der terrassenförmig abgestuften 65 bis 80 km messenden Gipfelcaldera. Diese ist unten in einem 13teiligen Fotomosaik, das Viking 1 am 13. Juni 1977 übermittelte, bei viel größerer Bildauflösung dargestellt. Die feinsten noch erkennbaren Details messen nur noch etwa 20 m. Eruptionen, die sich zeitlich über Jahrmillionen erstreckt haben mögen, hinterließen ihre Spuren in Form einer Reihe von Lavaseen unterschiedlichen Niveaus. Schattenmessungen führten zu einem Böschungswinkel des Außenwalles von durchschnittlich 32 Grad und einer Absenkung zu den inneren Böden von 2,4 bis 2,8 km.

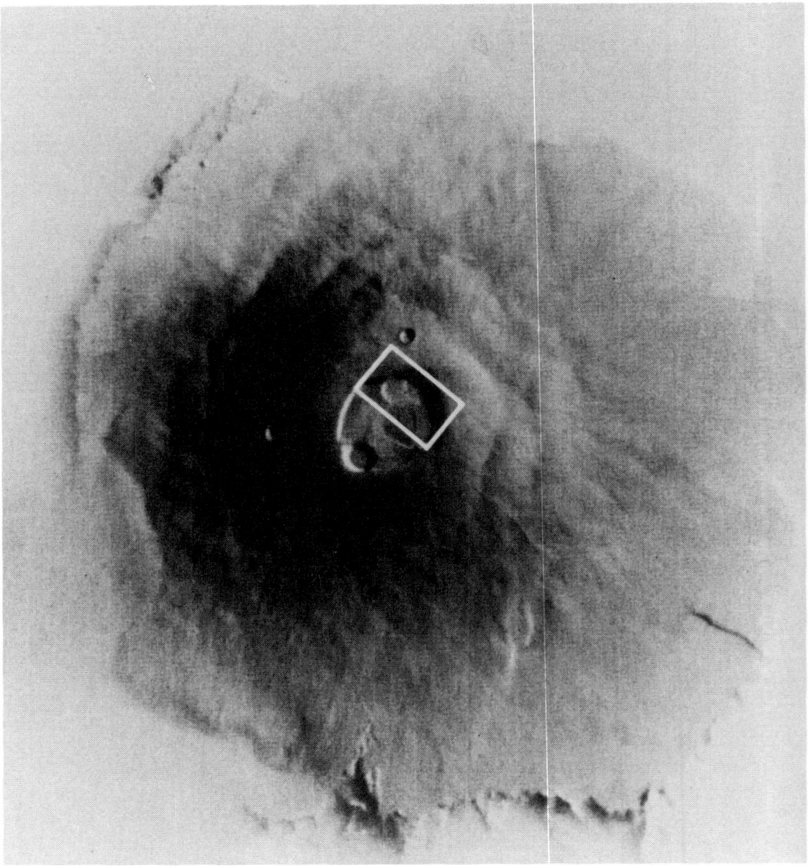

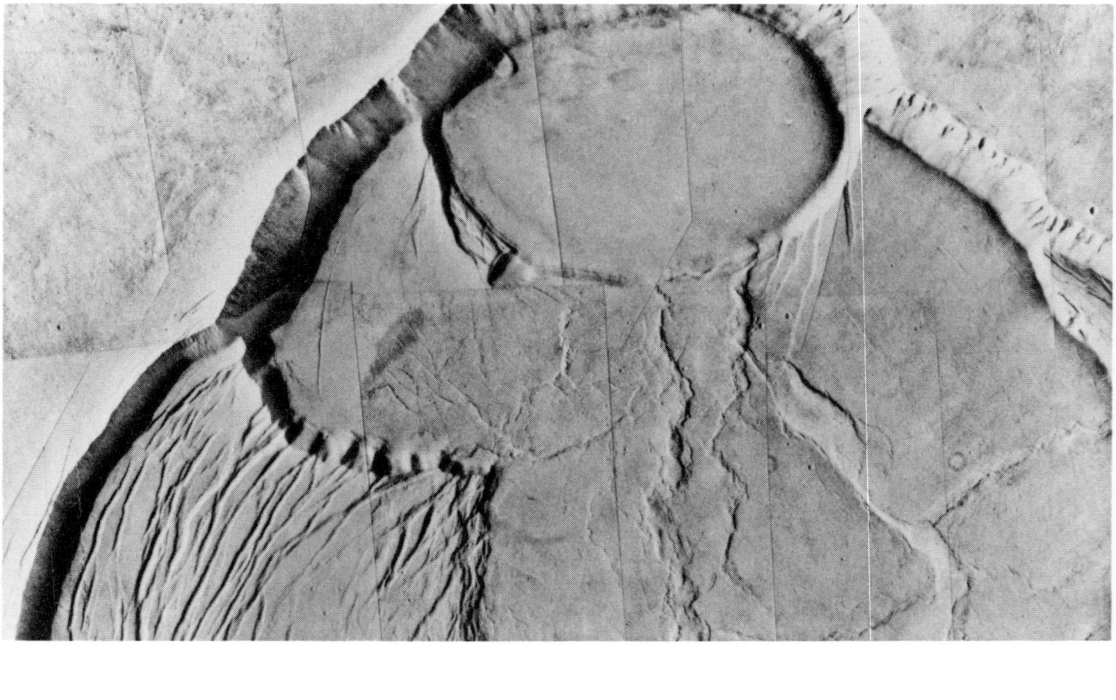

Vulkanismus

Ein Viking-1-Bild vom 15. November 1977. Es zeigt die bei 95° W und 25° N liegenden Vulkane Ceraunius Tholus (links), Uranius Tholus (rechts, kleiner) und den größeren, aber nur teilweise sichtbaren Uranius Patera. Bei den sich im oberen Bildteil durchziehenden Falten handelt es sich um Ceraunius Fossae, die nach links bis in die Nähe des nördlichen Tharsisvulkans Ascraeus Mons weiterreichen würden. Norden ist also rechts, Westen oben.

Vulkanismus
Viking-1-Aufnahme vom 18. September 1976. Sie zeigt den bei 8° S und 186° W gelegenen Vulkan Apollinaris Patera aus einer momentanen Entfernung der Sonde von 7400 km. Norden liegt etwas oberhalb von rechts (2-Uhr-Richtung). Der Durchmesser der Gipfelcaldera beträgt rund 100 km. Der unten aus einer Spalte ausgetretene Lavastrom ergießt sich in südöstlicher Richtung über rund 200 km. Dieser Vulkan ist relativ flach, doch enden seine Abhänge wie bei Olympus Mons an den meisten Stellen der Basis in einem steilen Kliff. Kraterzählungen lassen jedoch vermuten, daß es sich bei Apollinaris Patera um ein viel älteres Gebilde handelt als bei den Tharsisvulkanen.

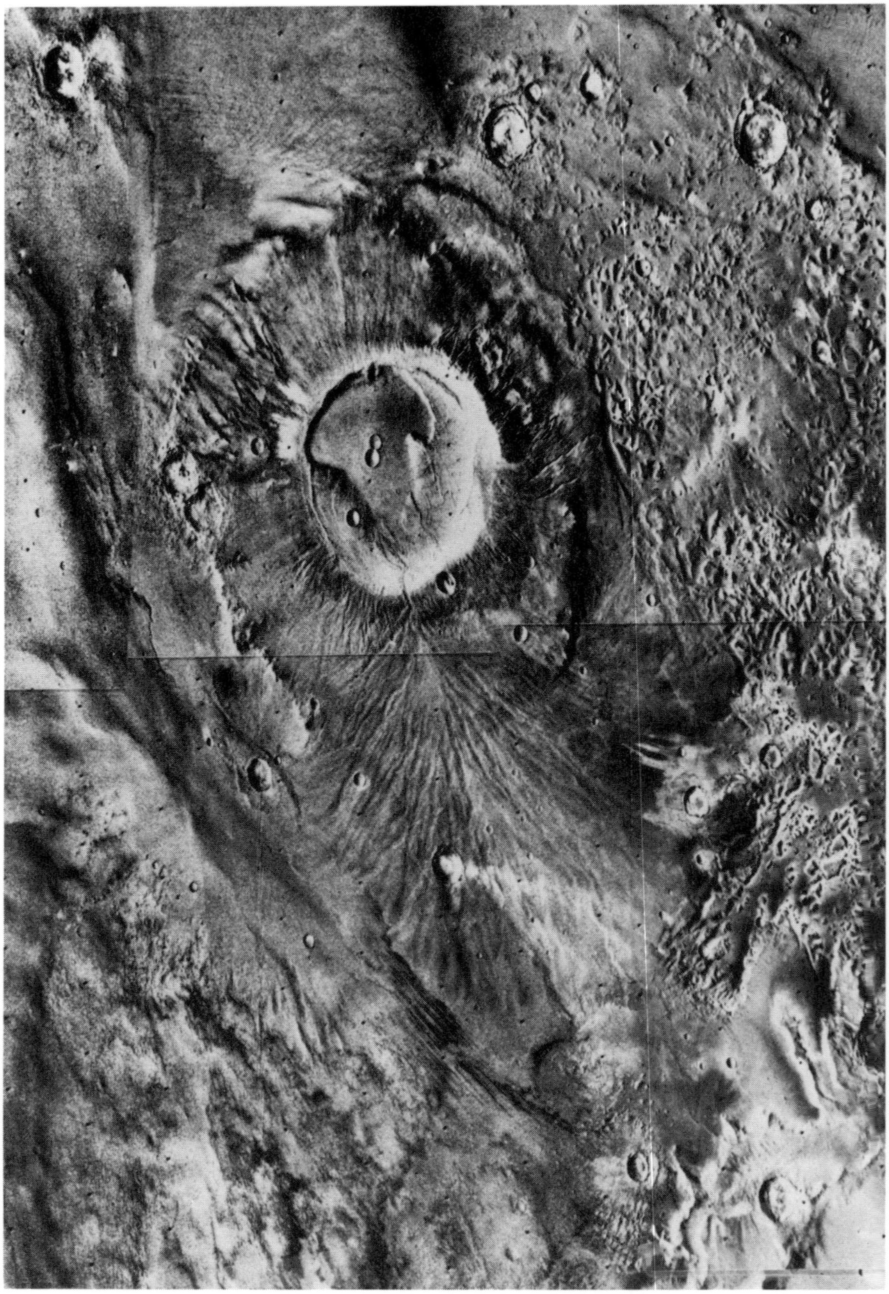

Die Bezeichnung «Kegel» ist bei diesen flachen Schildvulkanen eigentlich etwas irreführend, da die horizontale Ausdehnung mindestens so eindrucksvoll ist wie die vertikale: Olympus Mons besitzt einen Basisdurchmesser von 500 bis 600 km, und allein seine Gipfelcaldera mißt zwischen 65 und 80 km. Die Steigung der Abhänge ist also gering. Trotzdem stellt sich die Frage, weshalb ein halb so großer Planet wie die Erde Vulkane haben soll, die mindestens doppelt so hoch wie unsere höchsten sind, selbst wenn man diese vom Meeresgrund aus mißt. Darauf gibt es eine einleuchtende Antwort: Jeder Berg besitzt auf Mars nur ein Drittel des Gewichtes, das er auf der Erde besitzen würde. Einmal entstandene Gebirge oder Aschenkegel verflachen daher

nicht so rasch, und sie haben auch weniger die Tendenz, in einen plastischen Untergrund einzusinken.
Eine Besonderheit des größten Marsvulkans ist seine stark erodierte Basisumrandung, die über mehr als einen Kilometer steil abfällt. Entweder haben starke Winde dieses Material über die Jahrmillionen abgetragen oder dann ergoß sich der Lavaschild auf einen sehr schlechten, Sand und eventuell sogar Eis enthaltenden Untergrund. Es können auch beide Einflüsse eine Rolle gespielt haben. Heute ist es so, daß ein Beobachter, der unmittelbar am Fuße des Berges stehen würde, den Gipfel von Olympus Mons wegen des steilen Kliffs überhaupt nicht sehen könnte. Die auf Mars über 300 km bereits merkliche Horizontkrümmung verstärkt den Effekt noch weiter.
Die Hänge von Olympus Mons gleichen in Satellitenaufnahmen einer stark vergrößerten Elefantenhaut mit Hunderten von Metern breiten einzelnen Runzeln. Mehrere Risse durchziehen das Erstarrungsgestein. An einigen Stellen floß in vergangener Zeit offenbar Lava aus solchen Spalten. Wie weit dies zurückliegt, versuchte man aus Kraterzählungen, dem Erosionszustand und Vermutungen über die innere Aufschmelzungschronologie abzuschätzen. Die genannten Werte liegen für die jüngsten vulkanischen Gebilde zwischen 200 und 800 Mio Jahren. Die untere Grenze beträgt nur 4 Prozent des Marsalters, so daß die Vulkane also bis in die jüngste Zeit aktiv gewesen sein könnten und kleinere Gasausbrüche vielleicht immer noch möglich sind. Bis heute wurde von den Marssatelliten, die seit Jahren regelmäßig Aufnahmen liefern, nichts Auffälliges entdeckt. Auch die vom Viking-2-Seismometer gemeldete Ruhe des Planeten spricht gegen einen noch aktiven Vulkanismus.
Es ist schwierig, die von früheren astronomischen Beobachtungen, besonders im Tharsis-Gebiet, immer wieder gesichteten «rauchigen Bänder» im Lichte der neuen Kenntnisse zu deuten. Diese waren zwar unmittelbar nach der Entdeckung der Vulkane im fraglichen Gebiet mit Eruptionen in Zusammenhang gebracht worden, doch bleiben hierzu noch viele Zweifel bestehen. Auch die gleich am Anfang der Mariner-9-Mission gemeldeten «warmen Punkte» waren zwar die Gipfel der Vulkane, aber die erhöhte Temperatur erwies sich nur als scheinbar: Die direkte Sonneneinstrahlung oberhalb des damaligen Staubwolkenmeeres lieferte für die dunklen Spitzen etwa 7° C mehr als für die Umgebung, doch lassen sich bei klarem Wetter keine wärmeren Gesteine feststellen.
Die gewaltigen Erhebungen haben einen großen Einfluß auf Wind und Wetter. Auf der Leeseite der Vulkane können sich lange Fahnen bilden, die, je nachdem ob es sich um Staub oder Eiswolken handelt, von bräunlicher oder weißer Farbe sind. Die Länge dieser Gebilde erreicht gelegentlich 1000 km und mehr, so daß hier die wohl wahrscheinlichste Erklärung für die früher beobachteten «rauchigen Bänder» vorliegt. Es besteht jedoch heute kein Zweifel mehr, daß diese Erscheinungen nur indirekt mit den Vulkanen zusammenhängen und nichts mit Ausbrüchen zu tun haben.
Der Vulkanismus hat nicht nur für die Bildung der Atmosphäre eine große Bedeutung, sondern auch für die Abweichung des Planeten von der Kugelgestalt. Nach neueren Berechnungen beeinflußt diese nämlich die Lage der Rotationsachse in hohem Maße. Diese Konsequenzen sind im Abschnitt über den Nordpol näher beschrieben.

Wasser

Auf den Planeten Venus, Erde und Mars kamen Kohlendioxid und Wasserdampf bzw. Wasser ursprünglich in recht vergleichbaren Mengen vor. Auf Mars ist es das Wasser, bei dem man sich fragen kann, wohin es im Laufe der Jahrmilliarden gekommen ist. Die Atmosphäre enthält je nach geografischer Breite und Jahreszeit 0,002 bis etwa 0,1 mm auf die Oberfläche projizierte Gesamtfeuchtigkeit. In der Nacht kommen davon jeweils wieder etwa 80 Prozent in Form von Frost an die Oberfläche, die sich nach Sonnenaufgang zuerst in einen Nebel verwandeln und erst dann ganz verdampfen. Die Schätzungen für die in Form von Eis gebundenen Wassermengen auf dem Planeten liegen zwischen dem 1000- bis 100 000fachen des atmosphärischen Wertes, also zwischen 1 dm und 10 m. Innerhalb dieses Bereiches liegt auch der geschätzte Wert für die Wassermenge, die im Laufe der Marsgeschichte in den Weltraum entwichen ist: 3 bis 5 m. Die Satelliten haben nämlich festgestellt, daß Mars etwa 500 000 Liter Wasser täglich in Form von aufgespaltenem Dampf verliert, und dies addiert sich über die Jahrmilliarden zur genannten Wasserschicht. Selbst unter optimistischen Annahmen besitzt Mars also nur einige Promille der irdischen Wassermenge.
Momentan ist der Druck der Marsatmosphäre nicht ausreichend, um flüssiges Wasser für längere Zeit an der Oberfläche existieren zu lassen (siehe Grafik auf Seite 198). Die ausgedehnten Überschwemmungsspuren lassen jedoch keinen Zweifel

darüber offen, daß es einmal Zeiten gegeben haben muß, da Wasser in Mengen umgewälzt worden ist, wie wir es selbst auf der Erde kaum kennen. Verschiedene globale und lokale Formationen der Oberfläche deuten darauf hin, daß mindestens früher, möglicherweise aber auch heute noch große Eislager unter der Oberfläche vorhanden waren, die nur bei den vermutlich seltenen Klimaumstürzen auftauten. In der Nähe des Viking-2-Landeplatzes wurde eine unregelmäßige ovale Senke von einigen Dutzend Metern Durchmesser entdeckt, die man sich jedenfalls nicht anders als durch die Anwesenheit einer darunterliegenden Frostschicht erklären kann. Ähnliche Gebilde kennt man in der Nähe von arktischen Gletschern, wo nur sehr selten Tauwetter eintritt.

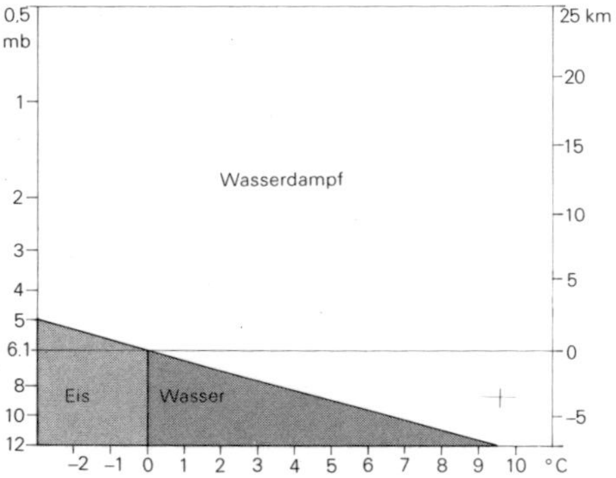

Wasser
Diese Grafik zeigt (getönt) den engen Bereich im Druck-Temperatur-Diagramm, wo Wasser in flüssigem Zustand existieren kann. Man kann wahlweise auf der linken Achse den Druck in Millibar oder auf der rechten Achse die relative Höhe über dem entsprechend 6,1 Millibar definierten Nullpunkt ablesen, da beide nach der Barometergleichung gekoppelt sind. Auf der horizontalen Achse ist die Temperatur innerhalb des interessanten Bereiches eingezeichnet. Man erkennt, daß hohe Temperaturen auf der Oberfläche der Bildung von flüssigem Wasser nicht förderlich sind: es verdampft nur!

Die aus der Satellitenperspektive beobachteten Spuren sprechen eine nicht minder deutliche Sprache. Ganze Regionen von Hunderten von Quadratkilometern sind eingestürzt, und breite Schwemmtäler ergießen sich von dort aus in umliegende Tiefebenen. Zuweilen verengt sich der Fluß infolge von Engpässen oder ergießt sich über einen hundert Meter hohen Wasserfall. Vor allem in einem Beispiel ist dieses Bild der einstigen Vorgänge besonders deutlich. Der Fluß hat sich kurz vor dem Absturz in ein enges Bett eingefressen und verteilt sich erst in der unteren Ebene fächerförmig, um sich dann in einem inzwischen längst eingetrockneten Meer zu verlieren.

Spuren von verästelten Bächen, wie wir sie auf der Erde in Regengebieten kennen, sind auf Mars sehr selten und können möglicherweise auch anders gedeutet werden. Die Dichte der Atmosphäre reichte offenbar selbst in den üppigsten Zeiten nicht für die Entstehung von Regenwolken aus.

Die sichersten Beweise für die heutige Anwesenheit von Wasser finden sich eindeutig in den zentralen, unveränderlichen Teilen der beiden Polkappen. Landungen in dieser Region werden wissenschaftlich besonders ergiebig sein, obwohl sie mit großen Schwierigkeiten verbunden sein werden. Heute sind Studien zum Problem im Gang, wie man mit ferngesteuerten, superleichten Propellerflugzeugen — mit Hydrazin betrieben, wird dies dank der reduzierten Schwerkraft und der größeren Dichte von Kohlendioxid trotz der dünnen Atmosphäre möglich — systematisch nach Eislagern suchen könnte. Radiowellenexperimente, wie sie bereits auf dem Mond durchgeführt worden sind, gestatten die Bestimmung der Dielektrizitätskonstante und verraten Eis oder Wasser in besonders typischer Weise, auch wenn dieses in einiger Tiefe liegt.

Wetter

Das Wettergeschehen auf Mars gehorcht normalerweise viel einfacheren Gesetzen als auf der Erde. Wie die beiden Viking-Wetterstationen zeigten, verlaufen die Kurven für Temperatur, Druck und Wind über viele Tage hinweg äußerst ähnlich, vergleichbar etwa mit anhaltenden Schönwetterperioden auf der Nordhalbkugel der Erde im Herbst. Dies ermöglichte, durch mathematische Analysen über mehrere Tage einen Standardtag zu konstruieren, der für die jeweilige Jahreszeit auf Mars typisch ist. Es zeigte sich bereits zu Anfang der Mission von Viking 1, daß ein solcher Tag recht ähnlich wie in der kalifornischen Wüste verläuft, deren Klima man zu Vergleichszwecken herangezogen hatte. Da sowohl die Temperaturen wie auch Druckverhältnisse auf Mars niedriger lagen, bezog sich diese Analogie natürlich nur auf das qualitative

Tagestemperaturen (Atmosphäre)

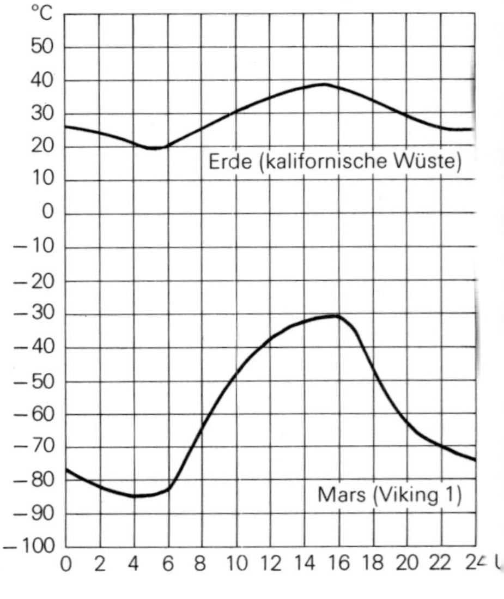

Wetter
Wegen der sehr ähnlichen Tagdauer auf Erde und Mars läßt sich der Temperaturverlauf über diesen Zeitraum gut vergleichen. Die Sonnenauf- und -untergangszeiten stimmten dabei einigermaßen überein. Da das Wetter sowohl auf Mars als auch am Vergleichsort in der kalifornischen Wüste über Tage stabil war, ließ sich in beiden Fällen ein typischer «Standardtag» ausmitteln. Es zeigte sich dabei eine erstaunliche qualitative Übereinstimmung, wenn auch auf Mars die Temperatur niedriger liegt und deren Schwankungen größer sind.

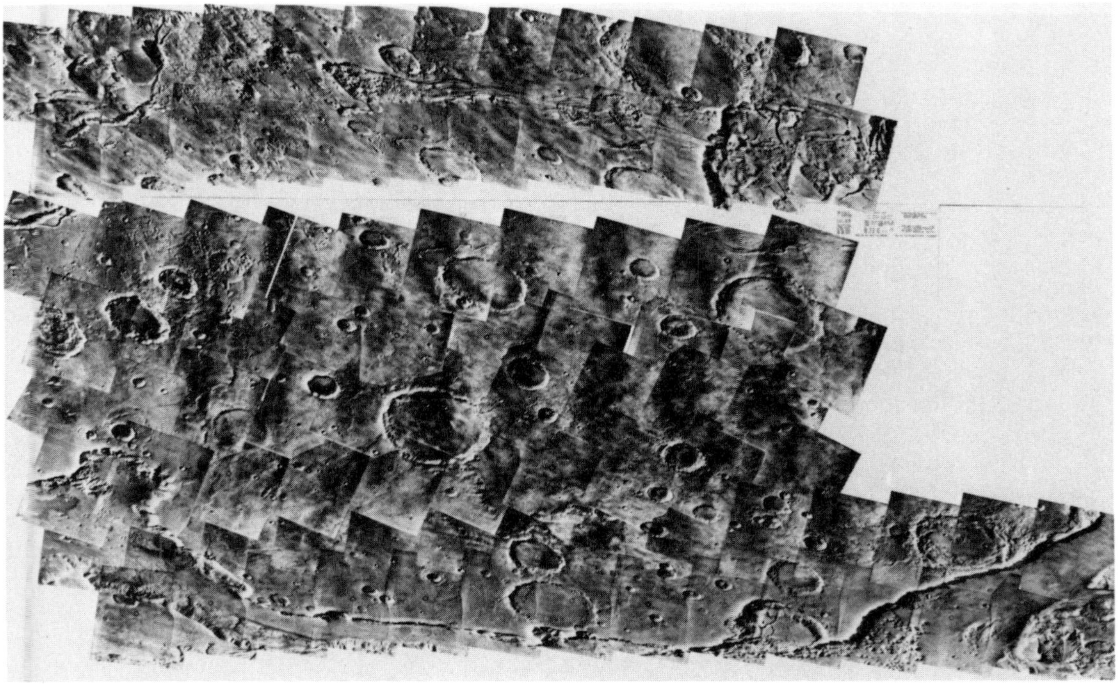

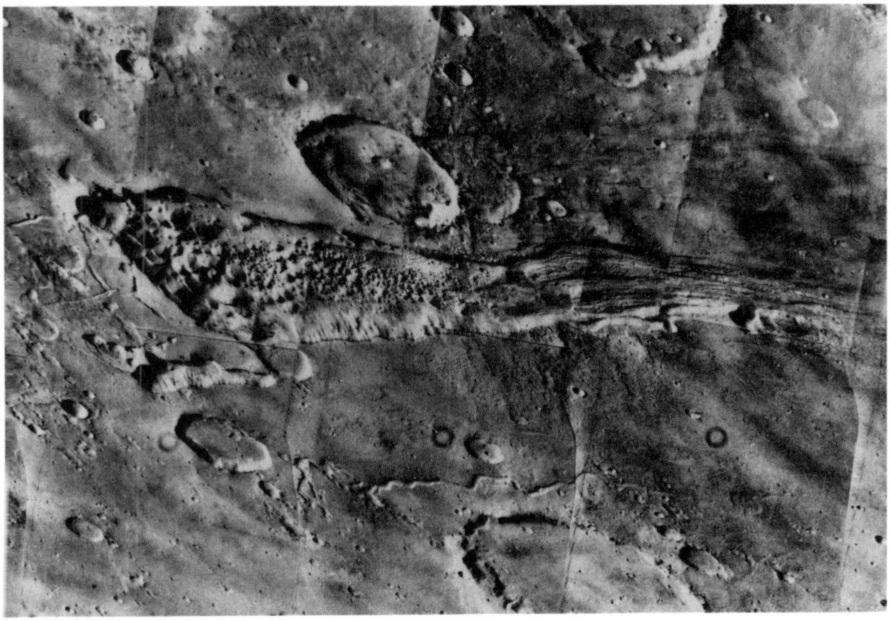

Wasser
Fotomosaik der Capri-Region, eines Ausläufers des Valles Marineris. Oben in der Mitte erkennt man das Detail, das unten herausvergrößert ist. Die dargestellten Fotos zeigen den Ausschnitt unten links im Übersichtsfoto, auf dem das dunkle Dünenfeld noch den Umrissen nach sichtbar ist. Das untere Bild mit der ausgeschwemmten Landschaft umfaßt 300 x 300 km. Der Blick weist nach Süden. Aller Wahrscheinlichkeit nach hat sich hier in ferner Vergangenheit ein unterirdisches Eislager aufgelöst, und der entstehende Schlamm wälzte sich nach Osten davon.

Verhalten der Kurven wie etwa die relative Schwankung um einen Mittelwert (siehe Abbildung links). Vor allem die Zeiten maximaler und minimaler Temperatur (15 Uhr bzw. morgens zwischen 5 und 6 Uhr) stimmen auffallend überein.
Der Grund für dieses Verhalten liegt darin, daß die Erwärmung der bodennahen Atmosphärenschichten von der indirekten Aufheizung durch die Oberfläche dominiert wird, die natürlich etwas hinter der täglichen Einstrahlungskurve nachhinkt. Da aber sowohl Wärmeleitungsrate als auch die Wärmekapazität proportional zur Gasdichte sind, hängt die Zeitverzögerung der Maximaltemperatur in erster Näherung nicht von

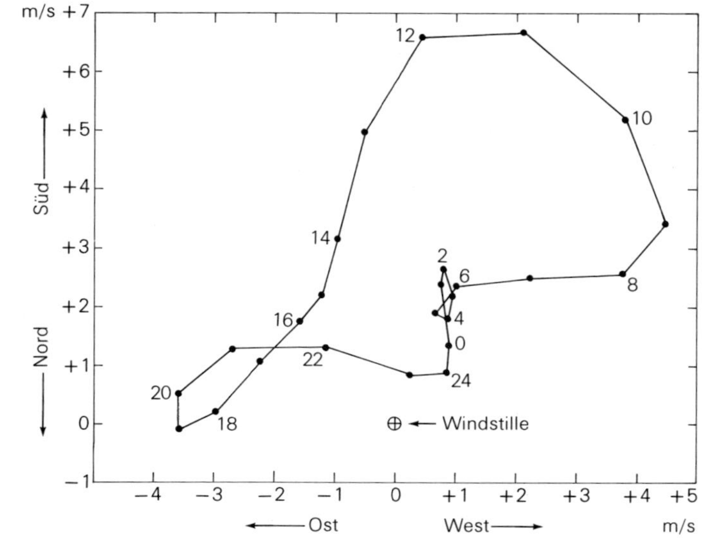

Wetter
In dieser Grafik wurde die Windstärke in den ersten Tagen nach der Viking-1-Landung nach Betrag und Richtung aufgetragen. Kurz vor Mittag herrschten starke südwestliche bis südliche Winde, die bis Mitternach fast auf Windstille abflauten.

Temperatur in der Marsatmosphäre (während der Viking-1-Landung)

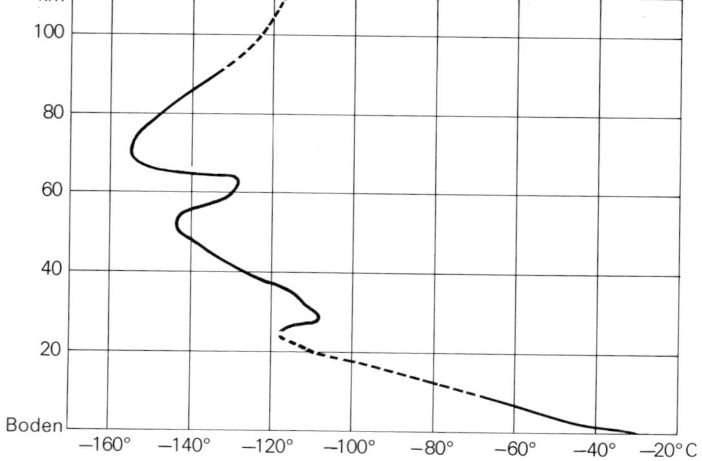

Wetter
Das Temperaturprofil in Abhängigkeit der Höhe über Mars ist je nach Ort und Zeit größeren Schwankungen unterworfen. Diese Darstellung galt für den 20. Juli 1976, als die Sonde Viking 1 während ihres Abstieges Temperaturmessungen vornahm.

der Dichte der Atmosphäre ab, was die große Ähnlichkeit der Temperaturkurven auf Erde und Mars für einen Meteorologen hinreichend erklärt.

Einige Wettereigenschaften von Mars lassen sich auch auf der Erde beobachten, andere nicht. So erzeugt die Sonneneinstrahlung auf beiden Planeten eine westwärts wandernde atmosphärische Druckvariation, die sich mit einer täglichen Gezeitenwirkung vergleichen läßt; ebenso eine lokale Erwärmung über direkt bestrahlten Gebirgen. Die nur auf der Erde vorkommende hohe Luftfeuchtigkeit dagegen führt zu Phänomenen, die auf Mars nur sehr abgeschwächt auftreten. Der Phasenübergang von Wasser zu Dampf kompliziert bei uns den Energiehaushalt der Atmosphäre ganz beträchtlich, und die weitverzweigten Wasserflächen, die auf Mars vollständig fehlen, sorgen für ein schwer voraussagbares Wettergeschehen. Auf Mars dagegen ist selbst das jährlich wiederkehrende Absinken des Druckes infolge des im Südpolwinter ausfrierenden Kohlendioxids ziemlich periodisch und daher vorhersehbar. Zweimal jährlich wechseln die Nord-Süd-Winde daher ihre Richtung. Einzig bei den Staubstürmen sorgt die mehr oder weniger zufällige Verteilung des Staubes für eine wechselnde Heftigkeit dieser im Sonnensystem vielleicht einmaligen Naturgewalt.

Wolken

Die ersten zuverlässigen Beobachtungen von Marswolken stammten von den Mariner-Sonden, die auf einigen Aufnahmen, die den Horizont gegen den schwarzen Weltraumhintergrund abbilden, mindestens zwei deutlich getrennte Wolkenschichten zeigen. Die eine lag etwa 15 km, die andere 45 km über der Oberfläche. Diese deutliche Trennung wurde als genügender Hinweis für die Hypothese gewertet, daß die untere Schicht aus Wassereiswolken und die obere aus Kohlendioxid-Eiswolken bestehen könnte. Seit jedoch genügend Daten über den Druck- und Temperaturverlauf in der Marsatmosphäre vorliegen, entstanden wieder Zweifel an dieser einfachen Vorstellung. Es zeigte sich nämlich, daß die Temperatur in jeder Höhe etwas zu hoch ist, als daß Kohlendioxid beim dort herrschenden Druck in den festen Zustand übergehen könnte (vergleiche Abbildung Seite 202). Dies gilt mindestens bei 23° N und 48° N, von wo die Viking-Sonden direkte Messungen lieferten. In der Polarnacht dagegen ließ sich das Ausfrieren des Kohlendioxids indirekt nachweisen, wenn auch die Wolken selbst nicht beobachtet werden konnten. In den gemäßigten Breiten nimmt man heute bei allen weißen Wolken eine Zusammensetzung aus Wassereis an.

Vor allem in der Äquatorgegend tauchen häufig weiße Wolken aus vielen täglich wechselnden Häufchen auf, die die Anwesenheit von Feuchtigkeit auch optisch dokumentieren. Ihre Entstehung scheint mit den topografischen Eigenschaften jener Gegend, wie tiefen Tälern und hohem Gebirge (vor allem die Tharsis-Vulkane), zusammenzuhängen. Auf der Leeseite von Bergen und Kraterwällen wurden auch häufig streifenförmige Wolkenfelder («Schäfchenwolken») beobachtet, deren Wellenlänge in der Größenordnung von 10 km liegt. Sie entstehen wie auf der Erde durch einen Schwingungsvorgang, bei dem die horizontal fließende Luft abwechslungsweise absinkt und sich erwärmt, um dann

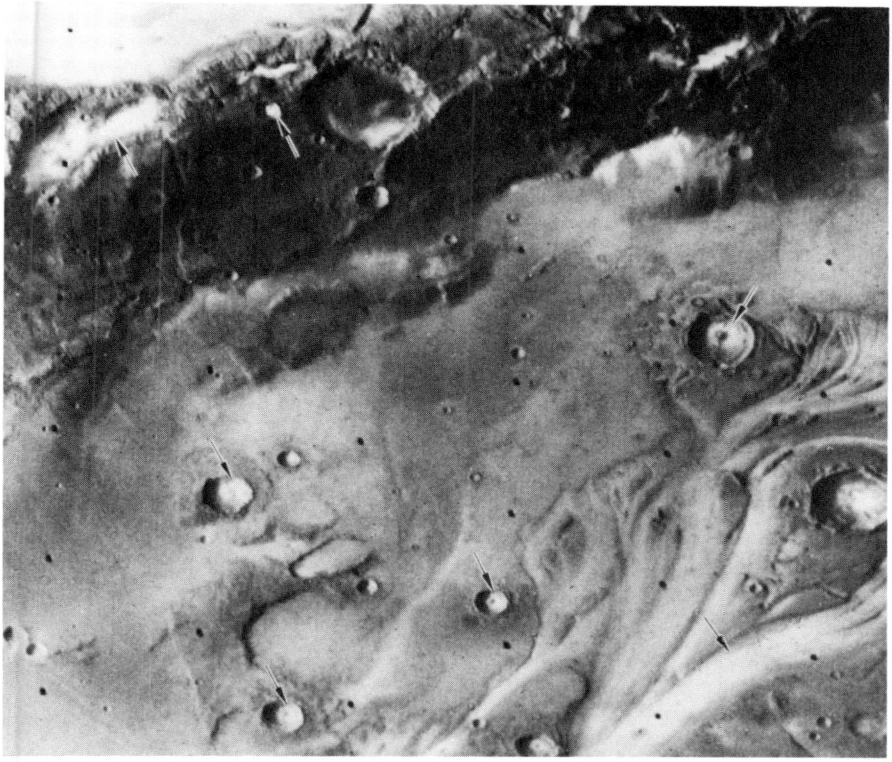

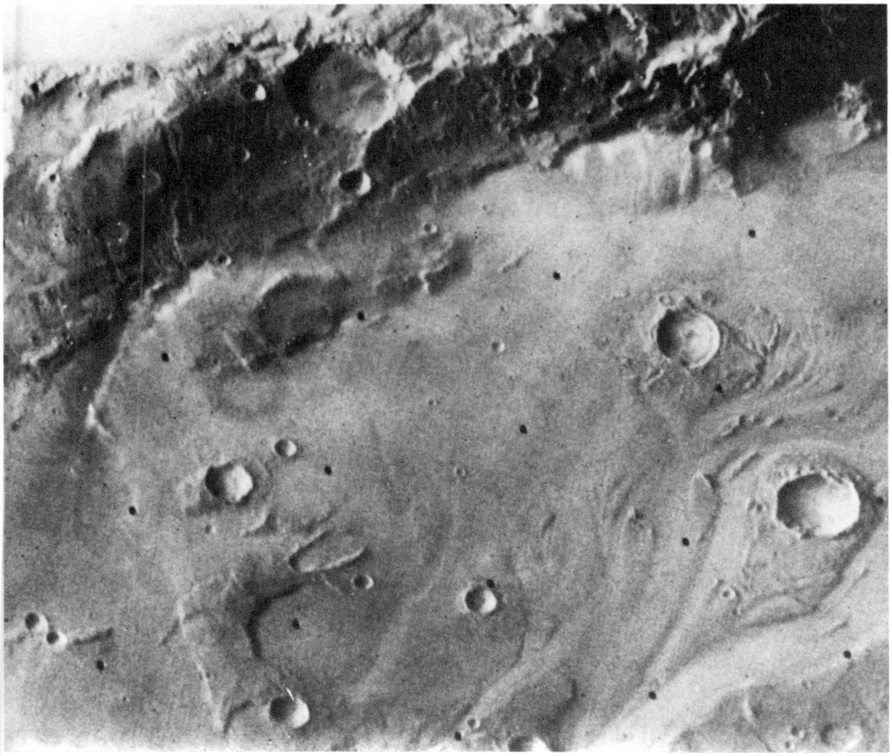

Wolken
Diese beiden Aufnahmen wurden von Viking 1 am 24. Juli 1976 frühmorgens im Abstand von etwa 30 Minuten gemacht. Die Distanz des Orbiters von der Oberfläche betrug 12 400 bzw. 9800 km. Die leichte Erwärmung des Untergrundes durch die aufgehende Sonne hat etwas Wasserdampf freigesetzt, der in der nach wie vor kalten Atmosphäre darüber gleich wieder in Eiskristalle verwandelt wird. Dabei entsteht ein Dunst, dessen Intensität ausgemessen wurde und der auf eine auf Wasser umgerechnete Feuchtigkeitsschicht von etwa 1/1000 mm Dicke schließen ließ. Diese Morgennebel waren der erste Anhaltspunkt dafür, wo und wie der Austausch der Feuchtigkeit zwischen Boden und Atmosphäre stattfindet. Sie sind in der oberen (späteren) Aufnahme mit Pfeilen markiert und scheinen sich auf tiefliegende Gebiete wie Kraterböden und Täler zu konzentrieren.

erneut aufzusteigen und die Feuchtigkeit wieder auszukondensieren.
Selbst bei den Viking-Aufnahmen war es oft schwierig, zwischen Wolken und Bodenfrost zu unterscheiden. Dies gilt besonders für eine allfällige bodennahe Bewölkung, bei der an den Rändern keine Schatten mehr sichtbar sind. Nicht immer ist es nämlich so, daß eine starke Windverfrachtung die Möglichkeit ausschließt, daß man den bodengebundenen Frost vor sich hat.

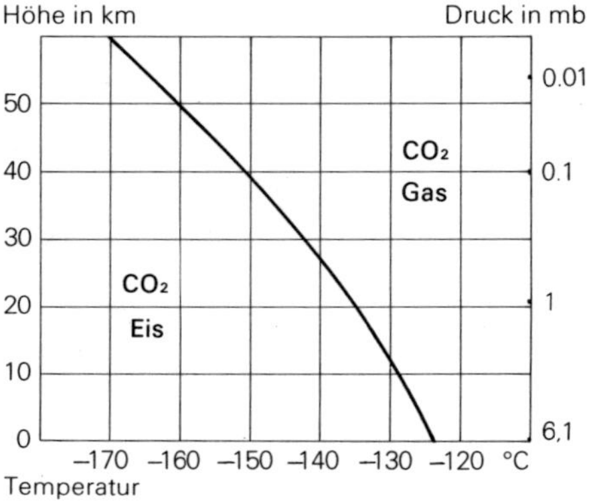

Wolken
Je geringer der Druck (d. h. je größer die Höhe), desto tiefer muß die Temperatur sinken, bis Kohlendioxidgas in den festen Zustand übergeht (sublimiert). Am Boden gefriert das Gas bei –124° C, auf den höchsten Vulkanen (gegen 30 km) sind dazu bereits –140° C nötig. Nur in Polnähe sinkt das Temperaturprofil gelegentlich unter diese Kurve, so daß Kohlendioxid als Frost ausfällt.

Aus dem Fortschreiten von Wolkenfeldern innerhalb von Stunden oder Tagen ergaben sich wertvolle Hinweise auf die herrschenden Windgeschwindigkeiten. Dies gilt besonders für die Staubwolken, die ohnehin nur zusammen mit heftigen Stürmen auftreten. Im Jahre 1971 konnte auf diese Weise eine Geschwindigkeit der Staubfront von bis zu 500 km/h direkt gemessen werden, ein Wert, der seither nie mehr beobachtet wurde. Die bei klarem Wetter wehenden Winde sind viel schwächer.
Nach wie vor wenig geklärt sind die morgendlichen Dunstschleier, die offenbar über Nacht in den Tälern und Grabensystemen entstehen. Sie lösen sich meist schon nach einer Stunde Sonnenbestrahlung auf. Sie deuten auf einen intensiven Feuchtigkeitsaustausch zwischen Boden und Atmosphäre hin. Da sich dieser Austausch jedoch bei viel tieferen Temperaturen und niedrigerem Druck in einer anders zusammengesetzten Atmosphäre abspielt als auf der Erde, besitzt man zuwenig Anhaltspunkte für eine auch quantitativ befriedigende Beschreibung dieser Vorgänge auf Mars.

♃ Jupiter

Amalthea

Von der Entdeckung des innersten Jupitertrabanten Amalthea im Jahre 1892 bis zur ersten Aufnahme von einer Raumsonde aus am 4. März 1979 war dieser für die Astronomen nur ein winziges, auch mit großen Instrumenten schwierig zu beobachtendes Pünktlein. Bei einem mittleren Abstand von 181 500 km beträgt seine Umlaufzeit um Jupiter 12 Stunden. Noch in den Planungsgrundlagen für die Voyager-Sonden wurde der Durchmesser von 120 bis 240 km sehr unsicher angegeben, weil nur Schätzungen aufgrund der gemessenen Helligkeit und einer angenommenen Rückstrahlfähigkeit, aber zu dieser Zeit noch keine direkten mikrometrischen Messungen am Teleskop möglich waren.

Die ersten Fotos von Voyager 1 zeigten Amalthea aus der minimalen Vorbeiflugdistanz von rund 420 000 km. Es zeigte einen rötlichen, in seiner Farbe an den zweitinnersten Trabanten Io erinnernden Körper von unregelmäßiger Form. Aus mehreren Aufnahmen bei verschiedenen Beleuchtungsphasen ergaben sich extreme Maße von 155 mal 270 km. Amalthea ist mit seiner Längsachse zum Jupiterzentrum ausgerichtet, so daß auch er wie die übrigen größeren Trabanten schwerkraftstabilisiert ist. Damit wendet er Jupiter immer die gleiche Seite zu. Die kleinste Achse steht senkrecht zur Bahn.

Einige Oberflächendetails deuteten auf eine starke Beeinflussung durch Meteoriteneinschläge hin, die den Körper in den letzten Jahrmilliarden vermutlich um einiges verkleinert haben. Seine Rückstrahlfähigkeit beträgt weniger als 10 Prozent, so daß Amalthea noch dunkler ist als Kallisto, der dunkelste der Galileischen Monde. Es ist bislang ungeklärt, ob die rötliche Farbe und die über dem Strahlungsgleichgewicht liegende Oberflächentemperatur Effekte der Magnetosphäre sind (weitere Daten unter «Monde»).

Atmosphäre

Bei einem gasförmigen Planeten wie Jupiter muß die Atmosphäre willkürlich definiert werden: Es gilt der Bereich bis zu einem maximalen Druck von etwa 1000 at. Mit dem Radiowellen-Verdeckungsexperiment der Pioneer- und Voyager-Sonden konnte der oberste Teil bis etwa 4 at sondiert werden. Diese Messungen ergeben jedoch nur indirekte Hinweise auf Druck, Temperatur, mittleres Molekulargewicht und Ionisationsgrad. Die Größen entnimmt man Modellrechnungen, die man an die Beobachtungsdaten angepaßt hat. Fest steht, daß die Atmosphäre aus rund 93 Prozent Wasserstoff, etwa 6 Prozent Helium und nur aus etwa 1 Prozent anderen Gasen zusammengesetzt ist. Dazu gehören Ammoniak, Wasserdampf und Methan. Eine Vielzahl anderer Gase muß jedoch angesichts der farbigen Wolken vermutet werden. Gemäß den heutigen Vorstellungen (nach Voyager) besteht die Atmosphäre aus drei Wetterschichten: Die obersten Wolken setzen sich aus Ammoniakkristallen zusammen, die mittleren aus Kristallen von Ammoniumhydrosulfid. Zuunterst befinden sich die Wassereiswolken.

Die Wolkenströmungen in der Jupiteratmosphäre konnten dank den Funkbildern der Voyager-Sonden mit ihrem Auflösungsvermögen von teilweise weit unter 100 km endlich im Detail studiert werden. Von besonderer Bedeutung erwiesen sich die Zeitrafferfilme, die man in den Wochen vor der Ankunft dadurch gewann, daß man Einzelaufnahmen im Zeitabstand einer Jupiterrotation (9 Stunden und 50 Minuten) zusammensetzte und so einen Anblick simulieren konnte, der nur noch die reinen Wolkenbewegungen, aber nicht mehr die Rotation zeigte. Dabei wurde deutlich, wie vor allem in der Äquatorgegend, wo die Corioliskräfte am stärksten sind, stark gegenläufige Zonen und Bänder auftreten; dazwischen drehen Wirbelstürme im Leerlauf mit, wie z. B. der Große Rote Fleck. Die Wirbel erinnern an einen Kübel mit verschiedenen Farben, die sich nicht mischen wollen.

Eine große Überraschung waren Aufnahmen von der Nachtseite Jupiters. In der Richtung zum Nordpol erkannte man eine an Nordlicht erinnernde Aufhellung des Horizontes. Die Dunkelheit war auch bei steilerem Blick auf die Oberfläche von mehreren Gruppen heller Flecke durchsetzt, die vorläufig als Blitze während außerordentlich starker Gewitter interpretiert wurden. Als solche machten sie sich auch in Form von Störungen im Radiowellenbereich bemerkbar, die in der Nähe von Jupiter festgestellt wurden.

Bahndaten

Umlaufzeit um die Sonne	11,860 Jahre
Mittlere Zeit zwischen zwei Distanzminima von der Erde	399 Tage
Min. Sonnenabstand	740 Mio km
Max. Sonnenabstand	815 Mio km
Min. Erdabstand	588 Mio km
Max. Erdabstand	967 Mio km
Min. Funkzeit zur Erde	32,7 Lichtminuten
Max. Funkzeit zur Erde	53,7 Lichtminuten
Geschw. im sonnennächsten Punkt	13,71 km/s
Geschw. im sonnenfernsten Punkt	12,45 km/s

Die nachfolgenden vollständigen Bahnelemente sind für den mit modernen Rechenhilfsmitteln ausgerüsteten interessierten Leser gedacht. Die mittlere Drift der sich systematisch ändernden Elemente ist angegeben und gestattet für viele Zwecke hinreichend genaue Positionsberechnungen je ungefähr 200 Jahre in die Zukunft und in die Vergangenheit. T bedeutet die seit dem 1. Januar 1975 verflossene Zeit in Tagen.

Länge des aufsteigenden Knotens (Grad)	$100{,}20147 + 2{,}77 \cdot 10^{-5} \cdot T$
Neigung zur Ekliptik (Grad)	$1{,}30447 - 1{,}56 \cdot 10^{-7} \cdot T$
Länge des Perihels (Grad)	$273{,}72755 + 1{,}64 \cdot 10^{-5} \cdot T$
Große Halbachse (astronomische Einheiten)	5,202561
Numerische Exzentrizität	$0{,}048458 + 4{,}47 \cdot 10^{-9} \cdot T$
Mittlere Anomalie am 1. 1. 1975 (Grad)	341,3682

Bänder

Die streifenförmige Struktur der Jupiteratmosphäre, die mindestens bis zu 50 Grad Breite zu beiden Seiten des Äquators deutlich ausgebildet ist, läßt sich einteilen in eine Reihe verschieden breiter «Bänder» und «Zonen». Bei den Bändern handelt es sich um die dunklen Streifen, bei den Zonen um die hellen. Die Bänder liegen ausnahmslos tiefer. Corioliskräfte, die bei der kleineren und langsamer rotierenden Erde nicht in diesem Ausmaß auftreten, drehen auf Jupiter alle aufsteigenden oder absinkenden Gasmassen um 90 Grad ab. Es können sich also keine Nord-Süd-Strömungen ausbilden, alle Wolkengebilde werden in Ost-West-Richtung in die Länge gezogen. Erst in höheren Breiten zerfallen die Struk-

Atmosphäre
Ein Fotomosaik aus 9 Einzelfunkbildern vom 26. Februar 1979, als sich die Voyager-1-Sonde noch 7,8 Mio km von Jupiter entfernt befand. Die feinsten noch sichtbaren Details haben einen Durchmesser von etwa 140 km. Das schlechte Zusammenpassen der Fotos rührt von der Rotation des Planeten Jupiter während den 96 Sekunden zwischen den einzelnen Aufnahmen her.

Bänder
Die Grafik zeigt die auffälligsten Merkmale von Jupiter, die verschiedenen Zonen, in schematischer Darstellung.

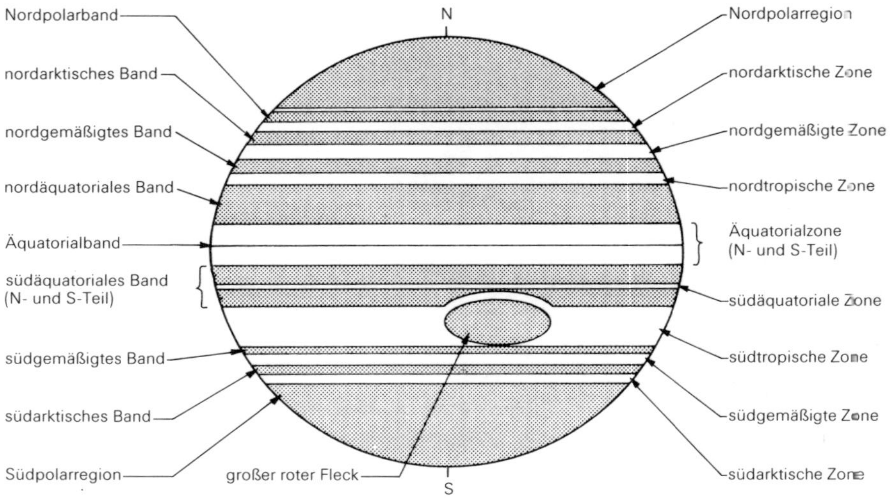

turen, da wegen der dort langsameren Rotation auch kleinere Corioliskräfte auftreten. Die Ursache der braunrotorangen Färbung der Bänder harrt noch einer Klärung. Eine dermaßen selektive Reflexion des weißen Sonnenlichtes erfordert normalerweise kompliziertere Moleküle, als sie in den Grundbausteinen der Jupiteratmosphäre zu finden sind. Die Temperatur der Bänder liegt zwar etwas höher als die der umgebenden Zonen, doch reichen diese Unterschiede noch nicht zur Begründung eines so verschiedenen Chemismus aus.

Bänder
Die Rotation auf einem Planeten erzeugt sogenannte Corioliskräfte, die auf jeden Körper, der sich auf dessen Oberfläche bewegt, einwirken. Insbesondere werden aufsteigende Wolken von der Corioliskraft in West-Ost-Richtung abgelenkt. Dadurch entstehen die hellen Streifen in der Jupiteratmosphäre, die man, im Gegensatz zu den tieferen und dunkleren dazwischenliegenden Bändern, als «Zonen» bezeichnet. Die Temperatur innerhalb der Bänder ist höher als die der umliegenden Zonen. Auf der kleineren und langsamer rotierenden Erde treten diese Erscheinungen zwar ebenfalls auf, jedoch viel weniger ausgeprägt.

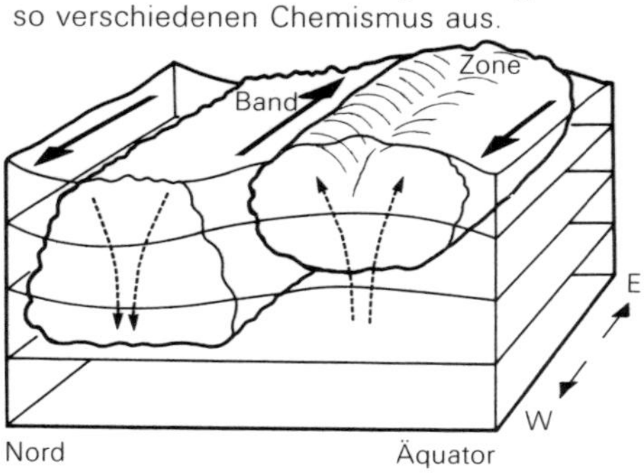

Chemische Zusammensetzung

Gemäß der heutigen Vorstellungen besteht Jupiter aus etwa 93 Prozent Wasserstoff, 6 Prozent Helium und nur etwa 1 Prozent anderen Elementen. Diese Zusammensetzung entspricht ziemlich genau der Elementverteilung, aus der sich auch die Sonne ursprünglich gebildet hat. Die schwereren Elemente und Verbindungen, wie Metalle und Silikate, sind bei dem gasförmigen und im Inneren flüssigen Planeten alle ins Zentrum abgesunken. Eine Reihe von Gasen macht sich jedoch an der Oberfläche in Form von Wolken bemerkbar. Zu den bekanntesten gehören Ammoniak und Methan. In jüngerer Zeit wurden noch weitere Kohlenwasserstoffe nachgewiesen. Ferner existiert der Wasserdampf nur innerhalb der Atmosphäre in Bereichen, wo Druck und Temperatur hoch genug sind. An der Wolkenobergrenze sind nur Eiskristalle möglich, die spektroskopisch nicht direkt in Erscheinung treten. Immer mehr Hinweise deuten auch darauf hin, daß Phosphor (z. B. im Großen Roten Fleck) oder Schwefel (wie auf der Oberfläche des Jupitermondes Io oder einigen anderen Planetenatmosphären) vorhanden sein müssen, so daß ein interessanter Chemismus erwartet wird, bei dem eine Vielzahl von Verbindungen aus den genannten Elementen gebildet werden können. Nach wie vor wird auch eine einfache biologische Aktivität (charakterisiert durch die Anwesenheit höherer, sich selbst reproduzierender Moleküle) für möglich gehalten. Da die Auswertung der Spektrogramme der Voyager-Sonden eine langwierige Arbeit ist, kann zurzeit noch nicht auf die neuesten Resultate eingegangen werden.

Distanzen zur Erde

Diese Tabelle gibt einen Überblick über die ständig wechselnden Abstände zwischen Jupiter und der Erde. Das Datenmaterial läßt sich auf einem langen Streifen auch grafisch auftragen, was Interpolationen für Zwischenwerte ermöglicht und die periodischen Schwankungen der Entfernung besonders anschaulich zeigt. Ablesebeispiel: Am 1. April 2002 beträgt die Distanz 777 Mio km.

Entstehungstheorie

Die in der Einführung beschriebene Theorie über die Entstehung der Planeten läßt sich im Falle von Jupiter etwas besser präzisie-

ren, da aus der Astrophysik bereits einige Kenntnisse über die Kontraktion großer Gaskugeln übernommen werden können. Auch das starke Magnetfeld, das zur Bildung größerer Trabantensysteme vorausgesetzt werden muß, scheint ja gerade bei unserem größten Planeten ausreichend vorhanden zu sein. Noch immer unsicher ist die Bestimmung der absoluten Zeitskala, nach der sich die fernen Ereignisse abgespielt haben. Die in der Einleitung genannten Zeiten dürften zwar mindestens in der relativen Aufeinanderfolge der einzelnen Planeten richtig sein, doch der absolute Maßstab könnte noch Korrekturen erfahren.
Jupiter verfügt über lediglich etwa einen Siebzigstel der Masse, die für ein stellares Feuer und die Verschmelzung von Wasserstoff zu Helium im Inneren nötig wäre. Trotzdem war die Dichte der Plasmawolke, aus der sich der Riesenplanet bildete, so viel größer als die der übrigen Nachbarn, daß sich die Kontraktion in seinem Fall trotz der Sonnenferne vermutlich in etwa gleicher Zeit wie bei den terrestrischen Planeten abgespielt hat, viel rascher jedenfalls als bei Saturn oder Uranus. Eine entscheidende Rolle müssen dabei die festen Partikeln gespielt haben, die heute den innersten Kern von Jupiter bilden. Ohne ihre inelastischen Zusammenstöße, die zunächst über Schwärme zu losen Brocken führten, könnte sich nirgends ein Kern bilden, der dann den eigentlichen Gravitationskollaps einleitet. Jupiters Materie, als Gas fein verteilt, hätte im Sonnensystem eine so geringe Dichte, daß die Abstoßung der Moleküle die Massenanziehung zunächst bei weitem überwiegen würde. Diese Materie bestand von Anfang an aus etwa 93 Prozent Wasserstoff, 6 Prozent Helium und 1 Prozent anderen, zum Teil festen Elementen. Die Temperatur lag nur 50 bis 60 Grad über dem absoluten Nullpunkt.

DISTANZEN ERDE–JUPITER
JEWEILS AM 1. DES MONATS IN MIO. KM

	JAN	FEB	MRZ	APR	MAI	JUN	JUL	AUG	SEP	OKT	NOV	DEZ
1978	624	660	719	793	858	907	929	925	892	839	769	702
1979	654	644	673	734	806	874	923	948	945	915	859	791
1980	721	671	660	689	748	820	886	936	961	957	925	869
1981	797	726	681	667	694	753	822	889	939	963	958	925
1982	867	793	729	677	663	690	745	815	882	930	954	949
1983	914	855	788	716	666	649	673	728	797	862	912	936
1984	932	897	842	770	700	647	628	650	704	771	839	888
1985	915	911	882	827	759	688	633	608	624	673	742	809
1986	864	894	896	871	823	757	688	627	595	603	649	716
1987	787	846	879	890	873	830	770	700	636	598	597	636
1988	703	776	836	879	895	884	849	791	722	658	613	606
1989	641	706	773	841	888	911	906	875	821	755	686	638
1990	625	655	711	785	852	904	931	930	901	850	782	714
1991	661	645	669	727	798	867	919	949	950	923	870	803
1992	731	678	661	685	740	812	878	932	960	960	931	878
1993	807	735	686	667	689	744	812	881	933	961	960	931
1994	875	802	736	681	661	682	735	804	872	923	951	950
1995	919	862	796	723	669	646	664	716	785	851	904	932
1996	931	901	849	778	707	650	626	641	692	758	826	879
1997	910	911	886	834	768	696	638	607	616	661	729	797
1998	855	889	896	875	831	767	698	634	597	598	639	703
1999	776	837	875	890	877	839	781	712	646	603	595	628
2000	692	766	828	875	896	890	858	804	736	670	620	607
2001	636	697	764	834	884	912	912	884	833	768	698	646
2002	627	651	704	777	845	901	931	935	910	862	795	726
2003	669	647	666	720	790	860	915	948	953	930	880	814
2004	742	684	662	680	732	803	871	927	959	963	937	887
2005	817	744	692	667	683	735	802	871	927	958	961	935
2006	882	811	744	685	660	676	724	792	861	915	947	950
2007	922	868	804	730	673	645	657	705	772	839	895	927
2008	931	904	855	786	715	654	624	634	680	744	814	870
2009	904	910	889	841	777	704	643	607	610	650	716	784
2010	845	884	895	879	838	777	708	643	600	595	630	691
2011	764	829	870	890	882	847	793	724	657	609	595	622
2012	682	756	820	871	896	895	867	816	749	682	628	609
2013	631	689	756	827	880	912	916	893	845	782	711	655
2014	630	648	697	769	839	897	931	939	918	873	807	738
2015	678	650	663	713	781	853	910	947	956	937	890	826
2016	752	692	664	677	724	794	862	921	957	964	943	895
2017	827	753	698	667	678	726	792	862	920	954	962	939

Entstehungstheorie
Der römische Göttervater Jupiter, hier in einem Kupferstich von Joan Collaert, war der mächtigste und größte Gott, und so wurde auch der größte und massereichste Planet in unserem Sonnensystem nach ihm benannt: seine Masse ist größer als alle anderen Planeten zusammen oder die 318fache Erdmasse.

Die erste Kontraktion der Jupiterwolke auf die Hälfte des ursprünglichen Volumens dauerte viele Millionen Jahre. Seit jenem Zeitpunkt mag es vielleicht weniger als eine Million Jahre gedauert haben, bis der Planet erstmals als heiße Kugel ein vorläufiges Gleichgewicht gefunden hatte. Diesen Vorgang hat man rechnerisch simuliert. Bei einer Wolke mit rund 20 Mio km Durchmesser, die bei über 2000° C einsetzender Ionisation bereits hell leuchtete, dauerte der letzte Zusammensturz nur noch ein paar Monate. Dabei stieg die Temperatur im Inneren auf 50 000 Grad, und selbst die Oberfläche erreichte 1500 Grad. Bei dieser Hitze war der innere Gasdruck noch so groß, daß sich bereits bei 640 000 km Durchmesser ein Gleichgewicht mit der Schwerkraft einstellte; ein Wert, der in den folgenden 4 Mia Jahren langsam weiter bis auf 140 000 km sinken sollte. Jupiter war also mit einem roten Zwergstern, wenn auch ohne eigene Energieproduktion, vergleichbar. Am Anfang, bei großer Temperatur, kühlte er sich

am raschesten ab, denn bei der zehnfachen absoluten Temperatur strahlt ein Körper beispielsweise bereits die 10 000fache Wärmemenge ab! Umgekehrt verläuft die gegenwärtige Abkühlung nur noch sehr langsam, und der metallische Wasserstoff im Inneren (siehe «Inneres») sorgt weiter dafür, daß die Wärme beisammenbleibt.
In dieser Frühzeit muß Jupiter auch von der Erde aus ein noch viel eindrucksvollerer Himmelskörper gewesen sein als heute. Vor allem aber seine Monde standen damals unter gewaltiger Hitzeeinwirkung. Von Io aus gesehen, füllte die rotglühende Kugel rund ein Drittel des Blickfeldes aus. Der heute zuinnerst stehende Mond Amalthea muß damals einen größeren Bahnradius gehabt haben, da seine heutige Bahn kleiner ist als jene von Jupiter bei dessen Entstehung! Es macht nicht allzuviel Schwierigkeiten, zu verstehen, wie Amalthea in den letzten 4 Mia Jahren heruntergebremst worden ist, denn es kommen hierfür Reibung an einer Hochatmosphäre oder an einer ringähnlichen Partikelscheibe sowie magnetische Effekte in Frage. Amalthea nimmt bei Jupiter eine vergleichbare Position ein wie der innerste Mond Janus bei Saturn.
Eine der besten Stützen für Jupiters «heiße Geschichte» steckt in der von den Pioneer-Sonden entdeckten stark abnehmenden Dichte und Zusammensetzung der Galileischen Monde. Diese beträgt, von innen nach außen, 3,52, 3,28, 1,95 und 1,63 g/cm³. Während der heißen Anfangsphase von Jupiter war es in der Umgebung der inneren Monde zu heiß für das Vorhandensein von Wasser, so daß sich dieses praktisch vollständig verflüchtigte. Io und Europa haben deshalb Dichten von Gesteinen wie etwa unser Mond. Jene von Ganymed und Kallisto liegen dagegen eher in der Nähe von Wassereis, aus dem sie vielleicht zur Hälfte bestehen mögen.
Das Trabantensystem von Jupiter stellt ein «Sonnensystem» im kleinen dar, für das die in der Einführung beschriebene Entstehungstheorie in vielen Einzelheiten zutrifft. Die mittlere Trabantengruppe macht hierbei keine Ausnahme, im Gegenteil, dort ist aller Wahrscheinlichkeit nach der Konzentrationsprozeß auf einen einzigen Mond so stark verzögert, daß er bis heute noch nicht abgeschlossen ist. Vermutlich kreisen in jener Distanz auch noch weitere kleinere Körper, deren Helligkeit aber für die Entdekkung von der Erde aus zu gering ist. Die äußeren, rückläufigen Trabanten brauchen dagegen von der Theorie nicht interpretiert zu werden, da es sich bei ihnen ohne Zweifel um eingefangene Planetoiden handeln muß.
Gegenwärtig scheint die Entwicklung des Jupitersystems im wesentlichen abgeschlossen zu sein. Eine gewisse Kontraktion des Planeten geht zwar noch mit der weiteren Abkühlung einher. Man schätzt, daß etwa ein Viertel der Energie, die durch Abstrahlung verlorengeht, wieder durch Gravitationswärme als Folge der Schrumpfung ersetzt wird. Bei den Monden sind über sehr lange Zeiträume ebenfalls noch kleinere Veränderungen auf einen Gleichgewichtszustand hin zu erwarten, indem die mittlere Trabantengruppe nach mehreren Kollisionen zu einem einzigen Mond verschmelzen wird, und auch die eingefangenen Planetoiden, die derzeit großen Bahnstörungen unterworfen sind, werden gegen stabile Bahnen konvergieren.

Europa

Dieser zweitinnerste der Galileischen Trabanten ist nur wenig kleiner als unser Mond, und auch seine mittlere Dichte ist mit 3,28 gegen 3,34 g/cm³ fast ebenso groß. Man könnte also eine ähnliche steinige Zusammensetzung erwarten. Diese Vorstellungen werden aber durch die Oberflächenbilder der ersten Voyager-Sonde in keiner Weise gestützt. Wenn die Kameras diesem Mond auch nicht besonders nahe kamen, so fiel doch auf, daß er fast keine markanten Krater hat. Die Oberfläche ist über weite Strecken hell und glatt, abgesehen von einigen sich über mehr als 2000 km hinziehenden Spalten und bräunlichen Flecken. Die Risse erscheinen vorwiegend in den hellen Gebieten und haben im Inneren etwa die gleiche Farbe wie die dunklen Stellen. An einigen Stellen beträgt ihre Breite 200 bis 300 km.
Eine Interpretation dieser Merkmale kann bis zum Eintreffen neuer Bilder, die vor allem von Voyager 2 in besserer Qualität erwartet werden, erst vorläufig versucht werden. Aller Wahrscheinlichkeit nach ist lediglich die Oberfläche des Mondes von einer mehr oder weniger dicken Eisschicht überzogen, während das Innere aus einem Gesteins- und vielleicht Metallkern besteht: Die vorhandenen Wassermengen wurden aus dem Inneren an die Oberfläche geschwitzt und mögen noch einige Zeit nach der Entstehung des Mondes nachgeflossen sein, als sich dieser bereits etwas abgekühlt hatte. Im Gegensatz zum heißeren Io konnte sich also ein beträchtlicher Teil des Wasservorrates als Eispanzer an der Oberfläche halten, ohne sich gleich zu verflüchtigen. Bei den äußeren Nachbarn Ganymed und Kallisto scheint das Eis eine noch größere Rolle zu spielen. Diese Theorie würde bei Europa immerhin erklären, weshalb er

Galileische Monde
Galileo Galilei entdeckt bereits im ersten Jahr, da er mit einem Fernrohr den Himmel absucht, die vier größten Jupitermonde: Ganymed, Kallisto, Io und Europa. Die Abbildung ist eine Original-Handzeichnung Galileis von 1610 und zeigt die Stellung dieser vier Jupitermonde («Mediceische Sterne»).

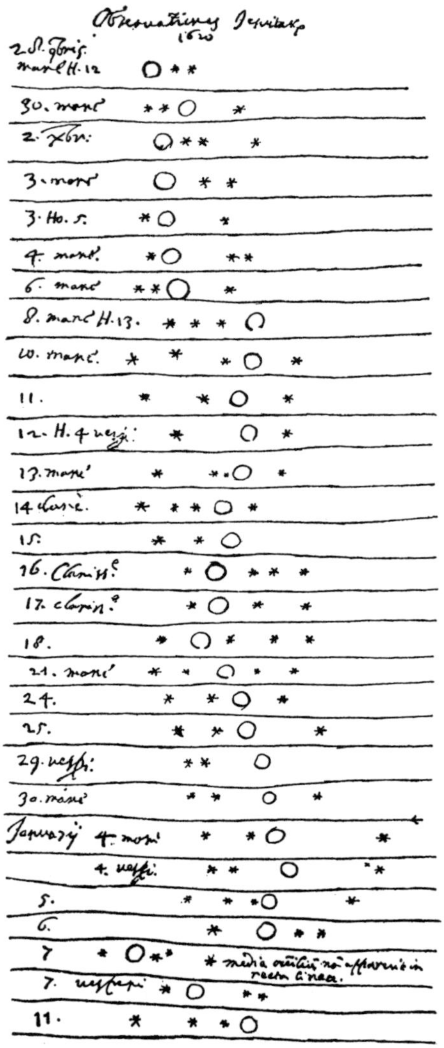

keine Krater hat: wegen der ständigen Erosion. Und: Wegen sehr starker Gezeiten auf Europa bricht das Eis immer wieder auf.

Europa in Zahlen

Distanz zu Jupiter	670 500 km
Durchmesser	3 126 km
Dichte	3,05 g/cm³
atmosphärischer Druck	praktisch Null
Rückstrahlfähigkeit	über 60 %
Oberflächentemperatur	ca. – 145° C
Masse in Kilogramm	$4,85 \cdot 10^{22}$
Schwerebeschleunigung	133 cm/s²

Galileische Monde

Die vier größten Jupitermonde, Ganymed, Kallisto, Io und Europa, sind nach Galilei benannt worden, der sie im Jahre 1610 entdeckt hat. Ihr nächtlich verfolgbarer Lauf um Jupiter, gegenüber dem sie im Fernrohr wie Lichtpunkte neben einer Scheibe erscheinen, gehört zu den reizvollsten Beobachtungen für jeden Astronomen. Oft kommt es vor, daß einzelne Trabanten vor oder hinter Jupiter durchziehen oder in dessen Schatten eintreten, was sie vorübergehend unsichtbar macht. Nur bei ganz seltenen Gelegenheiten zeigt sich Jupiter in kleinen Fernrohren – die für die übrigen Monde zu schwach sind – scheinbar ohne Monde. Am 9. April 1980, am 15. Juni 1990, am 2. Januar 1991 und am 27. August 1997 verschwinden auf diese Weise alle vier Galileischen Monde während etwa einer Stunde.

Unter den günstigsten Beobachtungsbedingungen erscheinen diese Trabanten auch bei starker Vergrößerung im Fernrohr nur als winzige Scheibchen. Ihr Winkeldurchmesser beträgt auch bei Minimalentfernung nur 0,5 bis 1,5 Bogensekunden, also etwa soviel wie ein Franken- oder ein Markstück auf 2 bis 4 km! Sogar der ferne Neptun ist noch etwas größer. Dieser Umstand erschwerte exakte mikrometrische Durchmesserbestimmungen am Teleskop. Erst die Raumsonden konnten deren Genauigkeit wesentlich steigern. Immerhin konnte noch von der Erde aus festgestellt werden, daß alle vier Monde wie der irdische gravitationsstabilisiert sind, daß sie also dem Planeten immer die gleiche Seite zuwenden.

Eine besondere Bedeutung werden die Galileischen Monde im Rahmen der ebenfalls nach Galilei benannten Mission amerikanischer Raumsonden erlangen.

Galileo-Mission

Die US-Weltraumbehörde sieht vor, im Jahre 1984 eine spezielle Sonde zur Erforschung von Jupiter abzuschießen. Sie ist nach dem Entdecker der vier großen Monde, Galilei, benannt. Dabei kommt erstmals der neue Raumtransporter «Space Shuttle» im Rahmen einer interplanetaren Mission zum Einsatz. Nach dem gut zweijährigen Transfer zu Jupiter wird der Hauptteil des Raumschiffes in eine hochelliptische Bahn mit langer Umlaufzeit eingebremst, die anschließend während rund 20 Monaten ständig abgeändert wird. Dies geschieht rein passiv durch eine große Zahl von nahen Vorbeiflügen an den Galileischen Monden, vor allem dem massereichen Ganymed. Das dabei ausgenützte «Swing-by»-Prinzip ermöglicht ein Durchfliegen der gesamten Magnetosphäre, ohne daß Treibstoff, außer bei Kurskorrekturen, benötigt wird. Ohne das «planetarische Billard» wäre eine solche Mission energiemä-

Galileo-Mission
Projektzeichnung von der Galileo-Jupitersonde, die von Januar 1982 bis ins Jahr 1985 unterwegs sein wird. Sie zeigt den Orbiter im Moment, wo dieser eine Atmosphärensonde abstößt, die anschließend mit rund 60 km/s in die Gashülle eintreten wird, um erste direkte Analysen vorzunehmen.

Galileo-Mission
Projektzeichnung vom Abstieg der Galileo-Atmosphärensonde durch die Gashülle von Jupiter. Der von der ungeheuren Reibungshitze noch glühende Hitzeschild wird in dem Moment abgetrennt, wo sich der Fallschirm zwecks weiterer Verzögerung öffnet.

ßig viel zu aufwendig. Gleichzeitig können auf diese Weise aber auch Nahaufnahmen der größeren Trabanten gemacht werden, die zeitlich durch willkommene Intervalle getrennt sind und die die Oberflächen jeweils aus anderen Richtungen und verschieden beleuchtet zeigen.
Ursprünglich war ein Start im Januar 1982 geplant, bei der auf dem Weg zu Jupiter, nach ziemlich genau 100 Flugtagen, der Planet Mars in geringer Höhe passiert worden wäre. Abgesehen von der Gelegenheit, mit einem ersten Kameratest auch noch erstklassige Bilder der Marsoberfläche zu gewinnen, werden dank diesem Manöver etwa 1 km/s Abfluggeschwindigkeit gespart, da mit nur etwa 8 km/s statt der beim Direktflug zu Jupiter benötigten 9 km/s aus der Erdbahn gestartet werden kann. Angesichts der quadratisch mit der Geschwindigkeit wachsenden Abschußenergie bringen solche seltene Konstellationen also einen beträchtlichen Vorteil, der sich in einem vergrößerten Sondengewicht niederschlägt.
Hundert Tage vor der Ankunft bei Jupiter wird eine Atmosphärenprobe abgetrennt, die mit der noch nie erprobten Geschwindigkeit von über 60 km/s in die Atmosphäre eintritt. Die enorme Reibungshitze wird einen äußerst massiven Hitzeschild erforderlich machen. Man erwartet, daß während etwa 30 Minuten Daten aus der noch nie direkt erforschten Gashülle des Riesenplaneten zur Erde gefunkt werden können, bis die Sonde in der Tiefe versinkt und langsam verstummt.

Ganymed

Dieser größte Galileische Mond hat mit 5216 km einen um rund 10 Prozent größeren Durchmesser als der Planet Merkur, aber mit 1,95 g/cm³ fast nur ein Drittel von dessen Dichte. Im Inneren muß Ganymed zu einem guten Teil aus Substanzen bestehen, die leichter sind als Gesteine. Da die meisten Verbindungen mit niedrigem Siedepunkt nicht auf dem Mond verbleiben konnten — er war in der Entstehungszeit von Jupiter noch sehr heiß — hält man es für wahrscheinlich, daß ein beträchtlicher Teil aus Wasser besteht. Diese Verbindung ist häufig und viel weniger flüchtig als etwa Ammoniak, Kohlendioxid oder Methan. Die heutigen Temperaturen im Inneren sind sicher viel zu hoch für die Existenz von Eis, so daß weite Teile flüssig sein müssen. Der zentrale Kern dürfte allerdings aus Gesteinen bestehen, wenn auch nicht so ausgedehnt wie etwa beim Mond Europa. Die Oberfläche hat sich längst auf eine Gleichgewichtstemperatur weit unter −100° C eingestellt, so daß diese bis in eine beträchtliche Tiefe hinab vereist sein muß. Die Formen der Krater könnten eines Tages gestatten, die Ausdehnung dieser Schicht abzuschätzen. Auch die präzise Vermessung des Gravitationsfeldes dürfte noch einige Erklärungen liefern, denn allgemein gilt: Je flüssiger das Innere, desto gleichmäßiger ist das Gravitationsfeld. Die Vorstellungen über einen festen Kern, einen immensen Ozean heißen Wassers als Mantel und eine massive Eiskruste gelten heute als die quantitativ befriedigendste Hypothese über den Aufbau von Ganymed.
Im Laufe der Jahrmilliarden muß sich eine beträchtliche Schicht an festem Meteoritenmaterial auf das Eis gelegt haben, die dem Trabanten eine viel dunklere Farbe geben, als man das sonst erwarten müßte. Dabei ist der Gesteinsteppich offensichtlich verfrachtet worden: ähnlich vielleicht, wie die uralten Meteoritentrümmer auf dem Antarktiseis. Auf den Aufnahmen der Voyager-Sonden von der Oberfläche Ganymeds erkennt man ganze Schollen von dunklem Material, die, ähnlich einer Kontinentalverschiebung, gewandert sind. Frische Krater, bei denen sofort das darunterliegende Eis zum Vorschein kommt, lassen eine eher dünne Gesteinsschicht vermuten. Dabei scheinen auch heute noch Umwälzungen der obersten Schicht vorzukommen, denn ältere Strahlenkrater haben entsprechend ihrer Verwitterung wieder nachgedunkelt.
Eine Besonderheit von Ganymed ist zweifellos die Strukturierung der helleren Ebenen, die aus weniger schmutzigem Eis bestehen und den größten Teil der Oberfläche ausmachen. Sie erinnern auf einigen Aufnahmen an eine riesenhaft vergrößerte, dilettantisch ausgeführte Malerarbeit, bei der die Spuren der einzelnen Pinselhaare viele Kilometer breit sind. Die Furchen legen sich teilweise übereinander oder durchziehen ältere Krater, was auf eine zeitlich weit auseinanderliegende Entstehung hindeutet. Diese Strukturierung fehlt auf den dunkelsten Kontinenten. Möglicherweise sind sie ein Hinweis auf eine ständige Wanderung des Eises, vielleicht aber auch auf wiederholtes Aufschmelzen infolge von innerer Erwärmung oder von Meteoriteneinschlägen.

Ganymed in Zahlen

Distanz zu Jupiter	1 069 000 km
Durchmesser	5 276 km
Dichte	1,93 g/cm³
atmosphärischer Druck	praktisch Null
Rückstrahlfähigkeit	30 bis 60 %
Oberflächentemperatur	ca. −145°C
Masse in Kilogramm	$1{,}493 \cdot 10^{23}$
Schwerebeschleunigung	143 cm/s²

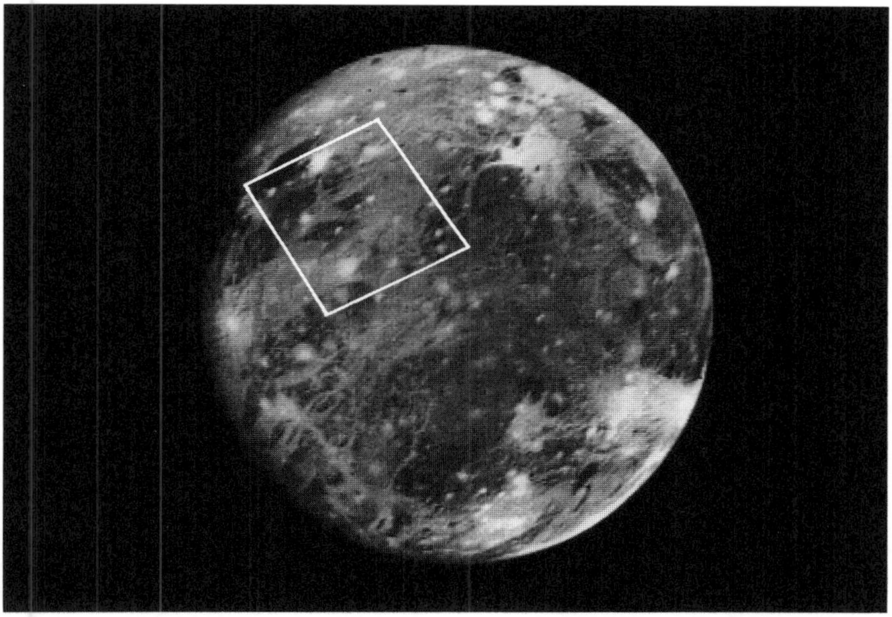

Ganymed
Das weiße Rechteck umrandet den Ausschnitt, der als besonders kontrastreiche Gegend von Ganymed unten herausvergrößert ist. Die hier gezeigte Voyager-1-Aufnahme vom 4. März 1979 stammte noch aus einer Entfernung von 2,6 Mio km.

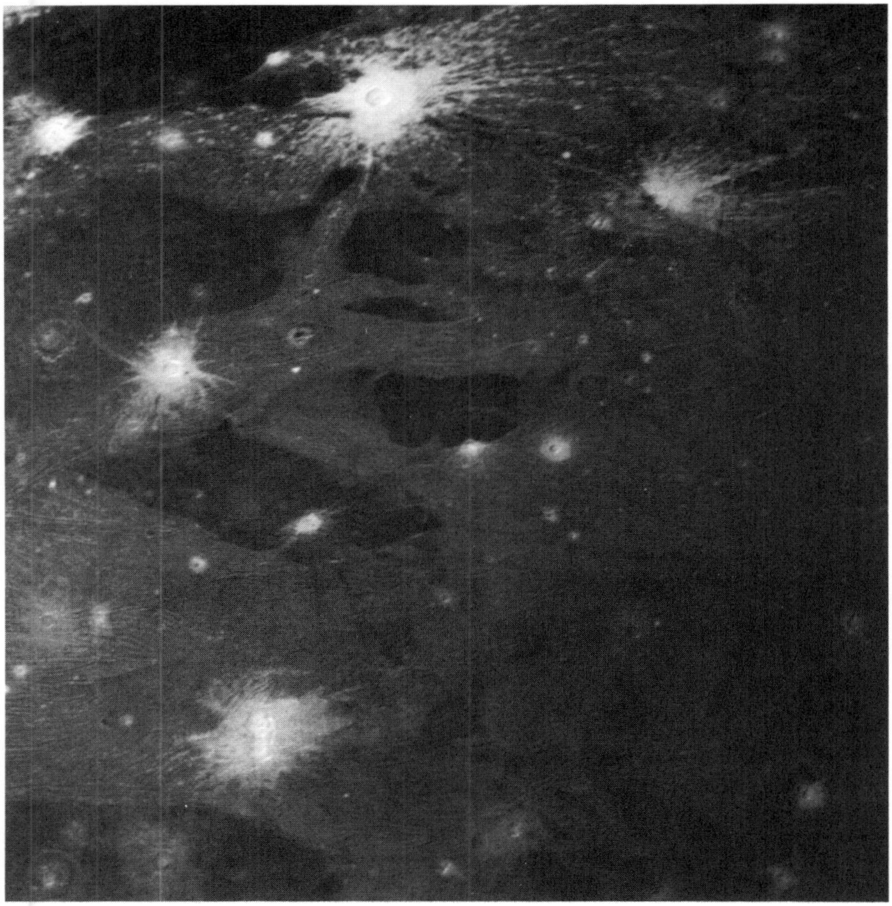

Ganymed
Dieser über 1500 km hohe Ausschnitt der Oberfläche von Ganymed zeigt einige «Kontinente», die wie Gesteinsteppiche auf einem Eispanzer herumgeschoben werden. Man beachte auch die frischen, grellweißen Strahlenkrater, bei denen das darunterliegende Eis freigelegt wurde, sowie die in verschiedenen Phasen der Verwitterung nachgedunkelten älteren Krater. Bei genauer Betrachtung fällt auch auf, daß die pinselstrichartige Feinstruktur nur auf den hellen Gebieten der Oberfläche zu sehen ist, während sie auf den dunklen Kontinenten praktisch fehlt. Diese Furchen sind auf einer weiteren Aufnahme stark vergrößert dargestellt. Das Zentrum dieses Funkbildes war etwa 240 000 km von der Sonde Voyager 1 entfernt. Die feinsten, noch sichtbaren Details haben eine Ausdehnung von knapp unter 5 km.

Ganymed
In diesem 580 km langen Ausschnitt, aufgenommen aus einer Distanz von 145 000 km, von Ganymed kommen die global auftretenden Furchen besonders deutlich hervor. Die Ursache für derartige Deformationen der Eiskruste sind noch unbekannt. Einige Krater liegen eindeutig über den Gräben, andere wiederum werden von solchen durchzogen. Dies ist ein Hinweis darauf, daß die Spuren über einen längeren Zeitraum entstanden sein könnten. Die feinsten Details auf diesem Bild haben einen Durchmesser von rund 3 km.

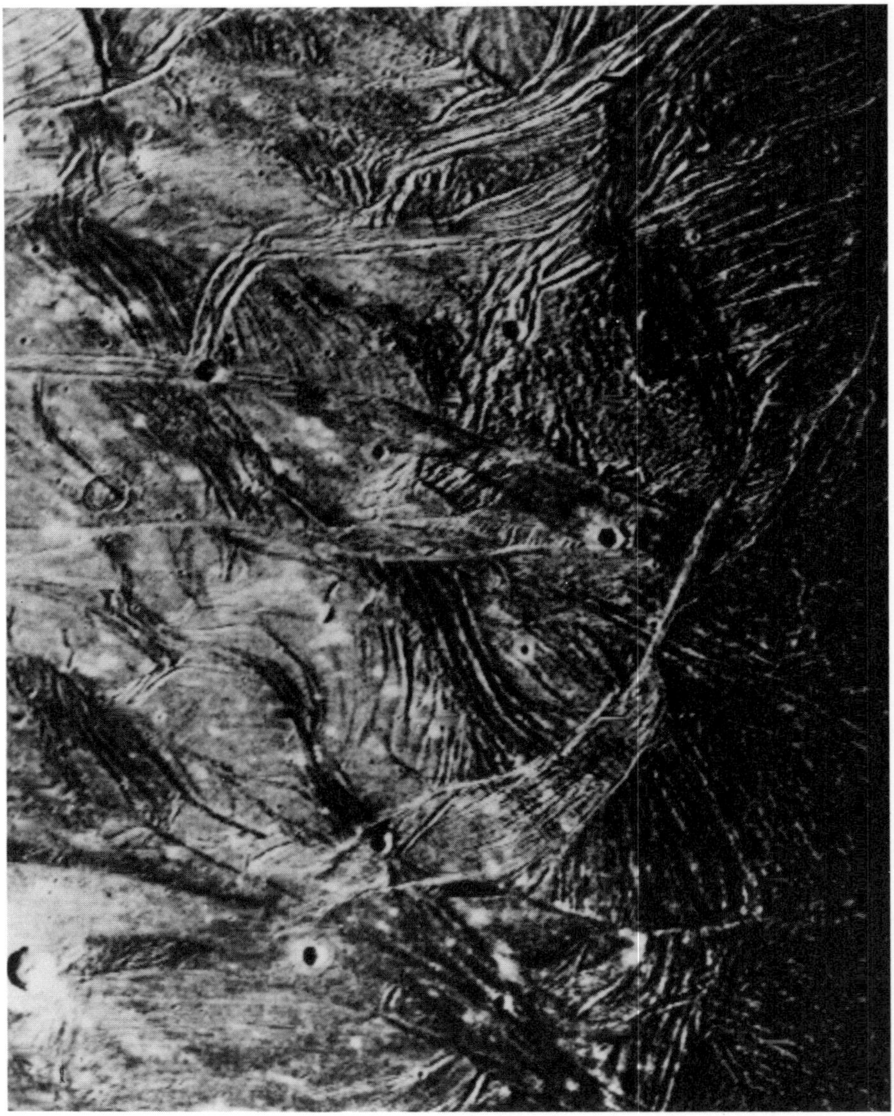

Geschichtliches

1610 Verschiedene Besitzer der neuen Fernrohre richten ihre Instrumente gegen den Himmel und beobachten insbesondere Jupiter. Galilei meldet seine Entdeckungen als erster:
«Am 7. Tag des Januar im laufenden Jahr 1610, zur ersten Nachtstunde, als ich die Himmelskörper mit einem Teleskop betrachtete, bot sich Jupiter mir an. Da ich ein ausgezeichnetes Instrument vorbereitet hatte, bemerkte ich (wie noch nicht zuvor, wegen der Schwäche des früheren Instrumentes), daß sich neben dem Planeten drei kleine Sternchen befanden, zwar nur klein, aber sehr hell.»
Zuerst hielt Galilei die neuen Himmelsobjekte für Fixsterne, bemerkte aber am nächsten Abend, daß diese ihre gegenseitige Position untereinander verändert hatten, aber immer noch in unmittelbarer Nähe von Jupiter standen. Am 9. Januar war es leider bedeckt, aber am 10. fand Galilei die kleinen Trabanten wieder, wenn auch nur noch deren zwei. Am 11. schreibt er:
«Ich bin inzwischen jenseits aller Zweifel zum Schluß gekommen, daß es am Himmel drei Sterne gibt, die Jupiter so umkreisen, so wie Venus und Merkur um die Sonne laufen; und dies wurde mir bei allen nachfolgenden Beobachtungen schließlich klarer als Tageslicht.»

Am 13. Januar entdeckte Galilei auch noch den vierten der großen Jupitermonde. Dieser offensichtliche Widerspruch zum geozentrischen Weltbild brachte große Unruhe in die damalige Theologie und dem Entdekker handfeste Schwierigkeiten, die in die Geschichte eingegangen sind und erst wieder in jüngerer Zeit unrühmliche Wiederholung in Medizin und Vererbungsforschung gefunden haben.

1655 Giovanni Domenico Cassini entdeckt den Großen Roten Fleck, doch werden seine Aufzeichnungen erst nach unzähligen «Neuentdeckungen» des auch heute noch auffälligen Details in der Jupiteratmosphäre wieder beachtet.

1676 Olaf Römer (1644–1710) bestimmt die Lichtgeschwindigkeit aus der Verfinsterung der Jupitermonde, die in Jupiterferne rund 1000 Sekunden später eintritt, als aufgrund der Vorausberechnung bei Jupiternähe zu erwarten war: 300 Mio km in 1000 Sekunden = 300 000 km/s, ein sehr guter Wert (exakt 299 793 km/s).

1692 Cassini bestimmt die Rotationszeit von Jupiter und erhält 9 Std. 50 Min.

1878 Neben dem Großen Roten Fleck werden immer mehr auch kleinere, helle und runde Flecke entdeckt.

1892 Barnard in Kalifornien entdeckt Amalthea, den innersten Jupitermond. Dies ist die erste Erweiterung des Trabantensystems seit 1610, was Aufsehen erregt.

1904 Perrine entdeckt den sechsten Jupitermond (Lick-Sternwarte).

1905 Perrine entdeckt den siebten Jupitermond (Lick-Sternwarte).

1908 Melotte in Greenwich entdeckt den achten Jupitermond.

1914 Nicholson entdeckt den neunten Jupitermond von der Lick-Sternwarte in Kalifornien aus: Bei fotografischen Aufnahmen des achten Trabanten befindet sich der sehr lichtschwache neunte zufällig mit ähnlicher Eigenbewegung in der Nähe des achten.

1932 Ammoniak und Methan werden als Bestandteile der Atmosphäre nachgewiesen.

1938 Mit Hilfe von Aufnahmen am 2,5-m-Spiegel auf Mount Wilson entdeckt Nicholson den 10. und 11. Jupitermond.

1940 Erste Infrarotmessungen von Jupiter ergeben Anhaltspunkte über die Temperatur der Wolkenobergrenze.

1951 Nicholson entdeckt den 12. Jupitermond.

1953 Anläßlich einer Sternbedeckung läßt sich das mittlere Molekulargewicht der Jupiteratmosphäre als 3,3 bestimmen.

1962 Erste Radarechos von Jupiter erlauben eine wesentlich bessere Bestimmung der Bahnelemente.

1972 Am 3. März startet die amerikanische Jupitersonde Pioneer 10.

1973 Am 6. April startet die Schwestersonde Pioneer 11. Am 5. Dezember überfliegt die erste Jupitersonde das Wolkenmeer des Riesenplaneten in 132 000 km Höhe und funkt auch in den Wochen zuvor und danach Fotos, Spektrogramme und weitere Daten zur Erde.

1974 Pioneer 11 überfliegt Jupiter am 2. Dezember in 42 000 km Höhe. Dank einer steilen Flugbahn zum Äquator gelingen erstmals Nahaufnahmen der Nordpolregion.

1975 Spektrometrische Untersuchungen von Bord des hochfliegenden Forschungsflugzeuges «Kuiper» (eine C-141) aus ergeben quantitative Angaben über den Wassergehalt der Jupiteratmosphäre. Man verwendet dabei Frequenzbereiche, für deren Registrierung die Pioneer-Sonden noch nicht ausgerüstet waren.

Dr. Richard M. Goldstein vom JPL in Pasadena, USA, analysiert im August erstmals Radarechos von Ganymed, dem größten Jupitermond, und stellt eine außergewöhnlich rauhe Oberfläche fest. Diese Experimente werden mit der 64-m-Antenne von Goldstone bei einer Sendeleistung von 400 kW durchgeführt.

1977 Am 20. August wird die stark verbesserte Jupiter-Saturn-Sonde Voyager 2 gestartet, womit ein guter Teil der Pläne des ehrgeizigen «Grand Tour»-Projektes von 1970 doch noch in Angriff genommen werden kann. Einige dieser Fluggelegenheiten wiederholen sich erst wieder im Jahre 2076, andere gar erst 2155!

Am 5. September folgt die identisch instrumentierte Sonde Voyager 1, die auf einer schnelleren Flugbahn vor Voyager 2 bei Jupiter ankommt. Ihr Flug soll über Jupiter (1979) und Saturn (1980) zu Uranus (1986) führen.

1979 Am 5. März passiert Voyager 1 sein Ziel in Minimalentfernung. Am 9. Juli erreicht auch die Mission von Voyager 2 ihren Höhepunkt beim Vorbeiflug, der zugleich Halbzeit in einer vielmonatigen Erkundungsperiode vor und nach der Ankunft bedeutet.

Zu den Entdeckungen der ersten Sonde gehören der schwache Ring um Jupiter, die längliche Form des innersten Trabanten Amalthea sowie etwa 7 noch aktive Vulkane und weitere zunächst rätselhafte Phänomene auf der intensiv rötlichen Oberfläche von Io. Die Kameras von Voyager kamen dabei diesen Himmelskörpern zum Teil bis 30 000 mal näher als je zuvor ein irdisches Teleskop. Es gelangen Tausende von Funkbildern des Wolkenmeeres von Jupiter, die,

Geschichtliches
Ein Holzschnitt aus dem Kalender von Pamphilius Gengenbach, Basel (1517?), der Jupiter mit den Attributen des altrömischen Gottes darstellt: Die Pfeile in seiner rechten Hand versinnbildlichen seine Macht über Donner und Blitz, während er mit dem Schwert Recht und Treue beschützt.

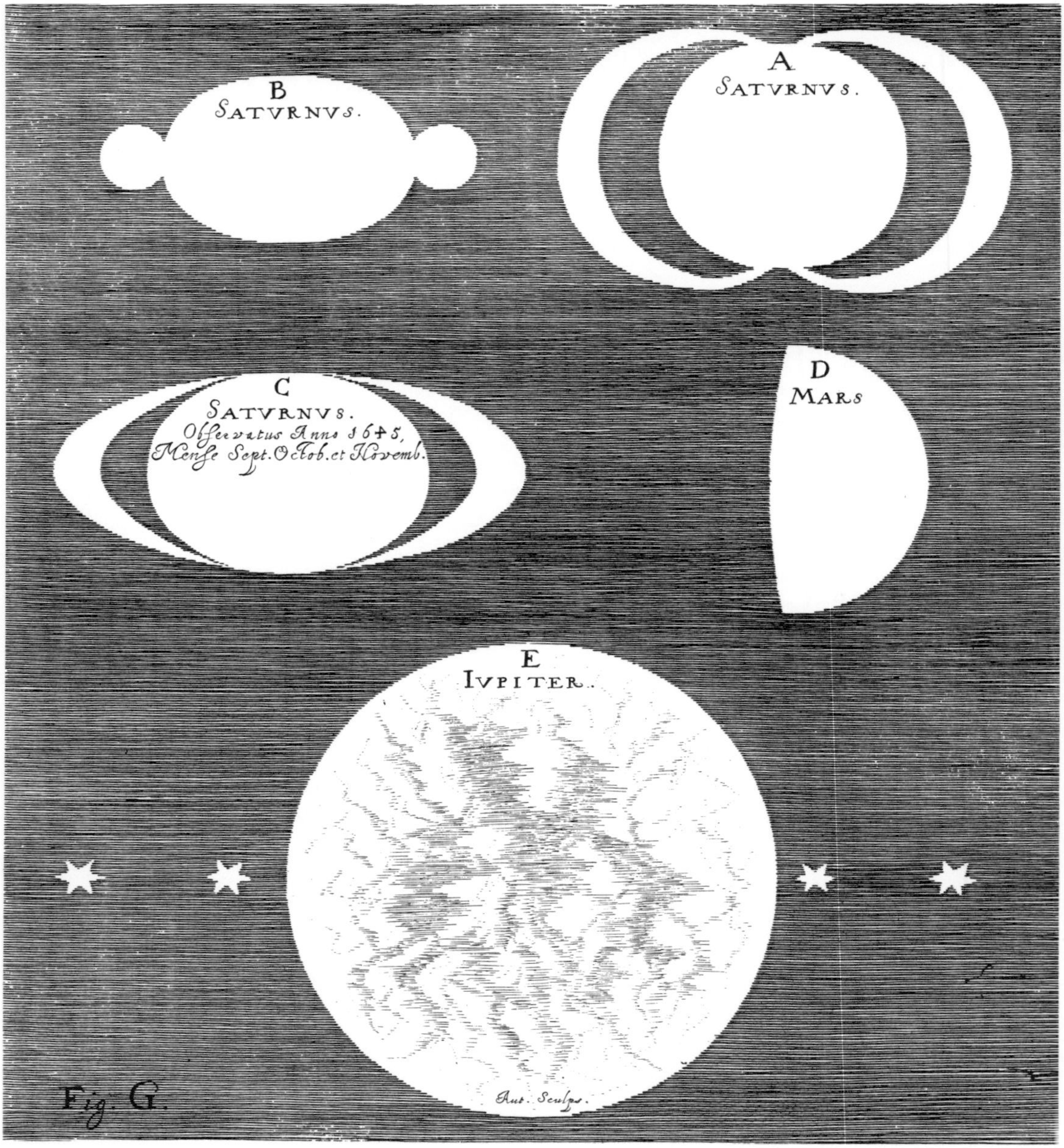

Geschichtliches
Eine Darstellung der verschiedenen An- und Aufsichten von Saturn; hier aber vor allem interessant sind die Größenverhältnisse der Planeten: Jupiter mit seinen vier Monden («Sternen») ist eindeutig der größte und zeigt eine unebene Oberfläche (aus: Johannes Hevelius, Selenographie, 1647).

zu Zeitrafferfilmen zusammengesetzt, sogar die Stömungen zwischen den gegenläufigen Zonen und Bändern sowie die Rotation des Großen Roten Flecks zeigten. Die kleineren äußeren Trabanten wurden noch nicht fotografiert, doch wurden wenigstens zwei neue im Inneren entdeckt.

Großer Roter Fleck

Dieses atmosphärische Phänomen auf Jupiter hat seine feste Bezeichnung dank seiner Beständigkeit mindestens seit der ersten Sichtung, vor über 300 Jahren, erhalten. Es handelt sich um ein ovales Gebilde von ziemlich konstant 14 000 km Breite und zwischen 30 000 und 40 000 km Länge. Mit einer leichten und sehr variablen westlichen Drift befindet es sich ständig innerhalb der «südtropischen» Zone, um nur bei ganz seltenen Gelegenheiten teilweise oder ganz zu verschwinden. Seine Färbung unterscheidet sich deutlich vom Rotbraunorange der dunklen Bänder. Das Rot ist tiefer und hat einen Stich zur Farbe von Phosphor. Messungen der Pioneer-Sonden ergaben, daß der Große Rote Fleck (GRF) auch nicht wie die Bänder tiefer liegt, sondern im Gegensatz noch gut 8 km über die hellen Zonen emporragt. Dr. Andrew Ingersoll, ein Jupiter-Experte am California Institute of Technology, nennt den GRF daher eine «Superzone». Zwischen 1974 und 1976 wurden noch vier kleinere rote Flecke entdeckt, deren Lebensdauer bis zu zwei Jahren reichte. Alle befanden sich innerhalb äquatornaher Zonen, was die Vermutung verstärkte, daß es sich bei diesen Phänomenen tatsächlich um eine besondere Erscheinungsform von Zonen handelt.

Seit nun die Pioneer-Sonden Daten und Bilder aus der Nähe geliefert haben, besitzt man bessere Vorstellungen über die Natur des GRF. Früher spekulierte man zeitweise sogar über ein Floß von gefrorenem Wasserstoff, das auf einem flüssigen Inneren herumtreibt, doch ist diese Hypothese inzwischen angesichts der gemessenen Temperaturen und der übermittelten Fotos völlig unhaltbar geworden. Heute sieht man den Mechanismus des GRF so:

Die beiden Ränder von Zonen laufen in entgegengesetzter Richtung (siehe «Zonen»). Dabei kommt es offenbar gelegentlich vor, daß Luftmassen dazwischen eingeschlossen und wie ein Hurrikan in Rotation versetzt werden. Diese Hypothese ist bislang die einzige, die sich in Computersimulationen bewährt hat, da sie allein zu lange Zeit stabilen ovalen Gebilden führt, wie dies beim GRF offenbar der Fall ist. Da der Südrand der Zone nach Osten treibt und der Nordrand nach Westen, muß die eingeschlossene Zirkulation naturgemäß im Gegenuhrzeigersinn rotieren (siehe Abbildung oben). Dies ist genau das, was man auf Bildserien von Pioneer beobachtet hat. Jene zeigen auch die von der Theorie geforderten spitz zulaufenden Übergangszonen zwischen dem Oval und der dieses umgebenden gegenläufigen Strömung. Auch die Längenvariation bei gleichzeitiger Konstanz

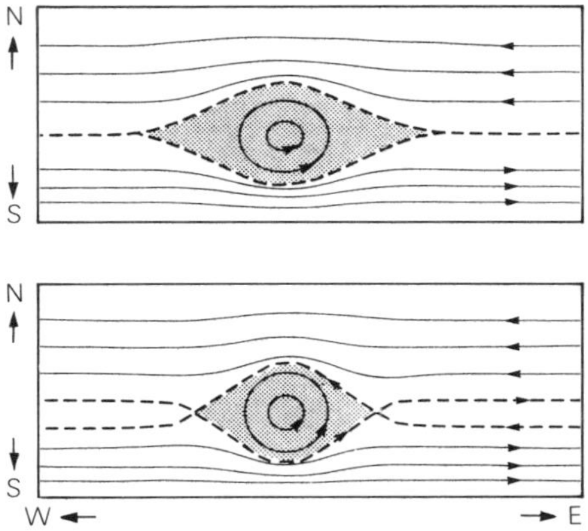

Großer Roter Fleck
Diese Abbildung zeigt die Resultate von Computersimulationen, die man zum besseren Verständnis der Strömungsverhältnisse in der Umgebung des Großen Roten Flecks durchgeführt hatte. Die gegenläufigen Ränder einer Zone haben hier eine Zirkulation eingeschlossen, die wie ein Rad im Leerlauf mitdreht. Die Simulationen bestätigen sowohl die Längenvariation, die Stabilität als auch die Spitzen links und rechts. Die errechneten Strömungslinien stimmten im wesentlichen auch mit den aus Serienaufnahmen abgeleiteten Richtungen überein.

Großer Roter Fleck
Erde und Jupiter in einer maßstabgetreuen Fotomontage. Die Jupiteraufnahme stammt von Pioneer 10 aus dem Jahre 1973 und zeigt eine gegenüber den Bildern von 1979 auffallend verschiedene Bewölkung, vor allem in der Gegend des Großen Roten Flecks. Beim Schwarzen Punkt handelt es sich um den Schatten des Mondes Ganymed.

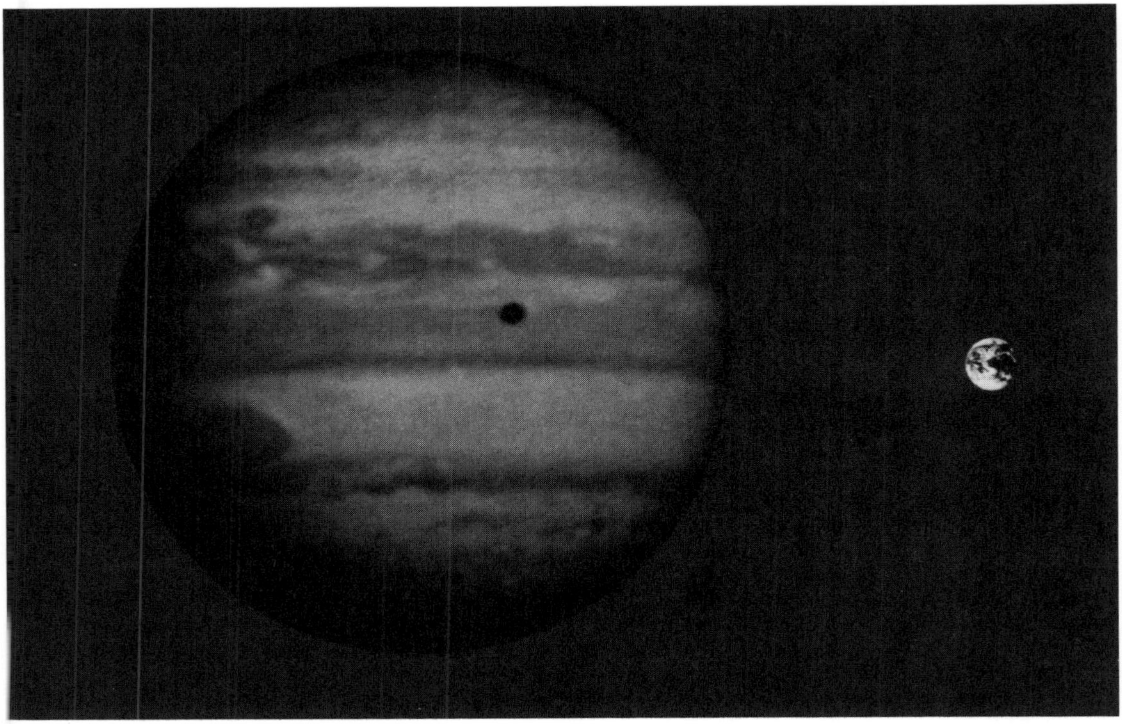

der Breite des Gebildes läßt sich bei den auf dieser Hypothese beruhenden Simulationen beobachten.
Der GRF ist also ein atmosphärisches «Rad», das gewissermaßen im Leerlauf seit Jahrhunderten dreht, da es von den Zonenrändern ständig angetrieben wird und so die durch aufsteigende Gase verlorene Energie ersetzt. Einer Klärung bedarf hingegen noch die eigentümliche Farbe der Flecke und des helleren «Auges», das die Erde an Größe übertrifft. Hierfür waren die Resultate der Pioneer-Sonden noch nicht ausreichend, da zusätzlich chemische Probleme mit hineinspielen. Eine Theorie erklärt das Rot durch Phosphor, das in den stark abgekühlten hochgetriebenen Wolken auskondensiert hat. Von biologischen Prozessen in der Atmosphäre erzeugte höhere organische Moleküle, die auch schon zur Deutung der Farben von Jupiter herangezogen wurden, sind für den GRF unwahrscheinlich, da die extremen Bedingungen, wie Temperaturunterschiede, allfälligen Lebensvorgängen erst recht nicht förderlich sind. Da die Spektren keine schlüssigen Resultate über die chemische Zusammensetzung der rötlichen Bestandteile der Atmosphäre lieferten, blieb man auf die Analysen der Voyager-Sonden angewiesen.

Inneres von Jupiter

Die Gaskugel von total 318facher Erdmasse setzt sich aus etwa 225 Erdmassen Wasserstoff und 75 Erdmassen Helium zusammen, während der Rest von etwa 20 Erdmassen aufgrund der kosmischen Elementhäufigkeit schwereren Elementen zugeordnet wird. Diese bilden einen Kern von vielen tausend Kilometern Durchmesser, der sich vor allem aus flüssigem Eisen und Silikaten zusammensetzen dürfte. Die Temperatur wird dort nämlich auf rund 30 000 °C geschätzt, ein Wert, den man unter anderem aus dem Wärmefluß aus dem Inneren ableitet. Der Druck erreicht dort etwa 100 Mio at, was mehr als ausreichend ist, um das bei Normaldruck gasförmige Element Wasserstoff in ein Metall zu verwandeln. Bei Druckverhältnissen von über 3 Mio at zeigt der Wasserstoff nämlich seinen wahren Charakter, den man ihm auch aufgrund seiner Stellung im periodischen System der Elemente zuschreiben müßte: ein Alkalimetall, wenn auch das leichteste neben Lithium, Natrium und Kalium. Dieser Zustand herrscht bis etwa 45 000 km vom Jupiterzentrum. Es wird angenommen, daß dieser metallischen Phase auch noch ein gewisser prozentualer Anteil an Helium zugemischt ist, der nach oben zunimmt. Die oberen Schichten mit ihrer Dicke von rund 25 000 km bestehen aus einem immer noch hochkomprimierten Gemisch von molekularem flüssigem Wasserstoff und Helium, das aber elektrisch nicht mehr leitend ist. Die Temperatur an der Grenzzone muß bei etwa 11 000 °C liegen.

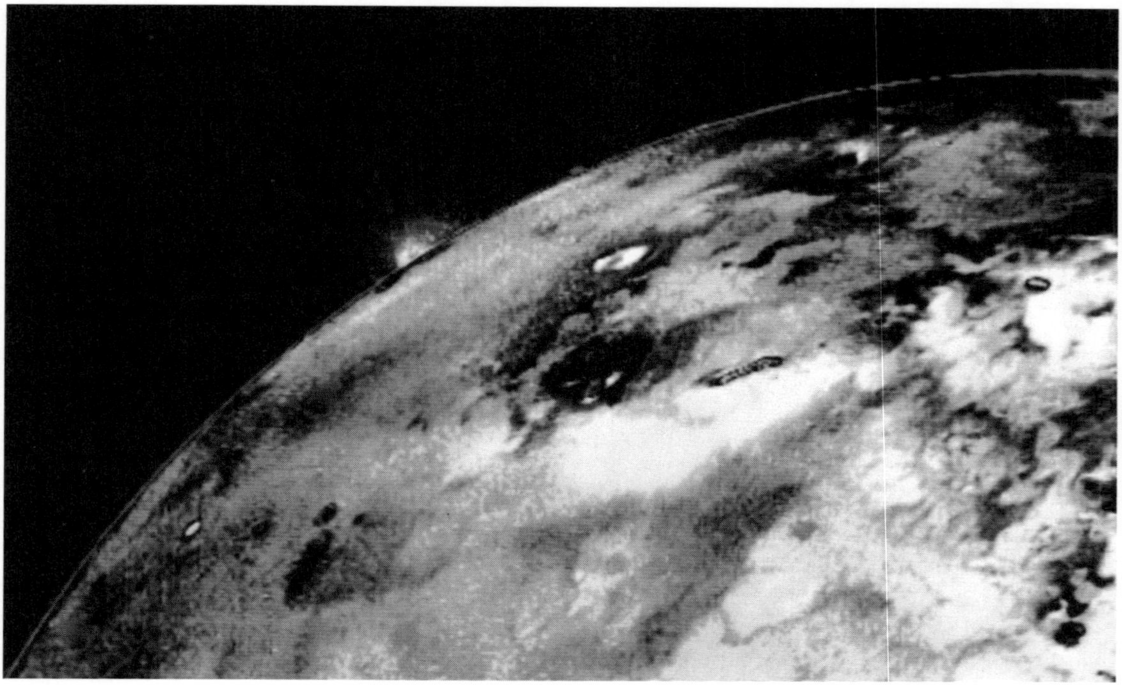

Io
Dies ist eines der Funkbilder, die man Voyager 1 bei langer Belichtungszeit mit Blick zum Horizont aus 490 000 km aufnehmen ließ, um mit einer präzisen nachträglichen Navigation und Bahnbestimmung auch noch einige markante Hintergrundsterne mit auf das Bild zu bekommen. Stattdessen entdeckte man auf diese Weise aktive Vulkane, die bei einer der hellen Mondscheibe angepaßten Belichtungszeit wohl nicht aufgefallen wären. Hier mußte die überbelichtete Oberfläche vom Computer vor der Bilderzeugung in ihrer Helligkeit gedämpft werden. Das Auswurfmaterial erreichte bei dieser Eruption eine Höhe von etwa 200 km, was angesichts der dortigen Schwerkraft bedeutet, daß die Flugzeit der Trümmer im Vakuum rund 10 Minuten beträgt. Über das Treibgas, das derartige explosive Ausbrüche bewirken kann, ist man sich noch im unklaren.

Innerhalb der beiden Zonen findet eine gute konvektive Durchmischung statt. Während in der äußeren sowohl Wärmeleitung als auch Wärmestrahlung für den Energietransport nach außen in Frage kommt, läßt der metallische Wasserstoff im Inneren keine Strahlung durch und ist zudem ein schlechter Wärmeleiter. Diesem Umstand schreibt man es auch zu, daß Jupiter trotz seines Alters von 4,6 Mia Jahren noch immer nicht die gesamte Wärme aus seiner Jugend bis auf die Gleichgewichtstemperatur gegenüber der solaren Einstrahlung abgegeben hat. Der flüssige Kern ist also ein wirksam isoliertes Wärmereservoir. Wegen der noch anhaltenden Abkühlung kann Jupiter über lange Zeit noch etwas schrumpfen.

Der Übergang von gasförmigem zu flüssigem (aber noch nicht metallischem) Wasserstoff findet in einer Tiefe von etwa 1000 km unterhalb der Wolken bei einer Temperatur von 2000 °C statt. In 3000 km Tiefe ist der Druck bereits auf 90 000 at und die Temperatur auf 5500 °C gestiegen, so daß dort die Dichte des flüssigen Wasserstoffes bereits ein Viertel von der des Wassers bei Normalbedingungen erreicht.

Die Konsequenzen eines metallisch leitenden Inneren auf das Magnetfeld sind unter dem Stichwort «Magnetfeld» ausführlich beschrieben.

Io

Die Bezeichnung dieses innersten der Galileischen Monde stammt von der griechischen Jungfrau, die nach mythologischen Vorstellungen von Jupiter begehrt worden ist. Der Trabant ist etwas größer als unser Mond, und auch seine Dichte liegt etwa zwischen derjenigen vom Mond und von Mars. Sein Inneres dürfte ebenfalls ähnlich sein und aus Silikaten und Metallen bestehen. In der heißen Anfangsphase von Jupiter erlebte er die höchsten Temperaturen, so daß alle seine Wasservorräte mit allen löslichen Salzen an die Oberfläche getrieben wurden und dort verdampften. Die zurückgebliebene Schicht von Salzen, insbesondere von Sulfaten der Elemente Natrium und Kalium, machen Io zum Himmelskörper mit der hellsten Oberfläche im ganzen Sonnensystem. Diese kann etwa mit den ausgetrockneten Salzseen im Südwesten der USA verglichen werden. Rund 60 Prozent der einfallenden Sonnenstrahlung werden reflektiert, während die hellsten Gesteine nur 40 Prozent zurückstrahlen. Dabei ist auch der infrarote Teil des Lichtes wesentlich beteiligt; dies war für die Forscher ein weiterer Hinweis auf eine salzige Oberfläche. Die Analyse der Wärmestrahlung hat zusätzlich ergeben, daß Io wie unser Mond von einer porösen, in diesem Fall aber mehr aus Salzen als aus Gesteinsstaub bestehenden Schicht umgeben ist. Diese erwärmt sich sehr schnell in der Sonne, kühlt sich aber genauso schnell wieder ab, sobald Io in den Jupiterschatten eintritt.

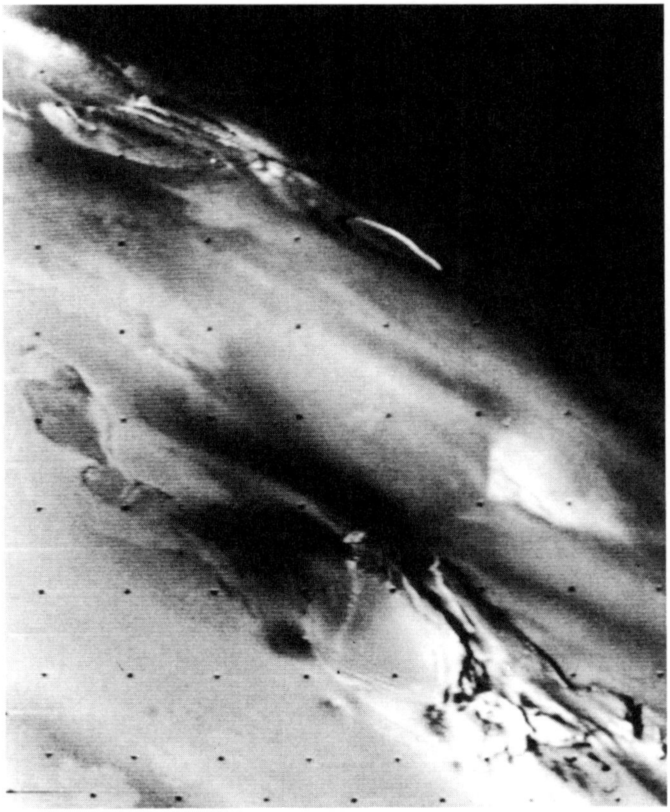

Io
Io aus nur noch 75 000 km. Der gezeigte Ausschnitt liegt bei 15° S und 244° W und hat eine Ausdehnung von rund 500 km. Das Auflösungsvermögen dieses Bildes, das zu den besten von Voyager 1 gehört, beträgt zwischen 1 und 2 km. Man beachte die vulkanischen Strukturen am Horizont und im Vordergrund sowie das völlige Fehlen von Einschlagkratern — Hinweise auf eine noch junge Oberfläche.

Io
So sah Voyager 1 den Mond Io aus 862 000 km Entfernung, als sich die Sonde über dem 146. Längengrad befand. Beim ringförmigen Gebilde in der Bildmitte handelt es sich um einen aktiven Vulkan. Dies wurde allerdings erst bemerkt, als die gleiche Gegend Stunden später erneut am Horizont aufgenommen wurde.

Die gesamte Oberfläche ist von ziemlich einheitlicher Tönung, und auch die Polregionen fallen nicht durch eine zusätzliche Helligkeit auf, so daß diese von der Erde aus sogar dunkler erscheinen. Allgemein ist der Anteil von Gelb und Orange etwas höher als beim eingestrahlten Licht. Man vermutet, daß die ständige Bombardierung mit hochenergetischen Protonen den Chemismus auf der Oberfläche in ganz eigentümlicher Weise beeinflußt hat. Dabei werden außerdem viele Metallionen abgespalten, die sich in einer Wolke bis auf etwa 16 000 km Höhe ausdehnen können. Neutraler Wasserstoff, der sich durch Rekombination von Protonen mit Elektronen des Strahlungsgürtels bildet, dehnt sich sogar bis in 160 000 km Höhe quer zum Lauf von Io um Jupiter aus. Diese Wolke wird über rund einen Drittel der Umlaufbahn, 800 000 km, hinterhergezogen. Die Dichte des Wasserstoffes beträgt jedoch nur ein Promille im Vergleich zu den Natriumionen über Io. Die gesamte Ansammlung von Gasen und Ionen besitzt eine Dichte von 0,05 Millibar am Boden, wie beim Vorbeiflug der Pioneer-11-Sonde mit Hilfe eines Radiowellen-Verdeckungsexperimentes festgestellt werden konnte. Die eigentliche Atmosphäre reicht bis in eine Höhe von 115 km. Ihr Spektrum ist sehr eigenartig, so daß man bei einer genaueren Analyse noch auf manche Überraschung gefaßt ist.

Die Ionosphäre stellt insofern einen Sonderfall dar, als sie innerhalb der Magnetosphäre des Mutterplaneten liegt. Auf der Tagseite erreicht sie Höhen bis 700 km, während sie auf der Nachtseite durch die Magnetosphäre aufgelöst wird. Pioneer 11 maß 60 000 Elektronen pro Kubikzentimeter auf der Tag- und 9000 auf der Nachtseite.

Helligkeitsmessungen von der Erde aus hatten früher ergeben, daß Io während der ersten rund 10 Minuten nach dem Auftauchen aus dem Jupiterschatten jeweils heller erscheint als normal. Dies führte man auf einen Schnee oder einen Frost zurück, der sich bei den tieferen Temperaturen im Schatten ausbreitet und nach kurzer Sonneneinstrahlung wieder auflöst. Da bei den bisherigen Vorbeiflügen mit Sonden noch keine Dauermessungen möglich waren, konnte diese Beobachtung bis jetzt nicht an Ort und Stelle überprüft werden.

Unsere Vorstellungen über Io konkretisierten sich schlagartig, als die Raumsonde Voyager 1 am 5. März 1979 spät nachmittags MEZ in nur 20 000 km Entfernung unter dessen Südpol durchzog. Während rund 5 Minuten befand sie sich im Plasmaschlauch, der den Trabanten mit der Jupiteroberfläche elektrisch leitend verbindet und über den immer wieder Entladungen stattfinden. Die große Zahl ausgezeichneter Farbbilder, die sich auch aus geringer Distanz noch zu praktisch vollständigen Mosaiken der ganzen jeweils beleuchteten Hemisphäre zusammensetzen ließen, bestätigen die allgemein rötliche Oberfläche sowie die ebenfalls dazwischen vermuteten helleren Ablagerungen von Salzen und Schwefel in Form von Flecken.

Überrascht hat allerdings, daß Io völlig frei von Einschlagkratern ist und daß deshalb dank günstiger Umstände seine aktive vulkanische Tätigkeit verfolgt werden konnte. Navigationsaufnahmen mit besonders langer Belichtungszeit über den Mondrand hinaus zeigen nicht nur die gewünschten Hintergrundsterne, sondern auch noch vulkanische Eruptionen. Ihre «Gaspilze» reichen 100 bis 200 km in den Weltraum hinaus und zeigen die Form, wie man sie von einer ins Vakuum hinaus expandierenden Gasmasse erwartet, die von einer schwachen Schwerkraft in einigen Minuten wieder zu Boden gezogen wird. Trotz dieses ständigen Nachschubes an atmosphärischen Bestandteilen brauchte jedoch die bisher angegebene geringe Gesamtdichte der Atmosphäre noch nicht revidiert zu werden, denn die meisten Gase werden offenbar wirksam ionisiert und von Jupiters starkem Magnetfeld davongetragen. In der Tat beobachtet man längs der Umlaufbahn von Io ein Plasma von respektabler Dichte, das als die vom Trabanten, aber noch nicht von Jupiter, verflüchtigte Atmosphäre interpretiert wird. Bei der Gashülle von Io könnte es sich also um einen niedrigen Gleichgewichtszustand handeln, der von einer Eruption zur nächsten Eruption nur geringen Schwankungen unterliegt.

Beim Studium anderer Aufnahmen, die die gleichen Vulkane aus steilerem Blickwinkel zeigen, lassen sich die Auswurffontänen ebenfalls ausmachen. Aufgrund dieser Erfahrungen schätzt man die Zahl der zurzeit noch aktiven Vulkane auf Io auf mindestens sieben. Über die Zusammensetzung der ausgestoßenen Gase wird zurzeit noch gerätselt. Wasserdampf wurde angesichts der schon früher festgestellten Trockenheit auf Io als unwahrscheinlich erachtet.

Io in Zahlen

Distanz zu Jupiter	421 400 km
Durchmesser	3636 km
Dichte	3,54 g/cm³
atmosphärischer Druck	0,1 mb
Rückstrahlfähigkeit	60 %
Oberflächentemperatur	−145°C
Masse in Kilogramm	$8{,}90 \cdot 10^{22}$
Schwerebeschleunigung	180 cm/s²

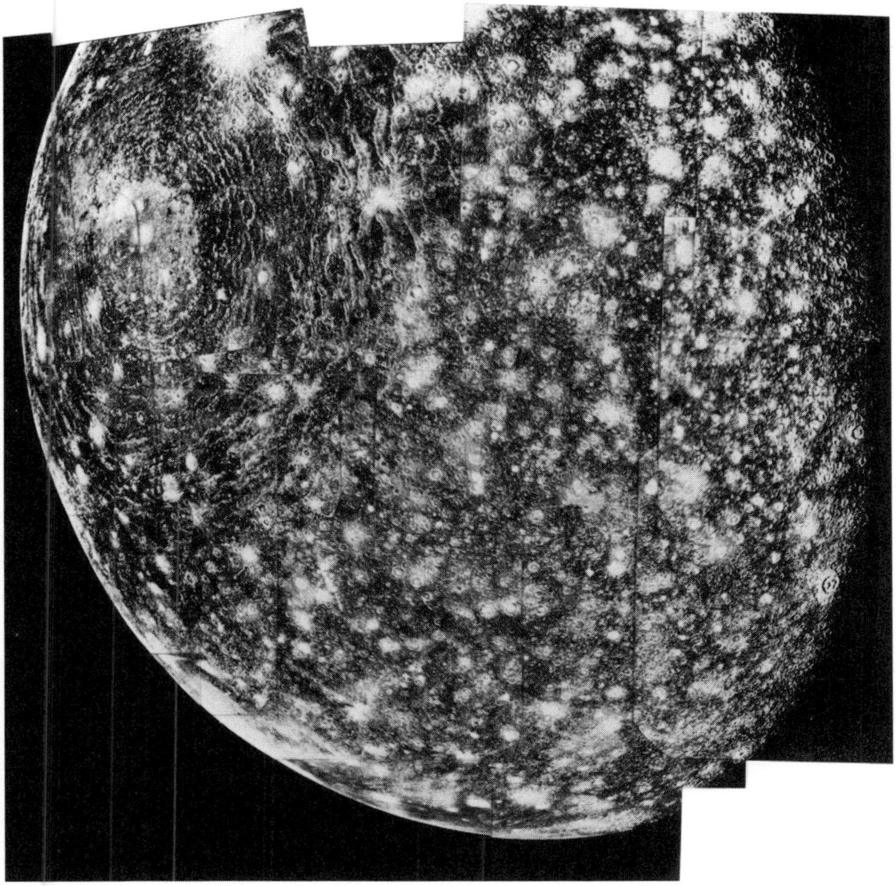

Kallisto

Ein Fotomosaik von Kallisto vom 6. März 1979 aus 202 000 km (Voyager 1). Man beachte die Sättigung der Oberfläche mit Kratern sowie das gewaltige Einschlagbecken auf der linken Seite. Die konzentrischen, im Eis erstarrten Schockwellen erstrecken sich auf alle Seiten über mehr als 1000 km.

Kallisto

Auch Kallisto, der äußerste der Galileischen Monde, unterscheidet sich gründlich von seinen Nachbarn. Mit 5000 km Durchmesser ist er größenmäßig und im Aussehen noch vergleichbarer mit dem Planeten Merkur als Ganymed, doch ist seine Dichte von 1,63 g/cm³ nochmals geringer als bei letzterem. Der Anteil an Substanzen, die man bei mäßigen Temperaturen als flüchtig bezeichnen würde, muß dort also noch größer sein. Wegen der großen Distanz zu Jupiter, dessen Oberfläche in der Entstehungszeit schätzungsweise 1500° C heiß war, lagen die Temperaturen von Anfang an nicht sehr hoch, so daß die Materie schon sehr früh erstarrte. Man hat recht gute Gründe für diese Annahme, denn Kallisto ist der einzige Jupitertrabant, der bis zur Sättigung mit Kratern bedeckt ist. Da die größte Meteoritendichte in der ersten Mia Jahre nach der Entstehung des Sonnensystems herrschte und in den letzten 3 Mia Jahren nur mehr wenige und vor allem kleinere Einschläge auftraten, muß Kallisto schon vor der Bildung der meisten Krater erstarrt sein. Andernfalls hätten sich die Kraterlandschaften längst wieder verwischt oder wären gar nicht erst entstanden. Dies gilt auch für ein riesiges Einschlagbecken mit konzentrischen Ringwällen, das sich fast über eine ganze Halbkugel erstreckt. Es ist noch imposanter als beispielsweise das Mare Moscoviensis auf der Rückseite des Erdmondes. Obwohl die Formation aus Eis und nicht aus Gesteinen entstanden ist, zeigen sich viele Ähnlichkeiten.

Außer dem großen Einschlagbecken weisen auch kleinere Krater ein deutlich helleres Zentrum gegenüber der Umgebung auf. In der Nähe des Südpols von Kallisto befinden sich zwei besonders grell leuchtende, kreisförmige Becken von 300 bzw. 500 km Durchmesser. Sie sind vermutlich noch nicht sehr alt, da sie noch nicht mit dunkleren Meteoritentrümmern bedeckt sind, die von kleineren Einschlägen stammen könnten. Trotz einigen hellen Flecken hat Kallisto die geringste Rückstrahlfähigkeit von allen Galileischen Monden. Das meiste dunkle

Material stammt vermutlich aus der Zeit, als die Eisdecke zwar schon tragfähig genug war, aber die Meteoritenschauern noch nicht nachgelassen hatten, also vor gut 3 Mia Jahren.

Vor der Bildung der Kruste sanken alle schweren Gesteins- und Erzbrocken der Urmaterie ins Zentrum von Kallisto ab und sorgen für das heute deutlich über der Dichte von Eis liegende, mittlere spezifische Gewicht. Spätere Landungen unbemannter Sonden werden aber auch auf der Oberfläche ein reichhaltiges Material genau datierbarer Trümmer finden, von denen nicht nur das Erstarrungsalter, sondern auch der Zeitraum bestimmt werden kann, währenddem ein Gestein an der Oberfläche gelegen haben muß. Die im Abstand von Kallisto noch recht intensive Strahlung der Jupitermagnetosphäre hinterläßt — ähnlich der solaren Strahlung auf unserem Mond — ebenfalls eine zeitlich sich akkumulierende Wirkung, mit der das eigentliche Alter seit der Entstehung einer Formation fast wie auf einer Sanduhr abgelesen werden kann.

Kallisto in Zahlen

Distanz zu Jupiter	1 881 200 km
Durchmesser	4848 km
Dichte	1,79 g/cm³
atmosphärischer Druck	praktisch Null
Rückstrahlfähigkeit	15 bis 20 %
Oberflächentemperatur	– 140° C
Masse in Kilogramm	$1{,}066 \cdot 10^{23}$
Schwerebeschleunigung	121 cm/s²

Magnetfeld

Die Entdeckung eines immensen Magnetfeldes um Jupiter, die wir den Pioneer-Sonden bei ihren ersten Vorbeiflügen verdanken, veränderte unsere Vorstellungen von einer ruhigen Welt, fern der Sonne, grundlegend. Die Energie dieses Magnetfeldes übersteigt die des irdischen Feldes um das 20 000fache; seine Ausdehnung könnte selbst aus Erdentfernung größer als ein Dutzend Vollmondscheiben gesehen werden, wenn es optisch in Erscheinung treten würde. Dieses Magnetfeld hält einen Strahlengürtel zusammen, dessen gesamte Energie millionenmal größer ist als der nach Van Allen benannte Gürtel um die Erde. Da-

Magnetfeld
Eine über 3 Minuten lang belichtete Aufnahme von der Nachtseite von Jupiter, als Voyager 1 den nächsten Bahnpunkt bereits seit 6 Stunden passiert hatte und sich wieder in etwa 500 000 km Entfernung befand. Der Nordpol liegt etwa an der Stelle, wo die Horizontaufhellung am stärksten ist. Man interpretiert diese als eine Art Nordlicht. Die hellen Flecken beim Blick nach unten sind wahrscheinlich immense elektrische Entladungen in Form von Blitzen.

durch wird ein zusätzliches Feld induziert, das sich dem inneren überlagert und vor allem in größerer Entfernung von Jupiter dominiert. Amalthea und drei der Galileischen Monde liegen vollständig innerhalb des planetaren (und vom interplanetaren abgeschirmten) Teils des Magnetfeldes. Berechnungen haben ergeben, daß ohne die «reinigende» Wirkung der Trabanten sowohl die Intensität des Strahlengürtels als auch des von ihm induzierten Sekundärfeldes so groß würde, daß selbst unbemannte Raumschiffe diese Region nicht durchfliegen könnten. 99 Prozent der herumfliegenden Protonen bleiben nämlich früher oder später in den Monden stecken und haben zweifellos einen bedeutenden Einfluß auf ihre Oberflächen. Trotz dieser Verdünnung ist es aber unmöglich, mit heutigen Abschirmmethoden bemannt in Jupiternähe zu fliegen.

Im Bereich der Magnetosphäre eines Planeten überwiegt das eigene Magnetfeld und dominiert auch über das Feld im umgebenden interplanetaren Raum. Im Falle von Jupiter schwankt ihr Volumen um nicht weniger als einen Faktor 8, und dies innerhalb von Stunden! Pioneer 10 durchflog die Grenzschicht z. B. 17mal allein auf dem Wegflug von Jupiter; daraus schloß man auf eine maximale Geschwindigkeit beim Zusammenbruch des Feldes von über 30 000 km/h. Die Form der Magnetosphäre kann in etwa mit einem riesigen Kometen verglichen werden, dessen Schweif bei einer Dicke von gelegentlich über 25 Mio km (beim Kopf) bis über die Saturnbahn hinausreicht. So wird Saturn beispielsweise im April 1981 vom Jupiter-Magnetschweif abgedeckt und empfängt für einige Zeit keinen direkten Sonnenwind mehr.

Die Quelle des primären Magnetfeldes wird im Dynamoeffekt bewegter in den oberen Schichten des metallischen Wasserstoffkerns von Jupiter gelegener elektrischer Ladungen gesehen. Pioneer stellte nun fest, daß das Feld um so komplizierter wird, je näher man dem Planeten kommt. Zum Dipolfeld, das die äußeren Teile gut beschreibt, wurden sogenannte Quadrupol- und Oktupolmomente festgestellt, die naturgemäß nach außen rasch abklingen und höchstens bei geringen Abständen in Erscheinung treten. Dort sind sie ein Hinweis für unsymmetrische Quellen des Magnetismus, so daß also im Inneren von Jupiter verschiedene Dynamos am Werk sein müssen.

Derzeit ist das Magnetfeld gerade umgekehrt gepolt im Vergleich zur Erde. Seine Stärke beträgt am Äquator 4,2 Gauß, am Nordpol 14,8 Gauß und am Südpol 11,8 Gauß. Hier zeigt sich eine Asymmetrie, die noch durch eine um 10,8 Grad gegen die Rotationsachse geneigte magnetische Achse verdeutlicht wird. Jene geht nicht einmal durch das Zentrum des Planeten, sondern verläuft volle 10 Prozent eines Jupiterradius von diesem weg. Dieses ziemlich ausgeprägt exzentrisch und verhältnismäßig rasch rotierende Magnetfeld ist Ursache einer Reihe von Effekten, die eine Periodizität von knapp 10 Stunden (Rotationszeit von Jupiter) haben. Solche entstehen z. B. dadurch, daß der Sonnenwind je nach der Stärke des Feldes in den verschiedenen Richtungen mehr oder weniger tief in die Magnetosphäre einwirkt, diese also mit jedem Umlauf etwas zusammendrückt. Dadurch werden hochenergetische Partikeln, wie unter «Strahlungsgürtel» gesondert beschrieben ist, mit der gleichen zehnstündigen Periode herausgedrückt und ins ganze Sonnensystem verstreut, wo man sie an allen bisher untersuchten Stellen nachweisen konnte.

Es ist noch nicht geklärt, bis in welche Entfernung die Magnetosphäre die Rotation voll mitmacht. In 10 Mio Kilometern Entfernung von Jupiter würde die Geschwindigkeit eines sich mit dem Planeten mitdrehenden Partikels bereits 1760 km/s betragen, in 20 Mio Kilometern sogar 3520 km/s. Sicher ist, daß die Fliehkraft viele Teilchen inner-

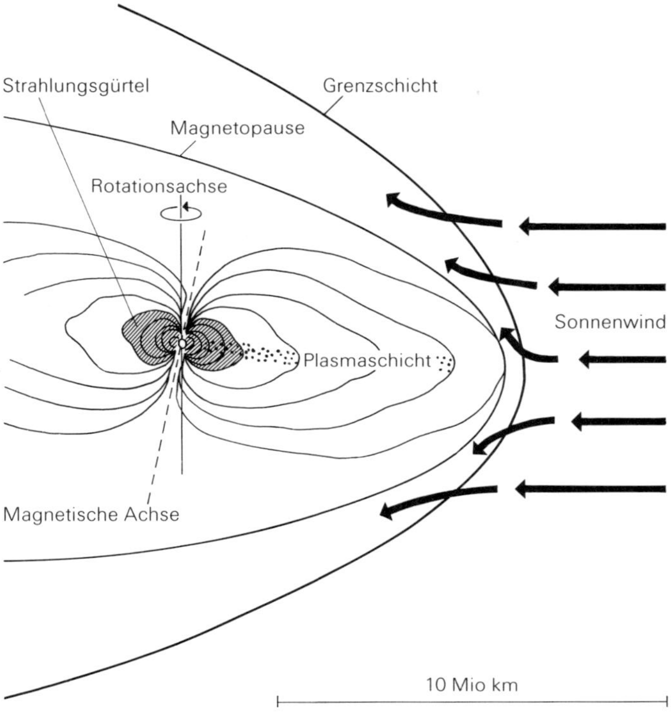

Magnetfeld
In diesem Maßstab schrumpft Jupiter zu einem kleinen Pünktchen im Zentrum der zwiebelschalenförmig aufgeschnittenen Magnetfeldlinien zusammen. Wegen der starken Schwankungen der Magnetosphäre kann diese Darstellung nur die qualitative Anordnung der Struktur wiedergeben. Die Plasmaschicht hat man sich als flachen Teller senkrecht zur Bildebene vorzustellen. Nach links, also von der Sonne aus gesehen hinter Jupiter, dehnt sich die Magnetosphäre als schlauchförmiges Gebilde bis zur Saturnbahn aus.

halb des Magnetfeldes zu einer flachen Scheibe in der Äquatorebene auseinanderzieht, was wiederum die Form des induzierten Feldes beeinflußt. Ein reines Dipolfeld mit ausschließlich interner Erzeugung würde niemals die beobachteten Schwankungen der Grenzzone zeigen, die ja auch bei konstantem Sonnenwind auftreten. Nur in Verbindung mit einem Strahlengürtel, dessen örtliche Auflösung jeweils einen Zusammenbruch des dortigen Feldes zur Folge hat, kann man dieses ständige Auf und Ab erklären.

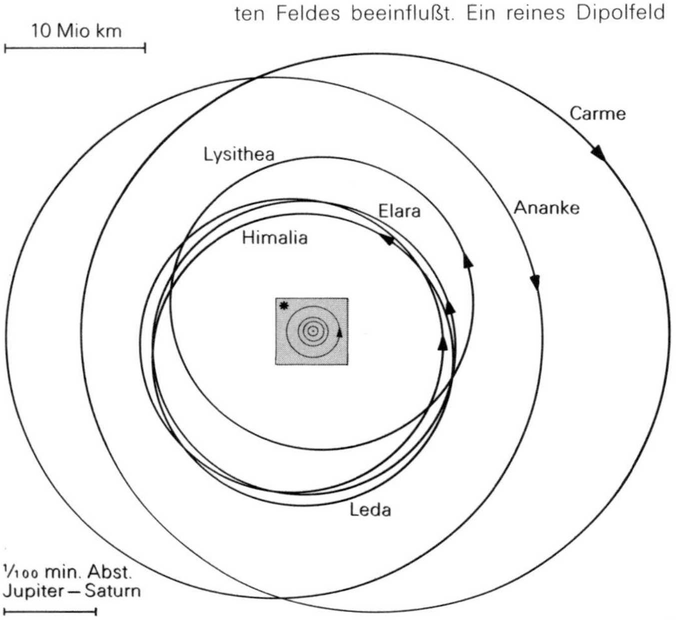

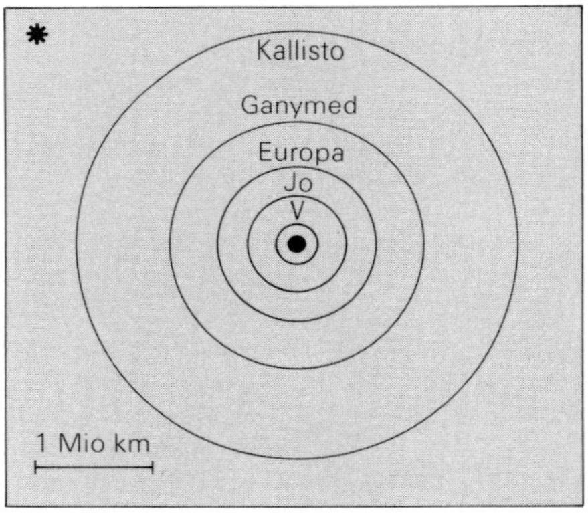

Monde
Hier sind die Bahnen von 11 der 13 mit Sicherheit entdeckten Jupitertrabanten dargestellt. Wegen der extremen Distanzunterschiede wurden die fünf innersten Monde herausvergrößert. Man beachte die deutliche Unterteilung in drei Gruppen. Bei der innersten, mit den Galileischen Monden und Amalthea, findet man die massereichsten mit regelmäßigen Kreisbahnen in der Äquatorebene. Die mittlere Gruppe mit Entfernungen von 11 bis 12 Mio km von Jupiter besteht bereits aus wesentlich kleineren Körpern, die sich auf kreuzenden Bahnen bewegen. Hier scheint ein Konzentrationsprozeß auf einen einzigen Mitteltrabanten noch im Gang zu sein, der als Schulbeispiel für die am Anfang dieses Buches beschriebene Entstehungstheorie von Planeten und Monden gelten kann. Vermutlich kreisen noch mehrere kleinere Körper in dieser Region, von denen einer, Leda, erst 1974 entdeckt worden ist.

Monde

Seit Galilei sind mindestens 13 Trabanten von Jupiter entdeckt worden. Kurz nachdem Charles Kowal den 13. gemeldet hatte, gab es auf seinen Fotoplatten auch schon Hinweise auf einen 14. Dessen Bahn lag jedoch bis zur Stunde noch nicht vor. Man beachte in der beigefügten Tabelle auch, daß die äußeren Monde gegenüber den ursprünglichen Bezeichnungen umbenannt worden sind. Die ferneren unterscheiden sich grundlegend von den näheren Trabanten. Während die inneren in der Äquatorebene auf Bahnen um Jupiter kreisen, handelt es sich bei den Bahnen der äußeren um stärker elliptische, die außerdem beträchtliche Neigungen zum Äquator aufweisen. Bei jenen der mittleren Gruppe liegen diese zwischen 25 und 28 Grad, bei den vier äußersten sogar über 90 Grad. Solche Bahnen werden auch retrograd genannt, da ihr Umlaufsinn um den Planeten gerade im umgekehrten Sinne gegenüber den übrigen Monden verläuft. Ein solches Verhalten kann entstehungsgeschichtlich am ehesten so gedeutet werden, daß diese Trabanten nicht von Anfang an zu Jupiter gehört haben, sich also nicht zusammen mit den inneren gebildet haben. Ihre Entfernung ist so groß, daß das Dreikörperproblem Sonne – Jupiter – Trabant eine gewisse Wahrscheinlichkeit für das Einfangen eines Asteroiden zuläßt, der auf einer jupiterähnlichen Bahn um die Sonne gekreist ist. Bei inneren

Die Jupitermonde Nummer	Name/ alter Name	Mittlerer Abstand km	Umlaufzeit Tage	Bahnabplattung	Bahnneigung Grad	Durchmesser km	Entdecker	
XIV	1979 J1	129 000	0,297	0,000	0,00	35	Voyager 2	1979
V	Amalthea	182 000	0,498	0,003	0,40	200	Barnard	1892
XV	1979 J2	222 000	0,6	0,000	0,00	75	Voyager 1	1979
I	Io	421 400	1,763	0,000	0,03	3636	Galilei	1610
II	Europa	670 500	3,551	0,000	0,47	3066	Galilei	1610
III	Ganymed	1 069 000	7,155	0,001	0,18	5216	Galilei	1610
IV	Kallisto	1 881 200	16,689	0,007	0,25	4890	Galilei	1610
XIII	Leda	11 110 000	240	0,147	26,70	10	Kowal	1974
VI	Himalia/Hestia	11 470 000	251	0,158	28	150	Perrine	1904
VII	Elara/Hera	11 730 000	260	0,207	28	60	Perrine	1905
X	Lysitnea/Demeter	11 750 000	261	0,107	29	25	Nicholson	1938
XII	Ananke/Adrastea	21 200 000	625	0,169	147	20	Nicholson	1951
XI	Carme/Pan	22 550 000	692	0,207	163	30	Nichloson	1938
VIII	Pasiphae/Poseidon	23 500 000	737	0,410	147	40	Melotte	1908
IX	Sinope/Hades	23 650 000	758	0,275	156	30	Nicholson	1914

Monden auf äquatornahen Kreisbahnen sinkt diese Wahrscheinlichkeit dagegen praktisch auf Null.
Weitere Informationen allgemeiner Art zu den größeren, inneren Monden finden sich unter «Galileische Monde». Detailinformationen sind dagegen unter den einzelnen Monden aufgeteilt zusammengestellt.

Physikalische Daten

Äquatordurchmesser (0,8 at — Niveau)	142 800 km
Poldurchmesser (0,8 at — Niveau)	135 500 km
Abplattung	0,054
Masse in Kilogramm	$1{,}90 \cdot 10^{27}$
in Erdmassen	317,9
Mittlere Dichte	1,33 g/cm³
Polachsenneigung zur Jupiterbahn	3°5′
Temperatur an der Wolkenobergrenze (unabhängig von der Breite)	150 ± 10° C
Temperatur im Planetenzentrum	30 000° C
Mittl. Oberflächenhelligkeit (Erde = 1)	0,0398
Schwerkraft am Äquator (Fliehkraft berücksichtigt)	22,8 m/s²
im Vergleich zur Erde	2,3
Schwerkraft an den Polen	25,6 m/s²
im Vergleich zur Erde	2,6
Fluchtgeschwindigkeit (ab Äquatorradius)	59,6 km/s
5000-km-Satellit: Umlaufzeit	197 Min.
Geschwindigkeit	40,7 km/s
Dauer eines Tag-Nacht-Zyklus	$9^h55^m33^s$
Rotationszeit	$9^h55^m30^s$
Magnetfeld am Nordpol	14,8 Gauss
Südpol	11,8 Gauss
Äquator	4,2 Gauss
Max. Sonneneinstrahlung	55 W/m²
Min. Sonneneinstrahlung	46 W/m²
Anzahl Monde	15

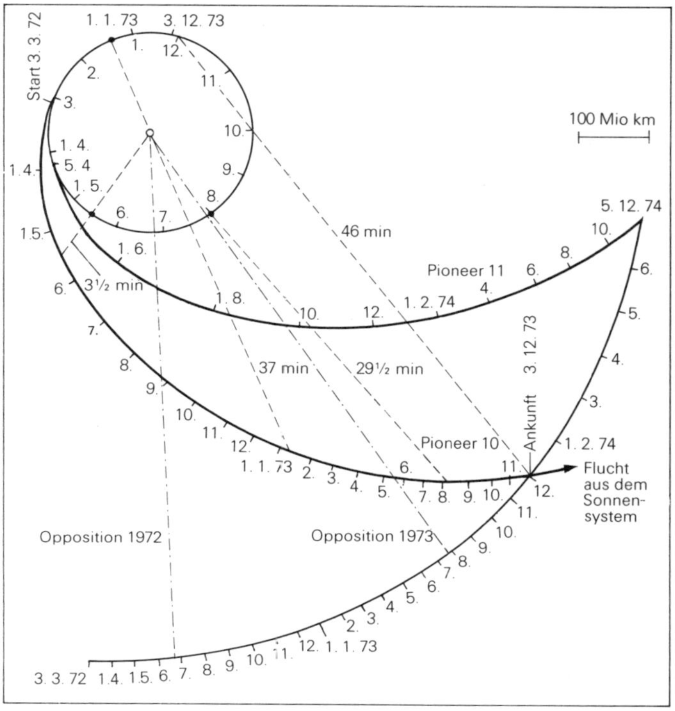

Pioneer-Sonden

Bei den beiden 1972 und 1973 zu Jupiter gestarteten Sonden Pioneer 10 und Pioneer 11 handelte es sich um drallstabilisierte Raumschiffe von nur 270 kg Masse. 30 kg davon entfielen auf die 11 bzw. 12 wissenschaftlichen Instrumente an Bord. Die vier SNAP-19 mit Plutonium-238 beheizten Thermoelemente erzeugten bei einer Gesamtmasse von etwa 45 kg eine Anfangsleistung von 140 Watt, die nach 5 Jahren auf etwa 100 W fiel. Dank zwei S-Band-Verstärkern von je 8 W Leistung und einer 2,7 m messenden Parabolantenne ließen sich auch aus Jupiterentfernung noch 1024 Impulse pro Sekunde zu den 64-m-Antennen auf der Erde übertragen. Bei entsprechender Reduktion der Datenrate läßt sich mit den auch Anfang 1979 noch aktiven Sonden bis an den Rand unseres Sonnensystems verkehren. Die Richtstrahlantenne hat einen Verstärkungsfaktor von 33 Dezibel und einen Strahl von 3,3 Grad Öffnungswinkel. Die 11 an Bord ausführbaren Experimente gehen aus der beigefügten Zeichnung des Raumschiffes hervor (Seite 227). Pioneer 11 war noch mit einem sogenannten Fluxgate-Magnetometer ausgerüstet. Die Umfliegung von Jupiter mit dieser zweiten Sonde wurde so gewählt, daß diese anschließend auf einer weiten Ellipsenbahn (also im Gegensatz zu den späteren Flügen

Pioneer-Sonden
Hier werden der zeitliche Ablauf und die Distanzverhältnisse einer typischen Jupitermission anhand der Flüge von Pioneer 10 und Pioneer 11 veranschaulicht. Wegen des im Vergleich zur Erde viel langsamer um die Sonne laufenden Jupiters kann es vorkommen, daß sich die Erde der langsam nach außen treibenden Sonde gelegentlich stärker nähert, als sich diese entfernt, so daß die Distanz zu gewissen Zeiten des Hinfluges mitunter wieder abnimmt. So war die Distanz zu Pioneer 10 im Januar 1973 bereits einmal auf 37 Funkminuten angewachsen, um dann bis im August wieder auf 29½ Funkminuten abzunehmen.

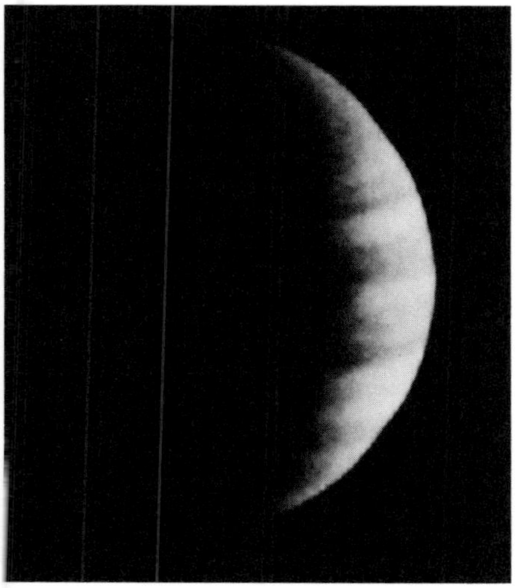

Pioneer-Sonden
Jupiter, wie wir ihn von der Erde aus nie sehen. Die Aufnahme stammt vom 5. Dezember 1973, 2,8 Mio km nach der Passage der Sonde Pioneer 10 hinter Jupiter. Die Sonne scheint von rechts im Hintergrund und beleuchtet die hohen weißen Wolkenzonen etwas länger als die tieferliegenden dunklen Bänder, was an der Schattengrenze sichtbar wird.

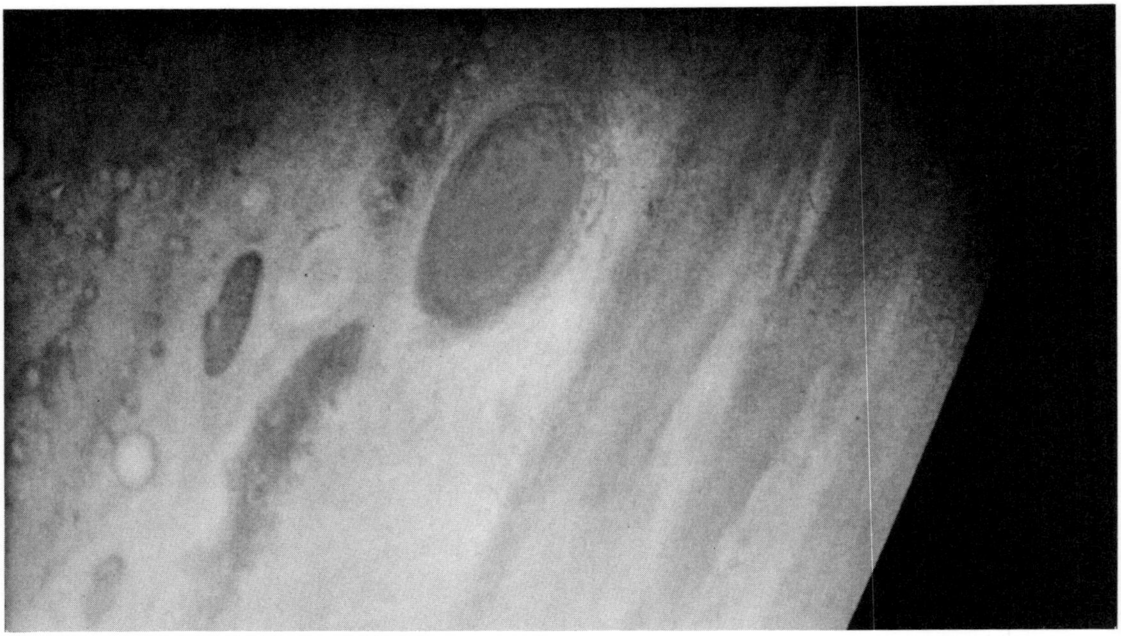

Pioneer-Sonden
Dies ist das beste Bild des Großen Roten Flecks, das Pioneer 11 am 2. Dezember 1974 aus einer Distanz von 550 000 km über Jupiter zur Erde gesendet hatte. Die atmosphärische Zirkulation war gerade einigermaßen erkennbar, wenn auch nur im größten der Wirbelstürme. Die kleineren ovalen Flecken waren dagegen noch nicht als solche erschienen.

noch nicht hyperbolisch) auf die andere Seite des Sonnensystems gelenkt wurde, wo sie am 1. September 1979 den nächstäußeren Planeten Saturn passierte. Wegen der hohen Bahnneigung stieg Pioneer 11 während des Weiterfluges bis zu 100 Mio km über die Ekliptik.

Radiowellen

Jupiter ist neben der Sonne die stärkste Radioquelle am Firmament. Man unterscheidet drei Wellenbereiche: Zentimeter-, Dezimeter- und Dekameterwellen (unsere Kurzwellen). Die «Wärmestrahlung» hat ihren Ursprung in der Atmosphäre, deren thermische Emissionen bei den herrschenden Temperaturen im Bereich von etwa 3 cm liegen. Bei den Dezimeterwellen (bis 70 cm) erklärt man die Entstehung als Synchrotronstrahlung von Elektronen mit teilweise bereits relativistischer Geschwindigkeit, die sich längs den Feldlinien in der Magnetosphäre bewegen.
Die genaue Vermessung durch Pioneer 10 und Pioneer 11 hatte auch einige Konsequenzen für die Astrophysik, weil festgestellt wurde, daß in Sternatmosphären offenbar eine zehnmal geringere Elektronendichte genügt, um solche Strahlung zu erzeugen, als bisher angenommen. Viel unregelmäßiger und lange Zeit ungeklärt waren dagegen die plötzlichen Ausbrüche von Dekameterwellen bis etwa 60 m, deren Intensität jene der Synchrotronstrahlung um das 10 000fache übersteigen kann. Hier lieferten erst die Pioneer-Sonden die Antwort auf die Frage nach dem Ursprung. Rein empirisch war zwar schon früher ein gewisser Verdacht auf den Trabanten Io gefallen, dessen Position in einem statistisch signifikanten Maße mit den Radioeruptionen stand. Gewißheit bestand erst, als die Pioneer-Sonden den Plasmaschlauch hinter Io durchflogen und binnen 10 Minuten einen zehnfachen Anstieg an Elektronen im Energiebereich von etwa 0,5 bis 10 Mio Elektronenvolt meldeten. An keiner anderen Stelle in der Magnetosphäre war etwas Ähnliches beobachtet worden. Es ließ sich errechnen, daß die Spannungsdifferenz zwischen entgegengesetzten Punkten der Ionosphäre von Io etwa 400 000 Volt betragen muß. Die im elektrischen Fluß des Magnetschlauches enthaltene Leistung ließ sich ebenfalls abschätzen und mit 10 000 Gigawatt angeben — genug, um etwa zehn irdische Zivilisationen mit Strom zu versorgen!
Der Grund für die hohe elektrische Leitfähigkeit des Mediums in der Umgebung von Io wird in einer dichten und sogar von der Erde aus nachweisbaren, vorwiegend aus Natriumionen bestehenden Ionosphäre gesehen, die längs der ganzen Umlaufbahn um Jupiter verwischt wird. Die Intensität der im Strahlungsgürtel herrschenden Protonenstrahlung wird mehr als ausreichend betrachtet, um beim Aufprall auf die vermutlich salzbedeckte Oberfläche von Io die benötigten 10 bis 20 Mio Natriumatome pro Quadratzentimeter und Sekunde «abzuschmirgeln». Wegen der Kurzlebigkeit der Entladungen konnte von den Pioneer-Son-

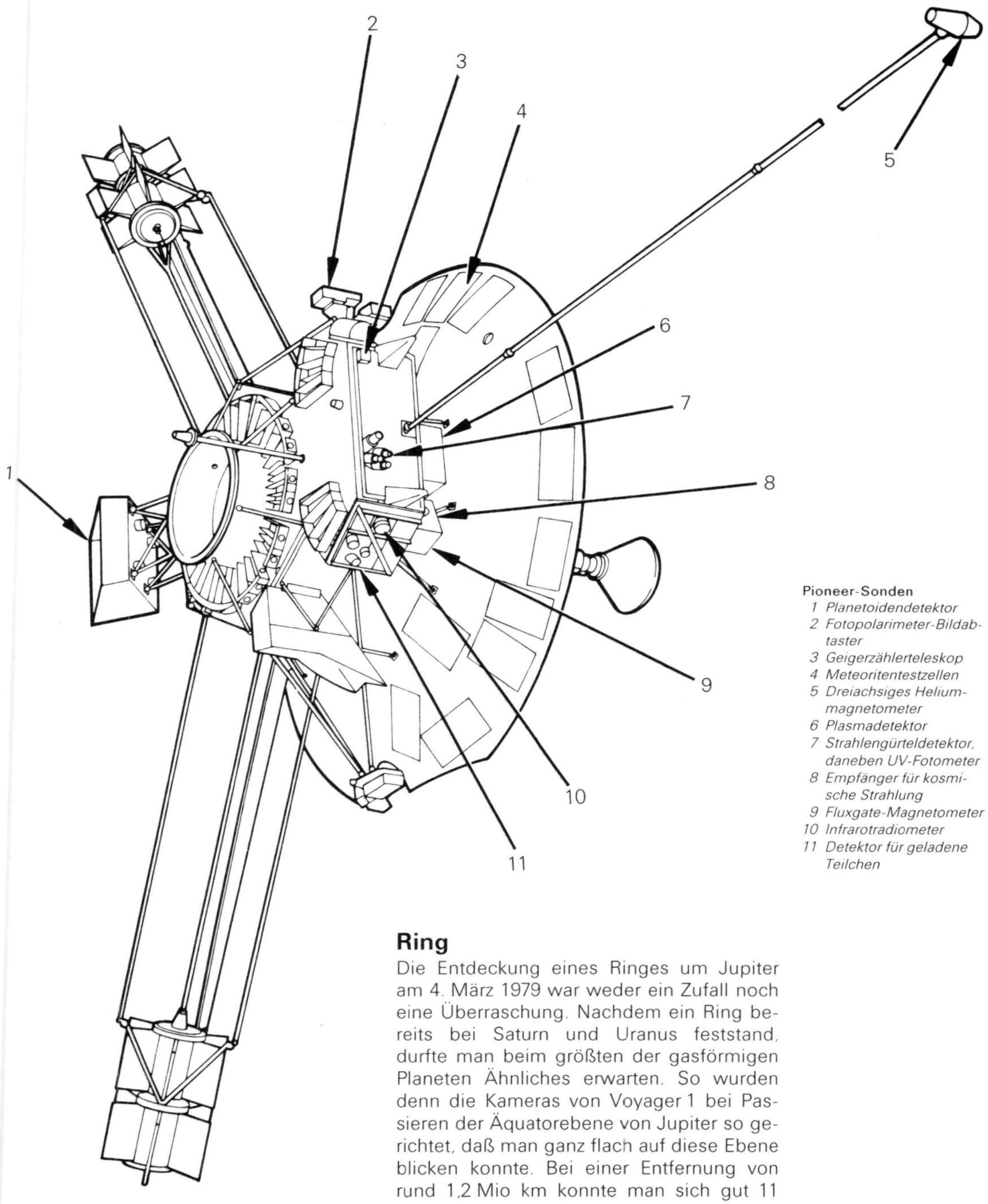

Pioneer-Sonden
1 Planetoidendetektor
2 Fotopolarimeter-Bildabtaster
3 Geigerzählerteleskop
4 Meteoritentestzellen
5 Dreiachsiges Heliummagnetometer
6 Plasmadetektor
7 Strahlengürteldetektor, daneben UV-Fotometer
8 Empfänger für kosmische Strahlung
9 Fluxgate-Magnetometer
10 Infrarotradiometer
11 Detektor für geladene Teilchen

den noch nicht abgeklärt werden, wo genau diese Entladungen stattfinden. Es kommen hierfür Kurzschlüsse zwischen Io und Jupiter, aber auch innerhalb der Ionosphären von beiden Körpern in Frage.

Ring

Die Entdeckung eines Ringes um Jupiter am 4. März 1979 war weder ein Zufall noch eine Überraschung. Nachdem ein Ring bereits bei Saturn und Uranus feststand, durfte man beim größten der gasförmigen Planeten Ähnliches erwarten. So wurden denn die Kameras von Voyager 1 bei Passieren der Äquatorebene von Jupiter so gerichtet, daß man ganz flach auf diese Ebene blicken konnte. Bei einer Entfernung von rund 1,2 Mio km konnte man sich gut 11 Minuten Zeit lassen, um die Aufnahme zu belichten, ohne daß sich der Blickwinkel allzu sehr verschob. In einer Höhe von 57 000 km über dem Wolkenmeer zeigte eines der Funkbilder tatsächlich den Rand eines Ringes (vergleiche Abbildung auf Seite 228). Seine Breite konnte aus dieser Perspektive natürlich nicht ermessen werden, hingegen ließ sich die maximale Dicke mit etwa 30 km angeben. Vermutlich ist der Ring aber viel dünner. Bei einer Belichtungszeit, die der hellen Jupiterscheibe angepaßt wäre, bliebe der äußerst dünne Ring jedoch unsichtbar. Von der Erde aus besteht also höchstens die Aussicht, anläßlich von Sternbedeckungen indirekt seine Anwesenheit nachzuweisen, so wie dies 1977 bei Uranus geschehen ist. Für seine Entstehung innerhalb der Roche-Grenze dürften die gleichen Mechanismen verantwortlich gewesen sein, wie sie im Abschnitt über den Saturnring beschrieben sind.

Rotation

Für die terrestrischen Planeten mit fester Oberfläche ist es möglich, mit großer Genauigkeit eine Rotationszeit anzugeben. Diese zeigt zwar eine ziemlich gleichmäßige Tendenz zur Verlangsamung über sehr lange Zeiträume, und hochpräzise Messungen offenbaren auch winzige zeitliche Schwankungen in der Größenordnung von Tausendstelsekunden, die auf Unterschiede im irdischen Trägheitsmoment zurückgeführt werden. Solche haben ihre Ursache in Verschiebungen des plastischen Inneren, der Meere und der Atmosphäre. Bei Jupiter, wo sich solche Effekte noch verstärkt bemerkbar machen und eine feste Referenzoberfläche fehlt, machte die genaue Angabe einer Rotationszeit mindestens zur Zeit ausschließlicher Teleskopbeobachtungen große Mühe. Meist wurden verschiedene Werte angegeben, die sich auf die einzelnen Bänder und Zonen bezogen: $9^h50^m30^s$ bis $9^h55^m30^s$. Derartige Unterschiede werden systematisch vorherrschenden Windrichtungen zugeschrieben, die individuelle Rotationszeiten für die ein-

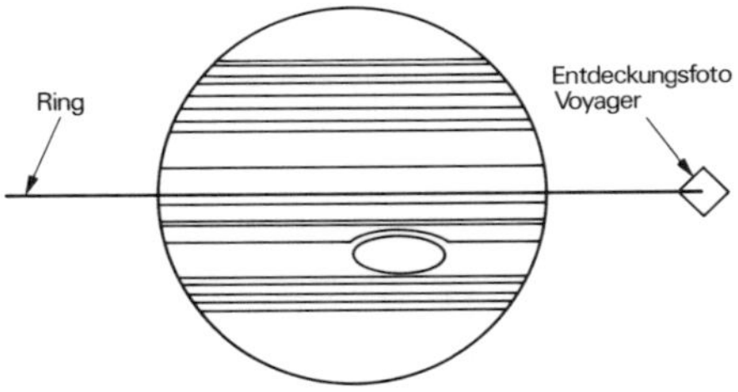

Ring
Die Skizze vermittelt den genauen Ort, wo die Voyager-1-Sonde nach elfminütiger Belichtungszeit den sehr lichtschwachen Außenrand des Jupiterringes entdeckte. Eine solche Routineaufnahme war beim Passieren der Äquatorebene absichtlich eingeplant worden. Da das Raumschiff während dieser Zeit winzige, periodische Bewegungen ausführte, wurden die Hintergrundsterne als Zickzacklinien und der Ring selber als sechsfach leicht verschoben belichtetes Band abgebildet. Bei den schwarzen Punkten handelt es sich lediglich um Markierungspunkte des Kamerasystems. Der Ring kann höchstens 30 km dick sein, vermutlich ist er aber um einiges dünner. Sein Außenrand liegt 57 000 km über dem Jupiteräquator.

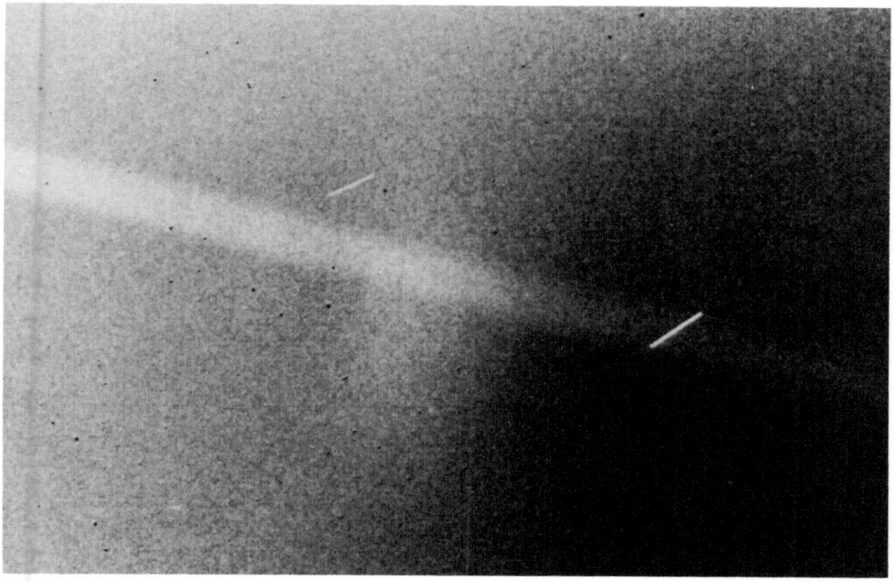

Monde
Auf einer der Aufnahmen, die der Voyager-2-Sonde am 8. Juli 1979 aus geringer Jupiterdistanz gelangen, entdeckte man zur Überraschung ein unerwartetes Objekt: Ein kleiner, bisher unbekannter Mond kreuzte das Blickfeld so günstig, daß er sich als breite Lichtspur abbildete. Zwei Hintergrundsterne unterscheiden sich deutlich durch ihre kürzeren und feineren Striche in anderer Richtung. Das Funkbild gestattete die Berechnung der ungefähren Größe und der Bahn des neuen Mondes. Der Durchmesser muß zwischen 30 und 40 km liegen. Die Bahn mit einer Umlaufzeit von nur 7 Stunden und 8 Minuten verläuft unmittelbar außerhalb des Ringrandes, also noch weit innerhalb Amalthea. Damit bestätigt sich die Vermutung, daß die in der Nähe der Roche-Grenze kondensierte Ringmaterie wie bei Saturn bereits dazu neigt, den oder die innersten Monde zu bilden. Inzwischen wurde der neue Trabant auch auf anderen Aufnahmen gefunden.

zelnen Breitenkreise zur Folge haben. Welcher gibt nun den richtigen Wert, der der Rotation der überwiegenden Masse im Inneren des Planeten entspricht? Hierüber gab erst die entdeckte Periodizität der von Jupiter ausgesandten Radiostrahlung Auskunft. Es zeigte sich, daß die für die höheren Breitenkreise geltende größere Rotationszeit $9^h55^m30^s$ die richtige ist. Die scheinbar schnellere Rotation der Äquatorgegend kommt dagegen durch einheitliche Ostwinde von im Mittel fast 400 km/h zustande.

Strahlungsgürtel

Jupiter besitzt ähnlich der Erde nicht nur ein Magnetfeld, sondern auch einen Strahlungsgürtel, dessen Intensität allerdings alle Vorstellungen sprengt. Außer bei außerirdischen Atomexplosionen wurden noch nie derartige Werte direkt mit Instrumenten gemessen. Pioneer 10 nahm während seiner Passage eine Strahlendosis von etwa einer halben Million Röntgen auf, was der tausendfachen letalen Dosis beim Menschen entspricht. Im Maximum trafen allein etwa eine Milliarde Elektronen pro Quadratzentimeter und Sekunde auf das Raumschiff, von denen 90 Prozent immerhin im Energiebereich von 3 bis 30 Mio Elektronenvolt lagen. Von den schwereren und energiereicheren Protonen waren es 6 Mio pro Quadratzentimeter und Sekunde, ein Wert, der vom näher an Jupiter heranfliegenden Pioneer 11 (41 600 km gegenüber 139 000 km bei Pioneer 10) noch um das 20fache übertroffen wurde. Beruhigend war die Feststellung, daß die Intensität bei der letzten Annäherung nicht mehr zunahm und vermutlich von 40 000 km bis zur Wolkengrenze eher wieder etwas abnimmt. Dafür gibt es gute Gründe, denn je tiefer die Teilchen an den Planeten herankommen, desto größer wird die Chance, daß sie irgendwie von der Atmosphäre absorbiert und so aus dem Verkehr gezogen werden. Auch der irdische Gürtel erreicht sein Maximum erst in einiger Höhe.

Bei Jupiter wurde das Intensitätsmaximum für Elektronen bei etwa 64 000 km vermutet, jenes für Protonen bei 48 000 km. Diese Höhen beziehen sich auf die Wolkenobergrenze. Die Maxima gelten für die Strahlung über dem Äquator. Bei größeren Breiten nimmt die Intensität rasch ab. Schon bei 20 Grad Nord oder Süd beträgt sie nur noch ein Drittel, bei 40 Grad nur noch ein Zehntel. Für alle Breiten gilt bis in einige Entfernung, daß die Dichte der Elektronenstrahlung etwa alle 200 000 km um den Faktor 10 abnimmt, wenn man vom Maximum nach außen geht.

Die Teilchen gewinnen ihre extremen Energien dadurch, daß sie mehrere Zyklen aus dem Inneren des Strahlungsgürtels nach außen und wieder zurück laufen. Dabei bewegen sie sich ständig längs der magnetischen Feldlinien von Pol zu Pol, wo sie aber die Linie wechseln und von einer weiteren auf eine nähere Bahn oder umgekehrt gelangen können. Dabei vergrößern sie ständig ihre Energie, bis sie entweder aus dem Gürtel ausbrechen können oder mit der Hochatmosphäre von Jupiter oder einem seiner Monde zusammenstoßen. Wegen der Asymmetrie des Feldes werden auf

Ring
Nach dem Nachweis eines Jupiterringes durch Voyager 1 wählte man für Voyager 2 den günstigsten Zeitpunkt, um ein optisch einwandfreies Bild des neuen Objektes aufnehmen zu können: Am 10. Juli 1979, als sich die Sonde 1,5 Mio km hinter Jupiter und mitten in dessen Schatten befand. Der Ring erscheint dabei wegen des zwischen den Ringpartikeln durchscheinenden Sonnenlichtes besonders hell. Auch die Jupiteratmosphäre reflektiert anläßlich einer solchen Sonnenfinsternis noch einiges Licht.

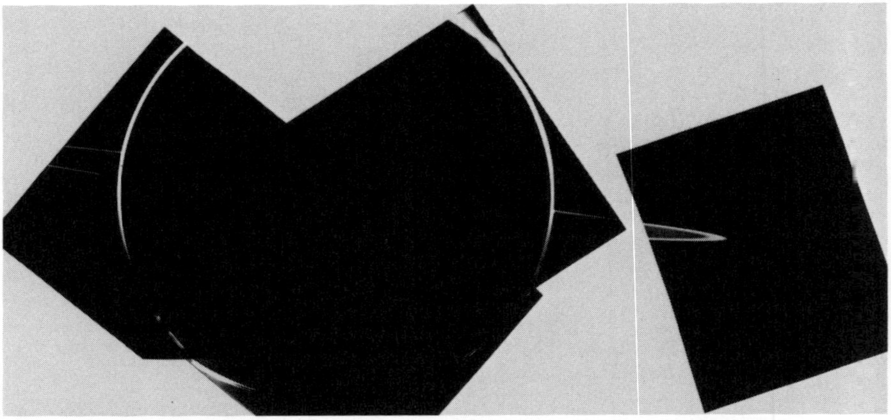

Ringe
Dies ist eines der Originalbilder, das das obige vierteilige Mosaik zusammensetzt. Es zeigt, daß der Ring von Jupiter im Gegensatz zu jenem von Saturn bis zur Atmosphäre hinunterreicht, wenn er dort auch nur noch sehr verdünnt ist.

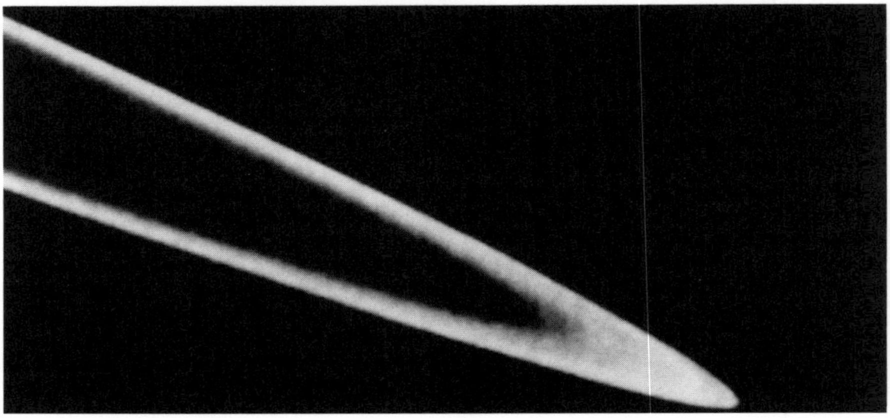

diese Weise bei der täglichen Rotation alle Partikeln an der Atmosphäre «abgestreift», die nicht mindestens 7000 km hoch fliegen. Da ein Teilchen für den Weg von Pol zu Pol nur wenige Sekunden benötigt, ist dieser Eliminationsmechanismus sehr wirksam, da es im Durchschnitt nicht lange dauert, bis ein tiefes Teilchen absorbiert wird.
Dieser Strahlungsgürtel ist nun aber keineswegs ein statisches Gebilde, sondern vor allem in den äußeren Teilen großen Veränderungen unterworfen. Plötzliches Anschwellen des Sonnenwindes kann Unstetigkeiten hervorrufen, die sich selber verstärken: Durch am Rande weggeblasene Partikeln verliert auch das dort induzierte Feld seine Wirkung, wodurch der Sonnenwind noch weiter eindringen kann usw. Der Vorgang ist vergleichbar mit einem Dammbruch, bei dem sich das Leck auch sehr rasch erweitert, wenn der Anfang einmal gemacht ist.
Sogar im Inneren wird der Strahlungsgürtel aber ständig gestört, indem die Monde wie Löffel in einem riesigen Topf umrühren. Viele der raschen Protonen und Elektronen bleiben dabei auf diesen Körpern stecken. Dieser Vorgang sorgt dafür, daß sich die Partikeldichte schätzungsweise auf einem hundertmal niedrigeren Gleichgewicht stabilisiert hat, als es das ohne die störenden Trabanten tun würde. Die interessantesten Erscheinungen ergeben sich dabei im Falle des innersten großen Mondes Io. Ähnliches passiert vermutlich auch beim noch weiter innen laufenden Amalthea, doch treten die Effekte angesichts von dessen rund 300mal kleinerem Querschnitt entsprechend weniger deutlich auf. Io zieht auf seiner Bahn einen langen Plasmaschweif hinter sich her, wo eine gewisse Trennung von positiven und negativen Ladungsträgern stattfindet. Der etwa unserem Mond an Größe entsprechende Trabant lädt sich dabei an der Jupiter zugewendeten Seite so stark negativ und an der abgewendeten Seite entgegengesetzt positiv auf, daß quer durch den Körper eine Spannung von etwa 400 000 Volt entsteht. Auch dieser Zustand ist nicht stabil, sondern vielmehr Anlaß zu fast periodischen Entladungen, die für intensive Eruptionen von Radiowellen verantwortlich sind. Weitere Details zu diesem Thema finden sich daher unter «Radiowellen» und «Io».

Teleskopbeobachtungen

Für den Amateurastronomen gehört Jupiter zu den dankbarsten Objekten am Himmel, doch ist eine eingehendere Erforschung dieses Planeten auch mit größten Instrumenten sehr begrenzt. Die interessantesten Phänomene, wie etwa das Strömungsverhalten innerhalb der Flecke, liegen leider bereits unterhalb der Sichtbarkeitsgrenze. Auch die Berechnung der Dichten der Galileischen Monde scheiterte nicht nur an der ungenauen Kenntnis von deren Massen (die erst anläßlich naher Vorbeiflüge direkt gemessen werden konnten), sondern vor allem an der großen Unsicherheit, mit der die mikrometrischen Durchmesserbestimmungen behaftet waren. So verwundert es nicht, daß die ersten Funkbilder von Pioneer 10 aus mehreren Millionen Kilometern bereits mehr Details zeigten wie die bis anhin besten teleskopischen Aufnahmen von der Erde. Insbesondere die für das Verständnis der atmosphärischen Zirkulation wichtigen polnahen Gebiete können nur bei Vorbeiflügen eingesehen werden, da wir von der Erde aus immer nur aus dessen Äquatorebene auf Jupiter blicken. Die über die Jahrhunderte zusammengetragenen Bilder, insbesondere Zeichnungen, besitzen aber nach wie vor eine große statistische Bedeutung, da natürlich auch die modernste Sonde nicht sagen kann, welche Entwicklung etwa der Große Rote Fleck seit dem 17. Jahrhundert bis heute durchgemacht hat.

Voyager-Sonden

Bei den beiden am 20. August und am 5. September 1977 zu den äußeren Planeten gestarteten Raumschiffen Voyager 1 und Voyager 2 handelt es sich um bedeutend weiterentwickelte Sonden des Typs «Mariner» mit nuklearer statt solarer Energieversorgung. Sie sind dreiachsig stabilisiert und verfügen über eine präzis schwenkbare Instrumentenplattform. Beim Einschuß in die Transferbahn zu Jupiter wogen beide Raumschiffe noch 825 kg, wovon je 105 kg auf die wissenschaftliche Instrumentierung entfielen. Drei mit Plutonium 238 beheizte Thermoelemente erzeugten bei einer Gesamtmasse von knapp 120 kg eine thermische Leistung von 7,2 kW. Davon standen maximal 480 W an elektrischer Leistung zur Verfügung, von denen jedoch selten mehr als 400 W benötigt wurden. Zur Kommunikation diente ein S-Band-Sender (wahlweise 9,4 W oder 28,3 W bei 2295 MHz) und ein X-Band-Sender (wahlweise 12 W oder 21,3 W bei 8418 MHz). Bei Verwendung der Richtstrahlantenne mit 3,7 m Durchmesser lassen sich damit pro Sekunde 115 200 Impulse aus Jupiter- und 44 800 Impulse aus Saturnentfernung empfangen. Die Datenverarbeitung wurde von zwei identischen Computern mit je 4096 Datenwörtern zu 16 Bits (wovon je die Hälfte Read-only-Programme) besorgt. Der Massenspeicher, ein 328 m langes Halbzoll-Magnetband, verfügte über eine Kapazität von 536 Megabit, was etwa 100 Funkbildern bei maximaler Bildauflösung entsprach. Bei der Datenübertragungsrate von 115 200 Impulsen pro Sekunde dauerte es 48 Sekunden, bis ein Fernsehbild zur Erde übertragen war. Diese Zeit entspricht genau der Abtastperiode für eine Aufnahme aus der Bildröhre, so daß man diese auch ohne Zwischenspeicherung übertragen konnte. Zwei Fernsehteleskope mit 200 bzw. 1500 mm Brennweite und einem Blickfeld von 3,2 bzw. 0,43 Grad besaßen eine spektrale Empfindlichkeit von 3200 bis 6200 Angström, konnten aber durch eine Reihe verschiedener Filter, insbesondere ein gelbes Natriumfilter zur Beobachtung des Mondes Io, auch Aufnahmen in willkürlichen Farben erzeugen. Sowohl bei Jupiter als auch bei Saturn füllt die Planetenscheibe das Blickfeld der Telekamera bereits drei Wochen vor der Ankunft und bis drei Wochen nach der Passage voll aus. Bildsequenzen der gleichen Ansicht während Dutzenden von Planetenrotationen

Voyager-Sonden
Die Daten von Voyager 2 von Saturn an gelten für den Fall, daß Voyager 1 sein Programm bei Jupiter erfolgreich absolviert hat und daß die Umfliegung von Saturn im Hinblick auf einen Weiterflug zu Uranus und nicht aufgrund einer optimalen Erkundung des Ringplanetensystems konzipiert wird.

Flugplan der Sonden:	Voyager 1	Voyager 2
Start	5. 9. 1977	20. 8. 1977
Erste Bilder von Jupiter	15. 12. 1978	20. 4. 1979
Distanz	80 Mio km	75 Mio km
Passage bei Jupiter	5. 3. 1979	9. 7. 1979
Minimaldistanz von	4.–6. 3. 1979	8.–10. 7. 1979
Jupiter	278 000 km	650 000 km
Amalthea	420 100 km	558 270 km
Io	18 640 km	1 127 920 km
Europa	732 270 km	204 030 km
Ganymed	112 030 km	59 530 km
Kallisto	123 950 km	212 510 km
Letzte Bilder von Jupiter	April 1979	August 1979
Erste Bilder von Saturn	August 1980	Juni 1981
Distanz	100 Mio km	100 Mio km
Passage bei Saturn	12. 11. 1980	27. 8. 1981
Minimaldistanz von	11.–13.11.1980	24.–26. 8. 1981
Saturn	138 000 km	101 000 km
äußerer Ring	74 000 km	38 000 km
Titan	4 000 km	665 000 km
Rhea	60 000 km	645 000 km
Dione	140 000 km	502 000 km
Tethys	410 000 km	93 000 km
Enceladus	230 000 km	87 000 km
Mimas	100 000 km	310 000 km
Letzte Bilder von Saturn	Januar 1981	Oktober 1981
Passage Uranus	—	24. Januar 1986
Passage Neptun	—	24. August 1989

lassen sich nach der Distanzkorrektur zu Farbfilmen zusammenkopieren, die nur noch die Wolkenbewegung, aber nicht mehr die Rotation zeigen.

Aufbau und Instrumentierung der Sonden sind aus der beigefügten Zeichnung ersichtlich.

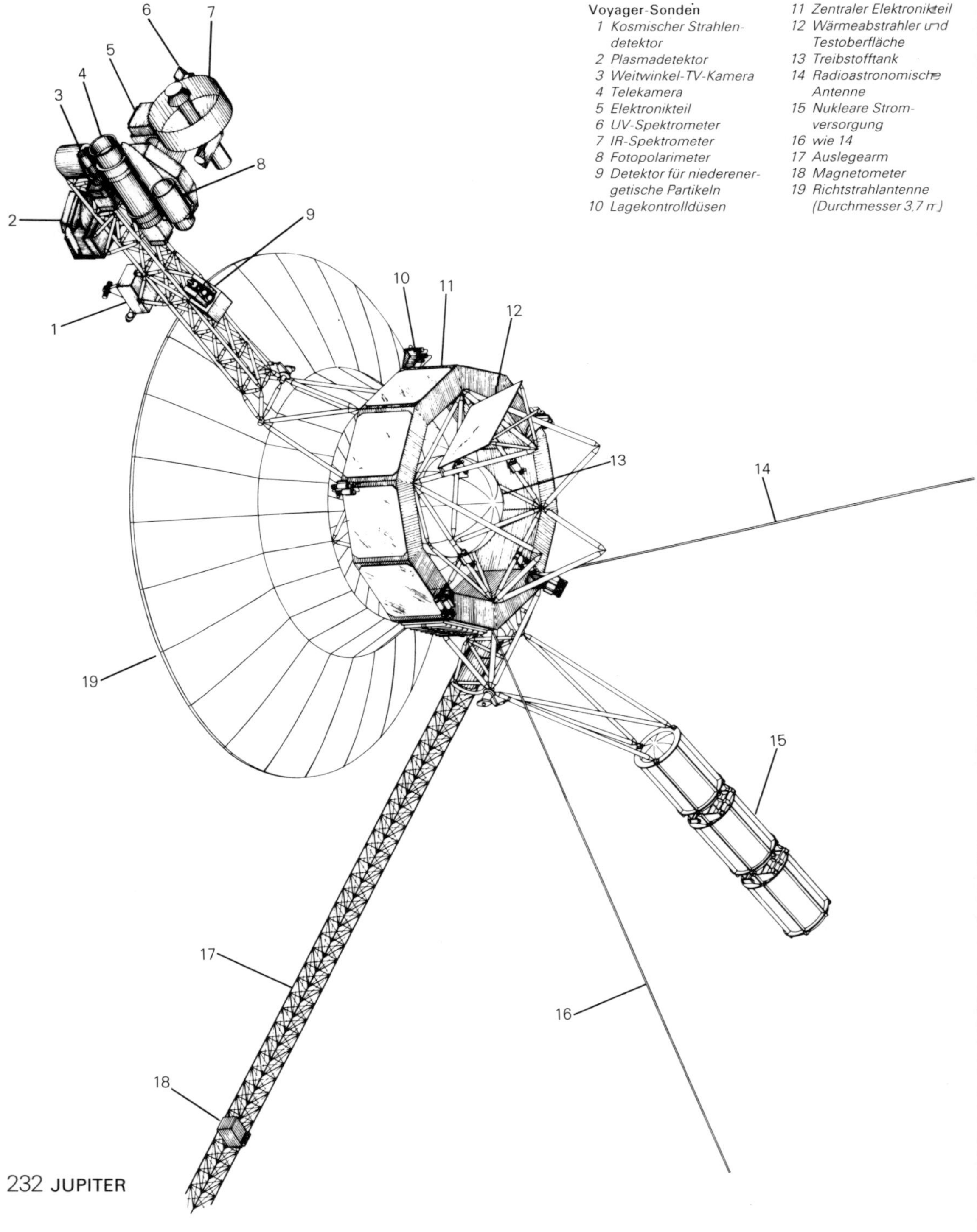

Voyager-Sonden
1 Kosmischer Strahlendetektor
2 Plasmadetektor
3 Weitwinkel-TV-Kamera
4 Telekamera
5 Elektronikteil
6 UV-Spektrometer
7 IR-Spektrometer
8 Fotopolarimeter
9 Detektor für niederenergetische Partikeln
10 Lagekontrolldüsen
11 Zentraler Elektronikteil
12 Wärmeabstrahler und Testoberfläche
13 Treibstofftank
14 Radioastronomische Antenne
15 Nukleare Stromversorgung
16 wie 14
17 Auslegearm
18 Magnetometer
19 Richtstrahlantenne (Durchmesser 3,7 m)

♄ Saturn

Atmosphäre

Bei einem weitgehend flüssigen bis gasförmigen Planeten wie Saturn muß der Bereich der Atmosphäre willkürlich definiert werden. Man hat sich auf Druckverhältnisse zwischen einer Zehnmilliardstel Atmosphäre am Rande der Exosphäre und 1000 at weit unterhalb der sichtbaren Wolkenschicht geeinigt. Die äußerst geringe mittlere Dichte des Planeten von 0,7 g/cm³ und die Erfahrung mit Jupiter waren Hinweis genug für die Vermutung, daß auch dieser zweitgrößte Nachbar eine ähnliche Zusammensetzung aufweist wie unsere Sonne, die sich ja aus der gleichen Urmaterie gebildet hat. Die Voyager-Sonden stellten tatsächlich etwa 90 Prozent Wasserstoff und 11 Prozent Helium mit Beimengungen eines kleinen Restes anderer Verbindungen fest. Von der Erde aus konnten bereits früher Methan und Aethan festgestellt werden, zwei leichte Kohlenwasserstoffe, die auch auf Jupiter vorkommen. Da auf jenem Planeten auch noch Ammoniak einen beträchtlichen Teil der kondensierten Wolken ausmacht, suchte man auf Saturn ebenfalls nach diesem Gas. Im sichtbaren Bereich des Lichtes fanden sich zwar keine meßbaren Absorptionslinien, doch konnte hier die Radioastronomie einspringen. Radiowellen durchdringen selbst dichtere Atmosphärenschichten, so daß auch nach Spektrallinien aus der Tiefe der Atmosphäre gesucht werden kann, wo die Gasdichte und damit die Intensität größer ist. Mit dieser Methode ergaben sich indirekte Hinweise auf das Vorhandensein von Ammoniak.

Auch auf Saturn wurden parallele Streifen zum Äquator entdeckt, wenn auch nicht so ausgeprägt wie auf Jupiter. Sechs dunkle Bänder und drei helle Zonen konnten kontinuierlich über die letzten 200 Jahre beobachtet werden, und ihre Existenz wurde auch von den Raumsonden bestätigt. Die Färbung ist vermutlich wegen der geringeren Temperatur und damit der weniger weit fortgeschrittenen chemischen Evolution so viel blasser als jene von Jupiter. Dazu kommt aber auch die Existenz einer dämpfenden Dunstschicht über dem eigentlichen Wolkenmeer. Die Bänder und Zonen sind nur selten und schwach strukturiert. Helle und dunkle Flecken sind zwar gelegentlich entdeckt worden, doch beträgt ihre Lebensdauer meist nur einige Monate; oft wurde jahrelang vergeblich nach ihnen gesucht, was die Bestimmung der Rotationszeit lange erschwert hat. Wie bei Jupiter sind die Flecken auch bei Saturn auf die Äquatornähe konzentriert, doch fehlen sie hier in Breiten über 60 Grad auch auf Voyager-Fotos fast vollständig. Ihre Größe beträgt meist einige tausend Kilometer, und noch nie wurde einer mit den Dimensionen des Großen Roten Flecks auf Jupiter beobachtet. Sie sind eher vergleichbar mit den Konvektionszellen, die man in den Polarzonen des großen Nachbarn Jupiter entdeckt hat. Bei den herrschenden Temperaturen innerhalb der Saturnatmosphäre (–180° C im Bereich der Wolken) sind sowohl Wasserstoff als auch Helium gasförmig und vollkommen durchsichtig und farblos. Die Wolken müssen also vor allem aus den bei diesen Temperaturen auskondensierenden Gasen Methan und Ammoniak bestehen. Die rasche Rotation des Planeten erzeugt neben einer starken Abplattung auch enorme Corioliskräfte, die die Streifenstruktur bestens erklären können. Aufsteigende Wolken werden ständig in Richtung der Breitenkreise auseinandergezogen. Es war zu erwarten, daß dabei gelegentlich ein Wirbelsturm für ein paar Monate zwischen den gegenläufigen Rändern von Zonen eingeschlossen wird und im Leerlauf mitdreht (vergleiche «Großer Roter Fleck» bei Jupiter). Als große Überraschung zeigte sich auf einer Voyager-2-Aufnahme ein solcher Sturm, der neun Monate zuvor (Voyager 1) noch nicht existiert hatte. Die atmosphärische Zirkulation wird bei Saturn durch einen internen Wärmefluß und die von der schiefen Rotationsachse bewirkten Jahreszeiten angetrieben. Bei ihm wird etwa das Doppelte an Wärme abgestrahlt gegenüber dem, was er in der großen Entfernung noch von der Sonne empfängt. Absolut gesehen ist der Wärmefluß trotzdem kleiner als bei Jupiter, bei dem der Fluß verhältnismäßig vergleichbar ist, obwohl seine solare Einstrahlung etwas mehr als dreimal größer ist. Dies ist durchaus verständlich, denn ein kleinerer Planet kühlt sich auch entsprechend schneller ab. Saturn ist von seiner ursprünglichen Erwärmung bereits weiter gegen den thermischen Gleichgewichtszustand hin abgekühlt worden als sein größerer Nachbar Jupiter.

Bahndaten

Umlaufzeit um die Sonne	29,46 Jahre
Zeit zwischen zwei Distanzminima von der Erde	378,1 Tage
Minimaler Sonnenabstand	1343 Mio km
Maximaler Sonnenabstand	1509 Mio km
Minimaler Erdabstand	1193 Mio km
Maximaler Erdabstand	1658 Mio km
Minimale Funkzeit zur Erde	66,3 Lichtmin.
Maximale Funkzeit zur Erde	92,1 Lichtmin.
Geschw. im sonnennächsten Punkt	10,2 km/s
Geschw. im sonnenfernsten Punkt	9,1 km/s

Länge des aufsteigenden Knotens (Grad)	$113{,}445187 + 2{,}39 \cdot 10^{-5}T$
Neigung zur Ekliptik (Grad)	$2{,}489572 - 1{,}08 \cdot 10^{-7}T$
Länge des Perihels (Grad)	$339{,}122155 + 2{,}97 \cdot 10^{-5}T$
Große Halbachse (astronomische Einheiten)	9,554747
Numerische Exzentrizität	$0{,}0556328 - 9{,}5 \cdot 10^{-9}T$
Mittlere Anomalie am 1. 1. 1975 (Grad)	11,3880

Die obigen vollständigen Bahnelemente sind für den mit modernen Rechenhilfsmitteln ausgerüsteten Interessenten gedacht. Die mittlere Drift der sich systematisch ändernden Elemente ist angegeben und gestattet für viele Zwecke hinreichend genaue Positionsberechnungen je ungefähr 200 Jahre in die Zukunft und in die Vergangenheit. T bedeutet die seit dem 1. Januar 1975 verflossene Zeit in Tagen.

Cassinische Teilung

Beim Unterbruch zwischen dem A- und dem B-Ring handelt es sich um einen materiefreien Spalt, dessen Breite rund 3600 km beträgt und nach dessen Entdekker Cassini benannt ist. Diese Unsicherheit rührt daher, daß die Ringpartikeln nicht von einem Punkt zum nächsten plötzlich aufhören, sondern sich in fünf größere und mehrere kleinere Ringe von besonderer Feinheit gruppieren, die erst auf den Voyager-Aufnahmen ausgemacht werden konnten. Eines dieser Ringlein war sogar elliptisch, was auf eine noch andauernde Evolution hindeutet, denn nur Kreisbahnen sind langfristig stabil.

Die Cassinische Trennung wird sowohl nach innen als auch nach außen von (auch auf Nahaufnahmen) fast vollständig materiefreien Spalten begrenzt, was die Definition des geometrischen Ausmaßes erleichtert.

Lange Zeit hielt man die Cassinische Teilung für einen Resonanzeffekt, hervorgerufen durch die weiter außen kreisenden Monde. Mangels besserer Hypothesen hielt man an dieser Vorstellung fest, und die meisten Sachbücher erklären den Spalt noch immer so. Modernere Theorien begründen den Ring dagegen als eine direkte Folge der Kondensation von Materie innerhalb der kritischen Grenze, wo die Schwerkraftunterschiede jede weitere Konzentration verhindern können. Die Cassinische Trennung erscheint dabei als ein «Gravitationsschatten» des Mondes Mimas, der im Ursprungsgebiet der kondensierten Materie alles leergefegt hat, so daß die entsprechende Kreisbahn bei der nachfolgenden Kontraktion um einen Faktor zwei Drittel leer blieb (siehe «Entstehungstheorie»). Dieses einfach gebrochene Verhältnis gilt für den Bahnradius, während für Resonanzen einfache gebrochene Verhältnisse in der Umlaufzeit vorhanden sein müßten. Neuere Betrachtungen haben gezeigt, daß solche mit den Unterbrüchen im Ring kaum mehr Übereinstimmung haben als etwa die Marskanäle auf klassischen Marskarten mit den tatsächlichen Formationen. Die Cassinische Trennung muß daher als eine von vielen Konsequenzen eines viel allgemeineren Mechanismus betrachtet werden und ist keine Einzelerscheinung.

Chemische Zusammensetzung

Saturn setzt sich aller Wahrscheinlichkeit nach aus etwa 88 Prozent Wasserstoff, rund 11 Prozent Helium und einigen weiteren Gasen zusammen. Hierfür sprechen die Erfahrungen über den Aufbau der Sonne und Jupiters und die noch geringere mittlere Dichte dieses Planeten. Bei Jupiter macht der Heliumanteil gemäß neuesten Messungen dagegen 19 Prozent aus. Von diesen beiden Gasen konnte vor den Voyager-Missionen erst der Wasserstoff direkt spektroskopisch nachgewiesen werden. Auch Methan und Ammoniak, aus denen sich die Wolken zusammensetzen, machten sich auf diese Weise bemerkbar. Diese beiden Verbindungen machen jedoch quantitativ nur einen sehr kleinen Teil aus. Die übrigen Elemente, die man in einer solaren Urmaterie noch erwarten kann — Metalle und Silikate — finden sich zweifellos im innersten Kern, doch ist dessen Nachweis nicht so schnell möglich; allzu groß kann er wegen der mittleren Dichte von nur 0,7 g/cm³ nicht sein.

Einen interessanten Chemismus erwartete man für den größten Trabanten Saturns: Titan. Seine Atmosphäre ist so dicht, daß man neben den spektroskopisch in Erscheinung tretenden Gasen Methan, Äthan, Acetylen und weiteren Kohlenwasserstoffen mit einiger Berechtigung die auf allen anderen festen Himmelskörpern viel häufigeren Komponenten Kohlendioxid, Stickstoff, Argon und Wasserdampf- oder Eiswolken erwarten durfte. Das Überwiegen der neutralen Gase Stickstoff (80 Prozent) und Argon (12 Prozent) war eine Überraschung (vgl. Titan).

Geschichtliches
Giovanni Domenico Cassini (8.6.1625 bis 14.9.1712) entdeckte als Leiter der Sternwarte in Paris unter anderem die nach ihm benannte Teilung des Saturnringes, 1675.

Distanzen zur Erde

Diese Tabelle gibt einen Überblick über die ständig wechselnden Abstände zwischen Saturn und der Erde. Das Datenmaterial läßt sich auf einem langen Streifen auch grafisch auftragen, was Interpolationen für Zwischenwerte ermöglicht und die periodischen Schwankungen der Entfernung besonders anschaulich zeigt. Ablesebeispiel: Am 1. Oktober 1995 beträgt die Distanz Erde—Saturn 1300 Mio km.

Enckesche Teilung

Unter diesem Namen lief seit 100 Jahren eine undeutliche Trennungslinie einige tausend Kilometer dem äußeren Rand des schwächeren A-Ringes entlang. Auf den Funkbildern von Voyager 1 und 2 erscheint sie als scharfer Spalt von wenigen 100 km Breite. Bei der Entstehung der Enckeschen Trennung mögen Partikeln vom inneren Rand des E-Trümmerringes eine Rolle gespielt haben, die damals bereits kondensiert hatten. Im Januar 1982 wurde die Entdeckung weiterer Trabanten in dieser Region bekanntgegeben, von denen einer in Frage kommt, die Enckesche Teilung «leergefegt» zu haben. Er mißt nur etwa 10 km und kreist etwas außerhalb Mimas. Okkultationsmessungen zeigten, daß auch innerhalb der Enckeschen Trennung weitere äußerst feine Ringe kreisen.

Entstehungstheorie

Saturn bildete sich aus der weitaus massivsten Plasmawolke um die Sonne heraus, die vorwiegend aus leichten Elementen bestand und die vier großen Planeten hervorgebracht hat. Zeitlich erfolgte der Gravitationskollaps eindeutig später als bei Jupiter, aber noch vor jenem der wesentlich langsa-

DISTANZEN ERDE-SATURN
JEWEILS AM 1. DES MONATS IN MIO. KM

	JAN	FEB	MRZ	APR	MAI	JUN	JUL	AUG	SEP	OKT	NOV	DEZ
1978	1278	1237	1237	1276	1342	1418	1483	1527	1538	1517	1465	1395
1979	1321	1265	1247	1269	1325	1399	1470	1526	1553	1546	1507	1444
1980	1368	1302	1267	1272	1315	1385	1458	1523	1563	1570	1543	1488
1981	1414	1341	1295	1281	1309	1370	1443	1514	1566	1588	1575	1531
1982	1462	1386	1330	1299	1309	1358	1427	1502	1564	1599	1601	1569
1983	1508	1432	1368	1322	1315	1349	1411	1487	1557	1603	1619	1600
1984	1549	1477	1407	1349	1327	1346	1399	1472	1546	1602	1631	1624
1985	1583	1516	1447	1380	1343	1345	1385	1453	1530	1593	1634	1641
1986	1612	1554	1486	1413	1363	1348	1374	1433	1509	1578	1630	1650
1987	1635	1586	1522	1446	1385	1355	1365	1413	1484	1557	1619	1651
1988	1649	1611	1551	1475	1408	1364	1360	1395	1460	1534	1602	1645
1989	1655	1629	1578	1504	1432	1376	1356	1376	1432	1504	1577	1630
1990	1653	1640	1599	1530	1456	1391	1356	1360	1403	1470	1546	1607
1991	1643	1644	1613	1552	1479	1407	1359	1346	1375	1434	1510	1578
1992	1625	1640	1619	1567	1497	1421	1363	1336	1350	1399	1472	1544
1993	1601	1628	1620	1579	1515	1439	1372	1330	1327	1363	1430	1503
1994	1569	1608	1613	1585	1530	1456	1384	1328	1308	1329	1386	1458
1995	1530	1581	1599	1585	1540	1471	1397	1332	1296	1300	1343	1411
1996	1486	1548	1579	1578	1545	1483	1410	1338	1288	1276	1306	1366
1997	1441	1510	1551	1566	1546	1496	1427	1351	1289	1260	1271	1320
1998	1392	1466	1518	1547	1543	1505	1444	1368	1298	1253	1245	1279
1999	1344	1420	1480	1523	1534	1511	1460	1388	1313	1255	1229	1245
2000	1298	1373	1441	1496	1520	1512	1473	1408	1332	1266	1223	1221
2001	1261	1329	1398	1463	1502	1510	1485	1431	1359	1287	1230	1208
2002	1230	1288	1356	1428	1480	1504	1495	1454	1389	1316	1248	1209
2003	1210	1253	1316	1392	1455	1494	1501	1475	1421	1350	1276	1222
2004	1203	1229	1285	1360	1429	1481	1503	1492	1450	1386	1310	1246
2005	1210	1216	1258	1329	1402	1465	1502	1508	1480	1426	1352	1281
2006	1229	1215	1241	1302	1376	1447	1496	1518	1506	1464	1397	1324
2007	1259	1227	1235	1283	1352	1427	1488	1525	1529	1500	1443	1371
2008	1298	1250	1241	1273	1334	1410	1478	1527	1546	1531	1484	1417
2009	1341	1281	1256	1269	1319	1392	1465	1525	1558	1558	1524	1465
2010	1389	1320	1280	1275	1310	1376	1450	1518	1565	1579	1559	1510
2011	1438	1363	1312	1289	1307	1362	1434	1508	1565	1594	1588	1551
2012	1485	1409	1347	1309	1311	1354	1420	1496	1562	1602	1610	1584
2013	1527	1452	1386	1334	1320	1347	1405	1480	1552	1603	1625	1612
2014	1566	1496	1427	1364	1334	1345	1391	1462	1537	1598	1633	1633
2015	1599	1536	1467	1396	1352	1346	1379	1442	1518	1586	1633	1646
2016	1624	1571	1502	1427	1372	1351	1370	1424	1498	1570	1626	1652
2017	1642	1598	1536	1460	1396	1359	1362	1404	1473	1546	1611	1649

Cassinische Teilung
Teleskopfoto des Ringplaneten mit einer maßstäblich hineinkopierten Erdaufnahme. Diese Ansicht entspricht etwa dem steilsten Blickwinkel, unter dem wir von der Erde aus auf die Ringebene blicken können. Man beachte den deutlich schwächeren, äußeren A-Ring, die Polkalotte sowie einige Bänder in Äquatorebene.

Cassinische Teilung
Saturn bei mittlerem Blickwinkel in bezug auf die Ringebene, wie er etwa Mitte der achtziger Jahre wieder zu sehen sein wird. Auch hier treten die Cassinische Teilung und die beiden verschieden hellen Ringteile deutlich in Erscheinung.

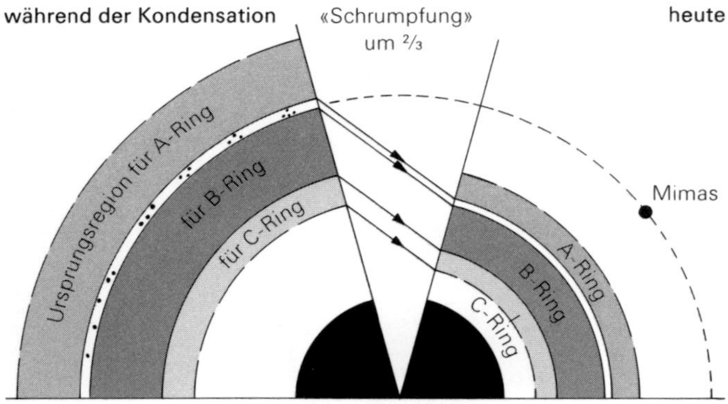

Entstehungstheorie
Diese Grafik erläutert die Kondensation des Plasmas der Urmaterie in die einzelnen Ringe von Saturn. Mimas muß sich zuerst gebildet haben, und zwar aus Elementen, die bereits kondensiert hatten, als das Plasma der Umgebung und vor allem jenes näher bei Saturn noch nicht so weit war. Bei der anschliessenden Kontraktion der Materie in der Ursprungsregion des A-Ringes mußte diese bereits die Bahn von Mimas passieren und wurde von ihm teilweise einverleibt. Der übriggebliebene Rest bildete den schwächeren A-Ring. Der B-Ring dagegen konnte innerhalb der Mimasbahn ungestörter kondensieren und ist daher dichter. Das Plasma, das noch später zwischen den Brocken des A- und B-Ringes erstarrte, bildete schließlich den feinen C-Ring.
Es gilt angesichts der zu den verschiedenen Zeitpunkten herrschenden Temperaturen (während der starken anfänglichen Abkühlung des jungen Saturn) als sehr wahrscheinlich, daß das Ringmaterial chemisch differenziert ist und seine Zusammensetzung nach innen stetig leicht ändert.
Eine verfeinerte Theorie gibt als Schrumpf-Faktor 0,65 an und könnte damit die Cassini- und die Französische Teilung erklären, letztere als Gravitationsschatten des 12. Mondes (Radien 141 000 bzw. 91 000 km).

mer kontrahierenden Planeten Uranus und Neptun. Er mag etwa gleichzeitig mit der Bildung von Mond und Mars weiter innen im Sonnensystem stattgefunden haben, also rund 200 bis 300 Mio Jahre, nachdem die Sonne ihr nukleares Feuer entfacht hatte. Wie bei Jupiter nimmt man an, daß die Materie von Saturn aus etwa 93 Prozent Wasserstoff, 6 Prozent Helium und etwa 1 Prozent an anderen Elementen besteht. Gerade letztere waren aber für die Kontraktion von Saturn entscheidend, denn sie waren bei den herrschenden Temperaturen fest und konnten den Kontraktionsprozeß einleiten, der bei Gasen allein nie eintreten würde. Selbst unter Berücksichtigung einer zehnmal geringeren mittleren Dichte der Gashülle gegenüber dem festen Kern machte dieser auch bei nur 1 Prozent der Gesamtmasse immerhin noch etwa 10 Prozent des Planetendurchmessers aus.
Die Innentemperatur betrug anfänglich einige 10 000 Grad und liegt auch heute noch bei mindestens 10 000 Grad. Sogar die Oberfläche war nach dem Abschluß der Kontraktionsphase immer noch über 1000 Grad heiß, so daß Saturn selbst leuchtete wie ein kleiner Stern. Der Durchmesser mag rund doppelt so groß gewesen sein wie heute. Statt des heutigen Rings umgab den Planeten erst eine hell leuchtende Plasmawolke. Sogar von der Erde aus muß Saturn am Nachthimmel ein markantes Objekt gewesen sein, das vielleicht sogar für kurze Zeit Jupiter überstrahlte, der sich zu diesem Zeitpunkt bereits beträchtlich abgekühlt hatte. Nach dem physikalischen Abstrahlungsgesetz ging aber auch Saturn recht verschwenderisch mit seinem Wärmevorrat um, und seine Oberfläche kühlte sich zuerst rasch und dann immer langsamer ab. Auch heute ist das Temperaturgleichgewicht noch nicht ganz erreicht, und es wird immer noch etwa das Doppelte an Wärme in den Weltraum abgestrahlt im Vergleich zu dem, was von der Sonne ständig zugeführt wird. Im Verlaufe dieser Abkühlungsphase kondensierte von außen nach innen zunächst das Trabantensystem (außer dem später aus einer parallel zu Saturn laufenden Bahn eingefangenen Phoebe) und dann der Ring aus. Dieser letztere Vorgang ist unter «Ringsystem» ausführlich beschrieben.

Geschichtliches

1610 Erste Teleskopbeobachtungen von Saturn durch Galilei zeigen, daß dieser Planet eine völlig ungewohnte Form aufweist.
1655 Christian Huygens entdeckt den größten Trabanten Titan, was die Bestimmung der Masse und der Dichte von Saturn ermöglicht.
1656—1659 Christian Huygens erkennt die wahre Gestalt von Saturn: Ein freischwebender Ring umgibt den Planeten. Erst jahrelange Beobachtungen von verschiedenen Blickrichtungen aus hatten ihn zu dieser Überzeugung gebracht. Erstmals kann man so die in einem Zyklus von 29 Jahren wechselnden Phasen des Ringplaneten erklären.
1671 Cassini entdeckt den zweiten Mond Japetus.
1672 Cassini entdeckt Rhea, einen zwar etwas größeren Trabanten, der aber siebenmal näher um Saturn kreist als Japetus und daher schwieriger zu beobachten ist.
1675 Cassini und Maraldi nehmen die spätere Cassinische Teilung zwischen dem A- und dem B-Ring wahr.
1684 Cassini erhöht mit der Entdeckung von Thetis und Dione die Zahl der bekannten Saturnmonde auf 5.
1781 Saturn muß nach der Entdeckung von Uranus seinen äußersten Platz im Sonnensystem aufgeben.
1789 Herschel entdeckte mit seinem großen Spiegelteleskop die beiden kleinen und nahen Trabanten Mimas und Enceladus. Die Verfolgung eines hellen Fleckes in der Atmosphäre gibt ihm Gelegenheit, eine Rotationszeit von 10 Stunden und 16 Minuten zu messen.
1800 Laplace weist theoretisch nach, daß ein fester Ring unmöglich stabil sein könnte, sondern aus einzelnen, mit verschiedenen Geschwindigkeiten kreisenden Partikeln bestehen muß.
1838 Galle in Berlin nimmt den bis 1969 als innersten geltenden schwachen C-Ring wahr. In die gleiche Zeit fällt die Entdekkung einer weiteren, nach dem Astronomen Encke benannten Trennung innerhalb des A-Ringes.
1848 Der Astronom Bond in Cambridge (USA) bringt die Zahl der Saturnmonde mit der Entdeckung von Hyperion auf 8.
1850 Bond beweist die Existenz des C-Ringes endgültig durch noch genauere Beobachtungen.

1876 Der Washingtoner Astronom Hall nützt die Entdeckung eines über längere Zeit beobachtbaren hellen Flecks in der Atmosphäre, um auf eine verbesserte Rotationszeit von $10^h14^m24^s$ zu schließen.

1889 Barnard beobachtet während einer Verfinsterung des Mondes Japetus im Schatten des Ringes, wie die Helligkeit über einen längeren Zeitraum langsam abnimmt — ganz im Einklang mit den Vorstellungen einer teilweise lichtdurchlässigen Schicht von Bruchstücken mit Zwischenräumen.

1895 Die spektrografischen Beobachtungen Keelers bestätigen frühere Vermutungen, daß sich die verschiedenen Teile des Ringes nach den Keplerschen Gesetzen wie einzelne Satelliten bewegen.

1898 Pickering entdeckt dank der neuen fotografischen Aufnahmetechnik den bis heute äußersten Trabanten Phoebe.

1908 Beobachter an den großen Spiegelteleskopen der Lick- und Yerkes-Sternwarten nehmen den Ring bei günstigen Luftbedingungen auch dann noch als feine, von winzigen Lichtknoten durchsetzte Linie

Geschichtliches
Saturnus war die römische Gottheit, die für die Saaten und die Fruchtbarkeit verantwortlich war. In dieser Darstellung — einem Kupferstich von Joan. Collaert — sieht man ihn mit der Sense und einem kleinen Kind.

Geschichtliches
Der Ring von Saturn wurde 1656 erstmals von Chistiaan Huygens gesehen und deshalb auch erstmals von ihm im Detail dargestellt, wie diese Skizze aus seinem «Cosmotheoros» aus dem Jahre 1698 beweist.

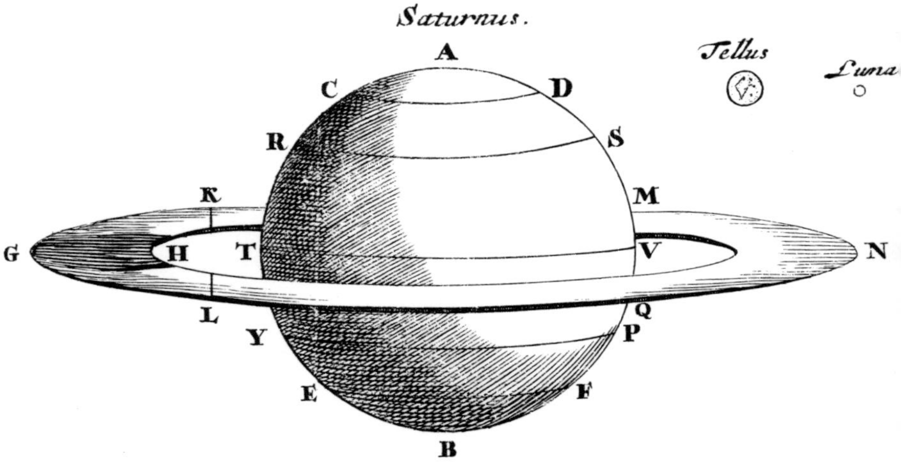

wahr, wenn man direkt in die Ringebene blickt.

1933 In diesem Jahr werden erneut helle und dunkle Flecken in der Atmosphäre beobachtet.

1944 Gerald P. Kuiper gelingt der spektroskopische Nachweis, daß in der Atmosphäre des größten Saturnmondes Titan auch Methan vorkommt.

1966 Anläßlich einer weiteren Passage der Erde durch die verlängerte Ringebene entdeckt der französische Astronom A. Dollfuss den (knapp außerhalb des dann für kurze Zeit fast verschwindenden Ringes kreisenden) innersten Trabanten Janus.

1970 Ein Infrarotspektrum weist auf eine Zusammensetzung des Ringes (mindestens an der Oberfläche der Partikeln) aus Eis hin.

1973 Auswertungen von Radarechos von Saturn vom Dezember 1972 und vom Januar 1973 ergeben wesentliche neue Erkenntnisse. Man verwendete die 64-m-Antenne in Goldstone, Kalifornien, um mit 400 Kilowatt Leistung Mikrowellen von 12,5 cm Wellenlänge auszusenden, um dann das Echo aus über 2400 Mio km (nach 2 Stunden, 15 Minuten) wieder zu empfangen. Zur großen Überraschung der beiden Radarastronomen Richard M. Goldstein und George A. Morris zeigte sich, daß 80 Prozent der Intensität des Echos vom Ring und nicht vom Planeten stammten. Zusammen mit anderen Beobachtungen schließt man auf eisbedeckte Felsbrocken von einigen wenigen Zentimetern bis einigen 10 Metern Größe.

1974 Neue Schätzungen der Ringdicke ergeben gar nur noch 2 km, nachdem aufgrund von optisch gemachten Beobachtungen noch mit 10 bis 20 km gerechnet worden war.

1979 Die Jupitersonde Pioneer 11 passiert am 1. September Saturn, zu dem man sie durch Umlenkung an Jupiter seit 1974 hatte weiterfliegen lassen. Die detaillierte Auswertung der Funkbilder nach elektronischer Aufbereitung dauert bis weit ins Jahr 1980 hinein. Man entdeckt dabei zwei neue Trabanten, womit die Zahl der bekannten Saturnmonde auf 12 ansteigt. Das Entdekkungsfoto dieses 11. Trabanten ist auf Seite 246 abgebildet. Die Rekonstruktion seiner Bahn hat ergeben, daß der auf 200 km Größe geschätzte Körper zuvor im Abstand von nur vier seiner Durchmesser gefährlich nahe an der Sonde Pioneer 11 vorbeigezogen war. Dies erklärte eine Anomalie der Partikelmessungen, die man bereits zuvor beobachtet hatte, und bestätigte zugleich die Existenz dieses weiteren Trabanten.

1980 Der Vorbeiflug der ersten Voyager-Sonde erfolgt planmäßig am 12. November. Der von Pioneer 11 entdeckte Begleitmond des F-Ringes wird bestätigt und durch seinen Nachbarn ergänzt, ebenso beim äußeren Doppeltrabanten, von dem auch schon einer bekannt war. Ein noch kleinerer Mond unmittelbar am Rand des A-Ringes und der Begleiter von Dione im Librationspunkt finden sich ebenfalls auf den Aufnahmen von Voyager 1. Die dichte Atmosphäre von Titan verhindert Fernsehaufnahmen von dessen Oberfläche, erregt aber wegen ihres hohen Stickstoffgehaltes großes Aufsehen.
Endlich gelingen die Bestätigung des innersten D-Ringes und der fotografisch einwandfreie Nachweis von Ringen weiter außen, die Pioneer 11 zum Teil erst indirekt bei Partikelmessungen aufgefallen waren: dem Trümmerring E sowie den beiden fadenförmigen F- und G-Ringen. Der aus mindestens drei «Fäden» geflochtene F-

Ring und die speichenförmigen, zeitlich rasch variierenden Flecken auf dem A-Ring gehören zu den neuen Rätseln, die sich nach Voyager 1 ergeben.
Die Suche nach Begleittrabanten von Tethys wird nach der überraschenden Entdekkung eines solchen bei Dione mit Teleskopen von der Erde aus aufgenommen, was noch vor der Ankunft von Voyager 2 zum Erfolg führt.
1981 Voyager 2 erreicht am 25. August seine größte Annäherung an Saturn, bestätigt trotz vorübergehender Blockierung seiner Instrumentenplattform die zuvor teleskopisch erfaßten Tethys-Begleiter und liefert bessere Aufnahmen der rätselhaften Monde Enceladus und Iapetus sowie erste Bilder von Phoebe.

Inneres von Saturn

Das Volumen des zweitgrößten Planeten mißt das 755fache des irdischen Rauminhalts, die Masse aber ist nur 95,2 mal größer. Die Dichte ist daher 7,93 mal kleiner als jene der Erde und beträgt nur 0,70 g/cm³. Dies hängt wohl damit zusammen, daß die Druckzunahme wegen der kleineren Masse viel schwächer ist als bei Jupiter und damit trotz ähnlicher Zusammensetzung kein überdichter Kern resultiert, der die mittlere Dichte der gasförmigen Planeten so sehr erhöht. Das innerste Zentrum enthält aber aller Wahrscheinlichkeit nach schwerere Elemente, vor allem Metalle und Silikate, wie man aus der kosmischen Häufigkeit schließen muß.
Metallischer Wasserstoff dürfte aber bei Saturn erst viel weiter im Innern vorkommen, vielleicht erst gegen das Zentrum, da er sich erst bei einem Druck von ca. 3 Mio at bilden kann. In jüngster Zeit konnte dieser theoretisch vorausgesagte Zustand im Labor erzeugt werden, wenn auch nur für kurze Zeit. Damit ist aber die Zone hoher elektrischer Leitfähigkeit kleiner, die zur Bildung eines Magnetfeldes notwendig ist: ein guter Grund für die Vermutung, daß dieses Feld niemals auch nur annähernd an jenes von Jupiter heranreicht und daß erst recht auch die vom Ring und den Trabanten zusätzlich behinderte Magnetosphäre viel bescheidener sein muß.
Die enorme Wärmekapazität von metallischem Wasserstoff erklärt die langsame Abkühlungsrate von Saturn über die Jahrmilliarden recht gut. Absolut gesehen ist er zwar nicht mehr so warm wie Jupiter, aber seine Wärmeabstrahlung ist ebenfalls immer noch etwa doppelt so groß wie die solare Einstrahlung, da jene im größeren Sonnenabstand natürlich entsprechend geringer ist.
Da der Tag auf Saturn nur 18,5 Minuten länger ist als auf Jupiter, hat sich der wohl weitgehend im hydrostatischen Gleichgewicht befindliche Planet ebenfalls stark abgeplattet. Der Unterschied zwischen polarem und äquatorialem Durchmesser beträgt rund 10 Prozent, was etwa der Erdgröße entspricht.

Magnetfeld

Bis in die jüngste Zeit gab es keinerlei Hinweise für die Existenz eines vergleichbaren Magnetfeldes auf Saturn, wie es bei Jupiter nachgewiesen werden konnte. Die in einem solchen Feld durch Synchrotronstrahlung erzeugte Kurzwellenstrahlung fehlte beispielsweise vollständig. Schon bei Jupiter hatte man festgestellt, daß das ausgedehnte Trabantensystem sowohl die Bildung eines Strahlungsgürtels als auch der induzierten Magnetosphäre in starkem Maße behindert. Sollte der Ring von Saturn in gleicher Weise oder womöglich noch stärker wirken, dann wäre dies sehr wohl eine Erklärung für das Fehlen der mit einem Magnetfeld zusammenhängenden Effekte. Der Erdsatellit IMP-6 (Interplanetary Monitoring Platform) hat erstmals indirekte Hinweise für die Existenz eines Magnetfeldes auch bei Saturn geliefert.
Dieses wurde von Pioneer 11 bestätigt. Seine Stärke beträgt über dem Äquator etwa 0,2 Gauss. Es ist, als Ausnahme zu dem von Erde und Jupiter, völlig rotationssymmetrisch. Der zweifellos im Vergleich zu Jupiter viel kleinere metallisch leitende Kern (vgl. «Inneres») erzeugt ein 20mal schwächeres Feld, dessen Gesamtenergie aber immer noch 700- bis 1000mal stärker als das irdische ist.

Monde

Wenn man nur die Trabanten zählt, die gleichzeitig mit dem Planeten entstanden sind, dann besitzt Saturn zweifellos noch das eindrucksvollere System von Monden als Jupiter. Während vier der 13 Jupitertrabanten als eingefangene Planetoiden betrachtet werden müssen, gehört bei Saturn eigentlich nur der zuäußerst und verkehrtläufige **Phoebe** in diese Kategorie. Von den übrigen sind wenigstens zehn größer als 200 km. Bei Jupiter fällt die Größe nach den Galileischen Trabanten rasch ab. Dies äußert sich darin, daß ein mittleres Teleskop trotz größerer Distanz zu Saturn ohne weiteres sechs von seinen Monden zeigt, während bei Jupiter diese außer den vier großen praktisch nur noch fotografisch erfaßbar sind. Auch der viel ausgeprägtere Ring ist ein Hinweis darauf, daß Saturn unter anderen Voraussetzungen entstanden ist als

Monde
Perspektivische Ansicht der sieben größten Trabanten und ihrer Bahnen um Saturn, im richtigen Verhältnis zum Ring dargestellt. Titan, der mit Abstand größte unter ihnen, ist durch einen deutlichen Abstand von den inneren Monden getrennt. Da er sich um bis über 200 Bogensekunden (etwa ⅑ des Vollmonddurchmessers) vom Planeten entfernen kann, ist er im Teleskop auch am leichtesten zu beobachten.

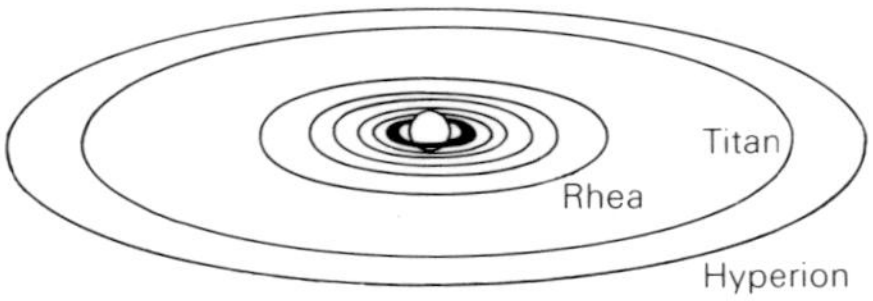

sein großer Nachbar. Dies dürfte damit zusammenhängen, daß die Formierung der Planetenkugel im Falle von Saturn (und auch Uranus) langsamer vor sich ging als bei den übrigen Planeten (siehe «Entstehungstheorie»).

In bezug auf mindestens fünf Monde könnte man sich darum streiten, ob sie mit dem 1966 unsicher entdeckten, aber bereits benannten **Janus** identisch seien: Der winzige Trabant am äußeren Rand des A-Ringes (1980 S28 in der nachfolgenden Tabelle), die beiden «Schäfermonde» innen und außen am F-Ring (1980 S27 und 1980 S26) sowie das eigenartigste Paar in dieser Region, 1980 S1 und 1980 S3. S27 und S26 sind die größten dieser Gruppe und könnten mit ihren Durchmessern von 200 bzw. 220 km vielleicht tatsächlich mit den Beobachtungen von 1966 zu tun haben. Damals wurde nämlich bereits vermutet, die wenigen Meßdaten könnten nicht von einem einzigen Trabanten herrühren. Die gleichen himmelsmechanischen Gesetze des speziellen Dreikörperproblems «Saturn — Mond A — Mond B», wie sie gleich nachfolgend für das Trabantenpaar S1 und S3 beschrieben sind, gelten auch gesamthaft im Falle, daß es sich beim «Mond B» um ein Partikel des F-Ringes handelt: Der Materieschwarm scheint sich von den beiden begrenzenden Monden wie ein Rudel Schafe beisammenhalten zu lassen!

S1 und S3 sind weniger als halb so groß und unregelmäßig. Es spricht einiges für die Vermutung, daß bei ihnen der nicht allzu häufige Fall vorliegt, daß ein Himmelskörper durch Kollision mit einem dritten in zwei Teile von vergleichbarer Größe gespalten worden ist. Einerseits passen die beiden Hälften von der Form her einigermaßen zusammen, und anderseits wäre es entstehungsgeschichtlich nur schwer zu erklären, wie zwei Trabanten so nahe beisammen hätten kondensieren können, ohne gleich von Anfang an miteinander zu verschmelzen. Spätere Zertrümmerung schafft dagegen eine völlig neue Situation, indem jetzt nicht mehr wie bei der Kondensation ein Schwarm von häufig kollidierenden Körpern vorliegt, sondern zwei isolierte Massenzentren bestehen, die nach erklärbaren Prinzipien jedem weiteren Zusammenstoß ausweichen können:

S1 und S3 laufen auf so ähnlichen Kreisbahnen um Saturn, daß es rund vier Jahre dauert, bis sie sich infolge ihres winzigen gegenseitigen Geschwindigkeitsunterschiedes jeweils gegenseitig überholen. Wenn S3, der tiefere, den langsameren S1 überholt, dann wirkt die kleine, aber hier wichtige gegenseitige Anziehung der beiden etwas beschleunigend auf den hinteren und bremsend für den vorderen Mond. Die Gesetze der Himmelsmechanik fordern aber zwingend, daß der schnellere Körper auf eine höhere Bahn wechselt, der verzögerte aber auf eine tiefere. Dies genügt, daß die beiden aneinander vorbeikommen, ohne miteinander zusammenzustoßen, wie es sonst wegen ihren fast identischen Bahnen unvermeidlich wäre! Nach der Passage geben sich die beiden ihre ausgetauschte Energie wieder zurück — und weiter geht es auf der ursprünglichen Bahn bis zum nächsten Ausweichmanöver.

Die Monde von Saturn

Nr.	Name	Mittlerer Abst. (km)	Umlaufzeit (d)	Bahnabplattung	Neigung Grad	Größe km	Entdeckung	
I	1980 S28	137 670	0,602	0,000	0,00	40 × 20	Voyager 1	Nov. 1980
II	1980 S27	139 350	0,613	0,000	0,00	220	Voyager 1	Nov. 1980
III	1980 S26	141 700	0,629	0,000	0,00	200	Pioneer 11	Nov. 1979
IV	1980 S3	151 422	0,6949	0,000	0,00	90 × 40	Voyager 1	Nov. 1980
V	1980 S1	151 472	0,6953	0,000	0,00	100 × 90	Pioneer 11	Sept. 1979
VI	Mimas	185 600	0,943	0,0201	1,52	390	Herschel	18. 7. 1789
VII	Enceladus	238 100	1,370	0,0045	0,02	500	Herschel	29. 8. 1789
VIII	Tethys	294 700	1,888	0,000	1,10	1050	Cassini	21. 3. 1684
IX	1980 S25	294 700	1,888	0,000	1,10	30 – 40	teleskopisch	1980
X	1980 S13	294 700	1,888	0,000	1,10	30 – 40	teleskopisch	1980
XI	1980 S6	378 060	2,740	0,000	0,00	160	Voyager 1	Nov. 1980
XII	Dione	377 500	2,736	0,0021	0,02	1120	Cassini	21. 3. 1684
XIII	Rhea	527 300	4,517	0,001	0,35	1530	Cassini	23. 12. 1672
XIV	Titan	1 221 700	15,945	0,0290	0,33	5140	Huygens	25. 3. 1655
XV	Hyperion	1 482 000	21,276	0,104	0,60	210 × 350	Bond	16. 9. 1848
XVI	Iapetus	3 560 100	79,331	0,028	14,72	1440	Cassini	25. 10. 1671
XVII	Phoebe	12 950 000	550,45	0,163	120	160	Pickering	16. 8. 1898

So, wie in den Librationspunkten von Jupiter und Sonne einige Asteroiden festgehalten werden (etwas mehr von ihnen im vorderen als im hinteren), so waren die entsprechenden Gleichgewichtspunkte auch bei zwei Trabanten von Saturn besetzt: 1980 S6 (bereits vorläufig mit «Dione B» benannt) läuft 60° vor Dione auf praktisch derselben Bahn, während bei Tethys (vgl. Geschichtliches) gleich beide Librationspunkte von winzigen Körpern besetzt sind (S25 und S13). Enceladus, der sich noch näher beim Zentrum des E-Trümmerringes aufhält als Tethys, dürfte wohl ebenfalls einige Brokken mitziehen. Die Bestätigung dieser Vermutung erfolgte denn auch erst im Januar 1982, also volle fünf Monate nach der Passage von Voyager 2 bei Saturn. Die sorgfältige Auswertung der Funkbilder hatte bis dahin ergeben, daß Tethys möglicherweise bis zu vier bemerkenswerte Trabanten in der gleichen Bahn besitzt. Diese laufen nicht genau auf den Librationspunkten (60 Grad vor und hinter Tethys) mit, sondern vollführen eine hufeisenförmige Bewegung um diesen seinerseits kreisenden Punkt. Neben einem weiteren Begleiter von Dione wurde auch noch die Entdeckung kleinster Körper (15 bis 20 km im Durchmesser) zwischen Tethys und Dione sowie Mimas und Enceladus bekanntgegeben, die in der Tabelle auf Seite 242 noch nicht enthalten sind.

Von den klassischen Saturntrabanten weiß man zwar seit Voyager 1 und 2 bedeutend mehr als zuvor, doch haben auch die um sie gerankten Rätsel etwa im gleichen Maß zugenommen. Während bei den Jupitertrabanten die Dichte von innen nach außen gleichmäßig abnimmt, gibt es beim äußeren Nachbarn kein so einfaches Gesetz. Titan (separat beschrieben) ist als größter Saturnmond zwar auch der spezifisch schwerste (Dichte 1,9 g/cm³), doch scheinen die nahen Trabanten Enceladus und Tethys trotz ihres Größenunterschiedes nur aus Wasser oder Eis zu bestehen (Dichte 1), während der nahe, kleine Mimas und der ferne, mittelgroße Iapetus mit 1,2 g/cm³ gleich dicht sind. Rhea und Dione im Mittelfeld dürften mit 1,3 bzw. 1,4 g/cm³ mindestens im Zentrum einen gewissen Anteil an schwererem meteoritischen Material aufweisen.

Von **Hyperion** besitzt man seit dem nahen Vorbeiflug von Voyager 2 gute Funkbilder, die es gestatteten, seine unregelmäßige Form zu vermessen. Man erhielt 350 km in der Länge und 210 km Durchmesser an der schmalsten Stelle. Dies ist eher ungewöhnlich für einen Körper von dieser Größe; die beiden kleineren F-Ring-Begleiter oder Mimas sind zum Teil viel kugelförmiger. Dies könnte aber mit einer weiteren eigenartigen Eigenschaft zusammenhängen: Im Gegensatz zu anderen asymmetrischen, nahen Monden im Sonnensystem ist Hyperion nicht schwerkraftstabilisiert, sondern taumelt. Es könnte also sehr wohl in jüngerer Zeit eine Kollision mit einem großen Meteoriten stattgefunden haben, der sowohl für die ungewöhnliche Rotation als auch die Form dieses Mondes verantwortlich ist. Eine im Laufe der Zeit feststellbare Verlangsamung seiner Umlaufzeit könnte es einmal gestatten, den Zeitpunkt des für Hyperion sicher katastrophalen Ereignisses einzugrenzen.

Besonderer Erwähnung bedarf zweifellos **Iapetus**, der seine Helligkeit im Verlaufe einer Rotation um nicht weniger als das Fünffache variieren kann. Seit Voyager 2 weiß man auch warum: Die Vorderseite des Trabanten, der Saturn wie die meisten anderen immer die gleiche Seite zukehrt, ist von dunklem Staub bedeckt, mit dem die Umgebung der Umlaufbahn offensichtlich leergefegt worden ist oder noch wird. Ursprünglich bestand der Mond aber, wie seine «Leeseite» heute noch dokumentiert, weitgehend aus Eis.

Weitere Einzelheiten zu den Saturntrabanten sind in der nachfolgenden Tabelle sowie in den Legenden des hinteren Teils der Farbillustration zu finden.

Physikalische Daten

Äquatordurchmesser	120 000 km
Poldurchmesser	108 000 km
Masse	95,2 Erdmassen
	= 1/3502 Sonnenmassen
	= $5{,}69 \cdot 10^{26}$ kg
Mittlere Dichte	0,70 g/cm³
Abplattung	10:11
Maximaler Ringdurchmesser	278 000 km
Ringdicke	2–4 km
Neigung der Ringebene zur Bahnebene	26°42′
Reflektiertes Sonnenlicht	41 %
Schwerkraft an der Oberfläche	11,1 m/s²
in Einheiten der irdischen	1,13 g
Fluchtgeschwindigkeit (Oberfl.)	35,5 km/s
1000-km-Satellit: Umlaufzeit	251 Min.
Geschwindigkeit	24,9 km/s
Innerer Rand B-Ring: Radius	90 000 km
Umlaufzeit	7,5 Stunden
Geschwindigkeit	20,5 km/s
Äußerster Rand A-Ring: Radius	139 000 km
Umlaufzeit	14,3 Stunden
Geschwindigkeit	16,5 km/s
Rotationszeit	10 Std. 39,4 min
Maximale Sonneneinstrahlung	17 W/m²
Minimale Sonneneinstrahlung	13 W/m²
Anzahl Monde	ca. 20

Pioneer-Sonde

Beim ersten von Menschenhand geschaffenen Objekt, das bis in Saturnentfernung vorstieß, handelt es sich um die Raumsonde Pioneer 11. Sie war schon 1973 gestartet worden und hatte nach rund eineinhalb Jahren Flugzeit den Planeten Jupiter passiert. Man nützte die Möglichkeit, auf einer weiten Ellipse statt Hyperbelbahn in längerer Zeit zu Saturn zu fliegen. Allein vom Gravitationsfeld von Jupiter beschleunigt und nur mit geringfügigen Kurskorrekturen gelangte man am 1. September 1979 zu Saturn, dessen Ringebene zweimal mit 4,3 bzw. 4,2 Grad Schnittwinkel durchstoßen wurde.

Minimale Passagedistanzen in km:
Wolkenmeer Saturn 20 200; A-Ring 36 000; Mimas 103 000; Enceladus 225 000; Dione 291 000; Tethys 332 000; Rhea 342 000; Hyperion 674 000; Iapetus 1 Mio; Phoebe 9,5 Mio.

Ringsystem

Um 1600 galt Saturn noch als äußerster Planet in unserem Sonnensystem. Er präsentierte sich damals den ersten Astronomen, die ihn durch die neuen Teleskope betrachteten, zu ihrer Überraschung in vollkommen ungewohnter Form. Es dauerte ein halbes Jahrhundert, bis der holländische Optiker und Astronom Huygens im Jahre 1659 die wahre Gestalt entdeckte: Ein freischwebender Ring von unmeßbar geringer Dicke umgibt Saturn in der Äquatorebene mit ästhetisch anmutender Präzision. Monde gehörten damals für einen Planeten zur Selbstverständlichkeit, aber ein Ring! Heute sehen wir die Dinge anders. Seit nämlich im Jahre 1977 auch bei Uranus ein etwas kleinerer und unregelmäßigerer Ring entdeckt wurde und sogar beim wesentlich besser erforschten Jupiter zwei Jahre später ebenfalls ein solcher nachgewiesen werden konnte, würde man sich regelrecht wundern, wenn Neptun, der vierte der großen Planeten, keinen besitzen würde. Noch vor nicht allzu vielen Jahren galt aber Saturn als eine einzigartige Ausnahme. Was lag deshalb näher als die Annahme, daß sich hier ein Trabant aufgelöst hatte, dessen Bruchstücke nun als feinverteilter Schwarm einzelner Satelliten in der Äquatorebene kreisten?

Eine solche Vorstellung führt allerdings nur auf Widersprüche: Welche Kräfte sollen denn überhaupt einen Mond spontan in Stücke reissen? Wenn dies die Schwerkraftunterschiede (Gezeiten) von Saturn sind, die die innere Anziehung des Trabanten überwiegen (der Ring liegt tatsächlich innerhalb der Grenze, wo dies der Fall ist), dann ist nicht mehr einzusehen, wie sich der hypothetische Urmond in der gleichen Bahn jemals bilden konnte! Außerdem gilt es zu verstehen, wie sich der Ring an zwei Stellen mehr oder weniger deutlich unterteilen konnte (Cassinische und Enckesche Teilung). Jahrhundertelang wurde hier «Gravitationsresonanz» als wahrscheinlichste Hypothese angenommen, da die breitere der Trennungen zufälligerweise so ungefähr an einer Stelle lag, wo die Umlaufzeit der Ringpartikel in einem einfachen Verhältnis zu der des größten Mondes lag. Es schien niemanden zu stören, daß genau die gleichen Verhältnisse im Sonnensystem (Resonanzen mit Jupiter) dazu führten, daß sich Kleinplaneten ausgerechnet an solchen Stellen häuften! Abweichungen von dieser Theorie gaben höchstens Anlaß zu Bemühungen, die Regel durch geeignete Interpretation wieder zum Stimmen zu bringen.

Erst in jüngerer Zeit wurden wieder Versuche unternommen, die Situation nochmals von Grund auf neu zu überdenken, um so zu einer widerspruchsloseren Hypothese zu gelangen. Dies scheint nun tatsächlich gelungen zu sein, und vor allem die jüngsten Entdeckungen von Ringsystemen bei den Nachbarn von Saturn erwiesen sich als zusätzliche Stützen für deren Erklärung im Rahmen einer umfassenden Entstehungstheorie. Die neuen Vorstellungen sind jedoch nicht so einfach, und man sucht diese selbst in Fachpublikationen noch meist vergeblich. Hier wird eine vereinfachte Darstellung der Ringentstehung versucht, wie sie sich durch Anwendung der allgemeinen Theorie über die Bildung der Planeten (siehe einleitendes Kapitel am Anfang dieses Buches) ergibt:

Rotierende Gaskugeln wie die Sonne, Jupiter oder Saturn bauen bei ihrer ersten Kontraktion ein recht starkes Magnetfeld auf, dessen Intensität mit der Zeit wieder etwas abnimmt, ohne indessen ganz zu verschwinden. Anfänglich rotiert mit ihm eine Plasmawolke um das Anziehungszentrum; dieses Plasma wird zum Teil durch magnetische Kräfte, zum Teil durch die Fliehkraft auf seiner Bahn gehalten. Mit abnehmender Temperatur kondensiert das Plasma, verliert sowohl Ladungszustand als auch magnetische Unterstützung und fällt dadurch automatisch auf eine stärker elliptische Bahn. Dünnverteilte Materie (wie die der Planetoiden zwischen Mars und Jupiter) verbleibt lange Zeit auf solchen sich kreuzenden Ellipsen. Nur selten ereignen sich Zusammenstöße, die zur Folge hätten, daß sich die Bahnen einander angleichen würden. Dichtere Materieansammlungen erleiden viel häufiger Kollisionen, bei denen jedesmal etwas Energie verlorengeht. Die Berechnungen zeigen, daß die Ellipsen so lange schrumpfen, bis sie zu Kreisbahnen mit zwei Drittel des mittleren Abstandes zum Zentralkörper geworden sind und die Zusammenstöße aufhören. Die einzelnen Partikeln fliegen dann hintereinander oder übereinander. Das Nebeneinander gibt es auch nicht mehr, da sich die Materie so lange auf die Äquatorebene hin konzentriert, bis auch in dieser Richtung keine Kollisionen mehr stattfinden können.

Ringes. Der Trabant Mimas spielt dabei eine entscheidende Rolle, denn er selbst bildete sich vor allem aus dem Plasma, das ursprünglich in eineinhalbfachem Radius der heutigen Mimasbahn kreiste. Dort mußte die lokale Materiekonzentration offenbar noch ausgereicht haben, um einen Gravitationskollaps einzuleiten. Dieser erfaßte jedoch nicht die gesamte Umgebung, da das Schwerefeld des kleinen Mondes dazu nicht groß genug war. Ein Teil der zwischen Mimas und dem anderthalbfachen Saturnabstand kondensierenden Materie

Dreimalige Passage der Saturn-Ring-Ebene durch die Erde

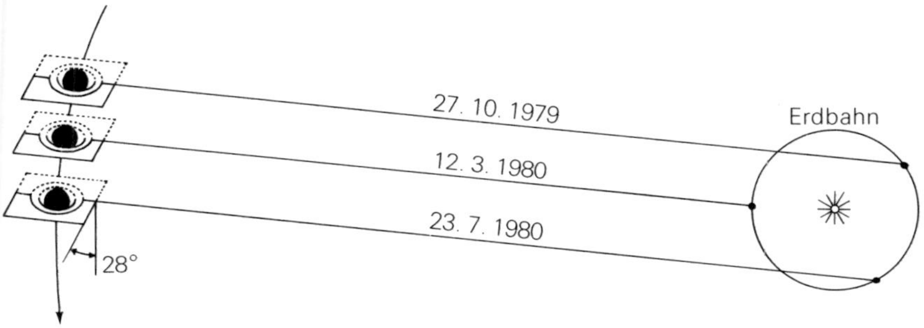

Ringsystem
Während des 29jährigen Laufes von Saturn um die Sonne bleibt die Ebene seines Ringes im wesentlichen parallel. Diese ist dabei immer etwa 28 Grad zur Bahnebene geneigt, die wiederum bis auf 2½ Grad mit der Erdbahnebene (Ekliptik) übereinstimmt. Während der einen Hälfte dieses Zeitraumes scheint die Sonne immer von unten (Süden) und während der anderen von oben (Norden) auf die Ringebene. Von 1966 bis 1979 war beispielsweise die Südhalbkugel beschienen. Die Übergangszeit ist recht interessant, denn während etwa eines Jahres kann es dreimal vorkommen, daß die Erde durch die langsam weiterziehende Ebene des Ringes geht. Der Ring erscheint dann nur noch als Strich oder verschwindet ganz. Am 27. Oktober 1979 ist dies zum ersten Mal der Fall. Bis am 12. März 1980 hat die viel schnellere Erde die Ringebene wieder eingeholt, und der Ring verschwindet abermals. In der Zeit dazwischen blickt man von oben auf ihn, währenddem er noch immer von unten beschienen wird. Dies ändert sich am 3. März 1980, wenn die Sonne durch die Ringebene überstrichen wird. Vom 12. März bis am 23. Juli 1980 wechselt die Erde dann nochmals auf die südliche Hälfte von Saturn, um dann nach dem dritten Durchstoßen von der Ringebene für volle 14 Jahre auf die Nordhalbkugel zu wechseln.

Für die weitere Entwicklung der unzähligen Miniaturtrabanten ist es jetzt entscheidend, ob diese innerhalb oder außerhalb der Gezeitenzerreißlimite (Roche-Grenze) um den Zentralkörper, in diesem Fall Saturn, kreisen. Außerhalb bilden sich immer enger laufende Schwärme, bis sich bei hinreichender Dichte ein lokales Schwerefeld bildet, das einen abschließenden Gravitationskollaps einleitet. Alle Materie der näheren Umgebung wird dabei aufgeschluckt, und es entsteht ein neuer Einzeltrabant von einer Größe, die man bald einmal als Mond bezeichnet. Der Saturnmond Mimas, knapp außerhalb der Roche-Grenze laufend, konnte sich gerade noch auf diese Weise bilden. Allgemein ist zu bemerken, daß die ursprünglich herrschenden, äußerst geringen Materiedichten — ohne den beschriebenen Prozeß der inelastischen Zusammenstöße mit einer Schwarmbildung als Zwischenstufe — sich überhaupt nie auf einen einzelnen Körper konzentrieren könnten.
Innerhalb der Roche-Grenze verläuft die Entwicklung jedoch ganz anders: Die auf Kreisbahnen um Saturn laufenden, unzähligen kleinen Satelliten aus Urmaterie werden von den Gezeitenwirkungen an einer weiteren Konzentration gehindert. Die Detailbetrachtung der Vorgänge, die in der Roche-Grenzregion von Saturn abgelaufen sein müssen, liefert nun eine erstaunlich weitgehende Erklärung der Feinstruktur des

stürzte nicht auf Saturn ab, sondern an ihm vorbei auf andere Bahnen; diese schrumpften nachträglich auf Kreisbahnen innerhalb der Mimasbahn zusammen, und zwar wegen Zusammenstößen untereinander (vergleiche Abbildung auf Seite 238). Auf diese Weise entstand der äußere, dünner besetzte A-Ring. Er ist deshalb dünner, weil natürlich schon während des Schrumpfprozesses manches Teilchen auf Mimas abstürzte und so «aus dem Verkehr» gezogen wurde. Die Kreisbahn, auf der Mimas bereits lief, wurde vollständig sauber gefegt. Dies wäre aber genau die Ursprungsregion für die sich auf die Cassinische Trennung zusammenziehende Materie, deren Radius in der Tat ziemlich genau zwei Drittel vom Mimasradius beträgt. Die Trennung hat also etwas mit dem Mond zu tun, aber nicht wegen der Resonanz, sondern wegen des vorher beschriebenen Effektes, den man auch schon als «Gravitationsschatten» bezeichnet hat. Es ist also nicht unerklärlich, weshalb das einfache ganzzahlige Verhältnis zwei Drittel in einem Fall stimmte, daß aber andere, im Falle der Richtigkeit der Resonanztheorie ebenfalls zu erwartende Lücken im Ring während langer Zeit vergeblich gesucht wurden.
Der breitere und dichter besetzte B-Ring kondensierte dagegen aus dem Plasma, das ursprünglich zwischen Mimas und dem äußeren Rand des A-Ringes kreiste. Diese

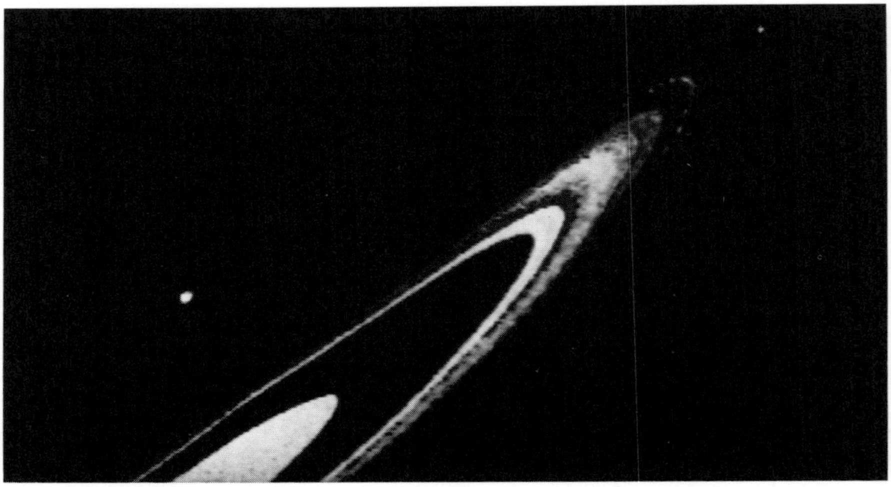

Ringsystem
Diese Pioneer-11-Aufnahme aus 943 000 km Entfernung von Saturn stammt vom 31. August 1979. Sie zeigt den Ring im durchscheinenden Sonnenlicht, daneben aber auch noch die Monde Tethys (oben links) und den neuentdeckten 1979 S1 (1980 S1 in der Voyager-1-Numerierung). Sehr hell erscheint zuinnerst der dünnbesetzte C-Ring, dann aber auch die Cassinische Trennung, ganz im Gegensatz zum B-Ring, der überhaupt kein Licht durchläßt. Der A-Ring scheint nicht nur radiale Unregelmäßigkeiten aufzuweisen, was auf eine noch heute anhaltende Evolution des Ringes hindeuten könnte. Noch außerhalb von ihm und der 3600 km breiten Pioneer-Trennung offenbarte diese Aufnahme erstmals den nur 100 km breiten sog. F-Ring.

Materie mußte also bereits die Region des A-Ringes passieren, wobei ein Teil dort hängengeblieben sein mag.

Die Materie des heutigen, sehr feinen C-Ringes kondensierte aus einem Plasma, das ursprünglich im Bereich der jetzigen A- und B-Ringe kreiste. Die Reihenfolge der einzelnen Bildungen spielte natürlich eine wesentliche Rolle. Aller Wahrscheinlichkeit nach war es so, daß die Abkühlung und damit die Kondensation zuerst in größerer Saturnentfernung eintrat und von dort aus nach innen fortschritt. So kann man sich etwa vorstellen, daß der A-Ring bereits bestand, als die Kontraktion der dort kondensierten Materie noch im Gange war und den C-Ring erst langsam von außen nach innen entstehen ließ. Es braucht wohl nicht besonders betont zu werden, daß weder eine «Mondauflösungstheorie» noch allfällige Resonanzen derartige Feinheiten auch nur zum Teil befriedigend erklären könnten.

In der bisherigen Beschreibung fehlte jeder Hinweis auf die noch innerhalb von Mimas laufenden Trabanten, von denen man ebenfalls einen «Gravitationsschatten» innerhalb der Cassinischen Trennung erwarten müßte. Janus ist jedoch extrem klein; in jüngster Zeit wurden außerdem weitere Monde entdeckt, die noch enger um Saturn laufen. Eine von ihnen erzeugte Trennung braucht also keineswegs so deutlich ausgeprägt zu sein wie die Cassinische. Dies trifft erst recht dann zu, wenn sich diese innersten Trabanten einige Zeit nach der Ringbildung aus mehreren noch kleineren Einzelteilen zusammengesetzt haben. Der Kontraktionsprozeß durch inelastische Zusammenstöße könnte sich somit heute in der Endphase befinden, indem die letzten Komponenten auf ähnlichen Bahnen um Saturn laufen und nach mehreren Annäherungen schließlich definitiv aneinander hängenbleiben. Es besteht also die reelle Möglichkeit, daß die beschriebenen Vorgänge an dieser Stelle im Sonnensystem demnächst mit Raumsonden noch in Aktion mitverfolgt werden können!

Hinweise über Struktur und Zusammensetzung der Ringpartikeln besitzt man aus verschiedenen Quellen. So bietet sich der Ring beim Blick aus dessen Ebene alle 14½ Jahre als dünne Linie dar, die nur in großen Teleskopen noch sichtbar bleibt. Aufgrund solcher Beobachtungen wurde die Ringdicke immer wieder abgeschätzt, wobei im Laufe der Zeit Werte von 20 km bis 1,5 km (Voyager) genannt wurden. Letzterer Wert würde einer Papierscheibe von 7 m Durchmesser und nur noch 0,04 mm Dicke entsprechen! Bei Sternbedeckungen scheint denn auch immer noch Licht durch. Eine einmalige Gelegenheit dieser Art bot sich Voyager 2: Stern Delta im Skorpion wurde (idealerweise im Schatten von Saturn) während 2 Std. 18 Min. von dessen 70 000 km breitem Ringsystem abgedeckt. Das durchflimmernde Licht wurde mit einer zeitlichen Auflösung von 1/100 Sekunde registriert, woraus sich ein Dichteprofil mit rund 300 m Genauigkeit ergab.

Seit 1972 ist es möglich, die Ringpartikeln mit aktivem Radar von der Erde aus zu untersuchen. Es erwies sich als Überraschung, daß diese für den größeren Teil der reflektierten Gesamtintensität von Mikrowellen verantwortlich sind als die gasförmige Planetenkugel selber! Die verwendeten Wellenlängen gestatteten eine ungefähre Abschätzung der Partikelgröße. Es muß sich bei ihnen hauptsächlich um Brokken in der Größenordnung von 1 bis 10 m handeln, die nicht allein aus Eis bestehen können. Die Analyse des reflektierten Lichtes deutet mindestens an der Oberfläche auf eine solche Zusammensetzung. Beide Beobachtungen sind jedoch verträglich mit der Vorstellung, daß die Partikeln aus eisbedeckten Gesteinsbrocken bestehen. Das Eis hätte vermutlich eine ähnliche Zusammensetzung wie die der Kometen, von Saturn selber oder etwas dazwischen. Dies wäre durchaus denkbar, denn bei der Kondensation würden natürlich Metalle und Silikate zuerst als Kern erstarren, während Gase wie Ammoniak oder Wasserdampf erst später als Mantel über die festen Brokken gelegt würden, wenn die Temperatur auf hinreichend niedrige Werte gesunken ist.

Photometrische Helligkeitskurve des Saturnringes (klassisch)

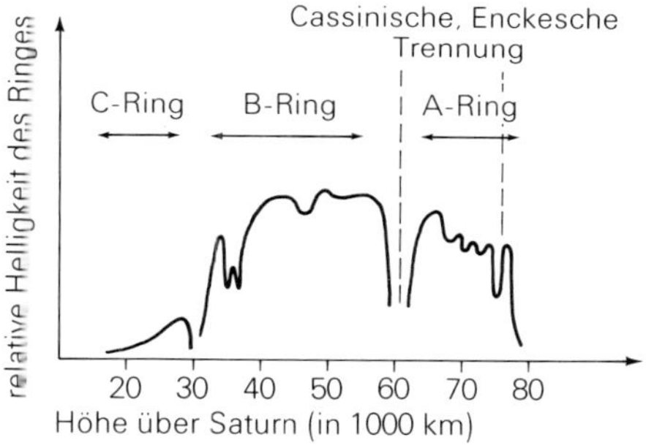

Voyager lieferte genauere Angaben über die Partikelgröße innerhalb der Ringe. Diese ist innerhalb des A-, B- und C-Ringes noch einigermaßen konstant, doch sinkt sie im Mittel von außen nach innen in deutlichen Stufen ab, so zum Beispiel zwischen dem B- und C-Ring um etwa den Faktor 5 — ein deutlicher Hinweis auf die gestaffelte Kondensation!

Zu den Neuentdeckungen gehörten speichenförmige, rasch variierende Flecken auf den Ringen — feinste geladene Teilchen von dunkler Farbe, die vom Magnetfeld oder durch gegenseitige elektrostatische Anziehung beeinflußt werden. Enorme Blitzentladungen im Ring deuten auf letztere Möglichkeit hin.

Nur im vorwärtsgestreuten Sonnenlicht erkennbar wurden der innerste D-Ring und ein extrem feiner G-Ring, der äußerste der optisch erfaßbaren. Schon aus größerer Distanz macht sich dagegen der nur 100 km breite F-Ring bemerkbar. Bei näherer Betrachtung erweist er sich als «Geflecht» von drei, vielleicht sogar fünf einzelnen Fadenringen, deren Bewegungstheorie sich als mathematisch sehr anspruchsvoll erwiesen hat. Er ist von zwei immerhin gut 200 km großen Trabanten begrenzt, eine Eigenschaft, die beim G-Ring fehlt. Der E-Trümmerring dagegen ist eigentlich unsichtbar und tritt nur indirekt bei Partikelmessungen in Erscheinung (vgl. Grafik Seite 251).

Roche-Grenze

Unter der Roche-Grenze versteht man die Stabilitätszone für die Monde eines Planeten. Wenn ein Trabant nämlich hinreichend nahe um seinen Planeten kreist, dann übersteigt die Differenz der Anziehungskräfte an den Punkten mit maximalem bzw. minimalem Abstand vom Planeten jene Kräfte, die den Mond aufgrund seines eigenen Gravitationsfeldes zusammenhalten. Anders ausgedrückt könnte man auch sagen, daß an diesen Stellen Ebbe und Flut unendlich groß werden. Die kritische Grenze des Abstandes hängt für einen Körper nur von seiner Masse und der Dichte des umkreisenden Mondes ab. Sofern dieser Mond nicht wie ein einziger Felsblock eigene Molekularkräfte besitzt, die ihn zusammenhalten, löst er sich auf oder bildet sich erst gar nicht. Eine Ansammlung von Sand oder zerbrochenem Fels würde sich also verteilen. Eine lockere Staubschicht, die sich um einen massiven Kleinmond innerhalb der Roche-Grenze gebildet hat, kann jedoch unter Umständen stabil bleiben. So liegt der innere Marsmond Phobos beispielsweise knapp innerhalb der kritischen Grenze, und seine Oberfläche ist mit Staub bedeckt, wie mit Sicherheit festgestellt werden konnte. Die geringe Schwerkraft an seiner Oberfläche reicht aber bereits aus, um die kleinen Schwerkraftunterschiede zu überwiegen. Im Inneren, wo die mondeigene Schwerkraft null ist, würde dies nicht gelten, aber dort wird der Trabant durch die Molekularkräfte in fester Materie zusammengehalten.

Es deutet also vieles darauf hin, daß ein Mond, wenn er sich einmal gebildet hat, selbst in «gemäßigten» Tiefen der Roche-Grenze noch weiterexistieren kann. Die Bildung aus einzelnen, nicht zusammenhängenden Kondensaten der Urmaterie wird jedoch in dieser Region bereits wirksam verhindert. Genau dies scheint beim Saturnring der Fall gewesen zu sein. Dieser erstreckt sich, wenn man vom äußerst dünnen D-Ring ausgeht, praktisch von der Oberfläche bis in eine Entfernung von etwa 140 000 km vom Planetenzentrum, also noch etwas außerhalb der Roche-Grenze, die einer leichten Urmaterie aus Eis (Dichte knapp 1 g/cm³) entsprechen würde. Sie beträgt dann wie in der aufgeführten Tabelle rund 120 000 km. Schwerere Mineralien könnten auch noch bis in kleinere Distanzen vom Planetenzentrum zusammenhalten. Wie der

Ringsystem
Hier wird ersichtlich, daß die Helligkeit der Saturnringe durchaus nicht gleichmäßig ist, sondern auch innerhalb des A-, B- und C-Ringes größere Schwankungen aufweist, für die unser Auge am Teleskop zu wenig empfindlich ist. Man beachte auch den vorübergehenden Helligkeitsabfall kurz vor dem Innenrand des B-Ringes und dem Außenrand des A-Ringes. Bei letzterem handelt es sich um die Enckesche Teilung. Die Funkbilder von Voyager 1 und 2 zeigten tatsächlich Tausende einzelner Ringe verschiedener Helligkeit, die alle früher gemachten Beobachtungen erklärten.

Ring von Saturn (und übrigens auch jener von Uranus) aber dokumentiert, reicht die geringe Dichte der ursprünglichen Materiekonzentration von Anfang an nicht für die Bildung eines oder mehrerer Trabanten aus. Der Konzentrationsprozeß findet seinen Abschluß, wenn die einzelnen Ringpartikeln auf konzentrischen Kreisbahnen um den Planeten laufen. Es treten dann nicht einmal mehr jene inelastischen Zusammenstöße auf, die auch ohne Schwerkraftwirkung zu einer allmählichen Zusammenballung der Materie führen müßten.
Die Roche-Grenze ist eine theoretische Limite, die sich auf idealisierte Schwerkraftverhältnisse in einem bestimmten Punkt bezieht. Einmal entstandene Körper, die sich durch Gezeitenreibung langsam an einen Planeten heranspiralen, können auch noch innerhalb der kritischen Grenze existieren, während die ursprüngliche Trabantenbildung bei hinreichend kleiner Anfangsdichte erst ziemlich außerhalb der Grenze Aussicht auf Erfolg hat. Man vergleiche die beigefügte Grafik, die einen Gesamtüberblick über die Verhältnisse im Sonnensystem gibt.

Planet	Zeichen	Abstand des innersten Mondes km	Dichte g/cm³	Roche-Grenze km
Mars	♂	9 400	3,5	8 200
Erde	⊕	384 000	3,34	17 500
Uranus	⛢	120 000	3,0	44 000
			1,5	56 000
Neptun	♆	355 000	3,0	46 500
			1,5	59 000
Saturn	♄	138 000	3,0	83 000
			2,0	95 000
			1,0	119 000
Jupiter	♃	129 000	3,0	124 000
			2,0	142 000
			1,0	179 000
Zum Vergleich: Sonne		46 bis 70 Mio (Merkur)	5,3	1,04 Mio

Rotation

Saturn gehört zusammen mit seinem inneren Nachbarn Jupiter und seinem äußeren Uranus zu jenen Planeten, die ihre Rotation seit der Entstehung am wenigsten verlangsamt haben. Sie liegt denn auch heute noch um 10 Stunden; dies ist nur wenig über dem Mittelwert, den Himmelskörper — unabhängig von ihrer Größe — ursprünglich mitbekommen haben, will man den derzeit besten Entstehungshypothesen glauben. In allen drei Fällen ist berechnet worden, daß die Gezeitenreibung durch die Trabanten für höchstens etwa ein Prozent der Verlangsamung der Rotation verantwortlich gemacht werden kann. Die Gesamtmasse aller Monde wäre viel zu klein, um einen größeren Effekt zu bewirken.
Die Rotationszeit von Saturn beträgt am Äquator derzeit 10 Stunden und 14 Minuten. In höheren Breiten macht die Atmosphäre die Drehung nicht mehr voll mit, und die Rotationszeit steigt bis 50 Grad Nord oder Süd um etwa 10 Prozent an. Wie bei Jupiter versucht man, aus Effekten des rotierenden Magnetfeldes oder anderer im Inneren von Saturn begründeter Vorgänge auf einen Wert zu schließen, der von den systematischen Fehlern einer driftenden Oberfläche unabhängig ist.

Teleskopbeobachtungen

Saturn ist der entfernteste der Planeten, der noch leicht von bloßem Auge zu erkennen ist. Seine Helligkeit verändert sich von einem der jährlich wiederkehrenden Distanzminima bis zum nächsten verhältnismäßig stark, weil nicht nur sein Sonnenabstand um 12 Prozent schwanken kann, sondern auch die Lage seiner Ringebene in bezug auf die Blickrichtung eine große Rolle spielt. Auch in günstigsten Fällen bleibt jedoch die Helligkeit des gelblichen Wandelsterns um fast das Sechsfache unter der von Jupiter. Der Ring ist — je nach Beobachter — im Teleskop schon bei 30- bis 50facher Vergrößerung zu erkennen, doch ist mindestens eine 60fache nötig, damit die wahre Natur des freischwebenden Ringes ohne vorherige Kenntnis eindeutig identifiziert würde.
Ab etwa 100facher Vergrößerung wird deutlich, daß der äußere Teil des Ringes weniger hell ist als der innere. Um die Cassinische Trennung zu sehen, ist die Vergrößerung nochmals fast zu verdoppeln, und dazu ist eine Objektivöffnung von etwa 10 cm nötig. Die Enckesche Trennung sowie auch die schwachen C- und D-Ringe sucht man in einem Amateurfernrohr dagegen vergeblich.
Der größte Saturntrabant Titan kann bereits in einem sehr kleinen Fernrohr über den größten Teil seiner Bahn verfolgt werden, da er relativ hell ist und sich bis auf einen Winkelabstand von 3′17″ vom Planeten entfernen kann. Für Rhea und Iapetus ist dagegen bereits ein Instrument von etwa 8 cm Objektivdurchmesser nötig, und die Beobachtung ist eher auf die Zeit maximalen Winkelabstandes von Saturn beschränkt. Dione, Thetis und vor allem Enceladus erfordern ein Teleskop von mindestens 10 cm freier Öffnung, so daß also ein gut ausgerüsteter Amateur bis zu 6 Monde beobachten kann.

Stabilitätszone eines Planetenmondes

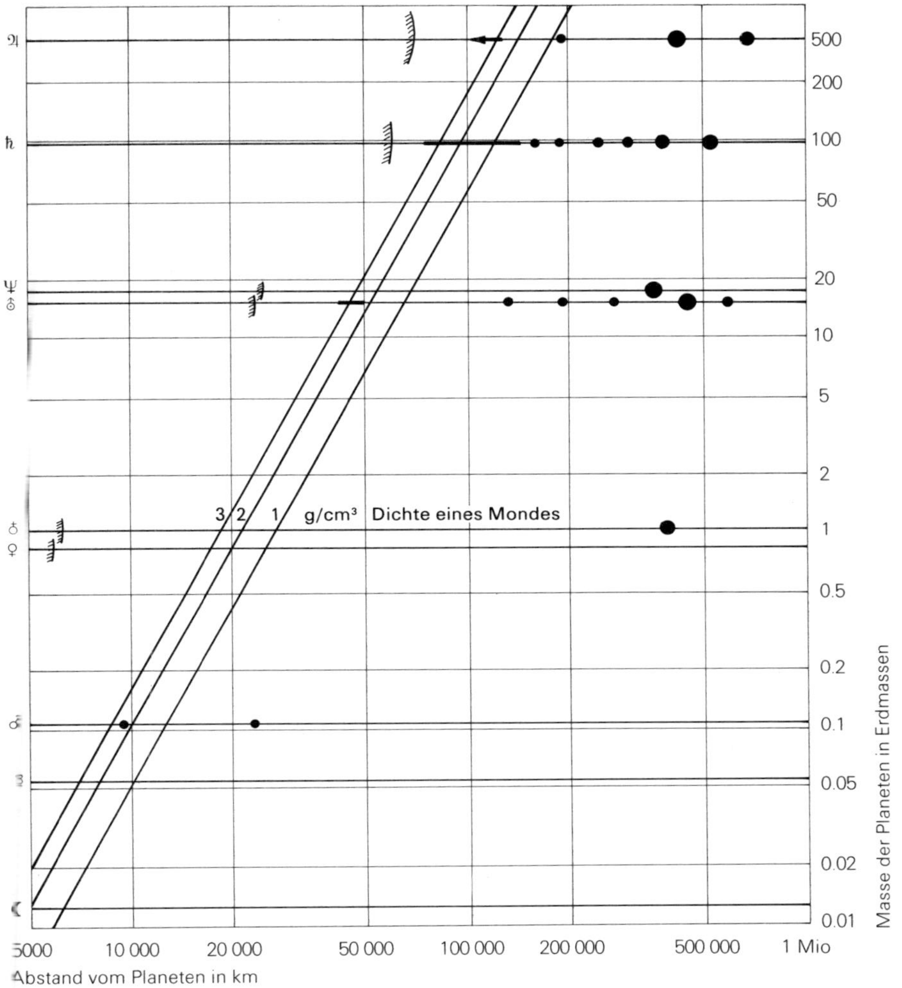

Roche-Grenze
Diese Grafik mit doppelt logarithmisch eingeteilten Achsen vermittelt einen Gesamtüberblick über die Stabilitätszone von Trabanten irgendwelcher Planeten, deren Massen auf der vertikalen Skala abgelesen werden können. Die effektiven Werte der wichtigsten Körper unseres Sonnensystems sind besonders hervorgehoben. Ihre Oberfläche und die Abstände ihrer größten Trabanten sind, durch den logarithmischen Maßstab zusammengerafft, ebenfalls eingezeichnet. Die untere horizontale Achse gestattet es, die Abstände vom jeweiligen Planetenzentrum abzulesen bzw. einzugeben und festzustellen, ob ein locker zusammengefügter Mond einer bestimmten Dichte an dieser Stelle von den Gezeiten auseinandergerissen würde oder nicht. Die geraden Grenzlinien (Roche-Grenze) sind für den praktisch vorkommenden Dichtebereich von 1 bis 3 g/cm³ eingetragen. Man beachte besonders die tatsächlichen Bereiche für die Ringe von Saturn, Uranus und Jupiter. Es scheint so zu sein, daß sich selbst in der näheren Umgebung der Roche-Grenze noch keine Trabanten befinden. Möglich ist auch, daß die unterhalb 1 g/cm³ liegenden Teile des äußeren Saturnringes aus Material bestehen, das effektiv eine so geringe Dichte hat.

Die Wolkenstrukturen in Form von äquatorparallelen Bändern sind viel weniger ausgeprägt als bei Jupiter. Solche Phänomene, wie auch die bei Saturn selteneren Verfinsterungen und Vorübergänge von Trabanten, lassen sich am ehesten dann beobachten, wenn eine Kantenstellung des Ringes vorliegt.
Eine solche tritt zweimal während jedes Sonnenumlaufes, also etwa alle 15 Jahre auf. Dies war 1966 der Fall und wird sich 1981 und 1995 wiederholen. Zur Beobachtung der sechs dunklen Bänder und drei hellen, auffälligen Zonen sowie allfälliger deutlicher Flecken ist mindestens ein solches Teleskop von 8 bis 10 cm Öffnung notwendig.

Titan

Seit den Vorbeiflügen der Voyager-Sonden mußten praktisch alle Daten und Erkenntnisse über diesen schon 1655 entdeckten Saturnmond gründlich revidiert werden. Titan steht mit 5140 km Durchmesser an zweiter Stelle hinter Ganymed von Jupiter. Die Atmosphäre ist mit einem Bodendruck von 1,6 bar und undurchsichtigen Wolken zwar erwartungsgemäß sehr dicht, doch führt der Treibhauseffekt nicht wie erhofft zu angenehmen Temperaturen; diese liegen mit −180° C vielmehr bei Werten, bei denen das mit etwa 6 Prozent vertretene Methan flüssig ist und an den noch einige Grade kälteren Polen sogar ausfriert, was Leben auf Titan wohl ausschließen dürfte.

Ringsystem
Während Saturn in jeweils 29 Jahren um die Sonne läuft, bleibt seine Ringebene immer parallel, so daß wir sie gelegentlich von oben (Norden) sehen — wie 1958 und 1988 — oder von unten (Süden) — wie 1973 und 2003. In der Mitte dieser Intervalle blicken wir direkt auf die Ringebene, was 1981 beispielsweise wieder der Fall sein wird. Die untere Abbildung zeigt, wie sich Saturn in diesen vier Grundrichtungen beim Blick von der Erde aus darbietet. Dieser Wechsel erschwerte es den ersten Teleskopbeobachtern während Jahrzehnten, die wahre Gestalt des Ringes zu erkennen, gestattete aber anschließend eine wesentlich eingehendere Untersuchung.

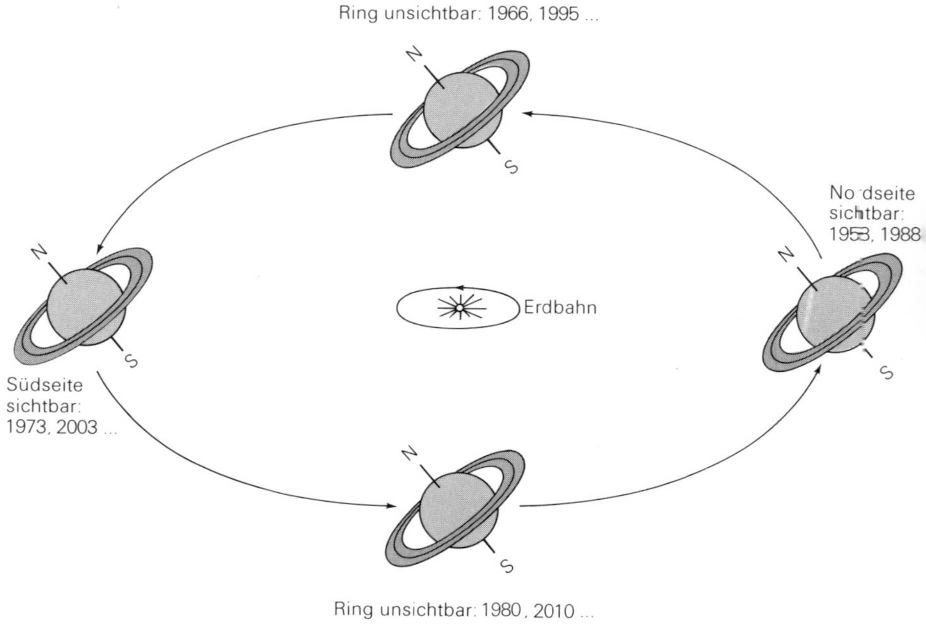

Die große Überraschung war jedoch der Hauptteil der Atmosphäre: träge Gase wie Stickstoff (80 Prozent) und Argon (schätzungsweise 12 Prozent) erinnern stark an die Erde, die doch unter ganz anderen Bedingungen entstanden ist. Der Sauerstoff fehlt freilich wegen der aller Voraussicht nach nicht existierenden biologischen Aktivität sowie wegen des Mangels an Sonneneinstrahlung und Wasserdampfmolekülen, aus denen er durch Photodissoziation entstehen könnte. Die restlichen Bestandteile in der Atmosphäre sind die einfachen Kohlenwasserstoffe Äthan, Acetylen, Äthylen sowie das hochgiftige Gas Zyanwasserstoff.

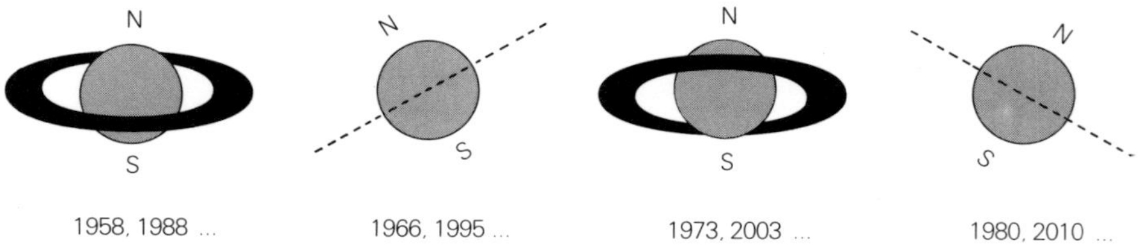

Dieses ist zwar ein Molekülbaustein aller lebenden Materie, doch nimmt man an, daß die extrem niedrigen Temperaturen die Entstehung komplexerer organischer Substanzen verhindern. Dennoch erwartet man auf der Oberfläche von Titan einen hochinteressanten Chemismus, denn eine Reihe der gebildeten Moleküle sinkt bei den dortigen Temperaturen flüssig oder fest zu Boden und könnte eine dicke Schicht bilden. Seen aus Methan oder Polkappen aus Methaneis gelten als sehr wahrscheinlich und machen die weitere Erforschung mittels Landegeräten äußerst reizvoll.

Wolkenschichten zeigten sich auf den Funkbildern bis in Höhen von 300 km, was nur bei einer extrem kalten Atmosphäre möglich ist. Die Südhemisphäre erschien zur Zeit von Voyager 1 und 2 etwas heller, was mit den vier je über sieben Jahre dauernden Jahreszeiten auf Titan zusammenhängen dürfte.

Bilder und weitere aktuelle Informationen über Titan sind im Anhang (Farbteil) zu finden.

Voyager-Sonden

Das den Planeten Saturn betreffende Forschungsprogramm der beiden Voyager-Sonden dauerte, von einem kurzen Unterbruch abgesehen, von August 1980 bis November 1981. Außer einem vorübergehenden Defekt in der Steuerung der Instrumentenplattform arbeiteten beide Apparate einwandfrei und funkten neben den nichtvisuellen Meßdaten insgesamt über 30 000

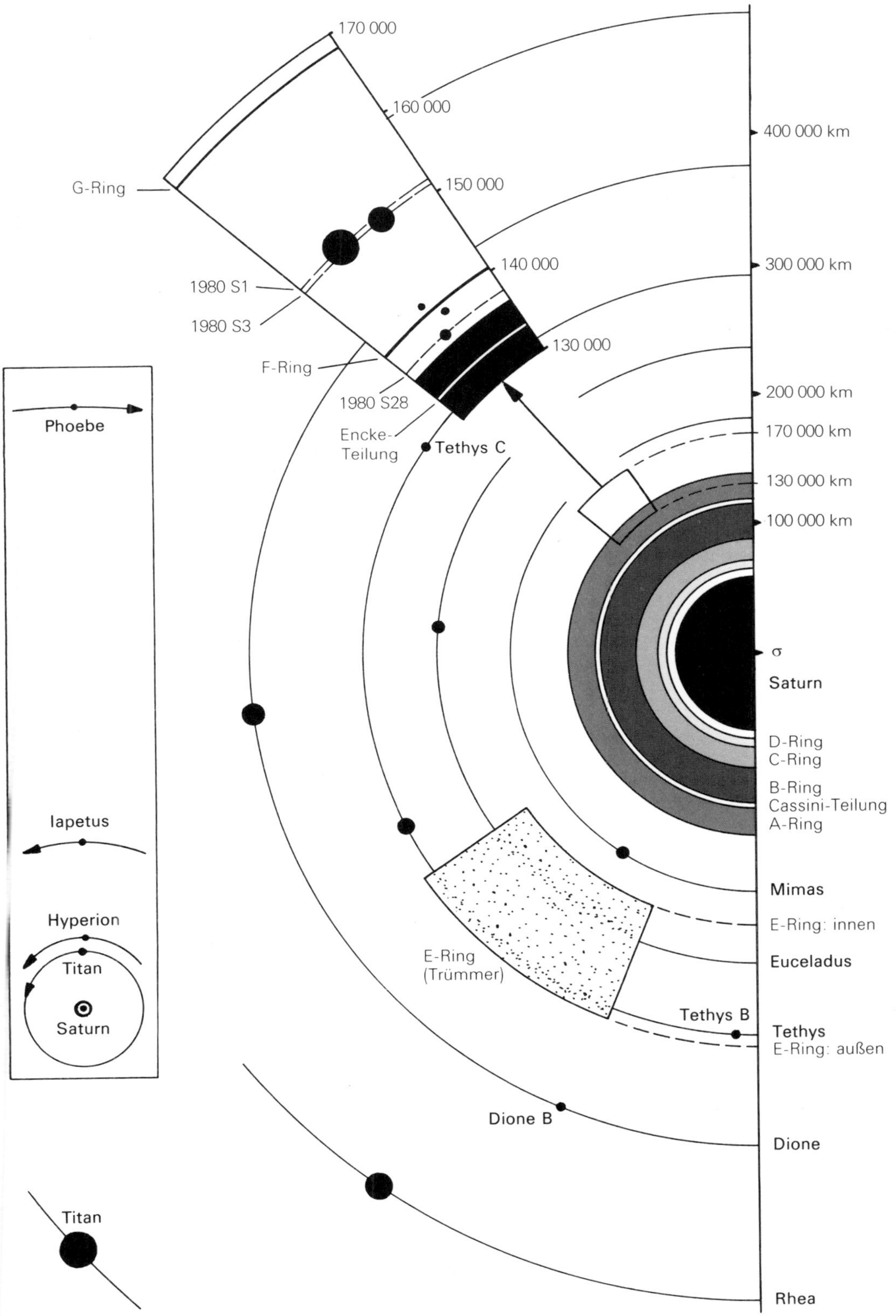
170 000
160 000
150 000
140 000
130 000
G-Ring
1980 S1
1980 S3
F-Ring
1980 S28
Encke-
Teilung
Tethys C
400 000 km
300 000 km
200 000 km
170 000 km
130 000 km
100 000 km
σ
Saturn
D-Ring
C-Ring
B-Ring
Cassini-Teilung
A-Ring
Mimas
E-Ring: innen
Euceladus
E-Ring
(Trümmer)
Tethys B
Tethys
E-Ring: außen
Dione B
Dione
Rhea
Phoebe
Iapetus
Hyperion
Titan
Saturn
Titan

Voyager-Sonden
Diese Darstellung vermittelt einen Überblick über die mehrjährige Mission der Sonden Voyager 1 und 2 von der Erde über Jupiter zu Saturn. Der von 1 bis 12 durchnumerierte Kreis entspricht den Positionen der Erde am Monatsersten eines Jahres. Im Zentrum des Kreises steht die Sonne. Voyager 1 wurde etwas später abgeschossen, überholte aber Voyager 2 auf dem Weg zu Jupiter.

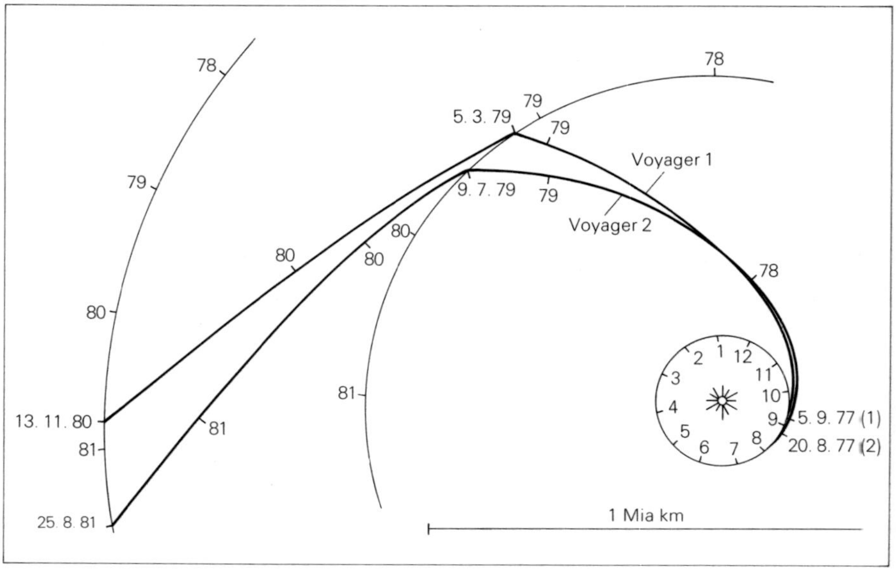

Funkbilder zur Erde. Der Flugplan und die Instrumentierung der Raumsonden sind im Abschnitt über Jupiter näher beschrieben.

Wolken

Saturn würde mit seinen dunklen Wolkenbändern und hellen Zonen noch ähnlicher gestreift aussehen wie Jupiter, wenn nicht eine viel dunstigere höhere Bewölkung die Kontraste dämpfen würde. Schon zur Zeit der ausschließlichen Teleskopbeobachtung kannte man langlebige, ovale Wirbelstürme, von denen jedoch keiner die Ausmaße des Großen Roten Flecks auf Jupiter annahm. Dies betrifft aber keineswegs die maximal auftretenden Windgeschwindigkeiten, die mit Bezug auf die Rotation der tiefer liegenden Hauptmasse des Planeten auf Saturn fünfmal größer sind! Die Atmosphäre rotiert am Äquator um 1800 km/h schneller als der Planet, eine Geschwindigkeit, die jedoch von nur 40 Grad nördlicher und südlicher Breite an praktisch auf Null absinkt. Voyager 2 registrierte dennoch ausgerechnet in der ruhenden Zone einen lokalen Sturm von deutlicher Wirbelform. Nordlichter über den Polen sind nachgewiesen, doch konnten Blitze in der Atmosphäre wegen der Ringbeleuchtung auf der Nachtseite nur im Radiowellenbereich, aber nicht optisch ausgemacht werden.

♅ Uranus

Atmosphäre

Wegen der enormen Distanz ist die in Teleskopen grünlich erscheinende Atmosphäre von Uranus erst sehr dürftig erforscht. Insbesondere ist es noch nicht gelungen, aus direkter Beobachtung von Wolken irgendwelche Schlüsse zu ziehen. Auch auf den besten Aufnahmen aus Stratosphärenballonen ist nichts zu sehen. Immerhin ergab die Radiometrie Temperaturwerte für den Bereich der reflektierenden Schichten in der Atmosphäre, die zwischen −185° C und −210° C liegen, was ungefähr dem Strahlungsgleichgewicht in diesem Sonnenabstand entspricht.

Aus der Analyse des Lichts ließ sich außerdem entnehmen, daß die Atmosphäre über der lichtdurchlässigen Wolkenobergrenze ziemlich ausgedehnt und bemerkenswert klar sein muß. Hier wurde Wasserstoff nachgewiesen. Helium wird nur vermutet, denn es kann sich leicht der Entdeckung entziehen, weil markante Absorptionslinien fehlen. Das spektroskopisch auffälligere Methan muß dagegen ein wesentlicher Bestandteil der Wolken sein, während das auf Jupiter und Saturn gleichzeitig damit vorkommende Gas Ammoniak scheinbar nicht vorhanden ist. Entweder kommt es nur in tieferen Schichten vor oder dann ist es in Form von Eiskristallen ausgefroren, so daß es das Spektrum aus diesem Grunde nicht mehr beeinflußt.

Neuere Messungen befaßten sich mit den Radioemissionen; ihr Ursprung wird in einer Tiefe angenommen, wo der Druck bei etwa 10 at liegt. Forscher an den großen Präzisionsantennen in Goldstone, Kalifornien, stellten innerhalb von 10 Jahren eine Zunahme dieser Strahlung um 30 Prozent fest, sogar wenn man die Werte auf Einheitsentfernung umrechnete. Da Uranus während dieser Zeit seine Polachse immer mehr in Richtung Erde wandte, ist anzunehmen, daß über den Polen entsprechend mehr Mikrowellenstrahlung ausgesandt wird. Entweder hat eine über den Polen noch klarere Atmosphäre zur Folge, daß wir dort in wärmere Tiefen blicken können (da Ammoniak z. B. in den Wolken diese Wellenlängen absorbieren würde) oder dann werden die Wellen in der Magnetosphäre erzeugt, und ihre Intensität ist deshalb richtungsabhängig. Klarheit hierüber ist wohl kaum vor der Ankunft von Voyager 2 bei Uranus zu erlangen.

Bahndaten

Umlaufzeit um die Sonne	84,019 Jahre
Mittlere Zeit zwischen zwei Distanzminima	369,65 Tage
Minimaler Sonnenabstand	2735 Mio km
Maximaler Sonnenabstand	3005 Mio km
Minimaler Erdabstand	2590 Mio km
Maximaler Erdabstand	3160 Mio km
Minimale Funkzeit zur Erde	144 Lichtmin.
Maximale Funkzeit zur Erde	176 Lichtmin.
Geschwindigkeit	
im sonnennächsten Punkt	7,13 km/s
im sonnenfernsten Punkt	6,49 km/s

Die nachfolgenden vollständigen Bahnelemente sind für den mit modernen Rechenhilfsmitteln ausgerüsteten Interessenten gedacht. Die mittlere Drift der sich systematisch ändernden Elemente ist angegeben und gestattet für viele Zwecke hinreichend genaue Positionsberechnungen für je ungefähr 200 Jahre in die Zukunft und in die Vergangenheit. T bedeutet die seit dem 1. Januar 1975 verflossene Zeit in Tagen.

Chemische Zusammensetzung

Qualitativ könnte Uranus vielleicht mit der Erde verglichen werden, da dort vermutlich die gleichen Elemente vorkommen, wenn auch in sehr unterschiedlichen Quantitäten. Der wenig mehr als erdgroße Kern enthält aufgrund seiner geschätzten Dichte sicher auch Metalle und Silikate, wobei aber bestimmt der Anteil an leichten flüchtigen Verbindungen entsprechend dem größeren Sonnenabstand überwiegt. Der Mantel aus Eis könnte mit einem immensen gefrorenen Ozean verglichen werden. Die darüber lagernde Atmosphäre, die den Planeten auf etwa vierfachen Erddurchmesser aufbläht, besteht zur Hauptsache aus Wasserstoff und Helium. Die Restgase könnten absolut gesehen sehr wohl die bedeutendere Menge ausmachen als auf der Erde. Der Stickstoff kommt bei uns frei vor, währenddem er auf Uranus im Ammoniak gebunden sein dürfte, doch ist es auch möglich, daß molekularer Stickstoff vorkommt. Methan wurde eindeutig nachgewiesen. Resultate von Atmosphärensonden, die über die chemische Zusammensetzung wenigstens der

Länge des aufsteigenden Knotens (Grad)	$73{,}85168 + 1{,}37 \cdot 10^{-5} \cdot T$
Neigung zur Ekliptik (Grad)	$0{,}7729535 + 1{,}79 \cdot 10^{-8} \cdot T$
Länge des Perihels (Grad)	$98{,}81031 + 2{,}70 \cdot 10^{-5} \cdot T$
Große Halbachse (astronomische Einheiten)	19,21814
Numerische Exzentrizität	$0{,}0463245 - 7{,}3 \cdot 10^{-10} \cdot T$
Mittlere Anomalie am 1. 1. 1975 (Grad)	33,28000

DISTANZEN ERDE-URANUS
JEWEILS AM 1. DES MONATS IN MIO. KM

	JAN	FEB	MRZ	APR	MAI	JUN	JUL	AUG	SEP	OKT	NOV	DEZ
1978	2867	2793	2723	2663	2638	2654	2704	2777	2853	2911	2940	2930
1979	2884	2813	2742	2678	2647	2656	2702	2773	2850	2911	2946	2943
1980	2902	2833	2760	2693	2658	2661	2702	2772	2849	2913	2952	2954
1981	2917	2851	2781	2711	2670	2667	2702	2768	2846	2913	2957	2965
1982	2934	2872	2802	2730	2683	2674	2704	2766	2843	2913	2962	2976
1983	2951	2892	2823	2749	2698	2682	2706	2764	2841	2913	2966	2986
1984	2966	2912	2842	2767	2712	2691	2710	2765	2841	2914	2971	2995
1985	2980	2930	2864	2787	2729	2702	2715	2765	2838	2913	2974	3004
1986	2995	2949	2886	2808	2746	2713	2720	2765	2836	2912	2977	3011
1987	3009	2968	2907	2830	2764	2726	2726	2766	2835	2911	2979	3018
1988	3022	2986	2926	2848	2781	2738	2734	2770	2836	2911	2982	3025
1989	3033	3002	2946	2870	2800	2752	2742	2772	2834	2910	2983	3031
1990	3045	3019	2966	2891	2820	2767	2751	2775	2833	2908	2983	3035
1991	3055	3034	2986	2912	2839	2782	2760	2778	2833	2906	2982	3039
1992	3064	3049	3003	2931	2857	2797	2770	2784	2834	2906	2984	3043
1993	3072	3062	3021	2951	2877	2813	2781	2788	2834	2904	2982	3045
1994	3080	3075	3038	2971	2896	2830	2793	2793	2834	2901	2980	3046
1995	3086	3087	3054	2990	2916	2846	2804	2799	2835	2899	2977	3046
1996	3090	3097	3068	3006	2932	2861	2816	2806	2837	2898	2977	3047
1997	3095	3106	3082	3024	2951	2878	2828	2812	2838	2895	2973	3045
1998	3098	3114	3095	3041	2969	2895	2841	2819	2839	2892	2969	3043
1999	3099	3121	3107	3057	2987	2911	2853	2826	2840	2889	2964	3039
2000	3100	3127	3116	3070	3002	2925	2865	2833	2842	2888	2961	3038
2001	3101	3132	3126	3084	3018	2941	2878	2841	2844	2885	2956	3032
2002	3099	3135	3134	3097	3033	2957	2890	2849	2846	2882	2950	3027
2003	3096	3137	3141	3108	3048	2972	2903	2857	2848	2879	2944	3020
2004	3092	3137	3146	3117	3059	2984	2914	2864	2850	2877	2939	3015
2005	3089	3138	3150	3126	3072	2998	2926	2872	2853	2874	2932	3007
2006	3083	3136	3153	3134	3084	3011	2938	2880	2855	2871	2925	2998
2007	3075	3132	3154	3141	3095	3024	2950	2888	2858	2868	2917	2989
2008	3067	3128	3155	3146	3102	3033	2959	2894	2860	2866	2911	2982
2009	3060	3124	3154	3150	3111	3044	2970	2902	2863	2863	2903	2971
2010	3050	3117	3151	3152	3118	3054	2980	2910	2866	2860	2895	2960
2011	3039	3108	3147	3154	3124	3063	2990	2917	2868	2857	2887	2948
2012	3027	3099	3143	3154	3127	3069	2996	2923	2870	2855	2880	2939
2013	3017	3090	3136	3152	3131	3076	3005	2930	2873	2852	2872	2927
2014	3004	3079	3128	3150	3133	3083	3013	2937	2876	2849	2863	2914
2015	2989	3066	3119	3145	3134	3088	3020	2943	2879	2847	2855	2901
2016	2975	3052	3110	3140	3133	3090	3024	2947	2881	2844	2848	2890
2017	2962	3040	3098	3134	3132	3093	3030	2953	2884	2842	2840	2877

oberen Atmosphäre endültige Werte liefern, sind wegen den beschränkten Flugmöglichkeiten und den langen Flugzeiten aber nicht vor den neunziger Jahren zu erwarten.

Distanzen zur Erde

Diese Tabelle gibt einen Überblick über die ständig wechselnden Abstände zwischen Uranus und der Erde. Das Datenmaterial läßt sich auf einem langen Streifen auch grafisch auftragen, was Interpolationen für Zwischenwerte ermöglicht und die periodischen Schwankungen der Entfernung besonders anschaulich zeigt.
Ablesebeispiel: Am 1. August 1991 beträgt die Distanz 2778 Mio km.

Entstehungstheorie

Uranus bildete sich gemäß den heutigen Vorstellungen aus der gleichen Plasmawolke wie die drei anderen großen gasförmigen Planeten, doch dauerte bei ihm der sogenannte Akkretisierungsprozeß noch länger als bei Saturn und erst recht viel länger als bei Jupiter. Dies hängt mit der geringeren Dichte zusammen, die sich für die Plasmawolke in diesem Sonnenabstand ergibt, wenn man die kleinere Masse und das viel größere Volumen berücksichtigt, auf die sich diese ursprünglich verteilt hat. Wegen des langsameren Laufes der Partikel in Sonnenferne fanden die Kollisionen viel seltener statt. Unter solchen Umständen ist zu erwarten, daß sich zuerst eine Gruppe von mittelgroßen Teilplaneten herausbildet, die zunächst auf sehr ähnlichen Bahnen noch unabhängig voneinander um die Sonne kreisen. Dieser Vorgang unterscheidet sich deutlich von dem, der aus der Konzentration von kleinen Bruchstücken auf einen Großplaneten in kurzer Zeit entsteht. Die statistische Zufallskomponente beim Absturz der letzten Körper aufeinander spielt im ersten Fall eine viel größere Rolle. Dies hat unter anderem zur Folge, daß die Rotationsachse des Endkörpers dagegen beliebig geneigt ist und nicht senkrecht zur Bahnebene zu liegen kommt (wegen der Symmetrie, die durch die rasche Kontraktion entsteht). Beim rückläufigen Uranus mit seiner extremen Polachsenneigung von 98 Grad scheint dies zuzutreffen.

Die Zeit, zu der Uranus die Hauptmasse auf sich vereinigen konnte, wird vor etwa 400 Mio Jahren angesetzt. Vielleicht fand sie aber auch noch etwas später statt. Die Kontraktionswärme reichte jedenfalls aus, um die Planetenkugel anfänglich auf eine beträchtliche Temperatur zu erhitzen. Wenn Uranus heute nicht mehr so viel Wärme über dem Wert seines thermischen Gleichgewichtszustandes wie Jupiter abgibt, so heißt das nicht, daß er damals viel weniger heiß war. Der bedeutend geringere Durchmesser sorgte für eine viel raschere Abkühlung, wofür auch noch die schwächere Sonnenstrahlung beigetragen haben mag. Anfänglich konnte sich bei diesem großen Gasplaneten ebenfalls ein Plasma bilden, dessen Rotation sich auf diejenige des Planeten um seine Achse und nicht auf die Bahnebene um die Sonne ausrichtete. So ist es zu verstehen, daß das heutige System von fünf regelmäßig verteilten Uranusmonden in der steil aufgerichteten Äquatorebene kreist und nicht in der Ebene der Ekliptik. Gemäß der im einführenden Kapitel beschriebenen Entstehungstheorie bilden sich die Trabanten ja erst im Anschluß an die Formation des Planeten aus einem sogenannten korotierenden Plasma, was im Falle von Uranus sehr schön bestätigt werden kann.

Geschichtliches
Friedrich Wilhelm Herschel (15. 11. 1738 bis 25. 8. 1822) baut selbst Fernrohre und schleift Spiegel, mit denen er Uranus, zwei äußere Uranusmonde und zwei innere Saturnmonde entdeckt. Er wird für seine Dienste in der Astronomie vom englischen König in den Adelsstand erhoben.

Der noch unvollständig gebildete und im äußeren Teil bis heute unregelmäßige Ring ist ein weiterer Hinweis auf die langsamere Evolution im äußeren Teil des Sonnensystems. Das offensichtlich viel dünner als bei Saturn verteilte Ringmaterial — das sich übrigens vollständig innerhalb der Roche-Grenze befindet — erlitt eine entsprechend geringere Kollisionsreibung, so daß der äußerste Epsilon-Ring noch auf dem Weg von einem leicht elliptischen zu einem kreisförmigen ist. Seine Materie hat sich auch noch nicht auf eine dünne Scheibe konzentriert, auf der die Zusammenstöße von Einzelpartikeln erst vollständig aufhören.

Geschichtliches

1690 Nachträgliche Inspektion von Sternkarten aus diesem Jahr zeigten Uranus bereits eingezeichnet, aber fälschlicherweise als Fixstern.

1738 Friedrich Wilhelm Herschel, der berühmte englische Astronom deutscher Abstammung und späterer Entdecker von Uranus, wird am 15. November in Hannover geboren.

1781 Herschel findet am 13. März einen neuen Planeten, der damals durch das Sternbild Zwilling zog. Zunächst irrtümlicherweise als Komet klassifiziert, zeigen die Bahnbestimmungen nach einigen Wochen, daß es sich um ein neuentdecktes Mitglied unseres Sonnensystems handelt, das in 19facher Erdentfernung seine Runden zieht. Diese erste Erweiterung seit dem Beginn der Astronomie ermöglicht Herschel den Beitritt in die Royal Society. Der Name Uranus wird jedoch erst etwa seit der Mitte des 19. Jahrhunderts einheitlich in aller Welt verwendet.

1787 Herschel entdeckt dank seinem neuen großen Spiegelteleskop (122 cm Öffnung und 11,9 m Brennweite) die beiden größten und äußersten Trabanten von Uranus: Titania und Oberon.

1822 Friedrich Wilhelm Herschel stirbt am 25. August im Alter von 84 Jahren. Seine Schwester Karoline (1750—1848) und sein Sohn John Frederick William (1792—1871) führen die Sternwarte noch fast ein halbes Jahrhundert lang weiter.

1846 Genaue Bahnbestimmungen von Uranus fördern unbekannte Abweichungen zutage, aufgrund derer der nächstäußere Planet Neptun entdeckt wird.

1851 Lassell entdeckt den 3. und 4. Trabanten, Ariel und Umbriel, die noch innerhalb der beiden bereits bekannten kreisen. Erst ein Jahr später gelingen genauere Beobachtungen dieser äußerst lichtschwachen Objekte, und ihre Bahnen können genauer bestimmt werden. Die großen Bahnneigungen der vier innersten Trabanten gegen die Ekliptik, 98 Grad, sind bereits ein Hinweis auf die erstaunliche Schiefe der Polachse von Uranus. Diese selber ist aber noch unbekannt, da über die Rotation noch große Unsicherheit herrscht.

1930 Die in diesem Jahr von J. H. Moore und D. H. Menzel bestimmte Rotationszeit von 10 Stunden und 50,4 Minuten und andere sehr ähnliche Werte gelten während Jahrzehnten als ziemlich unangefochten, obwohl die wahre Dauer vermutlich etwa doppelt so groß ist.

1948 Kuiper entdeckt Miranda, den 5. und innersten Trabanten.

1977 Am 10. März findet die Bedeckung von SAO 158687, einem Stern 8,8. Größe im Sternbild Leier, durch den Planeten Uranus statt. Von Südafrika, dem Indischen Ozean, Südostasien und Australien aus gelingen genaue Vermessungen dieser Verfinsterung, von der man sich zunächst eine indirekte Möglichkeit zur spektroskopischen Sondierung der Uranusatmosphäre verspricht. Zur großen Überraschung finden etwa 40 Minuten vor und nach dem Verschwinden des Sterns hinter der Planetenscheibe während 9 Minuten mehrere zeitlich spiegelbildlich verteilte Auslöschungen des Sternlichts von einer bis mehrerer Sekunden Dauer statt. Diese Erscheinungen werden nach kurzer Zeit als Bedeckung durch einen zuvor unbekannten Ring von Uranus gedeutet.

1977 Am 20. August wird die Sonde Voyager 2 gestartet, die nach Vorbeiflügen an Jupiter und Saturn schließlich im Januar 1986 bei Uranus ankommen wird.

1977 Am 23. Dezember bestätigt die Bedeckung eines weiteren Sterns, diesmal ein schwächerer 12. Größe, daß Uranus tatsächlich von mindestens fünf schmalen Ringen umgeben ist.

1978 Am 10. April wird die Bedeckung eines Sterns 12. Größe auch im infraroten Teil des Lichtes verfolgt. Diesmal können bereits 9 verschiedene Ringe ausgemacht werden.

Noch im gleichen Jahr gelingt im Mount-Palomar-Observatorium der optische Nachweis des Ringes, und zwar durch fotometrische Subtraktion von zwei Abtastungen in engen Infrarotbereichen, die den Störeffekt des viel zu hellen Uranus eliminieren.

Inneres von Uranus

Von Saturn an gegen außen nimmt die Dichte der Planeten wieder zu, und gleichzeitig werden sie kleiner. Deshalb nimmt man für alle einen festen Kern von etwa gleicher Größe an. Bei Uranus wird der Durchmesser dieses Kerns auf 16 000 km geschätzt. Seine Zusammensetzung dürfte felsig sein wie die der ferneren Planetoiden. Man erwartet, daß darauf eine Eisschicht liegt, da die Akkumulierung der Materie bei relativ niedrigen Temperaturen ziemlich langsam erfolgt ist. Der Druck reicht beim kleineren Uranus im Vergleich zu Saturn nicht für eine anschließende Schicht aus metallischem Wasserstoff aus, so daß der äußerste Teil ausschließlich aus molekularem Wasserstoff besteht. Dazu gehört aller Wahrscheinlichkeit nach die dem kosmischen Verhältnis entsprechende Beimengung von knapp 10 Prozent Helium und Spuren weiterer Gase, die sich vor allem an der Oberfläche in Form von Wolken bemerkbar machen.

Über die heutigen Verhältnisse im Zentrum wurden bereits Modellrechnungen ausgeführt. Durch den Wärmestau infolge nuklearer Zerfallsreaktionen dürfte die Temperatur dort auf 4000 Grad gestiegen sein und sich heute ganz langsam abkühlen. Der Druck ist mit 2 Mio at schon im Zentrum nicht mehr hoch genug, um molekularen Wasserstoff in metallischen umzuwandeln.

Magnetfeld

Wenn sich die heutigen Theorien über die Entstehung von Trabantensystemen weiterhin erhärten (kondensiertes Plasma innerhalb einer Magnetosphäre), dann wird auch immer wahrscheinlicher, daß ein Magnetfeld um Uranus existiert. Er besitzt immerhin ein regelmäßiges System von fünf Monden, das wohl nicht anders als gleichzeitig mit dem Planeten entstanden sein kann. Sollte Voyager 2 beim Vorbeiflug ein Magnetfeld nachweisen können, so kommt dem große entstehungsgeschichtliche Bedeutung zu. Interessant wird auch sein, ob die während eines Jahrzehntes beobachtete Zunahme von Radioemissionen von Uranus (bis 1987 wird sich seine Polachse immer mehr in Richtung auf die Erde ausrichten) mit seiner allfälligen Magnetosphäre in Zusammenhang steht.

Monde

Zwischen 1787 und 1948 wurden insgesamt fünf Trabanten von Uranus entdeckt, die jedoch alle noch wenig erforscht sind. Insbesondere die Durchmesser sind bis heute erst sehr unsicher bestimmt. Erst 1977, als man die Ringe von Uranus entdeckte, suchte man wieder intensiver nach weiteren Monden. Die Daten über die Verfinsterung eines Hintergrundsterns ließen die Vermutung aufkommen, daß mindestens von einer Beobachtungsstation aus nicht nur der Ring, sondern außerdem noch ein einzelner Körper von etwa 100 km Durchmes-

Monde
Wenn der neuentdeckte Uranusring maßstäblich in das System der schon länger bekannten fünf Trabanten eingezeichnet wird, dann fällt eine fast unnatürlich wirkende Lücke zwischen dem Ring und Miranda auf. Diese könnte sehr wohl von einem oder mehreren noch unbekannten Monden gefüllt sein, die die Struktur des Ringes schon bei der Entstehung beeinflußt haben. Sie wären etwa mit Mimas oder Janus bei Saturn zu vergleichen. Man beachte, daß die Bahnebene dieser Trabanten im Gegensatz zu allen übrigen im Sonnensystem praktisch senkrecht auf der Ekliptik steht. Dies ist der stärkste Hinweis auf die Vorstellung, daß die Entstehung von Monden sehr eng mit jener des Planeten zusammenhängt und nicht unabhängig von ihm im Sonnensystem erfolgt.

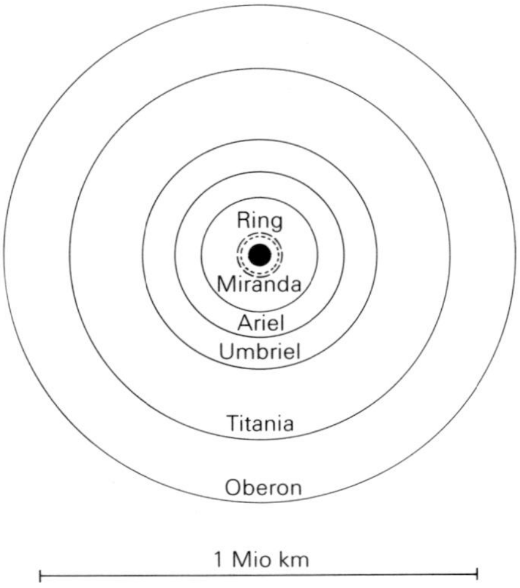

ser vorübergezogen war. Dies wäre ein denkbarer Zufall, denn die winzigen Winkelunterschiede lassen es stark darauf ankommen, wo auf der Erde man sich befindet. Ein solcher sechster, kleiner Trabant würde zwischen dem bisher innersten, Miranda, und dem Ring kreisen. Wegen seiner Lichtschwäche und seines geringen Abstandes vom viel helleren Uranus wäre es auch nicht verwunderlich, daß man ihn bisher noch nicht entdeckt hat. Vermutlich wird man erst im Januar 1986 mehr wissen, wenn Voyager 1 in die Nähe von Uranus kommt, falls nicht das Weltraumteleskop «Space Telescope» schon etwas früher eine hinreichend große Trennschärfe entwickelt.
Die Anwesenheit eines regelmäßigen Trabantensystems in der Äquatorebene ist entstehungsgeschichtlich deutbar: Es setzt voraus, daß ein kräftiges Magnetfeld existiert, wenn die heutigen Vorstellungen über diese fernen Vorgänge richtig sind. Die Entdeckung eines solchen Feldes wäre sehr wesentlich, da es die heutigen Entstehungstheorien indirekt bestätigen würde.
Selbst die größten beiden Monde sind immer noch zu klein, um eine Atmosphäre an sich binden zu können. Die meisten Gase haben sich entweder verflüchtigt oder sind auf der Oberfläche eingefroren. Die geringe Schwerkraft ermöglicht aber Triebwerksladungen auch ohne Atmosphäre.

Physikalische Daten

Äquatordurchmesser	52 400 km
Poldurchmesser	49 300 km
Masse	14,6 Erdmassen
	= 1/22835 Sonnenmassen
	= $8{,}73 \cdot 10^{25}$ kg
Mittlere Dichte	1,23 g/cm³
Abplattung	16:17
Maximaler Ringdurchmesser	102 000 km
Neigung der Ringebene zur Bahnebene	98 Grad
Reflektiertes Sonnenlicht	45 %
Schwerkraft an der Oberfläche	9,00 m/s²
in Einheiten der irdischen	0,92
Fluchtgeschwindigkeit (Oberfläche)	21 km/s
1000-km-Satellit: Umlaufzeit	3 Std., 10 Min.
Geschwindigkeit	15 km/s
Innerster Kappa-Ring, Radius	42 000 km
(ungefähre Werte), Umlaufzeit	6 Std.
Geschwindigkeit	12 km/s
Äußerster Epsilon-Ring, Radius	51 000 km
(ungefähre Werte), Umlaufzeit	8 Std.
Geschwindigkeit	11 km/s
Dauer eines Tag-Nacht-Zyklus	22,5 ± 2 Std.
Maximale Sonneneinstrahlung	4,1 W/m²
Minimale Sonneneinstrahlung	3,4 W/m²
Anzahl Monde	5

Ringe

Bis Mitte 1979 waren insgesamt neun deutlich voneinander getrennte Ringe um Uranus entdeckt worden, die alle in einem nur 9000 km breiten Gürtel zwischen 42 000 und 51 000 km Entfernung vom Planetenzentrum kreisen. Ihre Breite ist – im Vergleich zur gesamten Ausdehnung – sehr gering und beträgt nur 10 bis 100 km. Bemerkenswert ist die Feststellung, daß die Ränder der Ringe recht scharf begrenzt sind. Die Partikel scheinen also in engen Schwärmen zu reisen, währenddem die Räume dazwischen ziemlich sauber sind. Dieses Beispiel illustriert einmal mehr die Tendenz von fein verteilter Materie, ihre Bahn infolge inelastischer Zusammenstöße immer mehr zu konzentrieren. Jedes stark aus der Reihe tanzende Partikel würde die bereits bestehen-

Die Monde von Uranus

Nr.	Name	Mittlerer Abstand km	Umlaufzeit Tage	Bahnabplattung	Durchmesser km	Entdeckung	
V	Miranda	130 000	1,413	0,017	500	Kuiper	1948
I	Ariel	192 000	2,520	0,003	1000	Lassell	1851
II	Umbriel	267 000	4,144	0,004	800	Lassell	1851
III	Titania	438 000	8,706	0,002	1500	Herschel	1787
IV	Oberon	586 000	13,463	0,001	1200	Herschel	1787

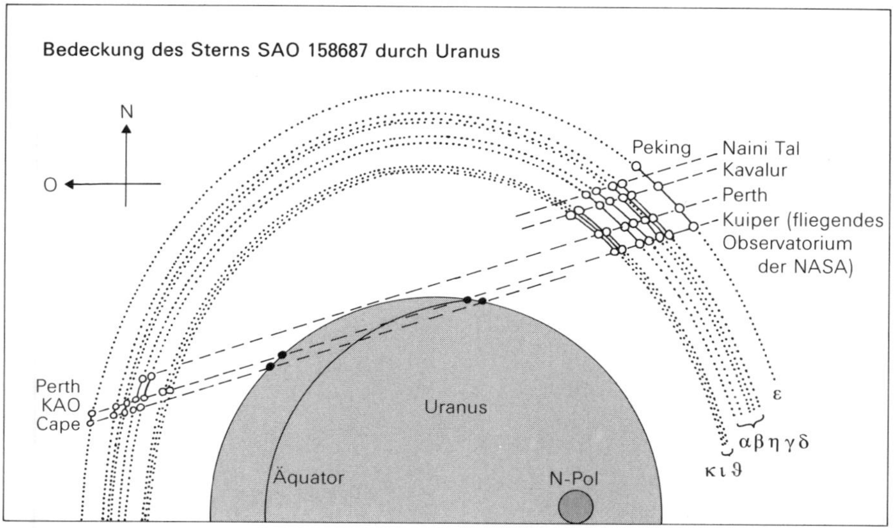

Ring
Diese Darstellung gibt genau die Perspektive wieder, unter der Uranus und sein Ring zum Zeitpunkt der Entdeckung am 10. März 1977 von der Erde aus zu sehen waren. Die gestrichelten Linien bedeuten die Spuren des verdeckten Sterns von verschiedenen Beobachtungsorten von der Erde aus. Die innersten drei Ringe — Kappa, Iota und Theta — wurden erst später definitiv identifiziert.

den Ringe so lange kreuzen, bis es nach einer Reihe von Kollisionen von einem Ring einverleibt worden wäre. Da sich dieser Vorgang aber innerhalb der Roche-Grenze abspielt, endet er nicht in der Bildung eines neuen Trabanten, sondern in einigen konzentrischen Ringen.

Inzwischen wird bereits versucht, die Zwischenräume als Resonanzerscheinungen der Schwerkraftwirkung von Uranusmonden zu deuten. Dies dürfte so wenig gelingen wie bei Saturn, wo auch erst eine umfassende Entstehungstheorie alle Eigenschaften mit einem einheitlichen Mechanismus erklären konnte. Aus dieser Erfahrung lernend, müßte man bei Uranus eher nach einer ganzen Anzahl kleiner Trabanten suchen. Sie kreisen aller Wahrscheinlichkeit nach zwischen Miranda und dem Ring, befinden sich aber noch außerhalb der Roche-Grenze bezüglich der in Frage kommenden Dichten. Solche Trabanten können mit heutigen Mitteln noch nicht entdeckt werden, da sie zu lichtschwach sind, um so nahe neben der bei langen Belichtungszeiten viel zu hellen Uranusscheibe noch hervorzutreten. So, wie der Saturnmond Mimas für die Cassinische Trennung verantwortlich ist, könnten auch bei Uranus einige Monde in der Ursprungsregion für das spätere Ringmaterial den Raum leergefegt haben; so entstehen dort nach der Kondensation des Plasmas und der Schrumpfung des Ringmaterials auf Kreisbahnen Lücken (vergleiche «Saturnring»). Auch bei Saturn gibt es noch mindestens einen Mond unmittelbar außerhalb des Ringes, nämlich Janus, und es wäre durchaus nicht von der Hand zu weisen, daß auch Uranus weitere Körper in geringer Distanz um sich vereinigt.

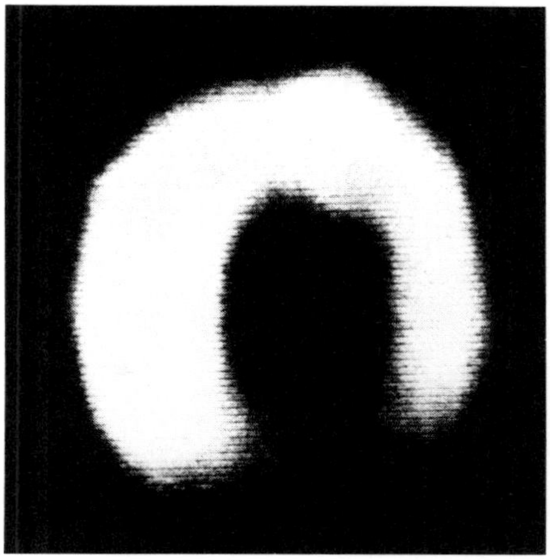

Ring
Dieses erste fotometrische Bild des Uranusringes wurde am 18. Mai 1978 mit dem 5-m-Spiegel auf Mount Palomar aufgenommen und bis zur Veröffentlichung im November mit einem besonderen Verfahren elektronisch weiterverarbeitet. Der Trick bestand darin, zwei in engen Infrarotbereichen gewonnene Abtastungen in ihren Helligkeitswerten voneinander so zu subtrahieren, daß der im einen Frequenzbereich relativ helle Ring gegenüber dem schwachen Uranus noch deutlicher hervortrat. Der hier gezeigte Ring erscheint stark übertrieben, die Aufnahme gilt denn auch eher dem optischen Nachweis denn der Vermessung.

Die sehr großen Zwischenräume, die die neun Ringe voneinander trennen, verlangen im Falle von Uranus eine Erklärung: Hier sieht es aus, als ob besonders dichtes Material eine teilweise Kontraktion auf Einzeltrabanten hin durchgemacht hätte — trotz den Gezeitenwirkungen innerhalb der Roche-Grenze. Dies ist aber nur möglich, wenn die Dichte des Ringmaterials verhältnismäßig groß ist. Die Ringe selber befinden sich im Bereich kritischer Dichten zwischen 2 und 3,5 g/cm³, was heißt, daß sich Material mit höherer Dichte, das meist dunkel ist, auch dort noch zu einem Mond kontrahieren könnte. Man ist zwar noch weit davon entfernt, diese Annahme schon machen zu können, besitzt aber immerhin bereits einige Anhaltspunkte dafür. Die Ringe von Uranus müssen nämlich sehr viel dunkler sein als jene von Saturn, die wahrscheinlich aus eisbedeckten Felsbrocken bestehen. Messungen vom Mount-Palomar-Observatorium haben ergeben, daß im Wellenlängenbereich um 2,2 Mikron (Infrarot) der sicher atmosphärelose Ring eine Rückstrahlfähigkeit von nur 0,03 besitzt. Beim Planeten selber liegt sie allerdings mit etwa 0,0001 noch wesentlich tiefer, aber nur, weil seine Atmosphäre genau diese Frequenz absorbiert. Dieser Umstand war absichtlich ausgenützt worden, um den Ring optisch erfassen zu können. Der ziemlich frequenzunabhängige Wert von 0,03 scheint für das Ringmaterial typisch zu sein, was heißen würde, daß man es hier mit einer der schwärzesten Oberflächen im Sonnensystem zu tun hätte. Dies stünde auch im Einklang mit der Tatsache, daß der Ring auf den bisher besten Teleskopaufnahmen aus Stratosphärenballons nicht in Erscheinung trat, obwohl er unter Berücksichtigung seiner Ausdehnung bei höherer Rückstrahlfähigkeit etwa an der Grenze der Erfaßbarkeit hätte liegen müssen.

Der noch nicht im kollisionslosen Endzustand befindliche Epsilonring läuft gemäß den bisherigen Feststellungen noch auf ziemlich elliptischen Einzelbahnen. Dies führt automatisch dazu, daß er im Perizentrum (d. h. im bahnnächsten Punkt) am schmalsten und im Apozentrum am breitesten ist. Vorläufige Berechnungen haben ergeben, daß er aufgrund der Bahnstörungen durch die Abplattung von Uranus eine tägliche Präzessionsbewegung von etwa 1,4 Grad ausführen müßte. Wegen der kurzen Beobachtungszeit während der Sternbedeckungen ist es jedoch schwierig, diesen Wert direkt zu überprüfen.

Nachdem die Sonde Voyager 2 bereits den schwachen Jupiterring gestochen scharf fotografiert hat, darf man auch bei Uranus auf ein gutes Funkbild hoffen. Die Kenntnis des Ringes gestattet es, Ort und Zeit der Aufnahme optimal zu wählen. Auch wenn er nur dünn mit Materie besetzt ist, tritt er beim Blick aus der Äquatorebene deutlich hervor. Aus dieser Perspektive hatte man schon bei der Suche nach dem zunächst erst vermuteten Jupiterring Erfolg.

Mittlere Abstände der Ringe vom Planetenzentrum

Kappa	42 000 ± 30 km
Iota	42 370 ± 20 km
Theta	42 640 ± 20 km
Alpha	44 840 ± 10 km
Beta	45 795 ± 10 km
Eta	47 290 ± 10 km
Gamma	47 740 ± 10 km
Delta	48 415 ± 10 km
Epsilon	50 900 ± 100 km

Die angegebenen Toleranzen beziehen sich auf die Unsicherheiten im Abstand und haben nichts mit der Breite der Ringe zu tun.

Rotation

Die Richtung der Polachse des Uranus steht in unserem Sonnensystem einzigartig da. Während sich die Bahnebene seines Laufes um die Sonne an die Regel hält, ganz in der Nähe der Erdbahnebene und damit der meisten großen und kleinen Planeten zu liegen, tanzt die Rotationsachse so weit aus der Reihe, wie das überhaupt nur möglich ist. Bei Venus findet man zwar

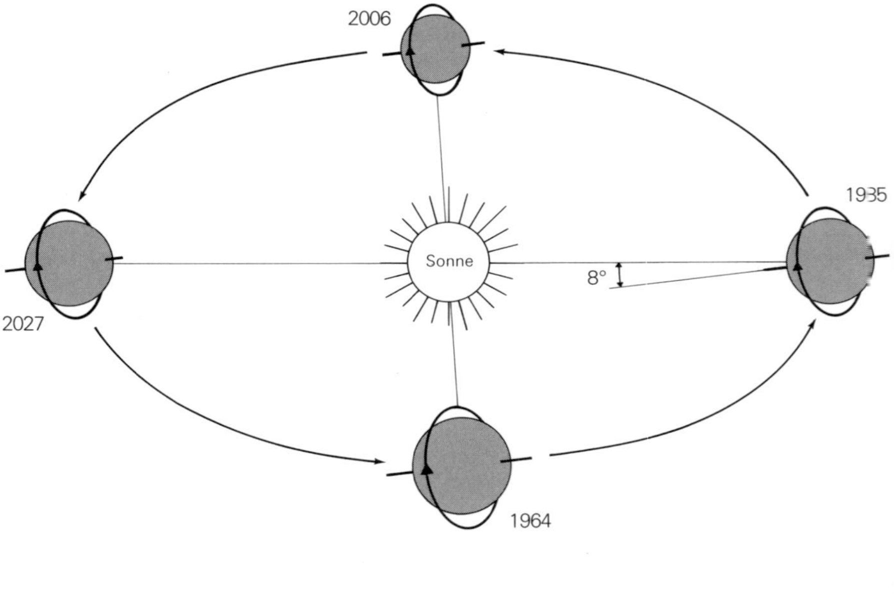

Rotation
Diese Darstellung veranschaulicht die praktisch in der Bahnebene liegende Rotationsachse von Uranus. Vier Positionen längs des 84jährigen Laufes um die Sonne sind mit den entsprechenden Jahreszeiten hervorgehoben. Alle 42 Jahre blicken wir abwechslungsweise auf den Nord- bzw. den Südpol, da unsere Perspektive fast mit jener von der Sonne aus zusammenfällt.

auch eine rückläufige Drehung, doch steht ihre Polachse wenigstens fast genau senkrecht auf der Bahnebene. Bei Uranus liegt sie dagegen praktisch in der Bahnebene, so daß dieser Planet recht eigentlich längs seiner Bahn rollt. Die Achsenneigung beträgt mit 98 Grad mehr als einen rechten Winkel, weil man diese dann bis 180 Grad weiterzählt, wenn die Rotation entgegen der normalerweise üblichen stattfindet.
Dieser Umstand hat höchst wechselhafte Jahreszeiten zur Folge. Im Laufe der 84jährigen Umlaufzeit um die Sonne kann jeder Punkt der Oberfläche von Uranus sein Zentralgestirn einmal im Zenit sehen. Wenn die Sonne zu einem gewissen Zeitpunkt ihre höchsten Tagbogen über einem Punkt am Äquator zieht, dann sinkt der Höchststand in den nächsten 21 Jahren immer weiter ab, bis der Tagbogen schließlich auf den Horizont zu liegen kommt. Dann steht er von der anderen Seite her wieder auf, bis er nach abermals 21 Jahren wieder durch den Zenit geht. Würde die Rotationsachse genau in der Bahnebene liegen, so könnte man in Anbetracht dieser Symmetrie von einer halbjährlichen (42 Erdjahre) Wiederholung der Jahreszeiten am Äquator des Uranus sprechen.
An den Polen ist es hingegen abwechslungsweise 42 Jahre lang Tag und 42 Jahre lang Nacht. Die Punkte in mittleren Breiten erleben dagegen eine verwickeltere Kombination beider Arten von Jahreszeiten. Es ist ohne weiteres denkbar, daß sich durch diese kompliziert wechselnden Einstrahlungszyklen höchst interessante Abschmelzvorgänge auf der vermutlich gefrorenen Oberfläche und ungewöhnliche Zirkulationen in der Atmosphäre herausbilden.
Ein 1930 bestimmter Wert für die Rotationszeit von Uranus wurde während rund 40 Jahren kaum angefochten und galt als recht sicher: 10 Stunden und 50,4 Minuten. Neuere, völlig unabhängige Messungen ergaben einen sehr verschiedenen und auch viel weniger präzisen Wert von 20±3 Stunden. Mit dem 4-m-Spiegel auf Kitt Peak ergaben sich spektrometrisch 22,5±2 Stunden. Bei all diesen Unterschieden ist zu beachten, daß wir alle 21 Jahre abwechslungsweise den Planeten von der Seite bzw. von oben rotieren sehen. 1987 zeigt seine Achse beispielsweise ziemlich genau zur Erde. Es ist also sehr wohl möglich, daß bald nicht nur die Rotationszeit genauer bestimmt werden kann, sondern daß auch der Wert für die Achsenneigung revidiert werden muß. Falls sich die Trabanten jedoch tatsächlich alle genau in der Äquatorebene befinden, dann bleibt es bei der gemeinsamen Schiefe von 98°.

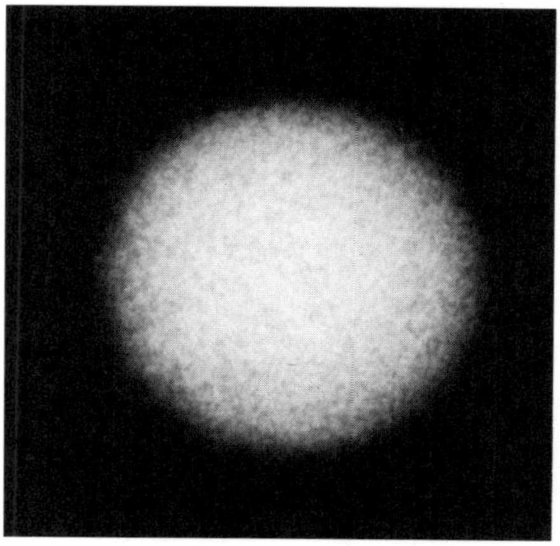

Teleskopbeobachtungen
Diese Aufnahme entstand in der Nacht vom 26. auf den 27. März 1970 in 25 km Höhe, so daß die störende Wirkung der Erdatmosphäre praktisch ohne Belang war. Das rund 200 m lange Ballonsystem Stratoscope II war in der Lage, ein 3 Tonnen schweres Teleskop mit 91 cm Spiegeldurchmesser stundenlang zu stabilisieren. Uranus erreichte an diesem Datum gerade die günstige Oppositionsstellung zur Sonne, war aber trotzdem noch so klein wie eine 2-cm-Münze auf 1 km Entfernung. Streifen in der Atmosphäre waren keine zu sehen, und im Moment der Aufnahme war auch keiner der 5 Monde im Blickfeld.

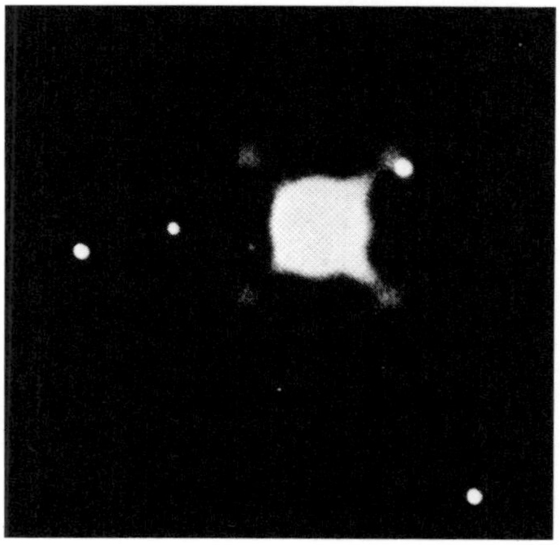

Teleskopbeobachtungen
Uranus in einer der besten Teleskopaufnahmen von der Erde aus. Man erkennt die 5 Monde (der innerste nur ganz schwach) neben dem stark überbelichteten Planeten. Letzteres bewirkte auch den randförmigen optischen Beugungseffekt um Uranus.

Teleskopbeobachtungen

Mit einer maximalen Helligkeit von 5,6 Größenklassen ist Uranus unter günstigsten Bedingungen von bloßem Auge, sicher aber im Feldstecher, erkennbar. Zunächst muß er jedoch aufgefunden und identifiziert werden, und hierfür ist ein Teleskop von Vorteil, wie ja auch die relativ späte Entdekkung beweist. Auch mit besten Instrumenten sieht sich die erdgebundene Erforschung des fernen Planeten großen Schwierigkeiten gegenüber. Bei 60facher Vergößerung erscheint Uranus erst so groß wie der Mond, wenn man ihn durch einen verkehrt vor die Augen gehaltenen Feldstecher mit 8facher Verkleinerung betrachten würde. Die relativ wenig schwankenden Distanzen zur Erde äußern sich lediglich in einem zwischen 3,4 und 4,2 Winkelsekunden liegenden Durchmesser. Damit ist Uranus bezüglich des Blickwinkels von der Erde nur etwa doppelt so groß wie der größte Jupitermond. Die Scheibchendurchmesser der Trabanten von Uranus erreichen dagegen höchstens etwa 0,1 Bogensekunden, so daß sie nicht mehr direkt bestimmbar sind.

Dies erklärt auch die große Unsicherheit beim Bestimmen ihrer wahren Größe, die man aufgrund ihrer Helligkeit abgeschätzt hat.

Ein gewisser Fortschritt wurde anfangs der siebziger Jahre gemacht, als man erstmals ein automatisch arbeitendes Teleskop mit einem Stratosphärenballon weit über den dichteren Teil der Erdatmosphäre hinausschickte. Die Stabilisierung der naturgemäß schwankenden Gondel erforderte raffinierte technische Maßnahmen. Das Auflösungsvermögen der gewonnenen Fotos wurde dabei auf etwa 0,15 Bogensekunden gesteigert, was eine rund zehnfache Verfeinerung gegenüber irdischen Aufnahmen darstellt. Dennoch zeigte ein solches Foto noch nicht die erhofften Wolkenstrukturen (siehe Abbildung Seite 261). Eine weitere Verbesserung ist erst wieder mit dem ab etwa 1983 einsatzbereiten 2,4-m-Weltraumteleskop zu erwarten, das als gemeinsame amerikanisch-europäische Entwicklung mit dem US-Raumtransporter während eines Jahrzehnts zu unzähligen verschiedenen Experimenten benützt werden soll.

Angesichts der Schwierigkeiten bei der Beobachtung des fernen Objektes verwundert

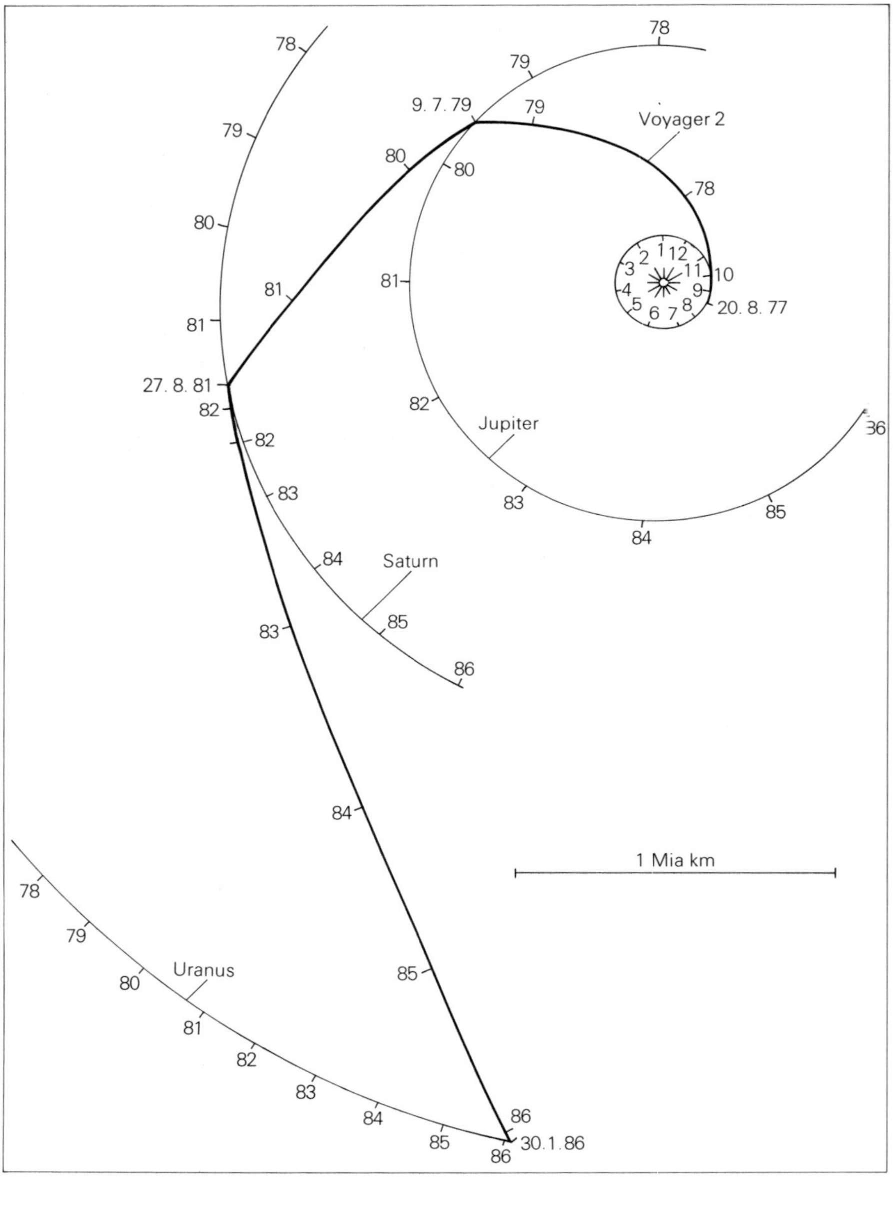

Voyagersonden
Auf dem innersten Kreis, der die Erdbahn darstellt, ist die Position jeweils am ersten der zwölf Monate eingezeichnet, bei Jupiter, Saturn und Uranus immer am 1. Januar der längs der Umlaufbahnen angeschriebenen Jahre. Bei einem Direktflug von der Erde zu Uranus müßte wesentlich schneller gestartet werden, und die Reise würde dennoch gut 16 Jahre dauern, weil die Geschwindigkeit beim Flug ins Äußere des Sonnensystems stark abnimmt. Betrachtet man die hier eingezeichnete Transferbahn genauer, so wird deutlich, daß Voyager 2 vom 1. 1. 1978 bis am 1. 1. 1979 ein kleineres Stück zurücklegt als in jedem der Jahre von 1983 bis 1986! Kurz vor der Ankunft fliegt man (heliozentrisch) immer noch 2,7mal schneller als Uranus, während das 1,42fache bereits für die Flucht aus dem Sonnensystem ausreichen würde. Dies illustriert besonders deutlich, wie man dank der planetarischen Billardtechnik mit bescheidenem Energieaufwand schließlich auf praktisch «unbezahlbare», schnelle Hyperbelbahnen gelangen kann.

es nicht, daß sich der Ring direkter teleskopischer Erfassung entzogen hat. Der wegen der ungewöhnlichen Orientierung der Achse von Uranus für uns derzeit senkrecht stehende Ring erstreckt sich (bei astronomischen Bezugsrichtungen und Messung vom Zentrum des Planeten aus) im Norden und Süden nur über 3,5 bis 4 Bogensekunden, und im Westen bzw. Osten gar nur 2,7 bis 3,1 Bogensekunden. Die Breite der Ringe liegt unterhalb 1/1000 Bogensekunde! Nur Raumsonden werden der Forschung unter solchen Umständen weiterhelfen können.

Voyager-Sonden

Eine günstige Konstellation von Jupiter, Saturn und Uranus gestattete es, mit Starts zwischen 1976 und 1978 gemäß den Gesetzen des planetarischen Billards ohne weiteren Antrieb von einem Planeten zum nächsten zu fliegen, wobei 1989 sogar noch die Möglichkeit für einen Besuch bei Neptun offensteht. Diese Gelegenheit wurde von den Voyager-Sonden ausgenützt, die erst im Jahre 2155 wiederkehren wird. Man darf zwar annehmen, daß man bis dann über bessere Antriebe verfügt und von den Startfenstern der Himmelsmechanik unabhängiger wird. Die beigefügte Grafik (siehe links) gibt einen Überblick über den neunjährigen Hinflug von Voyager 2 zu Uranus, einer Mission, die innerhalb weniger Tage mehr Erkenntnisse über den fernen Planeten liefern dürfte, als man in den 200 Jahren seit seiner Entdeckung zusammengetragen hat. Mehr über diese Sonden findet sich in den Abschnitten über Jupiter und Saturn.

Voyager-Sonden
Die Aufnahme entstammt einer ganz speziellen Perspektive: Es ist ein Test-Bild der Jupiter-Saturn-Sonde Voyager 1, das diese neun Tage nach dem Abschuß beim «Blick zurück» aus fast 12 Mio km machte. Der Mond wurde etwas aufgehellt.

Neptun oder Neptunus ist der altrömische Gott des fließenden Wassers, der seit dem 5. Jahrhundert v. Chr. mit dem griechischen Gott Poseidon gleichgesetzt wird. In dieser Darstellung — ein Kupferstich von Hendrik Goltzius — scheint Neptun mit seinem wehenden Haar direkt den Fluten entstiegen zu sein. In seiner rechten Hand führt er den Dreizack, der ihn als Gott der Meere identifiziert.

♆ Neptun

Atmosphäre

Wegen der enormen Entfernung Neptuns von der Erde ist die Gashülle von Neptun noch weniger erforscht als jene von Uranus. Die Temperatur der Wolkenobergrenze konnte als −220° C bestimmt werden. Die Verdeckung eines Sterns 8. Größe durch Neptun am 7. April 1968 ermöglichte jedoch Messungen, die eine darüberliegende wärmere Stratosphäre mit nur −130 bis −135° C vermuten ließ.

Die Methanabsorptionskurve für verschiedene Wellenlängen verläuft sehr ähnlich wie auf Uranus, so daß man daraus schließen darf, daß dieses Gas in der Atmosphäre vorhanden sein muß. Hauptbestandteil dürfte aber auch bei Neptun der Wasserstoff sein, gefolgt von Helium, obwohl der Nachweis noch aussteht. Ammoniak dürfte ebenfalls vorhanden sein, aber nur in tieferen Schichten oder eingefroren, da dieses Gas wie bei Uranus spektroskopisch nicht in Erscheinung tritt. Auch mit den besten Teleskopen ließen sich keine Markierungen in der Atmosphäre ausmachen, die durch Wolken verursacht werden können.

Bahndaten

Umlaufzeit um die Sonne	164,794 Jahre
Mittlere Zeit zwischen zwei Distanzminima	367,48 Tage
Minimaler Sonnenabstand	4456 Mio km
Maximaler Sonnenabstand	4537 Mio km
Minimaler Erdabstand	4304 Mio km
Maximaler Erdabstand	4689 Mio km
Minimale Funkzeit zur Erde	239 Lichtmin.
Maximale Funkzeit zur Erde	261 Lichtmin.
Geschwindigkeit	
im sonnennächsten Punkt	5,48 km/s
im sonnenfernsten Punkt	5,38 km/s

Die nachfolgenden vollständigen Bahnelemente sind für den mit modernen Rechenhilfsmitteln ausgerüsteten Interessenten gedacht.

Die mittlere Drift der sich systematisch ändernden Elemente ist angegeben und gestattet für viele Zwecke hinreichend genaue Positionsberechnungen je ungefähr 200 Jahre in die Zukunft und in die Vergangenheit. T bedeutet die seit dem 1. Januar 1975 verflossene Zeit in Tagen.

Chemische Zusammensetzung

Wie bei Uranus nimmt man einen Kern aus festen Verbindungen an, der von einem Mantel aus Eis umgeben ist. Dort ist wahrscheinlich vor allem Wasser eingefroren. Die Atmosphäre besteht ziemlich sicher aus Wasserstoff und Helium mit Methan, Ammoniak und weiteren Gasen in geringeren Mengen.

Distanzen zur Erde

Diese Tabelle gibt einen Überblick über die ständig wechselnden Abstände zwischen Neptun und der Erde. Das Datenmaterial läßt sich auf einem langen Streifen auch grafisch auftragen, was Interpolationen für Zwischenwerte ermöglicht und die periodischen Schwankungen der Entfernung besonders anschaulich zeigt.

Ablesebeispiele: Am 1. August 1988 und am 1. Juni 1990 beträgt die Distanz 4400 Mio km.

Entstehungstheorie

Neptun ist wie Uranus relativ langsam entstanden. Zuerst bildeten sich einzelne Teilkörper, die beim letzten Zusammensturz eine starke Zufallskomponente ins Spiel brachten. Diese Komponente äußert sich in einer stark von der Senkrechten zur Bahnebene abweichenden Rotationsachse, die mit 29 Grad die zweitgrößte im Sonnensystem ist. Es ist nun sehr wohl möglich, daß die Kontraktion bei Neptun so langsam erfolgte, daß die bescheidene Erwärmung kaum für ein Plasma ausreichte, das den Planeten wenigstens in der Anfangszeit als Ursprungsmaterie für Monde umgeben hätte. Wenn es natürliche Trabanten gibt oder einmal gegeben hat, dann sind diese vermutlich viel kleiner als bei Uranus. Mindestens der verkehrtläufige große Trabant Triton, vielleicht aber auch der hochexzentrische Nereid, verraten sich deutlich genug als Körper, die unabhängig von Neptun aber auf sehr ähnlichen Bahnen, um die Sonne kondensiert haben, so daß sie nach einiger Zeit eingefangen werden konnten. Bei Nereid könnte es sich allerdings auch um einen von Triton aus seiner Bahn geworfenen Urmond handeln. Die Langsamkeit der Bildung von Neptun ging also so weit, daß es bei den letzten Teilkörpern

Länge des aufsteigenden Knotens (Grad)	$131{,}50571 + 3{,}01 \cdot 10^{-5} \cdot T$
Neigung zur Ekliptik (Grad)	$1{,}7720791 - 2{,}61 \cdot 10^{-7} \cdot T$
Länge des Perihels (Grad)	$276{,}29028 + 8{,}92 \cdot 10^{-6} \cdot T$
Große Halbachse (astronomische Einheiten)	30,10957
Numerische Exzentrizität	$0{,}0090018 + 1{,}73 \cdot 10^{-10} \cdot T$
Mittlere Anomalie am 1. 1. 1975 (Grad)	202,0500

DISTANZEN ERDE–NEPTUN
JEWEILS AM 1. DES MONATS IN MIO. KM

	JAN	FEB	MRZ	APR	MAI	JUN	JUL	AUG	SEP	OKT	NOV	DEZ
1978	4674	4624	4557	4479	4419	4389	4399	4447	4519	4594	4656	4685
1979	4676	4628	4562	4484	4422	4389	4396	4441	4512	4587	4651	4683
1980	4677	4632	4565	4487	4423	4389	4394	4438	4508	4583	4648	4682
1981	4677	4634	4570	4492	4427	4389	4391	4432	4501	4576	4643	4679
1982	4678	4637	4576	4497	4430	4390	4389	4427	4494	4569	4637	4677
1983	4679	4641	4580	4502	4434	4391	4386	4421	4487	4562	4632	4674
1984	4679	4644	4583	4504	4436	4391	4385	4418	4482	4557	4628	4671
1985	4679	4645	4588	4510	4439	4392	4382	4413	4475	4550	4622	4668
1986	4679	4648	4592	4515	4443	4393	4381	4408	4468	4543	4616	4664
1987	4678	4651	4597	4520	4448	4395	4379	4403	4461	4535	4610	4661
1988	4677	4653	4599	4522	4450	4396	4378	4400	4457	4530	4605	4658
1989	4676	4654	4603	4527	4454	4397	4377	4395	4450	4523	4599	4653
1990	4675	4656	4607	4533	4458	4400	4376	4391	4443	4515	4592	4649
1991	4674	4657	4611	4537	4463	4402	4375	4387	4437	4508	4585	4644
1992	4672	4659	4613	4540	4465	4403	4374	4384	4432	4503	4580	4640
1993	4670	4659	4616	4545	4469	4405	4374	4381	4426	4495	4573	4635
1994	4668	4660	4620	4550	4474	4408	4374	4377	4420	4488	4566	4630
1995	4665	4661	4623	4554	4479	4411	4374	4374	4414	4480	4559	4624
1996	4662	4661	4624	4557	4481	4413	4373	4372	4410	4475	4554	4620
1997	4660	4661	4627	4561	4486	4416	4374	4369	4404	4468	4546	4614
1998	4657	4661	4630	4566	4490	4419	4375	4366	4398	4460	4538	4608
1999	4653	4660	4632	4570	4495	4423	4376	4364	4393	4453	4531	4601
2000	4650	4660	4633	4572	4498	4424	4376	4362	4389	4448	4526	4597
2001	4647	4659	4635	4576	4502	4428	4377	4360	4384	4441	4518	4590
2002	4643	4658	4637	4580	4507	4432	4379	4358	4379	4434	4510	4583
2003	4638	4657	4638	4584	4512	4436	4381	4357	4375	4427	4502	4576
2004	4634	4655	4639	4586	4514	4438	4381	4356	4371	4422	4497	4572
2005	4630	4654	4640	4590	4519	4442	4383	4355	4367	4415	4489	4564
2006	4625	4652	4641	4593	4524	4447	4386	4354	4363	4409	4481	4557
2007	4620	4650	4642	4597	4529	4451	4388	4354	4359	4402	4474	4550
2008	4614	4647	4641	4598	4531	4453	4390	4353	4357	4398	4468	4545
2009	4611	4645	4642	4601	4536	4458	4393	4353	4353	4392	4461	4537
2010	4605	4642	4642	4604	4540	4463	4396	4353	4350	4386	4453	4530
2011	4599	4639	4642	4607	4545	4467	4399	4354	4347	4380	4446	4522
2012	4593	4636	4641	4608	4547	4470	4401	4354	4345	4376	4440	4517
2013	4589	4633	4641	4611	4551	4475	4404	4355	4343	4371	4433	4509
2014	4582	4630	4640	4613	4556	4480	4408	4356	4341	4366	4426	4501
2015	4576	4626	4639	4615	4560	4485	4412	4358	4339	4361	4419	4494
2016	4569	4622	4638	4616	4562	4487	4414	4359	4338	4358	4414	4488
2017	4565	4619	4636	4617	4566	4492	4419	4361	4337	4353	4407	4481

nicht einmal zum Absturz kam, sondern zu einem Zwei- oder gar Dreifachsystem führte. Bei Pluto war die Bahn dagegen von Anfang an so exzentrisch, daß sich die Bahnen nie bis zum Einfang angleichen konnten. Seine Doppelnatur ist ein weiterer Hinweis dafür, daß sich bei den langsamen, äußeren Körpern im Sonnensystem mit sanften Zusammenstößen eher Mehrfachplaneten als Einzelkörper bilden.

Geschichtliches

1795 Lalande in Paris untersucht die Himmelsgegend sehr genau, an der damals Neptun gestanden hat. Eine spätere Prüfung seiner Aufzeichnungen ergibt tatsächlich, daß er Neptun an zwei Abenden beobachtet hatte, ohne allerdings seine Planetennatur zu erkennen.

1821 Bouvard in Paris berechnet verbesserte Tafeln von Jupiter, Saturn und Uranus. Bei letzterem zeigten sich bis 1830 Abweichungen zwischen Vorausberechnung und Beobachtung von 20 Winkelsekunden, bis 1840 bereits 1½ Winkelminuten und 1844 sogar 2 Winkelminuten. Verschiedene Astronomen, unter ihnen Bessel, Flemming, Olbers und Arago, vermuten einen unbekannten Störplaneten, kommen aber aus verschiedenen Gründen nicht dazu, diesen zu berechnen.

1841 John Couch Adams, ein junger englischer Student in Cambridge, beginnt seine systematische Untersuchung der Uranusstörungen.

1845 Adams ist in der Lage, die vermutete Position des unbekannten Planeten am Himmel einigen Beobachtern seiner Zeit mitzuteilen. Diese verlieren aber sehr viel Zeit mit der Suche, so daß die günstige Oppositionszeit vorübergeht, ohne daß Neptun gefunden wird.

Unabhängig davon wird der französische Mathematiker Leverrier von Arago auf das

Problem aufmerksam gemacht, der dieses nach sorgfältigen Untersuchungen bis 1846 löst und eine sehr ähnliche Position des fraglichen Störkörpers wie Adams findet.

1846 Galle in Berlin erhält die von Leverrier errechneten Koordinaten und findet Neptun am Abend des 23. September nur etwa 1 Grad östlich davon. Galle und sein Assistent d'Arrest hatten sich am nächsten Abend bereits davon überzeugt, daß sich das Objekt zwischen den Fixsternen weiterbewegt hatte und ohne Zweifel der gesuchte Störplanet gefunden war.

1846 Lassell, der mit großen Reflektoren in England und Malta arbeitet, entdeckt schon nach wenigen Beobachtungen des neuen Planeten ein benachbartes Lichtpünktchen und kann seine Trabantennatur noch vor Ablauf des Jahres nachweisen. In den folgenden Jahren bestimmen Bond und O. Struve die Umlaufzeit und die Bahnachse. Die Entdeckung der retrograden Natur der Bahn von Triton bleibt jedoch dem Sohn H. Struve vorbehalten.

1930 Dank der genauen Berechnung und Beobachtung der Neptunbahn wird als Resultat jahrzehntelanger Bemühungen der nächstäußere Planet Pluto gefunden.

1949 Kuiper entdeckt den zweiten Trabanten Nereid.

1968 Bei einer günstigen Sternbedekkung, die von Astronomen in Japan, Australien und Neuseeland beobachtet werden kann, läßt sich der Durchmesser von Neptun genauer bestimmen. Man erhält 49 500 km.

1977 Start der Sonde Voyager 2, die möglicherweise im Jahre 1989 an Neptun vorbeigelenkt werden kann, falls man sich nach Vorbeiflügen bei Jupiter, Saturn und Uranus noch zu dieser Weiterführung der Mission entschließt.

Inneres von Neptun

Man schätzt, daß Neptun wie Uranus einen festen Kern von etwa 16 000 km Durchmesser besitzt, der aus schwereren Elementen besteht. Wegen der langsamen Akkretisierung konnte sich ein Eismantel von schätzungsweise etwa 8000 km anlagern, der schließlich von der Atmosphäre umgeben wird, die etwa die Hälfte des Gesamtdurchmessers von Neptun beträgt. Auch an ihrer Untergrenze reicht der Druck jedoch noch nicht aus, um den Wasserstoff in seine metallisch leitende Phase übergehen zu lassen, wie dies vor allem bei Jupiter geschieht.

Magnetfeld

Aus entstehungsgeschichtlichen Gründen ist die Chance bei Neptun viel geringer als bei Uranus, ein Magnetfeld zu finden. Der positive oder negative Nachweis wird aber kaum vor der Passage einer ersten Sonde gelingen.

Monde

Neptun ist neben der Erde und Pluto ein weiterer Doppelplanet im Sonnensystem. Dies will heißen, daß sich der Haupttrabant — unser Mond und Neptuns Triton — unabhängig vom Mutterplaneten auf einer sehr ähnlichen Bahn gebildet hat und deshalb nach einigen immer engeren Fastkollisionen schließlich eingefangen wurde. Bei unserem Mond haben neuere Untersuchungen ergeben, daß dieser ursprünglich verkehrtläufig lief, dann aber durch die Gezeitenstörungen über eine polare Bahn auf die heutige getrieben wurde. Triton ist dagegen auch heute noch verkehrtläufig.

Erde und Neptun haben aber mit großer Wahrscheinlichkeit bei ihrer Bildung auch eigene kleine Trabantensysteme mitbekommen. Während das unsrige durch Kollisionen mit dem eingefangenen, viel größeren Mond buchstäblich aus dem Verkehr gezogen wurde (die großen, verhältnismäßig spät entstandenen Einschlagbecken liegen verdächtigerweise fast alle auf der Mondvorderseite), scheint bei Neptun mindestens einer diese Katastrophen überlebt zu haben: Nereid. So könnte man sich jedenfalls vorstellen, wie dieser hochexzentrische, aber rechtläufige Trabant entstanden ist. Aufgrund der heutigen Kenntnisse kann aber nicht ausgeschlossen werden, daß es sich bei ihm ebenfalls um einen eingefangenen Restplaneten in unmittelbarer Neptunumgebung handelt. Erst die Analyse seiner Zusammensetzung wird eines Tages gestatten, zwischen diesen beiden Hypothesen mit Sicherheit zu entscheiden. Falls Triton eine synchrone Rotation besitzt und Oberflächenbilder dereinst einseitig ver-

Die Monde von Neptun

Name	Mittlerer Abstand km	Umlaufzeit Tage	Bahnabplattung	Bahnneigung Grad	Durchmesser km	Entdeckung
Triton	355 000	5,88	0,000	159,9	3760	Lassell 1846
Nereid	5 560 000	359,42	0,749	27,7	500	Kuiper 1949

teilte Einschlagbecken zeigen sollte, dann wäre dies eine Stütze dafür, daß Triton das Urtrabantensystem zerstört hat.
Unser Mond entfernt sich auf Kosten der Rotationsenergie heute noch ständig von der Erde. Auch die Bahnänderung von Triton hat Neptun viel Energie gekostet, obwohl man quantitativ nicht sagen kann, um wieviel er seit seiner Entstehung abgebremst worden ist. Immerhin scheint seine Umdrehungszeit, soweit diese überhaupt schon als abgesicherter Wert gelten kann, mindestens nicht viel kleiner zu sein als bei Uranus, der vermutlich unter sehr ähnlichen Umständen entstanden ist. Das (heute) fünffache Trabantensystem von Uranus besitzt jedoch auch insgesamt einen viel kleineren Drehimpuls als der einzige, aber viel massereichere Triton, der die Rotation seines Planeten viel wirksamer bremsen konnte.

Ring

Nachdem feststand, daß die drei inneren der großen Gasplaneten über einen Ring verfügen, lag die Vermutung natürlich nahe, daß der vierte, Neptun, keine Ausnahme mache. Bis heute steht dieser Nachweis aber noch aus. Eine günstige Sternbedekkung im Jahre 1968 zeigte keine Auslöschungen des Lichtes vor und nach der eigentlichen Okkultation.
Es ist allerdings möglich, daß man damals nicht genügend auf diese unerwartete Erscheinung geachtet hatte oder daß der Ring zum Zeitpunkt der Beobachtung so stand, daß er nicht über den Stern zog. Weitere Sternbedeckungen, die Klarheit über einen allfälligen Neptunring schaffen könnten, finden am 6. Juli 1979 und am 10. Februar 1986 statt.
Sollte Neptun wirklich einen Ring besitzen, so gäbe dies eine schöne Analogie.

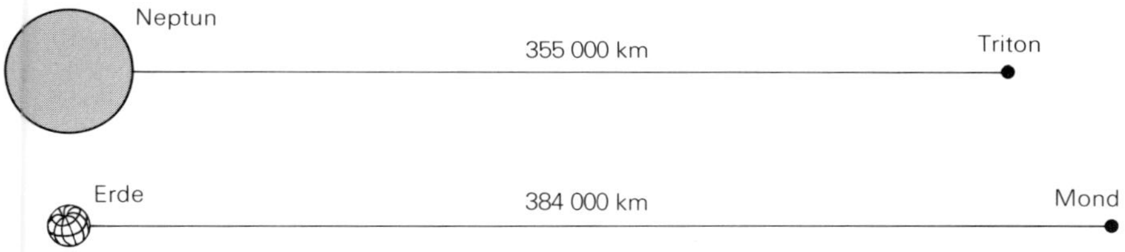

Maßstäblicher Vergleich von Neptun und Erde und ihren Monden

Über den Durchmesser von Triton herrscht noch einige Unklarheit. Während früher lange Zeit Werte bis 6000 km als wahrscheinlich galten, die ihn unter Umständen zum größten Mond im Sonnensystem gemacht hätten, ergab eine neue Bestimmung im Jahre 1973 nur noch 3760 km. Auch der in der Tabelle angegebene Durchmesser von Nereid ist mit Vorsicht zu behandeln, er basiert auf indirekten Abschätzungen.

Physikalische Daten

Durchmesser am Äquator	49 500 km
Abplattung	0,02
Polachsenneigung zur Bahnebene	29 Grad
Masse	17,2 Erdmassen
	= 1/19383 Sonnenmassen
	= $1.03 \cdot 10^{26}$ kg
Mittlere Dichte	1,65 g/cm³
Schwerkraft an der Oberfläche	11,44 m/s²
in Einheiten der irdischen	1,17
Fluchtgeschwindigkeit an der Oberfläche	23,8 km/s
1000-km-Satellit: Umlaufzeit	2 Std., 50 Min.
Geschwindigkeit	16 km/s
Dauer eines Tag-Nacht-Zyklus	19 ± 4 Std.
Maximale Sonneneinstrahlung	1,53 W/m²
Minimale Sonneneinstrahlung	1,47 W/m²
Anzahl Monde	2

Rotation

Während langer Zeit glaubte man, die Rotationszeit von Neptun mit einer Ungenauigkeit von etwa einer Stunde als 15 Stunden einigermaßen sicher bestimmt zu haben. Neuere Untersuchungen zeigten jedoch, daß dieser Wert vielleicht sogar 23 Stunden beträgt. Solange nicht bessere Oberflächenbeobachtungen möglich sind oder periodische Helligkeitsschwankungen entdeckt werden, wird die Frage nach der wahren Rotation von Neptun wohl offenbleiben müssen. Leider hilft auch Radar wenig, weil der Planet einen zu kleinen Querschnitt aufweist und außerdem eine sehr schwach reflektierende Oberfläche besitzt.
Einzig die Entdeckung einer eventuell vorhandenen Radiostrahlung von Neptun mit einer allfälligen Periodizität könnte die Rotationszeit auf die immense Distanz dieses fernen Planeten verraten.

Teleskopbeobachtungen

Bei starker Vergrößerung erscheint Neptun als ein schwach bläulich leuchtendes Scheibchen, auf dem keinerlei Markierungen erkennbar sind. Dazu ist aber bereits ein Fernrohr von 12 bis 15 cm Öffnung und 300- bis 500facher Vergrößerung nötig. Die

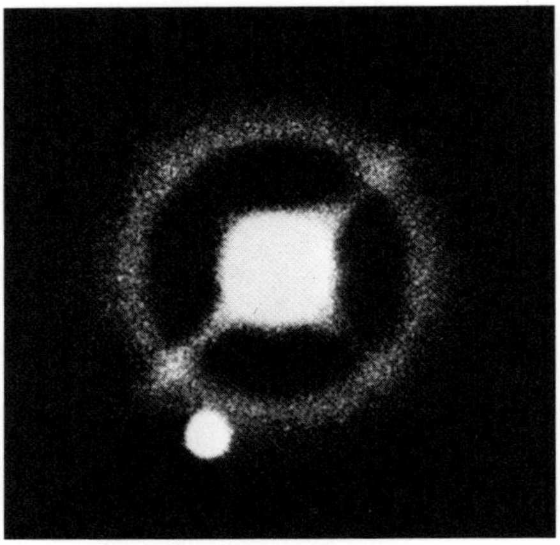

Teleskopbeobachtungen
Neptun und sein großer Mond Triton in einer stark überbelichteten Teleskopaufnahme. Der winzige Trabant Nereid ist hier nicht zu sehen. Der radförmige Ring um den Planeten ist ein Artefakt, das durch einen Beugungseffekt infolge der im Strahlengang befindlichen Filmkassettenaufhängung entsteht.

Helligkeit kann 7,7te Größe erreichen. Selbst sein großer Trabant Triton bleibt jedoch rund 6 Größenklassen schwächer, so daß er, außer in sehr großen Amateurinstrumenten, unsichtbar bleibt.

Voyager-Sonden

Die Sonde Voyager 2 kann möglicherweise nach ihren Passagen bei Jupiter im Jahre 1979, Saturn 1981 und Uranus 1986 zu Neptun weitergelenkt werden, wo sie im September 1989 ankommen würde. Die Lebensdauer von Elektronik und Stromversorgung würde diesen Flug theoretisch zulassen. Ab 1991/92 sind alle 12,8 Jahre wieder Flüge von Sonden möglich, die jedoch über Jupiter direkt zu Neptun fliegen müssen.

♇ Pluto

Atmosphäre

Nach neuesten Erkenntnissen ist Pluto viel zu klein, um eine Wasserstoff- oder Heliumatmosphäre halten zu können. Dies, obwohl die Molekulargeschwindigkeit der Gase angesichts der viel niedrigeren Temperaturen ebenfalls viel kleiner ist. Nur das Einfrieren an der Oberfläche kann flüchtige Stoffe daran hindern, Pluto für immer zu verlassen. Trotzdem wird es anläßlich einer Sternbedeckung, wie beispielsweise im Jahre 1980 eine eintritt, allfällige Veränderungen im Spektrum des Sternlichtes zu beobachten geben.

Vergleiche des Spektrums von Pluto mit denen von an der Oberfläche gefrorenen Gasen wie Methan und Ammoniak und Wassereis zeigten, daß Methan den Hauptbestandteil der Oberfläche ausmachen muß. Methan gefriert bei einer Temperatur von −184° C, was von der auf Pluto herrschenden Temperatur weit unterboten wird. Sogar ein schwarzer Strahler würde sich in Plutoentfernung nicht mehr als auf −228° C erwärmen, und bei der tatsächlichen Reflexion dieses äußersten Planeten dürfte das Thermometer an seiner Oberfläche noch tiefer sinken. Mit einer Rückstrahlfähigkeit von schätzungsweise 60 Prozent darf man den Planeten Pluto als ziemlich hell bezeichnen.

Bahndaten

Umlaufzeit um die Sonne	247,7 Jahre
Mittlere Zeit zwischen zwei Distanzminima von der Erde	366,72 Tage
Minimaler Sonnenabstand	4425 Mio km
Maximaler Sonnenabstand	7375 Mio km
Minimaler Erdabstand	4275 Mio km
Maximaler Erdabstand	7525 Mio km
Minimale Funkzeit zur Erde	238 Lichtmin.
Maximale Funkzeit zur Erde	418 Lichtmin.
Geschwindigkeit	
im sonnennächsten Punkt	6,12 km/s
im sonnenfernsten Punkt	3,67 km/s

Die nachfolgenden ungefähren Bahnelemente sind für den mit modernen Rechenhilfsmitteln ausgerüsteten Interessenten gedacht. Die mittlere Drift der sich systematisch ändernden Elemente ist näherungsweise angegeben und gestattet für viele Zwecke hinreichend genaue Positionsberechnungen je einige Jahrzehnte in die Zukunft und in die Vergangenheit. T bedeutet die seit dem 1. Januar 1975 verflossene Zeit in Tagen.

Chemische Zusammensetzung

Außer Methan wurde noch keine Verbindung auf Pluto mit Sicherheit nachgewiesen. Die inzwischen genauer bekanntgewordene, verhältnismäßig geringe Dichte schließt jedoch größere Mengen an schwereren Elementen aus. Eine Zusammensetzung aus kometenähnlichem Material ist dadurch am wahrscheinlichsten.

Distanzen zur Erde

Diese Tabelle gibt einen Überblick über die ständig wechselnden Abstände zwischen Pluto und der Erde. Das Datenmaterial zeigt den stark wechselnden Sonnenabstand, der im Jahr 1989 ein Minimum erreicht. Auf einem Streifen grafisch aufgetragen, werden die periodischen Schwankungen im Erdabstand besonders anschaulich. Allgemein ist jedoch zu beachten, daß die Bahn von Pluto am ungenauesten von allen Planeten vermessen ist. Von 1979 bis zum Ende des Jahrhunderts ist Pluto der zweitäußerste und Neptun der äußerste Planet. Ablesebeispiel: Am 1. Mai 1989 beträgt die Distanz 4324 Mio km.

Entstehungstheorie

Eine beliebte Hypothese war lange Zeit die Annahme, Pluto sei ein Mond von Neptun, der diesem irgendwie abhanden gekommen sei. Eine Betrachtung der Bahnen der beiden Planeten zeigt tatsächlich, daß sich diese im sonnennächsten Punkt knapp schneiden. Berechnungen haben jedoch ergeben, daß einer der ursprünglich mit Neptun entstandenen Monde beim Einfangvorgang von Triton zwar gemäß den Gesetzen des Dreikörperproblems auf Fluchtgeschwindigkeit hätte beschleunigt werden können, aber nicht auf die so stark exzentrische Bahn des heutigen Pluto mit ihrer 3:2-Resonanz zu Neptun. Viel wahrscheinlicher ist die Annahme, daß Pluto im Gegensatz zu Triton eben deshalb nicht eingefangen werden konnte, weil ihn diese Resonanz daran gehindert hat. Die beigefügte Abbildung (Seite 274), welche die Position der beiden

Länge des aufsteigenden Knotens (Grad)	$109{,}655 - 1{,}3 \cdot 10^{-4} \cdot T$
Neigung zur Ekliptik (Grad)	$17{,}1407 + 1{,}1 \cdot 10^{-6} \cdot T$
Länge des Perihels (Grad)	$113{,}222 + 5{,}6 \cdot 10^{-5} \cdot T$
Große Halbachse (Astronomische Einheiten)	$39{,}6953 - 3{,}3 \cdot 10^{-5} \cdot T$
Numerische Exzentrizität	$0{,}2522 - 6{,}6 \cdot 10^{-7} \cdot T$
Mittlere Anomalie am 1. 1. 1975 (Grad)	339,093

DISTANZEN ERDE-PLUTO
JEWEILS AM 1. DES MONATS IN MIO. KM

	JAN	FEB	MRZ	APR	MAI	JUN	JUL	AUG	SEP	OKT	NOV	DEZ
1978	4572	4496	4442	4415	4426	4473	4540	4611	4666	4691	4679	4634
1979	4563	4486	4430	4399	4408	4452	4517	4589	4646	4674	4666	4624
1980	4554	4478	4418	4385	4392	4434	4499	4571	4630	4660	4654	4614
1981	4545	4468	4410	4374	4376	4416	4479	4552	4613	4646	4644	4607
1982	4540	4463	4403	4364	4363	4400	4462	4534	4597	4634	4635	4601
1983	4537	4460	4398	4356	4352	4386	4446	4518	4583	4623	4628	4597
1984	4535	4458	4393	4349	4343	4375	4433	4506	4573	4614	4622	4593
1985	4532	4456	4392	4345	4335	4364	4421	4493	4561	4605	4617	4591
1986	4533	4457	4392	4342	4329	4355	4410	4482	4552	4598	4614	4591
1987	4535	4461	4394	4342	4325	4348	4400	4473	4543	4593	4612	4593
1988	4539	4466	4396	4342	4324	4344	4395	4467	4539	4590	4611	4594
1989	4543	4470	4402	4346	4324	4340	4390	4461	4533	4587	4612	4599
1990	4550	4478	4410	4351	4326	4339	4386	4456	4530	4586	4614	4604
1991	4558	4488	4419	4358	4330	4339	4384	4453	4527	4586	4618	4611
1992	4568	4499	4428	4366	4335	4343	4385	4454	4529	4589	4623	4619
1993	4578	4510	4441	4377	4343	4347	4387	4454	4530	4592	4629	4629
1994	4591	4524	4456	4389	4353	4353	4390	4456	4532	4597	4637	4640
1995	4605	4541	4472	4404	4364	4361	4396	4460	4536	4602	4646	4652
1996	4620	4558	4487	4418	4377	4372	4404	4467	4544	4611	4657	4665
1997	4636	4574	4506	4436	4392	4383	4413	4474	4551	4620	4668	4680
1998	4654	4595	4527	4455	4408	4397	4423	4483	4559	4629	4680	4696
1999	4673	4616	4549	4476	4427	4412	4435	4493	4569	4640	4694	4713
2000	4693	4639	4570	4496	4446	4429	4450	4507	4582	4655	4710	4731
2001	4714	4660	4594	4520	4467	4447	4466	4520	4595	4668	4727	4751
2002	4736	4686	4620	4546	4490	4467	4482	4534	4609	4683	4744	4771
2003	4760	4712	4647	4572	4515	4488	4501	4550	4624	4699	4762	4792
2004	4784	4739	4673	4598	4539	4511	4522	4570	4643	4719	4783	4815
2005	4809	4765	4703	4627	4567	4535	4543	4589	4660	4737	4803	4838
2006	4835	4794	4733	4657	4595	4561	4565	4609	4679	4756	4824	4862
2007	4863	4824	4764	4688	4625	4588	4589	4630	4699	4776	4846	4887
2008	4891	4855	4794	4718	4654	4615	4615	4654	4723	4800	4871	4913
2009	4919	4884	4827	4751	4686	4644	4641	4678	4745	4822	4895	4940
2010	4948	4917	4861	4785	4718	4675	4669	4703	4768	4845	4919	4967
2011	4978	4949	4895	4820	4752	4706	4697	4728	4792	4869	4945	4994
2012	5009	4983	4928	4853	4785	4738	4727	4757	4820	4897	4973	5024
2013	5040	5016	4964	4890	4820	4771	4758	4785	4846	4922	4999	5053
2014	5072	5050	5000	4927	4857	4805	4789	4813	4872	4948	5026	5082
2015	5104	5085	5037	4964	4893	4840	4821	4843	4900	4975	5054	5112
2016	5137	5120	5072	5000	4929	4874	4854	4874	4930	5006	5085	5144
2017	5170	5155	5110	5039	4967	4910	4888	4905	4959	5034	5114	5174

Planeten über eine Periode von 500 Jahren zeigt, macht klar, daß sich die beiden überhaupt nie mehr nahekommen können. Pluto ist eher ganz unabhängig von Neptun aus schon beinahe kometischem Material entstanden, wobei allerdings das solare Magnetfeld das Plasma seiner Ursprungsregion noch auf eine mäßig elliptische Bahn mitziehen konnte. In größerer Sonnenentfernung wurde keine Rotation mehr erzeugt, so daß die fernen Kometen mit Anfangsenergie Null auf Parabeln ins Innere des Sonnensystems fallen.

Der im Vergleich zum Mutterplaneten verhältnismäßig große Trabant von Pluto deutet weiter auf die Verhältnisse, unter denen die Materie in jener Gegend kondensiert hat. Der langsame Lauf dieser fernen Körper, die viel weniger häufigen Kollisionen und die geringere Dichte führten dazu, daß der Konzentrationsprozeß der Materie wesentlich langsamer ablief als etwa im Inneren des Sonnensystems. Außer Pluto gibt es möglicherweise noch weitere kleine unentdeckte Planeten in jener Region.

Flugmöglichkeiten

Derzeit ist noch keine Mission zu Pluto geplant oder unterwegs. Die planetarische Billardtechnik erlaubt jedoch indirekte Flüge über das Sprungbrett Jupiter in Zeitabständen, die einem synodischen Umlauf von Jupiter und Pluto, das sind rund 12,5 Jahre, entsprechen. Die nächste Startgelegenheit, die nicht aufwendiger ist als ein Flug zu Jupiter, tritt 1989 ein. Der Flug bis zu Pluto dauert dann nur knapp 10 Jahre, während der erst noch viel aufwendigere Direktflug, der jedes Jahr möglich wäre, selbst bei der momentan geringen Plutodistanz gut 30 Jahre in Anspruch nehmen würde. Da in den nächsten 10 Jahren kaum mit revolutio-

Entstehungstheorie
Diese Bildsequenz zeigt den Lauf von Neptun und Pluto über einen Zeitraum von 500 Jahren. Dies ist die Periode, innerhalb welcher die beiden wieder in die gleiche Konstellation zurückkehren. Wie man sich überzeugen kann, kommen sich die beiden während einem solchen Zyklus nie besonders nahe, und damit auch nicht während den folgenden. Es ist also trotz der sich schneidenden Bahnen beider Planeten unmöglich, daß die beiden zusammenstoßen werden. Die Stabilität der heutigen Situation wurde rechnerisch auf einige Jahrmillionen in die Zukunft und in die Vergangenheit nachgeprüft, was zwar nicht ein mathematischer Beweis, aber ein nicht leicht zu entkräftendes Indiz für die Stabilität der Bahnen ist. Mit einer Periode von 20 000 Jahren überlagert sich eine leichte Librationsbewegung der Position des geringsten Abstandes (hier nicht ersichtlich), die jedoch an den gemachten Aussagen nichts ändert.

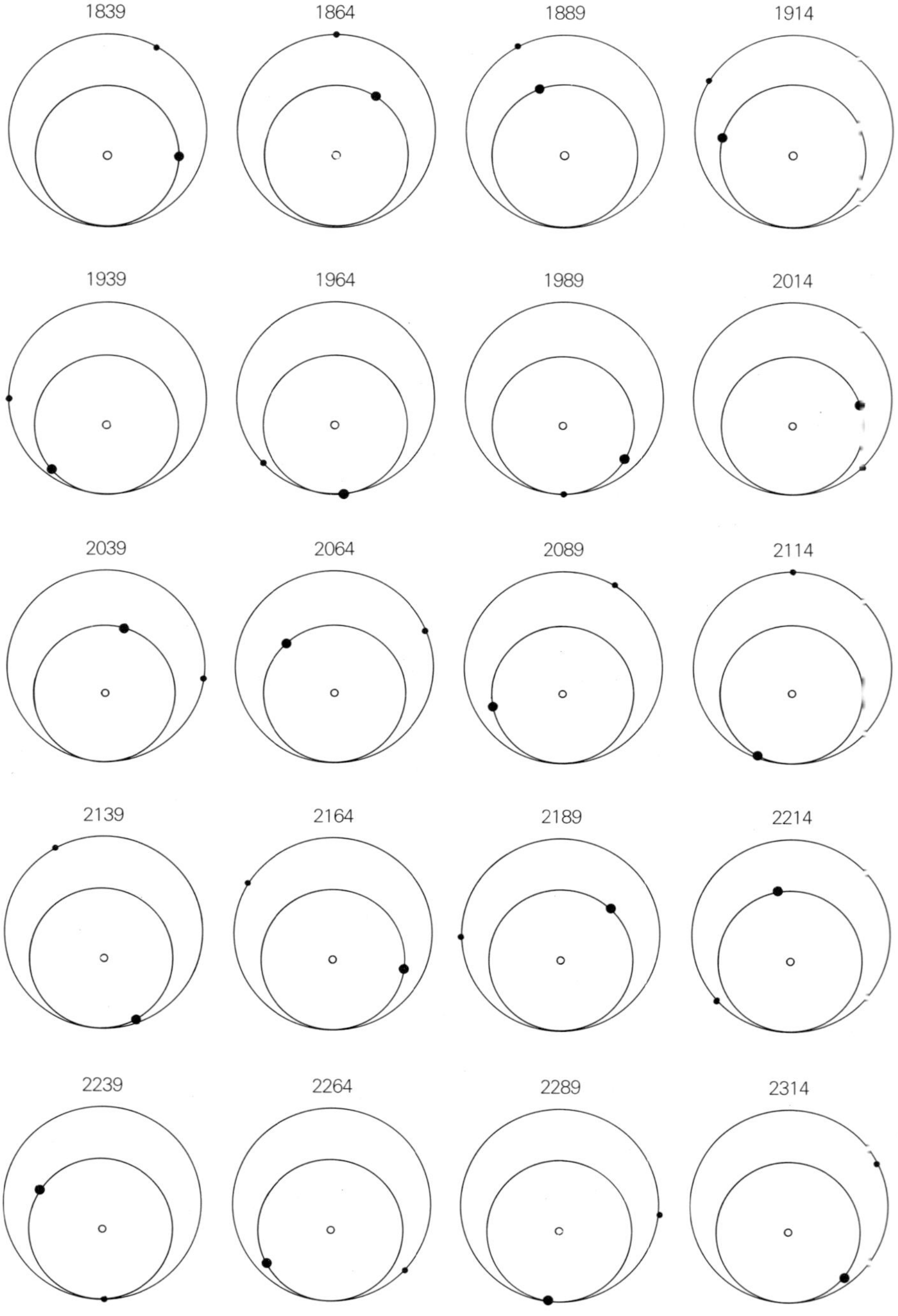

nären neuen Antrieben zu rechnen ist, welche die indirekten Flüge über Jupiter in ihrer Leistungsfähigkeit überbieten würden, ist die Entsendung einer Sonde zu Pluto bis zum Ablauf dieses Jahrhunderts nicht nur möglich, sondern als auch sehr wahrscheinlich zu erachten.

Geschichtliches

Mit der Entdeckung des Neptuns verringerten sich die unerklärlichen Bahnstörungen bei den äußeren Planeten beträchtlich, jedoch nicht vollständig. Bis zum Beginn des 20. Jahrhunderts waren die Berechnungen so weit gediehen, daß die ungefähre Position eines weiteren Störplaneten angegeben werden konnte. Die Astronomen Percival Lovell und William Pickering investierten Jahrzehnte ihres Lebens in die Suche nach dem erwartungsgemäß sehr schwachen Himmelsobjekt, doch blieb ihnen der erhoffte Erfolg versagt. Dieser war einem jungen Astronomen nach siebenmonatiger Arbeit vorbehalten, nachdem er die Bemühungen seiner Vorgänger fortgesetzt hatte.

1930 Clyde Tombaugh entdeckt Pluto am 18. Februar 1930. Den Blinkkomparator zum Vergleich von Himmelsaufnahmen kleiner Ausschnitte zu verschiedenen Zeiten gebrauchend, dürften bis zu sechs Millionen Sternchen an seinen Augen vorübergeflimmert sein. Der neue Planet war enttäuschend klein und lichtschwach, zeigte nicht einmal die gewohnte Scheibchenform und stand außerdem rund 5 Grad vom berechneten Ort entfernt. Heute weiß man, daß mit Pluto allein die Bahnstörungen der Nachbarn nicht erklärt werden können und daß seine Entdeckung ein glücklicher Zufall war, da in der Vorausberechnung Fehler unterlaufen waren, die sich günstig auswirkten.
1950 Kuiper benützt das noch ziemlich neue 5-m-Teleskop auf Mount Palomar, um eine mikrometrische Durchmesserbestimmung vorzunehmen. Er erhält Werte um 5500 ± 500 km.
1965 In diesem Jahr findet eine Fastbedeckung eines Sterns 13,8ter Größe statt, die es erlaubt, 6800 km als obere Grenze für den Plutodurchmesser anzugeben, was mit den Messungen Kuipers mindestens verträglich ist.
Aufnahmen großer Teleskope aus diesem Jahr, die später zu Vergleichszwecken aus den Archiven geholt wurden, zeigen bereits die charakteristische Ausbuchtung durch den Trabanten, was genauere Bestimmungen seiner Umlaufzeit ermöglicht.
1970 Erneut wird Pluto fotografiert, ohne daß seine unregelmäßige Form durch die Existenz eines Mondes erklärt wird. Man vermutet Fehler in der Fotoplatte.
1972 J. S. Lewis gibt die Vermutung bekannt, auch Pluto müsse von gefrorenem Wasser, Methan und Ammoniak bedeckt sein.
1978 J. W. Christy vom United States Naval Observatory gibt am 7. Juli die Entdeckung eines Mondes von Pluto bekannt. Auf Fotos, die er mit einem 155-cm-Reflektor aufnahm, bemerkte er eine systematisch wechselnde Ausbuchtung von 0,9 Bogensekunden am winzigen Lichtfleck im Film. Schon am 22. Juni hatte er diese Feststellung so interpretiert, mit der Veröffentlichung aber noch zugewartet. Kontrollaufnahmen mit dem großen 4-m-Spiegel auf Cerro Tololo in Chile bestätigen die Entdekkung jedoch eindeutig. Dank dem Mond ließ sich erstmals ein zuverlässiger Wert für die Masse des äußersten Planeten angeben, die viel kleiner ist, als man bisher immer angenommen hatte. Die Dichte blieb aber wegen des nach wie vor nur unbefriedigend bekannten Durchmessers der Komponenten immer noch unsicher.
Christy schlägt den Namen Charon für den Plutomond vor, auf den Fährmann der Unterwelt in der griechischen Mythologie anspielend. Gleichzeitig steht auch noch der Name Persephone zur Diskussion, die bei den alten Griechen die Herrscherin der Unterwelt war.

Inneres von Pluto

Die geringe Dichte von höchstens 1,5 g/cm³ unterbietet sogar noch den aus Eis bestehenden Jupitermond Kallisto. Man nimmt an, daß der ganze Pluto, wie auch sein Begleiter, im wesentlichen aus gefrorenem Wasser, Methan, Ammoniak und zweifellos auch noch weiteren Verbindungen bestehen, wie sie in Kometen vorkommen. Methan konnte immerhin an der Oberfläche bereits nachgewiesen werden.

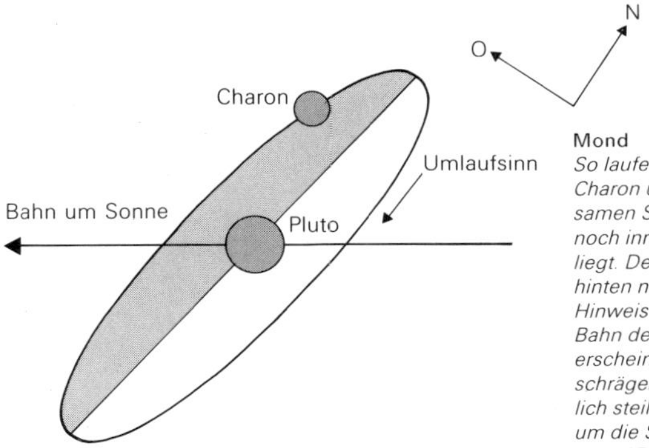

Mond
So laufen derzeit Pluto und Charon um den gemeinsamen Schwerpunkt, der noch innerhalb von Pluto liegt. Der Pfeil weist von hinten nach vorne, ein Hinweis auf die retrograde Bahn des Mondes. Diese erscheint auch bei diesem schrägen Blick noch ziemlich steil zur Bahn von Pluto um die Sonne, die ihrerseits 17 Grad zur Ekliptik geneigt ist.

Mond

Der mit dem vorläufigen Namen Charon bezeichnete Mond erreicht eine maximale Elongation von 0,8 Bogensekunden beim Blick von der Erde aus, bezogen auf die zurzeit sehr geringe Oppositionsdistanz zu Pluto. Seine Helligkeit ist rund zehnmal geringer als jene von Pluto, so daß er etwa zwischen der 16. und 17. astronomischen Größenklasse eingereiht werden kann. Je nach angenommener Rückstrahlfähigkeit (Charon ist vermutlich nicht so grell wie Pluto) ergibt sich ein Durchmesser von 1000 ± 200 km. Bei dem auf 18 000 ± 2000 km geschätzten Radius der Kreisbahn ist also Pluto noch eher als Neptun oder die Erde ein eigentlicher Doppelplanet.

Inzwischen konnte auch der Nordpol von Pluto, seinem Mond und der gemeinsamen Bahnebene berechnet werden. Dieser zeigt auf den Punkt am Himmel mit Rektaszension 18h26^m und Deklination 12,3 Grad. Die Neigung der Bahn ist mit 105 Grad zur Ekliptik denn auch sehr steil, also ähnlich wie bei Uranus. Der Positionswinkel des aufsteigenden Knotens (bezogen auf die derzeitige äquatorial auf die Erde bezogene Beobachtungsebene) wird mit 350 Grad angegeben (vergleiche Abbildung Seite 275).

Derzeit blicken wir verhältnismäßig steil auf die Bahnebene. Die letzte Passage der Sonne (und damit auch einigermaßen der nahe dabeiliegenden Erde) fand im Juli 1970 statt, die vorletzte im Dezember 1817. Wegen der stark elliptischen Bahn von Pluto um die Sonne folgen sich diese Durchgänge nicht in gleichmäßigen Abständen. Die nächste soll beispielsweise im Jahre 2065 stattfinden. Wie auch bei Passagen durch die Saturnringebene erscheint eine solche beim Blick von der schnell und nahe um die Sonne laufenden Erde aus dreifach nacheinander. Das letzte Mal trat dies im November 1969 und im März sowie September 1970 in Erscheinung. In solchen Momenten beobachten wir Verdeckungen von Charon hinter Pluto und Vorübergänge vor diesem. Die dadurch verursachten Helligkeitsschwankungen sind jedoch von kleinerer Amplitude als jene, die wir ständig beobachten können und die auf eine ungleiche Helligkeitsverteilung auf der Oberfläche von Pluto zurückgeführt wird.

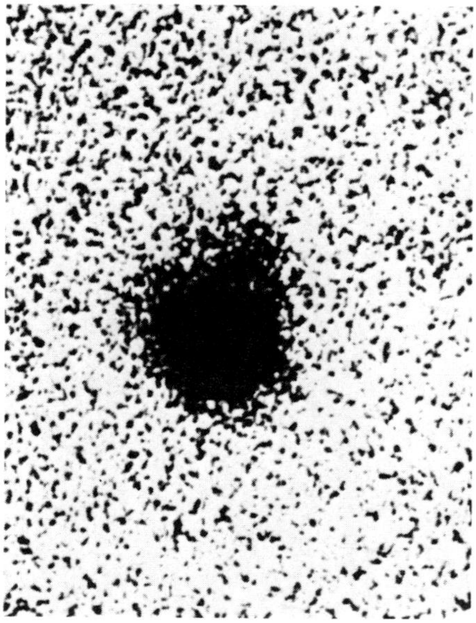

Mond
Dieses herausvergrößerte Fotonegativ zeigt Pluto und seinen als Ausbuchtung oben rechts erscheinenden Trabanten bei langer Belichtungszeit. Nur die lange Erfahrung mit solchen Aufnahmen gestatten den Astronomen eine Auswertung, die auch Einzelheiten verrät, wie man sie zunächst nicht für möglich halten würde. So steht fest, daß ein von der Kugel abweichender Pluto nur dann die hier gezeigte Form zeigen könnte, wenn er sechsmal so lang wäre wie breit! Der Durchmesser des ganzen Flecks beträgt nur gut eine Winkelsekunde.

Physikalische Daten

Durchmesser	2700 ± 300 km
Polachsenneigung zur Ekliptik	105 Grad
Masse	0,0026 Erdmassen
	= 1/130 Mio Sonnenmassen
	= $1{,}56 \cdot 10^{22}$ kg
Mittlere Dichte (entsprechender Durchmesser 2700 km und Albedo 0,6)	1,5 g/cm³
Rotationszeit (Dauer des Tages)	6,3867 Erdtage
Maximale Sonneneinstrahlung	1,56 W/m²
Minimale Sonneneinstrahlung	0,56 W/m²
Anzahl Monde	1

Rotation

Seit 1950 werden Helligkeitsschwankungen von Pluto mit einer Periode von rund 6,4 Tagen beobachtet. Interessanterweise stieg die Amplitude dieser Schwankung von 0,11 Größenklassen im Jahre 1950 auf 0,22 Größenklassen im Jahre 1973. Da der inzwischen entdeckte Trabant keine so großen Unterschiede in der Helligkeit erzeugen könnte, sieht man in dieser Amplitudenzunahme nach wie vor einen schon früher vermuteten Effekt unterschiedlicher Oberflächenbeschaffenheit. Die große Polachsenneigung läßt uns im Laufe der Jahrzehnte tatsächlich immer auf leicht veränderte Gebiete blicken, da uns ein Pol manchmal abgewendet und manchmal zugewendet sein kann. Die knapp einwöchige Rotation könnte uns nur dann den Blick auf die gesamte Oberfläche freigeben, wenn die Rotationsachse senkrecht zur Blickrichtung stehen würde.

Bei Pluto scheint der einmalige Fall vorzuliegen, daß nicht nur der Trabant eine gebundene Rotation ausführt, sondern daß auch der Planet selbst synchron mitdreht. Charon würde sich also als natürlicher Fernsehumsetzer auf Pluto anbieten, entsprechend den 24-Stunden-Satelliten 36 000 km über der Erde. Der entsprechende Abstand beträgt auf Pluto 18 000 ± 2000 km. Diese Vorstellungen sind ziemlich gesichert, da die Periode des Mondes mit hoher Genauigkeit mit den Helligkeitsschwankungen übereinstimmt und ein Trabant mit noch viel größerer Wahrscheinlichkeit als der Mutterplanet gravitationsstabilisiert kreist, wie eine Reihe von Beispielen im Sonnensystem zeigt.

Teleskopbeobachtungen

Pluto ist mit 14. astronomischer Größenklasse ein Himmelsobjekt, das durch Amateurinstrumente nicht erkennbar ist. Dies gilt erst recht für den Trabanten, der nochmals um 2 bis 3 Größenordnungen schwächer ist. Der Abstand der beiden Kompo-

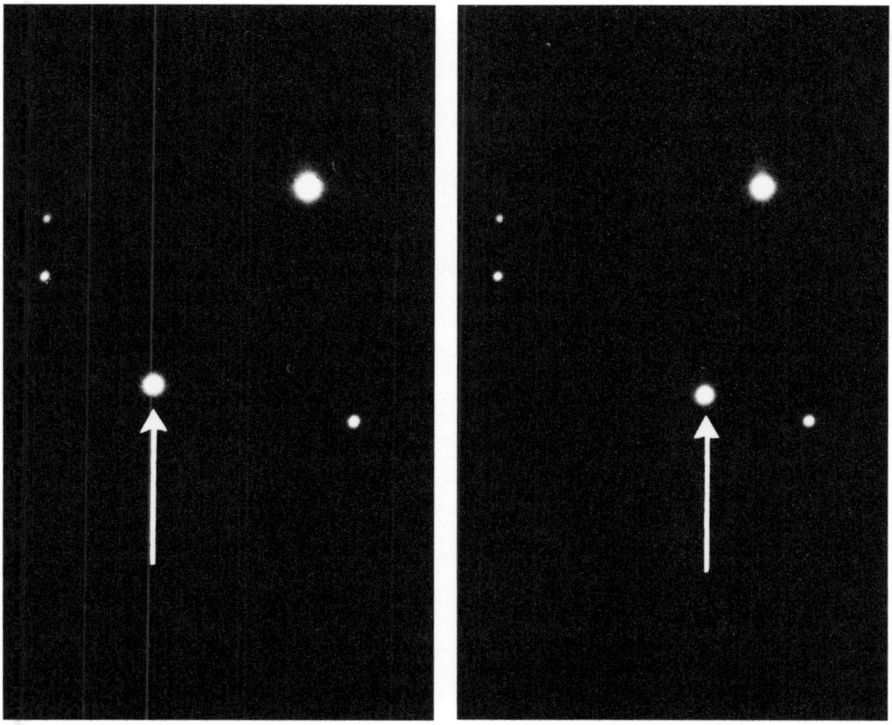

Teleskopbeobachtungen
Der Pfeil weist auf den Planeten Pluto hin, der sich im Verlaufe einiger Tage zwischen dem konstanten Muster der Fixsterne weiterbewegt hat. Solche Aufnahmen erfordern auch heute noch große Teleskope und lange Belichtungszeiten.

nenten beträgt selbst bei den zurzeit geringen Oppositionsabständen von Pluto nur 0,8 Bogensekunden, der Durchmesser des Planeten 0,13 und des Mondes gar nur etwa 0,05 Bogensekunden oder noch weniger.
Trotz den extremen Schwierigkeiten bei der Beobachtung gelang es dennoch, den Planeten in sehr engen Infrarotbereichen bei 1,2 und 2,2 Mikron Wellenlänge abzutasten. Dabei konnten die Absorptionseigenschaften von gefrorenem Methan so gut festgestellt werden, daß dies — neben den Helligkeitsschwankungen — als das erste Resultat über die bisher völlig rätselhafte und ungewohnte Oberflächenbeschaffenheit gelten kann.

Restmaterie

Antarktische Meteoritenfunde

Von den vielen Meteoriten, die im Laufe der Zeit zur Erde gefallen sind, werden heute die wenigsten mehr entdeckt, da sie nicht mehr als solche erkennbar sind. Abgesehen von jenen, die ins Meer stürzen, sorgt eine wirksame Erosion und Überdeckung oder Überwachsung dafür, daß sich die Steine aus dem Weltraum bald nicht mehr äußerlich von jenen auf der Erde unterscheiden. Eine Ausnahme machen nur Meteoriten, die auf das beständige Polareis fallen. Schon den Eskimos in Nordgrönland waren diese vom Himmel gefallenen Geschenke bekannt, und nach neueren Forschungsergebnissen brachten sie ihnen mitten in ihrer Steinzeit eine örtliche Eisenzeitkultur.

In der Antarktis, wo die Landschaft während langer Zeit völlig unberührt blieb, sammelten sich die Meteoriten dank günstiger Umstände besonders stark. Die Antarktisforschung der sechziger Jahre lieferte die willkommenen, vor allem auch biologisch unbeeinflußten Boten aus dem All zunächst als Nebenprodukt ihrer Arbeit. Da die bis 1969 weltweit wissenschaftlich erfaßten Meteorite erst eine verhältnismäßig bescheidene Sammlung ausmachten, bezeichnete man die Ausbeute von rund zwei Dutzend Exemplaren in jenem Jahr bereits als Massenfund. Von diesem Erfolg angeregt, konnte dann 1975 eine japanische Expedition in den Yamatobergen am Nordrand des Eiskontinents auf einen Schlag 1000 Meteorite sammeln. 1977 wurden auf der Gegenseite der Antarktis, in den sogenannten Allan Hills, nochmals über 300 Stück gefunden. Damit waren innerhalb von wenigen Jahren fast so viele dazugekommen, wie in allen vorangehenden Jahrhunderten zusammen.

Die in der Antarktis festgestellte Meteoritendichte würde rein rechnerisch ein Alter des dortigen Eises von mehreren hundert Jahrmillionen ergeben, wenn man von der durchschnittlichen Fallrate von einem Meteoriten pro Mio km² und Jahr ausgeht. Da die Antarktis aber seit höchstens 30 Mio Jahren vergletschert ist, muß ein Konzentrationsprozeß zu der beobachteten Anhäufung geführt haben. Tatsächlich liegen die ergiebigsten Fundorte an Stellen, wo sich das Eis auf seiner Wanderung staut. Altersbestimmungen ergaben eine Mischung von Steinen, die vor Jahrzehntausenden bis Jahrmillionen abgestürzt sein müssen. Wenn das Material statistisch einmal ausreichen wird, werden sich sogar Rückschlüsse über die Verschiebungen in der Eisdecke ziehen lassen.

Die Konservierung der in der Antarktis gefallenen Meteorite ist einzigartig. Seltene Typen, wie Steinmeteoriten mit kugeliger Innenstruktur oder kohlige Chondrite mit hohem Anteil an flüchtigen Substanzen, scheinen sich im Originalzustand erhalten zu haben. Einige enthielten sogar typische Verbindungen von Kometen, die ein völlig neues Licht auf Entstehung und Herkunft dieses Restmaterials im Sonnensystem werfen.

Apollo-Asteroiden

Dies ist eine Untergruppe von Kleinplaneten, deren Exzentrizitäten mit Werten von 0,22 bis 0,5 und deren Bahnneigungen zwischen 7 und 16 Grad überdurchschnittlich groß sind. Gleichzeitig sind die Bahnhalbachsen relativ klein. Sie liegen meist bei 1 und weniger als 2 Astronomischen Einheiten, während sie normalerweise bei 2 bis 2,2 liegen. Die meisten kreisen also noch innerhalb der Marsbahn. Jene, die darüber hinausreichen, bilden eine Untergruppe, die manchmal als die der Apollo-Amor-Asteroiden bezeichnet wird. Der Name stammt von zwei typischen Vertretern dieser Gruppen, Apollo und Amor (vergleiche Tabellen auf Seite 282).

Der Ursprung dieser relativ sonnennahen Planetoiden wird in Restkörpern von kurzperiodischen Kometen vermutet, die in einen stabilen Endzustand übergegangen sind. Jene wiederum haben sich zusammen mit kurzperiodischen Meteoritenströmen zu Kometen kondensiert oder wurden aus langperiodischen Kometen durch nahe Passagen an einem Planeten erzeugt. Bei einigen wurden stabile Resonanzen mit den terrestrischen Planeten nachgewiesen, was gleichzeitig garantiert, daß sie trotz schneidender Bahnen nie mit einem Planeten zusammenstoßen werden.

Asteroiden

Diese Bezeichnung ist ein Synonym für Planetoiden oder Kleinplaneten. Siehe unter «Planetoiden».

Bahndaten

Die Aufzählung der Bahnelemente von den allein rund 2000 bisher vollständig berechneten Planetoiden oder Kometen füllt ganze Bände von Spezialwerken. Hier sei wenigstens eine Auswahl von Kleinplaneten dargestellt. Die beiden Tabellen enthalten keine Angaben über Distanzen zur Erde oder Sonne oder Helligkeiten, da diese in einem weiten Bereich schwanken.

Zu Tabelle 1: Die Entdeckung der Planetoiden fand höchstens tendenzmäßig in der Reihenfolge ihrer Größe statt. Viele von ihnen entzogen sich trotz ihrer verhältnismäßigen Bedeutung längere Zeit der Beobachtung, weil sie der Erde auf ungewöhnlichen Bahnen nie sehr nahe kamen oder andere, kleinere, per Zufall vor ihnen entdeckt wurden. Die hier angegebenen Durchmesser sind absichtlich stark gerundet angegeben, da diese Werte selbst in neuesten Veröffentlichungen großen Schwankungen unterliegen, wenngleich die Angabe oft mit einer zunächst irreführenden relativen Genauigkeit erfolgt. Da die kleineren Körper ohnehin stark von der Kugelform abweichen dürften, läßt sich der Durchmesser in vielen Fällen nicht genauer definieren. Die numerische Exzentrizität bezieht sich auf die Bahnellipse des Planetoiden um die Sonne.

Zu Tabelle 2: Die hier aufgeführten Planetoiden sind nur eine kleine Auswahl von solchen, die irgendwie besonders auffallen oder die schon genauer erforscht worden sind. Hilda beispielsweise ist namengebendes Mitglied eines ganzen Schwarmes, dessen Umlaufzeit um die Sonne $^2/_3$ so groß ist wie jene des Jupiter, mit dem er sich in Resonanz befindet. Eros und eine Reihe anderer mit sehr kleinem Durchmesser wurden nur dank sehr naher Vorbeiflüge bei der Erde entdeckt. Hidalgo fällt durch eine Bahn auf, die ihn einmal alle 14 Jahre bis hinaus zur Saturnbahn führt. Piazzia wurde als 1000. Planetoid zu Ehren von Piazzi, dem Entdecker des ersten, Ceres, benannt. Icarus verdankt seinen Namen der Tatsache, daß ihn seine Bahn etwa alle 13 Monate bis auf 28 Mio km an die Sonne heranführt, wo diese fast dreißigmal so intensiv strahlt wie in Erdbahnentfernung. Die 39 kW an thermischer Leistung pro m² reichen dort aus, um Icarus jedesmal rotglühend werden zu lassen. Die Besonderheit von Geographos schließlich ist seine Zigarrenform. Der angegebene Durchmesser von 1,6 km ist ein mittlerer Wert, in Wirklichkeit hat er eine Länge von etwa 4 km und eine Dicke von 800 m. Dies hat sich aus den sehr starken und periodischen Helligkeitsschwankungen errechnen lassen.

1. Die 30 ersten Planetoiden in der Reihenfolge ihrer Entdeckung

Nr.	Name	Entdekkungsjahr	Durchmesser km	Rotationszeit, h	Exzentrizität	Bahnneigung zur Erdbahn Grad	Umlaufzeit um die Sonne Tage
1	Ceres	1801	800	9.07	0,079	10,6	1681
2	Pallas	1802	500	10.67	0,235	34,8	1684
3	Juno	1804	200	7.21	0,256	13,0	1594
4	Vesta	1807	400	5.34	0,088	7,1	1325
5	Astraea	1845	100	16.80	0,190	5,3	1511
6	Hebe	1847	150	7.74	0,203	14,8	1380
7	Iris	1847	150	7.13	0,230	5,5	1345
8	Flora	1847	100	13.6	0,157	5,9	1193
9	Metis	1848	100	5.06	0,123	5,6	1347
10	Hygiea	1849	150	18	0,099	3,8	2040
11	Parthenope	1849		10.67	0,101	4,6	1403
12	Victoria	1850	50		0,221	8,4	1302
13	Egeria	1850		7.04	0,087	16,6	1510
14	Irene	1851	100		0,164	9,1	1520
15	Eunomia	1851	150	6.08	0,185	11,8	1569
16	Psyche	1852	100	4.30	0,135	3,1	1826
17	Thetis	1852		12.27	0,138	5,6	1417
18	Melpomene	1852		14.0	0,218	10,1	1270
19	Fortuna	1852		7.46	0,158	1,5	1394
20	Massalia	1852	100	8.09	0,144	0,7	1365
21	Lutetia	1852		6.13	0,162	3,1	1388
22	Kalliope	1852	100	4.14	0,101	13,7	1813
23	Thalia	1853		6.15	0,233	10,2	1556
24	Themis	1853		8.5	0,129	0,8	2026
25	Phocaea	1853			0,255	21,6	1358
26	Proserpina	1853			0,087	3,6	1581
27	Euterpe	1854		8.50	0,172	1,6	1313
28	Bellona	1854		15.7	0,152	9,4	1691
29	Amphitrite	1854	150	5.38	0,074	6,1	1491
30	Urania	1854		13.66	0,127	2,1	1329

2. Daten weiterer besonderer Planetoiden

Nr.	Name	Entdekkungsjahr	Durchmesser km	Rotationszeit, h	Exzentrizität	Bahnneigung zur Erdbahn Grad	Umlaufzeit um die Sonne Tage
39	Laetitia	1856	100	5.13	0,111	10,4	1683
40	Harmonia	1856		9.13	0,046	4,3	1247
43	Ariadne	1856		5.75	0,168	3,5	1194
44	Nysa	1857	100	6.41	0,149	3,7	1378
51	Nemausa	1858	50	7.78	0,065	10,0	1330
54	Alexandra	1859		7.05	0,197	11,8	1631
61	Danaë	1860		11.45	0,164	18,2	1884
110	Lydia	1870		10.92	0,079	6,0	1650
153	Hilda	1875			0,152	7,8	2887
321	Florentina	1891		2.87	0,046	2,6	1791
349	Dembowska	1892		4.70	0,089	8,3	1827
354	Eleonora	1893		4.27	0,118	18,4	1706
433	Eros	1898	20–30	5.27	0,223	10,8	642
511	Davida	1903	100	5.17	0,177	15,8	2072
532	Herculina	1904		18.81	0,180	16,3	1683
624	Hektor	1907		6.92	0,028	18,3	4253
944	Hidalgo	1920			0,655	42,6	5089
1000	Piazzia	1923			0,252	20,5	2076
1221	Amor	1932	3		0,437	11,9	974
1399	Teneriffa	1936			0,168	6,5	1206
1566	Icarus	1949	0,7	2.27	0,827	23,0	408
1580	Betulia	1950	6		0,490	52	1188
1620	Geographos	1951	1,6	5.22	0,335	13,3	507
1685	Toro	1948	4		0,436	9	582
1862	Apollo	1932	2		0,558	6	651
1863	Antinous	1948	2		0,606	18	1241
1864	Daedalus	1971	2		0,616	22	644
1865	Cerberus	1971	1		0,463	16	410
1866	Sisiphus	1972	5		0,541	41	953
1915	Quetzalcoatl	1953	1		0,583	21	1461
1917	Cuyo	1966	2		0,506	24	1147
1981	Midas	1973	1		0,651	40	864
2062	Aten	1976	1		0,181	19	346
2063	Bacchus	1977	1		0,349	9	407
2101	Adonis	1936	0,8		0,765	1	934
	Hermes	1937	0,3		0,475	4,7	535

Die Reihenfolge der Entdeckung stimmt bei den neueren Planetoiden nicht mehr mit der Nummer überein. So wurde beispielsweise Apollo im Jahre 1932 erstmals festgestellt, aber erst am 28. März 1973 im Rahmen eines großangelegten Suchprogramms erneut identifiziert und definitiv berechnet. Auch bei Adonis lagen über 40 Jahre zwischen der ersten Sichtung und der genauen Berechnung, die eine Auffindung zu jeder Zeit ermöglichte. Heute kennt man eine Reihe von Planetoiden (z. B. 2062 Aten), die auf sehr ähnlichen Bahnen wie die Erde laufen und mit sehr geringem Geschwindigkeitsaufwand besucht werden können. Diese Planetoiden eignen sich besonders für die langfristige Rohstoffbeschaffung im Weltraum.

Ceres

Ceres ist der zuerst entdeckte Planetoid, der in die schon früher aufgefallene Lücke zwischen den massiven terrestrischen Planeten und die großen Gasplaneten hineinpaßte. Piazzi in Palermo fand ihn zufällig bei Beobachtungen in der Nacht auf den 1. Januar 1801. Innerhalb eines Jahres hatte der deutsche Mathematiker Gauss die durch diese Entdeckung notwendig gewordene Bahnbestimmungsmethode entwickelt, und dank ihr konnte Ceres jederzeit am Himmel aufgefunden werden.
Spätere Messungen zeigten zwar, daß Ceres mit schätzungsweise 800 km Durchmesser bei weitem der größte Planetoid ist, aber es darf angesichts der Vielzahl dieser Flugkörper doch als Zufall bezeichnet wer-

den, daß man ihn gleich als ersten entdeckte. Es gibt nämlich andere, die zwar kleiner sind, aber sich um so mehr der Erde nähern, so daß sie durch ihre Helligkeit fast so auffällig sein müßten.
Die Schwerkraft auf einem 800 km großen Planetoiden ist sehr bescheiden. Je nachdem, ob man mit Dichten zwischen 1,6 und 2,5 g/cm³ rechnet, beträgt die Schwerebeschleunigung dort zwischen 2 und 3 Prozent der irdischen. Dies ergibt beim genannten Durchmesser eine Satellitengeschwindigkeit von etwa 320 m/s und eine Fluchtgeschwindigkeit von 450 m/s. Dies war bei der Formierung von Ceres zu wenig, um selbst die zuletzt niederstürzenden Brocken von Urmaterial auch nur einigermaßen aufschmelzen oder gar verdampfen zu lassen. Die chemische Evolution ist daher auf Ceres, und erst recht bei den kleineren Planetoiden, viel weniger weit fortgeschritten als etwa auf unserem Mond. Die Oberfläche dürfte auf ihm doch ziemlich verfestigt sein, während alle übrigen Planetoiden mehr oder weniger lose Konglomerate von Einzelmeteoriten sind. Es ist daher sehr wahrscheinlich, daß sich die Oberfläche von Ceres stark von der seiner Nachbarn unterscheidet. Dies konnte in einem Fall auch bereits bestätigt werden, und zwar im Vergleich zu Vesta, da bei Ceres wie bei Vesta Durchmesser und damit Reflexionsfähigkeit bestimmt wurden. Das Licht von Ceres deutete auf eine dunklere Oberfläche mit größerem Blauanteil als jenes von Vesta und zeigt auch keinerlei Ähnlichkeit mit der von kleinen Planetoiden oder Meteoriten. Rätselhaft ist jedoch die geringe Dichte von nur 1,6 g/cm³ gegenüber 2,5 g/cm³ bei Vesta, die aus sehr indirekten Massebestimmungen gewonnen wurde. Dies würde heißen, daß der größte Planetoid aus leichterem Material besteht als der vermutlich drittgrößte. Doch wegen der Unsicherheit in der Bestimmung ist Vorsicht geboten.
Abschätzungen ergeben, daß Ceres für sich allein die größere Masse besitzt als seine kleinen Nachbarn zusammen. Die Planetenbildung ist also schon sehr weit fortgeschritten. Die fast kreisförmige Bahn um die Sonne, die aus Symmetriegründen wie bei den übrigen Planeten zu erwarten ist, deutet ebenfalls darauf hin. Auch die gemessene Rotationszeit von 9 Stunden und 4 Minuten gilt als durchaus typisch für einen Planeten, der nicht durch Gezeitenkräfte auf eine längere Tagdauer abgebremst worden ist.

Chemische Zusammensetzung

Die nicht in Planeten gesammelte Materie des Sonnensystems scheint in sehr verschiedener Verteilung alle Elemente zu enthalten, die wir auf der Erde auch kennen. Diese Erkenntnis ergibt sich aus der chemischen Analyse von abgestürzten Meteoriten und den Spektren der Kometenschweife. Die Erde hat sich schließlich aus der selben Urmaterie gebildet, wenn sie auch anschließend eine starke chemische Evolution durchgemacht hat.
Die Meteorite werden je nach ihrer Zusammensetzung in Gruppen eingeteilt. Diese Zusammensetzung spiegelt wahrscheinlich die Herkunft aus den verschiedenen Regionen des Sonnensystems wider. Die Eisenmeteorite werden eher dem inneren Teil des Sonnensystems zugeordnet, die Steinmeteorite dem Hauptharst des Planetoidengürtels. Die kohligen Chondrite wiederum scheinen im äußeren Teil jener Region beheimatet zu sein, vor allem die seltenere Untergruppe vom Typ 2, die wegen ihres hohen Anteils an leichtflüchtigen Kohlenstoffverbindungen bekanntgeworden ist.
Die Analyse einiger in Südafrika gefundener typischer Eisenmeteorite hat beispielsweise folgende Zusammensetzung ergeben: 91,5 % Eisen, 8,35 % Nickel, 0,044 % Phosphor, 0,03 % Kohlenstoff, 0,021 % Chrom, 0,016 % Kupfer und 0,006 % Schwefel. Bei den Steinmeteoriten variiert die Zusammensetzung ziemlich stark. Es kommen viele Mineralien, insbesondere kalziumhaltige, vor, die man auch auf der Mondoberfläche findet.
Seit der Komet Kohoutek zum Jahreswechsel 1973/74 mit den Instrumenten der Raumstation Skylab ungestört von der Erdatmosphäre aus der Ferne analysiert werden konnte, kennt man eine Reihe weiterer Gase, die in den Spektren (von der Erde aus) noch nicht nachgewiesen werden konnten. Zu den häufigsten Verbindungen in allen Kometen gehören: O, CN, C_2, C_3, CH, NH, NH_2, OH, CO^+, CO_2^+, N_2^+, CH^+ und OH^+. Die in Kometen enthaltenen neutralen Moleküle, von denen sich diese Radikale ableiten, sind vor allem Wasser, Ammoniak, Methan, Kohlenstoff, Stickstoff und Kohlendioxid.

Chiron

Im Jahre 1977 entdeckte Charles Kowal am Hale-Teleskop auf Mount Palomar einen Miniaturplaneten zwischen Saturn und Uranus. Ihm verdankt man auch die Entdekkung des 13. und des möglichen 14. Jupitermondes. Das neue Objekt stand zur Zeit der Entdeckung zwischen 16 und 17 Astronomischen Einheiten von der Sonne und schien auf einer nur mäßig elliptischen Bahn zu laufen, so daß es sich ständig im äußeren Bereich des Sonnensystems aufhält und sich dadurch von allen anderen

Planetoiden unterscheidet. Die Umlaufzeit beträgt gemäß einer vorläufigen Bahnbestimmung 66 bis 70 Jahre. Der Durchmesser ergibt sich erst unsicher aus der gemessenen Helligkeit und einer geschätzten Rückstrahlfähigkeit als 400 ± 200 km.

Obwohl die Daten erst vorläufig sind, stellt sich doch die Frage, ob der mit Chiron bezeichnete neue Körper erst der Auftakt zur Entdeckung weiterer Planetoiden zwischen Saturn und Uranus ist. Angesichts der ständigen Lichtschwäche dieser Objekte, die sich nicht wie die der bisherigen Kleinplaneten wenigstens während der Opposition steigert, wäre es jedenfalls nicht verwunderlich, wenn sie sich bislang der Beobachtung entzogen hätten.

Chondriten

Dies ist die häufigste Klasse von Steinmeteoriten, die durch den Gehalt an rundlichen Einschlüssen, sogenannten Chondrulen, charakterisiert sind. Sie sind meist kleiner als 1 mm und setzen sich aus Olivin und Orthopyroxen zusammen. Die Innenstruktur wird auf die frühe Kondensationsphase des Materials im Sonnensystem zurückgeführt, nach der sich die körnige Urmaterie zu losen Klumpen mit geringer innerer Festigkeit konzentrierte. Dies ist auch der Grund, weshalb viele Chondrite den Weg durch die Erdatmosphäre nicht überstehen. Ihre Häufigkeit kann also nicht für jene im Sonnensystem charakteristisch sein. Dies gilt vor allem für die kohligen Chondrite, die einen Anteil von bis zu 5 Prozent an organischen Verbindungen besitzen. Man nimmt aber an, daß diese durch anorganische Prozesse gebildet werden mußten, was wertvolle Hinweise auf die Entstehung der ersten chemischen Evolutionsphase auch für die Erde liefert.

Entstehungstheorie

Die Plasmawolke zwischen den terrestrischen Planeten und Jupiter muß von Anfang an dünner gewesen sein als in der Umgebung. Dies kann auch schon begründet werden, wenn man die Elementverteilung, Ionisationsenergien usw. berücksichtigt, die im solaren Magnetfeld zwangsläufig zu einer Aufteilung der Materie führen. Da die Kontraktionszeit sehr stark von der anfänglichen Dichte des Plasmas abhängt, muß diese Zeit im Falle der Planetoiden sehr viel länger sein als bei den übrigen Planeten. In der Tat zeigten die Berechnungen, daß sie in der Größenordnung von 100 Mia Jahre betragen muß, also länger als das bisherige Alter des Sonnensystems. So verwundert es nicht, daß sich ein großer Teil der Materie zwar schon auf einen Hauptkörper, Ceres, zusammengezogen hat, daß es aber wegen der geringer werdenden Kollisionswahrscheinlichkeiten immer länger dauern wird, bis der Konzentrationsprozeß auch nur einigermaßen abgeschlossen ist.

Ein Histogramm über die Verteilung der Bahnabplattung (Exzentrizität) der Planetoiden zeigt, daß nicht etwa die kreisförmig laufenden am häufigsten sind, sondern jene mit Exzentrizitäten von 0,1 bis 0,2. Werte von über 0,25 oder gar 0,35 sind extrem selten. Dies steht sehr schön im Einklang mit der Entstehungstheorie, wonach ein kondensierendes Plasma zunächst auf eine Bahn mit Exzentrizität 1/3 fällt, sobald es seinen Ladungszustand verliert. Die nachfolgenden inelastischen Zusammenstöße, also die innere Reibung der Materiewolke, führen dann zwangsläufig zu einer Abnahme der Exzentrizitäten, da sich die einzelnen Bahnen immer mehr der Kreisform annähern. Die wenigsten erreichen sie aber wie z. B. Ceres, da sie alle beim anderen Extrem angefangen haben und nicht auf zufällig gewählten, willkürlichen Bahnen, bei denen schon von Anfang an Kreise vorkommen müßten.

Der Planetoidengürtel befindet sich nach wie vor in einer langsamen Evolution. Die derzeitige Verteilung und der Zustand dieser Materie, den wir u. a. aus Meteoritenfunden erahnen können, ist außerordentlich komplex. Große Planetoiden sind unverhältnismäßig häufig, kleine dagegen sind eher selten, wie die hohe Überlebensrate von Raumsonden dokumentiert, die den zunächst als potentiell gefährlich erachteten Bereich zwischen Mars und Jupiter erfolgreich passiert haben. Die kleinen Stücke scheinen sich in einem langsam geringer werdenden Gleichgewichtszustand zu befinden, da sich fast ebenso viele wieder durch Zertrümmerung neu bilden, wie sich andere durch Mittelung der Impulse bei den immer sanfter werdenden Kollisionen an bereits größere Agglomerate anlagern. Wenn also kleine Trümmer Spuren von Schockwirkungen zeigen, dann braucht dies nicht zu heißen, daß sich diese Materie einmal im Inneren eines hypothetischen Planeten unter großem Druck befunden hat. Es wird auch heute noch gelegentlich die Ansicht vertreten, ein solcher Planet sei einmal explodiert (was soll ihn nur dazu veranlaßt haben?) und die Überreste würden den heutigen Planetoidengürtel bilden. Abgesehen von anderen Widersprüchen in dieser Theorie ist doch zu beachten, daß die Gesamtmasse der Planetoiden nur einen Einzelkörper von etwa 1000 km Durchmesser bilden würden. Ein solcher hätte immer

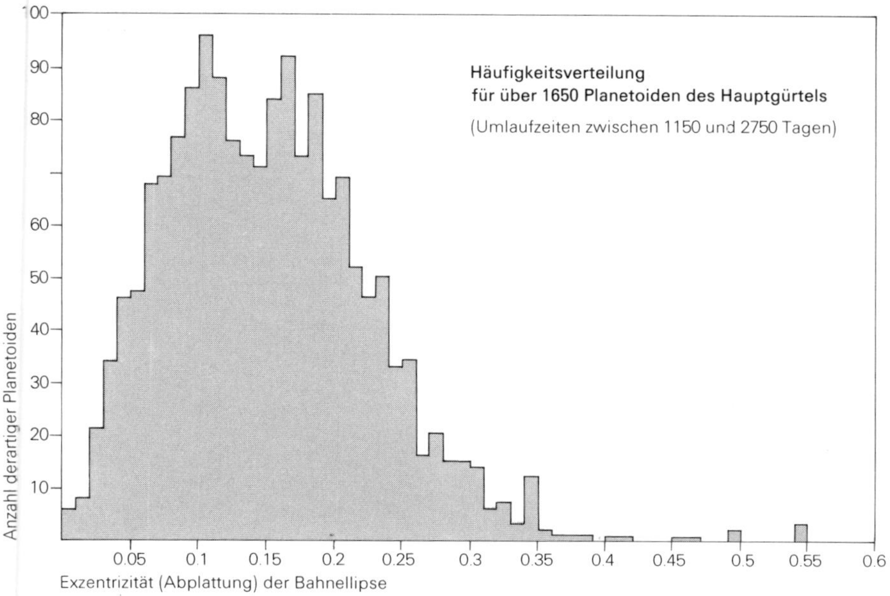

Entstehungstheorie
Man beachte, wie kreisförmig laufende (Exzentrizität 0) Planetoiden und solche mit größeren Exzentrizitäten als etwa 0,3 sehr selten sind. Die meisten Werte liegen bei 0,1 bis 0,2, was bereits eine fortgeschrittene Evolution des Hauptgürtels zeigt, da alle beim entstehungsgeschichtlich begründeten Wert ⅓ begonnen haben müssen. Bei den stärker elliptischen Ausnahmen handelt es sich um heruntergebremste Meteoritenpopulationen, die nach vielen Kollisionen aus ursprünglich kometenähnlichen Bahnen dorthin gelangt sind.

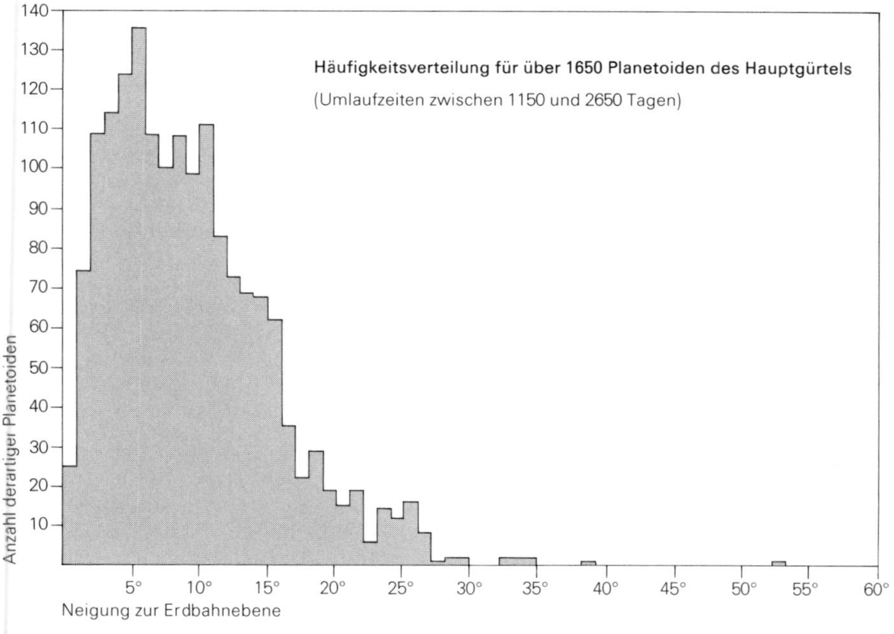

Entstehungstheorie
Hier zeigt sich, daß sich der Haupttharst der Planetoiden durchaus nicht auf die Ekliptik oder die benachbarte Bahnebene von Jupiter konzentriert. Die meisten Neigungen liegen bei 5 bis 10 Grad, und selbst Ceres gehört mit 10,6 Grad dazu. Bei den stärker geneigten Ausnahmen handelt es sich wieder wie bei den hohen Exzentrizitäten um Endprodukte von Meteorströmen kometarischen Ursprungs.

noch ein 300mal kleineres Volumen als der bescheidene Mars!
Weiteres zur Entstehungstheorie unter «Kirkwood-Lücken», «Kometen», «Masseverteilung», «Meteorite» und «Planetoiden».

Feuerkugeln
Diese Bezeichnung hat sich eingebürgert für besonders helle Sternschnuppen, bei denen der Meteor als feurige, meist explodierende Lichterscheinung zu Boden stürzt. Dabei kann es vorkommen, daß nach einiger Zeit auch noch die Druckwelle das Ohr des Beobachters erreicht.

Gefahren für Raumflüge
Der Flug der ersten Jupitersonde ermöglichte Schätzungen in bezug auf die obere Grenze der Dichte des Planetoidengürtels, denn Pioneer 10 durchquerte die Zone ohne jede Beschädigung. Die Bordgeräte auf akustischer und optischer Grundlage regi-

strierten zwar eine beträchtliche Aktivität, aber es wurde kein Zusammenstoß mit Partikeln gemeldet, die die Größe von einem Millimeter überstiegen hätten. Partikel im Bereich von 0,1 mm bis 1 mm waren etwas häufiger, als vor dem Flug erwartet worden war, solche von 0,1 bis 0,01 mm jedoch seltener. Diesen Unterschied erklärt man sich mit dem stärkeren Einfluß des solaren Strahlungsdruckes auf kleinere Partikel.

Ein «Kleinstplanet» von der Größe von 3 mm, der mit 15 km/s fliegt, kann eine Aluminiumschicht von einem Zentimeter Dicke durchschlagen. Je nach Geschwindigkeit können Partikel von 0,5 bis 1 mm Durchmesser einer Sonde bereits gefährlich werden. Glücklicherweise sind nun aber die kleinen Meteorite in ihrer Gesamtmenge relativ unbedeutend, wie statistische Überschlagsrechnungen zeigen. Trotz ihrer feinen Verteilung können sie also nicht viel anrichten. Die Großen vereinigen dagegen mehr Masse auf sich, doch die Konzentration auf wenige Körper vermindert die Kollisionswahrscheinlichkeit.

Wie gering die Chance ist, mit einem größeren Planetoiden zusammenzustoßen, zeigt sich auch bei der Durchrechnung des Fluges durch den Planetoidengürtel. Bei Pioneer 10 kam beispielsweise keiner der 1800 größeren Mitglieder mit bekannter Bahn dem Raumschiff näher als etwa 9 Mio km. Diese Minimaldistanz wurde am 2. August 1972 vom Planetoiden Palomar-Leyden und am 3. Dezember 1972 von Nike erreicht.

Am meisten Gefahr droht theoretisch von mittelgroßen Meteoriten. In Erdnähe wird

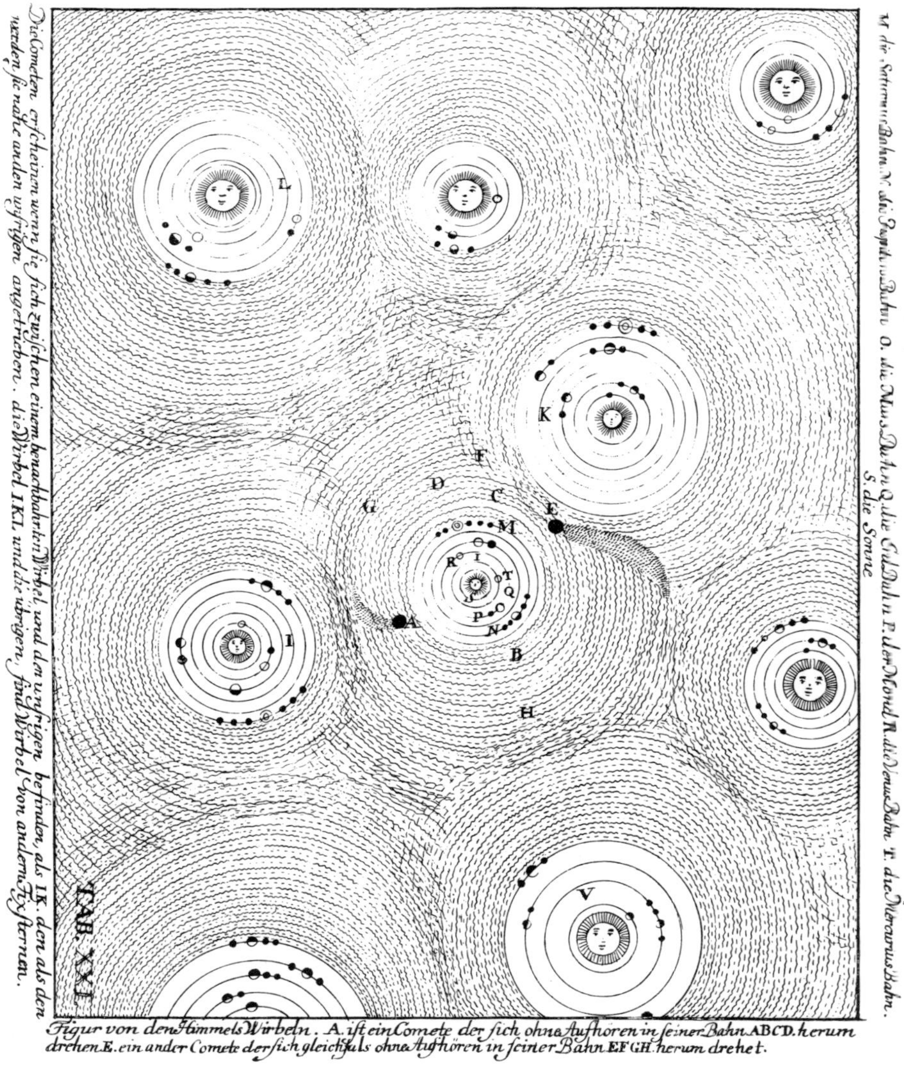

Figur von den Himmels Wirbeln. A. ist ein Comete der sich ohne Aufhören in seiner Bahn ABCD. herum drehen. E. ein ander Comete der sich gleichfals ohne Aufhören in seiner Bahn EFGH. herum drehet.

Geschichtliches
Verschiedene Fixsterne, Planetenbahnen und Kometen in den «Himmelswirbeln» (z. B. A und E im Zentrum der Figur). Aus: «Abhandlung Von der Weltbeschreibung Des Herrn Bions» 1736.

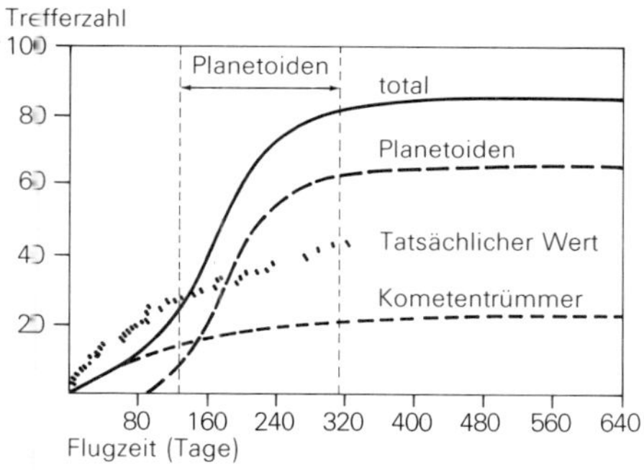

eine beliebige Fläche von 1 km² nur durchschnittlich einmal alle 10 Jahre von einem Steinchen mit 1 g Masse oder mehr durchflogen. Auf einen Brocken von 100 g Masse muß selbst dieser große Querschnitt etwa 5000 Jahre warten, und bei einem 10 kg schweren sind es bereits 100 000 Jahre. Wie die Jupitersonden gezeigt haben, steigen die Meteoritendichten selbst innerhalb des Planetoidengürtels nicht gleich um Größenordnungen an, so daß auch dort fatale Kollisionen selten sind. Die Situation ist also glücklicherweise so, daß man sich vor den kleinsten Körnern durch Maßnahmen an den Raumschiffen schützen kann, während bei den größeren ein kalkulierbares Risiko einzugehen ist, das sich bei den 2000 größten Planetoiden durch geeignete Wahl der Flugbahn noch weiter reduzieren läßt.

Geographos

Dieser kleine Planetoid wurde im Jahre 1969 nur deshalb entdeckt, weil er sich der Erde bis auf 9 Mio km näherte. Seine Helligkeit schwankt innerhalb von 2 bis 3 Tagen so stark, daß es sich bei ihm um einen sehr länglichen Körper handeln muß, der taumelt. Er ist vermutlich einen Kilometer breit und 4 Kilometer lang. Eine solche Form ist nur möglich, wenn sie durch eine innere Materialfestigkeit zusammengehalten wird. Hier könnte es sich also sehr wohl um ein Trümmerstück einer Kollision mit einem größeren, bereits verfestigten Planetoiden handeln.

Geschichtliches

1596 «Ich bin kühner geworden und setze zwischen Mars und Jupiter einen neuen Planeten» spekuliert der junge Kepler, dem die unnatürliche Lücke zwischen den terrestrischen Planeten und Jupiter aufgefallen war. Noch fehlt aber während über 200 Jahren eine Beobachtung, die diese Annahme gestützt hätte.

1607 Erste zuverlässige Beobachtung des Halleyschen Kometen durch Astronomen in der Neuzeit.

1664 Der Italiener Borelli vermutet als erster, daß Kometenbahnen parabolisch sind.

1680 Dörffel in Plauen vertritt die Auffassung, daß die Sonne im Brennpunkt der Parabelbahnen von Kometen stehen müsse. Newton beweist diese Tatsache kurze Zeit später streng.

1682 Halley weist die Identität des großen Kometen dieses Jahres mit dem des Jahres 1607 nach und gibt ihm seinen Namen.

1744 Am 1. März geht ein merkwürdiger Komet durch das Perihel, der sich durch einen sechsfach aufgefächerten Schweif auszeichnet und bis heute einzigartig in der Kometenbeobachtung dasteht.

1759 Am 12. März passiert der Halleysche Komet erneut sein Perihel, was der Mathematiker Clairaut bereits bis auf einen Monat genau vorhersagen konnte.

1766 Titius formuliert eine Zahlensequenz mit einfachem Bildungsgesetz, gemäß dem sich die Sonnenabstände der einzelnen Planeten mit guter Genauigkeit wiedergeben lassen. Die Planetoidenlücke fällt auch hier auf.

1801 Am 1. Januar findet Piazzi in Palermo einen neuen Wandelstern im Sternbild des Stiers, dessen Leuchtkraft etwa zehnmal schwächer ist, als daß er noch mit bloßem Auge gesehen werden könnte. Die nachfolgende Berechnung der Bahn durch den berühmten Mathematiker Gauss gestattete es, den Ceres benannten ersten Planetoiden jederzeit mit einem Teleskop wieder aufzufinden.

1802 Im März findet Olbers in Bremen den 2. Kleinplaneten, die Pallas.

1804 Harding entdeckt Juno, den 3. Planetoiden.

1807 Olbers entdeckt Vesta, den 4. Planetoiden.

1835 Komet Halley passiert am 16. November sein Perihel, mit einer der besten Voraussagen; die Abweichung betrug nur 3 Tage.

1845 Im Dezember findet Hencke in Diesen den 5. Planetoiden, die Astraea. Dies ist die erste Neuentdeckung nach fast vier Jahrzehnten und gleichzeitig der Auftakt zu einer ungeahnten Erweiterung des Planetoidengürtels, die bis in die Gegenwart anhält.

1846 Die Zweiteilung des Bielaschen Kometen wird beobachtet.

1852 Die beiden Komponenten des Bielaschen Kometen werden zum letzten Mal gesehen. Bei der nächsten und den folgenden Passagen bleiben sie verschwunden.

1858 Der Donatische Komet, einer der schönsten des 19. Jahrhunderts, ziert im Herbst den westlichen Abendhimmel.

1870 Die Zahl der vermessenen Planetoiden ist bereits auf 112 angewachsen.

Gefahren für Raumflüge
Die Sonde Pioneer 10 enthielt unter anderem ein Instrument zur Registrierung von Meteoriteneinschlägen. Dieses bestand aus einem System von 234 gasgefüllten Zellen, die zusammen die ganze Rückseite der Parabolantenne bedeckten. Einschlagende Partikel ließen je nach Geschwindigkeit und Masse das Gas mehr oder weniger schnell entweichen, ein Vorgang, der sich genau messen und per Funk übertragen läßt. Die grafische Darstellung zeigt die akkumulierte Anzahl von Einschlägen. Es handelt sich dabei nur um Partikel, die größer als etwa 0,1 Millimeter sind, kleinere werden nicht registriert, und größere als etwa ein halber Millimeter kamen nicht vor. Die Meßpunkte zeigen eine geringere Zunahme beim Durchqueren des Planetoidengürtels, da viele Gaszellen schon getroffen waren. Die Statistik läßt sich jedoch insofern auswerten, als sich bei Berücksichtigung dieser Sättigung mindestens keine wesentliche Zunahme innerhalb des Planetoidengürtels ergibt. Ebenfalls zu beachten sind die höhere Geschwindigkeit und die höhere Dichte von Staub aus zerfallenden Kometen im Inneren des Sonnensystems. Der heute geschätzte Wert liegt etwa bei einem Teilchen der genannten Größenklasse pro Kubikkilometer.

Geschichtliches
Dieser Holzschnitt, der eine «Wahrhafftige und trawrige Warnung Gottes dess Allmächtigen» mit verschiedensten Erscheinungen am Himmel, wie Kometen und Blutregen, darstellt, gehört zu einem Bericht von solch furchtbaren Wunderzeichen aus dem Jahre 1623. Ungewöhnliche Erscheinungen am Himmel wurden stets mit Unheil und Ankündigungen von Schrecken verbunden.

1882 Der berühmte Septemberkomet wird während kurzer Zeit so hell, daß er sogar am Taghimmel beobachtet werden kann. Seine Passage vor der Sonnenscheibe bzw. sein Verschwinden am Sonnenrand kann erstmals mitverfolgt werden. Von dieser Zeit an werden die Kometen auch spektroskopisch untersucht, wobei die Natriumlinien als erste auffallen.

1891 Die Einführung der modernen fotografischen Aufsuchungsmethode läßt die Zahl der Neuentdeckungen auch schwächerer Planetoiden erneut stark in die Höhe schnellen.

1898 Witt in Berlin entdeckt am 13. August den ersten der erdnahen Planetoiden, Eros. Da dieser noch verhältnismäßig groß ist und der Erde bis auf etwa 25 Mio km nahe kommen kann, ist er bei günstigen Oppositionen sogar von bloßem Auge sichtbar.

1901 Die Helligkeitsschwankungen von Eros mit einer Periode von 5 Stunden 16 Minuten lassen auf eine Rotationszeit gleicher Dauer schließen.

1905 Achilles, der erste der sogenannten Trojanischen Planetoiden, wird in einem Librationspunkt bezüglich Sonne und Jupiter entdeckt.

1909 Wolf in Heidelberg sieht den nach 75 Jahren erneut zurückgekehrten Kometen Halley am 11. September.

1910 Perihelpassage von Komet Halley am 20. April. Am 19. Mai steht er bei einer Erdentfernung von 24 Mio km genau zwischen Erde und Sonne. Obwohl er planmäßig innerhalb einer Stunde über die Sonnenscheibe zieht, verschwindet er dort für das Auge praktisch vollständig. Man schließt daraus, daß Kometenkerne sehr klein sind.

1911 Im Juni entzieht sich Komet Halley auch den stärksten Teleskopen. Den Engländern Crommelin und Cowell gelingt der Nachweis, daß sich der Komet anhand geschichtlicher Aufzeichnungen lückenlos bis 87 v. Chr., d. h. über 27 Perihelpassagen, zurückverfolgen läßt. Einzelbeobachtungen liegen sogar noch bis 467 v. Chr. vor, und es ist anzunehmen, daß er den Menschen schon Jahrhunderte oder gar Jahrtausende zuvor aufgefallen ist.

1920 Bereits sind die Bahnen von über 900 Planetoiden sicher berechnet.

1932 Der erdnahe Planetoid Apollo wird entdeckt.

1937 Planetoid Hermes, ein Körper von wenigen hundert Metern Durchmesser, zieht am 30. Oktober in nur 570 000 km Entfernung von der Erde vorbei.

1949 Der sonnennächste Planetoid, 1566 Icarus, wird entdeckt.

1968 Im Juni erreicht Icarus wieder einmal sein Perihel, das nur 28 Mio km beträgt.

1969 Geographos, ein ungewöhnlich länglicher Planetoid, wird dank einer nahen Passage bei der Erde entdeckt.

1970 Der astronomische Satellit OAO-2 stellt fest, daß die Kometen Tago-Sato-Kosaka und Bennett von einer rund 1 Mio km messenden Wasserstoffwolke umgeben sind. Diese übersteigt die Ausdehnung des zuvor bekannten Komas bei weitem.

1972 Danielsson und Ip weisen die 8:5-Resonanz von Planetoid 1685 Toro mit der Erde nach. Periodische Störungen durch Venus erzeugen eine Rosettenbahn bezüglich eines um die Sonne rotierenden Koordinatensystems, wobei sich die Erde jeweils in den Schleifen befindet, ohne daß es zu einer Kollision kommt.

1973 Der bereits in großem Sonnenabstand entdeckte Komet Kohoutek verspricht eine große Helligkeit im Perihel, doch verläuft die Passage dieses in neuerer Zeit wohl meistbeachteten Kometen anfangs 1974 überraschend lichtschwach. Von der gleichzeitig um die Erde kreisenden Raumstation Skylab aus gelingen ausgezeichnete Aufnahmen und Spektren.
1978 Anläßlich einer Sternbedeckung wird festgestellt, daß Planetoid 532 Herculina aus mindestens 2 Komponenten bestehen muß, die sich umkreisen. Dies wird als Hinweis gewertet, daß die Paarbildung gerade bei Planetoiden ein nicht seltener Vorgang sein könnte, wenn nämlich eine Kollision nicht zu einer Verschmelzung, sondern nur zum Einfangen einer Komponente führt.

Halleyscher Komet

Dieser berühmteste Komet der Neuzeit verdankt seinen Ruhm der Tatsache, daß er zugleich sehr auffallend ist und seit über 2000 Jahren in Abständen eines Menschenalters regelmäßig erscheint. Im sonnennächsten Punkt beträgt seine Distanz zum Tagesgestirn nur noch knapp 88 Mio km (0,59 mittlere Erdbahnradien), im sonnenfernsten befindet er sich sogar noch außerhalb der Neptunbahn. Dadurch wird die Kometenbahn von allen Planeten gestört, wobei sich diese Störungen bei jeder Passage anders auswirken. Die Umlaufzeit von durchschnittlich 75 bis 76 Jahren kann denn auch von Sonnennähe zu Sonnennähe um mehr als ein Jahr schwanken, was vor allem die früheren Vorhersagen erschwert hat.
Bei der letzten Erscheinung im Jahre 1910 war die fotografische Aufnahmetechnik bereits sehr weit entwickelt; bei der nächsten im Jahre 1986 besteht gar die Möglichkeit, daß eine Raumsonde in seine Nähe entsandt wird. Dies ist wegen der verkehrtläufigen Bahn gegenüber den Planeten etwa gleich schwierig, wie einen plötzlich vorbeiflitzenden Geisterfahrer auf der Autobahn genauer unter die Lupe nehmen zu wollen. Es wurden Studien ausgeführt, wie man eine Sonde innerhalb einiger Jahre mit Hilfe superleichter Sonnensegel passiv auf eine retrograde Bahn kippen könnte, um dann bei der Ankunft von Halley für die letzte Annäherung und ein eigentliches Rendezvous bereit zu sein.

Halleyscher Komet
Komet 1910 II Halley
Mitte Mai 1910
Dieser bekannteste Komet läßt sich über 27 Erscheinungen bis ins Jahr 87 v. Chr. zurückverfolgen. 1910 kam sein Schweif bis auf wenige Mio km an die Erde heran, so daß er sich bei einer Länge von etwa 30 Mio km fast von Horizont bis Horizont erstreckte. Die Periheldistanz betrug 88 Mio km. Am 19. Mai fand ein etwa eine Stunde dauernder Vorübergang vor der Sonne statt, bei dem sich wegen der Kleinheit des festen Kerns nicht das geringste Flecklein beobachten ließ. Die nächste Erscheinung findet 1986 statt.

Helligkeit

Von den Planetoiden können einige während Periheloppositionen so hell werden, daß sie im Feldstecher oder unter günstigsten Verhältnissen sogar von bloßem Auge sichtbar werden. Die maximalen astronomischen Größenklassen betragen: Vesta 6,0, Pallas 6,3, Eros 6,5, Juno 6,9 und Ceres 7,0. Eros ist zwar ziemlich klein, wird aber bei Periheloppositionen dank des geringen Erdabstandes von nur 22 Mio km noch heller als Juno und Ceres. Dies war beispielsweise im Januar 1975 der Fall.

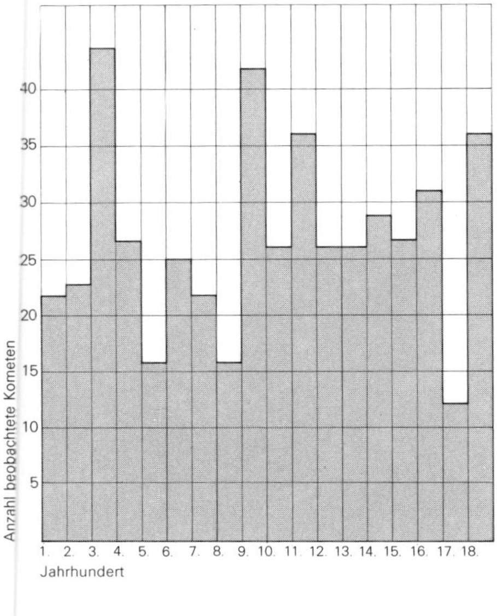

Geschichtliches
Die Angaben bis zum Ende des 14. Jahrhunderts stammen von chinesischen Chronisten, die übrigen aus Aufzeichnungen des Abendlandes. Im Durchschnitt wurden also etwa 25 Kometen pro Jahrhundert oder alle vier Jahre einer mit bloßem Auge gesehen. Es fällt auf, daß die Häufigkeit völlig zufällig verteilt ist, wie dies ja auch bei den Bahnen der Fall ist. Im 19. Jahrhundert, als der Himmel weit intensiver als zuvor erforscht wurde, waren nicht weniger als 80 Kometen ohne Fernrohr sichtbar — die Hälfte davon jedoch zweifellos nur deshalb, weil man mit dem Instrument zuerst darauf aufmerksam wurde.

Kirkwood-Lücken
Die Auftragung der Anzahl von Planetoiden in Abhängigkeit der Umlaufzeit macht die ungleiche Verteilung mit einer Reihe von Lücken (siehe «Kirkwood-Lücken») deutlich. Dies würde noch offensichtlicher, wenn man statt der Anzahl die tatsächliche Masse in diesen Intervallen dargestellt hätte. Eine quantitative Deutung dieser Erscheinung ist noch nicht befriedigend gelöst, weil bei anderen einfachen Verhältnissen der Umlaufzeiten zu der von Jupiter nicht Lücken, sondern im Gegenteil ganze Gruppen von Planetoiden auftreten! Bei der Hungaria-Gruppe scheint überhaupt keine Resonanz vorzuliegen.

Häufigkeit der Planetoiden in Abhängigkeit der Umlaufzeit

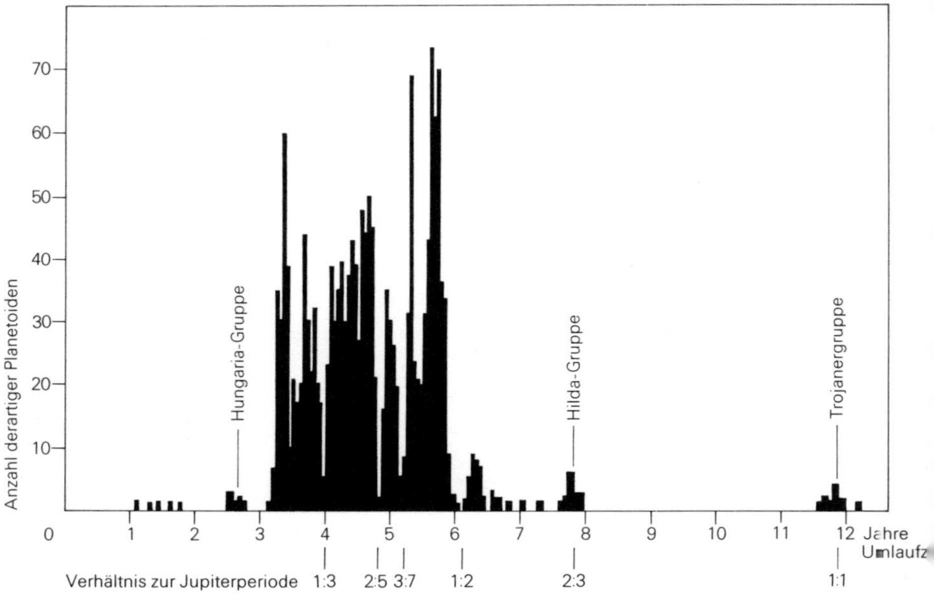

Während die Helligkeit von Planetoiden sowohl indirekt proportional zum Quadrat des Erd- als auch des Sonnenabstandes variiert, sind die Verhältnisse bei Kometen viel komplizierter. Bei einigen nahm die Helligkeit auf dem Weg ins Innere des Sonnensystems so rasch zu, daß die Steigerung indirekt proportional zur 8. Potenz des Sonnenabstandes verlief, bei anderen wiederum war die Zunahme nur linear oder noch schwächer. Letzteres ist natürlich nur dadurch zu erklären, daß sich der Komet im Perihel langsam auflöste, also trotz viel stärkerer Beleuchtung schwächer wurde.

Herculina

Dieser Kleinplanet mit Entdeckungsnummer 532 machte 1978 von sich reden, weil bei ihm erstmals ein Trabant nachgewiesen werden konnte. Dies gelang dank einer günstigen Sternbedeckung, bei der das Sternlicht nach den Aussagen mehrerer Beobachter zweimal nacheinander kurz verschwand. Nach den heutigen Entstehungstheorien ist diese Trabantenbildung wahrscheinlich nicht besonders häufig, aber durchaus möglich. Bei fast parallel um die Sonne laufenden Planetoiden können die letzten Kollisionen oder Zusammenstöße mit Drittkörpern sehr wohl dazu führen, daß Bahnstörungen nach einiger Zeit zu einem einigermaßen stabilen «Mond» führen.

Hidalgo

Im Jahre 1920 wurde dieser für damalige Verhältnisse höchst ungewöhnliche Planetoid entdeckt. Derzeit erreicht er seinen sonnennächsten Punkt knapp außerhalb der Marsbahn, den sonnenfernsten nur wenig innerhalb der Saturnbahn. Damit ist er von Zeit zu Zeit starken Bahnstörungen ausgesetzt. Seitdem mit Chiron ein weiterer sonnenferner Planetoid entdeckt wurde, ist anzunehmen, daß sich in jenem Raum noch mehrere andere befinden.

Hilda-Gruppe

Planetoid 153 Hilda sowie einige weitere bilden eine Gruppe, die eine gemeinsame Umlaufzeit haben, nämlich genau ⅔ derjenigen von Jupiter. In 24 Jahren vollführt Jupiter zwei Umläufe um die Sonne, Planetoiden der Hilda-Gruppe machen drei. Die Hilda-Bahnen verlaufen ausnahmslos innerhalb der Jupiterbahn, doch verhindert eine Resonanz, daß die Oppositionen dann stattfinden, wenn sich z. B. Hilda im Aphel befindet. In solchen Momenten sinkt die Distanz zu Jupiter nie unter 4 Astronomische Einheiten. Der Minimalabstand tritt ausgerechnet dann ein, wenn Hilda im Perihel steht. Beide kommen sich daher nie näher als 2 Astronomische Einheiten.
Ein verwandter Planetoid ist 279 Thule mit ¾ der Umlaufzeit von Jupiter.

Icarus

Dieser Planetoid überfliegt die Sonne alle 409 Tage in nur 28 Mio km, was ihm seinen Namen eingebracht hat. Icarus ist wohl einer der sonnennächsten Apollo-Asteroiden, die die Erdbahn schneiden. Auch sein sonnenfernster Punkt reicht nur knapp über die Marsbahn hinaus. Im Juni 1968 näherte er sich der Erde bis auf 6,5 Mio km und konnte mit Radar erfaßt werden.

Interplanetarer Raum

Der Bereich, in dem Materie auf kreisförmigen oder mäßig elliptischen Bahnen um die Sonne kreist, kann als interplanetarer Raum bezeichnet werden. Zur Entstehungszeit des Sonnensystems reichte das solare Magnetfeld so weit hinaus, und das umgebende Plasma konnte zur Rotation um die Sonne gezwungen werden, aus dem sich dann die einzelnen größeren und kleineren Trabanten bildeten.

Interstellarer Raum

Überall dort, wo die solare Magnetosphäre ihren Einflußbereich verliert, beginnen die Weiten des interstellaren Raumes. Zur Entstehungszeit bedeutete das, daß kondensierende Materie dort draußen die Rotation um die Sonne nicht mehr mitmachte, sondern in erster Näherung parallel zu dieser mit beinahe gleicher Geschwindigkeit durch das All eilte. Aus einer Übergangszone, die auch als transplanetarer Raum bezeichnet wird, konnten gelegentlich immer wieder Kondensate in Richtung Sonne fallen. Diese kennzeichnen sich durch die Parabelbahnen der Kometen, deren Ursprung in dieser Grenzregion liegt.

Juno

Die Astronomen Olbers und Harding vermuteten, daß die beiden sich kreuzenden Planetoiden Ceres und Pallas noch einen weiteren Begleiter haben könnten. Sie fanden ihn bereits 1804 in Gestalt des relativ kleinen Juno. Es ist abzusehen, daß diese drei Kleinplaneten über lange Zeit zu einem einzigen verschmelzen werden, da unvermeidbare Kollisionen die Bahnen immer mehr angleichen, so daß die Zusammenstöße zugleich häufiger und sanfter werden. Der Durchmesser von Juno wird auf 150 bis 200 km geschätzt; dies macht ihn ziemlich sicher zum viertgrößten Planetoiden. Seine Rotationszeit beträgt 7 Stunden und 13 Minuten.

Kirkwood-Lücken

Wenn man die Anzahl aufgefundener Planetoiden in Abhängigkeit ihrer Bahnachse oder Umlaufzeit grafisch aufträgt, dann fallen einige Lücken auf, die ziemlich genau Perioden von einem Drittel, zwei Fünftel, drei Siebentel und einem Zweitel der Dauer des Jupiterjahres entsprechen. Noch markanter werden die fehlenden Bahnen, wenn statt die Anzahl der Planetoiden die in einem gewissen Bereich kreisende Masse aufgetragen wird. Damit wird auch die Größe der einzelnen Körper berücksichtigt, was die sicher noch wichtigere Massenverteilung deutlich werden läßt.
So eindeutig die Tatsachen auch sind, die Deutung der sogenannten Kirkwood-Lükken ist noch höchst widersprüchlich. Viele Autoren glaubten zwar, Resonanzerscheinungen bezüglich Jupiter als Ursache nachgewiesen zu haben, aber niemand konnte bislang erklären, weshalb die gleichen Ursachen bei anderer Gelegenheit im Gegenteil zu Häufungen von Planetoiden oder stabilen Resonanzkopplungen führen. Solche kennt man von den Trojanern, der Hilda-Gruppe, dem Paar Neptun-Pluto oder Dione-Enceladus her. Noch ist allerdings auch eine Theorie ausstehend, die das Vorhandensein von Lücken wie bei der Cassinischen Trennung im Saturnring auf die Verhältnisse zur Entstehungszeit zurückführen könnte. Jupiter muß sicher eine Rolle gespielt haben, aber vielleicht nur eine indirekte, indem er gewisse Kollisionen begünstigt hat. Angesichts solcher komplexer Effekte wird es möglicherweise noch lange dauern, bis hier Klarheit herrscht. Eine befriedigende Theorie muß gleichzeitig die Resonanzgruppen und die Kirkwood-Lükken erklären können.

Koma

Koma ist eine Wolke aus Gas und Staub, die den Kometenkern umgibt, lange bevor sich der Schweif in Sonnennähe gebildet hat.

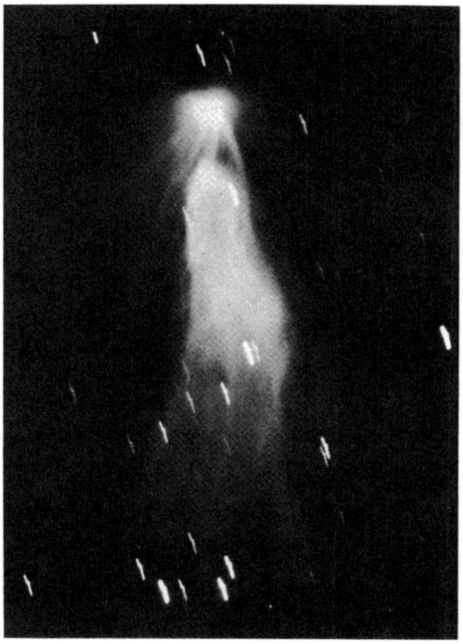

Kometen
Komet 1962 VIII Humason am 10. 7. 1962
Distanz zur Erde 337 Mio km, zur Sonne 413 Mio km, Länge des Schweifes etwa 1,8 Mio km

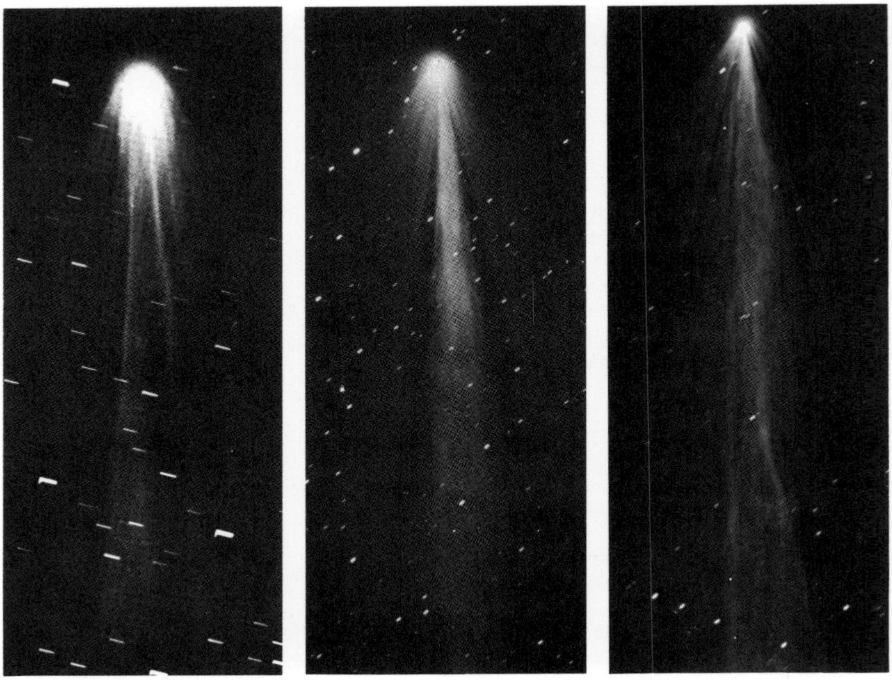

Kometen
Links: Komet 1908 III Morehouse am 23. 10. 1908 Distanz zur Erde 159 Mio km, zur Sonne 214 Mio km, Länge des Schweifes etwa 1,2 Mio km

Mitte: Komet 1908 III Morehouse am 22. 11. 1908 Distanz zur Erde 223 Mio km, zur Sonne 166 Mio km, Länge des Schweifes etwa 6–7 Mio km

Rechts: Komet 1908 III Morehouse am 25. 11. 1908 Distanz zur Erde 230 Mio km, zur Sonne 163 Mio km, Länge des Schweifes über 7 Mio km

Kometen

In den frühen fünfziger Jahren entwickelte Fred L. Whipple folgendes, noch heute gültiges Bild von Kometen: Ein aus gefrorenem Wasser, Methan, Ammoniak, Kohlendioxid und weiteren Teilen bestehender Kern bildet zusammen mit steinigen oder metallischen Kondensaten verschiedener Größe einen «schmutzigen Schneeball». Dieser Kern sublimiert um so stärker, je stärker er von der Sonne beschienen ist, so daß eine ihn umgebende Gaswolke gebildet wird, das sogenannte Koma. Seit 1969 weiß man zusätzlich, daß der Wasserstoff, den man von der Erde aus nicht nachweisen konnte, diese Wolke viel größer macht, als man aufgrund der leuchtenden Komas angenommen hatte.

Man schätzt, daß ein durchschnittlicher Komet etwa 100 Perihelpassagen übersteht. Für Komet Halley ergäbe dies ein Alter von 7500 Jahren, bei Komet Kohoutek mit seiner Umlaufzeit von etwa 80 000 Jahren ein solches von höchstens 8 Mio Jahren. Es muß also ein unerschöpfliches Reservoir von Kometen geben, so daß auch 4,5 Mia Jahre nach der Entstehung des Sonnensystems immer wieder neue erscheinen. Der interstellare Raum scheint diese Vielfalt mühelos aufnehmen zu können.

Nach der Auflösung eines Kometen bildet sich ein Meteorschwarm mit sehr geringer Dichte. Die feinsten Staubteilchen unterhalb einer gewissen Größe werden vom Sonnenwind davongetragen; größere sammeln sich wegen der Impulsmittlung bei Zusammenstößen zu einem losen Aggregat und bilden einen meist höher exzentrischen Meteor. Oft passiert ein Planet diesen Schwarm, bevor er sich zusammenziehen konnte. Dies äußert sich im Falle der Erde in den bekannten Meteorschauern, von denen schon einige mit aufgelösten Kometen in Verbindung gebracht werden konnten. So werden die Eta-Aquariden-Meteorschauer im Mai und die Orioniden im Oktober durch Partikelschwärme erklärt, die sich bereits vom großen Halleyschen Kometen losgelöst haben, da sich seine Bahn nämlich mit derjenigen der Erde an den entsprechenden Positionen kreuzt.

Kometenschweife

Der Hauptschweif eines Kometen besteht aus den ionisierten Gasen, die der Sonnenwind aus dem Koma nach außen ins Sonnensystem bläst. Wegen der Eigengeschwindigkeit des Kometen, die einen nicht zu vernachlässigenden Bruchteil der Geschwindigkeit des Sonnenwindes ausmachen kann, bleibt der Schweif allerdings mehr oder weniger hinter der Gegenrichtung zur Sonne zurück. Die Situation ist vergleichbar zur Rauchfahne einer Dampflokomotive im Wind, deren Richtung ebenfalls von der Fahrgeschwindigkeit abhängt.

Bei der Annäherung an die Sonne wächst das Koma im allgemeinen, doch kommt es

bei starkem Sonnenwind vor, daß die sublimierten Gase schneller weggeblasen werden, als sie sich neu bilden können. Das Koma kann dann wieder kleiner werden. Die Steigerung der Helligkeit von Kometen wächst gegen das Perihel hin ganz unterschiedlich, was auf ihre unterschiedliche Zusammensetzung hinweist. So nimmt man an, daß der vielversprechende und dann erstaunlich lichtschwache Komet Kohoutek in den Jahren 1973/74 mehr schwerflüchtige Substanzen enthielt, da er möglicherweise schon viele Passagen hinter sich hatte.
Einige Kometen zeigen einen weiteren Schweif, der manchmal wie ein Dorn in eine andere Richtung weist, gelegentlich sogar zur Sonne. Hier scheint es sich um einen optischen Effekt zu handeln, der dann eintritt, wenn wir von der Erde aus flach auf die längs der Bahn verteilte Staubspur blikken, so daß diese trotz ihrer extremen Verdünnung sichtbar wird. Ein typisches Beispiel dieser Art bildet Komet Arend-Roland, dessen Bahnebene die Erde im April 1957 durchzog. Bei ihm war die «Staubspitze» dem Schweif — selbstverständlich nur in der Projektion — genau entgegengesetzt.
Farbaufnahmen haben gezeigt, daß die beiden Schweife oft von verschiedener Farbe sind. So leuchtete der Staubschweif von Komet Bennett im Jahre 1970 gelblich, während der Gasschweif deutlich blau war. Auch Komet Kohoutek zeigte den Skylab-Astronauten anfangs 1974 selbst von bloßem Auge ein farbiges Schauspiel. Man darf hoffen, daß den besseren Untersuchungsmethoden der heutigen Astronomen bald ein neuer schöner Komet zur Verfügung steht, von denen es ja im 19. Jahrhundert einige mehr gegeben hat.

Kurzperiodische Kometen

Kurzperiodische Kometen sind im Verhältnis zu den langperiodischen, die aus dem transplanetaren Raum ins Sonnensystem fallen, relativ häufig. Angesichts der kurzen Lebensdauer von Kometen einerseits und der sehr geringen Ablenkungswahrscheinlichkeit selbst an den großen Planeten anderseits zweifelte man immer mehr an der zunächst plausibelsten Auffassung, die kurzperiodischen Kometen seien langperiodische, die nach einem nahen Vorbeiflug an Jupiter auf ihre heutige Bahn gelenkt worden seien. Bei einigen war dies offensichtlich der Fall (vergleiche «Tisserandsches Kometenkriterium»), doch mußte noch ein anderer Mechanismus am Werk sein, der die vielen mäßig elliptischen Kometen in so großer Zahl erzeugen konnte.
Der Schlüssel zum Verständnis dieser Vorgänge liegt in der Entstehung von Kometen überhaupt. Diese können nur aus Gasen kondensieren, wenn feste Kondensationskerne in Form von Meteoriten im transplanetaren Raum vorhanden sind. Diese bilden zunächst langperiodische Schwärme, die Jahrhunderte bis Jahrzehntausende brau-

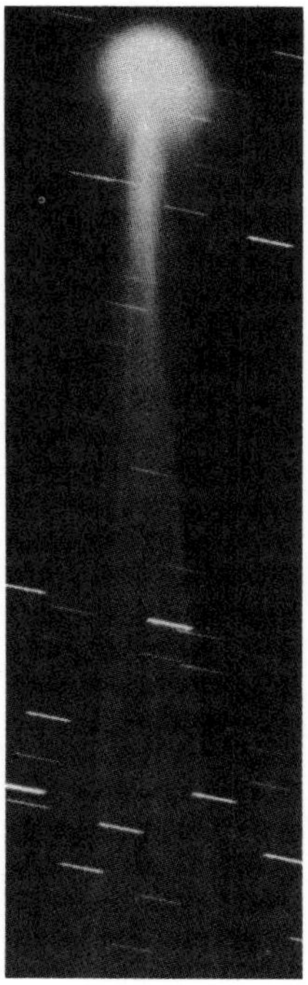

Kometen
Komet 1937 V Finsler am 9. 8. 1937
Distanz zur Erde 82 Mio km, zur Sonne 130 Mio km, Länge des Schweifes etwa 11 Mio km

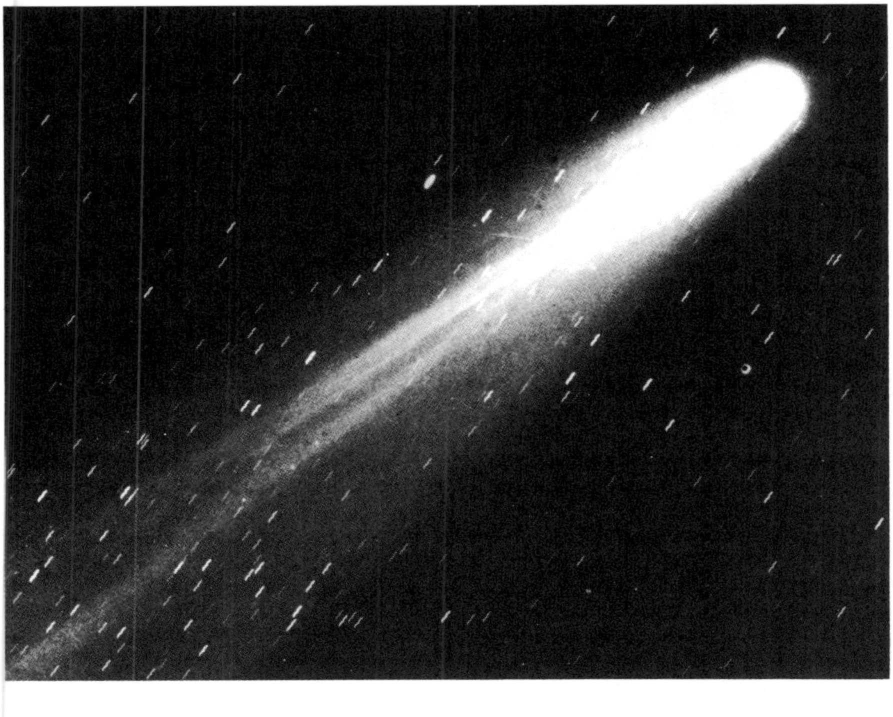

Kometen
Komet Arend-Roland am 1. Mai 1957
Bei dieser Aufnahme wurde die Kamera während der 16minütigen Belichtungszeit dem Kometen nachgeführt. Dadurch erscheint er nicht verschwommen, aber die Sterne werden dafür als Striche und nicht wie Punkte abgebildet.

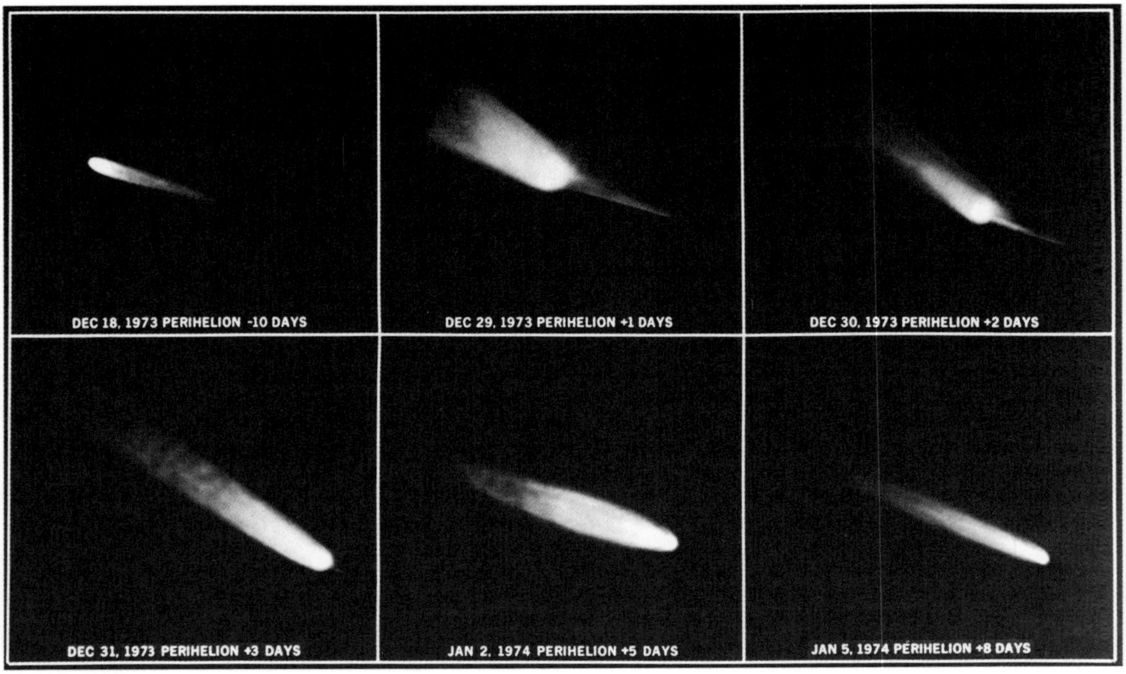

Komet Kohoutek
Bei dieser Bildsequenz handelt es sich nicht um Fotografien, sondern um sorgfältige Zeichnungen der damals im All befindlichen Skylab-Astronauten. Man beachte den stachelähnlichen Staubschweif, der beim flachen Blick auf die Bahnebene in der Nähe des Umkehrpunktes erscheint. Komet Kohoutek erreichte am 28. Dezember 1973 einen Perihelabstand von 20,8 Mio km. Wegen der starken Nähe zur Sonne ließ sich der nicht überaus lange Schweif viel besser aus der Raumstation als von der Erdoberfläche beobachten.

chen, bis sie die Sonne einmal umrundet haben. An ihnen lagern sich die leichtflüchtigen Gase an, solange sie sich während der meisten Zeit in Sonnenferne aufhalten. Ein Teil dieser Schwärme kann nun von den Planeten mit größerer Wahrscheinlichkeit auf kurzperiodische abgelenkt werden, da der Querschnitt der feinverteilten Materie entsprechend größer ist. Auf sonnennäheren Bahnen sammeln sich diese zunächst verstreuten Meteoriten in kurzperiodischeren Schwärmen, wie es die allgemeine Theorie der Akkretisierung fordert. Die einzelnen Partikel können aber um so mehr Gase an sich anlagern, je mehr sie sich selber schon konzentriert haben. Dies geschieht natürlich vor allem im Aphel, wo sich die Körper auch bei kurzperiodischen Meteoritenströmen noch hinreichend lange aufhalten. Auf diese Weise können sich auch heute noch immer wieder neue Kometen bilden, wobei ständig frische Meteoritenströme aus zunächst großer Entfernung als auslösendes Moment wirken.

Meteoritenströme und Kometen mit kurzer oder langer Umlaufzeit existieren in ständiger Wechselwirkung miteinander. In mehreren Etappen kann Restmaterial von Kometen durch die Planetenstörungen auf sonnennähere Bahnen gelenkt, wieder konzentriert und erneut zu immer weniger auffälligen und kurzperiodischen Kometen verwandelt werden. Tatsächlich entdeckte man schon Kometen, deren Bahnellipsen praktisch identisch waren mit denen von früher beobachteten Meteorströmen.

Eine weitere starke Stütze für diese Vorstellungen ist die Tatsache, daß kein einziger kurzperiodischer Komet verkehrtläufig ist, während bei den langperiodischen alle Bahnneigungen etwa gleich häufig vorkommen. Die Periodenverkürzung von parabelnahen Kometen bei der Ablenkung an Planeten funktioniert nämlich nur, wenn ihre Bahnneigungen vorher schon klein waren; damit bleiben diese aber auch nachher ziemlich klein, was genau den Beobachtungen entspricht.

Der oben geschilderte Prozeß findet seinen Abschluß, wenn die Kometenreste elliptische Bahnen zwischen der Sonne und ungefähr dem Planetoidengürtel erreicht haben. Dort ist es schon zu warm für die Akkretisierung von Gasen. Endprodukt sind lose zusammengehängte Materieklumpen, die als hochexzentrische Apollo-Asteroiden eine sonst nicht leicht zu erklärende Ausnahme zum Hauptharst der Planetoiden bilden. Schon früher war gelegentlich eine Verwandtschaft von diesen mit den kurzperiodischen Kometen vermutet worden. Analysen an Ort und Stelle werden es in wenigen Jahrzehnten ermöglichen, die genannte Theorie genau zu überprüfen.

Leoniden

Dieser seit dem Jahr 902 bekannte Meteorstrom wurde am 12. November 1799 von

Alexander von Humboldt in Südamerika und dann 1833 sowie 1866 erneut von Astronomen beobachtet. Da der Strom 1870 nahe an Saturn und 1898 nahe an Jupiter vorbeikam, verliefen die erwarteten Sternschnuppenfälle in den Jahren 1899, 1932 und seither nie mehr so auffällig. Der Hauptharst wurde so stark von der Erdbahn abgelenkt, daß dieser Meteoritenstrom, wie unzählige andere auch, für einige Zeit von der Bildfläche verschwand. Am 17. November 1966 waren die Leoniden allerdings nochmals recht ergiebig. An einigen Orten wurden schätzungsweise über 2000 Meteore pro Minute beobachtet.

Bemerkenswert ist in diesem Zusammenhang ein im Jahr 1866 gleichzeitig mit dem Leonidenstrom beobachteter Komet, dessen Bahnelemente eine verblüffende Übereinstimmung mit denen der Meteorite aufwies. Dies reiht sich sehr schön in die heutigen Vorstellungen von einer Wechselwirkung zwischen Meteoritenströmen und Kometen ein.

Die Leoniden erreichen ihr relatives Maximum jedes Jahr in der Zeit vom 12. bis 20. November, und zwar jeweils in der zweiten Nachthälfte. Einzelne Meteore, die durchschnittlich mit 77 km/s in die Erdatmosphäre eintreten, sind gelegentlich immer noch recht hell.

Masseverteilung

Das Spektrum der Verteilung der Restmaterie im Sonnensystem, insbesondere auch im Planetoidengürtel, ist mittlerweile von verschiedenen Seiten her erforscht worden. Das obere Ende der Größenskala ist durch die genaue Vermessung der meisten, nicht allzu erdfernen Planetoiden oberhalb etwa 10 km Durchmesser abgeschlossen. Einige kleinere sind der Erde schon so nahe gekommen, daß sich die Verteilung bis hinunter zu etwa 1 km ziemlich sicher abschätzen ließ. Es stellte sich dabei heraus, daß sich die Anzahl oberhalb eines gewissen Durchmessers durch eine sehr einfache Formel gut abschätzen läßt: $N = 300\,000 : D^2$. Der Durchmesser D ist dabei in Kilometern zu nehmen. Es ergibt sich damit ein Erwartungswert von etwa 30 Körpern oberhalb 100 km Durchmesser, 3000 oberhalb 10 km und 300 000 oberhalb 1 km. Selbst zuoberst verhält sich die Formel noch vernünftig, denn sie liefert einen Planetoiden oberhalb 548 km, drei größere als 316 km und 7 größere als 207 km, was recht gut hinkommen könnte.

Es wurde schon darauf hingewiesen, daß diese Formel auch für viele Korngrößenverteilungen bei Mahl- und Zertrümmerungsvorgängen gilt. Dieser Vergleich mag insofern sinnvoll sein, als sich die kleineren Meteorite tatsächlich in einem sich nur langsam in Richtung auf größere Körper befindlichen Zertrümmerungsgleichgewicht befinden. Ausgerechnet für die feineren Partikel ergeben sich jedoch stärkere Abweichungen von der durch die Formel geforderten Masseverteilung. Die wahren Verhältnisse scheinen also komplizierter zu sein.

Informationen über die Feinverteilung der Materie im Sonnensystem besitzt man aus den Meteor-Beobachtungsprogrammen auf der Erde, dem auf dem Mond installierten seismischen Netz, einer Reihe von speziell ausgerüsteten Erdsatelliten und den interplanetaren Sonden. Einige davon haben bereits den Planetoidengürtel durchquert und eine viel geringere Anzahl von Submillimeterpartikeln festgestellt, als man dies erwarten müßte, wenn die kleinen Körner im gleichen Maße häufiger würden wie die großen Brocken. Als sicher gilt auch, daß der allerfeinste Staub vom Sonnenwind sehr wirksam entfernt wird.

Meteoriten

Früher bezeichnete man mit Meteoriten alle Körper, die aus dem Weltraum auf die Erde fielen. Heute erweitert man meistens den Begriff auf alle kleineren Materiebrocken oder -körner im Sonnensystem, während man das Wort Meteor für die auf die Erde fallenden Stücke verwendet. Die meisten Meteoriten laufen auf hochexzentrischen Ellipsen, weil sie ursprünglich auf solchen

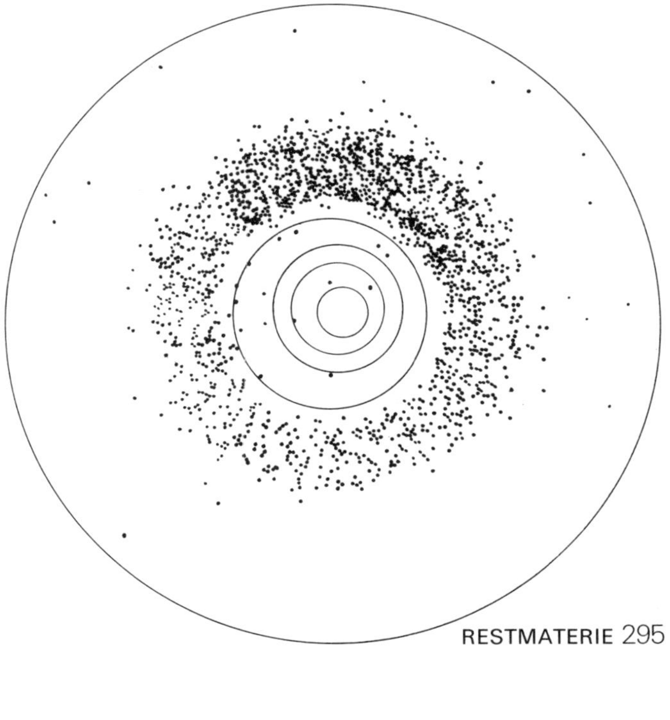

Masseverteilung
Diese Darstellung zeigt den Ausschnitt des Sonnensystems von der Merkur- bis zur Jupiterbahn. Die eingezeichneten Punkte geben jeweils die Stelle an, wo ein Planetoid seine sonnennächste Position erreicht. Deutlich erkennt man hier auch die sogenannten Trojaner, die sich außen bei der Jupiterbahn befinden. Der Außenrand des Planetoidengürtels befindet sich etwa bei 2/3 des Jupiterabstandes von der Sonne, der Innenrand abermals um rund 2/3 weiter innen. Dies kann entstehungsgeschichtlich begründet werden. Es sind also nicht nur die inneren Planeten, die den dortigen Raum leergefegt haben. Wenn dies für die Verteilung allein ausschlaggebend gewesen wäre, dann wäre nicht einzusehen, weshalb es nicht auch Planetoiden gibt, die noch näher bei Mars kreisen, da sein Einflußbereich nicht sehr weit reicht.

entstanden sind. Bei Exzentrizitäten von 0,33 bis 0,95 nennt man sie kurzperiodisch, ab 0,95 langperiodisch. Solche auf kreisförmigeren Bahnen mit Exzentrizitäten kleiner als 0,33 sind seltener, da sich die Materie bei Erreichen dieses Evolutionszustandes bereits auf größere Planetoiden konzentriert.

Meteoritenschwärme

Hochexzentrische Meteoriten gruppieren sich aufgrund der inneren Reibung infolge der ständigen Zusammenstöße nach einiger Zeit in immer paralleler laufenden Schwärmen. Dabei verringert sich die Bahnabplattung, und die Meteoriten rücken näher in Richtung Sonne. Nahe Passagen an Planeten können wieder zerstreuend wirken, so daß Kollisionen mit benachbarten Meteoritenströmen nach einiger Zeit zu neuen führen, die tendenzmäßig immer näher um die Sonne laufen. Endprodukt dieser Entwicklung sind die immer noch verhältnismäßig elliptischen, erdnahen Apollo-Asteroiden. Diese unterscheiden sich gründlich von den Planetoiden des Hauptgürtels, da sie sich im transplanetaren Raum gebildet haben. Sie kondensierten dort auf ursprünglich parabolischen Bahnen, während die Planetoiden von Anfang an zwischen Jupiter und Mars auf Ellipsen mit Exzentrizität ⅓ erstarrten. So kann man heute noch recht gut zwischen Meteoritenströmen und Apollo-Asteroiden mit ihren hohen bis mittleren Exzentrizitäten und beliebigen Bahnneigungen und den mäßig elliptischen bis kreisförmigen Planetoiden geringer Bahnneigung unterscheiden.

Meteoritenschwärme mit hinreichend langer Umlaufzeit gelten als Brutstätten für die kurzperiodischen Kometen. Auf ihren langen Aufenthalten im fernen Aphel kondensieren offenbar auch heute noch Gase auf ihnen, die dann im Perihel wieder abdampfen. Je enger die Schwärme sich schon konzentriert haben, desto mehr reicht die lokale Anziehung zur Anlagerung der Gase.

Pallas

Der zweite im Jahre 1802 entdeckte und zweitgrößte Planetoid Pallas schneidet zwar die Bahn von Ceres, doch läuft er viel elliptischer und um 35 Grad geneigt. Die Umlaufzeiten stimmen jedoch schon fast überein, so daß die beiden langfristig gesehen einen Einzelkörper bilden könnten.

Perseiden

Dieser auffälligste Meteoritenstrom erzeugt derzeit jeweils die ergiebigsten Sternschnuppenfälle. Vereinzelte Meteore wurden schon zwischen dem 20. Juli und dem 22. August beobachtet, doch tritt das Maximum der Erscheinungen meistens zwischen dem 10. bis 14. August ein. Der Schwarm schneidet die Erdbahn mit einer Relativgeschwindigkeit von 62 km/s, und zwar so, daß die Sternschnuppen aus der Gegend des Sternbilds Perseus zu kommen scheinen, von wo auch der Name herstammt.

Der gleiche Schwarm erzeugt auch den periodischen Kometen Swift-Tuttle, der 1982 wieder sein Perihel erreicht, nachdem er 1862 ausgiebig beobachtet werden konnte. Obwohl die jährlich wiederkehrenden Perseidenschwärme darauf hindeuten, daß die Meteoriten längs seiner ganzen Bahn verteilt sind, ist man neugierig, ob sich die Aktivität in den Jahren um 1982 noch steigern wird.

Planetoiden

Der Hauptharst der seit 1801 entdeckten Kleinplaneten bewegt sich in einem Gürtel von etwa 2,2 bis 3,5 Astronomischen Einheiten von der Sonne. Der äußere Rand entspricht ziemlich genau ⅔ des Jupiter-Bahnradius, und der innere liegt nochmals um ⅔ näher bei der Sonne, was sich entstehungsgeschichtlich begründen läßt. Das Plasma, das in der Nähe der Jupiterbahn kondensierte, wurde von Jupiter einverleibt; das unmittelbar nach innen anschließende Plasma zog sich auf ⅔ des Bahnradius zusammen, während sich die ersten Planetoiden von elliptischen auf kreisähnlichere Bahnen herunterbremsten. Da die Abkühlung von außen nach innen fortschritt, wurde das dort noch nachkondensierende Plasma bereits vom Planetoidengürtel absorbiert, so daß es keine wesentliche Materie mehr gab, die von dort auf eine erneut um ⅔ verkürzte Bahn hätte fallen können.

Als Planetoiden bezeichnet man daher meistens nur Kleinplaneten zwischen Mars und Jupiter, deren Exzentrizitäten eindeutig unter ⅓ liegen und deren Bahnneigungen dann fast automatisch auch klein sind. Die ursprünglich viel weiter außen im Sonnensystem entstandenen Ausnahmen, wie z. B. die Apollo-Asteroiden, bilden eine sich deutlich unterscheidende Population.

Planetoiden machen keine Ausnahme zur Regel, wonach Trabanten auf sich kreuzenden Bahnen zur Schwarmbildung neigen. Schon im Jahre 1971 hatte man 13 Gruppen mit mindestens 7 Mitgliedern gefunden, die miteinander auf nur wenig verschiedenen Bahnen um die Sonne laufen. Bei einer Gruppe waren es 19 Planetoiden in einer Familie. Insbesondere die ziemlich große Flora (Nr. 8) ist Hauptkörper einer bekann-

ten Gruppe; darin beträgt die Relativgeschwindigkeit nur noch 200 bis 1000 m/s, rund zehnmal weniger als bei beliebigen Planetoiden des Hauptgürtels.
Eine eingehendere Erläuterung der Kleinplaneten suche man unter den einschlägigen Stichworten: insbesondere «Bahndaten», «Entstehungstheorie», «Geschichtliches», «Masseverteilung» sowie unter einigen wichtigen gesondert aufgeführten Einzelplanetoiden und Gruppen.

Rohstoffreserven

Bei der Planung von Industrialisierungsprojekten für das 21. Jahrhundert zeigte sich das Bedürfnis, Rohstoffmengen in der Größenordnung von 100 000 bis zu mehreren Mio Tonnen im erdnahen Raum zur Verfügung zu haben. Die Beschaffung vom Mond bietet wegen der gut 20mal kleineren Startenergie zwar enorme Vorteile, doch hat unser Trabant eine chemische Differenzierung durchgemacht, wegen der einige wichtige Elemente fast vollständig fehlen. Dazu gehören Wasserstoff, Stickstoff und Kohlenstoff. Die Suche nach gravitationsmäßig leicht zugänglicher Materie mit einer günstigeren Zusammensetzung führte zwangsläufig zu erdnahen Planetoiden. Einige von diesen, unter ihnen 1685 Toro, befinden sich, energiemäßig betrachtet, nicht weiter von hohen Erdumlaufbahnen entfernt als die Erze auf der Mondoberfläche! Seit man gute Gründe dafür hat, daß gerade die günstig gelegenen Kleinplaneten die vielseitigste Zusammensetzung haben (vergleiche «Apollo-Asteroiden»), sieht man in ihnen eine äußerst willkommene Rohstoffquelle für Industrialisierung und Kolonialisierung des Weltraumes im nächsten Jahrhundert. Die letzte Einbremsung in eine Erdumlaufbahn kann unter Ausnützung des Dreikörperproblems Erde-Mond-Planetoid sogar ohne Antrieb erfolgen. Am Anfang würden vermutlich nur kleinere Brocken mit solarelektrischen Triebwerken (Materiebeschleuniger) herbeigeschafft.

Sternschnuppen

Dies ist die volkstümliche Bezeichnung für die Meteore (in der Erdatmosphäre verglühende Meteorite) aus den Weiten des Sonnensystems. Sie kommen an sich in jeder Nacht vor, doch häufen sie sich, wenn die Erde auf ihrem Lauf einen Meteoritenschwarm kreuzt (vergleiche «Leoniden» und «Perseiden»). Auf der Frontseite der Erdkugel treffen natürlich mehr Objekte ein als auf der Rückseite. Tatsächlich beobachtet man in den frühen Morgenstunden durchschnittlich drei- bis viermal mehr Sternschnuppen als in den Abendstunden.

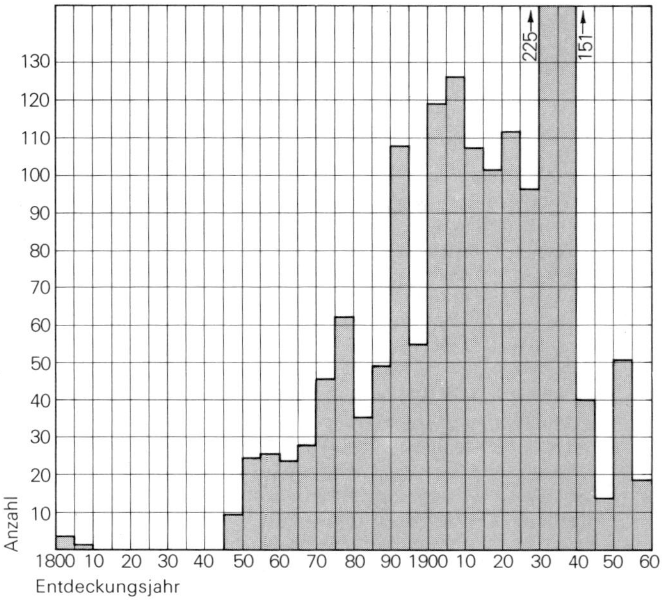

Planetoiden
Dieses Histogramm zeigt sehr deutlich, wie die systematische Suche nach Kleinplaneten jeweils zu einer Häufung von Neuentdeckungen führte. Die ersten fünf waren Zufallstreffer, so daß zu Beginn mit einer Ausnahme nur die größten entdeckt wurden. Um die Mitte des 19. Jahrhunderts wuchs die Überzeugung, daß eine unübersehbare Zahl von Planetoiden der Entdeckung harrte, was die Bemühungen natürlich stimulierte. Einen großen Sprung beobachtet man zwischen 1890 und 1895, als die Himmelsfotografie als neues Hilfsmittel eingesetzt wurde. Später stagnierte die Zahl wieder, da alle helleren Planetoiden bereits gefunden waren und die Vermeidung von Verwechslungen immer schwieriger wurde. Dank eines umfangreichen Programms der Sternwarten Palomar und Leyden sind bis 1979 etwa 2000 Kleinplaneten numeriert und benannt sowie weitere 2000 vorläufig berechnet worden.

Die Leuchtdauer eines Meteors beträgt in den allermeisten Fällen nur 1/10 bis 1 Sekunde. Es kommt häufig vor, daß sie eine nachleuchtende Spur hinter sich herziehen oder gegen den Schluß versprühen, jedoch nur sehr selten, daß akustische Erscheinungen auftreten. Dies hängt damit zusammen, daß die meisten bereits in Höhen von 80 km ausgebrannt sind. Das erste Aufleuchten erfolgt, je nach Eintrittsgeschwindigkeit, bei 130 bis 135 km. Rückläufige Meteoritenschwärme können die Erde mit über 70 km/s treffen, weil sich die Eigengeschwindigkeiten addieren, gleichlaufende mit nur etwa 20 km/s, weil sich hier die Relativgeschwindigkeit als Differenz ergibt.
Die Sternschnuppen, die dem gleichen Schwarm angehören, scheinen am Himmel alle von einem Punkt herzukommen, den man als Radiant bezeichnet. Damit lassen sich die Schwärme auch immer einem bestimmten Sternbild zuordnen. Dies rührt daher, daß sich parallele Einfallsrichtungen in der Zentralprojektion in einem unendlich fernen Punkt an der Himmelssphäre zu treffen scheinen.
Mehr als nur von akademischem Interesse sind jedoch die Meteore, die größer sind als nur wenige Millimeter, und die bis auf den Boden fallen. Beim heutigen Stand der Radarüberwachung werden solche, auch bei Tag, immer wieder erfaßt. Gelegentlich wird die Erdatmosphäre auch nur gestreift, was am 13. Februar 1965 der Fall war, als das Objekt «Fireball» uns gefährlich nahe kam. Seine Bahn wurde rekonstruiert. Sie

Warhafftige vnd gründliche beschreibung/

Von dem grossen Cometstern/ welcher den 15. Octobris/ an Himels Firmament/ an vielen orten/ von Mann vnd Weibspersonen ist gesehen worden. Auch was seine bedeutung mit sich bringen wird/ werd jr hierinnen kurtzen bericht finden.

In ein gsang verfast/ Im thon/ Hilff Gott/ daß mir gelinge/ rc.

MErckt auff jhr Menschen kinder/ jhr seyt jung oder alt/ wir seind doch alle Sünder/ die weil wir manigfalt/ derselben viel begangen han/ drumb ist gar hoch von nöten/ von Sünden ab zu stehn.

All warnung ist verloren/ kein predigen hilfft auch mehr/ derhalb sich Gottes zorn/ hat angezündt sehr/ welcher nun brennt in aller grentz/ im Teutschland an all orten/ die erschröcklich Pestilentz.

Ob gleich bey Tag vnd Nachte/ geschehen zeichen viel/ thun wir sie doch verachten/ dencken nicht an das ziel/ welches vns der gerechte Gott/ nemblich den jehen tode/ gar kurtz gestecket hat.

Gott hat vns newlich geschicket/ einen Bußprediger/ den haben wir anblicket/ doch deß nit geachtet sehr/ den grossen Cometstern hell/ ein vorbot grosser Straffe/ welche wird kommen schnell.

In diesem Monat zware/ habn wir in gsehen gwiß/ deß jetzlauffenden jare/ funffzehenden Octobris/ Got hat in gstelt ans Firmament/ jederman für die augē/ an vilen ort vñ end.

Wie die Gelehrten schreiben/ bedeut er die schröcklich Seuch/ die nit wird aussen bleiben/ regiert schon allgeleich/ wird auch nit alsbald hören auff/ sonder vns wol heimsuchen/ O Christ merck eben drauff/

Ich muß mit kürtzen worten/ jetzt weiter zeigen an/ nemblich daß an vil Orten/ Jung vnd alt/ Fraw vnd Mann/ so augenblicklich fallen hin/ an der Pestilentz verderben/ so schnel vnd auch geschwind.

Mancher Fleck auffm Lande/ fast außgestorben gar/ Die neben herumb zuhande/ han deß nit geachtet zwar/ von Sünden abgestanden nit/ biß sie die Pest berüret/ vnd hats genommen mit.

Da haben sie erst erfahrn/ Gottes straff vnd vnglück/ denn etlich gsund warn/ vnd in eim augenblick/ seind sie nidergfallen bhend vnd also schling gstorben/ mit Jammer vnd elend.

Manch Mensch legt sich znachts nider/ wol auff frisch vnd gesund/ kan nimmer auffstehn wider/ das macht ein böse stund/ In welcher Gott jn greiffet an/ deß soll ein Christ allzeite/ Gott hertzlich ruffen an.

Vmb ein seliges ende/ wenn er abscheiden soll/ viel Leut sind so verblendet/ sauffen sich teglich voll/ legen sich nider toll vnd blind/ Wann dann anbricht der tage/ todt mans in Betthen findt.

Deß ist groß Jam̃er im Lande/ O Christ faß in dein Hertz/ hüt dich vor sünd vnd schande/ vnd halt für keinen schertz/ die Zeichen so Gott sehen lest/ am Himel/ Mond vnd Sternen/ vns Menschen für das best.

Weil wir so Gottloß leben/ achten nit Sünd noch schand/ auch auff kein warnen geben/ vnzucht nimpt vberhand/ Vntrew jetzt Gubernator ist/ mit jr regiert dergleichen/ falschheit/ betrug vnd list.

Deß hat Gott gspant sein Bogen/ vnd drauff glegt tödlich Pfeil/ denselben auffgezogen/ zu schiessen in der eil/ all die in Sünden fahren fort/ nicht achten wunder vnd Zeichen/ verachten sein Götlich wort.

Keins thut dem andern günnen nit gern ein bissen Brod/ oder daß in bscheint die Soñen/ er seh in lieber Tod/ deß muß sich Gott auffmachen bald/ sein Zorn lassen brennen/ vnnd schlagen drein mit gwalt.

Gelehte Leut die sagen/ groß Sterben der Stern bedeut/ vnd sonst erschröcklich plage/ an Menschen/ Vieh vnd Leuth/ wird auch nit bald nemen ein end/ drumb sollen wir GOtt bitten/ daß er solchs von vns wend.

Last vns buß thun onschertzen/ beweinet ewre sünd/ mit inbrünstigem Hertzen/ bittet vmb Gnade lind/ dem Herrn in die Ruten fallt/ daß er sein zorn linder/ welchs kan geschehē bald.

So will er gnad erzeigē/ vnd sein barmhertzigkeit/ sein hertz lassen erweichen/ auch nachmals mit der zeit/ Die Pestilentz abschaffen mit/ auff daß wir sicher leben/ vnter seinem Schutz vnd frid.

Befelch will er auch geben/ sein lieben Engelein/ daß sie in vnserm leben/ vnsere Bschützer sein/ auff jren henden tragen vns/ daß vns kein Stein verletze/ oder schaden nemen sonst.

Darzu helff alle zeite/ die heilig Trinitat/ die wöll vns auch beleiten/ wenn wir frü vnnd auch spat/ abscheiden hie vom Jammerthal/ daß wir mögen besitzen/ den ewigen Himmels Saal/ Amen.

Erstlich/ Gedruckt zu Erffurt/ bey
Jacob Sing.

entspricht in etwa einem typischen Mitglied der Apollo-Asteroiden. Am 10. April 1972 ging die Erde erneut an einer Katastrophe vorbei: US-Frühwarnsatelliten, Radarstationen und verschiedene Zeugen am Boden beobachteten einen auf 1000 t geschätzten Meteoriten, wie dieser in etwa 60 km Höhe über dem US-Staat Montana die Erdatmosphäre streifte. Hier kann man von einem Glücksfall reden, denn Körper von dieser Größe stürzen nur in Abständen von etwa einer Million Jahre zur Erde, wo sie größte Zerstörungen anrichten. Faustgroße Brokken dagegen kommen weltweit mehrmals pro Jahr vor, wie man aus systematischen Beobachtungsprogrammen weiß, bei deren Kameras über Monate ausgedehnte Gebiete während jeder Nacht unter Kontrolle hatten. Auf diese Weise wurden, wenn auch mit riesigem Aufwand, einige wertvolle, weil bestens dokumentierte, Meteoritenfunde gemacht.

Tisserandsches Kometenkriterium

Der Astronom François Felix Tisserand (1845–1896) fand ein Kriterium, mit dem man feststellen kann, ob es sich bei zwei in größeren Zeitabständen beobachteten Kometen um den gleichen handelt, der in der Zwischenzeit von einem großen Planeten, meist Jupiter, abgelenkt worden ist. Die Distanz des sonnennächsten Punktes, die Bahnabplattung und die Neigung zur Erdbahn müssen nämlich vor und nach der Passage eine mathematische Beziehung erfüllen, die sich aus der Theorie des Dreikörperproblems allgemein herleiten läßt. Ist dies der Fall, dann ist die Identität der beiden Kometen mit großer Wahrscheinlichkeit nachgewiesen.
Seit man festgestellt hat, daß es auch noch andere Mechanismen zur Erzeugung neuer Kometen gibt (vergleiche «Kurzperiodische Kometen») und daß die Wahrscheinlichkeit sehr naher Vorbeiflüge an einem Planeten für einzelne Kometen geringer ist als für ausgedehnte Meteoritenschwärme, hat die Bedeutung dieses einfachen analytischen Kriteriums abgenommen. Moderne Methoden und Hilfsmittel gestatten es außerdem, Kometen unter Berücksichtigung aller Störungen auch über längere Zeiträume zu verfolgen.

Transpluto

In der Presse tauchen in mehr oder weniger regelmäßigen Abständen immer wieder Meldungen auf, ein transplutonischer Planet sei berechnet, gefunden oder auch nur vermutet worden. Sollte jemandem in nächster Zeit eine solche Entdeckung gelingen, dann hätte er eine gute Portion Glück gehabt. Die heutige Situation kann nämlich mit der Suche nach Pluto vor 1930 verglichen werden, als man ebenfalls erst ungenügende Informationen aus den Bahnstörungen der bereits bekannten Planeten besaß; der sehr lichtschwache Pluto wurde nur dank günstiger Umstände und großem Aufwand gefunden. Bei Transpluto – sollte ein solcher überhaupt existieren – ist die Situation noch ungünstiger. Die Eigenbewegung, die ihn gegenüber den Fixsternen verrät, ist abermals kleiner als bei Pluto, dessen Bahn noch nicht völlig genau bekannt ist. Diese Unsicherheit überträgt sich in viel stärkerem Maße auf die Vorhersage eines Transpluto. Die vagen Angaben über die derzeitige Position des hypothetischen Objekts kamen kürzlich ausgerechnet in eine äußerst sternreiche Himmelsgegend zu liegen, so daß die Suche noch weiter erschwert wurde. Erst hochpräzise Ephemeriden durch Vorbeiflüge von Sonden bei allen Planeten können einer erfolgversprechenden Störungsrechnung die nötigen Voraussetzungen liefern. Auch dann könnten noch Fortschritte beim Einsatz von Satellitenteleskopen und elektronischen Auswertungstechniken für eine erfolgreiche Auffindung notwendig sein.

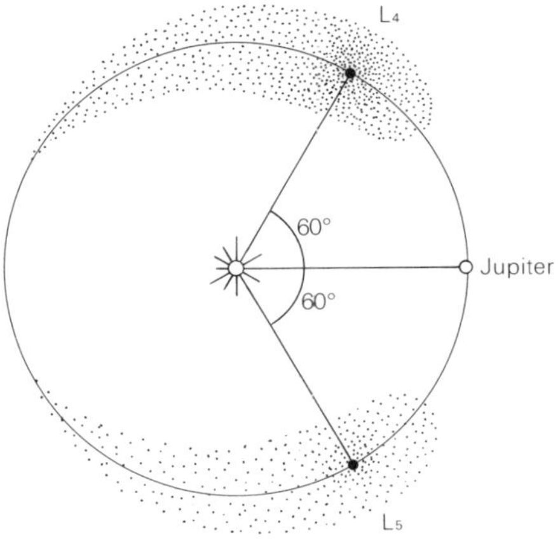

Trojaner-Gruppe
Abweichungen von der für ein Verbleiben in den Librationspunkten von Jupiter notwendigen Geschwindigkeit führt dazu, daß die Planetoiden der Trojaner-Gruppe eine Bewegung in der Nachbarschaft ausführen können. Ihre Grenzbereiche werden durch die Theorie des sogenannten restringierten Dreikörperproblems gegeben. Die hier zur Verdeutlichung übertriebene Dichte wäre in Wirklichkeit sogar ungleich: Beim vorauseilenden Librationspunkt wurden doppelt so viele Körper entdeckt.

Trojaner-Gruppe

Der französische Mathematiker Lagrange (1736–1813) erkannte bereits eine spezielle Lösung des Dreikörperproblems: Gegenüber den beiden ersten wird der dritte Körper als leicht angenommen und kann so ständig mit den anderen beiden mitdrehen, wenn er zusammen mit diesen ein gleichseitiges Dreieck bildet und in deren Bahnebene liegt. Im Falle des Systems Sonne-Jupiter-Planetoid gibt es zwei solche mit Jupiter kreisende Punkte: Der eine eilt Jupi-

Gegenüberliegende Seite: Sternschnuppen
Am 15. Oktober 1653 soll dieser Komet an vielen Orten gesehen worden sein, und wie die Gebärden und Mienen der Leute zeigen, vermuten sie Unheil und sind ratlos (Holzschnitt von Jacob Sing).

ter auf seiner Bahn um 60 Grad voraus, der andere läuft um 60 Grad hinterher. Diese Information ließ es als naheliegend erscheinen, an diesen berechenbaren Stellen systematisch nach Planetoiden zu suchen. Da die wahren Verhältnisse im Sonnensystem den getroffenen Annahmen nicht ganz entsprechen, führen solche Körper allerdings mehr oder weniger große Bewegungen um die theoretischen Punkte aus. Da die dort befindlichen Planetoiden mit 13. bis 14. Größenklasse alle sehr lichtschwach sind, dauerte es einige Zeit, bis man sie entdeckte. Im Jahre 1920 hatte man immerhin die ersten sechs beisammen: 588 Achilles, 617 Patroklus, 624 Hektor, 659 Nestor, 884 Priamus und 911 Agamemnon. Man hat allen Mitgliedern dieser Gruppe Namen aus dem trojanischen Heldenkreis gegeben.

Inzwischen sind weitere entdeckt worden, und es wurde die interessante Feststellung gemacht, daß doppelt so viele Trojaner vor Jupiter herlaufen wie hinter ihm her. Diese Asymmetrie ist noch ungeklärt. Es ist anzunehmen, daß diese Gruppe von Planetoiden gleichzeitig mit Jupiter entstanden ist. Ihre Zusammensetzung dürfte sich gründlich von der der übrigen Körper des Planetoidengürtels unterscheiden. Es wurde schon spekuliert, ob sie nicht mit den retrograden, eingefangenen Trabanten von Jupiter verwandt sind, da der Spielraum der Trojaner im Extremfall bis in Jupiternähe reicht (vergleiche Abbildung Seite 299). Es wäre durchaus verständlich, wenn auch Saturn in seinen Lagrange-Librationspunkten eine solche Gruppe von ähnlichen Körpern mitführte.

West
Diese Aufnahme von Komet West gelang dem Amateurastronomen Robert Germann am 4. März 1976 um 5.30 Uhr vom Bachtel-Kulm im Zürcher Oberland. Er benützte eine Kleinbildkamera mit der Optik 1.7/50, belichtete allerdings volle 7 Minuten. Da sich der Himmel während dieser Zeit bereits merklich dreht, führte er die Kamera auf einer astronomischen Fernrohrmontierung gleichmäßig nach.

Vesta

Vesta ist mit etwa 400 km Durchmesser der drittgrößte der Planetoiden, wurde aber erst 1807 als vierter entdeckt. Seine Rotationszeit von 5 Stunden und 20 Minuten ist die schnellste unter den vier großen Planetoiden. Auch bezüglich seiner Bahn (er kommt der Erde näher als die anderen) und Oberflächenbeschaffenheit unterscheidet er sich deutlich. Vesta ist heller und soll nach vorläufigen Berechnungen eine um mehr als 50 Prozent größere Dichte als Ceres haben. Möglicherweise enthält er im Gegensatz zu Ceres weniger Eis in seinem Inneren.

West

Am 13. August 1975 entdeckte der dänische Astronom Richard M. West einen neuen Kometen, der sich bei einstündiger Belichtungszeit als kleines Strichlein zwischen den Fixsternen durchzog. Er verwendete dabei den Ein-Meter-Schmidtspiegel der Europäischen Südsternwarte ESO in La Silla, Chile. Bis Ende des Jahres blieb der Komet ein sehr schwaches Objekt. Dies änderte sich dann aber — im Gegensatz zum zunächst ebenfalls vielversprechenden Kometen Kohoutek zwei Jahre zuvor — bei der Passage des sonnennächsten Punktes am 25. Februar 1976, als der Schweifstern an den Morgenhimmel überwechselte. Komet West wurde nach dem Halleyschen Kometen im Jahre 1910 zum zweithellsten in diesem Jahrhundert. Unzählige kamen in den Genuß dieses seltenen Schauspiels, und auch den Astroamateuren gelangen mit kleineren Instrumenten schöne Aufnahmen. Die lange Umlaufzeit rückt die nächste Erscheinung von Komet West Jahrtausende in die Zukunft, während wir Halley bereits im Jahre 1986 wieder erwarten.

Bildnachweis

British Library, Oriental Manuscripts, London, S. 107
Deutsches Museum, München, S. 84, 145, 210
Robert Germann, Wald, S. 300
André Held, Lausanne, S. 52
Kupferstichkabinett, Kunstmuseum Basel, S. 10, 32/33, 44, 93 (oben), 129, 130, 142, 208, 215, 239, 287, 288, 298
Öffentliche Bibliothek der Universität Basel, S. 11, 13, 16/17, 23, 31, 38, 53, 74, 82, 85, 93 (unten), 94, 95, 111, 124/125, 128, 140/141, 146/147, 183, 184/185, 216, 240, 256, 264, 286
Presseagentur Nowosti (APN), Moskau, S. 54, 96 (alle drei), 99 (alle drei), 120 (Mitte)
Alle übrigen Bilder wurden von der NASA zur Verfügung gestellt.

Farbteil

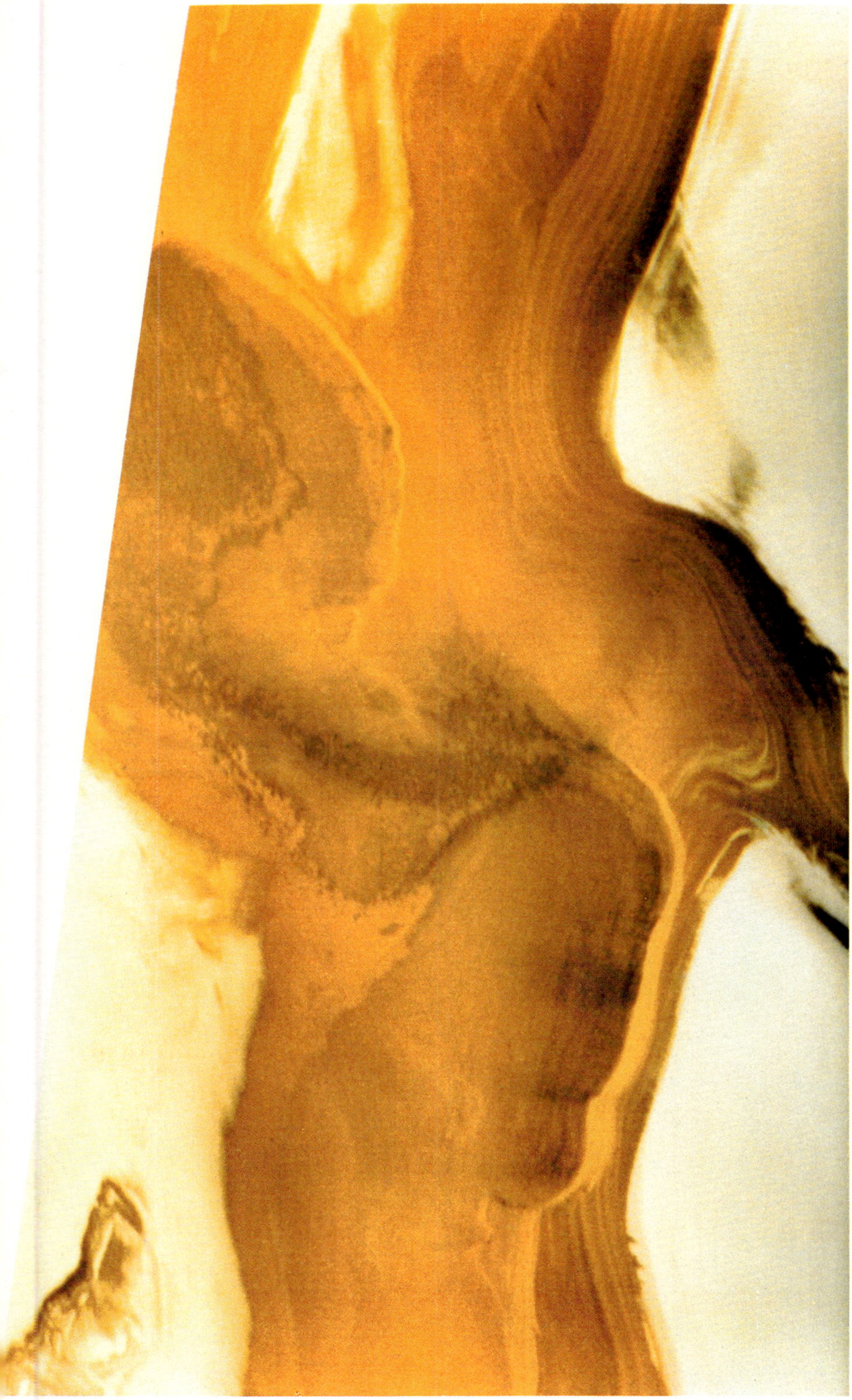

Ein etwa 30 x 60 km messender Ausschnitt in der Gegend des Nordpols von Mars. Orbiter 2 nahm am 26. Oktober 1976 kurz nacheinander drei Bilder durch Rot-, Grün- bzw. Blaufilter auf, die dann auf der Erde zu diesem Farbbild zusammenkopiert wurden. Aufnahmedistanz: 2200 km. Der Übergang von Wassereis zum Boden geht mit einem Höhenunterschied von 500 m einher, was auf eine erstaunlich dicke Eisschicht schließen läßt. An einigen Stellen hat sich Marsstaub über das Eis verfrachtet. Die Mächtigkeit der einzelnen Treppen im aperen Bereich liegt hier bei etwa 50 m. Ihre Regelmäßigkeit läßt auf periodische Klimaschwankungen schließen. An den tieferen, dunklen Stellen haben sich sogar in dieser kalten Gegend noch Sanddünen gebildet.

So sah Viking 2 den Roten Planeten bei der Annäherung Anfang September 1976. Der Riesenvulkan Olympus Mons hat soeben den Sonnenaufgang erlebt und zieht eine fast 1000 km lange Fahne von Kondensationswolken hinter sich her. In der Mitte erkennt man einen Teil des Valles Marineris, und darunter leuchtet das Argyrebecken weiß hervor. Die isolierte Beleuchtung bis in die Nachtseite hinein läßt eher auf eine hohe Bewölkung als nur auf eine Frostbedeckung der Tiefebene schließen.

Noctis Labyrinthus, ein zerklüftetes Gebiet bei 9° S und 95° W, zur Zeit des Sonnenaufganges. Der hier gezeigte Ausschnitt mißt etwa 100 x 100 km. Wie alle Farbaufnahmen aus der Umlaufbahn wurde auch diese aus drei deckungsgleich entzerrten Bildern in drei Farbbereichen zusammenkopiert. Krater Oudemans liegt oben in der Mitte. Morgennebel erfüllen die Gräben und quellen an einigen Stellen bis auf die Hochebenen. Man nimmt an, daß sich hier an den Osthängen eingefrorene Feuchtigkeit in der Morgensonne auflöst; in der gegenüber dem erwähnten Boden noch merklich kühleren, dünnen Atmosphäre gefriert sie aber wieder zu einem Eisnebel. Im Schatten des Nachmittags und des Abends lagert sich das Eis dann wieder auf und in die Oberfläche.

Linke Seite oben:
Aus der Maximalhöhe von über 30 000 km, wenn der Orbiter auf seiner Bahn fast an Ort kehrt, wurden 15 Bilder durch drei Farbfilter aufgenommen und zu diesem fünfteiligen Mosaik zusammenkopiert. Es zeigt einen Ausschnitt von 1800 x 2000 km am Ostende des Valles Marineris. Norden ist oben links. Beim dünnen, langen Tal handelt es sich um Coprates Chasma, das sich nach rechts aufteilt in Gangis Chasma (links), Capri Chasma (Mitte) und Eos Chasma (rechter Rand der großen Vertiefung).

Linke Seite unten:
Der gleiche Ausschnitt wie in dieser Farbaufnahme wurde von Viking 1 bereits am Tag der Landung in Schwarzweiß zur Erde übermittelt. Man beachte besonders den aufgetürmten Kraterwall am Horizont und den vom Staub rötlich gefärbten Himmel, den eigenartigerweise niemand erwartet hatte (vergleiche Panorama S. 180/181).

Rechte Seite oben:
Der schon früher abgebildete Felsen «Big Joe» — diesmal in Farbe: ein schwarzer Block, von rotem Staub bedeckt. Er scheint zu einem ringförmig angeordneten Feld von Trümmern zu gehören, das sich bis in schätzungsweise 1,5 km Entfernung gegen den Horizont erstreckt und dort als unregelmäßige Steinmauer erscheint. Es könnte sich um einen alten Krater oder Sekundärkrater eines Meteoriteneinschlages handeln.

Rechte Seite unten:
Im Vordergrund der Greifarm von Viking 1, am linken Bildrand die beiden Furchen (die größere mißt 8 x 8 x 15 cm), die mit ihm am 28. Juli und am 3. August 1976 gegraben wurden. Man beachte die dunklere Färbung des Untergrundes. Vorne links die Bürste zum Reinigen der Testmagnete auf der Unterseite des Greifarmschnabels.

Linke Seite:
Ein Teilpanorama um den Viking-2-Landeplatz, zusammengesetzt aus drei Einzelbildern vom 4. (Mitte), 5. (rechts) und 8. September 1976 (links). Es umfaßt insgesamt 200 Grad. Der etwa 3 km entfernte Horizont erscheint völlig flach, nachdem eine durch die Schiefe des Landers bedingte (am Himmel noch sichtbare) Wellenform rektifiziert worden ist. Dunkle Brocken vulkanischen Ursprungs sind von rötlichem Limonit (einem dem Rost verwandten Material) bedeckt.

Rechte Seite:
Die Fachleute glauben, mit diesem lachsfarbenen Himmel der Wirklichkeit am ehesten gerecht zu werden. Die Aufnahme entstand nur etwa 2 Monate nach der Landung von Viking 2, doch sind die Raumschiffteile im Vordergrund bereits deutlich mit einer Staubschicht bedeckt. Man vergleiche auch die Farbtestbilder und die ebenfalls farbechte US-Flagge auf der Windverkleidung der Nuklearbatterien. Die Parabolantenne (oben) ist auf die Erde (den Morgen- und Abendstern auf Mars) ausgerichtet.

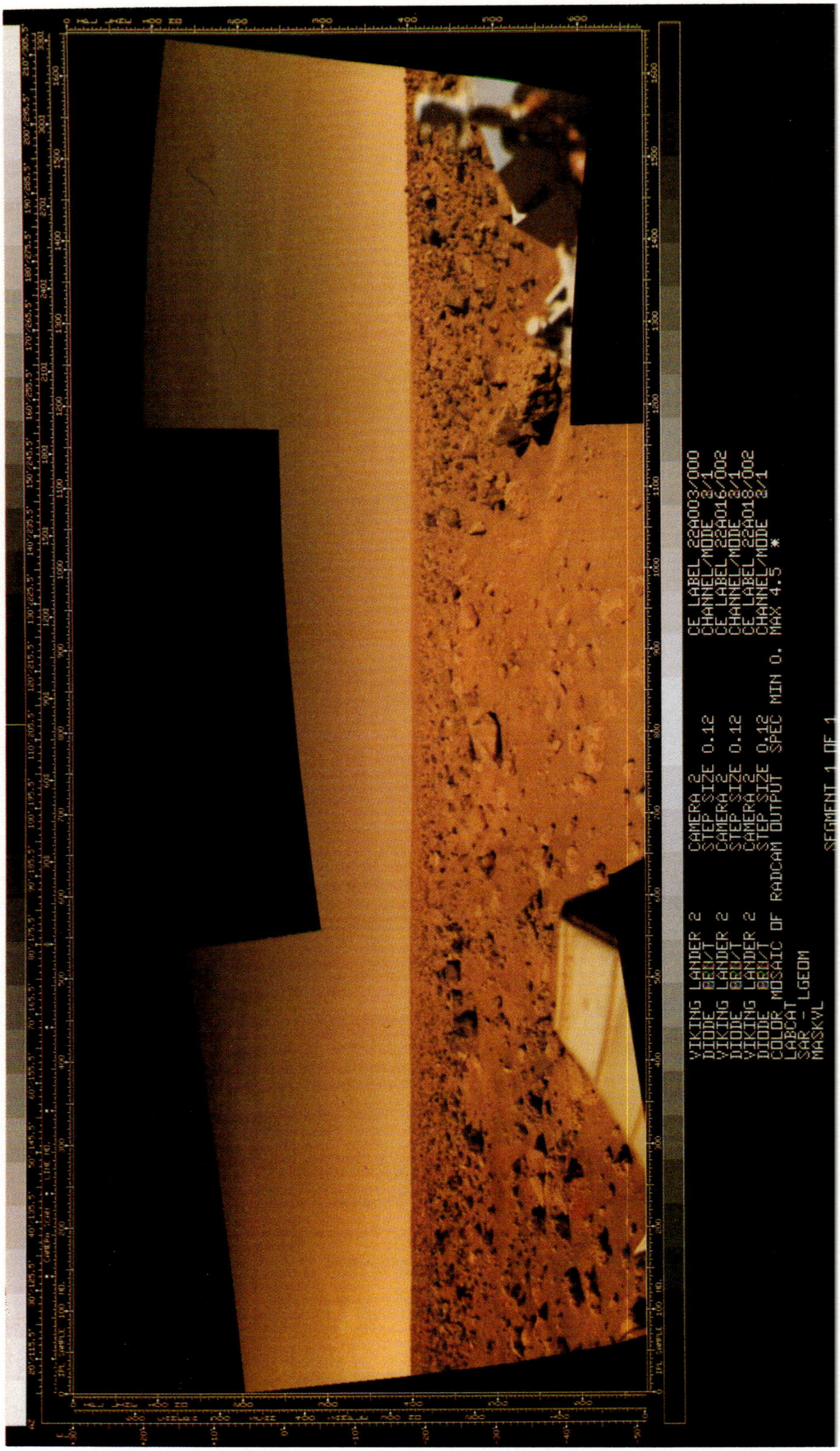

Linke Seite:
Blick nach Südwesten vom Viking-1-Landeplatz aus. Die Aufnahme entstand am 21. August 1976, 15 Minuten vor Sonnenuntergang. Der niedrige Sonnenstand von nur 3 bis 4 Grad wirft lange Schatten und läßt eine zuvor nicht aufgefallene Depression in unmittelbarer Umgebung des Landers hervortreten. Unten: ein 120-Grad-Ausschnitt, von 4 bis 14 Minuten nach Sonnenuntergang abgetastet. Bei kleinen Brechwinkeln an den Staubpartikeln überwiegt der blaue Anteil des Lichtes, weshalb der Sonnenuntergangspunkt durch einen blauen Lichtkern (hier allerdings weiß übersättigt) markiert wird, der nach außen, bei größeren Brechwinkeln, in das vom Taghimmel her bekannte Lachsrot übergeht. Der eigentliche schwarze Vordergrund wurde hier von einer nächtlichen Infrarotaufnahme hineinkopiert, auf der sogar Umrisse der Sonde hervortreten.

Rechte Seite:
Zu diesem Zeitpunkt am 25. September 1977 hatte der Viking-2-Lander den Nordwinter mit Temperaturen zwischen −113° C in der Nacht und −98° C am Tag bereits erfolgreich überstanden. Der Blick weist nach Südosten und zeigt Flecken von Frost, die zuvor schon auf Schwarzweißaufnahmen entdeckt worden waren. Diese fanden sich vor allem im Schatten von Steinblöcken. Wegen der bei diesem Druck geltenden Sublimationstemperatur von Kohlendioxid (−122° C) wird ausgeschlossen, daß es sich dabei um Trockeneisfrost handelt. Am wahrscheinlichsten wird eine «Kältemischung» von 6 Teilen Wassereis auf einen Teil Trockeneis erachtet. Aus früheren Satellitenaufnahmen war bereits bekannt, daß sich bis in diese Breiten — hier 48° N — im Winter Eis- oder Frostablagerungen bilden können. Damit ließ sich der Feuchtigkeitsaustausch zwischen Boden und Atmosphäre nun auch vom Boden aus direkt nachweisen.

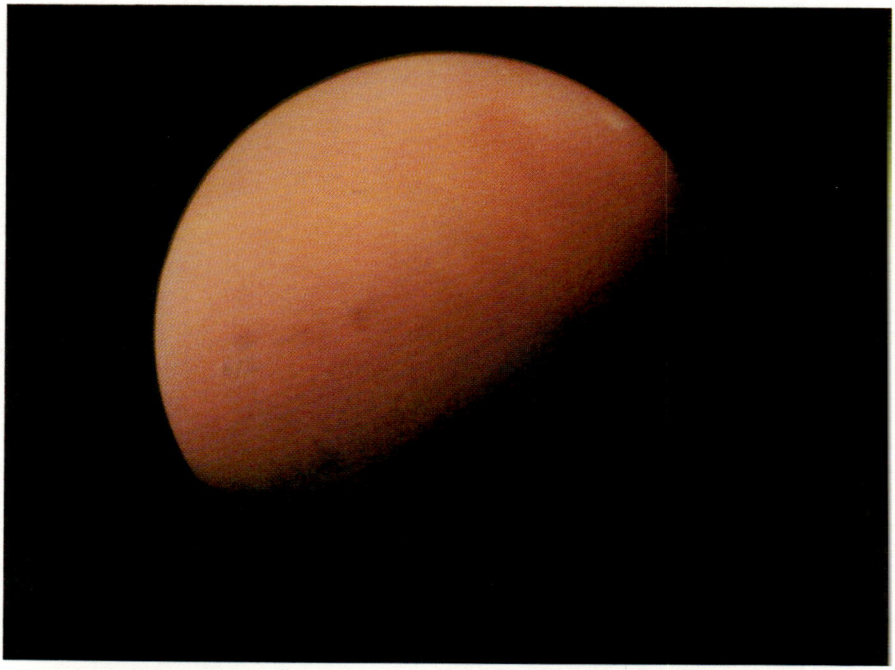

Der «staubige» Mars aus einer anderen Perspektive: aufgenommen von Mariner 9 aus 105 000 km Abstand während des großen Sturmes von 1971. Dies ist eines der ganz seltenen Farbbilder jener Sonde, das mittels elektronischer Bildauswertung erst 1975 fertiggestellt wurde. Nur die Südpolkappe (oben links) und die punktförmigen Tharsisvulkane (unten rechts) schimmern durch das Staubmeer.

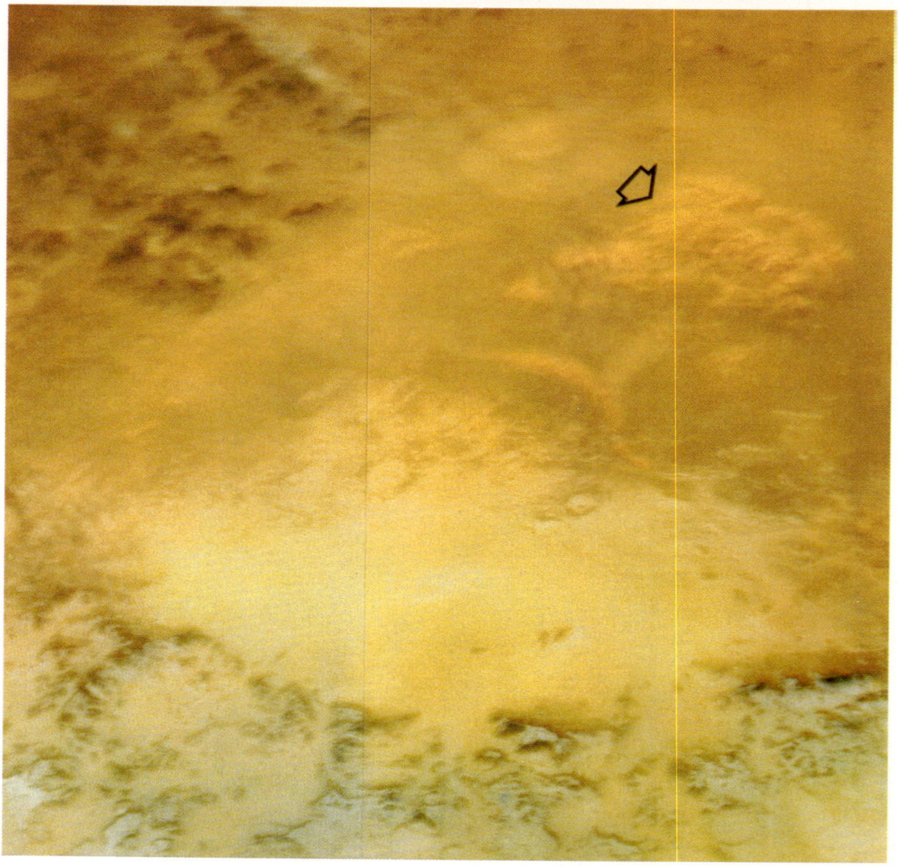

Das erste Farbfoto eines Staubsturmes auf Mars gelang dem Viking-2-Orbiter und stammt vom Februar 1977. Es entstand im Argyrebecken, das am Südrand von hier (im Frühling) von eisbedeckten Gebirgen abgegrenzt wird. Die Filterwirkung von atmosphärischem Staub ließ die Frostschichten golden durchschimmern. Zu diesem Zeitpunkt befürchtete man noch, der Staubsturm könnte 1977 wie schon 1971 zu einem globalen anwachsen, was jedoch glücklicherweise nicht der Fall war.

Jupiter aus 28 Mio km, genau einen Monat vor der Ankunft aufgenommen. Das Bild zeigt bereits etwa die gleiche Qualität wie die besten Pioneer-Aufnahmen fünf Jahre zuvor, doch hat sich die Wolkenstruktur in dieser Zeit beträchtlich verändert. Beim rötlichen Mond vor der Planetenscheibe handelt es sich um Io, beim hellen Objekt rechts außerhalb um den etwas kleineren Europa. Am unteren Bildrand links erkennt man den grösseren aber merklich dunkleren Mond Kallisto.

Dies ist wahrscheinlich eines der besten Funkbilder des Großen Roten Flecks, das man von der Voyager-Sonde 1 besitzt. Sie entstand am 25. Februar 1979 aus einer Distanz von 9,2 Mio km, als die Telekamera das Wolkendetail bereits fast bildfüllend erfaßte. Das Auflösungsvermögen liegt zwischen 100 und 200 km. Die größeren Wirbel erstrecken sich über Zehntausende von Kilometern, was ihre Deutung mit den Kenntnissen über die irdische Meteorologie sehr erschwert.

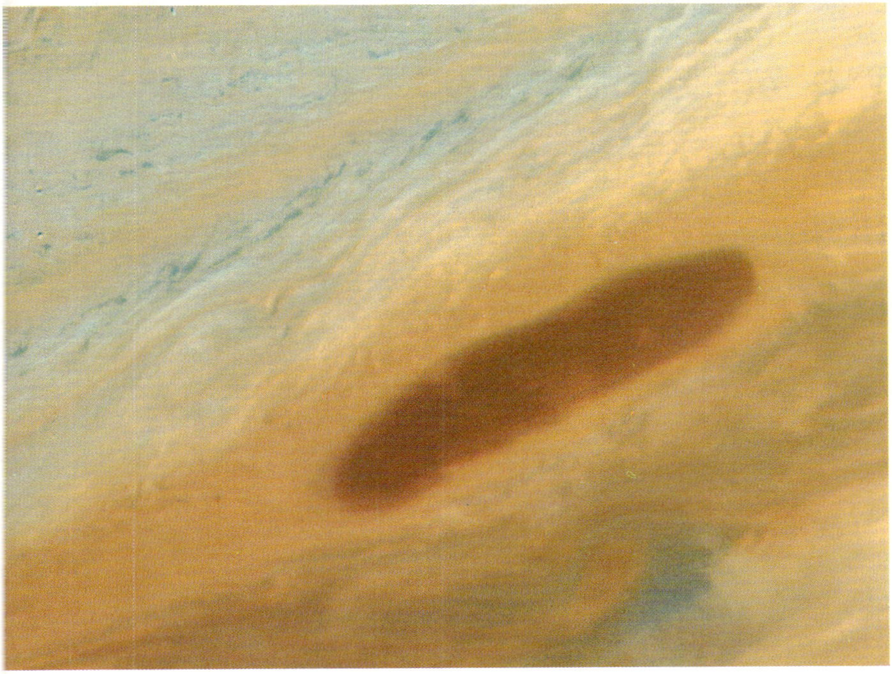

Oben:
Ausschnitt mit einigen östlich des Großen Roten Flecks wütenden Wirbelstürmen auf der Südhalbkugel des Jupiter. Ein heller Fleck ist besonders bemerkenswert, da er von einem dunklen Hof umgeben ist. Da dieser auf Infrarotaufnahmen wärmer erschien, ist man sicher, hier tiefer in das Wolkenmeer hineinzublicken.

Links:
Ein weiteres Beispiel eines eigentlichen Loches in der Jupiteratmosphäre. Der gezeigte Ausschnitt befindet sich zwischen 13 und 18° N. Die feinsten noch erkennbaren Details haben immer noch etwa 75 km Ausdehnung. Die weiße Strömung bewegt sich gegenüber der dunklen mit über 400 km/h.

Fotomosaik des Trabanten Io aus knapp 380 000 km. Feinste Details messen etwa 8 km. Trotzdem erkennt man immense schwarze Lavaseen und Vulkankegel, dunkle Umrandungen als Folge eines weiträumigen Aschenregens und helle Ablagerungen offensichtlich von verschiedenen Materialien. Ein kleiner Vulkan im obersten Bildteil ist auf einer Einzelaufnahme (rechte Seite) vergrößert dargestellt.

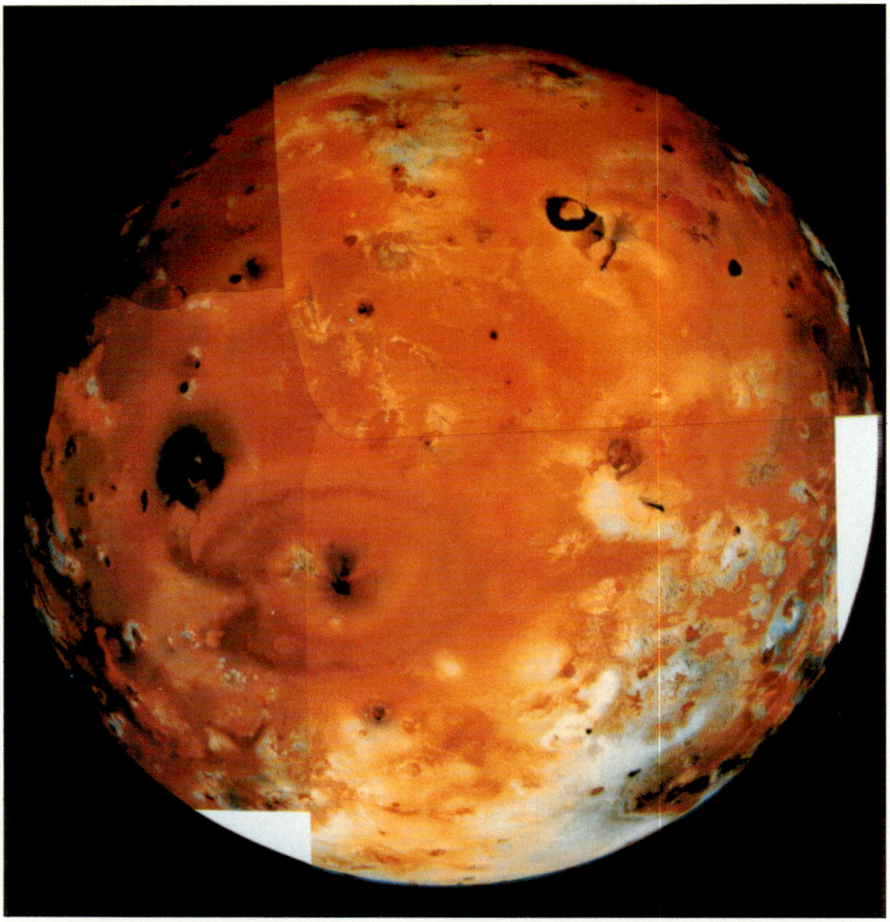

Links: Amalthea aus 425 000 km. Der beleuchtete Teil des unter einem Winkel von 30 Grad zur Blickrichtung beschienenen Mondes mißt 130 mal 170 km, das Auflösungsvermögen ist 8 km.

Rechts: Bestes Farbbild von Europa durch Voyager 1. Blickrichtung aus 2 Mio km auf den 300-Grad-Meridian. Man beachte die Spalten im Eispanzer.

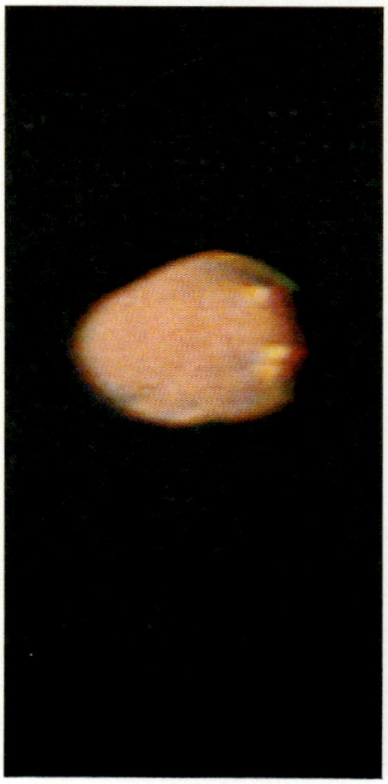

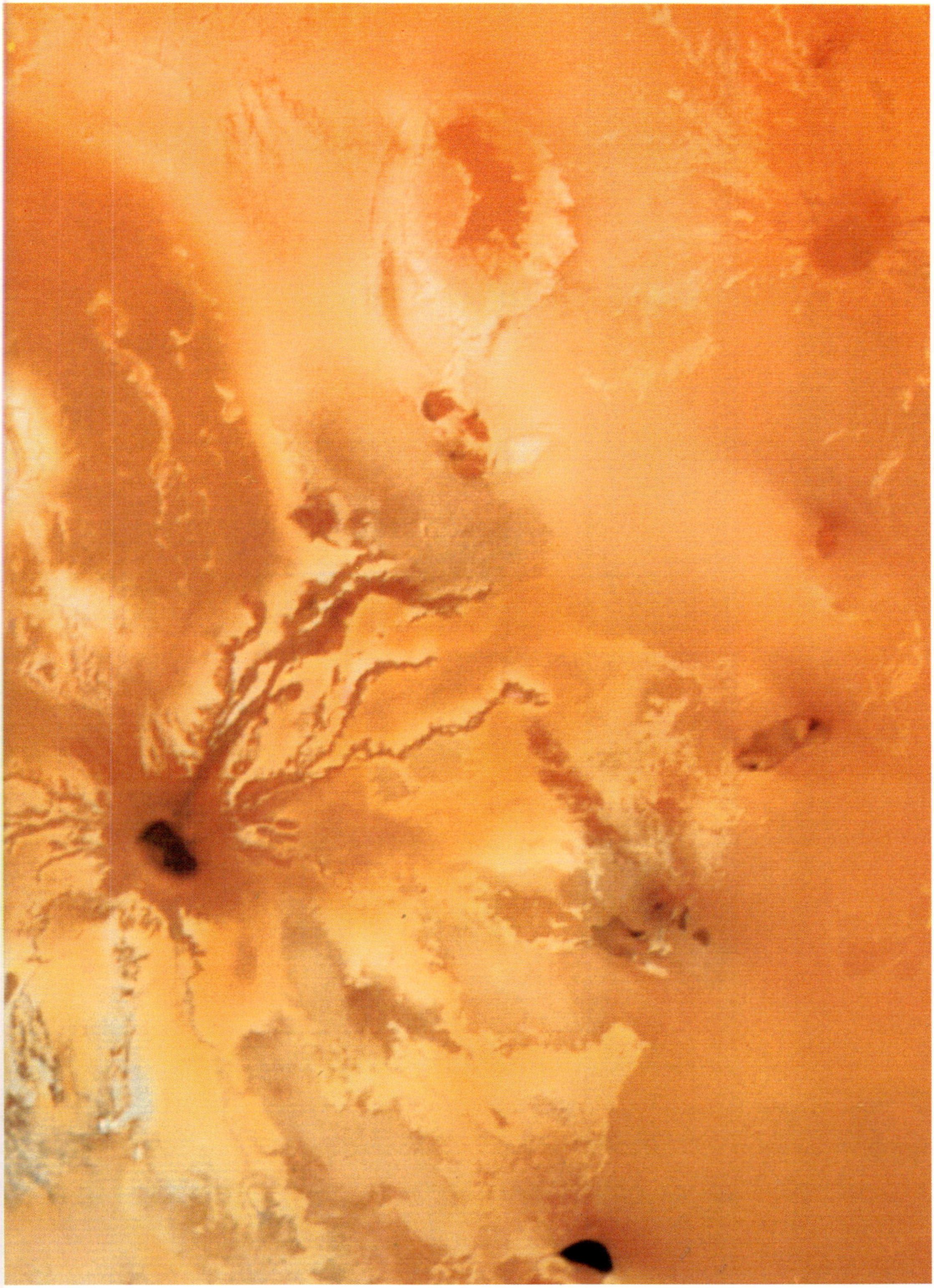

Kallisto aus 1,2 Mio km (Voyager 1). Aus dieser Distanz sind bereits das große Einschlagbecken (links oben) und die beiden kleineren, aber um so helleren und kreisförmigen Krater in der Südpolgegend sichtbar. Die über dem Eis gelegene Gesteinsschicht muß relativ dünn sein.

Ganymed aus 2,6 Mio km in einem Originalfunkbild. Was hier wie dunkle Lavameere in helleren Hochländern wirkt und an unseren eigenen Mond erinnert, sind in Wirklichkeit feste Gesteinsteppiche, die auf einem Eisuntergrund schwimmen. Vergleiche weitere Fotos unter «Ganymed».

Saturn am 30. Oktober 1980 aus 18 Mio km (Voyager 1). Damals herrschte eine hohe Dunstbewölkung, die alle feineren Details (unter etwa 350 km) verwischte.

Saturn beim Vorbeiflug der Sonde Voyager 1 am 13. November 1980, als die Distanz nur noch 1,57 Mio km betrug. Der Planet selbst ist hier überbelichtet, dafür sind der feine innere C-Ring und der äußerste F-Ring um so deutlicher. Die wiederholt beobachteten dunklen «Speichen» im mittleren B-Ring sind hier nur als einzige helle Spiegelung an der Stelle mit der maximalen Krümmung zu sehen. Diese je nach Einstrahlungsrichtung hellen oder dunklen Flecken waren ein Hinweis dafür, daß es sich bei ihnen um extrem feinen Staub handelt.

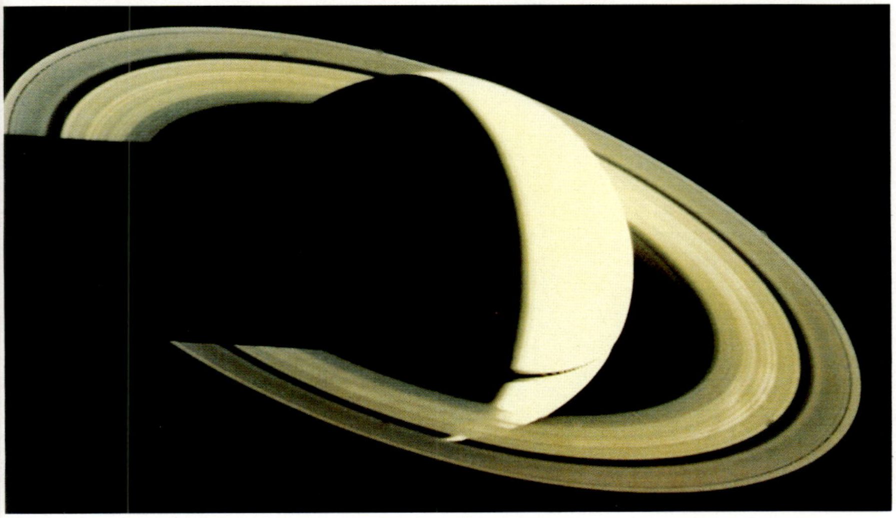

Saturn «von hinten», wie wir ihn von der Erde aus nie sehen. Die Sonne scheint von vorne rechts und läßt die Planetenkugel einen total schwarzen Schlagschatten auf den sonst rundum beleuchteten Ring werfen. Die Aufnahme stammt vom 16. November 1980, als sich Voyager 1 bereits wieder 5,3 Mio km vom Ringplaneten entfernt hatte und sich auf Fluchtkurs aus dem Sonnensystem befand.

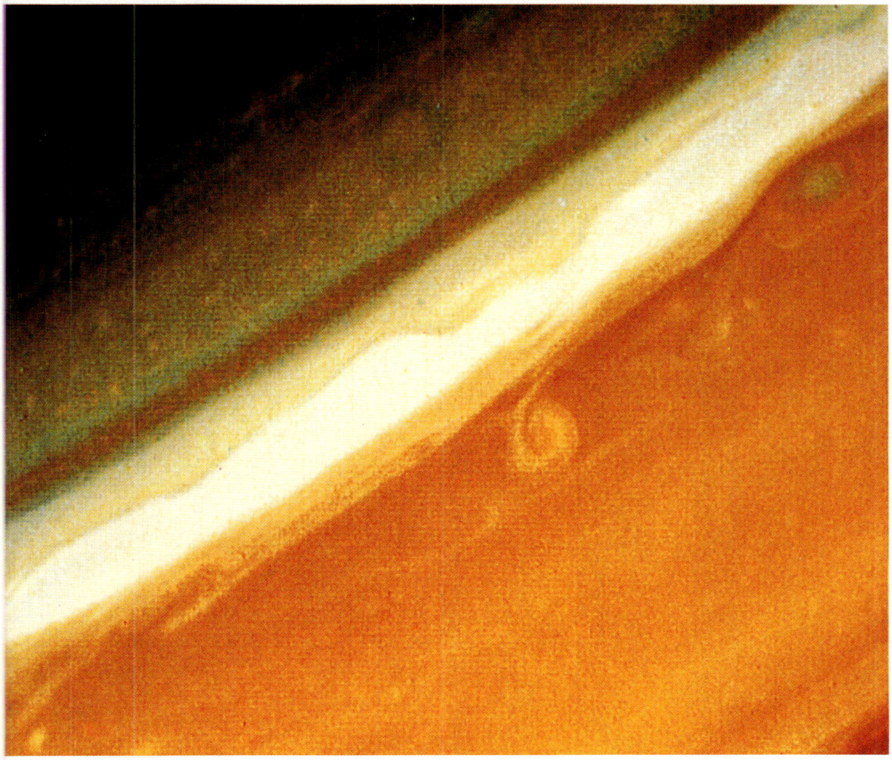

Linke Seite:
So zeigte sich Saturn den Voyager-2-Kameras am 4. August 1981 aus einer Entfernung von 21 Mio km. Drei seiner Monde stehen hier nebeneinander (von innen nach außen): Tethys, Dione und Rhea. Beim Schatten handelt es sich um jenen von Tethys. Auf dem gleichen Breitengrad, aber fast am Horizont, befand sich zu jenem Zeitpunkt auch noch Mimas als winziger heller Punkt vor dem Planeten. Man vergleiche Ringhelligkeit und Bewölkung mit der Aufnahme von Voyager 1 auf der vorangehenden Seite, die neun Monate zuvor bei flacherer Sonneneinstrahlung gemacht wurde.

Rechte Seite:
Die obere Aufnahme zeigt die Nordpolregion von Saturn aus 14,7 Mio km Entfernung. Bei den beiden punktförmig abgebildeten Monden handelt es sich um Dione (heller) und Enceladus. Die etwas ungewöhnliche Färbung entstand dadurch, daß man durch Ultraviolettfilter und solche für sichtbares Licht gemachte Fotos zu einer «Falschfarbenaufnahme» übereinanderkopiert hat; Unterschiede in der chemischen Zusammensetzung treten dadurch hervor.

Die untere Voyager-2-Aufnahme stammt vom 16. August 1981 und enthält ein markantes, helles Wolkenband bei 47 Grad Nord. Auf der einen Seite wird es wellenförmig von einem scheinbar ruhigeren Gürtel dunklerer (tieferer) Atmosphäre begrenzt, auf der anderen löst sich ein etwa 1000 km großer Wirbel ab. Dessen Entwicklung, wie auch die von noch gewaltigeren Stürmen, konnte über mehrere Monate und rund um den Planeten verfolgt werden.

Rechts:
Dieses Schwarzweißbild zeigt im mittleren Teil den B-Ring mit seinen speichenförmigen, rasch wechselnden Flecken. Das von dort herrührende Licht wird von so kleinen Partikeln reflektiert, daß elektromagnetische Kräfte die Schwerkraft dominieren.

Unten:
Dies ist eine der seltenen Aufnahmen des schwachen D-Ringes, der sich nur unter flachem Spiegelungswinkel zum Sonnenlicht fotografieren läßt. Seine Voraussage vor der Bestätigung durch Raumsonden muß nach heutiger Auffassung eher als Zufall gewertet werden. Der D-Ring füllt etwa die Hälfte des Spaltes zwischen dem C-Ring und der Wolkenobergrenze von Saturn. Der Schatten des Ringsystems ist als dunkle Linie auf dem Planeten sichtbar.

Unten rechts:
Die Cassinische Trennung besteht ihrerseits wieder aus weiteren, schwächeren Ringen. Sie ist definiert als der Bereich zwischen den beiden schwarzen, fast materiefreien Spalten. Dazwischen liegen (von außen nach innen) ein 800 km breiter dunkelgrauer Ring, vier etwa 500 km breite hellgraue Ringe sowie ein 100 km breites Ringlein fast in der Mitte des inneren Spaltes.

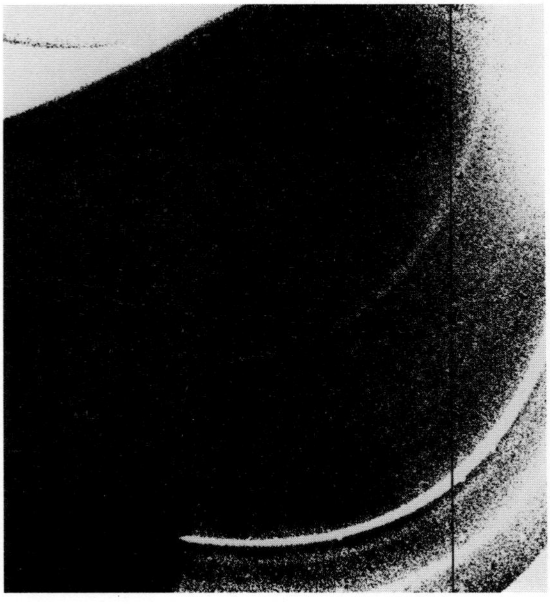

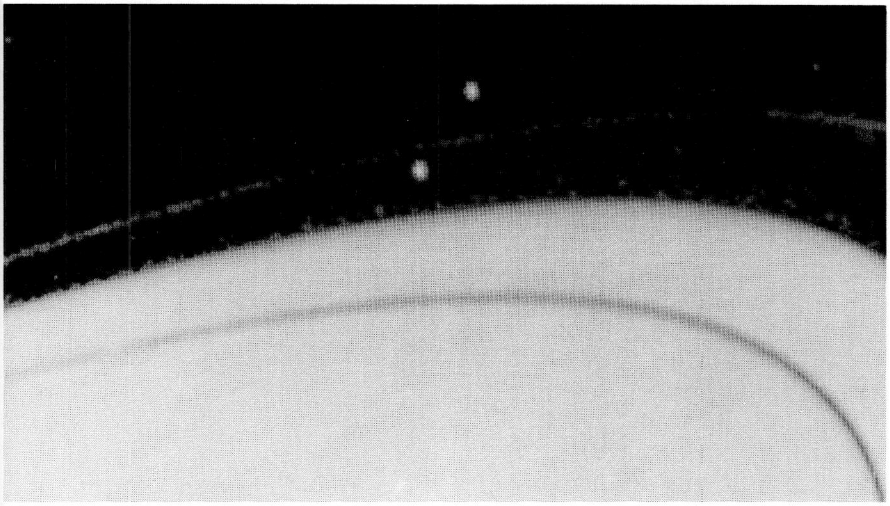

Ein Moment, der sich pro Monat nur einmal wiederholt: Die Begleitmonde des dünnen F-Ringes überholen sich gegenseitig. Bei der dunklen Linie innerhalb des hier etwas überbelichteten Außenrandes des A-Ringes handelt es sich um die Enckesche Trennung.

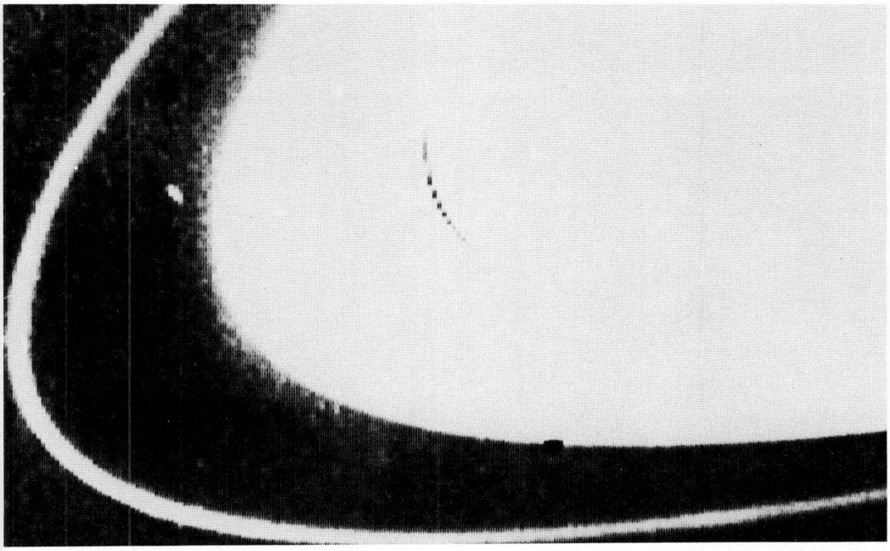

Dies ist eines der Entdeckungsfotos des innersten und sehr kleinen Trabanten am Rande des A-Ringes. Man erkennt ihn als länglichen Punkt, etwa einen Viertel auf dem Weg zum hier besonders deutlichen F-Ring. Bei den schwarzen Punkten handelt es sich um Artefakte des Aufnahmesystems. Die Enckesche Trennung (als dunkle Kurve im hellen Ring) ist trotz Überbelichtung noch schwach erkennbar.

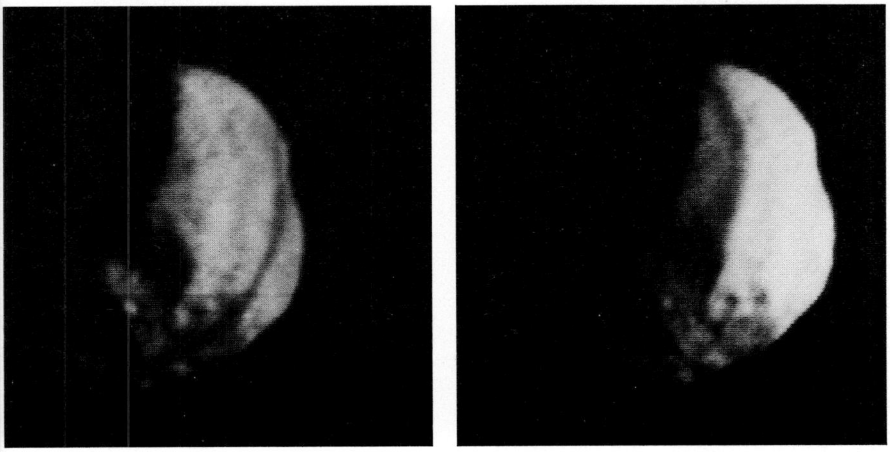

Dies ist der kleinere der beiden Zwillingsmonde außerhalb des F-Ringes, zweimal im Abstand von 13 Minuten aufgenommen. Deutlich erkennt man, wie der fadenförmige Schatten des Ringes in dieser Zeit weitergewandert ist. Der etwa 70 auf 135 km große Trabant verdankt seine unregelmäßige Form wahrscheinlich der Kollision, die ihn möglicherweise sogar von seinem Begleiter abgespaltet hat.

Mimas sieht hier wirklich aus wie der Trabant, der gemäß der in diesem Buch beschriebenen Theorie die Cassinische Trennung im Saturnring «leergefegt» hat: Er ist bis zur Sättigung mit Kratern bedeckt. Der größte (Bild rechts) hat einen Durchmesser von 120 km. Bei seiner Entstehung ging dieser Mond wohl knapp an seiner Zertrümmerung in einzelne Brocken vorbei.

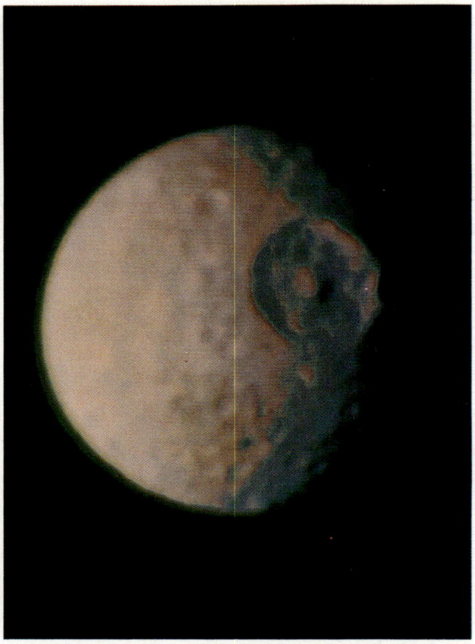

Enceladus (links) und Tethys (rechts) besitzen die eigenartigsten Oberflächen aller Monde von Saturn. Vor allem bei Enceladus nimmt man an, daß sein innerer Wasservorrat bis in die heutige Zeit nicht ganz eingefroren ist und gelegentlich die Oberfläche überschwemmt. Dieser Vorgang würde erklären, weshalb bei Voyager 1 überhaupt keine Krater sichtbar waren. Erst Voyager 2 (unser Bild) konnte aus kürzerer Distanz die kleineren Krater ausmachen, zeigte aber über weite Gebiete eine junge, kraterarme Oberfläche. Tethys (Voyager 2) besitzt trotz seines Durchmessers von nur knapp 1100 km ein gefaltetes Tal, das sich über 1700 km erstreckt! Es mag anläßlich einer gewaltigen Kollision entstanden sein.

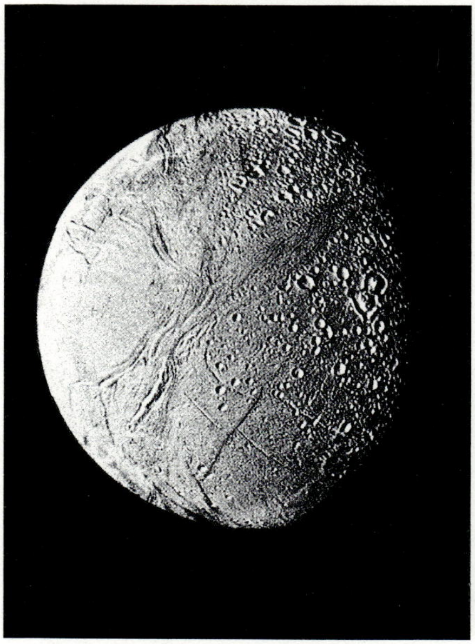

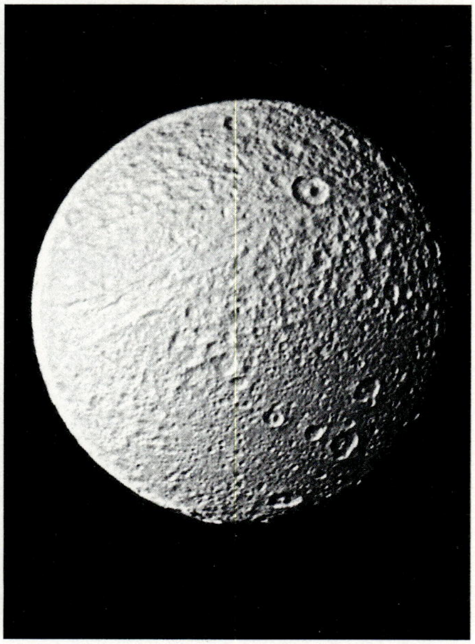

Oben:
Zweimal Dione, von Voyager 1 aus gesehen: Die Totale ist ein Fotomosaik aus der idealen Aufnahmedistanz von 162 000 km; das andere Bild mit dem farbigen Hintergrund zeigt den Trabanten vor dem Wolkenmeer von Saturn. Dort tritt nur eine großräumige Eis- oder Frostablagerung in Erscheinung, während die Vorderseite (bezogen auf den Lauf um den Planeten) mit Kratern gesättigt ist, wie die Großaufnahme zeigt.

Links:
Ein Ausschnitt von Rhea aus 128 000 km, also kurz vor der maximalen Annäherung am 12. November 1980, aufgenommen. Die feinsten hier noch sichtbaren Krater haben einen Durchmesser von 2 bis 3 km. An den Rändern besitzen einige von ihnen Eisablagerungen, die sich schon bei den Aufnahmen aus größerer Distanz bemerkbar gemacht hatten.

Titan, dem sich die Sonde Voyager 1 am 12. November 1980 bis auf 4000 km näherte, wurde hier aus 22 000 km Entfernung abgelichtet. Man erkennt auf diesem kleinen Ausschnitt des Horizontes drei Wolkenschichten, deren Höhen mit 200, 375 bzw. 500 km Höhe ausgemessen wurden. Diese extrem hohe Bewölkung wird durch die dichte Atmosphäre, deren niedrige Temperatur und die geringere Schwerkraft auf Titan ermöglicht.

Hyperion (etwa so groß wie die Schweiz) erregte Aufsehen, nachdem man seine Taumelbewegung entdeckt hatte. Bisher war es bei allen unregelmäßig geformten Trabanten die Regel, daß diese schwerkraftstabilisiert waren, ihrem Planeten also immer die gleiche Seite zukehrten. Derzeit wird untersucht, ob sich die Hypothese einer noch nicht lange zurückliegenden Kollision von Hyperion mit einem anderen Körper aufrechterhalten läßt. In diesem Fall müßte sich eine langsame Abbremsung von dessen Drehung in Richtung auf die langfristig wieder stabile gebundene Rotation beobachten lassen (Voyager-2-Aufnahme).

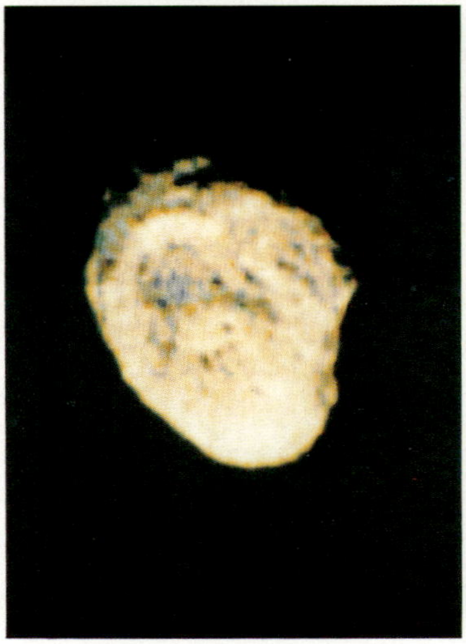

Dieses Funkbild von Iapetus wurde von der Sonde Voyager 2 aus einer Distanz von gut 1 Mio km aufgenommen. Man richtete sein Augenmerk auf die Grenzzone zwischen dunkler und heller Oberfläche (auf ihr liegt der markante Krater), denn es war schon zuvor bekannt, daß die eine Hemisphäre rund fünfmal stärker reflektiert als die andere. Die hier gezeigte Ansicht läßt den bei seinem Durchmesser von 1440 km ausgeglichenen runden Mond unregelmäßig erscheinen, da dunkle Stellen unten und oben den Horizont fast zum Verschwinden bringen.